高等学校研究生教材

铁磁流体的物理学基础和应用

池长青　著

北京航空航天大学出版社

内容简介

铁磁流体是一种人工合成的液态磁性物质，它有许多工业应用领域。本书内容包含铁磁流体的物理学基础及其在机械学中最重要的两个方面的应用：润滑和密封。全书共分9章。第1～3章是铁磁流体的力学基础、电磁学基础和统计物理学基础，内容均围绕铁磁流体固相微粒的行为进行描述；第4～5章是牛顿流的铁磁流体混合流方程和非牛顿流铁磁流体的特性，它们是铁磁流体宏观行为定量计算的基础；第6～9章是关于铁磁流体非牛顿流润滑及铁磁流体的静止密封和运动密封的原理与设计。

本书可以作为有关铁磁流体专业研究人员的参考书和高等学校研究生的教材。

图书在版编目(CIP)数据

铁磁流体的物理学基础和应用 / 池长青著. -- 北京
：北京航空航天大学出版社，2011.11
ISBN 978-7-5124-0424-3

Ⅰ.①铁… Ⅱ.①池… Ⅲ.①铁磁流体 Ⅳ.
①O361.3

中国版本图书馆 CIP 数据核字(2011)第074721号

铁磁流体的物理学基础和应用
池长青 著
责任编辑 潘晓丽 张雯佳 刘秀清
*
北京航空航天大学出版社出版发行
北京市海淀区学院路37号(邮编100191) http://www.buaapress.com.cn
发行部电话：(010)82317024 传真：(010)82328026
读者信箱：bhpress@263.net 邮购电话：(010)82316936
北京市媛明印刷厂印装 各地书店经销
*
开本：787×1 092 1/16 印张：19 字数：486千字
2011年11月第1版 2011年11月第1次印刷 印数：2 000册
ISBN 978-7-5124-0424-3 定价：59.00元

若本书有倒页、脱页、缺页等印装质量问题，请与本社发行部联系调换。联系电话：(010)82317024

前　言

铁磁流体自20世纪中叶被研制出来以后，迄今已半多个世纪。到目前为止，它仍然是工业应用中唯一的人造磁性液体。自1993年本书著者和两位同事共同编著了《铁磁流体力学》以来，至今已18年了。在这18年中，著者积累的研究工作需要整理和系统化，这就成为撰写这本书的动力和目的。

本书共分9章。第1章简述铁磁流体的物理性质和流体力学基础，即不可压缩流体的质量守恒方程、动量守恒方程和能量守恒方程。第2章是铁磁流体的电磁学基础，阐明铁磁流体的磁性固相微粒在电磁学上的三个等效模型：平面微电流环、圆球形线圈和磁性偶极子，以及三者在空间任意点上产生的磁场一致性。第3章是铁磁流体的统计物理学基础，阐明铁磁流体的内禀性和非内禀性的磁化机制，由统计物理方法导出铁磁流体的磁化过程和分散剂的摆动杆物理模型的排斥能。第4章是铁磁流体牛顿流动力学方程，使用微元体分析法给出磁场力和力矩。第5章是铁磁流体非牛顿流。由于磁性固相微粒之间的相互作用力形成各式各样的微结构，导致铁磁流体宏观的非牛顿流特性。阐明外磁场、涡旋的剪切率和分散剂对铁磁流体非牛顿流特性的影响。给出二次式本构方程。第6章是铁磁流体的拟塑性Bingham体润滑。导出铁磁流体普适的广义Reynolds润滑方程。给出润滑膜内粘附核的生成条件和存在条件。导出粘附核对轴承影响的定量结果。第7章是铁磁流体的拟塑性润滑，证明其广义Reynolds润滑方程在轴承的边界条件下，其本征函数具有正交性，从而可以使用平均本征值修正而得到二维的近似解。第8章是非均匀磁场中铁磁流体的牛顿流润滑。所导出的Reynolds润滑方程中包含粘性剪切应力的导数项，并给出平板滑块和阶梯滑块的解。第9章是铁磁流体密封，分析静止密封能力和注入量的关系，以及运动密封能力在高速时下降甚至失效的机理。提出一种抵抗高速影响的设计思想，并给出其计算关系。

本书是著者总结对铁磁流体研究工作的专门性著作。研究项目得到原国家教育委员会高等学校专项科研基金和原航空工业部航空科学基金的资助。著者对于参与研究工作的同事们和这两个基金深怀感激之情。此外，著者非常感谢北京航空航天大学出版社。由于获得了这些支持，本书才得以问世。

池长青

2011年1月

#　目　　录

引　论

本书阐明了铁磁流体最基本的物理学内容。铁磁流体首先是流体，因而它的运动遵循流体动力学的规律；其次它又是磁性物质，因而它的行为可以受到磁场的控制，其磁性能服从电磁学的规律。所以流体力学和电磁学是铁磁流体最重要的物理学基础。铁磁流体是一种液固两相流体，它的基本成分是作为载体的非磁性液体和有磁响应能力的铁磁性固体微粒。为了保持固相微粒在基载液体中悬浮而不沉淀，固相微粒的尺寸极为微小，通常粒度在 8～10 nm 的范围内，相当于 100 个单分子的大小，实际上就是大分子。于是在铁磁流体中，固相微粒具有热运动。纷乱无序的热运动保持固相微粒的弥散分布，使铁磁流体在宏观上具有均匀的各向同性性质。固相微粒必须很小的另一个重要理由是造成固相和液相之间的巨大的接触面积（或润湿面积）。尽管固相微粒只占铁磁流体总体积的 10 %以下，但每毫升铁磁流体中所含有的固相微粒为 10^{18} 颗的量级，因而两相的接触面积达到了 40 m^2/cm^3。这样巨大的接触面积，使得仅凭两相界面上的粘附作用，就足以通过控制固相微粒来控制整个铁磁流体。显然，控制固相微粒的办法就是利用外磁场。每一个固相微粒在非均匀的外磁场中，都受到磁力和磁力矩的作用。磁力通过固相微粒施加到铁磁流体上，从而控制它的运动；磁力矩使固相微粒之磁矩转向和外磁场平行，这种一致的有序转动就是铁磁流体的磁化过程。因为磁化过程要受到固相微粒热运动的干扰，所以铁磁流体只能在外磁场作用和热运动作用相平衡的水平上磁化。由于固相微粒数量巨大而且运动无序，根本不可能逐个去研究固相微粒的行为，所以，所谓的热运动作用仅是一种统计的宏观表现。在这方面，统计物理学就成为研究铁磁流体的物理学基础之一。

无论是在力学上，还是在电磁学上，对于固相微粒有两个通用的、基本的假设：① 所有的固相微粒都是大小一致的圆球形状；② 尽管在铁磁流体内，固相微粒的数密度极其大，但总体积不到铁磁流体的 10 %，所以认为它是稀疏相。由此，固相微粒在铁磁流体中的运动可以看作是圆球在无界流中的低 Reynolds 数运动，于是 Stokes 阻力和阻力矩适用于固相微粒的移动和转动。

由于固相微粒的粒度远小于它本身材料的磁晶单畴临界尺寸，所以铁磁流体中的固相微粒都是磁单畴的。在电磁学上有三种模型可用来分析固相微粒的磁学特性，这三种模型是：平面微电流环、圆球形线圈、磁偶极子。可导出这三种模型在空间远处任意点产生磁场的数学关系式，且三者的关系式完全一致，由此证明三种模型的等效性。微粒自身磁场和外磁场的相互作用，不仅决定了铁磁流体的磁响应性能，而且还影响铁磁流体内部微粒形成的微结构的生成和瓦解。所以，外磁场不仅决定铁磁流体的磁化程度，而且对铁磁流体的流动特性也有显著影响。

由于数密度巨大，因而铁磁流体内固相微粒热运动的碰撞率非常高。碰撞是造成聚集的主要原因，而聚集形成的大块必定导致沉淀。所以固相微粒的热运动具有正负两方面的作用，其既是保持固相微粒均匀弥散的基础，同时又是导致沉淀的重要原因。微粒因碰撞而聚集的原因是 van der Waals 力和磁力的存在，防止聚集的最有效的手段是在铁磁流体中加入足够量的分散剂。分散剂是一种长链分子，其一端吸附在固相微粒的表面上，另一端处于自由状态。分散剂长链分子遏制固相微粒碰撞的机理，Rosensweig 在 Mackor 的平面弹簧缓冲器的基础上，拓展于圆球形固相微粒而得到分散剂的排斥能[1]，很好地解释了分散剂的机理。但是，分散剂长链分子终究不能像弹簧那样可以压缩，所以弹簧缓冲器模型在物理直观上并非完善。本书按照将吸附于固相微粒表面上的长链分子视作一端球铰连接的摆动杆模型，得出分散剂的排斥势能。其物理概念是，在自由状态下，长链分子摆动的范围是$[-\pi/2, \pi/2]$；当两个微粒相接近时，长链分子的摆动范围受到限制而缩小，而实现这样的限制就得作功，此功便转换成分散剂的排斥势能。

铁磁流体的磁化通常使用 Langevin 方程，这个方程是从量子力学导出的 Brillouin 方程的特殊情况。无论是 Brillouin 方程，还是 Langevin 方程，它们给出的都是磁化的平衡状态，并不涉及磁化的过程。本书用统计力学的方法得出非内禀性磁化和退磁的过程，它们都近似地与时间呈线性关系。其磁化过程是

$$M=\begin{cases}\phi M_{\mathrm{p}}L(\alpha)\,\dfrac{t}{t_{\mathrm{B}}}, & 0\leqslant t\leqslant t_{\mathrm{B}}\\ \phi M_{\mathrm{p}}L(\alpha), & t\geqslant t_{\mathrm{B}}\end{cases}$$

式中，M 是铁磁流体的磁化强度；M_{p} 是固相微粒材料的磁化强度；ϕ 是固相微粒的体积分量；$L(\alpha)$是 Langevin 函数；t_{B} 是 Brown 扩散时间。铁磁流体的退磁过程是

$$[(\varphi-\varphi_{\mathrm{e}})^2]_{\mathrm{e}}=\begin{cases}\dfrac{t}{t_{\mathrm{B}}}, & 0\leqslant t\leqslant t_{\mathrm{B}}\\ 1, & t\geqslant t_{\mathrm{B}}\end{cases}$$

式中，φ 是固相微粒的磁矩矢量 $\boldsymbol{m}_{\mathrm{p1}}$ 与外磁场矢量 $\boldsymbol{H}$ 的夹角，φ_{e} 是全体固相微粒的 φ 角的数学期望，即统计平均值，$(\varphi-\varphi_{\mathrm{e}})^2$ 称为方差，角度 φ 的方差的统计平均值就表示了在外磁场方向的磁化程度。若方差的统计平均值是零，则表示全体微粒的磁矩都有同样的方向，这时是有序的排列，表示处于磁化平衡状态；若方差的统计平均值为 1，则是完全无序的混乱状态，此时铁磁流体宏观上没有磁性，即完全退磁。

非内禀性铁磁流体的磁化和退磁，两者的特征时间都是 Brown 扩散时间 t_{B}。内禀性的磁化和退磁的机理并非固相微粒自身在基载液中的旋转，而是固相微粒内部的磁畴旋转，它的特征时间是 Neel 扩散时间 t_{N}。但实际上，在外磁场作用下，微粒自身的旋转和微粒内部的磁畴旋转同时在进行。只有很小粒度的微粒，磁畴的旋转远快于微粒体的旋转，此时的磁过程特征时间取决于 t_{N}，这就是内禀性铁磁流体。在固相微粒尺寸很大时，情况相反，磁过程的特征时间取决于 t_{B}，此时就是非内禀性情况。但在某些中间尺寸下，t_{N} 和 t_{B} 之间相差不那么大，此时磁过程取决一个综合的磁松弛时间 t_{r}。内禀性和非内禀性的概念不能绝对化的另一个原因是，铁磁流体内微粒的粒度只是一个平均的概念，实际上它们是大小不一的，因而微粒磁化过程取决于 t_{N}、t_{B} 和 t_{r} 的都有，固相微粒是大小一致的圆球的假设，只是为了分析上的方便而已。

铁磁流体中的固相微粒的尺寸极其微小，所以在流动中两相间的滞后效应一般可以忽略。这样，就可以将铁磁流体作为一种各向同性的均匀流体对待，它的力学和热力学的物性参数都需要进行折算。在铁磁流体的力学方程组中，除质量守恒方程以外，都包含有磁作用项。应用最广泛的是动量方程中的磁力项。磁力项的产生是外磁场的非均匀性。在非均匀的外磁场

中，铁磁流体的磁化也是不均匀的。在大多数情况下，铁磁流体的磁松弛速度远远快于流动速度，所以在流场中，铁磁流体的磁化强度处处和外磁场强度相适应，这就是所谓的“磁平衡流”。磁场不均匀，铁磁流体的磁化也不均匀，于是就有未被抵消的束缚电流存在于铁磁流体内，这时磁化强度 $\boldsymbol{M}$ 是有旋的；如果也存在传导电流穿过磁场，则磁场也是有旋的。利用微元控制体分析所得到的磁力是

$$f_{\mathrm{m}} = \boldsymbol{M} \cdot \nabla \boldsymbol{B}_0 + \boldsymbol{M} \times (\nabla \times \boldsymbol{B}_0) + \boldsymbol{B}_0 \times (\nabla \times \boldsymbol{M})$$

式中，右方第 1 项是外磁场梯度产生的力，即 Kelvin 力，第 2 项是传导电流的贡献，第 3 项是非均匀磁化引起的力。

在外磁场中，铁磁流体所具有的磁势能是 $e_{\mathrm{p}} = -\boldsymbol{M} \cdot \boldsymbol{B}_0$，于是磁力 $f_{\mathrm{m}} = \nabla(\boldsymbol{M} \cdot \boldsymbol{B}_0)$。由矢量恒等式展开则有

$$f_{\mathrm{m}} = \boldsymbol{M} \cdot \nabla \boldsymbol{B}_0 + \boldsymbol{M} \times (\nabla \times \boldsymbol{B}_0) + \boldsymbol{B}_0 \times (\nabla \times \boldsymbol{M}) + \boldsymbol{B}_0 \cdot \nabla \boldsymbol{M}$$

其结果多出一项 $\boldsymbol{B}_0 \cdot \nabla \boldsymbol{M}$，但从物理上看，这一项是不应存在的。铁磁流体的磁化不均匀，只是其内的固相微粒的磁矩矢量转向外磁场的程度不一致而已。对固相微粒产生力的作用是 $\boldsymbol{B}_0$ 的梯度，而 $\boldsymbol{B}_0$ 则只引起力偶作用于圆球微粒之上，虽然各微粒上的力偶大小不同、方向各异，但所有微粒力偶矢量的合成仍为力偶矢，而不出现力。所以只有在均匀磁化情况下，铁磁流体单位体积的磁势能才是 $-\boldsymbol{M} \cdot \boldsymbol{B}_0$。

只要有外磁场存在，就必然有磁力矩作用于固相微粒上。如果外磁场矢量 $\boldsymbol{B}_0$ 与铁磁流体流动的涡旋矢量 $\boldsymbol{\omega}_{\mathrm{c}}$ 互相垂直，则作用于固相微粒上的磁力矩将阻碍微粒随流动涡旋的翻转。于是宏观上就出现铁磁流体的粘度增大。Shliomis 在这个概念的基础上导出了一个铁磁流体粘度的数学关系式。此式是在略去 $\omega_{\mathrm{c}} t_{\mathrm{B}}$ 的二次和二次以上的项得出的。然而在某些场合，例如较高速的润滑，其润滑剂的涡旋速度很大，$\omega_{\mathrm{c}} t_{\mathrm{B}}$ 并不是太小的量，所以应当保留其二次项。本书按这种观念导出的铁磁流体粘度关系式，更具一般性，可以满足铁磁流体润滑的要求。

虽然在铁磁流体内加入分散剂，但分散剂的长链大分子在固相微粒间的分配却是随机的，不能保证所有固相微粒都能得到足够的分散剂长链大分子。因而总有部分固相微粒在磁力和 van der Waals 力作用下聚集和絮凝。假定每毫升铁磁流体内含有 10^{17} 颗固相微粒，微粒的平均直径为 10^{-8} m，如果有 1% 的微粒因未得到足够的分散剂分子而结合成微粒链，则这些长短不一的微粒链总长度会达到 10^7 m，即 10^4 km 的量级。在 1 mL 铁磁流体内，有总长为 10^4 km 的微粒链，纵横交错地分布于其中，对铁磁流体的运动特性不能没有影响。所以铁磁流体流动特性的实验数据表明大多数铁磁流体是一种非牛顿流体。与普通非牛顿流体不同，外磁场对铁磁流体的流动特性有重要的影响。从电磁学的视角来看，铁磁流体非牛顿流的主要根源就是固相微粒之间的磁力和磁力矩。本书利用磁偶极子模型给出了当两固相微粒的磁矩成任意角度，并且两者之间处于空间任意相对位置时，它们之间的磁力和磁力矩的一般关系式。对于固相微粒构成的长链，则以密圈螺旋电流圈为模型，得到串接长链中微粒的磁势能和相互作用力、串接长链的拉伸功、长链中的微粒的翻转功等。在外磁场作用下所有固相微粒都受到一个外磁场的力矩，这种力矩力图使所有微粒的磁矩转向外磁场方向，从而微粒间的结合力越来越小。若外磁场足够强，则微粒之间的结合势能低于热运动能，或者微粒之间的磁力由吸引力转变成排斥力。于是，由磁性结合成的微结构便瓦解，铁磁流体的非牛顿流性质渐渐减弱而趋向于牛顿流。同时，相当多的磁中性聚集体瓦解成较小的极性聚集体以及单体微粒，从而铁磁流

体的磁化强度增大。

铁磁流体的流动是有旋的。在流动的涡旋中，不断地有一些微结构的固相微粒链受到拉伸应力而断开，使微结构破碎成越来越小的聚集体，对涡旋运动的阻碍也越来越弱。这就是剪切稀化的原因。在开始流动时，需要有足够的剪切应力来使固相微粒链断开，流动才能发生。这时的剪切应力就是铁磁流体的屈服应力。按照这样的观念，本书给出了铁磁流体屈服应力的估算关系式。

从目前见到的实验数据来看，还没有一种铁磁流体是膨胀体。铁磁流体最一般的非牛顿流特性是拟塑性 Bingham 体，其既有剪切稀化，又有屈服应力；此外，当然也有纯拟塑性流，或纯 Bingham 体。以铁磁流体作为轴承的润滑剂时，润滑方程不能从 Navier - Stokes 方程导出。但无论如何，流体中力的平衡总是存在的。本书由微元控制体的平衡和牛顿第二定律得出铁磁流体的广义 Reynolds 润滑方程。由于屈服应力的存在，铁磁流体润滑膜中就会有“固态”核。“固态”核只能发生在润滑中流动剪切应力小于屈服应力的部位，所以它是局部性的。“固态”核是一个区域的概念，它在润滑膜中的位置是固定的。当润滑剂进入这种区域内时立即“冻结”成“固态”，并且像刚体平移那样，各点均以同样大小的速度和方向运动。一旦移出这种区域，就立刻恢复成流体状态。本书给出了铁磁流体润滑膜的进口和出口粘附核的几何边界方程、核的生成条件和保持存在的条件。生成条件只是核出现的可能条件，能不能存在则取决于屈服应力和剪切应力的相对关系。剪切应力主要取决于轴承运动表面的速度。所以高速轴承的铁磁流体润滑膜内很难存在粘附核。高速下主要关注的是剪切稀化，即拟塑性润滑。

单纯的拟塑性润滑使广义 Reynolds 润滑方程得到简化，并且这种润滑方程的本征函数具有正交性质，从而可以使用平均本征值方法进行二维修正[2]。铁磁流体粘度的实验数据都是由一维流动取得的，本书使用一个平均剪切率系数来估计二维影响。计算结果表明，在实用的轴承参数范围内，这个剪切率系数非常接近于1，因而使用轴承表面速度 U 和间隙 h 的比值作为二维流的平均剪切率，并且假定铁磁流体是一种各向同性的流体。于是本书提出的拟合实验数据的二次型本构方程为

$$\eta(H)=\tau_s(H)+\eta_N(H)\frac{\partial u}{\partial y}+\eta_t(H)\left(\frac{\partial u}{\partial y}\right)^2$$

上式可以改写成

$$\eta(H)=\tau_s(H)+\eta_N(H)\left[1+\frac{\eta_t(H)}{\eta_N(H)}\frac{|U|}{h}\right]\frac{\partial u}{\partial y}$$

这种二次型的本构方程拟合实验数据具有很高的精度。式中 $\tau_s(H)$ 是屈服应力，$\eta_N(H)$ 具有牛顿流粘度系数的意思，$\eta_t(H)$ 对于拟塑性流体是负值，表达剪切稀化。

外磁场对铁磁流体轴承的影响有两个方面：① 磁场梯度产生的磁力作用于铁磁流体润滑剂上；② 磁场改变铁磁流体的粘度。在目前的情况下，第一方面的作用与流体动力相比，可以说是微乎其微。而第二方面的作用则有显著的影响。但是，非均匀磁场对铁磁流体润滑并不是没有意义。例如，在轴颈轴承的小间隙部位设置磁场，局部地提高该处的铁磁流体润滑剂的粘度。这样在小偏心率下，既可提高承载能力，又可使最大压力区移向小间隙，从而减小姿态角，有助于轴承运转的稳定性；在大载荷下，可以在保证承载力要求的条件下，减小偏心率，从而使轴承在足够的安全裕度下运行。本书导出的非均匀磁场下铁磁流体的润滑方程，除包含

磁场梯度产生的 Kelvin 力以外，更重要的是有铁磁流体润滑剂粘度变化的项。这种项在润滑力学的概念上可以称之为“粘度楔效应”。

铁磁流体在机械学中另一个重要的应用是密封。在现今的技术中，铁磁流体密封是最接近零泄漏和无摩擦的密封，所以在精密机械、真空技术、仪器仪表等方面得到很多的应用。铁磁流体静止密封膜的表面是等压面，也就是等磁场强度面。在高速旋转下，铁磁流体密封膜的表面仍然是一个等压面，但不是等磁场强度面，它是由磁场力和离心力相平衡决定的表面。在高速旋转下，铁磁流体密封膜的低压表面上不可避免地会产生流失。本书建议采用一种能抵抗很高转速的设计。

参考文献

[1] ROSENSWEIG R E. Ferrohydrodynamics[M]. Cambrige University Press，1985.

[2] 池长青.流体力学润滑[M].北京：国防工业出版社，1998.

[3] 池长青，王之珊，赵丕智.铁磁流体力学[M].北京：北京航空航天大学出版社，1993.

[4] 平克斯 O，斯德因李希特 B.流体动力润滑理论[M].西安交通大学轴承研究小组，译.北京：机械工业出版社，1980.

[5] 池长青.均匀磁场中铁磁流体润滑的轴颈轴承[J].航空动力学报，2000(2).

[6] 池长青.铁磁流体润滑中的非牛顿流影响[J].北京航空航天大学学报，2001，27(1)：88-92.

[7] 池长青.均匀磁场中铁磁流体润滑的平板滑块的性能[J].北京航空航天大学学报，2001，27(1)：93-96.

第 1 章　铁磁流体的物理性质和流体力学基础

1.1　铁磁流体

在自然界中，绝大多数的磁性物质都是固体，只有液态氧是一种顺磁性液体。虽然液态氧的磁化率（1.5×10^{-3}）比固态顺磁性物质的磁化率（$10^{-6}\sim10^{-5}$）高很多，但是液态氧的沸点是 -183 ℃，其汽化以后的气态氧的磁化率仅为 1.9×10^{-6}，比空气的磁化率（2.4×10^{-5}）还低，这就使得液态氧作为顺磁性物质很难在工业上得到实际应用。20 世纪 60 年代开始，人们研制出了人工合成的磁性液体，这类液态磁性物质被称作铁磁流体，其磁化率远高于一般顺磁物质，可以达到 2～3，所以属于所谓的超顺磁物质。虽然铁磁流体在宏观物态上是液体，但实际上是液固两相流。由于铁磁流体所含的固相微粒尺寸非常小，通常在 10 nm 左右，所以在弱磁场中，两相之间的滞后问题可以不加考虑，因而混合流的分析是适用的。在强磁场中，特别是磁场梯度很大的情况下，两相之间的滞后问题就不能忽略，这时需要将两相分开来做分析，即松弛流方法。

作为一种胶体混合物，铁磁流体的组成有三个基本成分：基载液体、固体磁性微粒和分散剂。基载液和分散剂这两种液态成分在体积上占铁磁流体总体积的 90 %以上，铁磁性的固相微粒占 10 %以下。可以用作铁磁流体基载液的物质范围甚广，从水、酒精、煤油、酯类、醚类、硅油类、矿物油类直至水银，都是适合不同应用要求的选择对象。铁磁性固相微粒的材料一般使用铁、钴、镍以及磁铁矿（Fe_3O_4）、二氧化铬（CrO_2）、钡铁氧体、锶铁氧体等。固相微粒的尺寸非常微小，使用的直径通常为 8～10 nm。这样小的微粒，早期采用球磨法，但是效率很低；以后发展出化学沉淀法，为大规模生产铁磁流体奠定了基础。虽然固相微粒的材料密度远大于基载液体，但仍然能够悬浮于基载液体中，其原因就在于微粒尺寸只相当于一百个单分子大小，所以它们具有相当强烈的 Brown 运动。为了防止固相微粒间的相互吸引力造成聚集现象，导致丧失 Brown 运动而沉淀，使铁磁流体的磁化性能变坏，甚至消失，因而需要加入分散剂。常用的分散剂有油酸、亚油酸、卵磷脂等一类物质。

铁磁流体所表现出来的宏观磁化性能来源于磁性固相微粒，基载液体和分散剂是不导磁的，对于外加磁场的作用没有任何反应能力。所以外加磁场只能通过铁磁性质的固相微粒来实现对整个铁磁流体的控制，因此最重要的条件就是固相微粒的尺寸必须极其微小。第一，因为尺寸微小，才可能保持 Brown 运动，这种纷纷扰扰的热运动造成固相微粒均匀的弥散分布。第二，固相微粒尺寸微小的重要性还在于可以使它和基载液体之间形成极为巨大的接触面积。设固相微粒的直径为 d_p，则每个微粒的体积 V_{p1} 为

$$V_{p1} = \frac{1}{6}\pi d_p^3$$

若固相微粒在铁磁流体中所占有的体积分量为 ϕ，铁磁流体的体积为 V_f，则在体积 V_f 中

包含的固相微粒数 N_p 为

$$N_p = \frac{\phi V_f}{V_{p1}} = \frac{6\phi}{\pi d_p^3} V_f$$

那么，在单位体积的铁磁流体内所含的固相微粒数 n_p 为

$$n_p = \frac{6\phi}{\pi d_p^3} \tag{1.1}$$

式中，n_p 称为数密度。设取 $\phi=0.06$，$d_p=8\times10^{-7}$ cm，则有

$$n_p = 2.24\times10^{17}\ 颗/\text{cm}^3$$

这样巨大的数密度，自然带来巨大的表面积。若每个固体微粒的表面积 S_{p1} 为

$$S_{p1} = \pi d_p^2$$

则单位体积的铁磁流体内所包含的固相微粒的总表面积为

$$n_p S_{p1} = \frac{6\phi}{d_p} \tag{1.2}$$

将 $\phi=0.06$，$d_p=8\times10^{-7}$ cm 代入式(1.2)，得

$$n_p S_{p1} = 45\ \text{m}^2/\text{cm}^3$$

即在每毫升的铁磁流体内，固相微粒的总表面积为 45 m^2。即使撇开其他的因素不考虑，仅就在这样巨大的接触界面上，固液两相之间的粘附力和基载液体自身所具有的内聚能，就不难理解为什么通过外加磁场控制固相微粒就能够达到控制整个铁磁流体胶体混合物的目的了。

1.2　铁磁流体的物理性质

1.2.1　铁磁流体的磁学性质

作为一种磁性流体，铁磁流体最重要、最具特色的物理性质就是它的磁化性能。虽然就磁化率来说，铁磁流体可以算作超顺磁材料，但其磁化机理却和顺磁性物质不同。顺磁性物质的磁化作用仅仅是物质内作轨道运动的电子(相当于微电流环)在受到外磁场的作用时，其轨道平面的法线在相应程度上按外磁场方向作有序排列的结果。但铁磁流体的磁化机理却有两种：一种是固体微粒内的磁畴发生旋转，这和铁磁性物质的磁化过程相同；另一种是固相微粒自身在外磁场作用下发生旋转。由于磁畴旋转而磁化的，称为内禀性铁磁流体；由于磁性固相微粒自身旋转而磁化的，称为非内禀性铁磁流体。

铁磁流体磁化性能的指标是其磁化强度 M。目前以磁铁矿(Fe_3O_4)为固相微粒的铁磁流体，其饱和磁化强度 M_S 可以达到 34 000 A/m。

铁磁流体磁化以后再退磁，一般不存在磁滞现象，即没有剩磁和矫顽力。因为固相微粒本身悬浮于基载液体中，当外磁场的约束移去以后，微粒的热运动(即 Brown 运动)终归使它们变成无规则的纷乱状态，这就意味着完全退磁。

1.2.2　铁磁流体的力学性质

铁磁流体的粘度比其基载液体的粘度大很多，甚至可以有一个数量级的差别。这当中起

决定性作用的是固相微粒的粒度和所占有的体积分量。

铁磁流体内固相微粒的弥散状态取决于分散剂的量是否足够。如果分散剂的量不足,则可能有部分固相微粒产生聚集,形成尺寸较大的聚集体,甚至进而形成某种网状的微结构,于是铁磁流体的流动特性就表现出相应程度的非牛顿流的性质;在分散剂的量充分并且固相微粒的弥散状态良好时,铁磁流体就如同一般的两相流并且具有牛顿流体的性质。目前所见到的铁磁流体非牛顿流的特性都是拟塑性 Bingham 体,即既有屈服应力,又有剪切稀化。在这种情况下,不仅外加磁场对铁磁流体的粘度有影响,而且流动中的剪切率对其也有影响。

铁磁流体的流动性能与普通流体最不相同之处就是外加磁场的作用。若铁磁流体是非牛顿流体,则在强外磁场中,其非牛顿流的特性将会减弱,而趋向于牛顿流体。因为强外磁场造成部分微结构瓦解,从而改善了固相微粒的弥散状态。其次,即使铁磁流体是牛顿流体,当外磁场的强度矢量与铁磁流体的涡旋矢量不平行时,铁磁流体的粘度也将受到外磁场的影响。

1.2.3 铁磁流体的热学性质

铁磁流体是一种液固两相胶体混合物。它的热学性质如密度、比热容、热传导系数、扩散系数等,通常都取其宏观的当量平均值。这些当量平均值是铁磁流体中液固两相的体积分量或质量分量的函数。它们的得出和应用基于两点假设:① 铁磁流体是均匀的、各向同性的混合物;② 铁磁流体中的两相物质总是处于热学上的平衡状态。实际上铁磁流体很难做到是均匀的。例如在重力场或非均匀的外磁场中,在流动过程中,固相微粒的浓度分布或多或少是不均匀的。尤其在磁场中,由于磁场的方向性而使铁磁流体并非各向同性。至于两相物质总是处于平衡状态,就意味着液相和固相对外界环境变化的响应速度完全相同,这显然是不可能的。但是,当固相微粒极其微小时,两相之间具有巨大的相对接触界面面积,则上述两点假设可以得到很好的近似,并且由于平均方法处理简便,因而得到广泛的应用。

在热学性质上,铁磁流体与普通流体最重要的不同之处在于铁磁流体的热力学函数,如比热容、内能、熵、焓等都与铁磁流体自身的磁化强度和外加磁场的强度有关。

1.2.4 铁磁流体的光学性质

铁磁流体一般是不透明的,但是若取出一层极薄的铁磁流体膜,则这样的薄膜是透光的。当没有外磁场时,铁磁流体内固相微粒是均匀分布的,所以它的光学性质为各向同性;当铁磁流体处于外磁场之中时,其中的固相微粒沿外磁场方向作定向排列,结果铁磁流体具有各向异性的特点。这种各向异性的特点导致铁磁流体膜出现特殊的光学性质,就如同某些晶体材料那样,具有偏振、双折射等性能。通过调整铁磁流体膜的厚度和外磁场的参数,可以得到椭圆偏振光。通过磁场来控制铁磁流体膜的偏振性能和双折射性能,这是一般晶体片所不具备的特点。

1.2.5 铁磁流体的声学性质

铁磁流体是一种粘度较大的流体,声波在其中传播时,由于能量的耗散会迅速衰减。在自然状态下,铁磁流体具有各向同性的声学性质。当处于外磁场中时,铁磁流体的声学性质与外磁场方向密切相关。无论是声波在铁磁流体中的传播速度,还是衰减系数,其沿外磁场方向与其他方向明显不同,即此时铁磁流体具有各向异性的声学性质。

1.3　流体力学基本方程

1.3.1　概　述

铁磁流体是一种胶体混合物，除了具有磁性这一特质之外，其基本性质仍然属于液体，所以其运动遵守流体力学的规律。铁磁流体在微观上不能算作连续介质，因为它的固相成分是以微粒形式分散存在的。但是，固相微粒的数密度达到 $10^{17}\sim10^{18}$ 颗/cm^3 的量级，热运动的随机性质使固相微粒均匀地弥散分布，所以铁磁流体物理特性的统计平均值，在宏观上具有充分的连续性，以至于可以将铁磁流体看作是连续介质。于是流体力学成为分析铁磁流体运动的基础。

流体力学的基本定律是三个守恒定律，即质量守恒定律、动量守恒定律和能量守恒定律。描述流体运动的方程式是这三个守恒定律的数学表达形式，它们分别是连续性方程、动量守恒方程（通常称 Navier - Stokes 方程或 N - S 方程）和能量守恒方程。因为动量是矢量，所以动量守恒方程可以分解到三个坐标方向上，因而描述流体运动规律的方程组包括 5 个方程式。这 5 个方程式决定了流场的 5 个主要参数：压力、温度和三个坐标方向的速度。

铁磁流体内的固相微粒，总是假设为尺寸相同的小圆球体。这些悬浮在基载液体中的小圆球体的运动不外乎两种形式，即旋转和平移。小圆球体产生运动的驱动力是基载液体分子的碰撞和外加磁场的作用。在运动的过程中，小圆球体不可避免地受到基载液体的粘性产生的阻力和阻力矩。

通常铁磁流体的组成中，固相微粒的体积分量占铁磁流体总体积的 5 %～7 %，所以固相微粒之间的距离远大于它们本身的直径。在这样的情况下，微粒彼此间的互相影响很小，这就是所谓的稀疏相。所以可以采用单个微粒小圆球体在无界流中运动的模型来分析其受到的阻力和阻力矩。

1.3.2　连续性方程

若流体是可压缩的且流动是非定常的，则连续性方程为

$$\frac{\partial\rho}{\partial t}+\nabla\cdot(\rho\boldsymbol{V})=0 \tag{1.3}$$

式中，ρ 是流体的密度；t 是时间；$\boldsymbol{V}$ 是流动速度。若流动过程是定常的，则上式成为

$$\nabla\cdot(\rho\boldsymbol{V})=0 \tag{1.4}$$

对于不可压缩的流体，方程式(1.3)具有简单的形式，即

$$\nabla\cdot\boldsymbol{V}=0 \tag{1.5}$$

1.3.3　动量守恒方程(N - S 方程)

由牛顿第二定律

$$m\boldsymbol{a}=\boldsymbol{F}$$

对于单位体积的流体而言，上式可以写成

$$\rho \boldsymbol{a} = \boldsymbol{f}$$

式中,加速度 $\boldsymbol{a}=\mathrm{d}\boldsymbol{V}/\mathrm{d}t$,作用于单位体积上的力 $\boldsymbol{f}$ 可分解成彻体力 $\boldsymbol{f}_b$ 和表面力 $\boldsymbol{f}_s$,所以

$$\rho \frac{\mathrm{d}\boldsymbol{V}}{\mathrm{d}t} = \boldsymbol{f}_b + \boldsymbol{f}_s \tag{1.6}$$

由此可以得到常粘度(即粘度 η=常数)的不可压缩流体的 N-S 方程为

$$\rho \frac{\partial \boldsymbol{V}}{\partial t} + \rho \boldsymbol{V} \cdot \nabla \boldsymbol{V} = \boldsymbol{f}_b - \nabla p + \eta \nabla^2 \boldsymbol{V} \tag{1.7}$$

对于定常流动,方程式(1.7)成为

$$\rho \boldsymbol{V} \cdot \nabla \boldsymbol{V} = \boldsymbol{f}_b - \nabla p + \eta \nabla^2 \boldsymbol{V} \tag{1.8}$$

1.3.4 能量守恒方程

能量守恒方程的最基本的形式是热力学第一定律,即

$$\mathrm{d}E = \delta Q + \delta W \tag{1.9}$$

式中,$\mathrm{d}E$ 是流体总内能的微元增量,对于流动中的流体而言,总内能包括热内能和流动的动能;δQ 是加入到流体中的微元热量,它是以热传导形式传输的,并且遵守 Fourier 定律;δW 是外界对流体所作之微元功,其中包括彻体力和表面力的功,表面力包括压力和粘性剪切力。方程(1.9)最终推导出的能量守恒方程的形式为

$$\rho \frac{\partial e}{\partial t} + \rho \boldsymbol{V} \cdot \nabla e = \nabla \cdot (K \nabla T) - p \nabla \cdot \boldsymbol{V} + \Phi \tag{1.10}$$

方程式(1.10)表示在单位体积控制体中的流体的能量和功在单位时间内的变化。方程左边第一项是热内能在控制体内的变化;左边第二项是流入和流出控制体的流体所带进和带离的热内能之差。方程右边第一项是热传导项;右边第二项是膨胀功,对于不可压缩流体,膨胀功等于零;右边第三项是粘性引起的机械能的耗散,当然,这种能量并没有散失,而是转变成热内能。

1.3.5 直角坐标系、圆柱坐标系和圆球坐标系中的流体力学方程

将方程式(1.3)、(1.7)、(1.10)用于不可压缩流体并且在直角坐标系、圆柱坐标系、圆球坐标系上展开,如图 1-1 所示(其中,(a)为圆柱坐标系,(b)为圆球坐标系),就可以得到常用的流体力学方程形式。

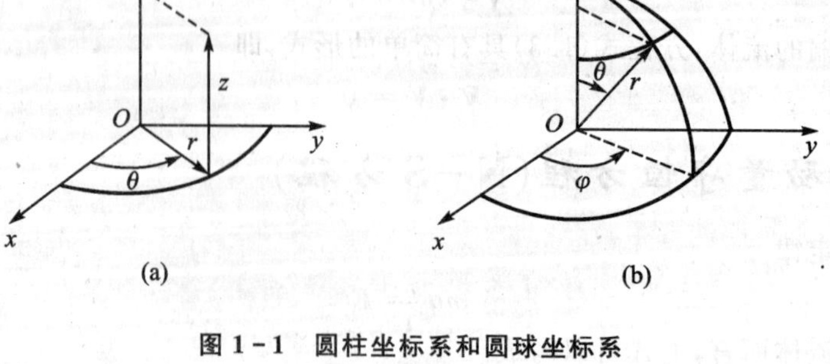

图 1-1 圆柱坐标系和圆球坐标系

1. 直角坐标系中的不可压缩流体方程组

(1) 连续性方程

$$\frac{\partial u}{\partial x}+\frac{\partial u}{\partial y}+\frac{\partial w}{\partial z}=0 \tag{1.11}$$

(2) 运动方程(N－S方程)

$$\rho\left(\frac{\partial u}{\partial t}+u\frac{\partial u}{\partial x}+v\frac{\partial u}{\partial y}+w\frac{\partial u}{\partial z}\right)=f_x-\frac{\partial p}{\partial x}+\eta\left(\frac{\partial^2 u}{\partial x^2}+\frac{\partial^2 u}{\partial y^2}+\frac{\partial^2 u}{\partial z^2}\right) \tag{1.12}$$

$$\rho\left(\frac{\partial v}{\partial t}+u\frac{\partial v}{\partial x}+v\frac{\partial v}{\partial y}+w\frac{\partial v}{\partial z}\right)=f_y-\frac{\partial p}{\partial y}+\eta\left(\frac{\partial^2 v}{\partial x^2}+\frac{\partial^2 v}{\partial y^2}+\frac{\partial^2 v}{\partial z^2}\right) \tag{1.13}$$

$$\rho\left(\frac{\partial w}{\partial t}+u\frac{\partial w}{\partial x}+v\frac{\partial w}{\partial y}+w\frac{\partial w}{\partial z}\right)=f_z-\frac{\partial p}{\partial z}+\eta\left(\frac{\partial^2 w}{\partial x^2}+\frac{\partial^2 w}{\partial y^2}+\frac{\partial^2 w}{\partial z^2}\right) \tag{1.14}$$

(3) 能量方程

$$\rho\left(\frac{\partial e}{\partial t}+u\frac{\partial e}{\partial x}+v\frac{\partial e}{\partial y}+w\frac{\partial e}{\partial z}\right)=\frac{\partial}{\partial x}\left(K\frac{\partial T}{\partial x}\right)+\frac{\partial}{\partial y}\left(K\frac{\partial T}{\partial y}\right)+\frac{\partial}{\partial z}\left(K\frac{\partial T}{\partial z}\right)+$$

$$\eta\left[2\left(\frac{\partial u}{\partial x}\right)^2+2\left(\frac{\partial v}{\partial y}\right)^2+2\left(\frac{\partial w}{\partial z}\right)^2+\left(\frac{\partial u}{\partial y}+\frac{\partial v}{\partial x}\right)^2+\left(\frac{\partial v}{\partial z}+\frac{\partial w}{\partial y}\right)^2+\left(\frac{\partial w}{\partial x}+\frac{\partial u}{\partial z}\right)^2\right] \tag{1.15}$$

2. 圆柱坐标系中不可压缩流体方程组

(1) 连续性方程

$$\frac{\partial v_r}{\partial r}+\frac{\partial v_\theta}{r\partial\theta}+\frac{\partial v_z}{\partial z}+\frac{v_r}{r}=0 \tag{1.16}$$

(2) 运动方程

$$\rho\left(\frac{\partial v_r}{\partial t}+v_r\frac{\partial v_r}{\partial r}+v_\theta\frac{\partial v_r}{r\partial\theta}+v_z\frac{\partial v_r}{\partial z}-\frac{v_\theta^2}{r}\right)=$$

$$f_r-\frac{\partial p}{\partial r}+\eta\left(\frac{\partial^2 v_r}{\partial r^2}+\frac{1}{r}\frac{\partial v_r}{\partial r}+\frac{\partial^2 v_r}{r^2\partial\theta^2}+\frac{\partial^2 v_r}{\partial z^2}-\frac{2}{r}\frac{\partial v_\theta}{r\partial\theta}-\frac{v_r}{r^2}\right) \tag{1.17}$$

$$\rho\left(\frac{\partial v_\theta}{\partial t}+v_r\frac{\partial v_\theta}{\partial r}+v_\theta\frac{\partial v_\theta}{r\partial\theta}+v_z\frac{\partial v_\theta}{\partial z}-\frac{v_r v_\theta}{r}\right)-$$

$$f_\theta-\frac{\partial p}{r\partial\theta}+\eta\left(\frac{\partial^2 v_\theta}{\partial r^2}+\frac{1}{r}\frac{\partial v_\theta}{\partial r}+\frac{\partial^2 v_\theta}{r^2\partial\theta^2}+\frac{\partial^2 v_\theta}{\partial z^2}+\frac{2}{r}\frac{\partial v_r}{r\partial\theta}-\frac{v_\theta}{r^2}\right) \tag{1.18}$$

$$\rho\left(\frac{\partial v_z}{\partial t}+v_r\frac{\partial v_z}{\partial r}+v_\theta\frac{\partial v_z}{r\partial\theta}+v_r\frac{\partial v_z}{\partial z}\right)=$$

$$f_z-\frac{\partial p}{\partial z}+\eta\left(\frac{\partial^2 v_z}{\partial r^2}+\frac{1}{r}\frac{\partial v_z}{\partial r}+\frac{\partial^2 v_z}{r^2\partial\theta^2}+\frac{\partial^2 v_z}{\partial z^2}\right) \tag{1.19}$$

(3) 能量方程

$$\rho\left(\frac{\partial e}{\partial t}+v_r\frac{\partial e}{\partial r}+v_\theta\frac{\partial e}{r\partial\theta}+v_z\frac{\partial e}{\partial z}\right)=\frac{\partial}{\partial r}\left(K\frac{\partial T}{\partial r}\right)+\frac{K}{r}\frac{\partial T}{\partial r}+\frac{\partial}{r\partial\theta}\left(K\frac{\partial T}{r\partial\theta}\right)+$$

$$\frac{\partial}{\partial z}\left(K\frac{\partial T}{\partial z}\right)+\eta\left[2\left(\frac{\partial v_r}{\partial r}\right)^2+2\left(\frac{\partial v_\theta}{r\partial\theta}+\frac{v_r}{r}\right)^2+2\left(\frac{\partial v_z}{\partial z}\right)^2+\right.$$

$$\left.\left(\frac{\partial v_\theta}{\partial r}+\frac{\partial v_r}{r\partial\theta}-\frac{v_\theta}{r}\right)^2+\left(\frac{\partial v_z}{r\partial\theta}+\frac{\partial v_\theta}{\partial z}\right)^2+\left(\frac{\partial v_z}{\partial r}+\frac{\partial v_r}{\partial z}\right)^2\right] \tag{1.20}$$

3. 圆球坐标系中不可压缩流体方程组

(1) 连续性方程

$$\frac{\partial v_r}{\partial r}+2\frac{v_r}{r}+\frac{\partial v_\theta}{r\partial\theta}+\frac{v_\theta}{r}\cot\theta+\frac{1}{\sin\theta}\frac{\partial v_\varphi}{r\partial\varphi}=0 \tag{1.21}$$

(2) 运动方程

$$\rho\left(\frac{\partial v_r}{\partial t}+v_r\frac{\partial v_r}{\partial r}+v_\theta\frac{\partial v_r}{r\partial\theta}+\frac{v_\varphi}{\sin\theta}\frac{\partial v_r}{r\partial\varphi}-\frac{v_\theta^2+v_\varphi^2}{r}\right)=f_r-\frac{\partial p}{\partial r}+\eta\left(\frac{\partial^2 v_r}{\partial r^2}+\frac{2}{r}\frac{\partial v_r}{\partial r}+\frac{\partial^2 v_r}{r^2\partial\theta^2}+\frac{\cot\theta}{r}\frac{\partial v_r}{r\partial\theta}+\frac{1}{\sin^2\theta}\frac{\partial^2 v_r}{r^2\partial\varphi^2}-\frac{2}{r}\frac{\partial v_\theta}{r\partial\theta}-\frac{2}{r\sin\theta}\frac{\partial v_\varphi}{r\partial\varphi}-\frac{2v_r}{r^2}-\frac{2v_\theta}{r^2}\cot\theta\right) \tag{1.22}$$

$$\rho\left(\frac{\partial v_\theta}{\partial t}+v_r\frac{\partial v_\theta}{\partial r}+v_\theta\frac{\partial v_\theta}{r\partial\theta}+\frac{v_\varphi}{\sin\theta}\frac{\partial v_\theta}{r\partial\varphi}+\frac{v_r v_\varphi}{r}-\frac{v_\varphi^2}{r}\cot\theta\right)=f_\theta-\frac{\partial p}{r\partial\theta}+\eta\left(\frac{\partial^2 v_\theta}{\partial r^2}+\frac{\partial^2 v_\theta}{r^2\partial\theta^2}+\frac{2}{r}\frac{\partial v_\theta}{\partial r}+\frac{\cot\theta}{r}\frac{\partial v_\theta}{r\partial\theta}+\frac{1}{\sin^2\theta}\frac{\partial^2 v_\theta}{r^2\partial\varphi^2}+\frac{2}{r}\frac{\partial v_r}{r\partial\theta}-\frac{2\cot\theta}{r\sin\theta}\frac{\partial v_\varphi}{r\partial\varphi}-\frac{v_\theta}{r^2\sin^2\theta}\right) \tag{1.23}$$

$$\rho\left(\frac{\partial v_\varphi}{\partial t}+v_r\frac{\partial v_\varphi}{\partial r}+v_\theta\frac{\partial v_\varphi}{r\partial\theta}-\frac{v_\varphi}{\sin\theta}\frac{\partial v_\varphi}{r\partial\varphi}+\frac{v_r v_\varphi}{r}+\frac{v_\theta v_\varphi}{r}\cot\theta\right)=f_\varphi-\frac{1}{\sin\theta}\frac{\partial p}{r\partial\varphi}+\eta\left(\frac{\partial^2 v_\varphi}{\partial r^2}+\frac{2}{r}\frac{\partial v_\varphi}{\partial r}+\frac{\partial^2 v_\varphi}{r^2\partial\theta^2}+\frac{\cot\theta}{r}\frac{\partial v_\varphi}{r\partial\theta}+\frac{1}{\sin^2\theta}\frac{\partial^2 v_\varphi}{r^2\partial\varphi^2}+\frac{2}{r\sin\theta}\frac{\partial v_r}{r\partial\varphi}-\frac{2\cot\theta}{r\sin\theta}\frac{\partial v_\theta}{r\partial\varphi}-\frac{v_\varphi}{r^2\sin^2\theta}\right) \tag{1.24}$$

(3) 能量方程

$$\rho\left(\frac{\partial e}{\partial t}+v_r\frac{\partial e}{\partial r}+v_\theta\frac{\partial e}{r\partial\theta}+v_\varphi\frac{1}{\sin\theta}\frac{\partial e}{r\partial\varphi}\right)=\frac{\partial}{\partial r}\left(K\frac{\partial T}{\partial r}\right)+\frac{1}{\sin\theta}\frac{\partial}{r\partial\theta}\left(K\frac{\partial T}{r\partial\theta}\sin\theta\right)+\frac{1}{\sin^2\theta}\frac{\partial}{r\partial\varphi}\left(K\frac{\partial T}{r\partial\varphi}\right)+\eta\left[2\left(\frac{\partial v_r}{\partial r}\right)^2+2\left(\frac{\partial v_\theta}{r\partial\theta}+\frac{v_r}{r}\right)^2+2\left(\frac{1}{\sin\theta}\frac{\partial v_\varphi}{r\partial\varphi}+\frac{v_r}{r}+\frac{v_\theta}{r}\cot\theta\right)^2+\left(\frac{1}{\sin\theta}\frac{\partial v_\theta}{r\partial\varphi}+\frac{\partial v_\varphi}{r\partial\theta}-\frac{v_\varphi}{r}\cot\theta\right)^2+\left(\frac{\partial v_\varphi}{\partial r}+\frac{1}{\sin\theta}\frac{\partial v_r}{r\partial\varphi}-\frac{v_\varphi}{r}\right)^2+\left(\frac{\partial v_r}{r\partial\theta}+\frac{\partial v_\theta}{\partial r}-\frac{v_\theta}{r}\right)^2\right] \tag{1.25}$$

1.4 铁磁流体固相微粒旋转时所受到的液体粘性阻力矩

由于固相微粒的尺寸极其微小，其旋转是一种很低 Reynolds 数的运动，所以在运动方程中，等号左边的所有惯性项都可以忽略。图 1-2 所示为一个圆球形固相微粒的旋转，旋转轴是坐标轴 z，旋转角速度为 ω_p。由于基载液体的粘性，圆球面上受到与 ω_p 方向相反的粘性阻力 τ。假定半径 r 方向和角度 θ 方向的流动可以略去，于是圆球坐标的运动方程组只剩下角度 φ 方向的方程(1.24)。在方程式(1.24)中还假设彻体力 $f_\varphi=0$，以及流速和压力均与角度 φ 无关。于是方程式(1.24)简化成

$$\frac{\partial^2 v_\varphi}{\partial r^2}+\frac{2}{r}\frac{\partial v_\varphi}{\partial r}+\frac{\cot\theta}{r}\frac{\partial v_\varphi}{r\partial\theta}-\frac{v_\varphi}{r^2\sin^2\theta}=0 \tag{1.26}$$

由于铁磁流体内的固相微粒是稀疏相，因而边界条件按无界流提出，即距离圆球很远处，流体未受到扰动。在圆球表面上则存在粘附现象。于是有

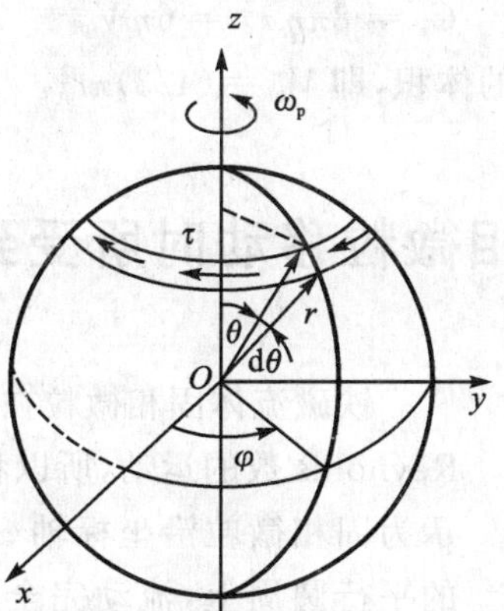

图 1-2　低 Reynolds 数旋转圆球上的粘性切应力

$$r \to \infty, \quad v_\varphi = 0; \qquad r = r_p, \quad v_\varphi = (r_p \sin\theta)\omega_p \tag{1.27}$$

注意到方程式(1.26)是线性方程,边界条件式(1.27)中含有因子 $\sin\theta$,因此假定试探解的分离变量形式为

$$v_\varphi = f(r)\sin\theta$$

代入方程式(1.26)中,就得到常微分方程

$$r^2 f'' + 2rf' - 2f = 0$$

这个方程的解显然是

$$f = Ar + \frac{B}{r^2}$$

由边界条件式(1.27)得 $A=0$;$B=\omega_p r_p^3$。于是速度 v_φ 为

$$v_\varphi = \omega_p r_p \left(\frac{r_p}{r}\right)^2 \sin\theta \tag{1.28}$$

在圆球坐标系中,一维流动的粘性剪切应力为

$$\tau_{r\varphi} = \eta\left(\frac{\partial v_\varphi}{\partial r} - \frac{v_\varphi}{r}\right)$$

用式(1.28)代入,则得

$$\tau_{r\varphi} = -3\eta_c\omega_p\left(\frac{r_p}{r}\right)^3 \sin\theta \tag{1.29}$$

式中,η_c 是铁磁流体基载液体的粘度。等号右边的负号表示粘性剪切应力 $\tau_{r\varphi}$ 与旋转角速度 ω_p 的方向相反,所以它是一种阻力。在固相微粒的表面上,取 $r=r_p$,得表面上的粘性切应力

$$\tau_{r\varphi} = -3\eta_c\omega_p\sin\theta \tag{1.30}$$

在整个圆球形固相微粒表面上的粘性摩擦阻力矩 L_τ 为

$$L_\tau = \int_0^\pi \tau_{r\varphi}(2\pi r_p\sin\theta)(r_p d\theta) r_p \sin\theta$$

用式(1.30)代入,积分结果为

$$L_\tau = -C_\tau\omega_p = -C_\tau\frac{d\varphi}{dt} \tag{1.31}$$

式中的阻力矩系数 C_τ 为

$$C_\tau = 8\pi\eta_c r_p^3 = 6\eta_c V_{p1} \tag{1.32}$$

式中，V_{p1} 是一个圆球形固相微粒的体积，即 $V_{p1}=(4/3)\pi r_p^3$。

1.5 铁磁流体固相微粒移动时所受到的液体粘性阻力

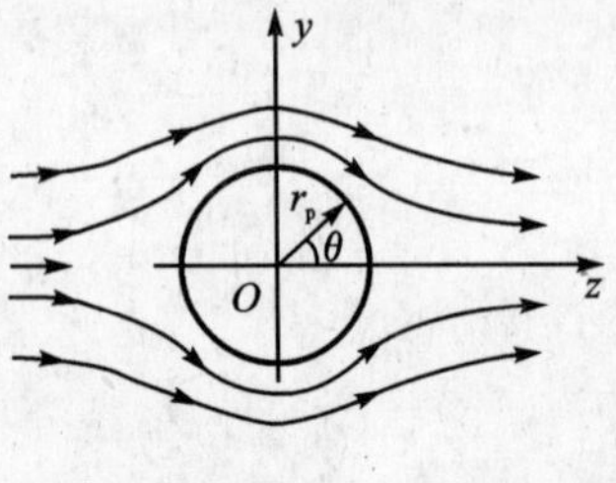

图 1-3 低 Reynolds 数下圆球的移动

铁磁流体固相微粒在基载液体中移动时，也是一种低 Reynolds 数的运动，所以移动的惯性可以略去，图 1-3 所示为固相微粒沿坐标轴 z 的负方向移动。在垂直于 z 轴的平行圆周上，流动完全对称于 z 轴，也就是说与坐标 φ 无关。所以问题就变成与 yOz 坐标面平行的平面问题。

在上述的简化下，圆球坐标系中的 N-S 方程组只有式(1.22)和式(1.23)的简化形式，即

$$\frac{\partial p}{\partial r} = \eta_c\left(\frac{\partial^2 v_r}{\partial r^2} + \frac{\partial^2 v_r}{r^2\partial\theta^2} + \frac{2}{r}\frac{\partial v_r}{\partial r} + \frac{\cot\theta}{r}\frac{\partial v_r}{r\partial\theta} - \frac{2}{r}\frac{\partial v_\theta}{r\partial\theta} - \frac{2v_r}{r^2} - \frac{2\cot\theta}{r^2}v_\theta\right) \tag{1.33}$$

$$\frac{\partial p}{r\partial\theta} = \eta_c\left(\frac{\partial^2 v_\theta}{\partial r^2} + \frac{\partial^2 v_\theta}{r^2\partial\theta^2} + \frac{2}{r}\frac{\partial v_\theta}{\partial r} + \frac{\cot\theta}{r}\frac{\partial v_\theta}{r\partial\theta} + \frac{2}{r}\frac{\partial v_r}{r\partial\theta} - \frac{v_\theta}{r^2\sin^2\theta}\right) \tag{1.34}$$

连续性方程(1.21)成为

$$\frac{\partial v_r}{\partial r} + \frac{\partial v_\theta}{r\partial\theta} + \frac{2v_r}{r} + \frac{v_\theta}{r}\cot\theta = 0 \tag{1.35}$$

边界条件为

$$\left.\begin{array}{llll} \text{在无限远处} & r\to\infty, & v_r = v\cos\theta, & v_\theta = -v\sin\theta \\ \text{在圆球表面} & r = r_p, & v_r = 0, & v_\theta = 0 \end{array}\right\} \tag{1.36}$$

因为圆球是沿 z 轴的负方向移动，相当于流体沿 z 轴的正方向流动。边界条件式(1.36)就是表示流体经过圆球的绕流情况。方程式(1.33)、(1.34)都是线性方程，边界条件中有三角正弦和三角余弦函数，所以取试探解的形式为

$$v_r = f_1(r)\cos\theta, \qquad v_\theta = -f_2(r)\sin\theta, \qquad p = \eta_c f_3(r)\cos\theta \tag{1.37}$$

将试探解式(1.37)代入到方程式(1.33)、(1.34)、(1.35)中，就可以由这三个偏微分方程得到三个常微分方程，即

$$f_3' = f_1'' + \frac{2}{r}f_1' - \frac{4}{r^2}(f_1 - f_2) \tag{A}$$

$$\frac{1}{r}f_3 = f_2'' + \frac{2}{r}f_2' - \frac{2}{r^2}(f_1 - f_2) \tag{B}$$

$$0 = f_1' + \frac{2}{r}(f_1 - f_2) \tag{C}$$

将方程(A)、(B)、(C)联立，消去 f_2 和 f_3 及其导数，就得到一个关于 f_1 的微分方程式

$$r^3 f_1'''' + 8r^2 f_1''' + 8r f_1'' - 8f_1' = 0 \tag{D}$$

显然，只要设 $y=f_1'$，此方程便化成 Euler 方程，因而不难求解。不过最方便的方法是假定函数 f_1 的试探解为 $f_1=r^m$，代入微分方程(D)中，就能得到一个代数方程式

$$m(m-1)(m-2)(m-3) + 8m(m-1)(m-2) + 8m(m-1) - 8m = 0$$

经过简单的推演以后，上式化成析因式的形式

$$m(m-2)(m+1)(m+3)=0$$

由此可知 m 的 4 个根是 0、2、−1、−3。所以函数 f_1 的形式是

$$f_1=a+br^2+\frac{c}{r}+\frac{d}{r^3} \tag{E}$$

将式(E)代入式(C)就得函数 f_2，再由式(A)或式(B)确定函数 f_3，然后利用边界条件(1.36)得出积分常数 a、b、c、d，最终得流场中的速度和压力的函数形式为

$$v_r(r,\theta)=\left(1-\frac{3}{2}\frac{r_p}{r}+\frac{1}{2}\frac{r_p^3}{r^3}\right)v\cos\theta \tag{1.38}$$

$$v_\theta(r,\theta)=-\left(1-\frac{3}{4}\frac{r_p}{r}-\frac{1}{4}\frac{r_p^3}{r^3}\right)v\sin\theta \tag{1.39}$$

$$p(r,\theta)=p_0-\frac{3}{2}\eta_c\frac{r_p}{r}\frac{v}{r}\cos\theta \tag{1.40}$$

式中，p_0 是铁磁流体中远离固相微粒处的压力；η_c 是基载液体的动力粘度；v 是 v_r 和 v_θ 的合成速度，也就是边界条件(1.36)所给出的无限远处流体未受到扰动的速度。实际上这个速度 v 在数值上就等于微粒的运动速度。在圆球坐标系中，粘性剪切应力 $\tau_{r\theta}$ 为

$$\tau_{r\theta}=\eta_c\left(\frac{\partial v_r}{r\partial\theta}+\frac{\partial v_\theta}{\partial r}\right)$$

用式(1.38)、式(1.39)代入，得

$$\tau_{r\theta}=-\eta_c\left(\frac{1}{r}-\frac{3}{4}\frac{r_p}{r^2}+\frac{5}{4}\frac{r_p^3}{r^4}\right)v\sin\theta \tag{1.41}$$

作用于微粒表面上的阻力由压力和粘性剪切应力所形成，即

$$F_d=\iint_S\left(\tau_{r\theta}\big|_{r=r_p}\sin\theta+p\big|_{r=r_p}\cos\theta\right)dS$$

积分结果为

$$F_d=-C_d v \tag{1.42}$$

式中，阻力系数为

$$C_d=4\pi\eta_c r_p+2\pi\eta_c r_p=6\pi\eta_c r_p \tag{1.43}$$

式(1.43)表明，低 Reynolds 数下，圆球移动的阻力有 2/3 来自粘性剪切力，1/3 来自压力不均匀分布。

参考文献

[1] ROSENSWEIG R E. Ferrohydrodynamics[M]. Cambrige University Press，1985.

[2] 池长青，王之珊，赵丕智. 铁磁流体力学[M]. 北京：北京航空航天大学出版社，1993.

[3] ПАТРАШЕВ A H. 流体力学[M]. 载昌晖，等译. 北京：高等教育出版社，1958.

[4] WHITE F M. 粘性流体动力学[M]. 魏中磊，曾思森，译. 北京：机械工业出版社，1982.

第 2 章 铁磁流体的电磁学基础

2.1 概 述

铁磁流体与普通流体最大的不同之处就在于其具有磁性，其磁性来源于其组成中的固相磁性微粒。虽然这些固相微粒都是铁磁性物质，但由于在体积上它们只占铁磁流体总体积的很小一部分，所以铁磁流体的磁响应能力比铁磁物质相差甚远，只是一种超顺磁的流态物质。为了有效地控制铁磁流体的行为，合理地设计外加磁场是决定性的。磁场分析的基础是电磁学中的两个定理，即 Gauss 磁通量连续定理和 Ampere 环路定理。由 Biot - Savart 实验定律和 Ampere 定律可以构建铁磁流体磁性机制的模型，其中最为重要的是固相微粒的三种电磁学模型：平面电流环、圆球形线圈和磁偶极子。这三种模型是等效的，前两个是微电流模型，第三个是磁荷模型。由于这三个模型的等效性，所以在分析中为了方便而相机使用其中的某一个。

电流产生磁场已经为物理学实验所证实，这就是 Biot - Savart 实验定律。而物质原子中，电子的自旋和轨道运动就是环形电流，因而微电流环模型和球形线圈模型具有十分坚实的物理学基础。对于磁偶极子来说，它的基础是磁荷观念。虽然磁荷并不存在，但是实际见到的磁铁棒（电磁铁或永久磁铁），它们确实存在两个磁极：N 极和 S 极。而所谓的磁偶极子，实际上就是一个微小的磁铁棒，因而其直观性远非微电流环所能比拟。

Biot - Savart 实验定律是电磁学的基础。分析磁场的基本定理，即 Gauss 通量定理和 Ampere 环路定理都可以从 Biot - Savart 定律导出。

2.2 Lorentz 力和磁感应强度

设有一正电荷 q^+，以速度 $\boldsymbol{v}$ 运动。当它通过空间中一点 P 的时候，受到一个力 $\boldsymbol{F}$ 的作用，则说在点 P 处存在磁感应强度 $\boldsymbol{B}$，并且有以下的 Lorentz 关系：

$$\boldsymbol{F} = q^+ \boldsymbol{v} \times \boldsymbol{B} \tag{2.1}$$

式中，$\boldsymbol{F}$ 称作 Lorentz 力；q^+ 称作试探电荷。式(2.1)就是磁感应强度 $\boldsymbol{B}$ 的定义式。所以磁感应强度 $\boldsymbol{B}$ 是以力的形式存在和度量的。式(2.1)中的 $\boldsymbol{B}$ 是客观存在的外磁场，它不因是否有 q^+ 而发生改变。

2.3 Ampere 定律

设导线的一个微元段 dl 中包含有电荷量为 dq^+，并且 dq^+ 的运动速度是 $\boldsymbol{v}$，则由

式(2.1)得

$$\mathrm{d}\boldsymbol{F} = (\mathrm{d}q^{+})\boldsymbol{v} \times \boldsymbol{B}$$

电荷的运动就是电流，所以电流 I 的定义是

$$I = \frac{\mathrm{d}q^{+}}{\mathrm{d}t}$$

式中，t 是时间。因为 $\mathrm{d}q^{+}$ 以速度 $\boldsymbol{v}$ 沿 $\mathrm{d}\boldsymbol{l}$ 运动，故有

$$\mathrm{d}\boldsymbol{l} = \boldsymbol{v}\mathrm{d}t$$

于是 Lorentz 力即磁场力可以写成

$$\mathrm{d}\boldsymbol{F} = I\mathrm{d}\boldsymbol{l} \times \boldsymbol{B} \tag{2.2}$$

式(2.2)就是 Ampere 定律公式。

2.4 Biot - Savart 定律

2.4.1 Biot - Savart 实验定律公式

实验发现，电流元 $I\mathrm{d}l$ 在一点 P 处所产生的磁感应强度 $\mathrm{d}B$ 的值正比于 $I\mathrm{d}l$，反比于距离 r 的平方，并且只有 $I\mathrm{d}l$ 与 r 相垂直的分量起实际作用，如图 2-1 所示，即

$$\mathrm{d}B \propto I\mathrm{d}l\,\frac{1}{r^2}\sin\theta$$

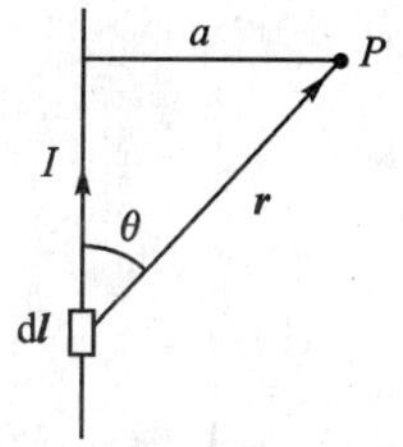

图 2-1　点 P 与 Idl 的相对位置

将上面的比例式写成等式，比例系数用 $\mu/(4\pi)$ 来表示，为了表示磁感应强度的方向，同时用矢量形式表达，得

$$\mathrm{d}B = \frac{\mu}{4\pi}\,\frac{I\mathrm{d}l\sin\theta}{r^2} \quad 或 \quad \mathrm{d}\boldsymbol{B} = \frac{\mu}{4\pi}\,\frac{I\mathrm{d}\boldsymbol{l}\times\boldsymbol{r}^0}{r^2} \tag{2.3}$$

式中，$\boldsymbol{r}^0$ 是距离 $\boldsymbol{r}$ 的单位矢量，它的方向是从 $I\mathrm{d}l$ 指向点 P。系数中的 μ 称为磁导率，它表示从 $I\mathrm{d}l$ 到点 P 的区间的导磁能力。如果 $I\mathrm{d}l$ 与点 P 之间是真空，则此时的 μ 称为真空磁导率并且用 μ_0 表示。μ_0 的值是

$$\mu_0 = 4\pi \times 10^{-7}\ \mathrm{N/A^2} \tag{2.4}$$

式(2.3)中的系数使用真空磁导率 μ_0 时，则式中的电流 I 可以是传导电流 I_c、分子电流 I'、运流电流 I_v 及位移电流 I_D 中的任一种，也可以是它们之和。式(2.3)表明磁感应强度 $\mathrm{d}\boldsymbol{B}$ 垂直于 $I\mathrm{d}l$ 和 r 决定的平面，并且 $\mathrm{d}\boldsymbol{B}$ 的正方向按右手规则从 $I\mathrm{d}\boldsymbol{l}$ 转向 $\boldsymbol{r}$。

2.4.2 载流直导线周围产生的磁场

如图 2-2 所示，载流直导线微元段是 $I\mathrm{d}l$，它在点 P 处产生的磁感应强度 $\mathrm{d}B$ 的值由式(2.3)给出。而整个导线长度 l 在点 P 处的磁感应强度是积分

$$B = \frac{\mu}{4\pi}\int_l \frac{I\mathrm{d}l\sin\theta}{r^2}$$

将 $\mathrm{d}l\sin\theta = r\mathrm{d}\theta$，$r = a/\sin\theta$ 代入上式中，得

$$B = \frac{\mu I}{4\pi a}\int_{\theta_1}^{\theta_2}\sin\theta\mathrm{d}\theta = \frac{\mu I}{4\pi a}(\cos\theta_1 - \cos\theta_2)$$

或改写成

$$B=\frac{\mu I}{4\pi a}\left(\frac{l_1}{\sqrt{a^2+l_1^2}}+\frac{l_2}{\sqrt{a^2+l_2^2}}\right) \tag{2.5}$$

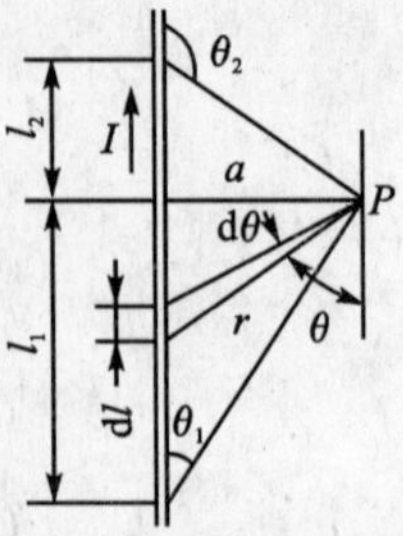

图 2-2 载流直导线周围一点 *P* 的几何位置

由式(2.5)可见：

① 若导线很长，即 $l_1\to\infty$，$l_2\to\infty$，则有

$$B=\frac{\mu I}{2\pi a} \tag{2.6}$$

② 在靠近导线处($a\ll l_1, a\ll l_2$)同样有式(2.6)的结果。

③ 在垂直于导线 l 的平面内，B 的等值线是一族同心圆，并且这些同心圆也是磁力线，即磁感应强度 $\boldsymbol{B}$ 的方向沿这些同心圆的切线。其正向和 Il 遵守右手螺旋规则。

2.4.3 在任意形状的平面电流环法线上的磁感应强度 B

设平面电流环的路径是封闭曲线 C，极点 O 在 C 所包围的域 D 之内，而 C 是由矢径 $\boldsymbol{a}=\boldsymbol{a}(\varphi)$ 的端点所形成，如图 2-3 所示。若以极点 O 为心将电流环所包围的域 D 分割成许多小扇形面积，其顶角为 $\mathrm{d}\varphi$，每个扇形的平均半径为 a，只要 $\mathrm{d}\varphi$ 足够小，则可以用 $a\mathrm{d}\varphi$ 代替微段路径 $\mathrm{d}C$。微元电流段 $I(a\mathrm{d}\varphi)$ 在点 P 处产生的磁感应强度 $\mathrm{d}\boldsymbol{B}$ 位于 OAP 平面之内并且与 $\boldsymbol{r}$(即 AP)垂直。所以 $\mathrm{d}\boldsymbol{B}$ 和 z 轴的夹角也是 α。将 $\mathrm{d}\boldsymbol{B}$ 在 z 轴和矢径 $\boldsymbol{a}$ 方向上分解，就有

$$\mathrm{d}\boldsymbol{B}=\boldsymbol{k}\mathrm{d}B_z+\boldsymbol{a}^\circ\mathrm{d}B_a$$

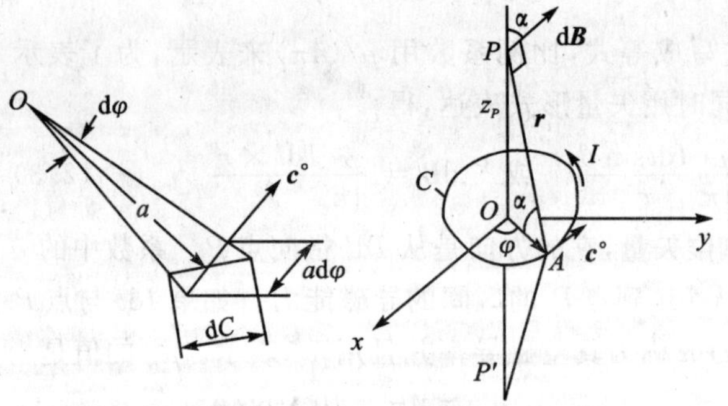

图 2-3 任意形状的平面电流环法线上的一点 *P* 处的磁场

式中，$\mathrm{d}B_z=(\mathrm{d}B)\cos\alpha$；$\mathrm{d}B_a=(\mathrm{d}B)\sin\alpha$。用式(2.3)取代 $\mathrm{d}B$，然后将 $\mathrm{d}B_z$ 和 $\mathrm{d}B_a$ 沿封闭路径 C 积分，就有

$$\boldsymbol{B}_z=\frac{\mu}{4\pi}\oint_C\boldsymbol{k}\,\frac{I(a\mathrm{d}\varphi)\sin\theta\cos\alpha}{r^2}$$

$$\boldsymbol{B}_a=\frac{\mu}{4\pi}\oint_C\boldsymbol{a}^\circ\,\frac{I(a\mathrm{d}\varphi)\sin\theta\sin\alpha}{r^2}$$

单位矢量 $\boldsymbol{k}$ 是常矢，而单位矢量 $\boldsymbol{a}^\circ$ 虽然模是 1，但其方向在 0 到 2π 之间变化，所以 $\boldsymbol{a}^\circ$ 并非常矢。由于 $a\mathrm{d}\varphi$ 与 r 相垂直，故 $\sin\theta=1$，此处 $\cos\alpha=a/r$，$\sin\alpha=z_P/r$，代入上面两个积分式中，有

$$\boldsymbol{B}_z=\boldsymbol{k}\,\frac{\mu I}{4\pi}\oint_C\frac{a^2}{r^3}\mathrm{d}\varphi$$

$$B_a = \frac{\mu I}{4\pi}\oint_C a^\circ \frac{a z_P}{r^3}\mathrm{d}\varphi$$

在下述两种情况下，可以直接积分：① 电流环是圆形，$r=\mathrm{const}$；② P 点远离形状任意的电流环，即 $z_P \gg a$，于是 $r=(z_P^2+a^2)^{0.5}\approx z_P=\mathrm{const}$，则上面两个积分式成为

$$B_z = k\,\frac{\mu I}{4\pi r^3}\oint_C (2\mathrm{d}S)$$

$$B_a = \frac{\mu I z_P}{4\pi r^3}\oint_C a^\circ(a\mathrm{d}\varphi) = \frac{\mu I z_P}{4\pi r^3}\oint_C (i\cos\varphi + j\sin\varphi)a\mathrm{d}\varphi = \frac{\mu I z_P}{4\pi r^3}\oint_C (i\mathrm{d}y - j\mathrm{d}x)$$

积分的结果是

$$B_z = k\,\frac{\mu IS}{2\pi r^3},\qquad B_a = 0 \tag{2.7}$$

式中，S 是平面电流环路径 C 所包围的域 D 的面积。由式(2.7)可见，磁感应强度 B_z 的模正比于 IS，方向平行于 S 的法线方向。S 的法线正方向由环形电流 I 按右手螺旋规则确定。定义

$$m = n^\circ IS = IS \tag{2.8}$$

式中，n°是面积 S 的法向单位矢量，矢量 m 称为电流环的磁矩。当电流环为任意形状时，若 $z_P \gg a$，即 $r\approx z_P$，则由式(2.7)得

$$B_z = \frac{\mu m}{2\pi z_P^3} \tag{2.9}$$

当电流环为圆形时，若 $z_P \ll a$ 或 $z_P=0$，则 r 的值可以取为 a，则由式(2.7)有

$$B_z = \frac{\mu m}{2\pi a^3} \tag{2.10}$$

2.4.4 任意形状电流环平面上的磁场

微元电流段 $I\mathrm{d}C$ 在图 2-4 上点 P 处产生的磁感应强度由式(2.3)给出，即

$$\mathrm{d}B = \frac{\mu I}{4\pi}\frac{\mathrm{d}C}{r^2}c^\circ \times r^\circ$$

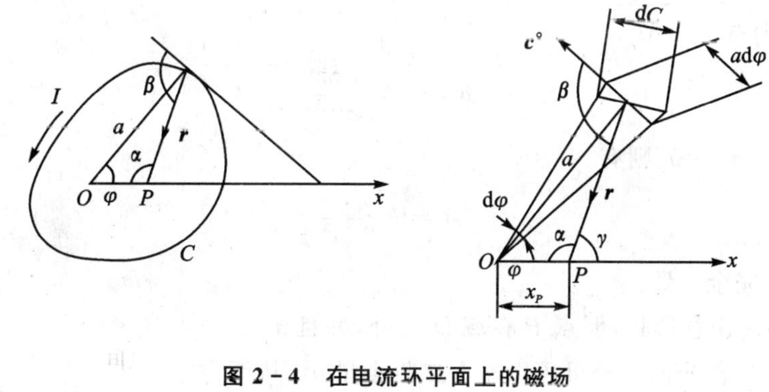

图 2-4　在电流环平面上的磁场

在 $\mathrm{d}\varphi$ 足够小的情况下，可以用 $a\mathrm{d}\varphi$ 代替 $\mathrm{d}C$，于是由图 2-4 可见

$$c^\circ \times r^\circ = k\sin\beta$$

式中，c°是电流环路径的单位矢量；角度 $\beta=(\pi/2)+[\pi-(\varphi+\alpha)]=(3\pi/2)-(\varphi+\alpha)$，故有

$$c^{\circ} \times r^{\circ} = -k\cos(\varphi + \alpha) = k(\sin\varphi\sin\alpha - \cos\varphi\cos\alpha)$$

在图 2-4 上,由正弦定理给出 $\sin\alpha = (a\sin\varphi)/r$,以及 $\cos\alpha = \cos(\pi - \gamma) = -\cos\gamma = -(a\cos\varphi - x_P)/r$,于是得到

$$c^{\circ} \times r^{\circ} = k\frac{a - x_P\cos\varphi}{r}$$

代入上面微元磁感应强度 d$\boldsymbol{B}$ 的式子中,得

$$d\boldsymbol{B} = k\frac{\mu I}{4\pi}\frac{a - x_P\cos\varphi}{r^3}dC$$

在图 2-4 上使用余弦定理有 $r = (a^2 + x_P^2 - 2ax_P\cos\varphi)^{0.5}$。积分得整个电流环在点 P 处产生的磁感应强度

$$\boldsymbol{B} = k\frac{uI}{4\pi}\oint_C\frac{a - x_P\cos\varphi}{(a^2 + x_P^2 - 2ax_P\cos\varphi)^{1.5}}dC \tag{2.11}$$

在下述情况下,式(2.11)可以近似积分。

(1) 电流环是圆形

此即 $a = \text{const}$。设 $a^2 + x_P^2 = r_0^2$,只要 $x_P \gg a$ 或 $a \gg x_P$,就有 $r_0^2 \gg 2ax_P$,于是式(2.11)可以改写成

$$\boldsymbol{B} = k\frac{\mu I}{4\pi}\oint\frac{a\left(1 - \dfrac{x_P}{a}\cos\varphi\right)}{r_0^3\left(1 - \dfrac{2ax_P}{r_0^2}\cos\varphi\right)^{1.5}}a\,d\varphi \approx$$

$$k\frac{\mu Ia^2}{4\pi r_0^3}\int_0^{2\pi}\left(1 - \frac{x_P}{a}\cos\varphi\right)\left(1 + \frac{3ax_P}{r_0^2}\cos\varphi\right)d\varphi =$$

$$k\frac{\mu Ia^2}{4\pi r_0^3}\left(2\pi - \frac{3\pi x_P^2}{r_0^2}\right)$$

于是最终有

$$\boldsymbol{B} = k\frac{\mu I\pi a^2}{2\pi r_0^3}\left(1 - \frac{3x_P^2}{2r_0^2}\right) = k\frac{\mu m}{2\pi(a^2 + x_P^2)^{1.5}}\left(1 - \frac{1.5x_P^2}{a^2 + x_P^2}\right) \tag{2.12}$$

若 $x_P \gg a$,则有

$$\boldsymbol{B} = -k\frac{\mu m}{4\pi x_P^3} \tag{2.13}$$

若 $x_P \ll a$,或 $x_P = 0$,则有

$$\boldsymbol{B} = k\frac{\mu m}{2\pi a^3}$$

此式与式(2.10)完全一致。

(2) 电流环是任意形状,但点 P 在域 D 之外,并且 $x_P \gg a$

此时式(2.11)积分内的分母可以略去二阶小量 a^2,从而得

$$\boldsymbol{B} = k\frac{\mu I}{4\pi x_P^2}\oint\frac{\dfrac{a}{x_P} - \cos\varphi}{\left(1 - \dfrac{2a}{x_P}\cos\varphi\right)^{1.5}}dC \approx$$

$$\boldsymbol{k}\,\frac{\mu I}{4\pi x_P^2}\oint\left(\frac{a}{x_P}-\cos\varphi\right)\left(1+3\,\frac{a}{x_P}\cos\varphi\right)a\,\mathrm{d}\varphi\approx$$

$$\boldsymbol{k}\,\frac{\mu I}{4\pi x_P^2}\left[\frac{1}{x_P}\oint a^2\,\mathrm{d}\varphi-\oint a\cos\varphi\,\mathrm{d}\varphi-\frac{3}{x_P}\oint(a\cos\varphi)a\cos\varphi\,\mathrm{d}\varphi\right]$$

由于 $a^2\,\mathrm{d}\varphi=2\mathrm{d}S$，$a\cos\varphi\,\mathrm{d}\varphi=\mathrm{d}y$，$a\cos\varphi=x$，$x\mathrm{d}y=\mathrm{d}S$，上式的中括号内第二个积分结果是零，从而得

$$\boldsymbol{B}=-\boldsymbol{k}\,\frac{\mu IS}{4\pi x_P^3}=-\boldsymbol{k}\,\frac{\mu m}{4\pi x_P^3}$$

因为 S 不局限于圆形的 πa^2，而是任意形状的面积，所以上式是式(2.13)的一般情况。

2.4.5　在平面电流环外任意点处的磁感应强度

1. 电流环是任意形状，但点 P 在域 D 之外，并且点 P 远离电流环

如图 2-5 所示，连接点 O 和点 P 的矢径为 $\boldsymbol{r}_\theta$，其正方向由 O 指向 P。在 z 轴和 r_θ 所决定的平面内，将电流环的磁矩矢量 $\boldsymbol{m}$ 分解为 $\boldsymbol{m}_r$ 和 $\boldsymbol{m}_\tau$。$\boldsymbol{m}_r$ 沿 $\overrightarrow{OP}$ 方向，$\boldsymbol{m}_\tau$ 垂直于 $\boldsymbol{m}_r$，于是有

$$\boldsymbol{m}_r=\boldsymbol{r}_\theta^\circ m\cos\theta,\qquad \boldsymbol{m}_\tau=\boldsymbol{\tau}^\circ m\sin\theta$$

对于 $\boldsymbol{m}_r$ 而言，点 P 位于法线上，故由式(2.9)有

$$\boldsymbol{B}_r=\boldsymbol{r}_\theta^\circ\frac{\mu m}{2\pi r_\theta^3}\cos\theta \tag{2.14}$$

对于 $\boldsymbol{m}_\tau$ 而言，点 P 位于 $\boldsymbol{m}_\tau$ 电流环平面上，故由式(2.13)有

$$\boldsymbol{B}_\tau=-\boldsymbol{\tau}^\circ\,\frac{\mu m}{4\pi r_\theta^3}\sin\theta \tag{2.15}$$

电流环在点 P 处所产生的磁感应强度 $\boldsymbol{B}$ 为

$$\boldsymbol{B}=\boldsymbol{B}_r+\boldsymbol{B}_\tau$$

将式(2.14)、式(2.15)代入，即得

$$\boldsymbol{B}=\frac{\mu m}{4\pi r_\theta^3}\left(2\boldsymbol{r}_\theta^\circ\cos\theta-\boldsymbol{\tau}^\circ\sin\theta\right) \tag{2.16}$$

若用电流环平面的法向 $\boldsymbol{k}$ 表示，以取代 $\boldsymbol{\tau}^\circ$，则需要将 $\boldsymbol{B}_\tau$ 分解为 $\boldsymbol{k}$ 和 $\boldsymbol{r}_\theta^\circ$ 两个方向，如图 2-6 所示。

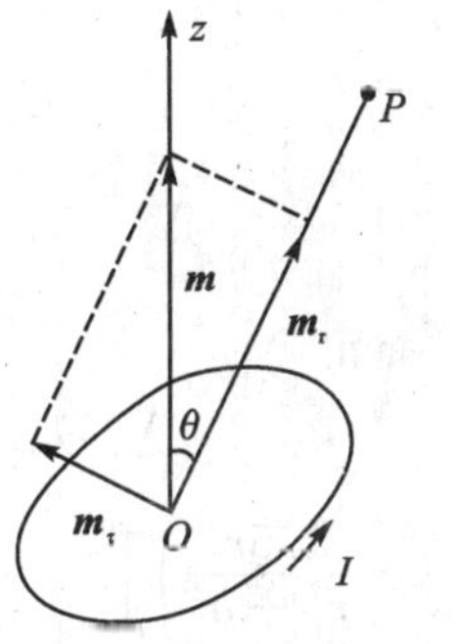

图 2-5　电流环外任意点 P 的位置

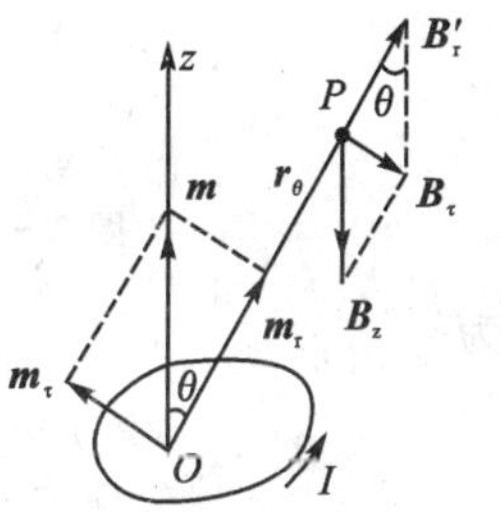

图 2-6　$\boldsymbol{B}_\tau$ 分解为 $\boldsymbol{B}_z$ 和 $\boldsymbol{B}'_r$

由图 2-6 可得

$$\boldsymbol{B}_z = -\boldsymbol{k}\,\frac{B_\tau}{\sin\theta} = -\boldsymbol{k}\,\frac{\mu m}{4\pi r_\theta^3}, \qquad \boldsymbol{B}'_r = \boldsymbol{r}_\theta^\circ(-B_\tau)\cot\theta = \boldsymbol{r}_\theta^\circ\frac{\mu m}{4\pi r_\theta^3}\cos\theta \tag{2.17}$$

则合成磁场为

$$\boldsymbol{B} = \boldsymbol{B}_r + \boldsymbol{B}_\tau = \boldsymbol{B}_r + \boldsymbol{B}'_r + \boldsymbol{B}_z$$

将式(2.14)、式(2.17)代入，就得

$$\boldsymbol{B} = \frac{\mu m}{4\pi r_\theta^3}\left(3\boldsymbol{r}_\theta^\circ\cos\theta - \boldsymbol{k}\right) \tag{2.18}$$

2. 电流环是圆形

将电流环的磁矩矢量 $\boldsymbol{m}$ 分解成 $\boldsymbol{m}_r$ 和 $\boldsymbol{m}_\tau$。对于 $\boldsymbol{m}_r$，r_θ 是法线，相应于式(2.7)中的 z_P；对于 m_τ，r_θ 是 $\boldsymbol{m}_\tau$ 的电流环平面的切线，相应于式(2.12)中的 x_P。故可以由式(2.7)、式(2.12)直接写出

$$\boldsymbol{B}_r = \boldsymbol{r}_\theta^\circ\frac{\mu m}{2\pi(r_\theta^2 + a^2)^{1.5}}\cos\theta$$

$$\boldsymbol{B}_\tau = \boldsymbol{\tau}^\circ\frac{\mu m}{2\pi(r_\theta^2 + a^2)^{1.5}}\left(1 - \frac{1.5r_\theta^2}{r_\theta^2 + a^2}\right)\sin\theta$$

于是得到点 P 处的合成磁场

$$\boldsymbol{B} = \frac{\mu m}{2\pi(r_\theta^2 + a^2)^{1.5}}\left[\boldsymbol{r}_\theta^\circ\cos\theta + \boldsymbol{\tau}^\circ\left(1 - \frac{1.5r_\theta^2}{r_\theta^2 + a^2}\right)\sin\theta\right] \tag{2.19}$$

由图 2-7 可得 $\boldsymbol{B}_\tau$ 所分解成的 $\boldsymbol{B}_z$ 和 $\boldsymbol{B}'_r$ 分别为

$$\boldsymbol{B}_z = \boldsymbol{k}\,\frac{B_\tau}{\sin\theta} = \boldsymbol{k}\,\frac{\mu m}{2\pi(r_\theta^2 + a^2)^{1.5}}\left(1 - \frac{1.5r_\theta^2}{r_\theta^2 + a^2}\right)$$

$$\boldsymbol{B}'_r = -\boldsymbol{r}_\theta^\circ B_\tau\cot\theta = -\boldsymbol{r}_\theta^\circ\frac{\mu m}{2\pi(r_\theta^2 + a^2)^{1.5}}\left(1 - \frac{1.5r_\theta^2}{r_\theta^2 + a^2}\right)\cos\theta$$

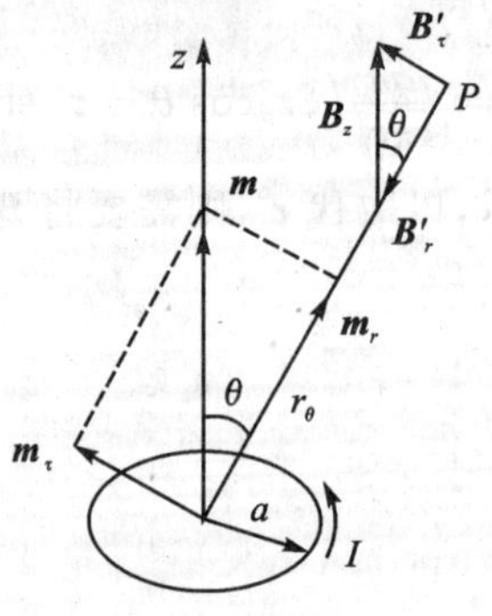

图 2-7 圆形电流环的 $\boldsymbol{B}_\tau$ 分解为 $\boldsymbol{B}_z$ 和 $\boldsymbol{B}'_r$

则合成磁场为

$$\boldsymbol{B} = \frac{\mu m}{2\pi(r_\theta^2 + a^2)^{1.5}}\left[\boldsymbol{r}_\theta^\circ\frac{1.5r_\theta^2}{r_\theta^2 + a^2}\cos\theta + \boldsymbol{k}\left(1 - \frac{1.5r_\theta^2}{r_\theta^2 + a^2}\right)\right] \tag{2.20}$$

(1) $r_\theta \gg a$

$$\boldsymbol{B} = \frac{\mu m}{2\pi r_\theta^3}\left(1.5\boldsymbol{r}_\theta^\circ\cos\theta - 0.5\boldsymbol{k}\right)$$

(2) $r_\theta \ll a$

$$B = k\frac{\mu m}{2\pi a^3}$$

由电流环形状任意而得到的式(2.16)、式(2.18)只适用于 $r_\theta \gg a$ 的情况；而基于圆形电流环得到的式(2.20)则可适用于 $r_\theta \gg a$ 和 $r_\theta \ll a$ 的两种情况。

2.5　圆球形线圈的磁场

2.5.1　概　述

铁磁流体的固相微粒通常简化成为圆球形状。由于其尺寸极其微小，所以每个微粒都属于单畴或亚单畴物质，并且都有自己的磁矩 $\boldsymbol{m}_{p1}$。可以使用圆球形线圈来作为固相微粒的磁学模型。这种球形线圈由一系列的圆形电流环组成，每个电流环都是平行圆，其法线方向就是 $\boldsymbol{m}_{p1}$ 的方向。由于每个微粒都是单畴或亚单畴的，所以可以认为每个微粒都是均匀磁化的，即每个平行圆电流环的电流均为 I'。图 2-8 所示为这种模型。

由图 2-8 得每个微元平行球台的磁矩为

$$\mathrm{d}\boldsymbol{m}_{p1} = \boldsymbol{k}(\mathrm{d}I')\pi a^2$$

式中，a 是平行圆的半径。设在 z 方向单位高度内的电流是 i'，则

$$\mathrm{d}I' = i'\mathrm{d}z, \qquad \mathrm{d}\boldsymbol{m}_{p1} = \boldsymbol{k}i'\pi a^2\mathrm{d}z$$

将几何关系：$z = a_P\cos\theta$，$-\mathrm{d}z = (a_P\,\mathrm{d}\theta)(-\sin\theta)$，$a = a_P\sin\theta$，代入 $\mathrm{d}\boldsymbol{m}_{p1}$ 式中，并积分就有

$$\boldsymbol{m}_{p1} = \int_0^\pi \mathrm{d}\boldsymbol{m}_{p1} = \boldsymbol{k}i'\pi a_P^3\int_0^\pi \sin^3\theta\,\mathrm{d}\theta$$

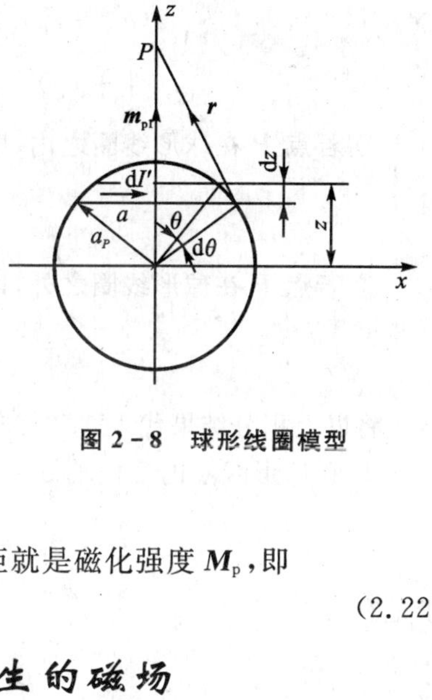

图 2-8　球形线圈模型

于是每个固相微粒的磁矩为

$$\boldsymbol{m}_{p1} = \boldsymbol{k}i'\left(\frac{4}{3}\pi a_P^3\right) = \boldsymbol{k}i'V_{p1} \qquad (2.21)$$

式中，V_{p1} 是一个圆球形固相微粒的体积。单位体积内的磁矩就是磁化强度 $\boldsymbol{M}_p$，即

$$\boldsymbol{M}_p = \boldsymbol{m}_{p1}/V_{p1} = \boldsymbol{k}i' \qquad (2.22)$$

2.5.2　球形线圈在其磁矩方向上产生的磁场

由图 2-8 得电流元 $\mathrm{d}I'$ 与点 P 的距离 r 为

$$r = \sqrt{a^2 + (z_P - z)^2} = \sqrt{(a_P^2 - z^2) + (z_P - z)^2} = \sqrt{a_P^2 + z_P^2 - 2z_P z}$$

则半径为 a 的电流环在 z_P 上产生的磁场由式(2.7)得

$$\mathrm{d}\boldsymbol{B}_z = \boldsymbol{k}\frac{\mu(\pi a^2)\mathrm{d}I'}{2\pi r^3} = \boldsymbol{k}\frac{\mu(a_P^2 - z^2)i'\mathrm{d}z}{2(a_P^2 + z_P^2 - 2z_P z)^{1.5}}$$

积分得整个球形线圈在 z_P 处的磁场为

$$\boldsymbol{B}_z = \boldsymbol{k}\frac{\mu i'}{2}(J_a - J_z) \qquad (2.23a)$$

式中，J_a 和 J_z 分别为

$$J_a=\int_{-a_P}^{a_P}\frac{a_P^2\mathrm{d}z}{(a_P^2+z_P^2-2z_Pz)^{1.5}},\qquad J_z=\int_{-a_P}^{a_P}\frac{z^2\mathrm{d}z}{(a_P^2+z_P^2-2z_Pz)^{1.5}}\tag{2.23b}$$

积分结果如下：

1. J_a

$$J_a=\frac{a_P^2}{z_P}\left[\frac{1}{(a_P^2+z_P^2-2z_Pa_P)^{0.5}}-\frac{1}{(a_P^2+z_P^2+2z_Pa_P)^{0.5}}\right]$$

① 若点 P 在球形线圈内部，即 $z_P<a_P$，则

$$J_a=\frac{a_P^2}{z_P}\left(\frac{1}{a_P-z_P}-\frac{1}{a_P+z_P}\right)=\frac{2a_P^2}{a_P^2-z_P^2}$$

② 若点 P 在球形线圈之外，即 $z_P>a_P$，则

$$J_a=\frac{a_P^2}{z_P}\left(\frac{1}{z_P-a_P}-\frac{1}{z_P+a_P}\right)=\frac{2a_P^3}{z_P(z_P^2-a_P^2)}$$

2. J_z

$$\begin{aligned}J_z=\frac{1}{4z_P^2}\Big\{&\frac{1}{3}\left[(a_P^2+z_P^2-2a_Pz_P)^{1.5}-(a_P^2+z_P^2+2a_Pz_P)^{1.5}\right]-\\&2(a_P^2+z_P^2)\left[(a_P^2+z_P^2-2a_Pz_P)^{0.5}-(a_P^2+z_P^2+2a_Pz_P)^{0.5}\right]-\\&(a_P^2+z_P^2)^2\left[(a_P^2+z_P^2-2a_Pz_P)^{-0.5}-(a_P^2+z_P^2+2a_Pz_P)^{-0.5}\right]\Big\}\end{aligned}$$

① 若点 P 在球形线圈之内，即 $z_P<a_P$，则

$$J_z=\frac{2}{3}\frac{a_P^2+2z_P^2}{a_P^2-z_P^2}$$

② 若点 P 在球形线圈之外，即 $z_P>a_P$，则

$$J_z=\frac{2}{3}\frac{a_P^3}{z_P^3}\frac{z_P^2+2a_P^2}{z_P^2-a_P^2}$$

将以上积分结果代入式(2.23a)中，就得到下述两种情况下的球形线圈极轴上的磁场。

① 在球形线圈内部极轴 z 上的磁场为

$$\boldsymbol{B}_z=\boldsymbol{k}\frac{\mu i'}{2}\left(\frac{2a_P^2}{a_P^2-z_P^2}-\frac{2}{3}\frac{a_P^2+2z_P^2}{a_P^2-z_P^2}\right)$$

于是有

$$\boldsymbol{B}_z=\boldsymbol{k}\frac{2\mu i'}{3}=\frac{\mu\boldsymbol{m}_{\mathrm{p1}}}{2\pi a_P^3}=\frac{2}{3}\mu\boldsymbol{M}_P\tag{2.24}$$

② 在球形线圈外部极轴 z 上的磁场为

$$\boldsymbol{B}_z=\boldsymbol{k}\frac{\mu i'}{2}\left[\frac{2a_P^3}{z_P(z_P^2-a_P^2)}-\frac{2a_P^3(z_P^2+2a_P^2)}{3z_P^3(z_P^2-a_P^2)}\right]$$

于是有

$$\boldsymbol{B}_z=\boldsymbol{k}\frac{2\mu i'}{3}\frac{a_P^3}{z_P^3}=\frac{\mu\boldsymbol{m}_{\mathrm{p1}}}{2\pi z_P^3}=\frac{2}{3}\frac{a_P^3}{z_P^3}\mu\boldsymbol{M}_P\tag{2.25}$$

式(2.24)表明球形线圈内部极轴 z 上的磁场是均匀的，式(2.25)表明在球形线圈两极处，即 $z_P=a_P$ 处的磁场就是式(2.24)所给出的值。将式(2.25)与式(2.9)相比较，立即可以看出

在远距离处，球形线圈和平面电流环在极轴上具有相同的磁场。

若电流环的电流是 I'，而球形线圈单位高度上的电流是 i'，并且电流环与球形线圈具有相同的磁矩 $\boldsymbol{m}_{\mathrm{p1}}$，则

$$m_{\mathrm{p1}}=\frac{4}{3}\pi a_P^3 i'=\frac{2}{3}\pi a_P^2 I',\qquad I'=2a_P i'$$

上式给出两者的折合关系为

$$I'=\frac{3m_{\mathrm{p1}}}{2\pi a_P^2}\tag{2.26}$$

2.5.3　球形线圈赤道平面上的磁场

如图 2-9 所示，球形线圈的极轴是 z 轴，赤道平面即坐标平面 xOy。

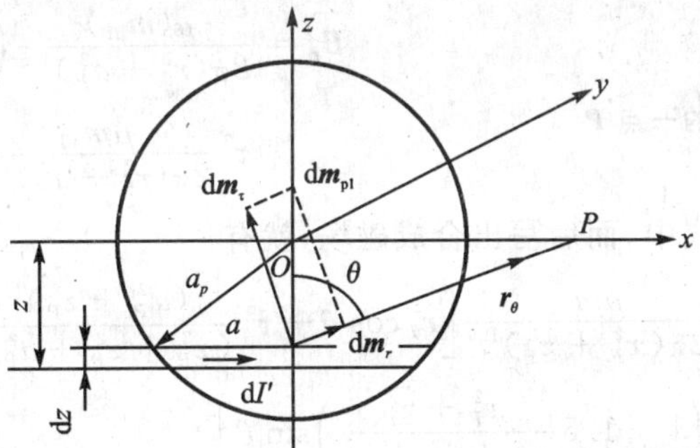

图 2-9　球形线圈的坐标图

由图 2-9 可见，球形线圈的微元磁矩 $\mathrm{d}m_{\mathrm{p1}}=\pi(a_P^2-z^2)i'\mathrm{d}z$，将其代入式(2.20)中，得

$$\mathrm{d}\boldsymbol{B}=\frac{\mu\pi(a_P^2-z^2)i'\mathrm{d}z}{2\pi(r_\theta^2+a^2)^{1.5}}\left[\boldsymbol{r}_\theta^\circ\frac{1.5r_\theta^2}{r_\theta^2+a^2}\cos\theta+\boldsymbol{k}\left(1-\frac{1.5r_\theta^2}{r_\theta^2+a^2}\right)\right]\tag{2.27}$$

如图 2-9 所示，将 $r_\theta^2=x_P^2+z^2$，$a^2=a_P^2-z^2$，$\cos\theta=z/r_\theta$ 代入式(2.27)中，得

$$\mathrm{d}\boldsymbol{B}=\frac{\mu\pi(a_P^2-z^2)i'\mathrm{d}z}{2\pi(x_P^2+a_P^2)^{1.5}}\left[\boldsymbol{r}_\theta^\circ\frac{1.5z\sqrt{x_P^2+z^2}}{x_P^2+a_P^2}+\boldsymbol{k}\left(1-1.5\frac{x_P^2+z^2}{x_P^2+a_P^2}\right)\right]$$

在上式中，单位矢量 $\boldsymbol{r}_\theta^\circ$ 的方向是变化的，不是一常矢。由图 2-9 可见

$$\boldsymbol{r}_\theta^\circ=\boldsymbol{i}\sin\theta+\boldsymbol{k}\cos\theta=(\boldsymbol{i}x_P+\boldsymbol{k}z)/\sqrt{x_P^2+z^2}$$

代入 $\mathrm{d}\boldsymbol{B}$ 式的右方就得到

$$\mathrm{d}\boldsymbol{B}=\frac{\mu\pi i'}{2\pi(x_P^2+a_P^2)^{1.5}}\left[\boldsymbol{i}\frac{1.5x_P z}{x_P^2+a_P^2}+\boldsymbol{k}\left(1-\frac{1.5x_P^2}{x_P^2+a_P^2}\right)\right](a_P^2-z^2)\mathrm{d}z$$

积分之，得

$$\boldsymbol{B}=\frac{\mu\pi i'}{2\pi(x_P^2+a_P^2)^{1.5}}\left[\boldsymbol{i}\frac{1.5x_P^2}{x_P^2+a_P^2}\int_{-a_P}^{a_P}(a_P^2-z^2)z\mathrm{d}z+\boldsymbol{k}\left(1-\frac{1.5x_P^2}{x_P^2+a_P^2}\right)\int_{-a_P}^{a_P}(a_P^2-z^2)\mathrm{d}z\right]$$

结果为

$$\boldsymbol{B}=\boldsymbol{k}\frac{\mu i'\dfrac{4}{3}\pi a_P^3}{2\pi(x_P^2+a_P^2)^{1.5}}\left(1-\frac{1.5x_P^2}{x_P^2+a_P^2}\right)=\frac{\mu\boldsymbol{m}_{\mathrm{p1}}}{2\pi(x_P^2+a_P^2)^{1.5}}\left(1-\frac{1.5x_P^2}{x_P^2+a_P^2}\right)\tag{2.28}$$

式(2.28)适用于远离球形线圈的地方及在球形线圈的中心附近，其结果与式(2.13)、式(2.10)相同。这表明球形线圈和电流环等效的一个方面。

2.5.4 在球形线圈外任意点处的磁场

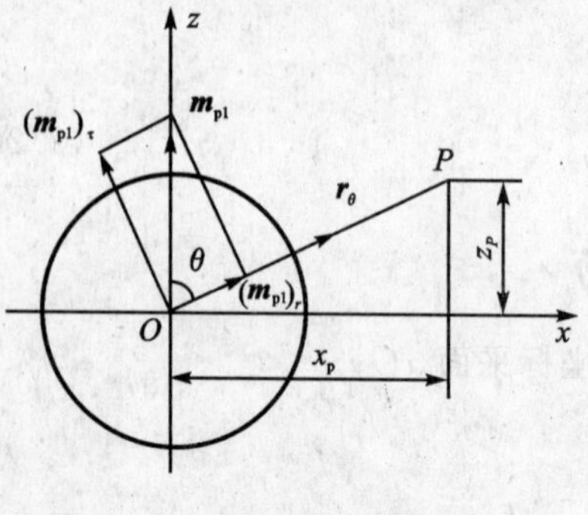

图 2-10 球形线圈外的一点 P

如图 2-10 所示，将球形线圈的磁矩 $\boldsymbol{m}_{p1}$ 分解为 $(\boldsymbol{m}_{p1})_r$ 和 $(\boldsymbol{m}_{p1})_\tau$。对于 $(\boldsymbol{m}_{p1})_r$，P 点位于其极轴上，故由式(2.25)得

$$\boldsymbol{B}_r=\frac{\mu(\boldsymbol{m}_{p1})_r}{2\pi r_\theta^3}=\boldsymbol{r}_\theta^\circ\frac{\mu m_{p1}}{2\pi r_\theta^3}\cos\theta$$

对于 $(\boldsymbol{m}_{p1})_\tau$，点 P 位于其赤道平面之上，因此由式(2.28)得

$$\boldsymbol{B}_\tau=\frac{\mu(\boldsymbol{m}_{p1})_\tau}{2\pi(r_\theta^2+a_P^2)^{1.5}}\left(1-\frac{1.5r_\theta^2}{r_\theta^2+a_P^2}\right)=$$

$$\boldsymbol{\tau}^\circ\frac{\mu m_{p1}}{2\pi(r_\theta^2+a_P^2)^{1.5}}\left(1-\frac{1.5r_\theta^2}{r_\theta^2+a_P^2}\right)\sin\theta$$

将 $r_\theta^2=x_P^2+z_P^2$ 代入上两式中，而后写出合成磁场，就有

$$\boldsymbol{B}=\frac{\mu m_{p1}}{2\pi(x_P^2+z_P^2)^{1.5}}\left[\boldsymbol{r}_\theta^\circ\cos\theta+\boldsymbol{\tau}^\circ\frac{(x_P^2+z_P^2)^{1.5}}{(x_P^2+z_P^2+a_P^2)^{1.5}}\times\right.$$
$$\left.\left(1-1.5\frac{x_P^2+z_P^2}{x_P^2+z_P^2+a_P^2}\right)\sin\theta\right]\tag{2.29}$$

或将 $\boldsymbol{B}_\tau$ 分解为 $\boldsymbol{B}_z$ 和 $\boldsymbol{B}_r'$，得

$$\boldsymbol{B}=\frac{\mu m_{p1}}{2\pi(x_P^2+z_P^2)^{1.5}}\left\{\boldsymbol{r}_\theta^\circ\left[1-\frac{(x_P^2+z_P^2)^{1.5}}{(x_P^2+z_P^2+a_P^2)^{1.5}}\left(1-1.5\frac{x_P^2+z_P^2}{x_P^2+z_P^2+a_P^2}\right)\right]\cos\theta+\right.$$
$$\left.\boldsymbol{k}\frac{(x_P^2+z_P^2)^{1.5}}{(x_P^2+z_P^2+a_P^2)^{1.5}}\left(1-1.5\frac{x_P^2+z_P^2}{x_P^2+z_P^2+a_P^2}\right)\right\}\tag{2.30a}$$

在球形线圈之外的极轴上，$x_P=0$，$\theta=0$，$\boldsymbol{r}_\theta^\circ$ 与 $\boldsymbol{k}$ 相重合，由式(2.30a)得出式(2.25)的结果。在球形线圈的赤道平面上，$z_P=0$，$\theta=\pi/2$，则由式(2.30a)得出式(2.28)的结果。若存在 $x_P^2+z_P^2\gg a_P^2$，则由式(2.30a)得

$$\boldsymbol{B}=\frac{\mu m_{p1}}{2\pi(x_P^2+z_P^2)^{1.5}}(1.5\boldsymbol{r}_\theta^\circ\cos\theta-0.5\boldsymbol{k})\tag{2.30b}$$

此式与平面电流环的结果相同，说明平面电流环模型与球形线圈模型两者的等效性。

2.6 磁场的 Gauss 定理和 Ampere 环路定理

2.6.1 概　述

磁场的 Gauss 定理和 Ampere 环路定理在铁磁流体的分析中有重要的用处。

① Gauss 定理所给出的磁场散度的关系式和 Ampere 环路定理所给出的磁场旋度的关系式是计算磁场的基本方程。而磁场设计对铁磁流体的力学行为有重要的影响。合适的磁场分

布不仅使铁磁流体的行为达到应用上的要求，而且可以提高应用效率，改善应用性能。

② 工程上广泛应用的磁路定理就是 Gauss 定理和 Ampere 环路定理的简化形式，在铁磁流体密封的设计计算中是最为常用的方法，是工程应用中方便且有效的工具。

③ 铁磁流体的力学方程中，包含有磁力、磁力矩和磁能量。导出铁磁流体在外磁场中所受到的磁力、磁力矩和其具有的磁能量，需要使用 Gauss 定理和 Ampere 环路定理。

2.6.2　导磁物质内的磁场

导磁物质一般分成两大类：顺磁性物质和铁磁性物质。所有导磁性物质的磁导率 μ 均比真空磁导率 μ_0 大。顺磁性物质的磁导率比真空的大得很少；铁磁性物质的磁导率却比真空的大好几个数量级，铁磁流体的磁导率大约是真空的 3～4 倍。所以通常认为铁磁流体是一种超顺磁物质。

导磁物质内电子的轨道运动和自旋运动的效应可以用一个微小的球形线圈或电流环来描述，其电流强度就是分子电流 I'。这些微小球形线圈或电流环在外磁场 $\boldsymbol{B}_0$ 的作用下，其磁矩在与外磁场强度相应的程度上转向与 $\boldsymbol{B}_0$ 平行。结果表现出导磁物质内的磁场比外磁场 $\boldsymbol{B}_0$ 大。设磁场的增量是 $\boldsymbol{B}'$，于是就有

$$\boldsymbol{B} = \boldsymbol{B}_0 + \boldsymbol{B}' = \mu_0(\boldsymbol{H} + \boldsymbol{M}) \tag{2.31}$$

式中，增量 $\boldsymbol{B}'$ 是导磁物质内部的贡献；$\boldsymbol{B}_0$ 通常称为磁化场。$\boldsymbol{B}$、$\boldsymbol{B}_0$、$\boldsymbol{B}'$ 三矢是平行的。在式(2.31)中，若 $\boldsymbol{B}'$ 和 $\boldsymbol{B}_0$ 方向相反则是逆磁性物质；若 $\boldsymbol{B}'$ 与 $\boldsymbol{B}_0$ 方向相同且 $B' \ll B_0$ 就是顺磁性物质，若此时有 $B' \gg B_0$ 则是铁磁性物质。铁磁流体的 $B' = (2\sim3)B_0$。

2.6.3　磁场的 Gauss 定理的物理概念

磁场可以和流体的流场相类比。流场常使用流线来形象地描绘，而磁场则使用磁力线来描绘。磁力线上一点的切线，表示磁场在该点处的方向。在磁场中任何一点处，只能有一个磁场方向，所以磁力线像流线一样是不相交的，于是可以在磁场中用一束磁力线作为边界划出一根磁管来。由磁力线不相交的性质知，在磁管内的磁力线不能从磁管边界穿出磁管，磁管外面的磁力线也不能穿过边界进入磁管之内。所以磁管所有截面上的磁力线数保持相等并且不变。磁力线的数目称为磁通量 Φ_m。磁管各个横截面的磁力线数相等，就是磁通量 Φ_m 守恒。

有关磁力线的另一个概念是用磁力线数的面密度表示磁感应强度，即

$$\mathrm{d}\Phi_m/\mathrm{d}A = B \tag{2.32}$$

在同一根磁管内，横截面积大的地方，磁通密度小，即磁感应强度小；在截面积小的地方，磁通密度大，即磁感应强度大。如图 2－11 所示，若磁场内存在一块导磁物质，则磁管穿过这块导磁物质时，磁管的截面积必然收缩而磁力线密度增大，即磁感应强度增大。这就是式(2.31)所表示的在导磁物质内磁感应强度有一个正的增量 $\boldsymbol{B}'$ 发生。但在磁管中磁力线的数目并没有任何增加，只是在通过导磁物质这段内的磁力线密度增加而已。

如果在磁管内划出一个形状任意的与磁管边界相切的封闭曲面 S，如图 2－12 所示。则从曲面 abc 进入 S 所包围的域 V 的磁通量必定等于从曲面 cda 穿过域 V 的磁通量。以进入 V 的为正，穿出 V 的为负，则有

$$(\Phi_m)_{abc} = -(\Phi_m)_{cda}，或 \int_{abc} \boldsymbol{B}\cdot\mathrm{d}\boldsymbol{S} = -\int_{cda} \boldsymbol{B}\cdot\mathrm{d}\boldsymbol{S}$$

于是有

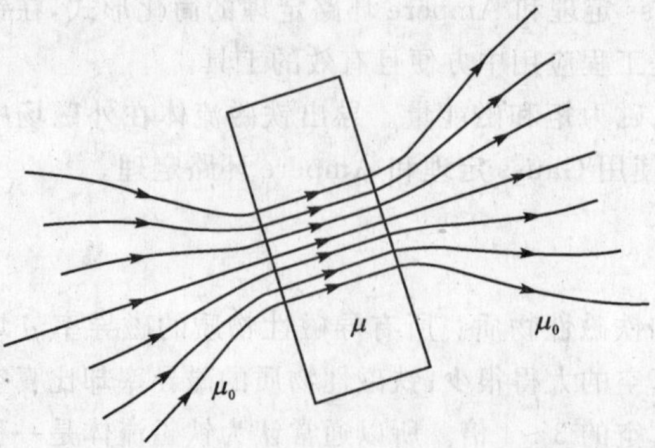

图 2-11　磁管通过导磁物质的情况示意($\mu > \mu_0$)

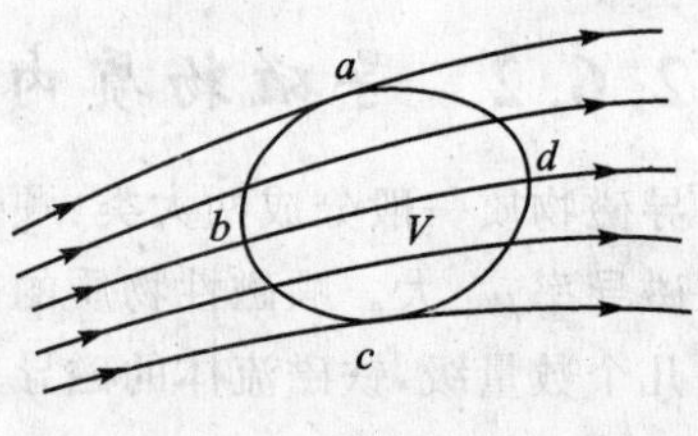

图 2-12　磁管内的封闭曲面

$$\oint_{abcda} \boldsymbol{B} \cdot \mathrm{d}\boldsymbol{S} = 0 \tag{2.33}$$

式(2.33)就是磁场 Gauss 定理的积分形式。

由散度定理,得

$$\oint_S \boldsymbol{B} \cdot \mathrm{d}\boldsymbol{S} = \int_V \nabla \cdot \boldsymbol{B} \mathrm{d}V \tag{2.34}$$

式中,V 是封闭曲面 S 所包围的体积。将式(2.33)代入式(2.34)之左边,就可以得到

$$\nabla \cdot \boldsymbol{B} = 0 \tag{2.35}$$

式(2.35)表明磁感应强度 $\boldsymbol{B}$ 的散度是零,所以磁场是一种无源场,在数学上就是所谓的管形场或螺线矢量场。式(2.35)是 Gauss 定理的微分形式。

2.6.4　磁场的 Ampere 环路定理的物理概念

在流体力学中有一种与涡旋相联系的量,称为环量 Γ。它的定义是流体的速度$\boldsymbol{v}$沿流场中一封闭曲线 C 的积分,即

$$\Gamma = \oint_C \boldsymbol{v} \cdot \mathrm{d}\boldsymbol{C}$$

由场论中的 Stokes 定理,得

$$\oint_C \boldsymbol{v} \cdot \mathrm{d}\boldsymbol{C} = \int_S (\nabla \times \boldsymbol{v}) \cdot \mathrm{d}\boldsymbol{S}$$

式中,S 是张在曲线 C 上的曲面。若环量 Γ 是零,即上式左方为零,则立即可知$\nabla \times \boldsymbol{v} = 0$,此时流体的运动是无旋的。磁场中的 Ampere 环路定理和分析流体力学中的环量问题相类似,即讨论$\oint_C \boldsymbol{B} \cdot \mathrm{d}\boldsymbol{C}$的值。这也就是说,Ampere 环路定理是讨论磁场的旋度问题。将 Stokes 定理用于磁场,即

$$\oint_C \boldsymbol{B} \cdot \mathrm{d}\boldsymbol{C} = \int_S (\nabla \times \boldsymbol{B}) \cdot \mathrm{d}\boldsymbol{S} \tag{2.36}$$

方程(2.36)的左边就是磁场的环量。Ampere 环路定理给出磁场环量的值是穿过曲面 S 的所有电流强度之代数和,即

$$\oint_C \boldsymbol{B} \cdot \mathrm{d}\boldsymbol{C} = \mu_0 \sum_i (I_\mathrm{C} + I' + I_\mathrm{V} + I_\mathrm{D})_i \tag{2.37}$$

式中 I_V 和 I_D 分别是运流电流和位移电流，在有关铁磁流体的问题中不存在这两种电流，通常只有传导电流 I_C 和分子电流 I'。式(2.37)称为全电流的 Ampere 环路定理，所有电流的正方向按它们与环路 $\boldsymbol{C}$ 的方向服从右手螺旋规则。将式(2.31)代入式(2.37)的左边，而右边只保留 I_C 和 I'，则有

$$\oint_C (\boldsymbol{B}_0 + \boldsymbol{B}') \cdot \mathrm{d}\boldsymbol{C} = \mu_0 \sum_i (I_\mathrm{C} + I')_i \tag{2.38a}$$

在真空中，没有分子电流 I'，也没有磁场增量 $\boldsymbol{B}'$，所以式(2.38a)变为

$$\oint_C \boldsymbol{B}_0 \cdot \mathrm{d}\boldsymbol{C} = \mu_0 \sum_i I_{\mathrm{C},i} \tag{2.38b}$$

定义

$$\boldsymbol{H} = \frac{\boldsymbol{B}_0}{\mu_0} \tag{2.39}$$

式中，$\boldsymbol{H}$ 称为磁场强度矢量，由式(2.39)可见它不取决于物质。将式(2.39)代入到式(2.38b)中，得

$$\oint_C \boldsymbol{H} \cdot \mathrm{d}\boldsymbol{C} = \sum_i I_{\mathrm{C},i} \tag{2.40}$$

式(2.40)就是常用的 Ampere 环路定理的积分形式。将 Stokes 定理用于式(2.40)之左边，有

$$\oint_C \boldsymbol{H} \cdot \mathrm{d}\boldsymbol{C} = \int_S (\nabla \times \boldsymbol{H}) \cdot \mathrm{d}\boldsymbol{S}$$

设传导电流可以在曲面 S 上折算成电流面密度的形式，即

$$\sum_i I_{\mathrm{C},i} = \int_S \boldsymbol{j}_\mathrm{C} \cdot \mathrm{d}\boldsymbol{S}$$

将上两式代入式(2.40)之两边，即得

$$\nabla \times \boldsymbol{H} = \boldsymbol{j}_\mathrm{C} \tag{2.41}$$

式(2.41)是 Ampere 环路定理的微分形式，若传导电流 $\boldsymbol{j}_\mathrm{C}=0$，则$\nabla \times \boldsymbol{H}=0$，此时磁场是无旋的。

将式(2.38a)两边同除以常数 μ_0，并用式(2.40)代入，得

$$\oint_C (\boldsymbol{B}'/\mu_0) \cdot \mathrm{d}\boldsymbol{C} = \sum_i I'_i$$

定义

$$\boldsymbol{M} = \frac{\boldsymbol{B}'}{\mu_0} \tag{2.42}$$

式中，矢量 $\boldsymbol{M}$ 是磁化强度，如式(2.22)所表示的，$\boldsymbol{M}$ 是单位体积内的磁矩。将式(2.42)代入前一式中，得

$$\oint_C \boldsymbol{M} \cdot \mathrm{d}\boldsymbol{C} = \sum_i I'_i \tag{2.43}$$

在式(2.43)左边使用 Stokes 定理，右边引用分子电流面密度 $\boldsymbol{j}'$，则得

$$\nabla \times \boldsymbol{M} = \boldsymbol{j}' \tag{2.44}$$

将式(2.40)、式(2.43)代入式(2.38a)的右方就可得到式(2.31)的形式。

2.7 Gauss 定理和 Ampere 环路定理的证明

Gauss 定理和 Ampere 环路定理两者用数学方式表达的微分形式或积分形式都是计算磁场的基本方程。所以运用这两个定理必须要有坚实的物理实验的基础，才能保证依据它们计算出来的磁场的正确性。电磁场的实验基础就是 Biot - Savart 定律。这里就从 Biot - Savart 定律出发来导出 Gauss 定理和 Ampere 环路定理。

2.7.1 Biot - Savart 定律的旋度形式

Biot - Savart 定律式(2.3)的积分形式是

$$\boldsymbol{B}=\frac{\mu_0 I}{4\pi}\int_l \frac{\mathrm{d}\boldsymbol{l}\times\boldsymbol{r}^{\circ}}{r^2} \tag{2.45}$$

在式(2.45)中，使用 μ_0 表示 I 可以是传导电流 I_C，也可以是分子电流 I'，或者是两者之和。式中的 r 为

$$r=(x^2+y^2+z^2)^{0.5},\qquad \boldsymbol{r}=\boldsymbol{i}x+\boldsymbol{j}y+\boldsymbol{k}z$$

且$\nabla\left(\frac{1}{r}\right)=\left(\boldsymbol{i}\frac{\partial}{\partial x}+\boldsymbol{j}\frac{\partial}{\partial y}+\boldsymbol{k}\frac{\partial}{\partial z}\right)(x^2+y^2+z^2)^{-0.5}=-(\boldsymbol{i}x+\boldsymbol{j}y+\boldsymbol{k}z)(x^2+y^2+z^2)^{-1.5}=-\frac{\boldsymbol{r}^{\circ}}{r^2}$，将此关系代入到式(2.45)的右边积分内，就有

$$\boldsymbol{B}=\frac{\mu_0 I}{4\pi}\int_l -\mathrm{d}\boldsymbol{l}\times\nabla\left(\frac{1}{r}\right)=\frac{\mu_0 I}{4\pi}\int_l\left(\nabla\frac{1}{r}\right)\times\mathrm{d}\boldsymbol{l} \tag{2.46}$$

矢量恒等式为

$$\nabla\times\left(\frac{\mathrm{d}\boldsymbol{l}}{r}\right)=\frac{1}{r}\nabla\times\mathrm{d}\boldsymbol{l}+\left(\nabla\frac{1}{r}\right)\times\mathrm{d}\boldsymbol{l}$$

由于∇只对矢径 $\boldsymbol{r}$ 端点的坐标 x,y,z 运算，而不对电流导线长度 $\boldsymbol{l}$ 运算，故$\nabla\times\mathrm{d}\boldsymbol{l}=0$，于是

$$\left(\nabla\frac{1}{r}\right)\times\mathrm{d}\boldsymbol{l}=\nabla\times\left(\frac{\mathrm{d}\boldsymbol{l}}{r}\right)$$

将上式代入式(2.46)就有

$$\boldsymbol{B}=\nabla\times\left(\frac{\mu_0}{4\pi}\int_l\frac{I\mathrm{d}\boldsymbol{l}}{r}\right) \tag{2.47}$$

式(2.47)就是 Biot - Savart 定律的旋度形式。若微元电流 $I\mathrm{d}\boldsymbol{l}$ 穿过磁场中所讨论的微元封闭体 $\mathrm{d}V$，则在 $\mathrm{d}V$ 内的当量电流面密度 $\boldsymbol{j}$ 为

$$\boldsymbol{j}\mathrm{d}V=I\mathrm{d}\boldsymbol{l} \tag{2.48}$$

于是 Biot - Savart 定律的旋度形式式(2.47)又可写成

$$\boldsymbol{B}=\nabla\times\left(\frac{\mu_0}{4\pi}\int_V\frac{\boldsymbol{j}\mathrm{d}V}{r}\right) \tag{2.49}$$

式中，电流面密度 $\boldsymbol{j}$ 可以是传导电流 $\boldsymbol{j}_C$，也可以是分子电流 $\boldsymbol{j}'$，或者是 $\boldsymbol{j}_C+\boldsymbol{j}'$。

2.7.2　磁场的 Gauss 定理

在式(2.47)中，磁感应强度 $\boldsymbol{B}$ 表示成旋度的形式，因此矢量 $\boldsymbol{B}$ 必须是管形场矢量或螺线矢量点函数。将式(2.47)或式(2.49)两边取散度，即

$$\nabla\cdot\boldsymbol{B}=\nabla\cdot\nabla\times\left(\frac{\mu_0}{4\pi}\int_V\frac{\boldsymbol{j}\,\mathrm{d}V}{r}\right)=0$$

上式即 Gauss 定理的微分形式。右方等于零，就是矢量恒等式的结果。

2.7.3　磁场的 Ampere 环路定理

式(2.47)或式(2.49)表明一个重要的事实，即磁感应强度 $\boldsymbol{B}$ 是一个矢量函数的旋度。设存在一个矢量点函数 $\boldsymbol{A}$，并且有

$$\boldsymbol{B}=\nabla\times\boldsymbol{A}(r)\tag{2.50}$$

按照 Helmholtz 分解定理，一个矢量点函数 $\boldsymbol{A}(r)$ 可以分解成一个势矢 $\boldsymbol{A}_1(r)$ 和一个螺线矢 $\boldsymbol{A}_2(r)$ 之和，即

$$\boldsymbol{A}(r)=\boldsymbol{A}_1(r)+\boldsymbol{A}_2(r)\tag{2.51}$$

由于矢量 $\boldsymbol{A}_1(r)$ 是势矢量，故

$$\nabla\times\boldsymbol{A}_1(r)=0$$

矢量 $\boldsymbol{A}_2(r)$ 是螺线矢量，故

$$\nabla\cdot\boldsymbol{A}_2(r)=0\tag{2.52}$$

将式(2.51)代入式(2.50)并且两边取旋度，就有

$$\nabla\times\boldsymbol{B}=\nabla\times(\nabla\times\boldsymbol{A}_2)$$

利用矢量恒等式展开上式的右边得

$$\nabla\times(\nabla\times\boldsymbol{A}_2)=\nabla(\nabla\cdot\boldsymbol{A}_2)-\nabla^2\boldsymbol{A}_2=-\nabla^2\boldsymbol{A}_2$$

于是有

$$\nabla\times\boldsymbol{B}=-\nabla^2\boldsymbol{A}_2\tag{2.53}$$

设有函数 $C=C(r)=C(x,y,z)$ 和 $A_x=A_x(r)=A_x(x,y,z)$ 在一个空间域 V 内组合积分，即

$$\int_V(C\nabla^2A_x-A_x\nabla^2C)\mathrm{d}V$$

式中，函数 A_x 是矢量 $\boldsymbol{A}_2$ 在 x 方向的投影，即

$$\boldsymbol{A}_2(r)=\boldsymbol{i}A_x(r)+\boldsymbol{j}A_y(r)+\boldsymbol{k}A_z(r)\tag{2.54}$$

将矢量恒等式 $C\nabla^2A_x=\nabla\cdot(C\nabla A_x)-(\nabla C)\cdot(\nabla A_x)$ 和 $A_x\nabla^2C=\nabla\cdot(A_x\nabla C)-(\nabla A_x)\cdot(\nabla C)$，代入上面的组合积分中，就有

$$\int_V(C\nabla^2A_x-A_x\nabla^2C)\mathrm{d}V=\int_V\nabla\cdot(C\nabla A_x-A_x\nabla C)\mathrm{d}V\tag{A}$$

在封闭体 V 内任取一点 $P(x_P,y_P,z_P)$ 作为定点，而 r_P 是封闭体 V 内坐标为 (x,y,z) 的点与点 P 之间的距离，即

$$r_P=\sqrt{(x-x_P)^2+(y-y_P)^2+(z-z_P)^2}\tag{2.55}$$

取函数 $C(x,y,z)$ 为

$$C=\frac{1}{r_P} \tag{B}$$

则 C 是三维 Laplace 方程之基本解。由

$$\frac{\partial^2}{\partial x^2}\left(\frac{1}{r_P}\right)=-\frac{r_P^2-3(x-x_P)^2}{r_P^4},\ \frac{\partial^2}{\partial y^2}\left(\frac{1}{r_P}\right)=-\frac{r_P^2-3(y-y_P)^2}{r_P^4},\ \frac{\partial^2}{\partial z^2}\left(\frac{1}{r_P}\right)=-\frac{r_P^2-3(z-z_P)^2}{r_P^4}$$

从而有

$$\nabla^2 C=\nabla^2\frac{1}{r_P}=\left(\frac{\partial^2}{\partial x^2}+\frac{\partial^2}{\partial y^2}+\frac{\partial^2}{\partial z^2}\right)\frac{1}{r_P}=0 \tag{C}$$

此外还有

$$\nabla C=\nabla\frac{1}{r_P}=-\frac{\boldsymbol{r}_P^\circ}{r_P^2} \tag{D}$$

将式(B)、式(C)、式(D)代入式(A)，就得

$$\int_V\frac{1}{r_P}\nabla^2 A_x\mathrm{d}V=\int_V\nabla\cdot\left(\frac{1}{r_P}\nabla A_x+A_x\frac{\boldsymbol{r}_P^\circ}{r_P^2}\right)\mathrm{d}V \tag{E}$$

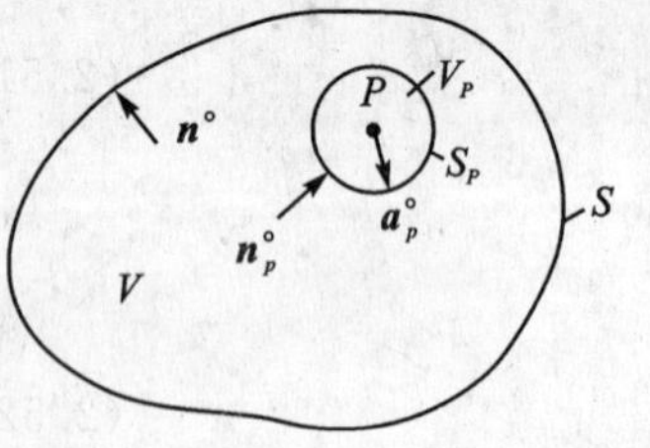

图 2-13　在体积 V 中挖去 V_P

在封闭体 V 内取以点 P 为中心，a_P 为半径，体积是 V_P 的圆球，将 V_P 从 V 中挖去，如图 2-13 所示。在剩余体积 $V-V_P$ 中，式(E)成为

$$\int_{V-V_P}\frac{1}{r_P}\nabla^2 A_x\mathrm{d}V=\int_{V-V_P}\nabla\cdot\left(\frac{1}{r_P}\nabla A_x+A_x\frac{\boldsymbol{r}_P^\circ}{r_P^2}\right)\mathrm{d}V \tag{F}$$

将散度定理

$$\int_V\nabla\cdot\boldsymbol{a}\mathrm{d}V=\int_S\boldsymbol{a}\cdot\mathrm{d}\boldsymbol{S}$$

用于方程(E)之等号右边，并且注意包围剩余体积 $V-V_P$ 的表面是 S 和 S_P。S_P 即小圆球的表面积，在 S_P 上的 $r_P=a_P$，对于体积 $V-V_P$ 而言，S_P 上的外法向单位矢 $\boldsymbol{n}_P^\circ$ 与圆球 V_P 的外法向单位矢 $\boldsymbol{a}_P^\circ$ 方向相反。即

$$\boldsymbol{n}_P^\circ=-\boldsymbol{a}_P^\circ$$

于是方程(E)之右边成为

$$\int_{V-V_P}\nabla\cdot\left(\frac{1}{r_P}\nabla A_x+A_x\frac{\boldsymbol{r}_P^\circ}{r_P^2}\right)\mathrm{d}V=\int_S\mathrm{d}\boldsymbol{S}\cdot\left(\frac{1}{r_P}\nabla A_x+A_x\frac{\boldsymbol{r}_P^\circ}{r_P^2}\right)+\int_{S_P}\mathrm{d}\boldsymbol{S}_P\cdot\left(\frac{1}{a_P}\nabla A_x+A_x\frac{\boldsymbol{a}_P^\circ}{a_P^2}\right)=$$

$$\int_S\boldsymbol{n}^\circ\cdot\left(\frac{1}{r_P}\nabla A_x+A_x\frac{\boldsymbol{r}_P^\circ}{r_P^2}\right)\mathrm{d}S+\int_{S_P}\boldsymbol{n}_P^\circ\cdot\left(\frac{1}{a_P}\nabla A_x+A_x\frac{\boldsymbol{a}_P^\circ}{a_P^2}\right)\mathrm{d}S_P$$

注意上式右边第二个积分中的 $\frac{\boldsymbol{a}_P^\circ}{a_P^2}$ 来自于 $\left(\nabla\frac{1}{r}\right)_{r=a_P}$。将小圆球向 P 点紧缩，即 $a_P\to0$，$V-V_P\to V$，并且用 $-\boldsymbol{a}_P^\circ=\boldsymbol{n}_P^\circ$ 代入，即得

$$\int_V\nabla\cdot\left(\frac{1}{r_P}\nabla A_x+A_x\frac{\boldsymbol{r}_P^\circ}{r_P^2}\right)\mathrm{d}V=\int_S\boldsymbol{n}^\circ\cdot\left(\frac{1}{r_P}\nabla A_x+A_x\frac{\boldsymbol{r}_P^\circ}{r_P^2}\right)\mathrm{d}S-$$

$$\boldsymbol{a}_P^\circ\cdot\left[\left(\frac{1}{a_P}\nabla A_x+A_x\frac{\boldsymbol{a}_P^\circ}{a_P^2}\right)4\pi a_P^2\right]_{a_P\to0}$$

显然上式右边第二部分为 $4\pi A_x(P)$，于是就有

$$\int_V \nabla\cdot\left(\frac{1}{r_P}\nabla A_x + A_x\frac{\boldsymbol{r}_P^\circ}{r_P^2}\right)\mathrm{d}V = \int_S \boldsymbol{n}^\circ\cdot\left(\frac{1}{r_P}\nabla A_x + A_x\frac{\boldsymbol{r}_P^\circ}{r_P^2}\right)\mathrm{d}S - 4\pi A_x(P) \tag{G}$$

将式(G)代入式(E)之右边，最后有

$$A_x(P) = A_x(x_P, y_P, z_P) = \frac{1}{4\pi}\int_S n^\circ\cdot\left(\frac{1}{r_P}\nabla A_x + A_x\frac{\boldsymbol{r}_P^\circ}{r_P^2}\right)\mathrm{d}S - \frac{1}{4\pi}\int_V \frac{1}{r_P}\nabla^2 A_x\mathrm{d}V \tag{2.56}$$

在方程(2.56)中，等号右边的所有 A_x 都是 $A_x(r)=A_x(x,y,z)$；等号左边的 $A_x(P)$，由于点 P 是在体积 V 内任意指定的，所以式(2.56)就表示了函数 A_x 的解。若函数 A_x 符合 Laplace 方程，即

$$\nabla^2 A_x = 0 \tag{2.57}$$

则式(2.56)右边第二个积分是零，即

$$A_x(P) = \frac{1}{4\pi}\int_S \boldsymbol{n}^\circ\cdot\left(\frac{1}{r_P}\nabla A_x + A_x\frac{\boldsymbol{r}_P^\circ}{r_P^2}\right)\mathrm{d}S \tag{2.58}$$

式(2.58)就是 Laplace 方程的一般解。

若函数 A_x 符合 Poisson 方程，即

$$\nabla^2 A_x = -\mu_0 j_x \tag{2.59}$$

则将式(2.59)代入方程(2.56)右边第二个积分中，就有

$$A_x(P) = \frac{1}{4\pi}\int_S \boldsymbol{n}^\circ\cdot\left(\frac{1}{r_P}\nabla A_x + A_x\frac{\boldsymbol{r}_P^\circ}{r_P^2}\right)\mathrm{d}S + \frac{\mu_0}{4\pi}\int_V \frac{j_x\mathrm{d}V}{r_P} \tag{2.60}$$

由式(2.60)可以看到，对于非齐次的 Poisson 方程来说，它的解是其齐次方程(即 Laplace 方程)的通解(上式右方第一个积分)和其非齐次特解(上式右方第二个积分)之和。

重复以上的过程，同样可以得出

$$A_y(P) = \frac{1}{4\pi}\int_S \boldsymbol{n}^\circ\cdot\left(\frac{1}{r_P}\nabla A_y + A_y\frac{\boldsymbol{r}_P^\circ}{r_P^2}\right)\mathrm{d}S + \frac{\mu_0}{4\pi}\int_V \frac{j_y\mathrm{d}V}{r_P} \tag{2.61}$$

$$A_z(P) = \frac{1}{4\pi}\int_S \boldsymbol{n}^\circ\cdot\left(\frac{1}{r_P}\nabla A_z + A_z\frac{\boldsymbol{r}_P^\circ}{r_P^2}\right)\mathrm{d}S + \frac{\mu_0}{4\pi}\int_V \frac{j_z\mathrm{d}V}{r_P} \tag{2.62}$$

将式(2.60)～式(2.62)改写如下：

$$A_x(P) = \frac{1}{4\pi}\left[\int_S \frac{1}{r_P}\mathrm{d}\boldsymbol{S}\cdot\nabla A_x - \int_S A_x\mathrm{d}\boldsymbol{S}\cdot\nabla\frac{1}{r_P}\right] + \frac{\mu_0}{4\pi}\int_V \frac{j_x\mathrm{d}V}{r_P}$$

$$A_y(P) = \frac{1}{4\pi}\left[\int_S \frac{1}{r_P}\mathrm{d}\boldsymbol{S}\cdot\nabla A_y - \int_S A_y\mathrm{d}\boldsymbol{S}\cdot\nabla\frac{1}{r_P}\right] + \frac{\mu_0}{4\pi}\int_V \frac{j_y\mathrm{d}V}{r_P}$$

$$A_z(P) = \frac{1}{4\pi}\left[\int_S \frac{1}{r_P}\mathrm{d}\boldsymbol{S}\cdot\nabla A_z - \int_S A_z\mathrm{d}\boldsymbol{S}\cdot\nabla\frac{1}{r_P}\right] + \frac{\mu_0}{4\pi}\int_V \frac{j_z\mathrm{d}V}{r_P}$$

由 $\boldsymbol{j}=\boldsymbol{i}j_x+\boldsymbol{j}j_y+\boldsymbol{k}j_z$ 和式(2.54)，上面三式可以合并写成

$$\boldsymbol{A}_2(P) = \frac{1}{4\pi}\left[\int_S \frac{1}{r_P}\mathrm{d}\boldsymbol{S}\cdot\nabla\boldsymbol{A}_2(r) - \int_S \boldsymbol{A}_2(r)\mathrm{d}\boldsymbol{S}\cdot\nabla\frac{1}{r_P}\right] + \frac{\mu_0}{4\pi}\int_V \frac{\boldsymbol{j}\mathrm{d}V}{r_P} \tag{2.63}$$

将式(2.63)右边最后的非齐次特解项代入式(2.50)中，得

$$\boldsymbol{B} = \nabla\times\boldsymbol{A} = \nabla\times\left(\frac{\mu_0}{4\pi}\int_V \frac{\boldsymbol{j}\mathrm{d}V}{r_P}\right)$$

于是回到 Biot－Savart 定律式(2.49)。将式(2.59)代入式(2.53)，可得 Ampere 环路定理

$$\nabla \times \boldsymbol{B} = \mu_0 \boldsymbol{j} \tag{2.64}$$

在真空中，没有磁场增量 $\boldsymbol{B}'$ 和分子电流 $\boldsymbol{j}'$，故 $\boldsymbol{B}=\boldsymbol{B}_0$，$\boldsymbol{j}=\boldsymbol{j}_c$，而 $\boldsymbol{H}=\boldsymbol{B}_0/\mu_0$，式(2.64)遂成为式(2.41)。在磁性物质中，$\boldsymbol{j}=\boldsymbol{j}_c+\boldsymbol{j}'$，取

$$\mu = \mu_0[1+(\boldsymbol{j}'/\boldsymbol{j}_c)]$$

则式(2.64)成为

$$\nabla \times \boldsymbol{B} = \mu \boldsymbol{j}_c \tag{2.65}$$

将式(2.65)与式(2.41)相比较，若物质的磁化性能是各向同性的和均匀的，则 μ 和坐标无关，从而可知

$$\boldsymbol{H} = \frac{\boldsymbol{B}}{\mu}, \qquad \mu = \text{const} \tag{2.66}$$

所以使用磁场强度 $\boldsymbol{H}$ 的方便之处在于其和物质无关。

在磁场的计算中常使用式(2.52)与式(2.59)作为基本方程，算出 $\boldsymbol{A}_2=\boldsymbol{A}_2(x,y,z)$，而后由式(2.50)算出磁场之 $\boldsymbol{B}$ 来。

2.8 在铁磁流体中 Gauss 定理和 Ampere 环路定理的实例

2.8.1 长直导线电流产生的磁场

1. Gauss 定理

设一根长度为 $l(l=l_1+l_2)$ 的直导线，其中的电流为 I，在其所产生的磁场中有一个封闭曲面 S，它所包围的体积为 V，如图 2-14 所示。

在体积 V 中切出一根很薄的平面片，其厚度为 δ，并且此平面薄片垂直于电流导线 l，所以直导线 l 所产生的磁场只能从这个平面薄片的侧表面 $C\delta$ 穿进穿出，于是问题就是一个平面问题。直导线电流产生的磁场，在与导线垂直的平面内是一系列以导线为中心的同心圆。由于 $\delta \ll l$，可以认为导线是无限长的，因而在 δ 的高度内磁场强度不变，图 2-15 所示为在平面内的几何状况。

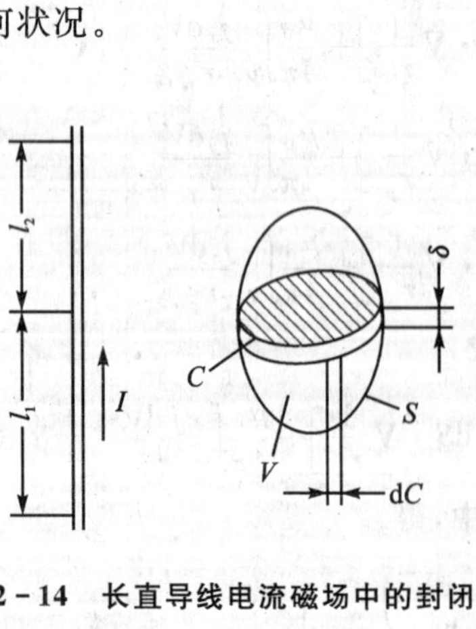

图 2-14 长直导线电流磁场中的封闭体

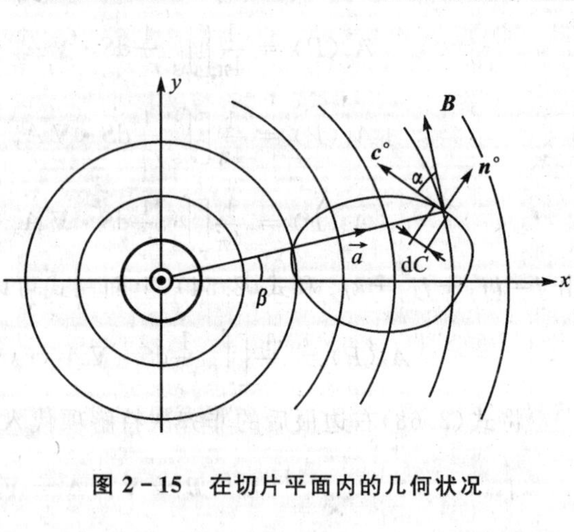

图 2-15 在切片平面内的几何状况

由侧面积矢量

$$\mathrm{d}\boldsymbol{S} = \boldsymbol{n}^{\circ}\delta\mathrm{d}C$$

则穿过侧表面的磁通量 Φ_{m} 为

$$\Phi_{\mathrm{m}} = \delta\oint_C \boldsymbol{B}\cdot\boldsymbol{n}^{\circ}\mathrm{d}C$$

由图 2-15 可以看到 $\boldsymbol{B}$ 和 $\boldsymbol{n}^{\circ}$ 的夹角为 $(\pi/2)-\alpha$，所以 $\boldsymbol{B}\cdot\boldsymbol{n}^{\circ}=B\cos[(\pi/2)-\alpha]=B\sin\alpha$，代入上式积分之中，得

$$\Phi_{\mathrm{m}} = \delta\oint_C B\sin\alpha\,\mathrm{d}C = \delta\oint_C |\boldsymbol{B}\times\mathrm{d}\boldsymbol{C}|$$

将积分中的矢量分解：$\boldsymbol{B}=\boldsymbol{i}B_x+\boldsymbol{j}B_y$，$\mathrm{d}\boldsymbol{C}=\boldsymbol{i}\,\mathrm{d}x+\boldsymbol{j}\,\mathrm{d}y$，并代入积分之中，就有

$$\Phi_{\mathrm{m}} = \delta\oint_C (B_x\mathrm{d}y - B_y\mathrm{d}x)$$

注意到图 2-15 中，B 和 a 互相垂直，所以

$$\left.\begin{aligned} B_x &= -B\sin\beta = -B\frac{y}{\sqrt{x^2+y^2}} \\ B_y &= B\cos\beta = B\frac{x}{\sqrt{x^2+y^2}} \end{aligned}\right\} \tag{2.67}$$

将式(2.5)代入，并且注意到 $a^2=x^2+y^2$，而后取偏导数，则有

$$\frac{\partial B_x}{\partial x} = -\frac{\mu I}{4\pi}\left\{-\frac{2xy}{(x^2+y^2)^2}\left(\frac{l_1}{\sqrt{x^2+y^2+l_1^2}}+\frac{l_2}{\sqrt{x^2+y^2+l_2^2}}\right)+\right.$$
$$\left.\frac{y}{x^2+y^2}\left[-\frac{l_1x}{(x^2+y^2+l_1^2)^{1.5}}-\frac{l_2x}{(x^2+y^2+l_2^2)^{1.5}}\right]\right\}$$

$$\frac{\partial By}{\partial y} = \frac{\mu I}{4\pi}\left\{-\frac{2xy}{(x^2+y^2)^2}\left(\frac{l_1}{\sqrt{x^2+y^2+l_1^2}}+\frac{l_2}{\sqrt{x^2+y^2+l_2^2}}\right)+\right.$$
$$\left.\frac{x}{x^2+y^2}\left[-\frac{l_1y}{(x^2+y^2+l_1^2)^{1.5}}-\frac{l_2y}{(x^2+y^2+l_2^2)^{1.5}}\right]\right\}$$

由此可见

$$\frac{\partial B_x}{\partial x} = -\frac{\partial B_y}{\partial y}$$

上式表明磁感应强度 B 的散度是零，即

$$\frac{\partial B_x}{\partial x}+\frac{\partial B_y}{\partial y} = \nabla\cdot\boldsymbol{B} = 0$$

或积分

$$\oint_C \boldsymbol{B}\cdot\mathrm{d}\boldsymbol{S} = 0$$

但是，在图 2-14 和图 2-15 中，电流是在封闭域之外。若电流穿过 C 所包围的域，则在穿过点处有 $a=0$(即 $x=0$，$y=0$)，于是在穿过点上 B_x、B_y、$\partial B_x/\partial x$、$\partial B_y/\partial y$ 均趋于无限大，也就是说在穿过点处 B_x、B_y、$\partial B_x/\partial x$、$\partial B_y/\partial y$ 均不连续。可以证明，在这种情况下，Gauss 定理依然成立。

如图 2-16 所示，在域 D 内有 i 根直线电流穿过，穿过点为 O_i，可以用下述的办法将这些穿过点从域 D 内挖去。以 O_i 点为圆心作小圆 C_i 紧紧地包围穿过点 O_i，而后用 L_i 和 L_i' 两条

极为接近的平行直线将 C_i 和 C 连通起来，形成开口的狭缝。设 C_i 所包围的小域为 D_i，则所有电流都处于域 $D-\sum D_i$ 之外。因为 $\sum D_i \ll D$，故 $D-\sum D_i \approx D$。没有电流穿过的域 $D-\sum D_i$ 的周界就是 $C+\sum(C_i+L_i+L'_i)$。于是就有

$$\oint_{C+\sum(C_i+L_i+L'_i)} \boldsymbol{B}\cdot \mathrm{d}\boldsymbol{S} = \left[\oint_C + \oint_{\sum C_i} + \int_{\sum L_i} + \int_{\sum L'_i}\right]\boldsymbol{B}\cdot \mathrm{d}\boldsymbol{S} = 0$$

因为 C_i 和电流 I_i 产生的磁场 $\boldsymbol{B}_i$ 是同心圆，所以 $\boldsymbol{B}_i \cdot \boldsymbol{n}_i^\circ \mathrm{d}S=(B_i\,\delta \mathrm{d}C)\cos(\pi/2)=0$，而其他的电流都在 C_i 所包围的域 D_i 之外，故沿每一个 C_i 的积分都是零，从而

$$\oint_{\sum C_i} \boldsymbol{B}\cdot \mathrm{d}\boldsymbol{S} = \sum\oint_{C_i} \boldsymbol{B}\cdot \mathrm{d}\boldsymbol{S} = \sum 0 = 0$$

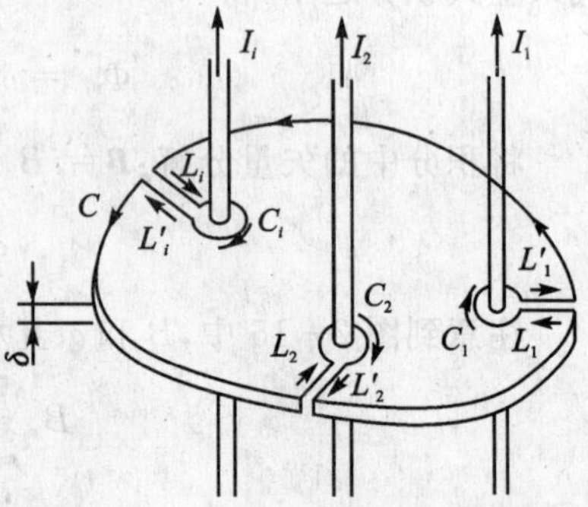

图 2-16 多根直线电流穿过 C 所包围的域 D

在任何一对平行线 L_i 和 L'_i 上，由于它们极为靠近，所以两者上的磁感应强度 B 相等，但它们的积分方向相反，故

$$\int_{L_i} \boldsymbol{B}\cdot \mathrm{d}\boldsymbol{S} = -\int_{L'_i} \boldsymbol{B}\cdot \mathrm{d}\boldsymbol{S}$$

或

$$\int_{\sum L_i} \boldsymbol{B}\cdot \mathrm{d}\boldsymbol{S} + \int_{\sum L'_i} \boldsymbol{B}\cdot \mathrm{d}\boldsymbol{S} = \sum\left(\int_{L_i} \boldsymbol{B}\cdot \mathrm{d}\boldsymbol{S} + \int_{L'_i} \boldsymbol{B}\cdot \mathrm{d}\boldsymbol{S}\right) = 0$$

于是最后剩下积分

$$\oint_C \boldsymbol{B}\cdot \mathrm{d}\boldsymbol{S} = 0$$

所以无论有或无电流或有多根电流穿过封闭曲面 S 所包围的空间域 V，Gauss 定理总是成立。

2. Ampere 环路定理

将 $\boldsymbol{B}=\boldsymbol{i}B_x+\boldsymbol{j}B_y$，$\mathrm{d}\boldsymbol{C}=\boldsymbol{i}\,\mathrm{d}x+\boldsymbol{j}\,\mathrm{d}y$ 代入下述积分中，得

$$\oint_C \boldsymbol{B}\cdot \mathrm{d}\boldsymbol{C} = \oint_C (B_x\mathrm{d}x + B_y\mathrm{d}y)$$

在式(2.67)中，B 用式(2.6)代入，并且注意到 $a=\sqrt{x^2+y^2}$，于是有

$$\frac{\partial B_x}{\partial y} = -\frac{\mu I}{2\pi}\frac{\partial}{\partial y}\left(\frac{y}{x^2+y^2}\right) = -\frac{\mu I}{2\pi}\frac{x^2-y^2}{(x^2+y^2)^2}$$

$$\frac{\partial B_y}{\partial x} = \frac{\mu I}{2\pi}\frac{\partial}{\partial x}\left(\frac{x}{x^2+y^2}\right) = \frac{\mu I}{2\pi}\frac{y^2-x^2}{(x^2+y^2)^2}$$

两式相比较，显然有

$$\frac{\partial B_x}{\partial y} = \frac{\partial B_y}{\partial x}$$

或写成

$$\frac{\partial B_x}{\partial y} - \frac{\partial B_y}{\partial x} = 0$$

第一式表明积分等于零，即

$$\oint_C \boldsymbol{B} \cdot \mathrm{d}\boldsymbol{C} = 0$$

第二式表明二维问题的旋度为零，即

$$\nabla \times \boldsymbol{B} = 0$$

若存在 i 根长直电流穿过封闭曲线 C 所包围的域 D，则可以如图 2-16 所示的那样将穿过点 O_i 挖去，于是有

$$\oint_{C+\sum C_i+\sum(L_i+L_i')} \boldsymbol{B} \cdot \mathrm{d}\boldsymbol{C} = \left(\oint_C + \sum\oint_{C_i} + \sum\int_{L_i} + \sum\int_{L_i'}\right)\boldsymbol{B} \cdot \mathrm{d}\boldsymbol{C} = 0 \tag{A}$$

(1) 在小圆周 C_i 上的积分

对于电流 I_i 来说，它所产生的磁场 B_i 是和 C_i 的同心圆，故它们的单位矢量都是 $\boldsymbol{c}_i^\circ$，又由于 C_i 的半径 a_i 非常微小，即 $a_i \ll l_1, a_i \ll l_2$，因而磁场 B_i 由式(2.6)确定，从而

$$\boldsymbol{B}_i \cdot \mathrm{d}\boldsymbol{C}_i = B_i\boldsymbol{c}_i^\circ \cdot (\boldsymbol{c}_i^\circ \mathrm{d}C_i) = B_i \mathrm{d}C_i = \frac{\mu I_i}{2\pi a_i}(a_i \mathrm{d}\theta) = \frac{\mu I_i}{2\pi}\mathrm{d}\theta$$

积分并且注意到 C_i 是顺时针方向而与 C 的方向相反，故

$$\sum\oint_{C_i} \boldsymbol{B}_i \cdot \mathrm{d}\boldsymbol{C}_i = \sum \frac{\mu I_i}{2\pi}\int_{2\pi}^{0} \mathrm{d}\theta = -\sum \mu I_i \tag{B}$$

(2) 在连接线 L_i 和 L_i' 上的积分

由于 L_i 和 L_i' 两者是极其靠近的平行线，所以其上的磁感应强度处处对应相等，但两者的方向相反，即 $L_i = -L_i'$，故

$$\sum\left(\int_{L_i} + \int_{L_i'}\right)\boldsymbol{B} \cdot \mathrm{d}\boldsymbol{L}_i = 0 \tag{C}$$

将式(C)和式(B)代入式(A)中，就得 Ampere 环路定理

$$\oint_C \boldsymbol{B} \cdot \mathrm{d}\boldsymbol{C} = \sum \mu I_i$$

2.8.2　铁磁流体磁性固相微粒产生的磁场

铁磁流体中的磁性固相微粒无论用微电流环或微球形线圈作为其磁学模型，Gauss 定理和 Ampere 环路定理都应当在它们的磁场中成立。

图 2-17(a)是球形线圈所产生的磁场图像。这种球形线圈由一系列的电流环叠加而成。每个电流环都是与 z 轴垂直的平行圆。环形电流的方向与 z 轴之正向按右手螺旋规则确定，即图 2-17(b)中封闭曲线 C 的方向。θ 角是由 z 轴开始顺 C 的方向量的角度。

在铁磁流体中划出一个封闭曲面包围的体积 V，在体积 V 中切出一块厚度为 δ 的平面切片，如图 2-14 所示。在这个平面切片上的固相微粒会有两种位置：一种位于切面的周界曲线 C 所包围的域 D 之内；另一种情况是正在周界曲线 C 之上。

1. 球形线圈位于曲线 C 所包围的域 D 之内

如图 2-17(b)所示，封闭曲线 C 包围球形线圈。

在铁磁流体中，固相微粒的尺寸属于微观范畴，而铁磁流体的尺寸是宏观的，两者差 5～6 个数量级。所以在铁磁流体中划出一块面积，在其周边上的磁感应强度都可以使用式(2.30b)计算，即

$$\boldsymbol{B}' = \frac{\mu_0 m_{\mathrm{p1}}}{4\pi r^3}(3\boldsymbol{r}^{\circ}\cos\theta - \boldsymbol{k}) \tag{2.68}$$

在式(2.68)中使用 $\boldsymbol{B}'$ 是因为固相微粒在铁磁流体磁化过程中，所起的作用就是分子电流的作用。相应于 $\boldsymbol{B}'$，右方的磁导率使用 μ_0 以表示基载液不导磁的事实。

(1) Gauss 定理

$$\oint_S \boldsymbol{B}' \cdot \mathrm{d}\boldsymbol{S} = \oint_C \frac{\mu_0 m_{\mathrm{p1}}}{4\pi r^3}(3\boldsymbol{r}^{\circ}\cos\theta - \boldsymbol{k}) \cdot \boldsymbol{r}^{\circ}(\delta r\,\mathrm{d}\theta)$$

上式是按照图 2-17(b)列出的。因为包围球形线圈的域 D，是以球形线圈为中心，以 r 为半径的圆形域，所以 $\boldsymbol{n}^{\circ}=\boldsymbol{r}^{\circ}$，当然还有 $r \gg a_P$。由于 $\boldsymbol{k}\cdot\boldsymbol{r}^{\circ}=\cos\theta$ 和 $r=\mathrm{const}$，上式得

$$\oint_S \boldsymbol{B}' \cdot \mathrm{d}\boldsymbol{S} = \frac{\mu_0 m_{\mathrm{p1}}}{2\pi r^2}\delta\int_0^{2\pi}\cos\theta\,\mathrm{d}\theta$$

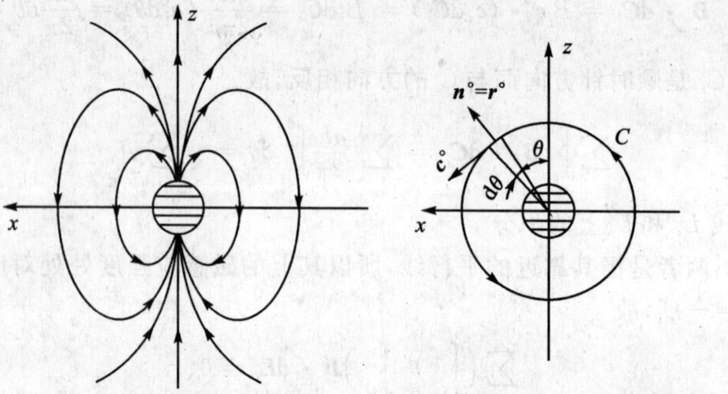

(a) 球形线圈的磁场　　(b) 包围球形线圈的圆形封闭曲线C

图 2-17　球形线圈的磁场剖面和包围线圈的圆形域

即

$$\oint_S \boldsymbol{B}' \cdot \mathrm{d}\boldsymbol{S} = 0$$

(2) Ampere 环路定理

$$\oint_C \boldsymbol{B}' \cdot \mathrm{d}\boldsymbol{C} = \oint_C \frac{\mu_0 m_{\mathrm{p1}}}{4\pi r^3}(3\boldsymbol{r}^{\circ}\cos\theta - \boldsymbol{k}) \cdot \boldsymbol{c}^{\circ}\mathrm{d}C$$

因为 $\boldsymbol{c}^{\circ}$ 是圆周的切向单位矢，故 $\boldsymbol{r}^{\circ}\cdot\boldsymbol{c}^{\circ}=0$，$\boldsymbol{k}\cdot\boldsymbol{c}^{\circ}=\sin\theta$，因此有

$$\oint_C \boldsymbol{B}' \cdot \mathrm{d}\boldsymbol{C} = -\frac{\mu_0 m_{\mathrm{p1}}}{4\pi r^2}\int_0^{2\pi}\sin\theta\,\mathrm{d}\theta$$

即

$$\oint_C \boldsymbol{B}' \cdot \mathrm{d}\boldsymbol{C} = 0$$

2. 球形线圈位于曲线 C 之上

如图 2-18 所示，封闭曲线 C 是圆心为球形线圈的半圆 $AEA'A$，其中 AA' 沿球形线圈的磁矩矢量 $\boldsymbol{m}_{\mathrm{p1}}$ 线，并且半径 $r \gg a_P$。

(1) Gauss 定理

边界面 d$\boldsymbol{S}$ 的法向单位矢，在半圆周上有 $\boldsymbol{n}^{\circ}=\boldsymbol{r}^{\circ}$，在 AA' 直线段上有 $\boldsymbol{n}^{\circ}=-\boldsymbol{i}$，$\boldsymbol{r}^{\circ}=\boldsymbol{k}$，故

$$\oint_S \boldsymbol{B}'\cdot \mathrm{d}\boldsymbol{S}=\int_0^{\pi}\frac{\mu_0 m_{\mathrm{p1}}}{4\pi r^3}(3\boldsymbol{r}^{\circ}\cos\theta-\boldsymbol{k})\cdot\boldsymbol{r}^{\circ}\delta\,\mathrm{d}C+$$

$$\frac{\mu_0 m_{\mathrm{p1}}}{2\pi}\delta\left(-\int_{-r}^{-a_P}+\int_{a_P}^{r}\right)\boldsymbol{k}\cdot(-\boldsymbol{i})\frac{\mathrm{d}z}{z^3}+$$

$$\frac{\mu_0 m_{\mathrm{p1}}}{2\pi a_P^3}\delta\int_{-a_P}^{a_P}\boldsymbol{k}\cdot(-\boldsymbol{i})\,\mathrm{d}z$$

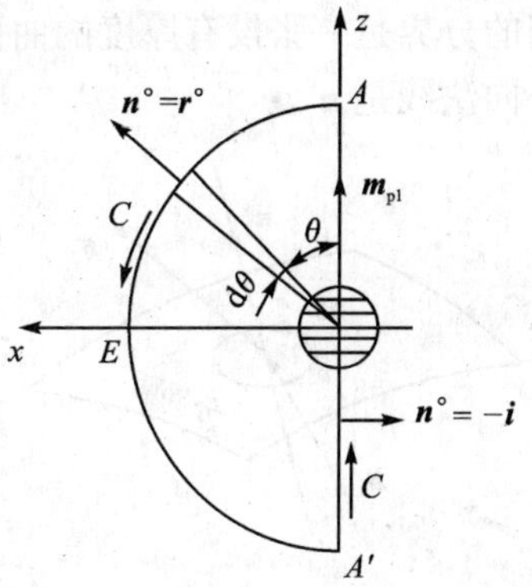

图 2-18　球形线圈在边界曲线 C 之上

上式右方第二项括号中的积分 $-\int_{-r}^{-a_P}$ 前的负号是因为在 $z<0$ 的区间内，$\boldsymbol{m}_{\mathrm{p1}}$ 的方向仍是 $\boldsymbol{k}$ 的正向。$\boldsymbol{k}\cdot(-\boldsymbol{i})=0$，故得到

$$\oint_S \boldsymbol{B}'\cdot \mathrm{d}\boldsymbol{S}=\frac{\mu_0 m_{\mathrm{p1}}}{2\pi r^2}\delta\int_0^{\pi}\cos\theta\,\mathrm{d}\theta$$

即

$$\oint_S \boldsymbol{B}'\cdot \mathrm{d}\boldsymbol{S}=0$$

(2) Ampere 环路定理

$$\oint_C \boldsymbol{B}'\cdot \mathrm{d}\boldsymbol{C}=\int_0^{\pi}\frac{\mu_0 m_{\mathrm{p1}}}{4\pi r^3}(3\boldsymbol{r}^{\circ}\cos\theta-\boldsymbol{k})\cdot\boldsymbol{c}^{\circ}\mathrm{d}C+$$

$$\left(-\int_{-r}^{-a_P}+\int_{a_P}^{r}\right)\frac{\mu_0 m_{\mathrm{p1}}}{2\pi z^3}\boldsymbol{k}\cdot\boldsymbol{k}\,\mathrm{d}z+\int_{-a_P}^{a_P}\frac{\mu_0 m_{\mathrm{p1}}}{2\pi a_P^3}\boldsymbol{k}\cdot\boldsymbol{k}\,\mathrm{d}z$$

由上式得

$$\oint_C \boldsymbol{B}'\cdot \mathrm{d}\boldsymbol{C}=\frac{\mu_0 m_{\mathrm{p1}}}{4\pi r^2}\int_0^{\pi}\sin\theta\,\mathrm{d}\theta-\frac{\mu_0 m_{\mathrm{p1}}}{2\pi}\int_{-r}^{-a_P}\frac{\mathrm{d}z}{z^3}+\frac{\mu_0 m_{\mathrm{p1}}}{2\pi}\int_{a_P}^{r}\frac{\mathrm{d}z}{z^3}+\frac{\mu_0 m_{\mathrm{p1}}}{2\pi a_P^3}\int_{-a_P}^{a_P}\mathrm{d}z=$$

$$\frac{\mu_0 m_{\mathrm{p1}}}{2\pi r^2}+\frac{\mu_0 m_{\mathrm{p1}}}{4\pi}\frac{1}{z^2}\bigg|_{-r}^{-a_P}-\frac{\mu_0 m_{\mathrm{p1}}}{4\pi}\frac{1}{z^2}\bigg|_{a_P}^{r}+\frac{\mu_0 m_{\mathrm{p1}}}{2\pi a_P^3}z\bigg|_{a_P}^{a_P}=\frac{3\mu_0 m_{\mathrm{p1}}}{2\pi a_P^2}$$

将式(2.26)代入右方，即得 Ampere 环路定理

$$\oint_C \boldsymbol{B}'\cdot \mathrm{d}\boldsymbol{C}=\mu_0 I'$$

2.9　磁场的边界问题

磁场总是可能分布在不同的介质之中。当两种介质之间具有明显的分界时，磁场的边界问题就成为确定磁场分布的条件。在稳定状况下，确定磁场分布的基本微分方程就是 Gauss 定理和 Ampere 环路定理。磁场的边界问题也就是这两个定理在边界上的应用形式，不存在离开这两个定理以外的提法。

2.9.1　边界上磁通量的连续性

Gauss 定理的基本内容就是磁通量的连续性。所谓介质之间的明显的界面就是两种介质

之间的分界是一张没有厚度的曲面。如图 2-19 所示，在分界曲面上划出一个微元面积 dS，其外向法线是 $\boldsymbol{n}^{\circ}$。

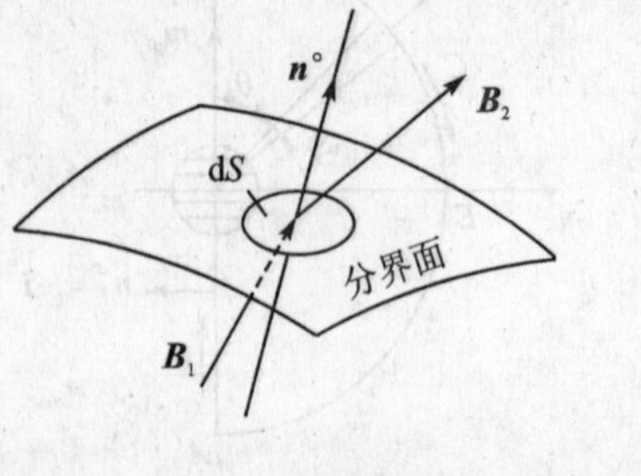

图 2-19　通过界面磁通量密度 $\boldsymbol{B}_1$ 和 $\boldsymbol{B}_2$

从介质 1 进入 dS 的磁通量是 d$\Phi_{m,1}$，从 dS 出来进入介质 2 的磁通量是 d$\Phi_{m,2}$，按照磁通量连续定理，则有

$$d\Phi_{m,1}=d\Phi_{m,2}$$

或写成

$$\boldsymbol{B}_1\cdot\boldsymbol{n}^{\circ}dS=\boldsymbol{B}_2\cdot\boldsymbol{n}^{\circ}dS$$

因为 $\boldsymbol{B}_1\cdot\boldsymbol{n}^{\circ}=B_{1,n}$ 和 $\boldsymbol{B}_2\cdot\boldsymbol{n}^{\circ}=B_{2,n}$，即 $B_{1,n}$ 和 $B_{2,n}$ 分别是 $\boldsymbol{B}_1$ 和 $\boldsymbol{B}_2$ 在 dS 的法线方向的投影，于是得到介质 1 和介质 2 边界上的磁感应强度的法向分量的连续性

$$B_{1,n}=B_{2,n} \tag{2.69}$$

2.9.2　边界面上磁场强度的切向分量

在图 2-20 中，紧贴着边界表面划出一个垂直于边界面的矩形回路 $abcd$，其中 $\overrightarrow{ab}=\boldsymbol{l}_1$，$\overrightarrow{cd}=\boldsymbol{l}_2$，$bc=da=\delta$。在矩形回路上使用 Ampere 环路定理有

$$\lim_{\delta\to 0}\oint_{abcd}\boldsymbol{H}\cdot d\boldsymbol{C}=\int_{l_1}\boldsymbol{H}_1\cdot\boldsymbol{l}_1^{\circ}dl_1+\int_{l_2}\boldsymbol{H}_2\cdot\boldsymbol{l}_2^{\circ}dl_2=I$$

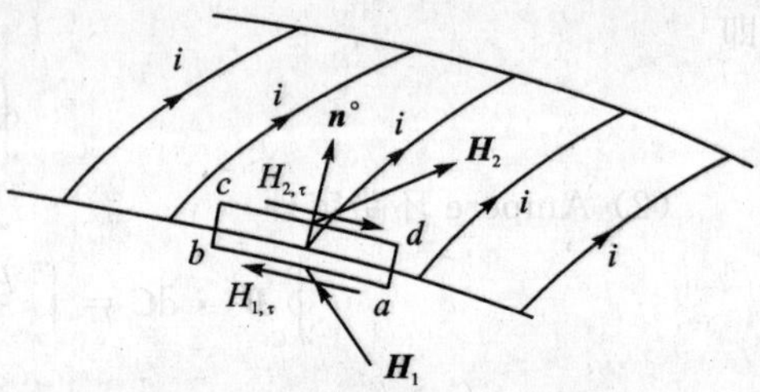

图 2-20　边界面上的磁场强度

式中，I 是位于边界表面上的电流，它的正方向与回路 $abcd$ 服从右手螺旋规则。因为 $\boldsymbol{l}_1^{\circ}=-\boldsymbol{l}_2^{\circ}=\boldsymbol{\tau}^{\circ}$，所以 $\boldsymbol{H}_1\cdot\boldsymbol{l}_1^{\circ}=H_{1,\tau}$，$\boldsymbol{H}_2\cdot\boldsymbol{l}_2^{\circ}=-H_{2,\tau}$。此外 $l_1=l_2=l$，并且将电流 I 用 l 上的线密度 i 表示，即

$$I=\int_l i\,dl \tag{2.70}$$

则有

$$\int_l H_{1,\tau}dl-\int_l H_{2,\tau}dl=\int_l i\,dl$$

于是在边界上磁场强度的切向分量具有关系

$$H_{1,\tau}-H_{2,\tau}=i \tag{2.71}$$

如果在分界面上不存在面电流，即 $i=0$，则有

$$H_{1,\tau}=H_{2,\tau} \tag{2.72}$$

式(2.69)和式(2.72)就是常用的磁场计算的边界条件。

2.9.3　永磁体的边界条件

磁介质在外磁场 $\boldsymbol{H}$ 作用下会被磁化。在 $\boldsymbol{H}$ 升高的过程中，介质内的磁感应强度 $\boldsymbol{B}$ 也相应地升高，它们的对应关系称为初始磁化曲线，如图 2-21 中所示的曲线 OA。在外磁场强度 $\boldsymbol{H}$ 逐渐降低时，磁介质内的磁感应强度 $\boldsymbol{B}$ 也逐渐降低，但是 $\boldsymbol{B}$ 并不沿 AO 线回归到零，而是沿另一条曲线 AB_rH_c 反向下降。在外磁场强度 $\boldsymbol{H}$ 降到零时 $\boldsymbol{B}=\boldsymbol{B}_r$，此 B_r 值称为剩磁。若 $\boldsymbol{H}$ 继续减小成为负值（即 $\boldsymbol{H}$ 的方向反转 180°），$\boldsymbol{B}$ 可以继续降低，直到 $\boldsymbol{B}=0$，这时对应的外磁场强

度$-H_c$称为矫顽力。在整个磁滞回线上，外磁场强度 H，介质内的磁感应强度 B 和介质自身的磁化强度 M 仍然符合式(2.31)，即

$$B=\mu_0(H+M)$$

对处于退磁场中的永磁体来讲，它内部的磁场强度 H 是与磁化强度 M 的方向相反的，即磁化场变成为退磁场。于是

$$B=\mu_0(-H+M)$$

当 $H=0$ 时，$M=B_r/\mu_0$；当 $H=-H_c$ 时，$B=0,M=+H_c$。

任何永磁体都存在 N 和 S 两个磁极。如图 2-22 所示，将一根永磁棒切断，则在断面平面上的分子电流环的磁矩 m' 所作的有序排列，它们的总和构成永磁棒的剩磁。但从电流 I' 来看，位于轮廓线以内的平面上的电流环的分子电流 I' 都互相抵消，只有在断面平面的轮廓线上的电流没有抵消，所以从图 2-22 上可以看到永磁棒外表面上沿着周向的分子电流，这种永磁体棒就相当于一个电流为 I' 的螺旋线圈。这样一来，在图 2-20 中，若边界的一边是永磁体，并且 l 就是图 2-22 上永磁棒的侧表面的母线，它和永磁棒的磁化方向不平行，则在式(2.71)右方的 i 中，除传导电流 i_c 之外还应包括永磁体的分子电流线密度 i'，由于

$$I'=\int_l \boldsymbol{i}'\cdot \mathrm{d}\boldsymbol{l}=\int_l i'_\tau \mathrm{d}l \tag{2.73}$$

则式(2.71)成为

$$H_{1,\tau}-H_{2,\tau}=i_c+i'_\tau \tag{2.74}$$

在垂直于磁化方向的表面上，如果没有分子电流穿过，则永磁体在这样的界面上的边界条件与一般介质相同。

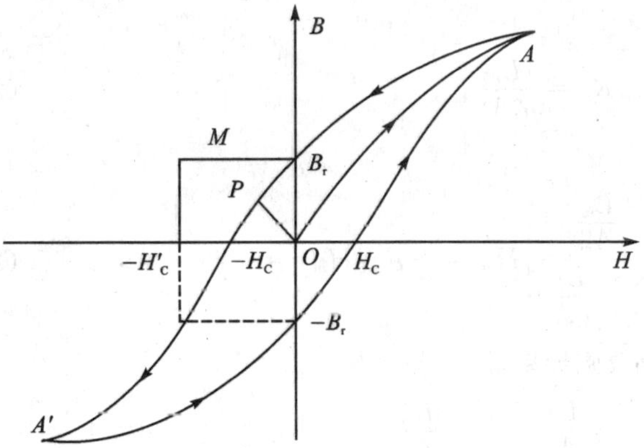

图 2-21　磁滞回线

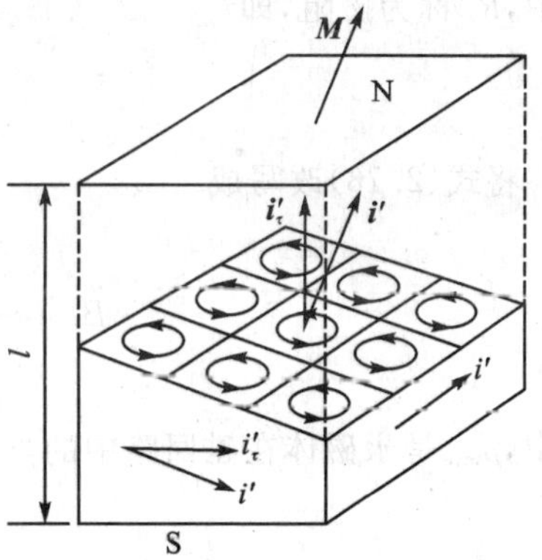

图 2-22　永磁体侧表面上的分子电流

2.9.4　以永磁体作为磁源的磁路定理

永磁体作为磁源处于磁路系统中时，它的工作点即磁状态(磁场强度、磁化强度、磁感应强度)取决于永磁体在磁路中所处的退磁场的强度。磁路定理不仅能够确定磁路各组成段中的磁场，而且可以同时确定永磁体的工作点。磁路定理实际上是 Ampere 环路定理和 Gauss 磁通量连续定理综合的一种工程应用。磁路定理之所以使用简便，就因为它基于一个假设，即所有的磁通量都被约束于回路之内，这就意味着没有逸出回路之外的磁通，即不存在所谓的漏磁

问题。实际上,回路究竟不是磁管,它的表面是可以被磁力线穿透的,所以漏磁现象不可避免。但是,绝大部分磁力线是在回路之中,穿出回路的是极小部分。所以磁路 定理具有足够的工程精度,因而在实用中它是一个很好的工具。

由 Ampere 环路定理

$$\int_C \boldsymbol{H} \cdot \mathrm{d}\boldsymbol{C} = NI$$

式中,N 是穿过路径 C 所包围的域的电流数,也就是铁芯上所缠绕的导线圈数。若组成回路的各段材料都是磁均质的,则上式可改写成

$$NI = \sum_i H_i L_i \tag{2.75}$$

对于使用电磁铁作为磁源的回路,NI 就是磁动势,其中 I 是传导电流 I_c。在铁磁流体的应用场合中,常使用永磁体作为磁源,因而式(2.75)中 $NI=0$,即

$$\sum_i H_i L_i = 0$$

在上式中将永磁体的 $H_m L_m$ 单独写出,并移项到等号的另一边,就有

$$-H_m L_m = \sum_i H_i L_i \tag{2.76}$$

式(2.76)右方的 i 系列中此时不包括 m 项。由磁通量连续定理:$\Phi_i = \Phi_m = \Phi$,则有

$$\Phi = B_m A_m = B_i A_i = \mu_i H_i A_i \tag{2.77}$$

式中,A_i 是回路的第 i 段的截面积。用式(2.77)除式(2.76)就得

$$-\frac{H_m L_m}{B_m A_m} = \sum_i \frac{L_i}{\mu_i A_i} = \sum_i R_i \tag{2.78}$$

式中,R_i 称为磁阻,即

$$R_i = \frac{L_i}{\mu_i A_i} \tag{2.79}$$

将式(2.78)改写成

$$B_m = -\left(\frac{\dfrac{L_m}{A_m}}{\displaystyle\sum_i \frac{L_i}{\mu_i A_i}}\right) H_m = -\mu_{m,e} H_m \tag{2.80}$$

式中,$\mu_{m,e}$ 是永磁体在磁回路中的当量有效磁导率,即

$$\mu_{m,e} = \frac{\dfrac{L_m}{A_m}}{\displaystyle\sum_i \frac{L_i}{\mu_i A_i}} = \frac{\dfrac{L_m}{A_m}}{\displaystyle\sum_i R_i} \tag{2.81}$$

因为在磁路中,各段的长度 L_i 和截面积 A_i 都是已知的几何参数,而 μ_i 取决于各段的材料,所以 $\mu_{m,e}$ 在磁路中是不变的已知量。式(2.80)给出永磁体在磁路中的 B_m 与 H_m 的线性比例关系,就是在图 2-21 中的 OP 直线。此外永磁体的退磁曲线是由实验得到的,可以将其拟合成函数关系式

$$B_m = f(H_m) \tag{2.82}$$

联立式(2.80)和式(2.82)就能解出 B_m 和 H_m,从而由式(2.77)得出 Φ,于是磁回路的各组成段之磁场强度 H_i 都能由式(2.77)算出,即

$$H_i = \frac{\Phi}{\mu_i A_i} = \frac{B_m A_m}{\mu_i A_i} \tag{2.83}$$

2.9.5　分子电流密度 i' 与磁化强度 M 的关系

注意到分子电流是环形电流，所以将其线密度写成矢量 $\boldsymbol{i}'$ 时，其方向垂直于电流环的平面并服从右手螺旋规则。所以当 i' 是电流强度 I' 沿曲线 C 上的线密度时，则有

$$I' = \oint_C \boldsymbol{i}' \cdot \mathrm{d}\boldsymbol{C}$$

代入式(2.43)中，得

$$\oint_C \boldsymbol{M} \cdot \mathrm{d}\boldsymbol{C} = \sum_i I'_i = \oint_C \boldsymbol{i}' \cdot \mathrm{d}\boldsymbol{C}$$

由此得出

$$\boldsymbol{M} = \boldsymbol{i}' \tag{2.84}$$

式(2.84)表明磁性物质的磁化强度矢量 $\boldsymbol{M}$ 就是物质内的分子电流(束缚电流)的线密度矢量 $\boldsymbol{i}'$。用式(2.84)代入式(2.74)中，就有

$$H_{1,\tau} - H_{2,\tau} = i_c + M_\tau \tag{2.85}$$

注意：τ 是边界的切线方向。若永磁体的磁化强度矢量 $\boldsymbol{M}$ 在边界切线方向没有分量，则 $M_\tau = 0$，即此时永磁体的边界条件与普通介质相同。在用式(2.80)和式(2.82)确定 B_m 和 H_m 后，就可以由式

$$M = H_m + (B_m/\mu_0) \tag{2.86}$$

确定 M。对于矩磁材料的永磁体，它的 M 值基本上是一常值。

2.9.6　铁磁流体密封装置的磁路优化设计

在图-21 中，$\overline{OP}$ 是式(2.80)的图线。点 P 是永磁体在磁路中的工作点，故点 P 所对应的 B_m 和 H_m 的乘积 $B_m H_m$ 是永磁体工作状态的磁能积，这个磁能积可以在保证密封能力的要求下，决定永磁体的体积。将式(2.76)改写成

$$-H_m L_m = \left(\sum_i \frac{H_i L_i}{H_f L_f}\right) H_f L_f$$

再将式(2.77)改写成

$$H_i = \frac{\Phi}{\mu_i A_i}, \qquad H_f = \frac{\Phi}{\mu_f A_f}$$

代入前式右方消去 H_i 和 H_f，得

$$-H_m L_m = \left[\sum_i \frac{\dfrac{L_i}{\mu_i A_i}}{\dfrac{L_f}{\mu_f A_f}}\right] H_f L_f = \left(\sum_i \frac{R_i}{R_f}\right) H_f L_f \tag{2.87}$$

又由式(2.77)有

$$B_m A_m = \mu_f H_f A_f$$

两式相乘即得

$$-V_m = \left(\sum_i \frac{R_i}{R_f}\right) \frac{B_f H_f}{B_m H_m} V_f \tag{2.88}$$

式中，$V_m = A_m L_m$，$V_f = A_f L_f$，$B_f = \mu_f H_f$。

在上述各式中，下标 f 表示密封区内的铁磁流体之参数。因为在磁路中永磁体总是处于退磁状态，故式(2.88)右方之 H_m 是负值，所以永磁体体积 V_m 是正值。注意在式(2.88)右方括号中，分子 R_i 包含有 R_f，即 R_f 是 R_i 系列中的一个。若其他各组成段的磁阻可以忽略，则分子只剩下 R_f，而括号内之值等于 1。

式(2.88)右方除 B_m 和 H_m 以外的参数由铁磁流体的密封要求和几何设计确定，所用的永磁体的体积 V_m 反比于磁能积 $B_m H_m$。若能取得退磁曲线的拟合方程(2.82)，则 $B_m H_m$ 的最大值可以用求极值的方法得到。将式(2.82)两边乘以 H_m 得

$$B_m H_m = H_m f(H_m)$$

两边对 H_m 取导

$$\frac{\mathrm{d}(B_m H_m)}{\mathrm{d}H_m} = f(H_m) + H_m \frac{\mathrm{d}f(H_m)}{\mathrm{d}H_m} = 0$$

或写成

$$\frac{\mathrm{d}f(H_m)}{\mathrm{d}H_m} + \frac{f(H_m)}{H_m} = 0 \tag{2.89}$$

解方程(2.89)可得 H_m 之最佳值。而后由式(2.87)调整其他参数，以在磁路中实现最佳 H_m。有了 H_m 则可从式(2.82)得出相应的 B_m 值。此时的 $B_m H_m$ 是最大的磁能积。

2.10 任意形状的平面微电流环在外磁场中所受的力和力矩

2.10.1 概　述

铁磁流体的磁性固相微粒可以认为是一个个小球形线圈，铁磁流体的运动之所以能受外磁场的影响，就是因为外磁场对这些小球形线圈有力和力矩的作用。铁磁流体的磁化就是在外磁场产生的力矩作用下，使小球形线圈的磁矩转向外磁场方向作有序排列的结果。每个小球形线圈都是由一系列电流环作为平行圆构成的。所以分析平面电流环在外磁场中所受的力和力矩是最根本的基础性工作。

2.10.2 坐标系

由于所分析的平面电流环在磁场中是极其微小的，所以在它的周界 C 所包围的平面 A 上的外磁场，可以认为是平行磁场，其平均磁感应强度 B_0 为

$$B_0 = \frac{1}{A}\int_A B\,\mathrm{d}A \tag{2.90}$$

由中值定理可知，在平面域 A 上必定存在一点，其上的磁感应强度值等于 B_0。以此点作为坐标系的原点 O，平面 A 通过 O 点的法线作为坐标轴 z，利用轴 z 和矢量 $\boldsymbol{B}_0$ 决定一平面，这个平面与电流环平面 A 的交线作为坐标轴 x。于是可以建立一个参照坐标系 $Oxyz$。外磁场强度在域 A 之内均平行于坐标面 Ozx，故磁感应强度 $\boldsymbol{B}$ 只有 x 和 z 两个方向的分量，即

$$\boldsymbol{B} = \boldsymbol{B}_x + \boldsymbol{B}_z = \mu_0(\boldsymbol{H}_x + \boldsymbol{H}_z) \tag{2.91}$$

由于电流环尺寸微小，所以位于电流环周界 C 上的磁感应强度 $\boldsymbol{B}$ 可以在点 O 的邻域上展

成 Taylor 级数，并且只保留到线性项，即

$$\left.\begin{aligned}\boldsymbol{B}_x &= \boldsymbol{B}_{ox} + \frac{\partial \boldsymbol{B}_x}{\partial x}\bigg|_0 x + \frac{\partial \boldsymbol{B}_x}{\partial y}\bigg|_0 y \\ \boldsymbol{B}_z &= \boldsymbol{B}_{oz} + \frac{\partial \boldsymbol{B}_z}{\partial x}\bigg|_0 x + \frac{\partial \boldsymbol{B}_z}{\partial y}\bigg|_0 y\end{aligned}\right\} \tag{2.92}$$

式中的 x 和 y 是电流环周界 C 的坐标值。设周界 C 与电流同方向，均沿逆时针行进，则 C 上的微元弧长 d$\boldsymbol{C}$ 在坐标 x 和 y 方向的分解如图 2－23 所示。图中 d$\boldsymbol{C}$、d$\boldsymbol{x}$、d$\boldsymbol{y}$ 的数字下标 1、2、3、4 表示其所在 Oxy 平面中的坐标象限。

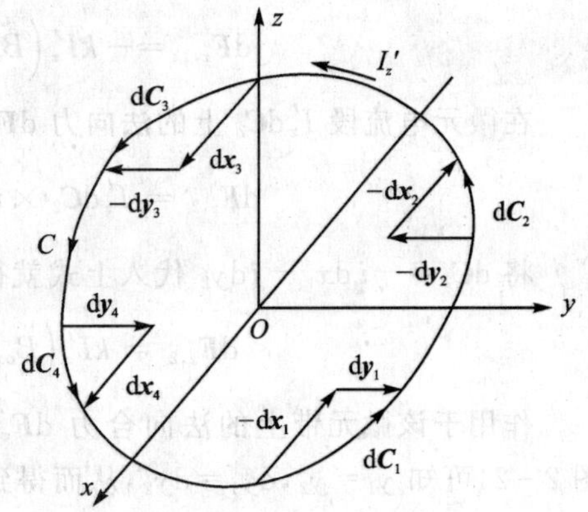

图 2－23　微元弧段 d$\boldsymbol{C}$ 在坐标平面上的分解

2.10.3　电流环所受的磁场力

在外磁场中，电流环所受到的力就是 Ampere 力。由 Ampere 定理，得

$$\mathrm{d}\boldsymbol{F} = I'\mathrm{d}\boldsymbol{C} \times \boldsymbol{B} = \mu_0 I'\mathrm{d}\boldsymbol{C} \times \boldsymbol{H} \tag{2.93}$$

式中，I'是电流环的电流强度；$\boldsymbol{B}$ 是电流环周界上的外磁场强度。电流环所受到的磁场力有：法线方向的力 $\boldsymbol{F}_z$，电流环平面上的力 $\boldsymbol{F}_x$ 和 $\boldsymbol{F}_y$。图 2－24 所示为电流环周界上的磁感应强度。

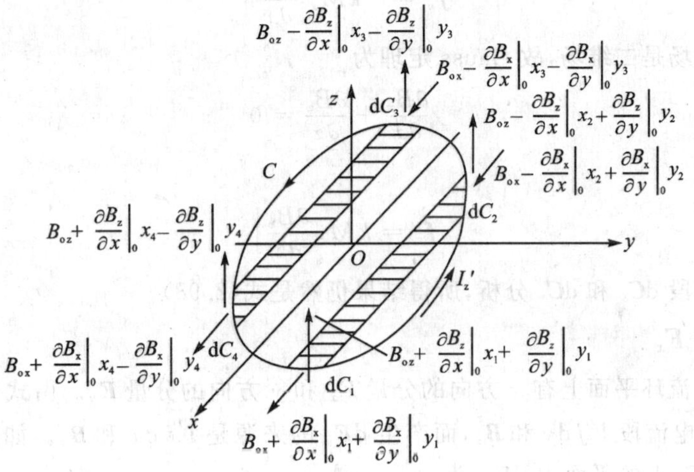

图 2－24　电流环周界 C 上的外磁感应强度

1. 法向磁场力 $\boldsymbol{F}_z$

在电流环平面上取平行于 x 轴的微元带，如图 2－24 所示的影线部分。由式(2.93)可知磁场力是电流段和磁感强度的矢性积，所以磁场力是垂直于电流段和磁感应强度所决定的平面的。在本节的模型中，磁感应强度只有 x 和 z 向的分量，所以电流环平面的法向力 $\boldsymbol{F}_z$ 是 y 方向的电流段分量和 x 方向的磁感应强度分量的矢性积。在微元电流段 $I'_z\mathrm{d}\boldsymbol{C}_1$ 上的法向力 d$\boldsymbol{F}_{z,1}$为

$$\mathrm{d}\boldsymbol{F}_{z,1} = I'_z\mathrm{d}\boldsymbol{C}_1 \times \boldsymbol{i}\left(B_{ox} + \frac{\partial B_x}{\partial x}\bigg|_0 x_1 + \frac{\partial B_x}{\partial y}\bigg|_0 y_1\right)$$

如图 2－23 所示，将 $\mathrm{d}\boldsymbol{C}_1 = -\boldsymbol{i}\,\mathrm{d}x_1 + \boldsymbol{j}\,\mathrm{d}y_1$ 代入上式就得

$$\mathrm{d}\boldsymbol{F}_{z,1}=-\boldsymbol{k}I'_z\left(B_{ox}+\left.\frac{\partial B_x}{\partial x}\right|_0 x_1+\left.\frac{\partial B_x}{\partial y}\right|_0 y_1\right)\mathrm{d}y_1 \tag{2.94}$$

在微元电流段 $I'_z\mathrm{d}\boldsymbol{C}_2$ 上的法向力 $\mathrm{d}\boldsymbol{F}_{z,2}$ 为

$$\mathrm{d}\boldsymbol{F}_{z,2}=I'_z\mathrm{d}\boldsymbol{C}_2\times\boldsymbol{i}\left(B_{ox}-\left.\frac{\partial B_x}{\partial x}\right|_0 x_2+\left.\frac{\partial B_x}{\partial y}\right|_0 y_2\right)$$

将 $\mathrm{d}\boldsymbol{C}_2=-\boldsymbol{i}\,\mathrm{d}x_2-\boldsymbol{j}\mathrm{d}y_2$ 代入上式就得

$$\mathrm{d}\boldsymbol{F}_{z,2}=\boldsymbol{k}I'_z\left(B_{ox}-\left.\frac{\partial B_x}{\partial x}\right|_0 x_2+\left.\frac{\partial B_x}{\partial y}\right|_0 y_2\right)\mathrm{d}y_2 \tag{2.95}$$

作用于该微元带上的法向合力 $\mathrm{d}\boldsymbol{F}_z=\mathrm{d}\boldsymbol{F}_{z,1}+\mathrm{d}\boldsymbol{F}_{z,2}$，同时由于微元带平行于 x 轴，则从图 2-24可知 $y_1=y_2,\mathrm{d}y_1=\mathrm{d}y_2$，从而得到

$$\mathrm{d}\boldsymbol{F}_z=-\boldsymbol{k}I'_z\left.\frac{\partial B_x}{\partial x}\right|_0(x_1+x_2)\mathrm{d}y_1 \tag{2.96}$$

若电流环高度为 $\mathrm{d}z$，则上式可写成

$$\mathrm{d}\boldsymbol{F}_z=-\boldsymbol{k}\frac{I'_z}{\mathrm{d}z}\left.\frac{\partial B_x}{\partial x}\right|_0(x_1+x_2)\mathrm{d}y_1\mathrm{d}z$$

式中，$I'_z/\mathrm{d}z=i'_z=M_z$；$(x_1+x_2)\mathrm{d}y_1\mathrm{d}z=\mathrm{d}V$，于是得单位体积电流环所受之力为

$$\boldsymbol{f}_z=-\boldsymbol{k}M_z\left.\frac{\partial B_x}{\partial x}\right|_0 \tag{2.97}$$

现在的外磁场是二维场，故 Gauss 定理为

$$\frac{\partial B_x}{\partial x}+\frac{\partial B_z}{\partial z}=0$$

则式(2.97)成为

$$\boldsymbol{f}_z=\boldsymbol{k}M_z\left.\frac{\partial B_z}{\partial z}\right|_0 \tag{2.98}$$

若取微电流段 $\mathrm{d}\boldsymbol{C}_3$ 和 $\mathrm{d}\boldsymbol{C}_4$ 分析，所得结果仍然是式(2.98)。

2. 平面力 $\boldsymbol{F}_x$

磁场力在电流环平面上有 x 方向的分量 $\boldsymbol{F}_x$ 和 y 方向的分量 $\boldsymbol{F}_y$。由式(2.93)可知，产生 $\mathrm{d}\boldsymbol{F}_x$ 的来源是微电流段 $I'_z\boldsymbol{j}\,\mathrm{d}y$ 和 $\boldsymbol{B}_z$，而产生 $\mathrm{d}\boldsymbol{F}_y$ 的来源是 $I'_z\boldsymbol{i}\,\mathrm{d}x$ 和 $\boldsymbol{B}_z$。如图 2-24 所示，在微元电流段 $I_z\mathrm{d}\boldsymbol{C}_1$ 上的平面力 $\mathrm{d}\boldsymbol{F}_{x,1}$ 为

$$\mathrm{d}\boldsymbol{F}_{x,1}=I'_z(\boldsymbol{j}\mathrm{d}y_1)\times\boldsymbol{k}\left(B_{oz}+\left.\frac{\partial B_z}{\partial x}\right|_0 x_1+\left.\frac{\partial B_z}{\partial y}\right|_0 y_1\right)$$

结果为

$$\mathrm{d}\boldsymbol{F}_{x,1}=\boldsymbol{i}I'_z\left(B_{oz}+\left.\frac{\partial B_z}{\partial x}\right|_0 x_1+\left.\frac{\partial B_z}{\partial y}\right|_0 y_1\right)\mathrm{d}y_1$$

在微元电流段 $I'_z\mathrm{d}\boldsymbol{C}_2$ 上的平面力 $\mathrm{d}\boldsymbol{F}_{x,2}$ 为

$$\mathrm{d}\boldsymbol{F}_{x,2}=I'_z(-\boldsymbol{j}\mathrm{d}y_2)\times\boldsymbol{k}\left(B_{oz}-\left.\frac{\partial B_z}{\partial x}\right|_0 x_2+\left.\frac{\partial B_z}{\partial y}\right|_0 y_2\right)$$

结果得

$$\mathrm{d}\boldsymbol{F}_{x,2}=-\boldsymbol{i}I'_z\left(B_{oz}-\left.\frac{\partial B_z}{\partial x}\right|_0 x_2+\left.\frac{\partial B_z}{\partial y}\right|_0 y_2\right)\mathrm{d}y_2$$

注意到 $y_1=y_2,\mathrm{d}y_1=\mathrm{d}y_2$，所以合力 $\mathrm{d}\boldsymbol{F}_x=\mathrm{d}\boldsymbol{F}_{x,1}+\mathrm{d}\boldsymbol{F}_{x,2}$ 得

$$\mathrm{d}\boldsymbol{F}_x = \boldsymbol{i}I'_z\frac{\partial B_z}{\partial x}\bigg|_0(x_1+x_2)\mathrm{d}y_1 = \boldsymbol{i}i'_z\frac{\partial B_z}{\partial x}\bigg|_0(x_1+x_2)\mathrm{d}y_1\mathrm{d}z$$

由于$(x_1+x_2)\mathrm{d}y_1\mathrm{d}z=\mathrm{d}V$,故单位体积电流环所受之力为

$$\boldsymbol{f}_x = \boldsymbol{i}i'_z\frac{\partial B_z}{\partial x}\bigg|_0 = \boldsymbol{i}M_z\frac{\partial B_z}{\partial x}\bigg|_0 \tag{2.99}$$

3. 平面力 $\boldsymbol{F}_y$

产生微元平面力 $\boldsymbol{F}_y$ 的因素是微电流段的分量 $I'_z\boldsymbol{i}\,\mathrm{d}x$ 和 $\boldsymbol{B}_z$ 的矢性积,所以取平行于坐标轴 y 的微元带。组成微元带的四个边长是 $\mathrm{d}x_1$,$\mathrm{d}x_4$,y_1+y_4,并且 $\mathrm{d}x_1=\mathrm{d}x_4$;另一微元带是 $\mathrm{d}x_2$,$\mathrm{d}x_3$,y_2+y_3,并且 $\mathrm{d}x_2=\mathrm{d}x_3$。用同样的方法可以得到

$$\mathrm{d}\boldsymbol{F}_y = \boldsymbol{j}I'_z\frac{\partial B_z}{\partial y}\bigg|_0(y_1+y_4)\mathrm{d}x_1 = \boldsymbol{j}i'_z\frac{\partial B_z}{\partial y}\bigg|_0(y_1+y_4)\mathrm{d}x_1\mathrm{d}z$$

于是单位体积电流环所受之 y 的平面力为

$$\boldsymbol{f}_y = \boldsymbol{j}i'_z\frac{\partial B_z}{\partial y}\bigg|_0 = \boldsymbol{j}M_z\frac{\partial B_z}{\partial y}\bigg|_0 \tag{2.100}$$

合并式(2.98)、式(2.99)、式(2.100),即得位于 Oxy 平面上电流环所受之磁场力,即

$$\boldsymbol{f} = \boldsymbol{f}_x + \boldsymbol{f}_y + \boldsymbol{f}_z = M_z(\nabla B_z)_0 \tag{2.101}$$

4. 三维情况

以上所讨论的是位于 Oxy 平面上的电流环,所以只有 z 方向的磁化强度 $\boldsymbol{M}_z$。若电流环在坐标系 $Oxyz$ 中,且处于任意位置,则其磁化强度矢量 $\boldsymbol{M}$ 有三个分量,即 $\boldsymbol{M}_x$、$\boldsymbol{M}_y$ 和 $\boldsymbol{M}_z$。于是可以仿照式(2.101)更换下标得出,即

$$\boldsymbol{f}_1 = M_x(\nabla B_x)_0,\qquad \boldsymbol{f}_2 = M_y(\nabla B_y)_0,\qquad \boldsymbol{f}_3 = M_z(\nabla B_z)_0 \tag{2.102}$$

将式(2.102)展开,并省去下标 0,得

$$\left.\begin{aligned}
\boldsymbol{f}_1 &= M_x\left(\boldsymbol{i}\frac{\partial}{\partial x}+\boldsymbol{j}\frac{\partial}{\partial y}+\boldsymbol{k}\frac{\partial}{\partial z}\right)B_x\\
\boldsymbol{f}_2 &= M_y\left(\boldsymbol{i}\frac{\partial}{\partial x}+\boldsymbol{j}\frac{\partial}{\partial y}+\boldsymbol{k}\frac{\partial}{\partial z}\right)B_y\\
\boldsymbol{f}_3 &= M_z\left(\boldsymbol{i}\frac{\partial}{\partial x}+\boldsymbol{j}\frac{\partial}{\partial y}+\boldsymbol{k}\frac{\partial}{\partial z}\right)B_z
\end{aligned}\right\} \tag{2.103}$$

将式(2.103)按坐标方向拆开,就得

$$\left.\begin{aligned}
\boldsymbol{f}_x &= \boldsymbol{i}\left(M_x\frac{\partial B_x}{\partial x}+M_y\frac{\partial B_y}{\partial x}+M_z\frac{\partial B_z}{\partial x}\right)=\boldsymbol{i}\left(\boldsymbol{M}\cdot\frac{\partial \boldsymbol{B}}{\partial x}\right)\\
\boldsymbol{f}_y &= \boldsymbol{j}\left(M_x\frac{\partial B_x}{\partial y}+M_y\frac{\partial B_y}{\partial y}+M_z\frac{\partial B_z}{\partial y}\right)=\boldsymbol{j}\left(\boldsymbol{M}\cdot\frac{\partial \boldsymbol{B}}{\partial y}\right)\\
\boldsymbol{f}_z &= \boldsymbol{k}\left(M_x\frac{\partial B_x}{\partial z}+M_y\frac{\partial B_y}{\partial z}+M_z\frac{\partial B_z}{\partial z}\right)=\boldsymbol{k}\left(\boldsymbol{M}\cdot\frac{\partial \boldsymbol{B}}{\partial z}\right)
\end{aligned}\right\} \tag{2.104}$$

式(2.104)对于有无电流从磁场中通过没有限制,都可适用。若没有电流穿过磁场,即磁场是无旋的场,则由$\nabla\times\boldsymbol{B}=0$ 给出,即

$$\frac{\partial B_x}{\partial y}=\frac{\partial B_y}{\partial x},\qquad \frac{\partial B_y}{\partial z}=\frac{\partial B_z}{\partial y},\qquad \frac{\partial B_z}{\partial x}=\frac{\partial B_x}{\partial z}$$

代入式(2.104)中,就有

$$\left.\begin{aligned} f_x &= i\left(M_x \frac{\partial B_x}{\partial x} + M_y \frac{\partial B_x}{\partial y} + M_z \frac{\partial B_x}{\partial z}\right) = i(M \cdot \nabla B_x) \\ f_y &= j\left(M_x \frac{\partial B_y}{\partial x} + M_y \frac{\partial B_y}{\partial y} + M_z \frac{\partial B_y}{\partial z}\right) = j(M \cdot \nabla B_y) \\ f_z &= k\left(M_x \frac{\partial B_z}{\partial x} + M_y \frac{\partial B_z}{\partial y} + M_z \frac{\partial B_z}{\partial z}\right) = k(M \cdot \nabla B_z) \end{aligned}\right\} \tag{2.105}$$

式(2.105)可以合并写成

$$\boldsymbol{f} = (\boldsymbol{M} \cdot \nabla)\boldsymbol{B} = \mu_0 \boldsymbol{M} \cdot \nabla \boldsymbol{H} \tag{2.106}$$

在导出式(2.106)的过程中,未对电流环的几何形状加任何限制,所以对任何形状的电流环,式(2.106)均适用。在式(2.106)中的 $\boldsymbol{B}$ 是外磁场,即磁化场的磁感应强度。

在均匀外磁场中,$\nabla B_x = \nabla B_y = \nabla B_z = 0$,故 $\boldsymbol{f}=0$。即任何形状的电流环,在均匀外磁场中不会受到磁场力的作用。

2.10.4 在磁场中电流环所受的磁力矩

平面力 $\boldsymbol{F}_x$ 和 $\boldsymbol{F}_y$ 都位于电流环平面之内,所以它们不可能形成使电流环平面翻转的力矩,只有法向力 $\boldsymbol{F}_z$ 才可能形成使电流环平面翻转的力矩。

1. 对 y 轴的力矩

如图 2-24 所示,微元带对 y 轴的磁力矩是

$$\mathrm{d}\boldsymbol{L}_y = (\boldsymbol{i}x_1) \times \mathrm{d}\boldsymbol{F}_{z,1} + (-\boldsymbol{i}x_2) \times \mathrm{d}\boldsymbol{F}_{z,2}$$

将式(2.94)和式(2.95)代入,就得

$$\mathrm{d}\boldsymbol{L}_y = (\boldsymbol{i}x_1) \times (-\boldsymbol{k}) I'_z \left(B_{ox} + \frac{\partial B_x}{\partial x}\bigg|_0 x_1 + \frac{\partial B_x}{\partial y}\bigg|_0 y_1\right)\mathrm{d}y_1 + (-\boldsymbol{i}x_2) \times \boldsymbol{k} I'_z \left(B_{ox} - \frac{\partial B_x}{\partial x}\bigg|_0 x_2 + \frac{\partial B_x}{\partial y}\bigg|_0 y_2\right)\mathrm{d}y_2$$

注意到在图 2-24 中,$y_1 = y_2$,$\mathrm{d}y_1 = \mathrm{d}y_2$,就可以将上式写成

$$\mathrm{d}\boldsymbol{L}_y = \boldsymbol{j} I'_z \left[B_{ox} + \frac{\partial B_x}{\partial x}\bigg|_0 (x_1 - x_2) + 2\frac{\partial B_x}{\partial y}\bigg|_0 y_1\right](x_1 + x_2)\mathrm{d}y_1$$

式中,$(x_1+x_2)\mathrm{d}y_1 = \mathrm{d}A$;$x_1 - x_2 = 2\delta_x$,$\delta_x$ 是 $\mathrm{d}A$ 的中心,即 $(x_1+x_2)/2$ 与 y 轴的距离。积分 $\mathrm{d}\boldsymbol{L}_y$ 得到力矩 $\boldsymbol{L}_y$ 为

$$\boldsymbol{L}_y = \boldsymbol{j} I'_z \left(B_{ox}A + 2\frac{\partial B_x}{\partial x}\bigg|_0 S_y + 2\frac{\partial B_x}{\partial y}\bigg| S_x\right) \tag{2.107}$$

式中,S_y 是电流环所包围的面积 A 对坐标轴 y 的静面矩;S_x 是 A 对坐标轴 x 的静面矩。即

$$S_y = \int_A \delta_x \mathrm{d}A, \qquad S_x = \int_A y_1 \mathrm{d}A \tag{2.108}$$

2. 对 x 轴的力矩

由于 $\mathrm{d}\boldsymbol{F}_{z,1}$ 和 $\mathrm{d}\boldsymbol{F}_{z,2}$ 均位于 x 轴的同一侧,所以它们对 x 轴的矩就是其合力 $\mathrm{d}\boldsymbol{F}_z = \mathrm{d}\boldsymbol{F}_{z,1} + \mathrm{d}\boldsymbol{F}_{z,2}$ 对坐标轴 x 的矩,由式(2.96)得

$$\mathrm{d}\boldsymbol{L}_x = (\boldsymbol{j}y_1) \times \mathrm{d}\boldsymbol{F}_z = (\boldsymbol{j}y_1) \times (-\boldsymbol{k}) I'_z \frac{\partial B_x}{\partial x}\bigg|_0 (x_1 + x_2)\mathrm{d}y_1$$

于是微元力矩为

$$\mathrm{d}\boldsymbol{L}_x = -\boldsymbol{i}I'_z \frac{\partial B_x}{\partial x}\bigg|_0 y_1 \mathrm{d}A$$

在电流环面积 A 上积分，得到电流环所受到的对 x 轴的力矩为

$$\boldsymbol{L}_x = -\boldsymbol{i}I'_z \frac{\partial B_x}{\partial x}\bigg|_0 S_x \tag{2.109}$$

3. 平面电流环所受到的合力矩

由式(2.107)和式(2.108)给出合力矩

$$\boldsymbol{L} = \boldsymbol{L}_x + \boldsymbol{L}_y = I_z\left[-\boldsymbol{i}\frac{\partial B_x}{\partial x}\bigg|_0 S_x + \boldsymbol{j}\left(B_{ox}A + 2\frac{\partial B_x}{\partial x}\bigg|_0 S_y + 2\frac{\partial B_x}{\partial y}\bigg|_0 S_x\right)\right] \tag{2.110}$$

式(2.110)的两种特殊情况是：

① 若电流环所包围之平面 A 具有几何对称性，如圆形、椭圆形、矩形等，则对称于 x 轴时有 $S_x=0$；对称于 y 轴时有 $S_y=0$。所以对称于 x 轴和 y 轴的电流环，无论外磁场是否均匀，它所受到的磁力矩只取决于当地的磁感应强度的平均值，而与磁感应强度的梯度无关。即

$$\boldsymbol{L}_y = \boldsymbol{j}I'_z AB_{ox} = \boldsymbol{j}m_z B_{ox}$$

或写成

$$\boldsymbol{L}_y = \boldsymbol{m}_z \times \boldsymbol{B}_0 = \mu_0 \boldsymbol{m}_z \times \boldsymbol{H} \tag{2.111}$$

式中，$\boldsymbol{m}_z = \boldsymbol{k}m_z$；$\boldsymbol{B}_0 = \boldsymbol{i}B_{ox} + \boldsymbol{k}B_{oz}$。

② 若外磁场是均匀磁场，则无论电流环所包围之平面 A 有无对称性，其所受到之磁力矩都是式(2.111)。

4. 三维情况

在三维情况下有

$$\boldsymbol{m} = \boldsymbol{i}m_x + \boldsymbol{j}m_y + \boldsymbol{k}m_z, \qquad \boldsymbol{B}_0 = \boldsymbol{i}B_{ox} + \boldsymbol{j}B_{oy} + \boldsymbol{k}B_{oz}$$

由式(2.111)可以看到，y 方向的力矩是由 z 和 x 方向的磁矩和磁场的磁感应强度两者作矢性积的结果。所以除了式(2.111)中的 $\boldsymbol{k}m_z$ 和 $\boldsymbol{i}B_{ox}$ 以外，$\boldsymbol{i}m_x$ 和 $\boldsymbol{k}B_{oz}$ 的矢性积同样得出 y 方向之力矩，即 $\boldsymbol{L}_y$ 在三维情况下应当是

$$\boldsymbol{L}_y = \boldsymbol{k}m_z \times \boldsymbol{i}B_{ox} + \boldsymbol{i}m_x \times \boldsymbol{k}B_{oz} = \boldsymbol{j}(m_z B_{ox} - m_x B_{oz}) \tag{2.112}$$

同样 x 方向和 z 方向的力矩是

$$\boldsymbol{L}_x = \boldsymbol{i}(m_y B_{oz} - m_z B_{oy}), \qquad \boldsymbol{L}_z = \boldsymbol{k}(m_x B_{oy} - m_y B_{ox}) \tag{2.113}$$

合并以上三式就得三维情况下的磁力矩

$$\boldsymbol{L}_\mathrm{m} = \boldsymbol{m} \times \boldsymbol{B}_0 = \mu_0 \boldsymbol{m} \times \boldsymbol{H} \tag{2.114}$$

式中，$\boldsymbol{m}$ 是电流环的磁矩。

2.11　圆球形线圈在非均匀磁场中所受的磁力和磁力矩

2.11.1　圆球形线圈所受的磁力

由上面的讨论可以看到，外磁场产生的力和力矩，只取决于两个因素：① 磁性物质自身的磁化强度或磁矩；② 外磁场的当地磁感应强度平均值和变化梯度。而物质本身的存在已由其

磁化强度或磁矩所代替。所以,上面的结果虽然是由平面电流环导出,但对于其他形式的磁性物质依然适用。

由式(2.106)所给出的磁场力,只须将右方的 $\boldsymbol{M}$ 换成圆球形线圈(即铁磁流体的磁性固相微粒)的磁化强度 $\boldsymbol{M}_p$,就是圆球形线圈所受到的磁场力,即

$$\boldsymbol{f} = \boldsymbol{M}_{\mathrm{p}} \cdot \nabla \boldsymbol{B}_0 = \mu_0 \boldsymbol{M}_{\mathrm{p}} \cdot \nabla \boldsymbol{H} \tag{2.115}$$

对于整个球形线圈所受到的磁场力,则由 $\boldsymbol{m}_{\mathrm{p1}} = \boldsymbol{M}_{\mathrm{p}} \boldsymbol{V}_{\mathrm{p1}}$,得

$$\boldsymbol{F} = \boldsymbol{f} V_{\mathrm{p1}} = \boldsymbol{m}_{\mathrm{p1}} \cdot \nabla \boldsymbol{B}_0 = \mu_0 \boldsymbol{m}_{\mathrm{p1}} \cdot \nabla \boldsymbol{H} \tag{2.116}$$

2.11.2 圆球形线圈所受的磁力矩

将式(2.114)中的磁矩 m 取为圆球形线圈的磁矩 m_{p1},即得铁磁流体中的磁性固相微粒在外磁场中受到的力矩:

$$\boldsymbol{L}_{\mathrm{p1}} = \boldsymbol{m}_{\mathrm{p1}} \times \boldsymbol{B}_0 = \mu_0 \boldsymbol{m}_{\mathrm{p1}} \times \boldsymbol{H} \tag{2.117}$$

由式(2.117)可以看到,外磁场对固相微粒所产生的力矩,总是力图使固相微粒的磁矩转向外磁场的方向。这就是铁磁流体磁化的基本机理。

2.12 铁磁流体的固相磁性微粒(圆球形线圈)在外磁场中的势能

由热力学第一定律,知

$$\Delta Q = \Delta E + \Delta W$$

式中,ΔQ 是外界加入到系统中的热量;ΔE 是系统内能的增量;ΔW 是系统对外界所做之功。在这里所讨论的问题不涉及到热量和温度,所以 $\Delta Q = 0$;而内能是铁磁流体的固相微粒在外磁场中的势能,故取 $\Delta E = \Delta E_{\mathrm{p1}}$。于是热力学第一定律方程成为

$$\Delta E_{\mathrm{p1}} = -\Delta W \tag{2.118}$$

铁磁流体的固相磁性微粒在外磁场中受到的磁力矩是 $\boldsymbol{L}_{\mathrm{p1}}$,若固相微粒的磁矩矢量 $\boldsymbol{m}_{\mathrm{p1}}$ 在 $\boldsymbol{L}_{\mathrm{p1}}$ 作用下,旋转一角度 $\Delta\boldsymbol{\theta}$,则有

$$\Delta E_{\mathrm{p1}} = -\Delta W = -\boldsymbol{L}_{\mathrm{p1}} \cdot \Delta\boldsymbol{\theta} = -(\Delta\theta) L_{\mathrm{p1}}$$

上式中,矢量 $\Delta\boldsymbol{\theta}$ 和 $\boldsymbol{L}_{\mathrm{p1}}$ 是互相平行的,所以它们的数性积就是它们的模的代数积。将上式改写并取极限,得

$$L_{\mathrm{p1}} = \lim_{\Delta\theta \to 0}\left(-\frac{\Delta E_{\mathrm{p1}}}{\Delta\theta}\right) = -\frac{\partial E_{\mathrm{p1}}}{\partial\theta} \tag{2.119}$$

将式(2.117)改写成

$$L_{\mathrm{p1}} = -m_{\mathrm{p1}} B_0 \sin\theta \tag{2.120}$$

式(2.120)右边的负号,是因为 $\boldsymbol{L}_{\mathrm{p1}}$ 总是使 $\boldsymbol{m}_{\mathrm{p1}}$ 和 $\boldsymbol{B}_0$ 的夹角 θ 减小,它相当于使两者趋于平行的“吸引”力矩。将式(2.120)代入式(2.119)中,两边同乘 $\mathrm{d}\theta$ 而后积分之,并且注意到 B_0 和 m_{p1} 均与 θ 无关。结果可得

$$E_{\mathrm{p1}} = -m_{\mathrm{p1}} B_0 \cos\theta,\text{或 } E_{\mathrm{p1}} = -\boldsymbol{m}_{\mathrm{p1}} \cdot \boldsymbol{B}_0 = -\mu_0 \boldsymbol{m}_{\mathrm{p1}} \cdot \boldsymbol{H} \tag{2.121}$$

式(2.121)就是铁磁流体的固相磁性微粒在外磁场中的势能。由于固相微粒总是假设为圆球形的,即使外磁场是非均匀的,式(2.121)仍然适用,此时 $\boldsymbol{B}_0$ 可以理解为该固相微粒所在

当地的平均磁感应强度。在非均匀磁场中，固相微粒受到磁场力 $\boldsymbol{F}$ 的作用，于是移动功为

$$\Delta W=\boldsymbol{F}\cdot\Delta\boldsymbol{l}=F_l(\Delta l)$$

式中，F_l 是矢量 $\boldsymbol{F}$ 在 Δl 方向上的投影，即 $F\cos\varphi$，φ 是 $\boldsymbol{F}$ 和 $\Delta\boldsymbol{l}$ 的夹角。将上式代入式(2.118)中并取极限得

$$F_l=\lim_{\Delta l\to 0}\left(-\frac{\Delta E_{\mathrm{p1}}}{\Delta l}\right)=-\frac{\partial E_{\mathrm{p1}}}{\partial l}$$

将上式写成方向导数的形式，即

$$F_l=-\frac{\partial E_{\mathrm{p1}}}{\partial l}=-\left(\frac{\partial E_{\mathrm{p1}}}{\partial x}\cos\alpha+\frac{\partial E_{\mathrm{p1}}}{\partial y}\cos\beta+\frac{\partial E_{\mathrm{p1}}}{\partial z}\cos\gamma\right)$$

$\boldsymbol{l}$ 的单位矢是

$$\boldsymbol{l}^{\circ}=\boldsymbol{i}\cos\alpha+\boldsymbol{j}\cos\beta+\boldsymbol{k}\cos\gamma$$

将上式两边依次对 $\boldsymbol{i},\boldsymbol{j},\boldsymbol{k}$ 作数性积则得到

$$\cos\alpha=\boldsymbol{i}\cdot\boldsymbol{l}^{\circ},\qquad \cos\beta=\boldsymbol{j}\cdot\boldsymbol{l}^{\circ},\qquad \cos\gamma=\boldsymbol{k}\cdot\boldsymbol{l}^{\circ}$$

于是得到

$$F_l=-\left(\boldsymbol{i}\frac{\partial E_{\mathrm{p1}}}{\partial x}+\boldsymbol{j}\frac{\partial E_{\mathrm{p1}}}{\partial y}+\boldsymbol{k}\frac{\partial E_{\mathrm{p1}}}{\partial z}\right)\cdot\boldsymbol{l}^{\circ}$$

上式两边同时作用上 $\boldsymbol{l}^{\circ}$，就有

$$F_l\boldsymbol{l}^{\circ}=-\left(\boldsymbol{i}\frac{\partial E_{\mathrm{p1}}}{\partial x}+\boldsymbol{j}\frac{\partial E_{\mathrm{p1}}}{\partial y}+\boldsymbol{k}\frac{\partial E_{\mathrm{p1}}}{\partial z}\right)\cdot\boldsymbol{l}^{\circ}\boldsymbol{l}^{\circ}$$

于是由单位并矢性质得到一个微粒受到的磁力是

$$\boldsymbol{F}_{\mathrm{p1}}=-\left(\boldsymbol{i}\frac{\partial}{\partial x}+\boldsymbol{j}\frac{\partial}{\partial y}+\boldsymbol{k}\frac{\partial}{\partial z}\right)E_{\mathrm{p1}}=-\nabla E_{\mathrm{p1}}\tag{2.122}$$

将式(2.121)代入式(2.122)右边就有

$$\boldsymbol{F}_{\mathrm{p1}}=\nabla(\boldsymbol{m}_{\mathrm{p1}}\cdot\boldsymbol{B}_0)=\mu_0\nabla(\boldsymbol{m}_{\mathrm{p1}}\cdot\boldsymbol{H})\tag{2.123}$$

注意：对于非均匀磁场，在式(2.123)中，$\boldsymbol{B}_0$ 只表示外磁场(磁化场)在当地的平均值。对于铁磁流体悬浮着的固相微粒，在通常情况下总可以做到 $\boldsymbol{m}_{\mathrm{p1}}$ 和 $\boldsymbol{B}$ 互相平行，所以其势能 E_{p1} 成为

$$E_{\mathrm{p1}}=-m_{\mathrm{p1}}B_0=-m_{\mathrm{p1}}(\mu_0H)\tag{2.124}$$

从而

$$\boldsymbol{F}_{\mathrm{p1}}=\nabla(m_{\mathrm{p1}}B_0),\qquad \boldsymbol{L}_{\mathrm{p1}}=0\tag{2.125}$$

2.13 磁偶极子理论

2.13.1 概　述

铁磁流体的固相磁性微粒的磁学模型是分子电流环或圆球形电流线圈。球形电流线圈的极轴，即磁矩矢量使得球形线圈存在 N 和 S 两极。这就可以更形象地用磁偶极子来表示铁磁流体的固相磁性微粒。分析表明，磁偶极子产生的磁场、磁偶极子在外磁场中所受的力和力矩，以及所具有的势能都和电流环、球形线圈相一致。所以使用磁偶极子模型不但能正确描述固相磁性微粒的磁学行为，而且在某些场合下更形象化、更方便。

2.13.2 磁偶极子产生的磁场

如图 2-25 所示，一个偶极子处在外磁场之中时，其磁极所受的力 $\boldsymbol{F}$ 正比于外磁场的磁感应强度，并且 N 极受力的方向与外磁场相同，而 S 极则相反。即

$$\boldsymbol{F}_{\mathrm{N}} = Q_{\mathrm{m}}\left(\boldsymbol{B}_0 + \frac{\partial \boldsymbol{B}}{\partial z}\bigg|_0 a_P\right), \quad \boldsymbol{F}_{\mathrm{S}} = -Q_{\mathrm{m}}\left(\boldsymbol{B}_0 - \frac{\partial \boldsymbol{B}}{\partial z}\bigg|_0 a_P\right) \tag{2.126}$$

式中，B_0 是磁偶极子中心处的外磁场磁感应强度；z 是磁偶极子的极轴方向；a_P 是磁偶极子的半径；比例系数 Q_{m} 称为磁极强度，它相当于电场中的电荷，所以也称为磁荷。但它不能像电荷那样单独存在，而只能成对出现。

由图 2-25 可知，磁偶极子在外磁场中所受到的磁力矩是

$$\boldsymbol{L}_{\mathrm{p1}} = \boldsymbol{k}a_P \times \boldsymbol{F}_{\mathrm{N}} + \boldsymbol{k}(-a_P) \times \boldsymbol{F}_{\mathrm{S}}$$

将式(2.126)代入，有

$$\boldsymbol{L}_{\mathrm{p1}} = Q_{\mathrm{m}}\boldsymbol{k}a_P \times \left[\left(\boldsymbol{B}_0 + \frac{\partial \boldsymbol{B}}{\partial z}\bigg|_0 a_P\right) + \left(\boldsymbol{B}_0 - \frac{\partial \boldsymbol{B}}{\partial z}\bigg|_0 a_P\right)\right]$$

展开以后得

$$\boldsymbol{L}_{\mathrm{p1}} = 2Q_{\mathrm{m}}a_P\boldsymbol{k} \times \boldsymbol{B}_0 \tag{2.127}$$

将式(2.117)与式(2.127)相比较，就得 $2Q_{\mathrm{m}}a_P\boldsymbol{k} = \boldsymbol{m}_{\mathrm{p1}}$。因为矢量 $\boldsymbol{m}_{\mathrm{p1}} = \boldsymbol{k}m_{\mathrm{p1}}$，故有

$$Q_{\mathrm{m}} = \frac{m_{\mathrm{p1}}}{2a_P} \tag{2.128}$$

从 Coulomb 定律得出磁荷产生的磁场

$$\boldsymbol{B}' = \frac{\mu}{4\pi}\frac{Q_{\mathrm{m}}}{r^3}\boldsymbol{r} \tag{2.129}$$

式中，$\boldsymbol{r}$ 是由磁荷指向点 P 的矢径。将式(2.128)代入式(2.129)，就得

$$\boldsymbol{B}' = \frac{\mu}{4\pi}\frac{m_{\mathrm{p1}}}{2a_P r^2}\boldsymbol{r}。 \tag{2.130}$$

在讨论磁偶极子产生的磁场时，应考虑它的 N 极磁荷和 S 极磁荷都对点 P 处的磁场有贡献。所以点 P 处的磁场应当是两极磁荷的贡献的矢量和。由图 2-26 可以写出

$$\boldsymbol{B}' = \frac{\mu}{4\pi}\frac{m_{\mathrm{p1}}}{2a_P}\left(\frac{\boldsymbol{r}_{\mathrm{n}}}{r_{\mathrm{N}}^3} - \frac{\boldsymbol{r}_{\mathrm{s}}}{r_{\mathrm{S}}^3}\right) = \boldsymbol{B}'_{\mathrm{N}} - \boldsymbol{B}'_{\mathrm{S}}$$

式中

$$\boldsymbol{r}_{\mathrm{N}} = \boldsymbol{r}_\theta - \boldsymbol{k}a_P, \quad \boldsymbol{r}_{\mathrm{S}} = \boldsymbol{r}_\theta + \boldsymbol{k}a_P$$

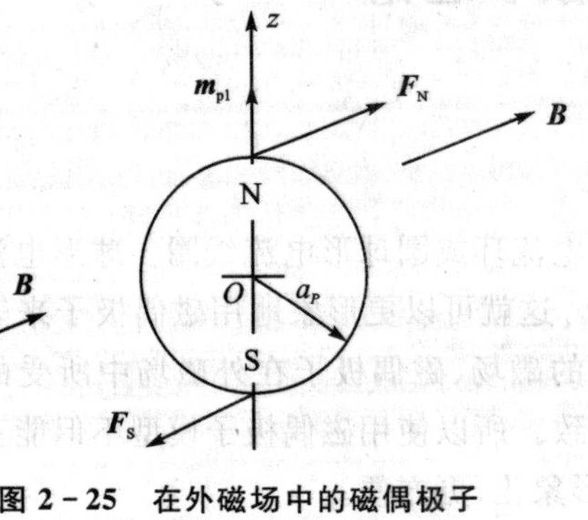

图 2-25 在外磁场中的磁偶极子

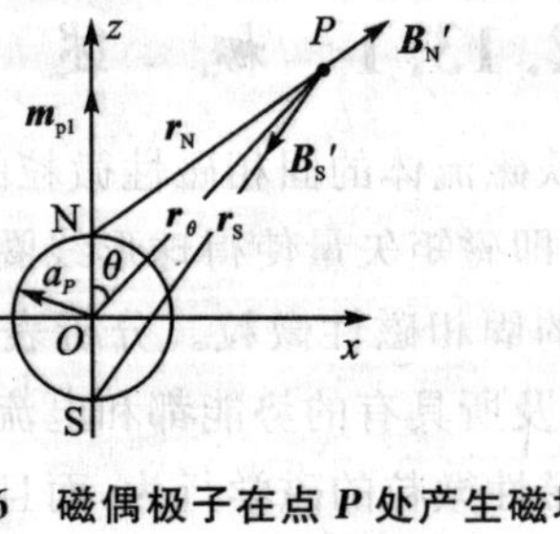

图 2-26 磁偶极子在点 P 处产生磁场

若点 P 的位置远离磁偶极子，即 $r_\theta \gg a_P$，则有

$$r_N \approx (r_\theta - a_P\cos\theta),\quad r_S \approx (r_\theta + a_P\cos\theta)$$

代入 $\boldsymbol{B}'$ 的式子中

$$\boldsymbol{B}' \approx \frac{\mu}{4\pi}\frac{m_{p1}}{2a_P}\left[\frac{\boldsymbol{r}_\theta - \boldsymbol{k}a_P}{(r_\theta - a_P\cos\theta)^3} - \frac{\boldsymbol{r}_\theta + \boldsymbol{k}a_P}{(r_\theta + a_P\cos\theta)^3}\right] \approx$$

$$\frac{\mu}{4\pi}\frac{m_{p1}}{2a_P}\frac{1}{r_\theta^2}\left[\left(\boldsymbol{r}_\theta^\circ - \frac{a_P}{r_\theta}\boldsymbol{k}\right)\left(1+3\frac{a_P}{r_\theta}\cos\theta\right) - \left(\boldsymbol{r}_\theta^\circ + \frac{a_P}{r_\theta}\boldsymbol{k}\right)\left(1-3\frac{a_P}{r_\theta}\cos\theta\right)\right]$$

展开后，只保留到 a_P/r_θ 的一次方项为止，就得到磁偶极子在远处产生的磁场

$$\boldsymbol{B}' = \frac{\mu}{4\pi}\frac{m_{p1}}{r_\theta^3}(3\boldsymbol{r}_\theta^\circ\cos\theta - \boldsymbol{k}) = \frac{\mu}{4\pi}\frac{m_{p1}}{r_\theta^3}\left[3\boldsymbol{r}_\theta^\circ(\boldsymbol{r}_\theta^\circ\cdot\boldsymbol{k}) - \boldsymbol{k}\right] \tag{2.131}$$

若点 P 在 z 轴上，即 $\boldsymbol{r}_\theta^\circ = \boldsymbol{k}$，$\cos\theta = 1$，$r_\theta = z_P$，则

$$\boldsymbol{B}' = \frac{\mu}{2\pi}\frac{m_{p1}}{z_P^3}\boldsymbol{k}$$

若点 P 在赤道平面上，即 $\cos\theta = 0$，$r_\theta = x_P$，则

$$\boldsymbol{B}' = -\frac{\mu}{4\pi}\frac{m_{p1}}{x_P^3}\boldsymbol{k}$$

2.13.3　磁偶极子在外磁场中所受的力

若在磁偶极子中心处的外磁场的磁感应强度是 $\boldsymbol{B}_0$，则其在 N 极上是 $\boldsymbol{B}_0 + \delta\boldsymbol{B}_0$，在其 S 极上是 $\boldsymbol{B}_0 - \delta\boldsymbol{B}_0$，于是偶极子两极所受的力分别是

$$\boldsymbol{F}_N = Q_m(\boldsymbol{B}_0 + \delta\boldsymbol{B}_0) = \frac{m_{p1}}{2a_P}(\boldsymbol{B}_0 + \delta\boldsymbol{B}_0),\qquad \boldsymbol{F}_S = -Q_m(\boldsymbol{B}_0 - \delta\boldsymbol{B}_0) = -\frac{m_{p1}}{2a_P}(\boldsymbol{B}_0 - \delta\boldsymbol{B}_0)$$

整个磁偶极子所受的力为

$$\boldsymbol{F}_{p1} = \boldsymbol{F}_N + \boldsymbol{F}_S = \frac{m_{p1}}{2a_P}(2\delta\boldsymbol{B}_0)$$

式中，$\delta\boldsymbol{B}_0$ 是外磁场在极轴 a_P 方向的增量。若极轴在 $Oxyz$ 坐标系中处于任意位置，则有

$$\delta\boldsymbol{B}_0 = \left.\frac{\partial\boldsymbol{B}}{\partial x}\right|_0 a_{P,x} + \left.\frac{\partial\boldsymbol{B}}{\partial y}\right|_0 a_{P,y} + \left.\frac{\partial\boldsymbol{B}}{\partial z}\right|_0 a_{P,z}$$

式中，$a_{p,x}$、$a_{p,y}$、$a_{p,z}$ 分别是极轴在三个坐标方向的投影。注意：极轴 $\boldsymbol{a}_P$ 的方向与磁矩矢量 $\boldsymbol{m}_{p1}$ 的方向是一致的，故 $\boldsymbol{a}_P = \boldsymbol{m}_{P1}^\circ a_P$，于是

$$\delta B_0 = a_P\boldsymbol{m}_{p1}^\circ\cdot\nabla\boldsymbol{B}_0$$

代入到 $\boldsymbol{F}_{p1}$ 的式子之右方，就有

$$\boldsymbol{F}_{p1} = \boldsymbol{m}_{p1}\cdot\nabla\boldsymbol{B}_0 \tag{2.132}$$

2.13.4　磁偶极子在外磁场中所受的力矩

将式(2.128)代入式(2.127)的右边，就得到磁偶极子在外磁场 $\boldsymbol{B}_0$ 中所受到的力矩为

$$\boldsymbol{L}_{p1} = \boldsymbol{m}_{p1}\times\boldsymbol{B}_0 \tag{2.133}$$

2.13.5　磁偶极子在外磁场中所具有的势能

考察一个矢量恒等式

$$\nabla(\boldsymbol{m}_{\mathrm{p1}}\cdot\boldsymbol{B}_0)=\boldsymbol{m}_{\mathrm{p1}}\cdot\nabla\boldsymbol{B}_0+\boldsymbol{B}_0\cdot\nabla\boldsymbol{m}_{\mathrm{p1}}+\boldsymbol{m}_{\mathrm{p1}}\times(\nabla\times\boldsymbol{B}_0)+\boldsymbol{B}_0\times(\nabla\times\boldsymbol{m}_{\mathrm{p1}})$$

由于磁偶极子的磁矩 $\boldsymbol{m}_{\mathrm{p1}}$ 是常矢，故 $\boldsymbol{B}_0\cdot\nabla\boldsymbol{m}_{\mathrm{p1}}=0$，$\nabla\times\boldsymbol{m}_{\mathrm{p1}}=0$；此外，若磁场没有电流穿过，则磁场是无旋的，即 $\nabla\times\boldsymbol{B}_0=0$。从而上面的矢量恒等式成为

$$\nabla(\boldsymbol{m}_{\mathrm{p1}}\cdot\boldsymbol{B}_0)=\boldsymbol{m}_{\mathrm{p1}}\cdot\nabla\boldsymbol{B}_0$$

将这个关系代入式(2.132)中，就有

$$\boldsymbol{F}_{\mathrm{p1}}=\nabla(\boldsymbol{m}_{\mathrm{p1}}\cdot\boldsymbol{B}_0)\tag{2.134}$$

可见，$\boldsymbol{m}_{\mathrm{p1}}\cdot\boldsymbol{B}_0$ 的梯度就是磁力，所以 $\boldsymbol{m}_{\mathrm{p1}}\cdot\boldsymbol{B}_0$ 就是磁偶极子在外磁场中的力的势函数。将式(2.122)与式(2.134)比较，就知道势函数 $\boldsymbol{m}_{\mathrm{p1}}\cdot\boldsymbol{B}_0$ 与势能 E_{p1} 之间只差一个负号，即

$$E_{\mathrm{p1}}=-\boldsymbol{m}_{\mathrm{p1}}\cdot\boldsymbol{B}_0\tag{2.135}$$

磁偶极子产生的磁场、磁偶极子在外磁场中所受的力和力矩，以及具有的势能，均与电流环、圆球形线圈完全相同。所以对于铁磁流体的固相磁性微粒来说，可以使用平面电流环、圆球形线圈、磁偶极子三者中的任何一个作为磁学模型，这主要取决于对问题的分析是否更方便、概念更清楚。

参考文献

[1] 赵凯华，陈熙谋. 电磁学[M]. 北京：高等教育出版社，1985.

[2] 池长青，王之珊，赵丕智. 铁磁流体力学[M]. 北京：北京航空航天大学出版社，1993.

[3] 杨应辰，徐明聪. 数学物理方程与特殊函数[M]. 北京：国防工业出版社，1980.

第3章 铁磁流体的统计物理学基础

3.1 概 述

铁磁流体是由基载液体和固相磁性微粒两种主要成分组成的一种分散体系。为了保持这种体系的分散状态，还加入了必要数量的分散剂。在铁磁流体中，固体分散相的粒度很小，其微粒直径大约为100个单分子大小。由分散介质基载液体和分散相固体磁性微粒混成的铁磁流体属于一种液溶胶体，它们遵循胶体热力学的规律，所不同的是它们具有磁响应能力。

铁磁流体内的固相微粒的材料都是铁磁性物质，所有铁磁性物质在磁学上均具有磁畴结构，而铁磁流体的单个固相微粒的尺寸都小于其本身材料的磁晶单畴临界尺寸，所以每一个微粒都是磁单畴的。既然是单畴，当然显现磁性。每一个固相磁性微粒都是一个磁偶极子。

铁磁流体内的固相微粒数目非常巨大，每毫升铁磁流体含有$10^{17}\sim10^{18}$颗微粒。尽管如此，在常态下铁磁流体却不呈现磁性。原因是固相微粒的尺寸相当于一个大分子(100个单分子)，因而它们在铁磁流体内悬浮时，出现Brown运动。Brown运动是一种纷纷扰扰、杂乱无章的热运动，其随机性质使得固相磁性微粒(即磁偶极子)的磁矩朝向各个方向的几率相同，因而在总体上全部固相磁性微粒的磁矩的矢量和为零。只有存在外加磁场时，所有磁性微粒都受到磁力矩的作用，而且如前面已经指出过的那样，磁力矩总是力图使所有的固相磁性微粒的磁矩转向外磁场的方向。所以外磁场可以在一定程度上克服Brown运动的影响，而使固相磁性微粒作相应的有序排列。其有序排列的程度取决于外磁场的强度和热运动能量之间的平衡。有序排列的结果是铁磁流体显现出磁性。当然，外磁场越强，磁性微粒受到的力矩越大。当外磁场强到可遏制Brown运动的影响时，则磁性微粒的磁矩作最大限度的有序排列，这时铁磁流体达到饱和磁化。

铁磁流体中的固相磁性微粒的磁矩，存在两种转向外磁场方向的机制：一是磁性微粒的磁畴旋转；一是悬浮于基载液中的磁性微粒自身的旋转。实际上，这两种旋转同时进行，而磁化过程主要取决于旋转得更快的那一种。若磁畴旋转更快，则称为内禀性磁化；若微粒自身旋转更快，则称为非内禀性磁化。

Brown的运动另一个影响是造成固相微粒之间的相互碰撞。固相微粒的相互吸引力可能造成微粒体的聚集，而聚集体尺寸过大会丧失Brown运动的能力而沉淀。这样铁磁流体作为一种胶体分散系的性能便劣化，于是就出现加入必要数量的分散剂的重要性。

3.2 理想气体分子运动的统计物理学理论

一般说来，直径为10^{-7} m量级的微粒体悬浮于液体中，就能产生Brown运动，而铁磁流体内的固相磁性微粒的平均尺寸仅为 10^{-9} m 的量级，所以它们在铁磁流体中有激烈的热运动。这种热运动，即 Brown 运动的驱动力，是固相微粒受到周围基载液体分子碰撞传递的动量。基载液体分子的运动是热振动，温度越高，热振动的能量也越大，从而传递给固相微粒更大的动量而使其 Brown 运动更为激烈。在铁磁流体中，每个固相微粒受基载液体分子碰撞的平均频率不少于每秒 10^{21} 次。在这样高的碰撞频率下，固相微粒的运动必然具有高度的随机性质，它们真实的瞬间运动无法直接观测到，所能观测的仅是固相微粒在一个有限短的时间内的平均运动状况。因为固相微粒的尺度只相当于大分子，于是气体分子运动论就可借用来分析固相微粒的行为。

当然，铁磁流体内的固相微粒的运动与理想气体分子的运动有着不同之处。理想气体分子的运动是在真空中的运动；而铁磁流体的固相微粒是在基载液体中的运动，既受到液体分子的碰撞而产生 Brown 运动，同时在运动过程中又受到基载液体的粘性阻力。因此，固相微粒运动状态的改变需要一定时间，铁磁流体在宏观上从一种平衡状态转变到另一种平衡状态，其所需的时间称为松弛时间。松弛时间是扩散过程的一个特征量。

3.2.1 Boltzmann 常数 k_0

设取一个边棱长为 l_x、l_y、l_z 的直角六面体，其中充有理想气体。气体分子沿坐标 x、y、z 的平动速度分别是 u、v、w。设气体分子与六面体壁面的碰撞是完全弹性碰撞，即碰撞前后只改变速度方向而不改变速度大小。若分子在相对的两壁面之间来回碰撞的频率(即单位时间内来回双程的次数)为 f_x、f_y、f_z，则有

$$f_x = \frac{u}{2l_x}, \qquad f_y = \frac{v}{2l_y}, \qquad f_z = \frac{w}{2l_z} \tag{3.1}$$

每一个分子对壁面碰撞一次的动量变化为

$$\delta M_x = 2m_1 u, \qquad \delta M_y = 2m_1 v, \qquad \delta M_z = 2m_1 w \tag{3.2}$$

式中，m_1 表示一个气体分子的质量。若壁面对气体分子作用的反力是 F_{x1}，则在 δt 时间内一个气体分子的动量变化和壁面对一个气体分子作用的冲量，按照冲量定理可以写出

$$F_{x1}\delta t = (\delta M_x) f_x \delta t = \frac{m_1 u^2}{l_x}\delta t$$

从而有三个方向的壁面反力分别为

$$F_{x1} = \frac{m_1 u^2}{l_x}, \qquad F_{y1} = \frac{m_1 v^2}{l_y}, \qquad F_{z1} = \frac{m_1 w^2}{l_z}$$

如果在六面体中有 N 个质量相同的分子，则壁面的总反力分别为

$$\left.\begin{aligned} F_x &= \sum_N F_{x1} = \frac{m_1}{l_x}\sum_N u^2 \\ F_y &= \sum_N F_{y1} = \frac{m_1}{l_y}\sum_N v^2 \\ F_z &= \sum_N F_{z1} = \frac{m_1}{l_z}\sum_N w^2 \end{aligned}\right\} \tag{3.3}$$

壁表面上单位面积的反作用力就是气体所受到的压力，即

$$p_x = \frac{F_x}{l_y l_z} = \frac{m_1}{l_x l_y l_z}\sum_N u^2$$

注意到 $l_x l_y l_z = V_c$，V_c 是直角六方体的体积，于是有

$$p_x = \frac{m_1 N}{V_c} \frac{1}{N} \sum_N u^2$$

式中，$m_1 N$ 是直角六方体内气体的总质量 m，所以 $m_1 N/V_c$ 就是气体的密度 ρ，而$\left(\sum_N u^2\right)\Big/N$ 是 x 方向速度平方的平均值，即$\overline{u^2}$。于是就有

$$p_x = \rho \overline{u^2}, \quad p_y = \rho \overline{v^2}, \quad p_z = \rho \overline{w^2} \tag{3.4}$$

对于不流动的气体，按照 Pascal 原理，气体的压力是各向均等的，即

$$p_x = p_y = p_z = p \tag{3.5}$$

从而式(3.4)给出

$$\overline{u^2} = \overline{v^2} = \overline{w^2} \tag{3.6}$$

式(3.6)的物理意义是：气体分子在各个方向的平均运动动能是均等的，即

$$\frac{1}{2} m \overline{u^2} = \frac{1}{2} m \overline{v^2} = \frac{1}{2} m \overline{w^2} \tag{3.7}$$

设质量为 m 的气体的总动能是$\frac{1}{2} m \overline{v_0^2}$，则有

$$\frac{1}{2} m \overline{v_0^2} = \frac{1}{2} m \overline{u^2} + \frac{1}{2} m \overline{v^2} + \frac{1}{2} m \overline{w^2}$$

约去 $m/2$，并且注意到式(3.6)，就得

$$\overline{u^2} = \overline{v^2} = \overline{w^2} = \frac{1}{3} \overline{v_0^2} \tag{3.8}$$

将式(3.8)代入式(3.4)，而后由式(3.5)给出

$$p = \frac{1}{3} \rho \overline{v_0^2} \tag{3.9}$$

实验所得到的理想气体状态方程为

$$p = \rho R T \tag{3.10}$$

式中，T 是热力学温度，单位为 K，系数 R 称为气体常数。比较式(3.9)和式(3.10)立即可见

$$\overline{v_0^2} = 3RT \tag{3.11}$$

写成一个气体分子的动能形式，有

$$\frac{1}{2} m_1 \overline{v_0^2} = \frac{3}{2} m_1 R T \tag{3.12}$$

由于

$$m_1 = \frac{m}{N} = \frac{M\nu}{N} = \frac{M}{N_0}$$

式中，m 是 N 个气体分子的总质量；M 是气体的摩尔质量；ν 是气体的摩尔数；$N_0 = N/\nu$ 表示一个摩尔的气体中所含有的气体分子的个数，这个数 N_0 就是 Avogadro 常数，对于任何理想气体，N_0 值都是相同的。于是式(3.12)就可以改写成

$$\frac{1}{2} m_1 \overline{v_0^2} = \frac{3}{2} \frac{MR}{N_0} T - \frac{3}{2} \frac{R_u}{N_0} T \tag{3.13}$$

式中，$R_u = MR$ 称为通用气体常数，对于任何理想气体，R_u 值都是相同的。式(3.13)表明理想气体分子运动的动能正比于温度。定义：

$$k_0 = \frac{R_u}{N_0} \tag{3.14}$$

k_0 的物理意义是一个理想气体分子的通用气体常数，对于任何一种理想气体都有相同的 k_0 值。k_0 称为 Boltzmann 常数。已经知道

$$\left.\begin{aligned} R_u &= 8.314\ \text{J/(mol·K)} \\ N_0 &= 6.02 \times 10^{23}\ \text{mol}^{-1} \\ k_0 &= 1.38 \times 10^{-23}\ \text{J/K(即 N·m/K)} \end{aligned}\right\} \tag{3.15}$$

由式(3.15)可见，k_0 表示一个气体分子温度升高 1 K 所需的功。式(3.13)直接显示出气体分子运动的本质是一种热运动。在热力学温度(或绝对温度)T 等于零时，气体分子运动的动能也将为零，即一切分子的运动均停止，气体将凝固而不可能产生气体压力。

3.2.2 Maxwell - Boltzmann 分配定律

1. 几率密度 ρ 与配分函数 Z

由于气体分子或者铁磁流体中的固相微粒运动的随机性质，因而不可能做到针对每一个单体来分析其行为，但是，可以使用统计力学的方法来分析它们宏观的整体统计平均行为。气体分子和铁磁流体中的固相微粒群体在力学上可以视为是具有 N 个自由度的力学系统，其运动状态能够用 N 个广义坐标 $q_1, q_2, q_3, \cdots, q_N$ 和 N 个广义动量 $p_1, p_2, p_3, \cdots, p_N$ 来确定。如果这个力学系统存在 Hamilton 函数 H，即

$$\mathrm{H} = \mathrm{H}(q_1, q_2, q_3, \cdots, q_N; p_1, p_2, p_3, \cdots, p_N) \tag{3.16}$$

则系统的运动可由下述的方程组确定，即

$$\left.\begin{aligned} \frac{\partial q_i}{\partial t} &= \frac{\partial \mathrm{H}}{\partial p_i} \\ \frac{\partial p_i}{\partial t} &= -\frac{\partial \mathrm{H}}{\partial q_i} \end{aligned} \quad i = 1, 2, 3, \cdots, N \right\} \tag{3.17}$$

方程组(3.17)称为正则 Hamilton 方程。对于一个保守系统，其 Hamilton 函数就是全系统的总能量 E，即

$$E = \mathrm{H} \tag{3.18}$$

既然函数 H 取决于 $2N$ 个变量，即 $q_1, q_2, q_3, \cdots, q_N$ 和 $p_1, p_2, p_3, \cdots, p_N$，则一定存在一个 $2N$ 维的空间，这样的空间称为相空间或相宇。系统中任何一个气体分子或铁磁流体中的固相微粒，其微观运动均可以用相空间中的点来描述。如果存在许多相同的系统(所谓相同是指系统的宏观条件相同，但它们的微观运动状态却不一样)，这些相同系统的总合称为系综。能够使用 Hamilton 方程组确定其运动状态的系综称为正则系综。

在系统中，可能出现的微观运动状态必和整个系统所处的宏观条件相关联。例如，对于铁磁流体，外加磁场、温度等都将对其中的固相磁性微粒的微观运动状态产生影响。如果一个系统是孤立系统，它与外界没有能量交换，则此系统内的总能量保持为一常数。因此，只有在系统的相空间内总能量等于该常数的空间曲面上的点所代表的运动状态，才是与宏观条件相适应的。将这样的能量曲面上的点称为代表点。能量曲面是连续的，其上代表点的分布也是连续的。但就整个相空间来看，代表点只集中于一张能量曲面上，所以代表点在相空间中的分布并不均匀。因为在能量等于该常数的曲面上所有的点都是代表点，所以代表点的数目无穷多。

显然，代表点不能论个计数，但是代表点的总数可以类比于质量，而单位相空间内的代表点数可以类比于密度。若以 N 表示代表点总数，D 表示单位相空间内的代表点数，即密度，相空间是 Ω，则有

$$N = \int_{\Omega} D\,\mathrm{d}\Omega \tag{3.19}$$

将式(3.19)两边同除以常数 N，即得

$$\int_{\Omega} \rho\,\mathrm{d}\Omega = 1 \tag{3.20}$$

式中，积分号内的 ρ 是

$$\rho = \frac{D}{N} \tag{3.21}$$

式(3.21)是几率密度 ρ 的定义式；式(3.20)表示几率密度(或分布函度) ρ 的归一化条件。几率密度 ρ 与微元相空间 $\mathrm{d}\Omega$ 的乘积就是在 $\mathrm{d}\Omega$ 内分子或微粒运动状态出现的微几率。所以式(3.20)的物理意义为：所有与宏观条件相适应的运动状态都发生在相空间 Ω 之内，所以其几率就是1。相空间 Ω 由 $2N$ 个变量 q_i 和 p_i 决定，因而微元相空间可以写成

$$\mathrm{d}\Omega = (\mathrm{d}q_1\mathrm{d}q_2\mathrm{d}q_3\cdots\mathrm{d}q_N)(\mathrm{d}p_1\mathrm{d}p_2\mathrm{d}p_3\cdots\mathrm{d}p_N) = \prod_{i=1}^{N}\mathrm{d}q_i\mathrm{d}p_i \tag{3.22}$$

设有 m 个系统，每个系统所具有的能量分别为 $E_1, E_2, E_3, \cdots, E_m$，微元相空间分别是 $\mathrm{d}\Omega_1, \mathrm{d}\Omega_2, \mathrm{d}\Omega_3, \cdots, \mathrm{d}\Omega_m$，作为能量函数的几率密度分别是 $\rho_1(E_1), \rho_2(E_2), \rho_3(E_3), \cdots, \rho_m(E_m)$，则第 i 个系统内的分子或微粒出现在 $\mathrm{d}\Omega_i$ 内的几率是

$$\rho_i(E_i)\mathrm{d}\Omega_i$$

若这 m 个系统互相接触而形成一个大的系综，并且各系统内部的运动状态各自保持独立，则在这个大系综内的分子或微粒同时各自出现在本系统的微元相空间之内的几率是所有几率的连乘积，即

$$[\rho_1(E_1)\mathrm{d}\Omega_1][\rho_2(E_2)\mathrm{d}\Omega_2][\rho_3(E_3)\mathrm{d}\Omega_3]\cdots[\rho_m(E_m)\mathrm{d}\Omega_m] = \prod_{i=1}^{m}\rho_i(E_i)\prod_{i=1}^{m}\mathrm{d}\Omega_i \tag{3.23}$$

此系综内的总能量是各系统的能量之总和，即

$$E_\Sigma = E_1 + E_2 + E_3 + \cdots + E_m = \sum_{i=1}^{m} E_i \tag{3.24}$$

注意到式(3.22)所定义的系统的微元相空间是 $2N$ 个微元变量(N 个微元广义坐标和 N 个微元广义动量)的连乘积，所以由 m 个系统组成的系综的微元相空间是 m 个系统的微元相空间之连乘积，即

$$\mathrm{d}\Omega_\Sigma = \mathrm{d}\Omega_1\mathrm{d}\Omega_2\mathrm{d}\Omega_3\cdots\mathrm{d}\Omega_m = \prod_{i=1}^{m}\mathrm{d}\Omega_i \tag{3.25}$$

在系综的微元相空间内的几率是 $\rho_\Sigma(E_\Sigma)\mathrm{d}\Omega_\Sigma$，用式(3.24)和式(3.25)代入即得

$$\rho_\Sigma(E_\Sigma)\mathrm{d}\Omega_\Sigma = \rho_\Sigma\left(\sum_{i=1}^{m} E_i\right)\prod_{i=1}^{m}\mathrm{d}\Omega_i \tag{3.26a}$$

另一方面，式(3.23)表达的也是系综微元相空间内的几率，即

$$\rho_\Sigma(E_\Sigma)\mathrm{d}\Omega_\Sigma = \prod_{i=1}^{m}\rho_i(E_i)\prod_{i=1}^{m}\mathrm{d}\Omega_i \tag{3.26b}$$

从式(3.26a)和式(3.26b)即得系综的几率密度 ρ_Σ 为

$$\rho_\Sigma\left(\sum_{i=1}^{m} E_i\right) = \prod_{i=1}^{m} \rho_i(E_i) \tag{3.27}$$

式(3.27)表明系综的总几率密度是其所包含的各系统的几率密度的连乘积。由于所有的系统都是与外界无能量交换的孤立系统,所以合成的系综也是一个大的孤立系综。这就表示此系综的总能量是常数,即

$$E_\Sigma = \sum_{i=1}^{m} E_i = \text{const} \tag{3.28}$$

作为 E_Σ 函数的总几率密度 ρ_Σ,此时也是常数,即

$$\rho_\Sigma(E_\Sigma) = \rho_\Sigma\left(\sum_{i=1}^{m} E_i\right) = \text{const} \tag{3.29}$$

虽然系综内的各个系统都是与外界无能量交换的孤立系统,但是系综之内部,各个系统之间却有能量交换。就是说系综的总能量是常数,但其中各系统的能量 E_i 却不是常数;因而系综的几率密度是常数,但其内的各系统的几率密度 ρ_i 却不是常数。将式(3.27)两边取导数,就有

$$0 = \left(\prod_{i=1}^{k-1} \rho_i\right)\left(\prod_{i=k+1}^{M} \rho_i\right)\mathrm{d}\rho_k + \rho_k \mathrm{d}\left[\left(\prod_{i=1}^{k-1} \rho_i\right)\left(\prod_{i=k+1}^{m} \rho_i\right)\right] \tag{A}$$

参照式(3.27)可以写出

$$\rho_{\Sigma-k}\left(-E_k + \sum_{i=1}^{m} E_i\right) = \left(\prod_{i=1}^{k-1} \rho_i\right)\left(\prod_{i=k+1}^{m} \rho_i\right) \tag{B}$$

将式(B)代入式(A),移项得

$$\rho_{\Sigma-k}\mathrm{d}\rho_k = -\rho_k \mathrm{d}\rho_{\Sigma-k}$$

或改写成

$$\frac{1}{\rho_k}\mathrm{d}\rho_k = -\frac{1}{\rho_{\Sigma-k}}\mathrm{d}\rho_{\Sigma-k} \tag{C}$$

将式(3.28)两边取导数,左边总能量是常数,故导数为零。于是得

$$0 = \mathrm{d}E_k + \mathrm{d}E_{\Sigma-k} \tag{D}$$

合并式(C)和式(D)得

$$\frac{1}{\rho_k}\frac{\mathrm{d}\rho_k}{\mathrm{d}E_k} = \frac{1}{\rho_{\Sigma-k}}\frac{\mathrm{d}\rho_{\Sigma-k}}{\mathrm{d}E_{\Sigma-k}} \tag{E}$$

这个方程左边只包括系统 k,而右边包括除系统 k 以外的所有其余系统组成的系综,为了方便暂将其称为余系综。所以式(E)两边必须同时等于一个与能量无关的常数才能成立,即

$$\frac{1}{\rho_k}\frac{\mathrm{d}\rho_k}{\mathrm{d}E_k} = \frac{1}{\rho_{\Sigma-k}}\frac{\mathrm{d}\rho_{\Sigma-k}}{\mathrm{d}E_{\Sigma-k}} = -\lambda \tag{3.30}$$

常数 λ 称为特征值。将上式拆成两个方程积分,得

$$\left.\begin{aligned}\rho_k(E_k) &= \exp(-\psi_k - \lambda E_k)\\ \rho_{\Sigma-k}(E_{\Sigma-k}) &= \exp(-\psi_{\Sigma-k} - \lambda E_{\Sigma-k})\end{aligned}\right\} \tag{3.31}$$

式中,ψ_k 和 $\psi_{\Sigma-k}$ 均是积分常数;ρ_k 是第 k 个系统的几率密度;$\rho_{\Sigma-k}$ 是除去 k 系统之后的余系综的几率密度,但这个余系综的总能量 $E_{\Sigma-k}$ 并非常数,因为余系综和 k 系统之间有能量的交换。

式(3.31)表明，孤立正则系统组成系综之后，无论是系综中的任一单独系统或是余系综，它们的几率密度都具有指数函数形式。由

$$\psi_{\Sigma-k} = \sum_{i=1}^{k-1}\psi_i + \sum_{i=k+1}^{m}\psi_i, \qquad E_{\Sigma-k} = \sum_{i=1}^{k-1}E_i + \sum_{i=k+1}^{m}E_i$$

则式(3.31)第二式给出

$$\rho_{\Sigma-k} = \exp(-\psi_1 - \lambda E_1)\exp(-\psi_2 - \lambda E_2)\cdots\exp(-\psi_{k-1} - \lambda E_{k-1}) \times \exp(-\psi_{k+1} - \lambda E_{k+1})\cdots\exp(-\psi_m - \lambda E_m)$$

此即

$$\rho_{\Sigma-k} = \rho_1\rho_2\rho_3\cdots\rho_{k-1}\rho_{k+1}\cdots\rho_m \tag{3.32}$$

式(3.32)表明，在系综中除去任何系统以后，余系综的几率密度仍然是余系综所包含的全部余下系统的几率密度的连乘积。

如果将一个大的孤立系综分成若干个较小的分系综，则上面讨论的所有结论均适用，即每个分系综中的总能量为该分系综所含所有系统的能量之和，但总能量并非常数，因为各分系综之间有能量交换。每个分系综的几率密度是其所含系统的几率密度的连乘积，而各分系综及所含的各系统的几率密度均为自身能量的指数函数。作为普适形式写成

$$\rho(E) = \exp(-\psi - \lambda E) \tag{3.33}$$

将式(3.33)代入归一化积分式(3.20)中，就得

$$\int_\Omega \mathrm{e}^{-\lambda E}\,\mathrm{d}\Omega = \mathrm{e}^{\psi} = Z \tag{3.34}$$

式中的 Z 称为配分函数。式(3.34)的积分式就是配分函数 Z 的定义式。

2. 统计平均值

设系统的某一微观运动状态的物理量是 A，它的函数关系是

$$A = A(q_1, q_2, q_3, \cdots, q_N; p_1, p_2, p_3, \cdots, p_N)$$

由于几率密度 ρ 是系统的微观运动状态的统计分布函数，所以定义物理量 A 的统计平均值为

$$A_e = \int_\Omega A\rho\,\mathrm{d}\Omega = \frac{1}{Z}\int_\Omega A\,\mathrm{e}^{-\lambda E}\,\mathrm{d}\Omega \tag{3.35}$$

式中，E 是系统的总能量。

3. 微分方程(3.30)的特征值 λ 和 $M-B$ 分布定律

热力学第一定律

$$\mathrm{d}E = \delta Q - X\mathrm{d}x \tag{3.36}$$

式中，$\mathrm{d}E$ 是系统内能的增量；δQ 是外界加入到系统中的热量(它不是状态参数，并和热力学过程相关)；X 是系统对外界的作用力；x 是宏观坐标值。所以 $X\mathrm{d}x$ 是系统对外界所作的功。热力学第一定律是宏观的能量守恒定律，用于分析微观运动时，需要使用内能和广义力的统计平均值。

考虑一个在宏观上与外界无热交换的绝热系统 $\delta Q=0$，因而方程式(3.36)成为

$$\mathrm{d}E = -X\mathrm{d}x \tag{3.37}$$

方程式(3.37)右边的负号表示绝热系统对外界所作的功是靠消耗内能来实现的。从微观上看，内能 E 是广义坐标 q_i 和广义动量 p_i 的函数，但是方程(3.37)表明，E 也是宏观坐标 x_i 的函数，所以

$$E = E(q_1, q_2, q_3, \cdots, q_N; p_1, p_2, p_3, \cdots, p_N; x_1, x_2, x_3, \cdots, x_N)$$

于是，方程式(3.37)应使用偏导数的形式，即

$$\frac{\partial E}{\partial x_i}=-X_i$$

将上式两边取统计平均，则按式(3.35)得

$$(X_i)_e=-\frac{1}{Z}\int_\Omega \frac{\partial E}{\partial x_i}e^{-\lambda E}d\Omega \tag{3.38}$$

将式(3.34)两边对 x_i 取导，注意，作为积分限的相空间 Ω，微元相空间 $d\Omega$ 以及 λ 都与 x_i 无关，只有能量 E 与 x_i 有关，于是

$$\frac{\partial Z}{\partial x_i}=-\lambda\int_\Omega \frac{\partial E}{\partial x_i}e^{-\lambda E}d\Omega \tag{3.39}$$

联立式(3.38)和式(3.39)得

$$(X_i)_e=\frac{1}{\lambda Z}\frac{\partial Z}{\partial x_i} \tag{3.40}$$

设某种理想气体单个分子的质量为 m_0，绕轴惯性矩为 I_0，其微观内能包括平动动能 $\frac{1}{2}m_0v_0^2$ 和旋转动能 $\frac{1}{2}I_0\omega_0^2$，则其广义动量是 m_0v_x, m_0v_y, m_0v_z 和 $I_0\omega_x, I_0\omega_y, I_0\omega_z$，其热力学宏观坐标是 x,y,z。由式(3.22)得微元相空间为

$$d\Omega=\prod_{i=1}^{N}d(m_0v_x)_i d(m_0v_y)_i d(m_0v_z)_i d(I_0\omega_x)_i d(I_0\omega_y)_i d(I_0\omega_z)_i dx_i dy_i dz_i \tag{3.41}$$

式中，N 是在体积 V 内具有微观平动运动和转动运动的气体分子总数。总内能由式(3.24)得

$$E=\sum_{i=1}^{N}\left\{\frac{1}{2m_0}\left[(m_0v_x)_i^2+(m_0v_y)_i^2+(m_0v_z)_i^2\right]+\frac{1}{2I_0}\left[(I_0\omega_x)_i^2+(I_0\omega_y)_i^2+(I_0\omega_z)_i^2\right]\right\} \tag{3.42}$$

对于理想气体的系统而言，能够对外界作功的广义力就是气体压力 p。压力 p 本质上是气体分子动量的统计平均值，故有 $(X_i)_e=p$。而和压力 p 相对应的热力学宏观坐标 x_i 就是气体的体积 V。因为压力与体积增量的积就是功，所以，将式(3.40)用于理想气体时，可以写成

$$p=\frac{1}{\lambda Z}\frac{\partial Z}{\partial V} \tag{3.43}$$

为了书写上的方便，引用下列记号

$$\left.\begin{aligned} x_1&=x, & x_2&=y, & x_3&=z\\ v_1&=v_x, & v_2&=v_y, & v_3&=v_z\\ \omega_1&=\omega_x, & \omega_2&=\omega_y, & \omega_3&=\omega_z \end{aligned}\right\} \tag{3.44}$$

于是式(3.41)和式(3.42)就可简单化写成

$$\left.\begin{aligned} d\Omega&=\prod_{i=1}^{N}\prod_{k=1}^{3}d(m_0v_k)_i d(I_0\omega_k)_i d(x_k)_i\\ E&=\sum_{i=1}^{N}\sum_{k=1}^{3}\left[\frac{1}{2m_0}(m_0v_k)_i^2+\frac{1}{2I_0}(I_0\omega_k)_i^2\right] \end{aligned}\right\} \tag{3.45}$$

将式(3.45)代入式(3.34)中，就得配分函数 Z

$$\therefore Z=\int_{\Omega}\left\{\exp\sum_{i=1}^{N}\sum_{k=1}^{3}\left[\frac{-\lambda}{2m_0}(m_0v_k)_i^2+\frac{-\lambda}{2I_0}(I_0\omega_k)_i^2\right]\right\}\prod_{i=1}^{N}\prod_{k=1}^{3}\mathrm{d}(m_0v_k)_i\mathrm{d}(I_0\omega_k)_i\mathrm{d}(x_k)_i$$

由 $\exp\sum_{i=1}^{N}\sum_{k=1}^{3}(a_k)_i=\prod_{i=1}^{N}\prod_{k=1}^{3}\exp(a_k)_i$，则上式可以改写成

$$Z=\prod_{i=1}^{N}\prod_{k=1}^{3}\int_{\Omega}\exp\left[-\frac{\lambda}{2m_0}(m_0v_k)_i^2\right]\exp\left[-\frac{\lambda}{2I_0}(I_0\omega_k)_i^2\right]\mathrm{d}(m_0v_k)_i\mathrm{d}(I_0\omega_k)_i\mathrm{d}(x_k)_i$$

在上面的积分式中，被积指数函数仅与变量 m_0v_k 和 $I_0\omega_k$ 相关，所以 $\mathrm{d}x_k$ 可以单独积分。虽然 x_k（即 x,y,z）只是针对一个分子的，但是任何一个分子都可能出现在整个气体体积 V 中的任何地方，因此 $\mathrm{d}(x_k)_i$ 的积分限是整个气体体积 V。至于动量相空间的积分限，则由于体积 V 中的任何一个分子在极其频繁的碰撞中，动量可能为零，也可能获得极其巨大的动量，所以可以将其视为无限大。因为动量是矢量，在各个方向的状况有相同的几率，所以动量相空间的积分限就取为 $-\infty$ 到 ∞。当然真正的动量无限大是不可能出现的，因为当动量无限大时能量也趋于无限大，由式(3.33)立即可见，此时几率密度是零，也就是说无限大的动量发生的可能性基本上不存在。于是

$$Z=\prod_{i=1}^{N}\prod_{k=1}^{3}\int_{-\infty}^{\infty}\exp\left[-\frac{\lambda}{2m_0}(m_0v_k)_i^2\right]\mathrm{d}(m_0v_k)_i\int_{-\infty}^{\infty}\exp\left[-\frac{\lambda}{2I_0}(I_0\omega_k)_i^2\right]\mathrm{d}(I_0\omega_k)_i\int_V\mathrm{d}(x_k)_i$$

由定积分

$$\int_{-\infty}^{\infty}\mathrm{e}^{-a^2x^2}\mathrm{d}x=\int_{-\infty}^{0}\mathrm{e}^{-a^2x^2}\mathrm{d}x+\int_{0}^{\infty}\mathrm{e}^{-a^2x^2}\mathrm{d}x=\int_{0}^{-\infty}\mathrm{e}^{-a^2(-x)^2}\mathrm{d}(-x)+\int_{0}^{\infty}\mathrm{e}^{-a^2x^2}\mathrm{d}x=\frac{\sqrt{\pi}}{a}$$

于是得到配分函数 Z 的积分结果是

$$Z=\prod_{i=1}^{N}\prod_{k=1}^{3}\left[\left(\sqrt{\frac{2\pi m_0}{\lambda}}\right)_k\right]_i\left[\left(\sqrt{\frac{2\pi I_0}{\lambda}}\right)_k\right]_i(x_k)_i=\left(\sqrt{\frac{2\pi m_0}{\lambda}}\right)^{3N}\left(\sqrt{\frac{2\pi I_0}{\lambda}}\right)^{3N}V^N$$

上式可以写成更一般的形式，即

$$Z=V^N\prod_{j=1}^{l}\left(\sqrt{\frac{2\pi c}{\lambda}}\right)_j^{3N}\tag{3.46}$$

式中，l 是可以表示为平方形式的能量的类型数；c 是平方形式能量中的系数，例如平动运动中的 m_0、转动运动中的 I_0、振动运动中的 μ、弹性位移中的 k 等。将式(3.46)代入到式(3.43)中，得压力 p，即

$$p=\frac{1}{\lambda}\left(\frac{N}{V}\right)\tag{3.47}$$

式中，N/V 是单位体积内气体分子的数目，即气体分子的数密度。由理想气体的状态方程式(3.10)可知

$$p=\rho RT=\frac{m}{V}RT$$

将气体质量 m 用摩尔质量 M 和摩尔数 ν 表示，即 $m=\nu M$，其中，$\nu=N/N_0$，N 是体积 V 中所含的气体分子数，N_0 是一摩尔的气体体积中所含的分子数，即 Avogadro 常数。于是

$$p=\frac{NM}{N_0V}RT=\frac{R_uT}{N_0}\left(\frac{N}{V}\right)$$

式中，$R_u=MR$ 是前面已提到过的通用气体常数。将上式与式(3.47)比较，立即可见

$$\frac{1}{\lambda}=\frac{R_uT}{N_0}=k_0T\tag{3.48}$$

由式(3.30)可知,λ 是不取决于能量形式和大小的常数。所以式(3.48)给出的 λ 值是普适的。有了 λ 以后,就能得出 Maxwell - Boltzmann 分布定律。将式(3.34)和式(3.48)代入式(3.33)的右边,得到几率密度或分布函数,即

$$\rho(E) = \frac{1}{Z}\exp\left(-\frac{E}{k_0 T}\right) \tag{3.49}$$

如果使用分子的数目或铁磁流体中的固相微粒数来表示,则可以将式(3.19)取导数得 $dN = D d\Omega$,用式(3.21)代入,给出 $dN = \rho N d\Omega$。最后使用式(3.49)就有

$$\left.\begin{aligned} dN &= \frac{N}{Z}\left[\exp\left(-\frac{E}{k_0 T}\right)\right] d\Omega \\ Z &= \int_{\Omega}\left[\exp\left(-\frac{E}{k_0 T}\right)\right] d\Omega \end{aligned}\right\} \tag{3.50}$$

式(3.50)就是 Maxwell - Boltzmann 分布定律。

3.2.3 能量均分定理

在气体分子群或铁磁流体的固相微粒群中,有一部分能量属于广义动量 p_i 或广义坐标 q_i 的平方形式的能量,诸如平动动能 $(m_0 v)^2/(2m_0)$、转动动能 $(I_0\omega)^2/(2I_0)$、振动动能 $(\mu\nu)^2/(2\mu)$、弹性位能 $(kx)^2/(2k)$ 等。若在总能量 E 中任选一个广义动量 p_j 或广义坐标 q_j 平方形式的能量 E_j,则

$$E_j = \frac{1}{2c_j} S_j^2 \tag{3.51}$$

式中,S_j 可以是 $m_0 v, I_0\omega, \mu\nu$ 和 kx 等;c_j 是与 S_j 相应的系数 m_0, I_0, μ, k 等。总能量 E 可以表示成两部分之和,即

$$E = E' + E_j = E' + \frac{1}{2c_j} S_j^2 \tag{A}$$

式中,E' 是除平方形式能量以外的其他能量。

由式(3.35)可知,能量 E_j 的统计平均值是

$$(E_j)_e = \frac{1}{Z}\int_{\Omega} E_j e^{-\lambda E} d\Omega \tag{3.52}$$

微元相空间

$$d\Omega = d\Omega' d\Omega_j \tag{B}$$

则式(3.52)可以写成

$$(E_j)_e = \frac{1}{Z}\int_{\Omega_j} E_j e^{-\lambda E_j} d\Omega_j \int_{\Omega'} e^{-\lambda E'} d\Omega' \tag{3.53}$$

由于能量 E_j 仅是广义量 S_j 的函数,所以微元相空间

$$d\Omega_j = dS_j \tag{C}$$

广义量 S_j 无论是广义动量还是广义坐标,它的变化区间都是$[-\infty, \infty]$。用式(3.51)和式(C)代入式(3.53)右边的第一个积分中,就有

$$\int_{\Omega_j} E_j e^{-\lambda E_j} d\Omega_j = \int_{-\infty}^{\infty} \frac{1}{2c_j} S_j^2 \exp\left(-\frac{\lambda}{2c_j} S_j^2\right) dS_j \tag{3.54}$$

式(3.54)的右边使用分部积分,则得

$$\int_{\Omega_j} E_j \mathrm{e}^{-\lambda E_j} \mathrm{d}\Omega_j = -\int_{-\infty}^{\infty} \mathrm{d}\left[\frac{1}{2\lambda} S_j \exp\left(-\frac{\lambda}{2c_j} S_j^2\right)\right] + \frac{1}{2\lambda}\int_{-\infty}^{\infty} \exp\left(-\frac{\lambda}{2c_j} S_j^2\right) \mathrm{d}S_j \cdot \quad \text{(D)}$$

由 L′Hospital 法则

$$\lim_{y \to \pm\infty} y \exp(-ay^2) = \lim_{y \to \pm\infty} \frac{y}{\exp(ay^2)} = \lim_{y \to \pm\infty} \frac{1}{2ay \exp(ay^2)} = 0$$

可以知道式(D)右边第一个积分等于零，则

$$\int_{\Omega_j} E_j \mathrm{e}^{-\lambda E_j} \mathrm{d}\Omega_j = \frac{1}{2\lambda}\int_{-\infty}^{\infty} \exp\left(-\frac{\lambda}{2c_j} S_j^2\right) \mathrm{d}S_j$$

将上式右边按式(3.51)和式(C)，用 E_j 和 $\mathrm{d}\Omega_j$ 表示，而后代入式(3.53)中，得

$$(E_j)_e = \frac{1}{2\lambda Z}\int_{\Omega_j} \mathrm{e}^{-\lambda E_j} \mathrm{d}\Omega_j \int_{\Omega'} \mathrm{e}^{-\lambda E'} \mathrm{d}\Omega'$$

注意到式(A)和式(B)，上式右边成为

$$(E_j)_e = \frac{1}{2\lambda Z}\int_{\Omega} \mathrm{e}^{-\lambda E} \mathrm{d}\Omega$$

由式(3.34)关于配分函数 Z 的定义，以及式(3.48)关于特征值 λ 和 $k_0 T$ 的关系，上式给出

$$(E_j)_e = \frac{1}{2\lambda} = \frac{1}{2} k_0 T \qquad (3.55)$$

因为 E_j 是任选的一种平方形式的能量，所以无论哪一种为广义动量平方或广义坐标平方形式的能量，它们在系统中的统计平均值(数学期望值)都是一样的，等于$\frac{1}{2}k_0 T$。这就是能量均分定理。

3.2.4　速度分布和平均速率

1. 速度分布定律

气体分子或铁磁流体的固相微粒，它们的运动是纷乱随机的。分析各种速度的分子或固相微粒在整个系统中所占的比例，也就是分析速度分布问题。与速度相关的是广义动量，任选一个分子或固相微粒具有的广义动量平方形式的能量 E 可以写为

$$E = \frac{1}{2c} p^2 = \frac{1}{2c}(p_x^2 + p_y^2 + p_z^2)$$

式中，广义动量 p 可以是 $m_0 v$ 或 $I_0 \omega$；而 c 相应地是 m_0 或 I_0。处于体积 V 中的这个任选的单个分子或固相微粒的相空间 $\mathrm{d}\Omega$ 是

$$\mathrm{d}\Omega = \mathrm{d}p_x \mathrm{d}p_y \mathrm{d}p_z \int_V \mathrm{d}x\mathrm{d}y\mathrm{d}z = V\mathrm{d}p_x \mathrm{d}p_y \mathrm{d}p_z$$

式中，$\mathrm{d}x\mathrm{d}y\mathrm{d}z$ 积分成 V 是因为这一个分子或固相微粒有可能出现在整个体积 V 内的任何地方。在配分函数式(3.46)中，取 $N=1$ 就得到一个分子或固相微粒的配分函数

$$Z = V\left(\sqrt{2\pi c/\lambda}\right)^3 = V\left(\sqrt{2\pi c k_0 T}\right)^3$$

将上面的 $\mathrm{d}\Omega$ 和 Z 的式子代入 M－B(Maxwell - Boltzmann)分布定律式(3.50)中，就得全系统 N 个分子或固相微粒出现在 $\mathrm{d}\Omega$ 内的分子数或微粒数

$$\mathrm{d}N = \frac{N}{V\left(\sqrt{2\pi c k_0 T}\right)^3}\left\{\exp\left[-\frac{1}{k_0 T}\frac{1}{2c}(p_x^2 + p_y^2 + p_z^2)\right]\right\} V\mathrm{d}p_x \mathrm{d}p_y \mathrm{d}p_z \qquad (3.56)$$

对于平动运动，$p=m_0 v, c=m_0$，则式(3.56)成为

$$dN = N\left(\sqrt{\frac{m_0}{2\pi k_0 T}}\right)^3 \left\{\exp\left[-\frac{m_0}{2k_0 T}(v_x^2+v_y^2+v_z^2)\right]\right\} dv_x dv_y dv_z \tag{3.57}$$

对于转动运动，$p=I_0\omega, c=I_0$，则式(3.56)成为

$$dN = N\left(\sqrt{\frac{I_0}{2\pi k_0 T}}\right)^3 \left\{\exp\left[-\frac{I_0}{2k_0 T}(\omega_x^2+\omega_y^2+\omega_Z^2)\right]\right\} d\omega_x d\omega_y d\omega_z \tag{3.58}$$

式(3.57)、式(3.58)就是使用 Maxwell - Boltzmann 分布定律得出的速度分布式。

2. 平均速率

若只考虑速度的大小而不管其方向，则问题就成为较简单的速率问题，因此不必去讨论速度的各个分量，而只需着眼于合成速度的模。设在体积 V 中含有 N 个分子或固相微粒，需要解决的问题是其中有多少个分子或固相微粒的动量之模是 p，而不管它们位于体积 V 中的何处。这样一来，相空间就是一个半径为 p 而厚度为 dp 的圆球形薄壳，这个薄壳就称为动量相空间。落在这个薄壳层上的分子或固相微粒就具有动量模 p，于是可以写出微元相空间是

$$d\Omega = (4\pi p^2 dp)\int_V dx dy dz = V(4\pi p^2 dp)$$

在式(3.56)中，以 $p^2=p_x^2+p_y^2+p_z^2$ 代入，同时以 $4\pi p^2 dp$ 取代 $dp_x dp_y dp_z$，就有

$$dN = \frac{N}{(2\pi c k_0 T)^{1.5}}\left[\exp\left(-\frac{p^2}{2ck_0 T}\right)\right] 4\pi p^2 dp \tag{3.59}$$

下面使用式(3.59)给出三种特征动量和特征速度。

(1) 最可几动量 p_m

最可几即具有最大的几率。最可几动量可以通过对式(3.59)求极值而得，即

$$d\left(\frac{dN}{N}\right) = \frac{4\pi dp}{(2\pi c k_0 T)^{1.5}} d\left(p^2 \exp\frac{-p^2}{2ck_0 T}\right) = 0$$

设

$$a = \frac{1}{2ck_0 T}$$

则由

$$d\left(p^2 \exp\frac{-p^2}{2ck_0 T}\right) = d(p^2 e^{-ap^2}) = 0$$

得

$$2pe^{-ap^2} - 2ap^3 e^{-ap^2} = 0$$

$$p_m = \frac{1}{\sqrt{a}} = \sqrt{2ck_0 T} \tag{3.60}$$

二阶导数

$$d^2(p^2 e^{-ap^2}) = 2(1-5ap^2+2a^2 p^4)e^{-ap^2}$$

用式(3.60)代入上式，就有

$$d^2(p^2 e^{-ap^2}) = -4e^{-ap^2} < 0$$

可见 p_m 是极大值，即最可几动量。最可几平动速率 v_m 由 $c=m_0$ 而得，即

$$v_m = p_m/m_0 = \sqrt{2k_0 T/m_0} \tag{3.61}$$

最可几转动速率 ω_m 由 $c=I_0$ 而得，即

$$\omega_m = \sqrt{2k_0T/I_0} \tag{3.62}$$

(2) 平均动量 p_a

$$p_a = \frac{1}{N}\int_N p\,dN = \frac{4\pi}{(2\pi ck_0T)^{1.5}}\int_0^\infty p^3 e^{ap^2}\,dp$$

因为只讨论合成 p 的模，没有负值，所以积分区间是[0,∞]。由定积分公式即得

$$p_a = \sqrt{8ck_0T/\pi} \tag{3.63}$$

平均速率 v_a 为

$$v_a = \sqrt{8k_0T/(\pi m_0)} \tag{3.64}$$

平均转动速率 ω_a 为

$$\omega_a = \sqrt{8k_0T/(\pi I_0)} \tag{3.65}$$

(3) 均方根动量 $\sqrt{(p^2)_a}$

$$(p^2)_a = \frac{1}{N}\int_N p^2\,dN = \frac{4\pi}{(2\pi ck_0T)^{1.5}}\int_0^\infty p^4 e^{-ap^2}\,dp$$

由定积分公式得积分后的结果为

$$(p^2)_a = 3ck_0T,\quad \sqrt{(p^2)_a} = \sqrt{3ck_0T} \tag{3.66}$$

均方根平动速率为

$$\sqrt{(v^2)_a} = \sqrt{3k_0T/m_0} \tag{3.67}$$

均方根转动速率为

$$\sqrt{(\omega^2)_a} = \sqrt{3k_0T/I_0} \tag{3.68}$$

3.3　气体分子或铁磁流体固相微粒之间的相互作用力

3.3.1　概　述

无论是气体分子还是铁磁流体中的固相微粒，它们之间存在相互作用的力，这种力可以从量子理论和实验两个方面研究。对于理想气体，由于分子间相互作用的力比较弱因而忽略其影响；对于实际气体，气体分子间相互作用的力不能忽略。铁磁流体中的固相微粒除去磁性作用不论以外，可以类比为实际气体的分子。通常将微粒子之间的相互作用力称为 van der Waals 力。van der Waals 建立一种互相有吸引力的刚性球模型。此模型给出微粒子之间的相互吸引势能 E_p 与微粒子质心间距离 r 的 n 次方成反比的关系，即

$$E_p = \begin{cases} -C_a r^{-n}, & r > d \\ \infty, & r \leqslant d \end{cases} \tag{3.69}$$

式中，C_a 是比例系数，d 是微粒子的直径。由式(2.122)得微粒子间相互作用的力是

$$\boldsymbol{F} = -\nabla E_p,\qquad F = -\frac{dE_p}{dr}$$

在 $r>d$ 的情况下得到的相互作用力是

$$F = -nC_a r^{-(n+1)}, \qquad r > d \tag{3.70}$$

式中,力 F 是负值,表示在 $r>d$ 时微粒子间的相互作用力是吸引力。因为假定微粒子都是刚性球,所以 $r\leqslant d$ 时 E_p 就成了无限大。London 用量子理论求出幂 $n=6$。由于将微粒子作为刚性球的模型与实际情况不符,因而 Lennard-Jones 将刚性球的假设改成排斥力,即当两微粒接近到一定程度时,排斥力超过吸引力而表现为微粒间的互相抗拒。Lennard-Jones 提出的数学模型是

$$E_p = C_r r^{-m} - C_a r^{-n} \tag{3.71}$$

上式的右边第一项是排斥能,第二项是吸引能,幂 $m=10$,$n=6$,排斥能系数 C_r 和吸引能系数 C_a 按照微粒的特性由实验测定。微粒间的作用力由 $F=-\mathrm{d}E_p/\mathrm{d}r$ 得

$$F = mC_r r^{-(m+1)} - nC_a r^{-(n+1)} \tag{3.72}$$

式(3.72)右方第一项是正值,为排斥力;第二项是负值,为吸引力。由于 $m>n$,在 r 较大时第二项大于第一项,故 F 是负的,即微粒之间互相吸引。当 r 减小时,第一项的值比第二项增大得快,最后将使 F 变成正值而微粒之间互相排斥。由吸引到排斥其中必定经过一个 r_0 使得 $F=0$。此 r_0 是

$$r_0 = \left(\frac{mC_r}{nC_a}\right)^{1/(m-n)} \tag{3.73}$$

r_0 是微粒间互相吸引和排斥的分界距离,所以可以认为 $r_0/2$ 是微粒的有效半径。在 r_0 的距离上微粒之间不能进一步互相接近,也不能自由地相互分离。

3.3.2 铁磁流体中的固相微粒之间的 van der Waals 势能

一般认为微粒之间的 van der Waals 力是由一个微粒中的脉动轨道电子运动诱导另一个微粒中的振荡偶极子所产生。对于两个相等的圆球形粒子,Hamaker 得出偶极子脉动能量 E_f 的表达式

$$E_f = \frac{A}{6}\left[\frac{2}{l^2+4l} + \frac{2}{(l+2)^2} + \ln\frac{l^2+4l}{(l+2)^2}\right] \tag{3.74}$$

式中,A 称为 Hamaker 常数。对于处在碳氢化合物基载液体中的 Fe、Fe_2O_3、Fe_3O_4 而言,参考文献[3]给出 A 的数值为$(1\sim3)\times10^{-9}$ N·m,l 是两微粒间的表面相对距离 $l=d_S/a_P$,d_S 是表面间的距离,a_P 是微粒的半径。式(3.74)可以改写成下述形式

$$E_f = \frac{A}{6}\left[\frac{2}{(l+2)^2-4} + \frac{2}{(l+2)^2} + \ln\frac{(l+2)^2-4}{(l+2)^2}\right] =$$

$$\frac{A}{6}\left\{\frac{2}{(l+2)^2}\left[1-\frac{4}{(l+2)^2}\right]^{-1} + \frac{2}{(l+2)^2} + \ln\left[1-\frac{4}{(l+2)^2}\right]\right\}$$

当两微粒相距较远时,即 $d_S \gg a_P$ 或 $l\gg1$,上式可近似展开为

$$E_f = \frac{A}{6}\left\{\frac{2}{(l+2)^2}\left[1+\frac{4}{(l+2)^2}\right] + \frac{2}{(l+2)^2} - \left[\frac{4}{(l+2)^2} + \frac{1}{2}\frac{4^2}{(l+2)^4} + \frac{1}{3}\frac{4^3}{(l+2)^6} + \cdots\right]\right\}$$

结果大括号中只剩下最末一项(更高次的项略去),即

$$E_f = E_a = \frac{A}{6}\left[-\frac{1}{3}\frac{4^3}{(l+2)^6}\right] = -3.56Al^{-6} \tag{3.75}$$

这一结果与 London 相一致。由于右边的负号表示吸引势能,故记为 E_a。将 $A=(1\sim3)\times10^{-9}$ N·m 代入,就有

$$E_a = -(3.56 \sim 10.7) \times 10^{-9} l^{-6} \text{ N} \cdot \text{m} \tag{3.76}$$

当两微粒互相接近到 $d_S \ll a_P$，即 $l \ll 1$ 时，由式(3.74)中直接略去相对小量之后即得

$$E_f = \frac{A}{6}\left(\frac{1}{2l} + \frac{1}{2} + \ln l\right) = \frac{A}{12l}(1 + l + 2l \ln l)$$

由 $\lim\limits_{l \to 0} l \ln l = \lim\limits_{l \to 0} \dfrac{\ln l}{l^{-1}} = \lim\limits_{l \to 0} \dfrac{l^{-1}}{-l^{-2}} = -l \to 0$，故上式给出

$$E_f = E_r = \frac{1}{12} A l^{-1} \tag{3.77}$$

式(3.77)右方为正值，表明它是两微粒之间的排斥势能，故记为 E_r。

3.4　铁磁流体的胶体稳定性

3.4.1　概　述

铁磁流体中固相微粒之间力的相互作用，可能使铁磁流体中固相微粒聚集而形成聚集体，聚集体尺寸增大而热运动减弱，最后不能保持悬浮状态而沉淀。由于微粒的聚集使铁磁流体内两相之间的接触面积减小，因而通过固相微粒的磁性来控制铁磁流体的有效性下降。聚集体是由磁性固相微粒结合而成，它有很大的可能性是磁中性的，或者是弱磁性的，这会导致铁磁流体的磁性能变坏，甚至丧失磁性能。

保持铁磁流体的胶体性质，就是保持磁性固相微粒在铁磁流体中均匀的弥漫分布。固相微粒均匀弥漫分布的驱动力就是平动热运动。重力场、外磁场对固相微粒施加的作用力是定向的，如果这些定向的力能够克服固相微粒的随机热运动，则会造成固相微粒在铁磁流体中分布不均匀或者沉淀。

3.4.2　在重力场中铁磁流体的胶体稳定性

1. 沉降速度

铁磁流体中的固相微粒在重力作用下的沉降，可以类比雨水在空气中落下那样，是一种低 Re 数的圆球绕流问题。固相微粒在沉降中所受到的阻力之一就是 Stokes 阻力。按照 Stokes 阻力定律，由式(1.42)和式(1.43)给出的阻力是

$$F_d = 6\pi\eta_c a_p v = 3\pi\eta_c d_p v$$

式中，η_c 是基载液体的粘性系数；a_p 是固相微粒的半径；d_p 是其直径；v 是固相微粒相对于基载液体的运动速度，也就是沉降速度。

固相微粒在铁磁流体中沉降，还受到另外一个阻力，就是铁磁流体对固相微粒的浮力，即

$$F_f = \frac{1}{6}\pi d_p^3 \rho_f g$$

式中，ρ_f 是铁磁流体混合物的密度；g 是重力加速度。

作用于固相微粒上的重力是

$$F_g = \frac{1}{6}\pi d_p^3 \rho_{NP} g$$

式中，ρ_{NP}是固相微粒的真实密度，即材料密度。

由力的平衡关系

$$F_g = F_f + F_d$$

将上面的三个关系式代入，就得沉降速度 v 为

$$v = \frac{d_p^2}{18\eta_c}(\rho_{NP} - \rho_f)g \tag{3.78}$$

2. 保持均匀悬浮状态的固相微粒之粒度

如果固相微粒在铁磁流体中的统计热运动能量大于或等于它们在重力场中的势能，则可以良好地保持其均匀悬浮状态。固相微粒在铁磁流体中的统计热运动能量 E_H 可以表示为

$$E_H = Ck_0T \tag{3.79}$$

式中，C 取决于动量，即

$$C = \begin{cases} 1 & 最可几动量\ p_m \\ 4/\pi & 平均动量\ p_a \\ 3/2 & 均方根动量\ \sqrt{(p^2)_a} \end{cases} \tag{3.80}$$

固相微粒在重力场中的势能是

$$E_g = (\rho_{NP} - \rho_f)V_{P1}gh \tag{3.81}$$

保持均匀悬浮的条件是 $E_H \geqslant E_g$，即

$$Ck_0T \geqslant (\rho_{NP} - \rho_f)V_{P1}gh$$

用一个微粒体积 $V_{P1} = \pi d^3/6$ 代入，得

$$d_p \leqslant \left[\frac{6Ck_0T}{\pi(\rho_{NP} - \rho_f)gh}\right]^{1/3} \tag{3.82}$$

3. 铁磁流体在重力场中稳定性算例

设铁磁流体为矿物油$+Fe_3O_4$，在常温 $T=298$ K 下，作为基载液的矿物油粘度 $\eta_c = 4\times 10^{-3}$ kg/(m·s)，固相微粒材料 Fe_3O_4 之密度 $\rho_{NP} = 5\ 240$ kg/m^3，铁磁流体的密度 $\rho_f = 1\ 110$ kg/m^3，固相微粒距参考点的高度 $h=0.1$ m，重力加速度 $g=9.81$ m/s^2，系数 $C=1$。

(1) 固相微粒的沉降速度

取直径 $d_p = 8\times 10^{-9}$ m，按式(3.78)得出沉降速度 $v=3.60\times 10^{-11}$ m/s，相当于每年沉降 1.14 mm；取 $d_p = 4\times 10^{-9}$ m，则得沉降速度 $v=0.90\times 10^{-11}$ m/s，相当于每年沉降 0.285 mm。实际铁磁流体的固相微粒尺寸就介于 4～8 nm 之间，这样的沉降速度是能满足贮存要求的。

(2) 保持悬浮状态的固相微粒之粒度

利用已知数据，按式(3.82)得出保持悬浮状态的固相微粒的粒度限制是

$$d_p \leqslant 12.5\times 10^{-9}\ \text{m}$$

通常铁磁流体的固相微粒粒度都小于 12 nm。所以能够满足保持悬浮状态的要求。

3.4.3 在外磁场中铁磁流体的胶体稳定性

1. 在磁场力驱动下固相微粒的运动速度

若外磁场是非均匀的，沿 z 方向的磁场梯度是$\partial B_0/\partial z$，则作用于固相磁性微粒上的磁场力为

$$F_m = m_{p1}\frac{\partial B_0}{\partial z} = \frac{1}{6}\pi d_p^3 M_p \frac{\partial B_0}{\partial z}$$

在给出上式时已经假定微粒的磁矩 $\boldsymbol{m}_{p1}$ 与外磁场 $\boldsymbol{B}_0$ 相平行。此外，若铁磁流体所受到的压力也是不均匀的，则作用于固相微粒上的压差阻力为

$$F_p = \frac{1}{6}\pi d_p^3 \frac{\partial p}{\partial z}$$

固相微粒在运动中所受到的流体阻力为

$$F_d = 3\pi \eta_c d_p v$$

由力的平衡

$$F_m = F_p + F_d$$

则可以得到

$$v = \frac{d_p^2}{18\eta_c}\left(M_p\frac{\partial B_0}{\partial z} - \frac{\partial p}{\partial z}\right) \tag{3.83}$$

若$\partial p/\partial z$ 与$\partial B_0/\partial z$ 的方向相反，则上式右边括号内两项应为相加；若$\partial p/\partial z$ 与$\partial B_0/\partial z$ 方向相同，则右边括号内两项相减。

2. 在非均匀外磁场中铁磁流体中固相微粒保持悬浮状态的粒度

铁磁流体固相微粒在外磁场中具有的势能是

$$E_{p1} = -\boldsymbol{m}_{p1}\cdot \boldsymbol{B}_0$$

通常微粒的磁矩 $\boldsymbol{m}_{p1}$ 与外磁场 $\boldsymbol{B}_0$ 相平行，故上式写成

$$E_{p1} = -\frac{1}{6}\pi d_p^3 \mu_0 M_p H$$

若热运动的动能 Ck_0T 大于磁势能 E_{P1}，即

$$Ck_0T \geqslant \frac{1}{6}\pi d_p^3 \mu_0 M_p H$$

则上式给出的保持悬浮状态的粒度限制是

$$d_p \leqslant \left(\frac{6Ck_0T}{\pi\mu_0 M_p H}\right)^{1/3} \tag{3.84}$$

若外磁场强度 $H=4\times10^5$ A/m，磁性固相微粒的磁化强度 $M_p=4.46\times10^5$ A/m，温度为常温 $T=298$ K，$\mu_0=4\pi\times10^{-7}$ N/A^2，$k_0=1.38\times10^{-23}$ N·m/K，取 $C=1$。则由式(3.84)得到

$$d_p \leqslant 3.27\times10^{-9}\ \text{m}$$

实用中的 d_p 比上述计算结果大，而且 $H=4\times10^5$ A/m 只是中等强度的外磁场，所以就提出加入分散剂的必要性。

3.4.4　在重力场和外磁场中铁磁流体的磁性固相微粒的平衡浓度分布

铁磁流体中的磁性固相微粒，在重力场中和在外磁场中都具有势能，而且这样的势能是坐标的函数，即

$$E_p = E_p(x,y,z)$$

所以在铁磁流体内众多的固相微粒各具不同的势能，因而它们将遵守 Maxwell－Boltzmann 分布。但是这种分布并非不稳定现象，它们是一种动态平衡下的稳定状态。因为一方

面固相微粒受重力或磁场力的驱动而移向势能较低的地方，结果造成浓度的不均匀；另一方面又由于热运动，固相微粒由浓度高的地方向浓度较低处扩散。这两种方向相反的迁移，最终达到迁移的量相等，而浓度分布保持不变。这就是动平衡的实现。

1. 在重力场中铁磁流体固相微粒的浓度分布

在重力场中铁磁流体固相微粒的势能是式(3.81)所给出的，即

$$E_g = (\rho_{NP} - \rho_f) g h V_{p1}$$

将 E_g 代入 M－B 分布定律式(3.50)中，就有

$$dN = \frac{N}{Z}\exp\left[-\frac{\pi d_p^3(\rho_{NP} - \rho_f)gh}{6k_0 T}\right] dx dy dz$$

式中，$dxdydz = dV$ 是微元相空间。则单位体积内的固相微粒数为

$$n = \frac{dN}{dxdydz}$$

在 $h=0$ 处，$n=n_0$，则有

$$\frac{N}{Z} = n_0$$

于是，在重力场中铁磁流体内固相微粒的数密度分布为

$$n = n_0 \exp\left[-\frac{\pi d_p^3(\rho_{NP} - \rho_f)gh}{6k_0 T}\right] \tag{3.85}$$

单位体积的铁磁流体中所含有的固相物质的质量就称为固相的分密度 ρ_p，即

$$\rho_p = n\rho_{NP} V_{p1} \tag{3.86}$$

式中，$\rho_{NP} V_{p1}$ 是一个固相微粒的质量，它是常数。在式(3.85)两边同乘以 $\rho_{NP} V_{p1}$ 以后，就得到铁磁流体内固相物质的分密度的分布，即

$$\rho_p = \rho_{p0} \exp\left[-\frac{\pi d_p^3(\rho_{NP} - \rho_f)gh}{6k_0 T}\right] \tag{3.87}$$

2. 在外磁场中铁磁流体固相微粒的浓度分布

在磁性固相微粒的磁矩 $\boldsymbol{m}_{p1}$ 与外磁场 $\boldsymbol{B}_0$ 平行的情况下，固相微粒所具有的磁势能是

$$E_{p1} = -m_{p1} B_0 = -\frac{1}{6}\pi d_p^3 M_p \mu_0 H$$

将此势能式代入 M－B 分布定律中，并且注意微元相空间仍然是 $dxdydz$，于是

$$dN = \frac{N}{Z}\exp\left(\frac{\pi d_p^3 M_p \mu_0 H}{6k_0 T}\right) dx dy dz$$

对于单位体积铁磁流体有

$$n = n_0 \exp\left(\frac{\pi d_p^3 M_p \mu_0 H}{6k_0 T}\right) \tag{3.88}$$

或

$$\rho_p = \rho_{p0} \exp\left(\frac{\pi d_p^3 M_p \mu_0 H}{6k_0 T}\right) \tag{3.89}$$

上两式中 n_0 和 ρ_{p0} 均是外磁场 $H=0$ 处的值。

3.5　分散剂机理

3.5.1　概　述

van der Waals 力并不是铁磁流体中固相微粒所特有的现象。任何一种微粒之间都存在这种力。按照 Lennard－Jones 模型给出的微粒有效半径是 $r_0/2$，当两个微粒质心接近到距离等于 r_0 时，就不能再进一步接近，也不能相互分离，这就相当于两个微粒结合成了一个。像这样的过程继续下去，就能逐步聚集增大成微粒集团。除了 van der Waals 力之外，对于粒度只有磁单畴大小的固相微粒来说，它们之间还存在磁力的作用，这也是造成聚集的主要因素之一。防止固相微粒聚集的根本办法就是采用分散剂。分散剂的品种不少，但共同的特点是长链大分子结构。其长度大约与固相微粒的直径有相同的数量级，通常是几纳米到十几纳米。这些链分子的一端吸附在固相微粒的表面上，而整个分子链在空间自由摆动，就如同一端装有球形铰链的杆子那样。由于摆动的随机性质，其自由端的运动轨迹是一圆球面或是部分圆球面。分散剂长链分子的摆动频率是极高的，产生摆动的原因是其周围基载液体分子振动碰撞而产生动量传递的结果。所以它实际上是一种摆动形式的 Brown 运动。这样的摆动动能形成一个包围固相微粒的球壳形的能垒。这个能垒很高，即使同时具有 van der Waals 吸引势能和磁偶极子对吸引势能的固相微粒，也很难越过这样的能垒而互相接触。

3.5.2　分散剂的理论模型——摆动杆

Rosensweig 等在 Mackor 平面弹簧缓冲器模型的基础上，发展出适应于铁磁流体固相微粒的球面弹簧缓冲器模型。这种物理模型是将附着于铁磁流体固相微粒表面上的分散剂长链分子类比为弹簧。由于弹簧受到压缩产生排斥势能，从而阻遏了固相微粒的相互接近，保持铁磁流体内固相微粒的分散体系。

本章提供一种分散剂的刚性摆动杆理论模型，认为分散剂的排斥势能来自于作为刚性杆的长链分子的摆动动能。由于摆动是一种热运动，而且它的能量是摆动速度平方型的动能，即 $I_0\omega^2/2$，所以摆动的能量就等于 Ck_0T。

设摆动杆的摆动角速度是 ω，摆动的频率为 $f=\dfrac{\omega}{2\pi}$，附着于圆球形固相微粒表面的长链分子刚性杆的摆动范围是$[-\pi/2, \pi/2]$，如图 3－1 所示。在一次碰撞之后，摆动动量的变化是 $2I_0\omega$（I_0 是长链分子绕其附着端点 A 的转动惯量），在 Δt 时间内碰撞 AB 或 AB' 的次数是 $f\Delta t$。故在 Δt 时间内摆动的动量变化是

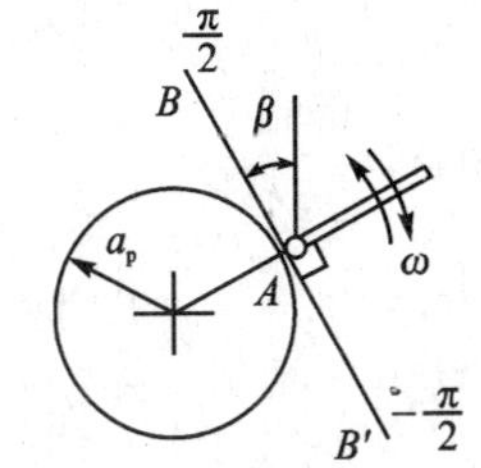

图 3－1　刚性摆动杆模型

$$(2I_0\omega)f\Delta t = \frac{I_0\omega^2}{\pi}\Delta t$$

由冲量矩定理知，AB 或 AB' 在 Δt 时间内作用于摆动长链分子的冲量矩是

$$L_1\Delta t = \frac{I_0\omega^2}{\pi}\Delta t$$

式中，L_1 是作用于一个长链分子上的力矩。

如果要将长链分子的摆动范围限制在角度 β 之内，如图 3－1 所示，就必须作功。这就好像气缸中的压力是气体分子热运动所产生，要推动活塞以压缩气缸内气体分子的活动空间，就必须作功来克服气体分子在活塞表面上产生的压力一样。所以，要将长链分子的摆动范围从 π 压缩到 β，则对于一个长链分子所作的功 W_1 应是

$$W_1 = -(\pi - \beta)L_1$$

式中，右边的负号表示外界对长链分子作的功，它将转换成长链分子的势能。对于一个长链分子来说

$$E_{r1} = -W_1 = (\pi - \beta)L_1$$

如果 $\beta=0$，即长链分子被限制得与 AB 贴合，也就是说它没有任何活动的余地，则这意味着长链分子完全丧失了摆动的热运动能量 Ck_0T，即

$$(E_{r1})_{\max} = \pi L_1 = Ck_0 T \tag{3.90}$$

于是得到单个长链分子附着在铁磁流体中固相微粒表面上所具的势能即排斥势能为

$$E_{r1} = Ck_0 T\left(1 - \frac{\beta}{\pi}\right) \tag{3.91}$$

设在圆球形固相微粒表面上附着有 N 个分散剂长链分子，则单位球表面积上平均附着的长链分子数，即面数密度 n 为

$$n = \frac{N}{4\pi a_p^2} \tag{3.92}$$

式中，a_p 是固相微粒的半径。

图 3－2 所示为两个完全一样的固相微粒接近的情形。微粒表面之间的最近距离为 d_S（即质心距离为 $2a_p + d_S$），虚线是粘附在微粒表面上的长链分子自由端摆动形成的球面的包络面。假设长键分子都一样长，则这样的包络面也是圆球面。这两个球面包络面在微粒相互接近时，受到挤压而形成一圆形的接触平面，ll' 即此接触圆平面的直径。ll' 所对应的中心角为 $2\theta_S$，分散剂链分子的长度 $AP=\delta$，P 点是两长键分子活动端的接触点，位于 ll' 上。由图 3－2 可以看到

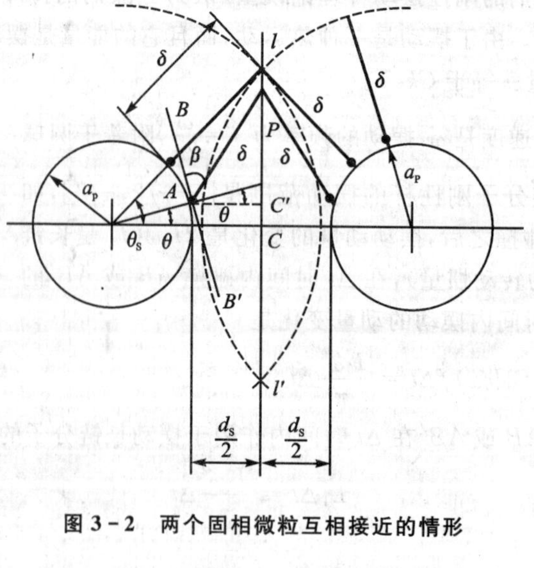

图 3－2　两个固相微粒互相接近的情形

$$\cos\left[\left(\frac{\pi}{2}-\beta\right)+\theta\right]=\frac{AC'}{AP}=\frac{\left(a_p+\dfrac{d_S}{2}\right)-a_p\cos\theta}{\delta}$$

于是得到

$$\beta=\frac{\pi}{2}+\theta-\arccos\frac{1+D_S-\cos\theta}{\Delta} \tag{3.93}$$

式中

$$D_S=\frac{d_S}{2a_p},\qquad \Delta=\frac{\delta}{a_p} \tag{3.94}$$

在固相微粒的圆球表面上取一环形面元 dS，也就是一个很窄的球台侧表面积。如图 3-3 所示，可以写出面元 dS 的式子为

$$dS=(2\pi a_p\sin\theta)a_p d\theta \tag{3.95}$$

在面元 dS 上附着的分散剂长链分子数为 ndS，于是在面积 dS 上产生的排斥能为

$$dE_r=E_{r1}ndS=nCk_0T\left(1-\frac{\beta}{\pi}\right)dS$$

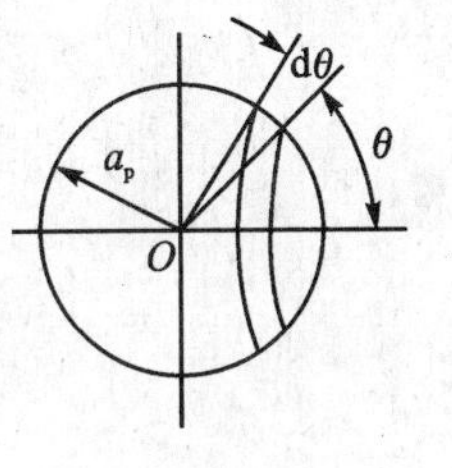

图 3-3　固相微粒表面上的环形面元

将式(3.93)和式(3.95)代入上式，就得

$$dE_r=2\pi a_p^2 nCk_0 T dG_R \tag{3.96}$$

式中，G_R 是排斥能的几何因子。由 dG_R 之积分得

$$G_R=\int_0^{\theta_S}dG_R=\int_0^{\theta_S}\left(\frac{1}{2}-\frac{\theta}{\pi}+\frac{1}{\pi}\arccos\frac{1+D_S-\cos\theta}{\Delta}\right)\sin\theta\, d\theta \tag{3.97}$$

上式可以改写成

$$G_R=\int_0^{\theta_S}\left(\frac{1}{2}-\frac{\theta}{\pi}\right)\sin\theta\, d\theta+\frac{\Delta}{\pi}\int_1^{\cos\theta_S}\left(\arccos\frac{1+D_S-\cos\theta}{\Delta}\right)d\left(\frac{1+D_S-\cos\theta}{\Delta}\right)$$

由图 3-2 可见

$$\cos\theta_S=\frac{a_p+(d_S/2)}{a_p+\delta}=\frac{1+D_S}{1+\Delta}$$

积分结果得到排斥能的几何因子是

$$G_R=\frac{1}{2}-\frac{1}{2}\left(\frac{1+D_S}{1+\Delta}\right)+\frac{1+\Delta}{\pi}\left(\frac{1+D_S}{1+\Delta}\right)\arccos\frac{1+D_S}{1+\Delta}-\frac{1+\Delta}{\pi}\sqrt{1-\left(\frac{1+D_S}{1+\Delta}\right)^2}-\frac{D_S}{\pi}\arccos\frac{D_S}{\pi}+\frac{\Delta}{\pi}\sqrt{1-\left(\frac{D_S}{\Delta}\right)^2} \tag{3.98}$$

由式(3.96)两边积分就得到分散剂长链分子提供的排斥能为

$$E_r=2\pi a_p^2 nCk_0 TG_R$$

对于两个相接近的固相微粒总排斥能为

$$E_r=4\pi a_p^2 nCk_0 T\left[\frac{1}{2}-\frac{1}{2}\left(\frac{1+D_S}{1+\Delta}\right)+\frac{1+\Delta}{\pi}\left(\frac{1+D_S}{1+\Delta}\right)\arccos\frac{1+D_S}{1+\Delta}-\frac{1+\Delta}{\pi}\sqrt{1-\left(\frac{1+D_S}{1+\Delta}\right)^2}-\frac{D_S}{\pi}\arccos\frac{D_S}{\pi}+\frac{\Delta}{\pi}\sqrt{1-\left(\frac{D_S}{\Delta}\right)^2}\right] \tag{3.99}$$

图 3-4 中的曲线是按式(3.98)计算的。由图中可以看到链分子的相对长度 Δ 具有关键作用，链分子越长，提供的排斥能越大。主要原因在于：① 链分子越长，在较远的距离处就能产生

排斥能；② 链分子越长，则在同样的距离处，接触面的平面圆直径 ll' 较大，如图 3-5 所示，较长链分子的接触平面图所对应的中心张角（实际上是圆锥的锥顶角）越大，即 $2\theta_{S2}>2\theta_{S1}$，这意味较长的链分子在相同的距离上参与排斥作用的链分子数目较多。因而能提供更大的排斥能。

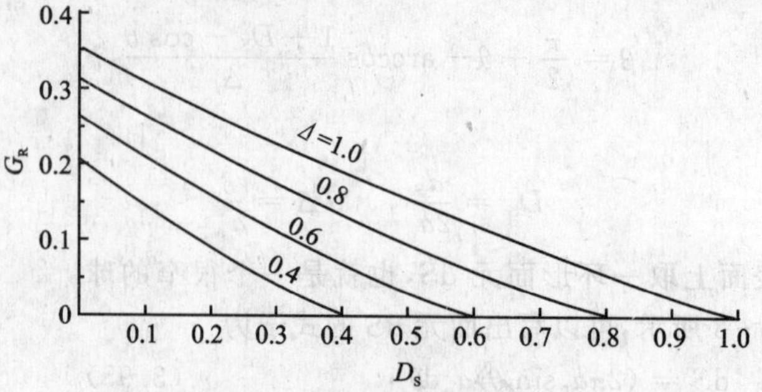

图 3-4　排斥能几何因子随 D_S 和 Δ 的变化

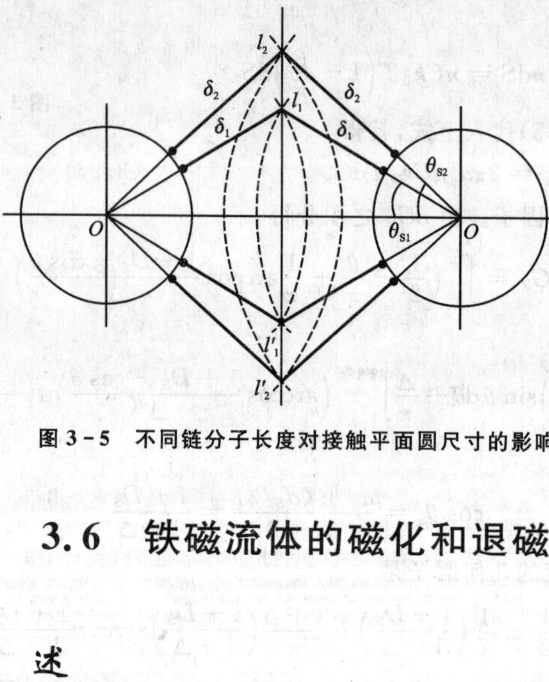

图 3-5　不同链分子长度对接触平面圆尺寸的影响

3.6　铁磁流体的磁化和退磁

3.6.1　概　述

铁磁流体中固相微粒的尺寸多数都小于 10 nm，这样小的尺寸对于固相微粒自身的材料来说，已经小于其磁晶的临界尺寸。所以铁磁流体中的固相微粒都是磁单畴的个体，它们都有自己的磁矩。另一方面，这样小尺寸的固体微粒，悬浮于基载液体中又具有 Brown 运动，因而各个微粒的磁矩总是随机地朝向四面八方，而且在不停地变化着。由于大量的固相微粒的磁矩朝向各方向的机会均等，因而全体固相微粒的合成磁矩是零。所以在自然状态下，铁磁流体不显现出宏观的磁性。

一旦外磁场作用于铁磁流体，则铁磁流体中的固相微粒都受到一个方向的磁力矩，该磁力矩力图使固相微粒的磁矩转向与外磁场方向平行的方向。所以只要有外磁场存在，总能够在相应的程度上遏制纷扰杂乱热运动（Brown 运动）的影响，而使铁磁流体呈现一定的磁性。这种在宏观上从无磁性到有磁性的过程称为磁化过程。外磁场越强，则固相微粒可以在更大程度上抑制热运动影响,同时也在更大程度上实现磁矩方向的整合。当外磁场强到可以和热运动相平衡时,则所有固相微粒的磁矩都处在统计平衡的方向上,这个统计平衡的方向大致平行于外磁场方向。这时可以认为铁磁流体已经达到饱和磁化,即使外磁场继续增强,铁磁流体的磁化强度增加也很少。

在外磁场磁力矩的作用下,铁磁流体固相微粒的磁矩的旋转有两种可能:一种是微粒内的磁畴旋转;另一种是整个微粒本身在基载液中旋转。磁畴旋转而导致的磁化称为内禀性磁化,而固相微粒本身旋转而导致的磁化称为非内禀性磁化。实际上,在外磁场作用下,两种旋转都会发生,但两种旋转的快慢不同。根据一种较快的旋转来决定磁化的内禀或非内禀性质,是为分析方便的简化做法。

退磁是磁化的反过程。外磁场作用消失以后,固相微粒磁矩就没有了约束,在热运动的扰动下,固相微粒的磁矩方向逐渐变乱,最终成为随机的杂乱无序的状态,从而铁磁流体的宏观磁性消失,这就是退磁。

无论是磁化还是退磁,都是磁矩转动的结果。所以这两种过程进行的速度不可能无限大,因而需要一定的时间。这就是所谓的磁松弛时间或扩散时间。

3.6.2　铁磁流体磁化的量子力学理论

物质内的磁矩是由原子里的电子运动产生的。电子运动有两种形式:自旋运动和公转轨道运动。电子自旋运动产生的磁矩 $\boldsymbol{m}_{\mathrm{S}}$ 和电子轨道运动产生的磁矩 $\boldsymbol{m}_{\mathrm{L}}$,两者的矢量合成就是原子的磁矩 $\boldsymbol{m}$。电子的自旋运动和轨道运动都相应地有动量矩 $\boldsymbol{J}_{\mathrm{S}}$ 和 $\boldsymbol{J}_{\mathrm{L}}$。动量矩与磁矩之间的关系是

$$\left.\begin{aligned} \boldsymbol{m}_{\mathrm{S}} &= \frac{e}{2m_{\mathrm{e}}c}(2\boldsymbol{J}_{\mathrm{S}}) \\ \boldsymbol{m}_{\mathrm{L}} &= \frac{e}{2m_{\mathrm{e}}c}(\boldsymbol{J}_{\mathrm{L}}) \end{aligned}\right\} \tag{3.100}$$

式中,e 是电子电荷;m_{e} 是电子质量;c 是光速。注意,$\boldsymbol{m}_{\mathrm{S}}$ 式的右边是 $2\boldsymbol{J}_{\mathrm{S}}$,这是自旋运动磁矩的产生与轨道运动磁矩的产生的不同之处。

1. 电子轨道运动的动量矩 $\boldsymbol{J}_{\mathrm{L}}$

在参照系 $Ox_1x_2x_3$ 中,矢量 $\boldsymbol{J}_{\mathrm{L}}$ 的三个分量是 J_{x1}、J_{x2} 和 J_{x3}。而电子轨道运动的动量 $m_{\mathrm{e}}\boldsymbol{V}$ 在此参照系中的三个分量是 $m_{\mathrm{e}}v_{x1}$、$m_{\mathrm{e}}v_{x2}$ 和 $m_{\mathrm{e}}v_{x3}$。于是有

$$\boldsymbol{J}_{\mathrm{L}} = \boldsymbol{x}_1^{\circ}J_{x1} + \boldsymbol{x}_2^{\circ}J_{x2} + \boldsymbol{x}_3^{\circ}J_{x3} \tag{A}$$

以及动量和动量矩的关系

$$\boldsymbol{J}_{\mathrm{L}} = \boldsymbol{r}\times(m_{\mathrm{e}}\boldsymbol{v}) = (\boldsymbol{x}_1^{\circ}x_1 + \boldsymbol{x}_2^{\circ}x_2 + \boldsymbol{x}_3^{\circ}x_3)\times(\boldsymbol{x}_1^{\circ}m_{\mathrm{e}}v_{x1} + \boldsymbol{x}_2^{\circ}m_{\mathrm{e}}v_{x2} + \boldsymbol{x}_3^{\circ}m_{\mathrm{e}}v_{x3}) \tag{B}$$

上两式中,$\boldsymbol{x}_1^{\circ}$,$\boldsymbol{x}_2^{\circ}$,$\boldsymbol{x}_3^{\circ}$分别是坐标 x_1,x_2,x_3 的单位矢量。将式(B)右边两括号相乘以后,按方向并项,而后与式(A)相比较就得到

$$\begin{aligned} J_{x1} &= x_2m_{\mathrm{e}}v_{x3} - x_3m_{\mathrm{e}}v_{x2} \\ J_{x2} &= x_3m_{\mathrm{e}}v_{x1} - x_1m_{\mathrm{e}}v_{x3} \\ J_{x3} &= x_1m_{\mathrm{e}}v_{x2} - x_2m_{\mathrm{e}}v_{x1} \end{aligned}$$

在量子力学中,决定电子轨道运动的本征方程是

$$\frac{h}{\mathrm{i}}\frac{\partial\psi}{\partial\varphi_i} = J_{xi}\psi$$

式中，h 是 Plank 常数；ψ 是波函数；φ_i 是绕轴 x_i 的转角；J_{xi} 是电子轨道运动的动量矩 $\boldsymbol{J}_L$ 在轴 x_i 方向的分量。下标 $i=1,2,3$，虚数 $\mathrm{i}=\sqrt{-1}$。此本征方程之解很简单，就是

$$\psi(\varphi_i)=\exp\left(\mathrm{i}\varphi_i\frac{J_{xi}}{h}\right)$$

波函数 $\psi(\varphi_i)$ 具有周期性质，即

$$\psi(\varphi_i)=\psi(\varphi_i+2\pi)$$

因此

$$\exp\left(\mathrm{i}\varphi_i\frac{J_{xi}}{h}\right)=\exp\left[\mathrm{i}(\varphi_i+2\pi)\frac{J_{xi}}{h}\right]$$

此式成立，必须有

$$\exp\left(\mathrm{i}2\pi\frac{J_{xi}}{h}\right)=1$$

将上面的复数写成三角函数形式，即

$$\exp\left(\mathrm{i}2\pi\frac{J_{xi}}{h}\right)=\cos\left(2\pi\frac{J_{xi}}{h}\right)+\mathrm{i}\sin\left(2\pi\frac{J_{xi}}{h}\right)=1$$

由此可见 J_{xi}/h 的值只能取为零或整数，即

$$\frac{J_{xi}}{h}=j_l \tag{3.101}$$

设整数 j_l 的最大值是 l，最小值是 $-l$，即

$$-l\leqslant j_l\leqslant l$$

则 j_l 的整数数列为 (3.102)

$$-l,-l+1,-l+2,\cdots,-2,-1,0,1,2,\cdots,l-2,l-1,l$$

此数列共有 $2l+1$ 个数值，公差为 1。

在物质内部，原子的数目是极其大量的，而原子中电子轨道运动的动量矩大小和方向也是随机的杂乱无序的，所以采用 J_{xi} 的平方平均值 $(J_{xi}^2)_e$。由式(3.101)两边平方得

$$J_{xi}^2=h^2j_l^2$$

取其平均，就有

$$(J_{xi}^2)_e=\frac{h^2}{2l+1}\sum_{-l}^{l}j_l^2 \tag{3.103}$$

式中，和号 $\sum_{-l}^{l}j_l^2$ 表示的是一个整数平方的数列之和，即

$$\sum_{-l}^{l}j_l^2=(-l)^2+(-l+1)^2+(-l+2)^2+\cdots+(-2)^2+(-1)^2+0+1^2+2^2+\cdots+(l-2)^2+(l-1)^2+l^2$$

在零的两边数列之和是相等的，即

$$\sum_{-l}^{l}j_l^2=2\sum_{0}^{l}j_l^2=2[l(l+1)(2l+1)/6]$$

代入式(3.103)中，就有

$$(J_{xi}^2)_e=\frac{1}{3}h^2l(l+1) \tag{3.104}$$

注意，$(J_{xi}^2)_e$ 是大量电子轨道运动的动量矩分量的平方平均值，所以在参照系三个轴方向上的值是相等的，即

$$(J_{x1}^2)_e = (J_{x2}^2)_e = (J_{x3}^2)_e$$

结果合成动量矩 J_L 的平方平均值就是

$$(J_L^2)_e = (J_{x1}^2)_e + (J_{x2}^2)_e + (J_{x3}^2)_e = 3(J_{xi}^2)_e$$

将式(3.104)代入，就得

$$(J_L^2)_e = h^2 l(l+1) \tag{3.105}$$

2. 电子自旋运动的动量矩 $\boldsymbol{J}_S$

电子自旋运动的动量矩 $\boldsymbol{J}_S$ 的模可以表示成

$$J_S = hj_s, \qquad -s \leqslant j_s \leqslant s, \qquad s = \frac{1}{2} \tag{3.106}$$

实际上，式(3.106)表示的 j_s 值在 $-1/2$ 到 $1/2$ 之间，在这个区间内没有整数存在，当然 j_s 也没有取整数值的问题。可见 J_s 并不遵守波函数方程，而 j_s 的值是由实验得到的。

3. 电子运动的合成动量矩与合成磁矩之间的关系

电子运动的合成动量矩 $\boldsymbol{J}$ 是其轨道运动动量矩 $\boldsymbol{J}_L$ 与自旋动量矩 $\boldsymbol{J}_S$ 的矢量和，即

$$\boldsymbol{J} = \boldsymbol{J}_L + \boldsymbol{J}_S \tag{3.107}$$

而电子运动产生的合成磁矩 $\boldsymbol{m}_c$ 是轨道运动磁矩 $\boldsymbol{m}_L$ 与自旋运动磁矩 $\boldsymbol{m}_S$ 的矢量和，即

$$\boldsymbol{m}_c = \boldsymbol{m}_L + \boldsymbol{m}_S \tag{3.108}$$

将式(3.100)代入式(3.108)之右边，得

$$\boldsymbol{m}_c = \frac{e}{2m_e c}(2\boldsymbol{J}_S + \boldsymbol{J}_L) \tag{3.109}$$

比较式(3.107)和式(3.109)可见电子运动的合成动量矩 $\boldsymbol{J}$ 与合成磁矩 $\boldsymbol{m}_c$ 是不同轴的，图 3-6 所示为这种状况。

在磁矩 $\boldsymbol{m}_S$ 和 $\boldsymbol{m}_L$ 两者磁场的相互作用下，所有的矢量都将产生进动。然而 $\boldsymbol{m}_S$ 和 $\boldsymbol{m}_L$ 两磁场之间的作用力，对于合成动量矩 $\boldsymbol{J}$ 而言是内力。所以 $\boldsymbol{J}$ 能保持不动，它是一根定轴，而其他矢量都绕 $\boldsymbol{J}$ 转动。若将合成磁矩 $\boldsymbol{m}_c$ 分解为 $\boldsymbol{m}_J$ 和 $\boldsymbol{m}_\tau$ 两个互相垂直的分量，则 $\boldsymbol{m}_J$ 和 $\boldsymbol{J}$ 同轴而固定不动，但与 $\boldsymbol{J}$ 垂直的 $\boldsymbol{m}_\tau$ 则因 $\boldsymbol{m}_c$ 绕 $\boldsymbol{J}$ 的转动而迅速地旋转，所以 $\boldsymbol{m}_\tau$ 对时间的平均值是零。于是只有分量 $\boldsymbol{m}_J$ 才是合成磁矩 $\boldsymbol{m}_c$ 的有效部分。同样 $\boldsymbol{m}_S$ 和 $\boldsymbol{m}_L$ 也绕 $\boldsymbol{J}$ 迅速转动，它们的有效部分也是两者在 $\boldsymbol{J}$ 方向上的分量，即 $m_S\cos(J, J_S)$ 和 $m_L\cos(J, J_L)$，这两个分量之和就是 m_J，即

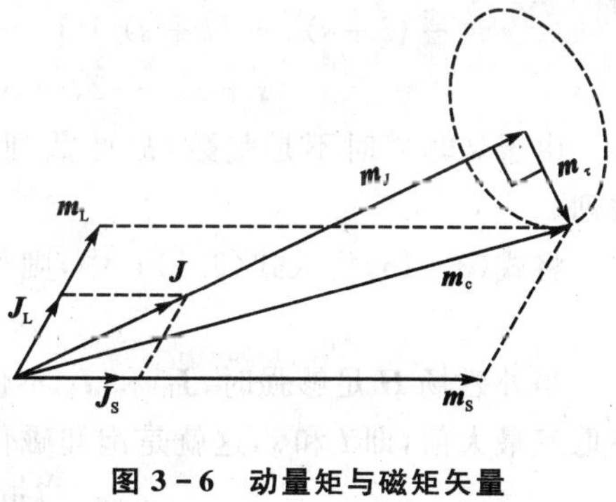

图 3-6　动量矩与磁矩矢量

$$m_J = m_S\cos(J, J_S) + m_L\cos(J, J_L)$$

如图 3-6 所示，按照余弦定理有

$$\cos(J, J_S) = \frac{J^2 + J_S^2 - J_L^2}{2JJ_S}, \qquad \cos(J, J_L) = \frac{J^2 + J_L^2 - J_S^2}{2JJ_L}$$

利用此式和式(3.100)，则得

$$m_J = \frac{e}{2m_e c}\left(2J_S\frac{J^2+J_S^2-J_L^2}{2JJ_S}+J_L\frac{J^2+J_L^2-J_S^2}{2JJ_L}\right)$$

化简之后得

$$m_J = \frac{eh}{2m_e c}\frac{J}{h}\left(1+\frac{J^2+J_S^2-J_L^2}{2J^2}\right) \tag{3.110}$$

对于大量的电子，上式右边的 J^2, J_S^2, J_L^2 均可用其平均值代入，即

$$m_J = \frac{eh}{2m_e c}\frac{J}{h}\left[1+\frac{(J^2)_e+(J_S^2)_e-(J_L^2)_e}{2(J^2)_e}\right] \tag{3.111}$$

定义：

$$\mu_B = \frac{eh}{2m_e c} \tag{3.112}$$

$$g = 1+\frac{(J^2)_e+(J_S^2)_e-(J_L^2)_e}{2(J^2)_e} \tag{3.113}$$

μ_B 称为 Bohr 磁子；g 称为 Lande 因子。对于一个电子，则式(3.113)右边取 J^2, J_S^2, J_L^2。将式(3.112)和式(3.113)代入式(3.111)，则有

$$m_J = g\mu_B\frac{J}{h} \tag{3.114}$$

当存在外磁场时，电子运动的轨道动量矩 $\boldsymbol{J}_L$ 和自旋动量矩 $\boldsymbol{J}_S$ 两者平行，从而式(3.107)右边的矢量和成为数量和，即

$$J = J_L + J_S \tag{3.115}$$

将式(3.101)和式(3.106)代入式(3.115)，则有

$$J = (j_l + j_s)h \tag{3.116}$$

式中，(j_l+j_s)的取值在区间为$[-(l+s),(l+s)]$。将式(3.102)数列中的 l 换成 $l+s$，即得(j_l+j_s)的数列，是$-(l+s),-(l+s)+1,\cdots,-(l+s)+(l-1),-(l+s)+l,(l+s)-l,(l+s)-(l-1),\cdots,(l+s)-1,(l+s)$。即

$$\begin{aligned}&-(l+s),-(l+s)+1,-(l+s)+2,\cdots,-s-2,-s-1,-s,s,\\&s+1,s+2,\cdots,(l+s)-2,(l+s)-1,(l+s)\end{aligned} \tag{3.117}$$

由于 s 非零时不是整数，故此数列不是整数数列。当 $s=1/2$ 时，它是公差为 1 的等差数列。

将式(3.116)代入式(3.114)中，则得到一个电子的有效磁矩是

$$m_J = g\mu_B(j_l+j_s) \tag{3.118}$$

当外磁场 $\boldsymbol{H}$ 足够强时，$\boldsymbol{J}_L$ 和 $\boldsymbol{J}_S$ 不仅互相平行，而且都平行于外磁场 $\boldsymbol{H}$。此时 j_l 和 j_s 均各取其最大值，即 l 和 s，这就是饱和磁化。饱和磁矩$(m_J)_s$ 为

$$(m_J)_s = g\mu_B(l+s) \tag{3.119}$$

此饱和磁矩$(m_J)_s$ 对于铁磁流体中的单畴固相微粒而言，就是一个微粒的磁矩 m_{pl}。

4. Brillouin 方程和 Langevin 方程

无论是含有大量原子的物质材料或是含有大量固相微粒的铁磁流体，各个原子或各个单畴固相微粒的磁矩的大小和方向都是随机的、杂乱无序的。因此在外磁场作用下，宏观表现出来的是大量磁矩之统计平均值。

按有效磁矩 $\boldsymbol{m}_J$ 计算在外磁场 $\boldsymbol{H}$ 中的势能，可以使用式(2.121)，即

$$E = -\mu_0 \boldsymbol{m}_J \cdot \boldsymbol{H}$$

若 $\boldsymbol{m}_J$ 与 $\boldsymbol{H}$ 平行，则这时的势能是

$$E = -\mu_0 m_J H \tag{3.120}$$

与外磁场平行的有效磁矩的统计平均值，由式(3.35)有

$$(m_J)_e = \frac{1}{Z}\int_\Omega m_J \exp\left(-\frac{\mu_0 m_J H}{k_0 T}\right)\mathrm{d}\Omega \tag{3.121}$$

由式(3.118)知道，m_J 取决于$(j_l + j_s)$，所以相空间 Ω 应当用$(j_l + j_s)$来表示，但$(j_l + j_s)$不是连续变量，而是式(3.117)表示的等差数列，其公差为 1，故 $\mathrm{d}\Omega = \Delta(j_l + j_s) = 1$，当然积分也相应地改成求和的形式。为了书写方便引用记号

$$x = \frac{\mu_0 H}{k_0 T} \tag{3.122}$$

数列式(3.117)当 $j_s = 1/2$ 是公差为 1 的等差数列时，其首项为$-(l+s)$，末项为$(l+s)$。故式(3.121)之右边的积分改为求和式就成为

$$(m_J)_e = \frac{1}{Z}\sum_{-(l+s)}^{(l+s)} m_J \exp(x m_J) \tag{3.123}$$

式中的配分函数 Z 为

$$Z = \int_\Omega \exp(x m_J)\mathrm{d}\Omega = \sum_{-(l+s)}^{(l+s)} \exp(x m_J) \tag{3.124}$$

将式(3.124)两边对 x 取导数，得

$$\frac{\partial Z}{\partial x} = \sum_{-(l+s)}^{(l+s)} m_J \exp(x m_J) \tag{3.125}$$

将式(3.125)与式(3.123)相比较，立即可见

$$(m_J)_e = \frac{1}{Z}\frac{\partial Z}{\partial x} \tag{3.126}$$

将 m_J 的关系式(3.118)代入式(3.124)中，得

$$Z = \sum_{-(l+s)}^{(l+s)} \exp[x g \mu_B (j_l + j_s)]$$

在右边指数内同时加减$(l+s)$，有

$$Z = \sum_{-(l+s)}^{(l+s)} \exp\{x g \mu_B[(j_l + j_s) + (l+s) - (l+s)]\} \tag{3.127}$$

注意$(l+s)$是最大数值，是常数；$(j_l + j_s)$是数列，这个数列式(3.117)具有的形式是：$-(l+s), -(l+s)+1, -(l+s)+2, \cdots, -(l+s)+(l-2), -(l+s)+(l-1), -(l+s)+l, (l+s)-l, (l+s)-(l-1), (l+s)-(l-2), \cdots, (l+s)-2, (l+s)-1, (l+s)$。将此数列所有各项都叠加上$(l+s)$，就得$(j_l + j_s)+(l+s)$的数列。即

$$0,1,2,\cdots,(l-2),(l-1),l,2(l+s)-l,2(l+s)-(l-1),2(l+s)-(l-2),\cdots,$$
$$2(l+s)-2,2(l+s)-1,2(l+s) \tag{3.128}$$

由式(3.128)可见，$(j_l + j_s)+(l+s)$数列的首项是零，末项是 $2(l+s)$。当 $s=1/2$ 时，是一个等差数列，公差为 1，总共具有 $2(l+s)+1$ 项。由于$(l+s)$是常数，所以式(3.127)可以改写成

$$Z=\frac{1}{\exp[xg\mu_{\mathrm{B}}(l+s)]}\sum_{0}^{2(l+s)}\exp\left\{xg\mu_{\mathrm{B}}[(j_l+j_s)+(l+s)]\right\}$$

因为$(j_l+j_s)+(l+s)$是公差为 1 的等差数列，所以上式右边求和符号内，是一个等比数列，其公比为 $\exp(xg\mu_{\mathrm{B}})$。于是从零到 $2(l+s)$的总共 $2(l+s)+1$ 项之和为

$$\sum_{0}^{2(l+s)}\exp\left\{xg\mu_{\mathrm{B}}[(j_l+j_s)+(l+s)]\right\}=\frac{\exp\left\{xg\mu_{\mathrm{B}}[2(l+s)+1]\right\}-1}{\exp(xg\mu_{\mathrm{B}})-1}$$

则配分函数成为

$$Z=\frac{\exp\left\{xg\mu_{\mathrm{B}}[2(l+s)+1]\right\}-1}{[\exp(xg\mu_{\mathrm{B}})-1]\exp[xg\mu_{\mathrm{B}}(l+s)]}$$

将分子和分母同乘以 $\exp\left[-xg\mu_{\mathrm{B}}\left(l+s+\frac{1}{2}\right)\right]$，就得

$$Z=\frac{\exp\left[xg\mu_{\mathrm{B}}\left(l+s+\frac{1}{2}\right)\right]-\exp\left[-xg\mu_{\mathrm{B}}\left(l+s+\frac{1}{2}\right)\right]}{\exp\left(\frac{1}{2}xg\mu_{\mathrm{B}}\right)-\exp\left(-\frac{1}{2}xg\mu_{\mathrm{B}}\right)}$$

写成双曲函数，就是

$$Z=\frac{\mathrm{sh}\left[xg\mu_{\mathrm{B}}\left(l+s+\frac{1}{2}\right)\right]}{\mathrm{sh}\left(\frac{1}{2}xg\mu_{\mathrm{B}}\right)}$$

引用记号 α，并且注意到式(3.119)和式(3.122)，就有

$$\alpha=xg\mu_{\mathrm{B}}(l+s)=\frac{\mu_0 H(m_J)_s}{k_0 T}\tag{3.129}$$

由式(3.129)可以看到，α 的物理意义是磁势能和热运动能之比值。磁势能总是力图使磁矩 $\boldsymbol{m}_J$ 作平行于外磁场 $\boldsymbol{H}$ 的有序排列，而热运动能则总是使磁矩变得杂乱无序。所以 α 可以看作是磁化程度的一种标志，即 α 值越大，磁化程度越高。对于铁磁流体的磁性固相微粒而言，$(\boldsymbol{m}_J)_s$ 就是 $\boldsymbol{m}_{\mathrm{pl}}$。

利用式(3.129)，配分函数 Z 可写成

$$Z=\frac{\mathrm{sh}\,\frac{[1+2(l+s)]\alpha}{2(l+s)}}{\mathrm{sh}\,\frac{\alpha}{2(l+s)}}\tag{A}$$

将式(A)两边对 α 取导数，就得

$$\frac{\partial Z}{\partial\alpha}=\frac{1}{\left[\mathrm{sh}\,\frac{\alpha}{2(l+s)}\right]^2}\left\{\left[1+\frac{1}{2(l+s)}\right]\mathrm{ch}\,\frac{[1+2(l+s)]\alpha}{2(l+s)}\,\mathrm{sh}\,\frac{\alpha}{2(l+s)}-\frac{1}{2(l+s)}\mathrm{ch}\,\frac{\alpha}{2(l+s)}\mathrm{sh}\,\frac{[1+2(l+s)]\alpha}{2(l+s)}\right\}\tag{B}$$

由式(3.129)对 x 取导，得

$$\frac{\mathrm{d}\alpha}{\mathrm{d}x}=g\mu_{\mathrm{B}}(l+s)\tag{C}$$

将式(3.126)写成

$$(m_J)_e = \frac{1}{Z}\frac{\partial Z}{\partial x} = \frac{1}{Z}\frac{\partial Z}{\partial \alpha}\frac{d\alpha}{dx}$$

再将式(A)、式(B)和式(C)代入上式，就得有效磁矩的统计平均式，即

$$(m_J)_e = g\mu_B(l+s)\left\{\left[1+\frac{1}{2(l+s)}\right]\coth\frac{[1+2(l+s)]\alpha}{2(l+s)} - \frac{1}{2(l+s)}\coth\frac{\alpha}{2(l+s)}\right\} \tag{3.130}$$

由式(3.119)知道 $g\mu_B(l+s)$ 是最大磁矩或饱和磁矩 $(m_J)_s$，而式(3.130)右边大括号内的函数就是 Brillouin 函数 $B(\alpha)$，即

$$B(\alpha) = \left[1+\frac{1}{2(l+s)}\right]\coth\frac{[1+2(l+s)]\alpha}{2(l+s)} - \frac{1}{2(l+s)}\coth\frac{\alpha}{2(l+s)} \tag{3.131}$$

于是式(3.130)具有简单形式

$$(m_J)_e = (m_J)_s B(\alpha) \tag{3.132}$$

对于铁磁流体来，$(m_J)_s$ 就是单个的单畴固相微粒的磁矩 m_{p1}，而 $(m_J)_e$ 就对应于大量固相微粒的统计平均磁矩 $(m_p)_e$，于是有

$$\left.\begin{aligned}(m_p)_e &= m_{p1}B(\alpha)\\ \alpha &= \frac{\mu_0 H m_{p1}}{k_0 T} = \frac{\mu_0 H M_p V_{p1}}{k_0 T}\end{aligned}\right\} \tag{3.133}$$

设体积为 V_f 的铁磁流体中含有 N 个固相微粒，则由式(3.133)有

$$N(m_p)_e = NV_{p1}M_pB(\alpha)$$

上式左边是体积 V_f 的铁磁流体总的宏观磁矩，用 V_f 除即得单位体积铁磁流的磁矩，即磁化强度 M；上式右边用 V_f 除，则 NV_{p1}/V_f 表示单位体的铁磁流体中固相微粒所占的体积分量，即 ϕ。故上式两边同除以 V_f 后，就得

$$M = \phi M_p B(\alpha) = \phi M_p B\left(\frac{\mu_0 H V_{p1} M_p}{k_0 T}\right) \tag{3.134}$$

在式(3.130)中，若取 $(l+s)=1/2$，则计算结果与铁、钴、镍等铁磁性物质的实验数据吻合得很好，故 l 只能取为零。这个事实说明这类铁磁物质的磁矩主要来源于电子的自旋运动，而电子的轨道运动的贡献很小。

在 Brillouin 方程式(3.130)或 Brillouin 函数式(3.131)中，若取 $(l+s)\to\infty$，就得到一个简单而且实用的 Langevin 方程或 Langevin 函数。由

$$\lim_{(l+s)\to\infty}\frac{1}{2(l+s)}\coth\frac{\alpha}{2(l+s)} = \lim_{(l+s)\to\infty}\frac{1}{2(l+s)}\frac{\operatorname{ch}\frac{\alpha}{2(l+s)}}{\operatorname{sh}\frac{\alpha}{2(l+s)}} = \lim_{(l+s)\to\infty}\frac{1}{2(l+s)}\frac{1}{\frac{\alpha}{2(l+s)}} = \frac{1}{\alpha}$$

代入式(3.131)中，就得

$$\lim_{(l+s)\to\infty} B(\alpha) = \coth\alpha - \frac{1}{\alpha} = L(\alpha) \tag{3.135}$$

于是式(3.133)和式(3.134)成为

$$(m_p)_e = m_{p1}L(\alpha), \qquad M = \phi M_p L(\alpha), \qquad \alpha = \frac{\mu_0 H M_p V_{p1}}{k_0 T} \tag{3.136}$$

式(3.135)的 $L(\alpha)$ 称为 Langevin 函数，式(3.136)就是 Langevin 方程。

当不存在外磁场或外磁场很弱时，可以认为 $\alpha\to 0$，则

$$\lim_{\alpha\to 0} L(\alpha) = \lim_{\alpha\to 0}\left(\frac{\operatorname{ch}\alpha}{\operatorname{sh}\alpha} - \frac{1}{\alpha}\right) = \lim_{\alpha\to 0}\frac{\alpha\operatorname{ch}\alpha - \operatorname{sh}\alpha}{\alpha\operatorname{sh}\alpha} = \lim_{\alpha\to 0}\frac{\operatorname{ch}\alpha + \alpha\operatorname{sh}\alpha - \operatorname{ch}\alpha}{\operatorname{sh}\alpha + \alpha\operatorname{ch}\alpha} =$$

$$\lim_{\alpha\to 0}\frac{\operatorname{sh}\alpha + \alpha\operatorname{ch}\alpha}{\operatorname{ch}\alpha + \operatorname{ch}\alpha + \alpha\operatorname{sh}\alpha} = 0$$

则由式(3.136)可见 $M=0$，表示在无外磁场时，铁磁流体没有磁化。

当外磁场非常强时，可以认为 $\alpha\to\infty$，则

$$\lim_{\alpha\to\infty} L(\alpha) = \lim_{\alpha\to\infty}\left(\frac{e^{\alpha}+e^{-\alpha}}{e^{\alpha}-e^{-\alpha}} - \frac{1}{\alpha}\right) = 1$$

则式(3.134)给出

$$\lim_{\alpha\to\infty} M = \phi M_p = M_S \tag{3.137}$$

3.6.3 铁磁流体的内禀性磁松弛过程

1. 概　述

铁磁流体有两种磁松弛过程，即内禀性的和非内禀性的。内禀性是指磁松弛过程取决于单畴固相微粒中磁矩的旋转；非内禀性是指磁松弛过程取决于微粒本身的旋转。既然都是旋转，当然就会有旋转速度和旋转时间。对于大量的固体微粒来讲，无论是磁矩的旋转还是微粒本身的旋转，它们都是统计的概念，与一个固相微粒单独的行为有较大的不同。大量微粒在统计平均的意义上，旋转到与外磁场强度相适应的角度。在外磁场和温度不改变的情况下，这样的角度是稳定的，它代表一种平衡状态。所谓松弛的意思是指一种平衡状态因外部条件改变而逐渐过渡到与外界条件相适应的新的平衡状态。这个过程所需要的时间称为松弛时间或扩散时间。

2. 铁磁流体固相微粒的磁矩旋转之 Neel 理论和特征时间 t_N

铁磁流体中的固相微粒均为铁磁性材料，铁磁性材料的磁化性能并不各向同性。图 3-7 所示为一种铁磁性材在 A 方向和 B 方向受到外磁场 H 作用下的起始磁化曲线。曲线 A 上升非常陡峭，表明该铁磁性材料在 A 方向容易磁化，即在不太高的外磁场下，就能迅速地达到或接近饱和磁化状态。而 B 方向则磁化曲线上升较为平缓，即在较高的外磁场下才趋于饱和磁化。因为在 $H-M$ 坐标图上，曲线下面所包的面积就是磁能，所以在曲线 A 和曲线 B 之间的阴影面积就表示磁能的差量，称为磁晶各向异性能。就是说铁磁性材料沿容易磁化方向所需的磁化能量最低，而沿其他方向磁化则需附加能量。当然附加的能量就是磁晶各向异性能。各向异性能的大小和磁化方向偏离容易磁化方向的角度 θ_K 有关。其关系式可以表示为 $\sin\theta_K$ 的偶次方级数形式，即

$$E_K = K_1\sin^2\theta_K + K_2\sin^4\theta_K + \cdots$$

式中，$K_1, K_2, \cdots$，都是实验系数，其单位是 J/m^3 或 $N\cdot m/m^3$，E_K 是单位体积内的各向异性能量。在一级近似下，E_K 只取右边级数的第一项，即

$$E_K = K_1\sin^2\theta_K \tag{3.138}$$

显然，当 $\theta_K=\pm\pi/2$ 时，具有最大的各向异性能，此时 $E_K=K_1$。对于铁磁流体中的一个固相微粒而言，其各向异性能 E_{K1} 为

$$E_{K1} = V_{P1}K_1\sin^2\theta_K \tag{3.139}$$

其最大值为

$$(E_{K1})_{max} = V_{p1} K_1$$

将式(3.139)在区间[0,π]内各向异性能的变化曲线绘于图 3-8 中。由图可见，在[0,π]的区间内，$\theta_K = \pi/2$ 处是一个高峰。这个高峰就是磁晶各向异性能的能垒，只有越过这个能垒，才能实现在区间[0,π/2]和[π/2,π]之间的互相转变。注意到 E_K 和 E_{K1} 的偶函数性质，所以在区间[π,2π]内的情况与[0,π]完全相同。

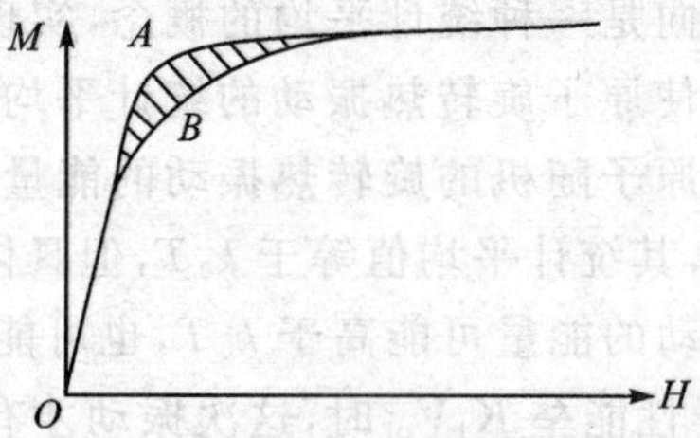

图 3-7　一种铁磁性材料沿不同方向的起始磁化曲线

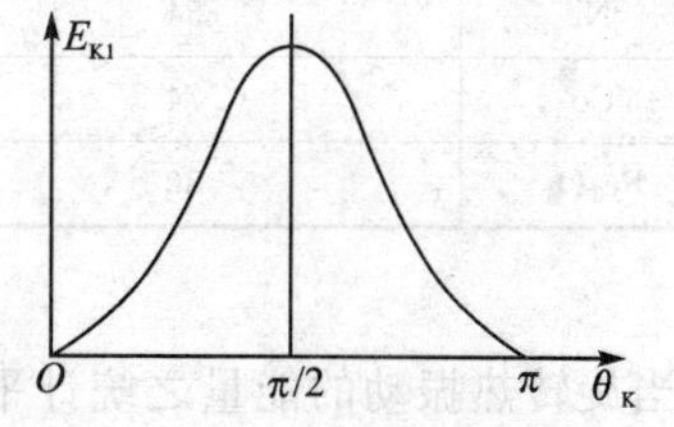

图 3-8　1 个固相微粒的各向异性能 E_{K1}

铁磁性材料在磁化机制上的最重要的特征是它们具有磁畴结构，所以磁化率特别大。所谓磁畴是指铁磁性物质内部分割成的许多小单元。在每个单元内所有电子自旋运动和轨道运动产生的磁矩都自发地取向于同一个方向，这样的小单元就称为磁畴。各磁畴之间的分界面称为磁畴壁。磁畴壁虽然很薄，但也有几十到几百个原子层。两个相邻的磁畴，它们具有不同的磁矩方向，即具有不同的磁势能。在磁畴壁内，磁矩必须完成从一个磁畴方向到相邻的另一个磁畴方向的转变，也就是说在很薄的磁畴壁内存在磁势能的变化。所以磁畴壁是有能量的，称之为磁畴壁能。由此也可以推知磁畴壁能体现的是铁磁性材料内磁化能的各向异性性质。实际上，磁畴壁自身存在的原因就是铁磁性物质磁化的各向异性。磁畴壁能的大小与磁畴的表面积，即磁畴壁的面积成正比。每一个磁畴就像一块小磁铁那样，有一个统一的磁矩方向，因而磁畴总是处在退磁场中，而退磁场的能量与磁畴的体积成正比。

在没有外磁场时，各个磁畴的方向杂乱无序，所以宏观上铁磁物质并不显现磁性。当铁磁物质处于外磁场中时，其磁化过程是以磁畴为单元转向外磁场的方向的。就每个磁畴而言，它的体积很小，只有 $10^{-12} \sim 10^{-10}$ m^3 的量级。但和原子相比，磁畴的体积极为巨大，每个磁畴内包含有几十亿个原子。所以以磁畴为单位旋转磁矩远比按单个原子旋转的效应大。在外磁场中，各个磁畴具有不同的势能，这个势能就是磁畴磁矩 $\boldsymbol{m}_{dom}$ 与外磁场 $\boldsymbol{H}$ 的数性积，即

$$E_{dom} = -\mu_0 \boldsymbol{m}_{dom} \cdot \boldsymbol{H} = -\mu_0 m_{dom} H \cos\theta \tag{3.140}$$

当 $\theta=0$ 时，E_{dom} 最低，是最稳定的方位；当 $\theta=\pi$ 时，E_{dom} 最大，因而也最不稳定。当外磁场逐渐增强时，各个磁畴也随之不同程度地转向外磁场，结果与外磁场平行的磁畴逐步扩大，最终全部平行于外磁场，这就是铁磁材料的饱和磁化状态。整个铁磁材料的饱和磁化强度 M_S 就等于各磁畴的磁化强度 M_{dom}。对于单畴的固相微粒有 $M_{p1} = M_{dom}$。

当铁磁性物质的晶体体积减小时，与体积成正比的磁畴的能量也随之减小；而其相对表面积却越来越大，与面积成正比的磁畴壁之磁畴壁能也随之增大。所以当磁晶体体积小到一定程度时，磁畴壁能就可能超过磁晶体的退磁能量，磁畴壁越来越不稳定，最终磁畴壁消失，而从多畴状态转变为单畴，此时的晶体尺寸称为磁晶单畴临界尺寸。表 3-1 中列出了一些物质的磁晶单畴临界尺寸，数据引自 Rosensweig 的书[3]。

在铁磁流体中，固相微粒的平均尺寸在 10 nm 上下，远小于磁晶单畴临界尺寸，所以铁磁

流体内的固相微粒都是磁单畴的。在自然状况下铁磁流体不呈现磁性是因为固相微粒的热运动造成微粒磁矩的杂乱无序所致。

表 3-1 一些物质的磁晶单畴临界尺寸

物 质	磁晶单畴临界尺寸/nm
Fe	24
Ni	54
Co	74
Fe_3O_4	80

铁磁流体的固相微粒虽是磁单畴的，但相对于原子而言，它的尺寸非常巨大，其所包含的原子数目也极大。所有原子都存在旋转热振动，而统一的磁畴磁矩方向是一种统计平均的概念，实现磁畴磁矩转向就是使原子旋转热振动的统计平均方向改变。这种大量原子随机的旋转热振动的能量，按照能量均分定理，其统计平均值等于 k_0T，但具体到每次统计平均振动的能量可能高于 k_0T，也可能低于 k_0T。只有当旋转热振动的能量之统计平均值高于各向异性能垒 K_1V_{p1} 时，这次振动才有可能实现单畴微粒磁矩方向的转变。所以尺寸越小的固相微粒，其各向异性能垒 K_1V_{p1} 越低而较容易越过，其磁矩易于转动。这种统计平均热振动的频率 f 遵守 Maxwell－Boltzmann 分布定律。由式(3.50)可有

$$df = \frac{f}{Z}\exp\left(-\frac{E_{K1}}{k_0T}\right)d\theta_K \tag{3.141}$$

式中，f 是统计平均旋转热振动每秒的振动次数，即振动频率。若在 f 中能达到角度 θ_K 的次数是 f_θ，角度 θ_K 是旋转热振动的统计平均方向(即单畴微粒的磁矩方向)与晶体容易磁化方向所成的夹角，则在$[\theta_K,\theta_K+d\theta_K]$区间内的振动次数应当是

$$df = f_\theta d\theta_K$$

将此关系代入 M－B 分布式(3.141)中，就得

$$f_\theta = \frac{f}{Z}\exp\left(-\frac{E_{K1}}{k_0T}\right)$$

当 θ_K 等于零或 π 时，$E_{K1}=k_1V_{p1}\sin^2\theta_K=0$，从而

$$f_0 = \frac{f}{Z} \tag{3.142}$$

于是得到

$$f_\theta = f_0\exp\left(-\frac{E_{K1}}{k_0T}\right) \tag{3.143}$$

f_0 的物理意义是原子旋转热振动中达到最低能位的频率(即每秒次数)。对于一般固体材料的晶体，$f_0=10^{12}\sim10^{13}\ s^{-1}$，McNab 等在 Fe_3O_4＋煤油的铁磁流体实验中，得出 Fe_3O_4 的单畴固相微粒的 $f_0\approx10^9\ s^{-1}$。

当 $\theta_K=\pi/2$ 时，$E_{K1}=K_1V_{p1}\sin\theta_K=K_1V_{p1}$，此时振动能位最高。由式(3.143)得

$$f_{\pi/2} = f_0\exp\left(\frac{K_1V_{p1}}{k_0T}\right) \tag{3.144}$$

定义一个特征时间 t_N，即

$$t_N = \frac{1}{f_{\pi/2}} = \frac{1}{f_0}\exp\left(\frac{K_1V_{p1}}{k_0T}\right) \tag{3.145}$$

由于只有原子热振动达到 $\theta_K=\pi/2$ 的状态时，才有可能实现磁矩的转向，所以 $f_{\pi/2}$ 就是原子冲击越过能垒 K_1V_{p1} 而取得磁矩转向的频率。磁矩转向以后，将出现一种适应外部条

件(即外磁场状况)的平衡状态,这就是一种松弛过程或扩散过程。时间 t_N 也就称为 Neel 扩散时间。因为 t_N 是表示固相微粒的磁矩旋转快慢的特征,所以 t_N 是一种内禀性的特性参数。

在外磁场中,铁磁流体固相微粒的磁矩都在相应程度上平行于外磁场。当外磁场移去以后,固相微粒的磁矩失去了约束,对于现在讨论的内禀性问题来说,固相微粒的磁矩在原子旋转热运动的作用下将发生磁矩的转向,这样的转向要越过各向异性能垒才得以实现。所以铁磁流体的内禀性磁松弛时间就是 t_N。反过来,铁磁流体在自然状态下微粒的磁矩是杂乱无序的。当施加外磁场后,各微粒的磁矩从不同方向转向平行于外磁场的方向,转向也需要越过各向异性能垒。所以铁磁流体内禀性磁化过程的特征时间也是 t_N。

3.7 铁磁流体的非内禀性磁松弛过程

3.7.1 铁磁流体的非内禀性磁化过程

1. 概 述

所谓非内禀性磁化,是指铁磁流体中的磁性固相微粒在外磁场作用下,整个微粒本身发生旋转,而使其磁矩趋向于与外磁场相平行。

铁磁流体非内禀性的磁化过程就是两个因素相互制约的过程:一个是外磁场对固相微粒产生的磁力矩,它力图使所有微粒的磁矩转向外磁场方向作有序的排列,所以说外磁场是铁磁流体磁化的驱动力;另一个是固相微粒体在基载液中的 Brown 运动,这种受基载液分子振动碰撞而产生的随机运动,促使固相微粒处于纷乱无序的状态,所以热运动是磁化过程中的破坏因素。但是只要外磁场存在,固相微粒多少总要受到约束,而使铁磁流体呈现出相应程度的磁化。

这种非内禀性的磁化,本质上是经典力学问题,但由于固相微粒数量极大和行为的随机性质,因而要借助统计物理的方法以取得平均的宏观结果。

2. 磁化过程

外磁场对单个固相微粒的作用就是磁力矩 $\boldsymbol{L}_{p1}$。由式(2.117)得

$$\boldsymbol{L}_{p1}=\boldsymbol{m}_{p1}\times\boldsymbol{B}_0 \quad 或 \quad L_{p1}=\mu_0 m_{p1}H\sin\varphi$$

式中,φ 是磁矩矢量 $\boldsymbol{m}_{p1}$ 与外磁场矢量 $\boldsymbol{H}$ 之间的夹角。另一个使微粒旋转的力矩是基载液体分子的热振动撞击固相微粒而产生的力矩 L_B。此外,在固相微粒旋转中还要受到基载液体的粘性阻力矩 L_τ 的作用,由式(1.31)和式(1.32)知

$$L_\tau=-C_\tau\frac{d\varphi}{dt}=-6\eta_C V_{p1}\frac{d\varphi}{dt}$$

所以一个固相微粒的旋转运动方程为

$$J\frac{d^2\varphi}{dt^2}=L_{p1}+L_\tau+L_B \tag{3.146}$$

式中，J 是固相微粒的绕轴惯性矩。将 L_{pl} 和 L_{τ} 的式子代入，得

$$J\frac{\mathrm{d}^2\varphi}{\mathrm{d}t^2}=-\mu_0 m_{\mathrm{pl}}H\sin\varphi-C_{\tau}\frac{\mathrm{d}\varphi}{\mathrm{d}t}+L_{\mathrm{B}}$$

上式右边第一项磁力矩前面加上负号是因为磁力矩总是使角 φ 减小。注意到惯性项系数 J 相对于阻力项系数 C_{τ} 是 10^{-10} 的小量，所以方程左边的惯性项可略去。就有

$$C_{\tau}\frac{\mathrm{d}\varphi}{\mathrm{d}t}=-\mu_0 m_{\mathrm{pl}}H\sin\varphi+L_{\mathrm{B}}$$

将上式两边同乘以 $\sin\varphi/(\mu_0 m_{\mathrm{pl}}H)$，得

$$\frac{C_{\tau}}{\mu_0 m_{\mathrm{pl}}H}\sin\varphi\frac{\mathrm{d}\varphi}{\mathrm{d}t}=-\sin^2\varphi+\frac{L_{\mathrm{B}}}{\mu_0 m_{\mathrm{pl}}H}\sin\varphi$$

上式左边之系数为

$$\frac{C_{\tau}}{\mu_0 m_{\mathrm{pl}}H}=\frac{2k_0T}{\mu_0 m_{\mathrm{pl}}H}\frac{C_{\tau}}{2k_0T}=\frac{2}{\alpha}\frac{C_{\tau}}{2k_0T}$$

式中，α 的定义见式(3.129)；阻力系数 $C_{\tau}=6\eta_{\mathrm{C}}V_{\mathrm{pl}}$，它的单位是 N·m·s；热运动能 k_0T 的单位是 N·m，故 $C_{\tau}/(2k_0T)$ 具有时间的单位。引用一个符号 t_{B}，即

$$t_{\mathrm{B}}=\frac{C_{\tau}}{2k_0T}=\frac{3\eta_{\mathrm{C}}V_{\mathrm{pl}}}{k_0T}\tag{3.147}$$

式中，t_{B} 通常称为 Brown 扩散时间。于是微粒旋转的运动方程成为

$$\frac{2}{\alpha}t_{\mathrm{B}}\sin\varphi\frac{\mathrm{d}\varphi}{\mathrm{d}t}=-\sin^2\varphi+\frac{L_{\mathrm{B}}\sin\varphi}{\mu_0 m_{\mathrm{pl}}H}$$

上式改写为

$$-\frac{2}{\alpha}t_{\mathrm{B}}\frac{\mathrm{d}\cos\varphi}{\mathrm{d}t}=-(1-\cos^2\varphi)-\frac{L_{\mathrm{B}}\sin\varphi}{\mu_0 m_{\mathrm{pl}}H}$$

将上式两边取统计平均，注意右边第二项分母 $\mu_0 m_{\mathrm{pl}}H$ 是常数，分子 L_{B} 和 $\sin\varphi$ 之间是统计独立的，故有

$$\left(\frac{L_{\mathrm{B}}\sin\varphi}{\mu_0 m_{\mathrm{pl}}H}\right)_{\mathrm{e}}=\frac{(L_{\mathrm{B}})_{\mathrm{e}}(\sin\varphi)_{\mathrm{e}}}{\mu_0 m_{\mathrm{pl}}H}$$

注意到 L_{B} 是热运动产生的 Brown 力矩，这种力矩作用于大量固相微粒时，无论其大小或方向都是随机的、杂乱无序的和涨落不定的。所以 L_{B} 的数学期望或统计平均值是零。于是对大量取统计平均的旋转运动方程成为

$$-\frac{2}{\alpha}t_{\mathrm{B}}\frac{\mathrm{d}(\cos\varphi)_{\mathrm{e}}}{\mathrm{d}t}=-(1-\cos^2\varphi)_{\mathrm{e}}$$

将统计平均公式(3.35)用于上式之右边，由于所讨论的是磁矩矢量 $\boldsymbol{m}_{\mathrm{pl}}$ 在空间的旋转问题，所以相空间 Ω 就是半径为 m_{pl} 的一个圆球壳。于是

$$\frac{2}{\alpha}t_{\mathrm{B}}\frac{\mathrm{d}(\cos\varphi)_{\mathrm{e}}}{\mathrm{d}t}=\frac{\int_0^{\pi}\left[(1-\cos^2\varphi)\exp(-\alpha\cos\varphi)\right](2\pi m_{\mathrm{pl}}\sin\varphi)m_{\mathrm{pl}}\mathrm{d}\varphi}{\int_0^{\pi}\left[\exp(-\alpha\cos\varphi)\right](2\pi m_{\mathrm{pl}}\sin\varphi)m_{\mathrm{pl}}\mathrm{d}\varphi}$$

注意 $\alpha\cos\varphi=\mu_0 m_{\mathrm{pl}}H\cos\varphi/(k_0T)$ 的分子是矢量 $\boldsymbol{m}_{\mathrm{pl}}$ 与 $\boldsymbol{H}$ 的数性积，因为此时两矢 $\boldsymbol{m}_{\mathrm{pl}}$ 与 $\boldsymbol{H}$ 不平行，两者之间的夹角 φ 正是分析的对象。将上式右边分子分母约去常数 $2\pi m_{\mathrm{pl}}^2$ 之后，得

$$\frac{2}{\alpha}t_{\mathrm{B}}\frac{\mathrm{d}(\cos\varphi)_{\mathrm{e}}}{\mathrm{d}t}=\frac{\int_0^{\pi}(1-\cos^2\varphi)\exp(-\alpha\cos\varphi)\mathrm{d}(-\cos\varphi)}{\int_0^{\pi}\exp(-\alpha\cos\varphi)\mathrm{d}(-\cos\varphi)}=$$

$$1-\frac{\int_0^{\pi}(-\alpha\cos\varphi)^2\exp(-\alpha\cos\varphi)\mathrm{d}(-\alpha\cos\varphi)}{\alpha^2\int_0^{\pi}\exp(-\alpha\cos\varphi)\mathrm{d}(-\alpha\cos\varphi)}=$$

$$1-\frac{\left\{[(1-\alpha\cos\varphi)^2-2(-\alpha\cos\varphi)+2]\exp(-\alpha\cos\varphi)\right\}_0^{\pi}}{\alpha^2[\exp(-\alpha\cos\varphi)]_0^{\pi}}$$

用积分限代入以后有

$$\frac{2}{\alpha}t_{\mathrm{B}}\frac{\mathrm{d}(\cos\varphi)_{\mathrm{e}}}{\mathrm{d}t}=1-\frac{\mathrm{e}^{\alpha}(\alpha^2-2\alpha+2)-\mathrm{e}^{-\alpha}(\alpha^2+2\alpha+2)}{\alpha^2(\mathrm{e}^{\alpha}-\mathrm{e}^{-\alpha})}=\frac{2}{\alpha}\left(\coth\alpha-\frac{1}{\alpha}\right)$$

于是统计平均的旋转运动方程成为

$$\frac{\mathrm{d}}{\mathrm{d}t}(\cos\varphi)_{\mathrm{e}}=\left(\coth\alpha-\frac{1}{\alpha}\right)\frac{1}{t_{\mathrm{B}}}\tag{3.148a}$$

对于一个固相微粒而言，其磁矩 $\boldsymbol{m}_{\mathrm{p1}}$ 在外磁场 $\boldsymbol{H}$ 方向的投影就是它的有效磁矩 m_{p}，即

$$m_{\mathrm{p1}}\cos\varphi=m_{\mathrm{p}}$$

对于大量的固相微粒，则应取统计平均值，注意 m_{p1} 是常数，得

$$m_{\mathrm{p1}}(\cos\varphi)_{\mathrm{e}}=(m_{\mathrm{p}})_{\mathrm{e}}$$

设在体积为 V_{f} 的铁磁流体中含有 N 个固相微粒，则上可改写成

$$\frac{Nm_{\mathrm{p1}}}{V_{\mathrm{f}}}(\cos\varphi)_{\mathrm{e}}=\frac{N(m_{\mathrm{p}})_{\mathrm{e}}}{V_{\mathrm{f}}}$$

注意到

$$\frac{Nm_{\mathrm{p1}}}{V_{\mathrm{f}}}=\frac{NV_{\mathrm{p1}}M_{\mathrm{p}}}{V_{\mathrm{f}}}=\phi M_{\mathrm{p}},\qquad\frac{N(m_{\mathrm{p}})_{\mathrm{e}}}{V_{\mathrm{f}}}=M$$

式中，ϕ 是铁磁流体中固相物质的体积分量；M_{p} 是单个固相微粒的磁化强度；M 是铁磁流体的宏观磁化强度。于是有

$$(\cos\varphi)_{\mathrm{e}}=\frac{M}{\phi M_{\mathrm{p}}}$$

代入统计平均的旋转运动方程式(3.148a)中，注意 ϕ 和 M_{p} 是常数，就得

$$\frac{\mathrm{d}M}{\mathrm{d}t}=\phi M_{\mathrm{p}}\left(\coth\alpha-\frac{1}{\alpha}\right)\frac{1}{t_{\mathrm{B}}}\tag{3.148b}$$

方程(3.148b)就是铁磁流体的磁化方程。积分得

$$M(t)=\phi M_{\mathrm{p}}\left(\coth\alpha-\frac{1}{\alpha}\right)\frac{t}{t_{\mathrm{B}}}+C\tag{3.149a}$$

当 $t=0$ 时，$M(0)=0$，有 $C=0$，于是

$$M(t)=\phi M_{\mathrm{p}}\left(\coth\alpha-\frac{1}{\alpha}\right)\frac{t}{t_{\mathrm{B}}}\tag{3.149b}$$

当 $t=t_{\mathrm{B}}$ 时，得平衡磁化强度

$$M=\phi M_{\mathrm{p}}\left(\coth\alpha-\frac{1}{\alpha}\right)\tag{3.149c}$$

式(3.149c)即 Langevin 方程,它表示铁磁流体的磁化强度 M 是适应 α(即外磁场强度 H 和温度 T)的稳定的平衡值。

3.7.2 铁磁流体的非内禀性退磁过程

当外磁场消失以后,铁磁流体固相微粒的磁矩就失去了约束,而热运动使微粒磁矩的方向从有序逐渐变乱,直到完全无序。此时铁磁流体的磁性就不复存在。这个自发的过程就是铁磁流体的退磁过程。显然退磁过程的驱动力是 Brown 运动的随机的力矩 L_B,阻力矩仍然是基载液体的粘性力矩 L_τ。由于外磁场消失,磁力矩 L_P 等于零。一个固相微粒的旋转运动方程为

$$J\frac{d^2\varphi}{dt^2}=L_\tau+L_B$$

将阻力矩移项到左边,有

$$J\frac{d^2\varphi}{dt^2}+C_\tau\frac{d\varphi}{dt}=L_B$$

设全体微粒的磁矩角 φ 的数学期望(即统计平均值)是 φ_e,则 $\varphi-\varphi_e$ 是单个微粒的 φ 对全体统计平均值 φ_e 的偏差。同样,$L_B-(L_B)_e$ 是单个微粒受到的 Brown 力矩对全体微粒受到的 Brown 力矩的统计平均值偏差。用 $\varphi=\varphi-\varphi_e+\varphi_e$,$L_B=L_B-(L_B)_e+(L_B)_e$ 代入运动方程,即

$$J\frac{d^2(\varphi-\varphi_e)}{dt^2}+J\frac{d^2\varphi_e}{dt^2}+C_\tau\frac{d(\varphi-\varphi_e)}{dt}+C_\tau\frac{d\varphi_e}{dt}=L_B-(L_B)_e+(L_B)_e$$

将偏差项与统计平均项分开,遂得两个方程

$$J\frac{d^2(\varphi-\varphi_e)}{dt^2}+C_\tau\frac{d(\varphi-\varphi_e)}{dt}=L_B-(L_B)_e \tag{3.150}$$

$$J\frac{d^2\varphi_e}{dt^2}+C_\tau\frac{d\varphi_e}{dt}=(L_B)_e \tag{3.151}$$

注意,对于大量固相微粒而言,Brown 力矩无论在大小或方向上都是随机的、杂乱无序的,所以它的统计平均值是零,即 $(L_B)_e=0$。将方程(3.150)两边通乘以 $(\varphi-\varphi_e)$ 得

$$J(\varphi-\varphi_e)\frac{d^2(\varphi-\varphi_e)}{dt^2}+C_\tau(\varphi-\varphi_e)\frac{d(\varphi-\varphi_e)}{dt}=(\varphi-\varphi_e)L_B$$

上式可改写成

$$\frac{J}{2}\frac{d^2(\varphi-\varphi_e)^2}{dt^2}-J\left[\frac{d(\varphi-\varphi_e)}{dt}\right]^2+\frac{C_\tau}{2}\frac{d(\varphi-\varphi_e)^2}{dt}=(\varphi-\varphi_e)L_B$$

将上面的微分方程再取一次统计平均。左边第一项和第三项的 $(\varphi-\varphi_e)^2$ 的统计平均就是方差,即 $[(\varphi-\varphi_e)^2]_e$;左边第二项是角速度平方形式的能量项,按照能量均分定理,此项的统计平均值就是热运动能 k_0T。方程右边的统计平均是 $[(\varphi-\varphi_e)L_B]_e$,因为 $(\varphi-\varphi_e)$ 和 L_B 是统计独立的,故有

$$[(\varphi-\varphi_e)L_B]_e=(\varphi-\varphi_e)_e(L_B)_e=0$$

从而得到

$$\frac{J}{2}\frac{d^2[(\varphi-\varphi_e)^2]_e}{dt^2}+\frac{C_\tau}{2}\frac{d[(\varphi-\varphi_e)^2]_e}{dt}-k_0T=0$$

此二阶常微分方程之解为

$$[(\varphi-\varphi_e)^2]_e=\frac{2k_0T}{C_\tau}t+a\exp\left(-\frac{C_\tau}{J}t\right)+b$$

注意到 C_τ/J 是 10^{10} 的量级，所以当 t 为一个很小的有限值时，上式右边的第二项是可略去的。用式(3.147)改写右边第一项的系数，得

$$[(\varphi-\varphi_e)^2]_e=\frac{t}{t_B}+b$$

在 t=0 时，即外磁场刚消失的瞬间，这时微粒磁矩的分布是有序的，所有微粒的磁矩的角度 φ 都等于一个当量的磁化角 φ_m，即

$$t=0,\qquad \varphi=\varphi_m=\text{const},\qquad \varphi_e=(\varphi_m)_e=\varphi_m \tag{3.152}$$

于是积分常数 $b=0$，结果得

$$[(\varphi-\varphi_e)^2]_e=\frac{t}{t_B} \tag{3.153}$$

回到方程(3.151)，由于 $(L_B)_e=0$，则该方程之解是

$$\varphi_e=c_1\exp\left(-\frac{C_\tau}{J}t\right)+c_2$$

当 $t=0$ 时，式(3.152)给出 $\varphi_e=\varphi_m$，当外磁场消失很长时间以后，即 $t\to\infty$，显然铁磁流体不可能呈现出任何宏观的磁性，即 $\varphi_e=0$。于是得出两积分常数 $c_1=\varphi_m$，$c_2=0$，再考虑到式(3.147)则方程(3.151)之解为

$$\varphi_e=\varphi_m\exp\left(-\frac{2k_0T}{J}\frac{t}{t_B}\right) \tag{3.154}$$

对于直径为 8～10 nm 的固相微粒，$2k_0T/J$ 是 10^3 量级，当 $t=t_B$ 时，φ_e 大约是 $10^{-434}\varphi_m$，这当然可以视为零。

由式(3.154)和式(3.153)可见，当 $t=0$ 时，铁磁流体还保持磁化状态，固相微粒磁矩角的数学期望是常数 φ_m，而方差为零，所以此时的分布是凝聚分布。当 $t=t_B$ 时，即退磁时间达到 Brown 扩散时间，这时固相微粒磁矩角的数学期望是零，而方差等于 1，表明完全自发退磁的时间是 t_B，完全退磁以后固相微粒磁矩方向的分布是正态分布。

3.7.3　铁磁流体的磁松弛时间 t_r

铁磁流体的磁性状况是与外部条件(外磁场强度 $\boldsymbol{H}$、温度 T)相适应的。所谓相适应就是铁磁流体的磁性必与外部条件处于稳定的平衡状态。Langevin 方程就是这种平衡的定量关系式。如果外部条件发生变化，则平衡就不能维持，铁磁流体的磁性将改变到和外部新条件相适应，达到平衡而后稳定。这种磁性状况从一种平衡转变到另一种平衡的过程就称为铁磁流体的磁松弛过程。

本章 3.6 节和 3.7 节做过的分析表明，铁磁流体的磁松弛时间与松弛方向无关，即无论是磁化还是退磁，其松弛时间都是 t_N(内禀性松弛)或是 t_B(非内禀性松弛)。

将铁磁流体的磁化和退磁过程，按照磁矩或微粒本身的旋转速度来区分内禀性和非内禀性，这样的做法在 Neel 扩散时间 t_N 和 Brown 扩散时间 t_B 有较大数量级的差别时是成立的。但是在某些情况下，t_N 与 t_B 相差并不特别悬殊，这种内禀性和非内禀性的划分就存在问题。

就实际情况而言，在外磁场作用下，固相微粒的磁矩和固相微粒本身两者都在旋转。施加外磁场，φ_e 从 0 变化到 φ_m，撤除外磁场，φ_e 从 φ_m 变化到 0。所以若微粒不动只是磁矩旋转，则

角速度为

$$\omega_N = \frac{\varphi_m}{t_N}$$

若磁矩不动，只是微粒旋转，则

$$\omega_B = \frac{\varphi_m}{t_B}$$

磁矩的旋转速度就是相对速度，而微粒自身的旋转就是牵连速度。这两个角速度矢量 $\boldsymbol{\omega}_N$ 和 $\boldsymbol{\omega}_B$ 是平行的，所以磁矩相对于外磁方向的绝对旋转角速度为

$$\omega_m = \omega_N + \omega_B = \varphi_m\left(\frac{1}{t_N} + \frac{1}{t_B}\right)$$

于是综合的磁松弛时间 t_r 为

$$t_r = \frac{\varphi_m}{\omega_m} = \frac{t_N t_B}{t_N + t_B} \tag{3.155}$$

算例 设铁磁流体是 Fe_3O_4 + 矿物油，相关的数据是 $K_1 = 1.4 \times 10^4\ \mathrm{N \cdot m/m^3}$，$f_0 = 10^9\ \mathrm{s^{-1}}$，$\eta_c = 3.05 \times 10^{-3}\ \mathrm{N \cdot s/m^3}$，$k_0 = 1.38 \times 10^{-23}\ \mathrm{N \cdot m/K}$，$T = 298\ \mathrm{K}$。

表 3-2 中的数据表明，小直径的固相微粒的磁松弛过程实际上取决于 t_N，所以它是内禀性的。而大直径的固相微粒的磁松弛过程则由 t_B 决定，所以它是非内禀的。但中等直径的微粒，其 t_N 与 t_B 两者相差并不悬殊，故不能简单地加以划分，它们的磁松弛实际上是磁矩旋转与微粒旋转两者之复合。

表 3-2 一种 Fe_3O_4 + 矿物油的铁磁流体的磁松弛特征时间

d_P/nm	t_B/s	t_N/s	t_r/s	d_p/nm	t_B/s	t_N/s	t_r/s
4	0.746×10^{-7}	1.121×10^{-9}	1.119×10^{-9}	15	3.932×10^{-6}	4.106×10^{-7}	3.718×10^{-7}
5	1.456×10^{-7}	1.250×10^{-9}	1.239×10^{-9}	16	4.772×10^{-6}	1.485×10^{-6}	1.133×10^{-6}
6	2.516×10^{-7}	1.470×10^{-9}	1.461×10^{-9}	16.921	$5.644\times k10^{-6}$	5.643×10^{-6}	2.822×10^{-6}
7	3.996×10^{-7}	1.843×10^{-9}	1.835×10^{-9}	17	5.724×10^{-6}	6.373×10^{-6}	3.106×10^{-6}
8	5.965×10^{-7}	2.492×10^{-9}	2.482×10^{-9}	18	6.794×10^{-6}	3.281×10^{-5}	5.629×10^{-6}
9	8.493×10^{-7}	3.669×10^{-9}	3.653×10^{-9}	19	7.791×10^{-6}	2.048×10^{-4}	7.505×10^{-6}
10	1.165×10^{-6}	5.948×10^{-9}	5.918×10^{-9}	20	9.320×10^{-6}	1.566×10^{-3}	9.265×10^{-6}
11	1.551×10^{-6}	1.073×10^{-8}	1.066×10^{-8}	21	1.079×10^{-5}	1.483×10^{-2}	1.078×10^{-5}
12	2.013×10^{-6}	2.178×10^{-8}	2.155×10^{-8}	22	1.240×10^{-5}	1.759×10^{-1}	1.240×10^{-5}
13	2.560×10^{-6}	5.026×10^{-8}	4.929×10^{-8}	22.5	1.327×10^{-5}	6.611×10^{-1}	1.327×10^{-5}
14	3.197×10^{-6}	1.333×10^{-7}	1.280×10^{-7}	22.655	1.355×10^{-5}	1	1.355×10^{-5}

铁磁流体内固相微粒的尺寸只是一种平均的概念。实际的尺寸是有大有小，参差不齐的，有的微粒尺寸在内禀性范围内，有的则属于非内禀性的。另外还有一个不确定的因素，就是附着在微粒表面上的分散剂长链分子。对于 Neel 扩散时间 t_N，分散剂的附着没有任何影响；而对于 Brown 扩散时间 t_B 来说，即使简单地将附着的分散剂链分子长度计入固相微粒的尺寸内，也会使得 t_B 增大。所以分散剂的影响是使铁磁流体的内禀性增加。

磁松弛问题在铁磁流体的动力学中，有重要的意义。若和铁磁流体流动的特征时间相比，磁松弛的时间 t_r 非常小，即磁松弛速度很大，则可以认为铁磁流体的磁化状况完全与外磁场

相适应，不存在滞后的问题。因而此时铁磁流体的流动属于磁平衡流。若与流动的特征时间相比，磁松弛时间很长，即磁松弛速度很低，则外磁场的变化对流动之中的铁磁流体的磁化状况来不及发生影响，这时的流动可以视为磁冻结流。

3.8　铁磁流体中固相微粒浓度的扩散过程

3.8.1　概　述

即使在很强的均匀外磁场中，铁磁流体中的固相微粒也只受到磁力矩的作用，而不受到力的作用。只有在非均匀磁场中，固相微粒才受到磁场力作用。这种磁场力正比于外磁场的梯度。由式(2.116)得

$$\boldsymbol{F}_{m1} = \boldsymbol{m}_{p1} \cdot \nabla \boldsymbol{B}_0$$

铁磁流体内一个磁性固相微粒，就是一个微型的球形电流线圈或者一个小球形偶极子，它在外磁场中的磁势能 E_{p1} 由式(2.121)得

$$E_{p1} = -\boldsymbol{m}_{p1} \cdot \boldsymbol{B}_0 = -\boldsymbol{M}_p \cdot \boldsymbol{B}_0 V_{p1}$$

由式(2.116)可知，磁场力 $\boldsymbol{F}_{m1}$ 使铁磁流体中的磁性固相微粒向外磁场强度较高的地方运动。从而造成外磁场强度高的地方，磁性固相微粒的浓度也高；而磁场强度低的地方，固相微粒的浓度也低。但是，另一方面固相微粒的热运动力图使其浓度均匀化。当磁场力使磁性微粒形成高浓度区时，热运动的扩散作用使微粒向浓度低的地方运动。当这两种方向相反的驱动作用达到平衡时，铁磁流体固相微粒的浓度分布才能达到稳定状态。显然这种稳定分布是建立在动平衡的基础上的。

3.8.2　在非均匀磁场中，铁磁流体固相微粒的浓度分布和扩散系数 D_p

由外磁场梯度产生的磁力 $\boldsymbol{F}_{m1}$ 驱动铁磁流体固相微粒的运动方程是

$$m_1 \boldsymbol{a} = \boldsymbol{F}_{m1} + \boldsymbol{F}_{d1} \tag{3.156}$$

式中，m_1 是一个固相微粒的质量；$\boldsymbol{a}$ 是微粒运动的加速度；$\boldsymbol{F}_{m1}$ 是作用于一个微粒上的磁力；$\boldsymbol{F}_{d1}$ 是基载液作用于一个固相微粒上的粘性阻力。对于一维情况，$\boldsymbol{F}_{m1}$ 可以写成

$$\boldsymbol{F}_{m1} = \boldsymbol{m}_{p1} \cdot \nabla \boldsymbol{B}_0 = \mu_0 M_p V_{p1} \frac{\partial H}{\partial x} \boldsymbol{i}$$

由式(1.42)和式(1.43)，得 $\boldsymbol{F}_{d1}$ 为

$$\boldsymbol{F}_{d1} = -C_d \boldsymbol{u} = -6\pi \eta_C r_p u \boldsymbol{i}$$

在上面的各式中，已经假设力和运动都只发生在 x 方向，$\boldsymbol{F}_{d1}$ 式右边负号表示阻力 $\boldsymbol{F}_{d1}$ 和速度 $\boldsymbol{u}$ 方向相反。将运动方程(3.156)写成一维的形式，有

$$m_1 \frac{du}{dt} = -C_d u + \mu_0 M_p V_{p1} \frac{\partial H}{\partial x}$$

磁场是稳定的，与时间 t 无关，故上式可改写成

$$\frac{m_1}{C_d} \frac{d}{dt}\left(u - \frac{1}{C_d}\mu_0 M_p V_{p1} \frac{\partial H}{\partial x}\right) = -\left(u - \frac{1}{C_d}\mu_0 M_p V_{p1} \frac{\partial H}{\partial x}\right)$$

积分上式，并且初始条件 $t=0,u=0$，则得

$$u=\frac{1}{C_d}\mu_0 M_p V_{p1}\frac{\partial H}{\partial x}\left[1-\exp\left(-\frac{C_d}{m_1}t\right)\right] \tag{3.157}$$

式(3.157)的速度 u 表明固相微粒流向磁场强度高的地方，造成高磁场强度处和低磁场强度处的固相微粒的浓度差，这必将造成和 u 反方向的扩散运动。Fick 定理的扩散方程为

$$\rho_p u_d=-D_p\frac{\partial\rho_p}{\partial x}$$

式中，ρ_p 是固相微粒在铁磁流体中的分密度。若单位体积的铁磁流体中有 n 个固相微粒，则固相分密度 $\rho_p=nV_{p1}\rho_{NP}$，ρ_{NP}是固相微粒的材料密度。代入扩散方程中得

$$nV_{p1}\rho_{NP}u_d=-D_p V_{p1}\rho_{NP}\frac{\partial n}{\partial x}$$

结果得扩散速度方程为

$$u_d=-D_p\frac{\partial \ln n}{\partial x} \tag{3.158}$$

注意到 u 和 u_d 可看作是通过单位面积的体积流量。将式(3.157)和式(3.158)相加，就得到净流量，即

$$u+u_d=\frac{1}{C_d}\mu_0 M_p V_{p1}\frac{\partial H}{\partial x}\left[1-\exp\left(-\frac{C_d}{m_1}t\right)\right]-D_p\frac{\partial \ln n}{\partial x} \tag{3.159}$$

注意到 $C_d/m_1=6\pi\eta_c r_p\Big/\left(\frac{4}{3}\pi r_p^3\rho_{NP}\right)=18\eta_C/(4r_p^2\rho_{NP})$；$\eta_c$ 的量级是 $10^{-3}\ \mathrm{N\cdot s/m^2}$；$r_p$ 的量级是 10^{-8} m；ρ_{NP}的量级是 $10^3\ \mathrm{kg/m^3}$；所以 C_d/m_1 的量级是 $10^{10}\ \mathrm{s^{-1}}$。所以只要 t 是一个极小的有限量，式(3.159)右边中括号内的指数项相对于 1 可以视为零。于是有与时间 t 无关的稳定状态出现。这种稳定状态必须以净流量等于零为前提，即

$$u+u_d=0$$

于是式(3.159)成为

$$\frac{\partial \ln n}{\partial x}=\frac{1}{D_p C_d}\mu_0 M_p V_{p1}\frac{\partial H}{\partial x}$$

将上式积分，边界条件是 $H=0$ 处，$n=n_0$，于是得浓度或固相微粒的数密度分布

$$n=n_0\exp\left(\frac{1}{D_p C_d}\mu_0 M_p V_{p1}H\right) \tag{3.160}$$

将式(3.88)与式(3.160)相比较，立即可见 $D_p C_d=k_0 T$，于是浓度扩散系数就是

$$D_p=\frac{k_0 T}{C_d} \tag{3.161}$$

用 $C_d=3\pi\eta_C d_p$ 代入，就得

$$D_p=\frac{k_0 T}{3\pi\eta_c d_p}=\frac{d_p^2}{6t_B} \tag{3.162}$$

由式(3.161)和式(3.162)可见，扩散系数 D_p 正比于 $k_0 T$，所以浓度扩散运动本质上就是热运动。基载液体的粘性 η_C 越大，固相微粒的直径 d_p 越大，则扩散系数越小，即扩散过程进行得越慢。温度对扩散过程影响显著，因为它不仅使式(3.162)的分子增大，而且使 η_C 减小。所以温度越高，扩散进程越快。由式(3.162)可知，D_p 值的量级为 $10^{-10}\sim10^{-9}\ \mathrm{m^2/s}$。

3.8.3 铁磁流体内固相微粒分布的均匀化过程

当外磁场撤除以后，铁磁流体内固相微粒分布的均匀化，是一种典型的扩散过程。一维的扩散方程在数学物理中是一种抛物型的偏微分方程

$$\frac{\partial n}{\partial t} = D_p \frac{\partial^2 n}{\partial x^2} \tag{3.163}$$

在讨论固相微粒在 x 方向运动而造成浓度不均匀分布的问题中，相空间就是 x，将式(3.160)两边乘以 dx，并且 $dN = n dx$，于是有

$$dN = n_0 \exp\left[\frac{1}{D_p C_d}\mu_0 M_p V_{p1} H(x)\right] dx$$

将上式积分，上式右边的积分就是配分函数 Z，即

$$Z = \int_x \exp\left[\frac{1}{D_p C_d}\mu_0 M_p V_{p1} H(x)\right] dx \tag{3.164}$$

于是积分结果给出

$$n_0 = \frac{N}{Z}$$

回到式(3.160)，就得

$$n = \frac{N}{Z}\exp\left[\frac{1}{D_p C_d}\mu_0 M_p V_{p1} H(x)\right] \tag{3.165}$$

式(3.160)或式(3.165)是由 $u + u_d = 0$，即净流量等于零的平衡条件导出的，它是一种稳定分布。所以当外磁场撤除后，在铁磁流体固相微粒浓度分布的均匀化过程中，式(3.165)就是初始条件，即

$$n\Big|_{t=0} = \frac{N}{Z}\exp\left[\frac{1}{D_p C_d}\mu_0 M_p V_{p1} H(x)\right] \tag{3.166}$$

方程(3.163)定解的边界条件可以假定在两端 $x=0$ 和 $x=l$ 处都与外界没有固相微粒的交换，这相当于两端是容器的壁面：

$$\frac{\partial n}{\partial x}\Big|_{x=0} = 0, \qquad \frac{\partial n}{\partial x}\Big|_{x=l} = 0 \tag{3.167}$$

在定解条件式(3.166)和式(3.167)下，可以采用分离变量，即

$$n(x,t) = \tau(t)\xi(x) \tag{3.168}$$

将式(3.168)代入方程(3.163)之中，就有

$$\frac{1}{\tau}\frac{d\tau}{dt} = \frac{D_p}{\xi}\frac{d^2\xi}{dx^2} = -\lambda$$

式中，λ 即本征值，它和 t、x 均无关。将上式拆开成两个常微分方程为

$$\frac{d\tau}{dt} + \lambda\tau = 0 \tag{A}$$

$$D_p \frac{d^2\xi}{dx^2} + \lambda\xi = 0 \tag{B}$$

方程(A)的解是

$$\tau(t) = C\exp(-\lambda t) \tag{C}$$

方程(B)的试探解可写成

$$\xi(x) = A\sin\beta x + B\cos\beta x \tag{D}$$

将式(D)代入方程(B)中，就得本征值λ为

$$\lambda = D_{\mathrm{p}}\beta^2 \tag{E}$$

于是函数$\tau(t)$成为

$$\tau(t) = C\exp(-D_{\mathrm{p}}\beta^2 t) \tag{F}$$

将式(3.168)代入边界条件式(3.167)中，得

$$\left.\frac{\mathrm{d}\xi}{\mathrm{d}x}\right|_{x=0} = 0, \qquad \left.\frac{\mathrm{d}\xi}{\mathrm{d}x}\right|_{x=l} = 0 \tag{G}$$

将式(D)代入式(G)的第一式中，有

$$(\beta A\cos\beta x - \beta B\sin\beta x)_{x=0} = 0$$

此式给出$A=0$，故

$$\xi(x) = B\cos\beta x \tag{H}$$

利用边界条件式(G)的第二式得

$$\left.-\beta B\sin\beta x\right|_{x=l} = 0$$

非平凡解只能是

$$\sin\beta l = 0$$

于是就有

$$\beta = \frac{j\pi}{l}, \qquad j = 0,1,2,3,\cdots \tag{3.169}$$

所以函数$\tau(t)$和$\xi(x)$的基本解就是

$$\tau(t) = C\exp\left[-D_{\mathrm{p}}\left(\frac{j\pi}{l}\right)^2 t\right], \qquad \xi(x) = B\cos\frac{j\pi}{l}x$$

由式(3.168)有函数n的基本解为

$$n_j(x,t) = B_j\exp\left[-D_{\mathrm{p}}\left(\frac{j\pi}{l}\right)^2 t\right]\cos\frac{j\pi}{l}x \tag{I}$$

通解为

$$n(x,t) = \sum_{j=0}^{\infty} B_j\exp\left[-D_{\mathrm{p}}\left(\frac{j\pi}{l}\right)^2 t\right]\cos\frac{j\pi}{l}x \tag{3.170}$$

利用初始条件式(3.165)和通解式(3.170)给出

$$\sum_{j=0}^{\infty} B_j\cos\frac{j\pi}{l}x = \frac{N}{Z}\exp\left[\frac{1}{D_{\mathrm{p}}C_{\mathrm{d}}}\mu_0 M_{\mathrm{p}}V_{\mathrm{p1}}H(x)\right]$$

将上式的右边作 Fourier 余弦展开，于是有

$$B_0 + \sum_{j=1}^{\infty} B_j\cos\frac{j\pi}{l}x = \frac{1}{2}\,\frac{2}{l}\,\frac{N}{Z}\int_0^l \exp\left[\frac{1}{D_{\mathrm{p}}C_{\mathrm{d}}}\mu_0 M_{\mathrm{p}}V_{\mathrm{p1}}H(x)\right]\mathrm{d}x + \sum_{j=1}^{\infty}\left\{\frac{2}{l}\,\frac{N}{Z}\int_0^l \exp\left[\frac{1}{D_{\mathrm{p}}C_{\mathrm{d}}}\mu_0 M_{\mathrm{p}}V_{\mathrm{p1}}H(x)\right]\cos\frac{j\pi}{l}x\,\mathrm{d}x\right\}\cos\frac{j\pi}{l}x$$

上式右边的第一项积分就是配分函数 Z，由对应系数相等，得

$$\left.\begin{aligned} B_0 &= \frac{N}{l} = n_{\mathrm{e}} \\ B_j &= \frac{2n_{\mathrm{e}}}{Z}\int_0^l \exp\left[\frac{1}{D_{\mathrm{p}}C_{\mathrm{d}}}\mu_0 M_{\mathrm{p}}V_{\mathrm{p1}}H(x)\right]\cos\frac{j\pi}{l}x\,\mathrm{d}x \end{aligned}\right\} \tag{3.171}$$

在式(3.171)中,n_e 是在区间$[0,l]$内的平均微粒浓度或微粒的平均数密度。最终解的形式是

$$\frac{n(x,t)}{n_e}=1+\frac{2}{Z}\sum_{j=1}^{\infty}\left\{\int_0^l \exp\left[\frac{1}{D_p C_d}\mu_0 M_p V_{p1} H(x)\right]\cos\frac{j\pi}{l}x\,dx\right\}\left(\cos\frac{j\pi}{l}x\right)\exp\left[-D_p\left(\frac{j\pi}{l}\right)^2 t\right] \tag{3.172}$$

当 $t\to\infty$时,和号内所有项均为零,故

$$n(x,t)=n_e$$

即扩散完毕,浓度完全均匀化。

参考文献

[1] 王竹溪.统计物理学导论[M].北京:人民教育出版社,1956.
[2] 熊吟涛.统计物理学[M].北京:人民教育出版社,1981.
[3] ROSENSWEIG R E. Ferrohydrodynamics[M]. Combridge University Press,1985.
[4] 池长青,王之珊,赵丕智.铁磁流体力学[M].北京:北京航空航天大学出版社,1993.
[5] TEBBLE R S,CRAIK D J.磁性材料[M].北京冶金研究所《磁性材料》翻译组,译.北京:科学出版社,1984.

第 4 章　铁磁流体牛顿流动力学方程

4.1　概　述

铁磁流体胶体混合物是一种两相流体。目前已有的铁磁流体均属于液固两相流。对铁磁流体的力学行为的分析有两种方法：一种是将铁磁流体作为均匀相流体来对待，就是所谓的混合流方法；另一种是将铁磁流体的基载液体和固相微粒区分出来，分别列出其力学方程，这就是所谓的松弛法。

铁磁流体中悬浮的固相微粒尺寸比一般工业两相流的固相微粒尺寸小 3～4 个数量级。对于这样小的固体微粒，在流动过程中，液相和固相之间参数（如速度、温度等）的滞后实际上可以不加考虑。而铁磁流体的物性参数，如密度、比热容、粘度等要按两相在铁磁流体中所占的体积分量或质量分量来计算。而这类计算的基础是平衡状况。既然是平衡，当然就不考虑滞后。

铁磁流体混合流物性计算最显著的特点是受外磁场的影响，例如，外磁场的存在改变了铁磁流体的粘度，而且使其成为各向异性的；铁磁流体的比热容也与外磁场强度相关联。所以每一个铁磁流体的运动方程和能量方程均含有与外磁场相关的项，而且还存在一个磁化过程的单独方程。

混合流分析的基本想法是将铁磁流体的两相作为一个整体来接受外加磁场的影响。但这在实际上是不可能的，因为基载液体本身完全没有磁响应能力，它的力学行为在宏观上受到外磁场的作用，是通过磁性固相微粒来实现的。而固相微粒与基载液体之间的作用只是力和热的传递，并不存在任何磁关联。实际上，除表面粘附作用（表面亲和力）总是存在以外，其他的力和热的作用必须以滞后为前提。在外磁场强度梯度很高的场合中，铁磁流体两相间的滞后现象可能很显著。由此点来看，松弛流的分析更接近实际。当然松弛流的分析比较复杂，而且也需要作一些假设，其中最重要的是连续性的观念。将液、固两相分开来分析时，无论是液相还是固相都不是连续的，因为在流场中的任何一点处，能碰到的要么只是液相，要么只是固相，不可能在一点处同时碰到两相。但是，在包围一个点 P 的小邻域内，就可以同时包含液相和固相。以这个小邻域内液相参数的平均值和固相参数的平均值来代替点 P 处的参数，这就似乎在点 P 处同时存在液相和固相。这也就是说，好像每个相都同时充满了整个流场的空间，从而可以认为每个相都是连续的。当然，包围 P 点的小邻域并非太小，相对整个流场而言它非常小，相对于固相微粒之间的距离来说，它足够地大。这样，在这种小邻域内既可包含足够多的固相微粒，从而使两相的参数变化平滑，又可做到相对于整个流场它代表一个点。关于松弛流的分析，在文献[1]和[2]中都有叙述，尤其是[2]还详尽地阐明了一种实用的一维流方法。

4.2　铁磁流体胶体混合物的组成参数

4.2.1　体积分量参数 ϕ

铁磁流体是一种不可压缩的混合物，所以使用体积参数比较方便。设铁磁流体的某种单位体积参数是 p，则有

$$p_f V_f = p_{NC} V_c + p_{NP} V_p \tag{4.1}$$

式中，V 是体积。下标 f、c、p 分别表示铁磁流体、基载液体、固相微粒，下标 NC 和 NP 分别表示基载液体和固相微粒的真实值。铁磁流体的体积是基载液体与固相微粒群的体积之和，即

$$V_f = V_c + V_p \tag{4.2}$$

定义固相微粒群在铁磁流体中所占的体积分量是 ϕ，则有

$$\frac{V_p}{V_f} = \phi, \qquad \frac{V_c}{V_f} = 1 - \phi \tag{4.3}$$

将式(4.3)代入式(4.1)中，有

$$p_f = (1-\phi) p_{NC} + \phi p_{NP} \tag{4.4}$$

若在体积为 V_f 的铁磁流体中含有 N 个固相微粒，则有

$$\phi = \frac{NV_{p1}}{V_f} = nV_{p1} \tag{4.5}$$

式中，n 是单位体积铁磁流体中所含有的固相微粒的个数，即固相微粒的数密度；V_{p1} 是一个微粒的体积。

4.2.2　质量分量参数 φ

铁磁流体若处于非均匀混合状况下，使用质量分量参数是方便的。设在铁磁流体内的单位质量参数是 p'，则有

$$m_f p'_f = m_c p'_{NC} + m_p p'_{NP} \tag{4.6}$$

式中，m_f、m_c、m_p 分别是铁磁流体、基载液体和固相微粒群的质量。由

$$m_f = m_c + m_p \tag{4.7}$$

则可以定义固相微粒在铁磁流体中所占有的质量分量为 φ，于是有

$$\frac{m_p}{m_f} = \varphi, \qquad \frac{m_c}{m_f} = 1 - \varphi \tag{4.8}$$

将式(4.8)代入式(4.6)中，有

$$p'_f = (1-\varphi) p'_{NC} + \varphi p'_{NP} \tag{4.9}$$

4.2.3　体积分量 ϕ 和质量分量 φ 的关系

在式(4.1)和式(4.6)中，若各项表示的是同一物质量的不同表达形式，则必然会有对应项相等的关系，即 $p_f V_f = p'_f m_f$，$p_{NC} V_c = p'_{NC} m_c$，$p_{NP} V_p = p'_{NP} m_p$。于是，质量分量参数和体积分量参数之间的关系为

$$p_{\mathrm{f}}=\rho_{\mathrm{f}} p'_{\mathrm{f}}, \qquad p_{\mathrm{NC}}=\rho_{\mathrm{NC}} p'_{\mathrm{NC}}, \qquad p_{\mathrm{NP}}=\rho_{\mathrm{NP}} p'_{\mathrm{NP}} \tag{4.10}$$

式中，ρ_{f}、ρ_{NC}、ρ_{NP}分别是铁磁流体的密度、基载液体的真密度和固相微粒的真密度($\rho_{\mathrm{NP}}=\rho_{\mathrm{p1}}$)。

铁磁流体混合物还有一个重要的概念，就是分参数：

$$\left.\begin{aligned} p_{\mathrm{f}} V_{\mathrm{f}} &= p_{\mathrm{c}} V_{\mathrm{f}}+p_{\mathrm{p}} V_{\mathrm{f}} \\ p'_{\mathrm{f}} m_{\mathrm{f}} &= p'_{\mathrm{c}} m_{\mathrm{f}}+p'_{\mathrm{p}} m_{\mathrm{f}} \end{aligned}\right\} \tag{4.11}$$

或者写成

$$p_{\mathrm{f}}=p_{\mathrm{c}}+p_{\mathrm{p}}, \qquad p'_{\mathrm{f}}=p'_{\mathrm{c}}+p'_{\mathrm{p}} \tag{4.12}$$

若式(4.11)中的两个式子是同一物质量的不同表示形式，则对应项应相等，从而有

$$p_{\mathrm{f}}=\rho_{\mathrm{f}} p'_{\mathrm{f}}, \qquad p_{\mathrm{c}}=\rho_{\mathrm{f}} p'_{\mathrm{c}}, \qquad p_{\mathrm{p}}=\rho_{\mathrm{f}} p'_{\mathrm{p}} \tag{4.13}$$

式(4.13)表明铁磁流体中，体积分参数和质量分参数之间的关联系数就是铁磁流体的密度 ρ_{f}。

将式(4.4)、式(4.9)与式(4.12)相比较，则可得到分参数和真实参数之间的关系，即

$$p_{\mathrm{c}}=(1-\phi) p_{\mathrm{NC}}, \qquad p_{\mathrm{p}}=\phi p_{\mathrm{NP}} \tag{4.14}$$

$$p'_{\mathrm{c}}=(1-\varphi) p'_{\mathrm{NC}}, \qquad p'_{\mathrm{p}}=\varphi p'_{\mathrm{NP}} \tag{4.15}$$

将式(4.10)和式(4.13)分别代入式(4.14)等号的两边，就得

$$\rho_{\mathrm{f}} p'_{\mathrm{C}}=(1-\phi) \rho_{\mathrm{NC}} p'_{\mathrm{NC}}, \qquad \rho_{\mathrm{f}} p'_{\mathrm{p}}=\phi \rho_{\mathrm{NP}} p'_{\mathrm{NP}}$$

用式(4.15)的两式分别与上两式相除，就得

$$\rho_{\mathrm{f}}=\frac{1-\phi}{1-\varphi} \rho_{\mathrm{NC}}, \qquad \rho_{\mathrm{f}}=\frac{\phi}{\varphi} \rho_{\mathrm{NP}} \tag{4.16}$$

由式(4.16)解出

$$\phi=\frac{1}{1+\dfrac{1-\varphi}{\varphi}\left(\dfrac{\rho_{\mathrm{NP}}}{\rho_{\mathrm{NC}}}\right)} \tag{4.17}$$

$$\varphi=\frac{1}{1+\dfrac{1-\phi}{\phi}\left(\dfrac{\rho_{\mathrm{NC}}}{\rho_{\mathrm{NP}}}\right)} \tag{4.18}$$

在实际问题中，基载液体的真实密度 ρ_{NC} 和固相微粒体的真实密度 ρ_{NP} 都是知道的，所以上述的换算容易实现。

4.3 铁磁流体的热力学参数

4.3.1 压 力

按照分子运动论，铁磁流的压力可以表示成式(3.9)那样，即

$$p_{\mathrm{f}}=\frac{1}{3} \rho_{\mathrm{f}} \overline{v_{\mathrm{f}}^{2}}, \qquad p_{\mathrm{NC}}=\frac{1}{3} \rho_{\mathrm{NC}} \overline{v_{\mathrm{c}}^{2}}, \qquad p_{\mathrm{NP}}=\frac{1}{3} \rho_{\mathrm{NP}} \overline{v_{\mathrm{p}}^{2}}$$

若压力作用于一微元面积 $\mathrm{d}A$ 上，则基载液体作用的面积是 $\mathrm{d}A_{\mathrm{c}}$，固相微粒群的是 $\mathrm{d}A_{\mathrm{p}}$，由于铁磁流体作用于 $\mathrm{d}A$ 上的力就是基载液体作用于 $\mathrm{d}A_{\mathrm{c}}$ 上的力与固相微粒群作用于 $\mathrm{d}A_{\mathrm{p}}$ 上的力之

和，即

$$\left(\frac{1}{3}\rho_{\mathrm{f}}\,\overline{v_{\mathrm{f}}^{2}}\right)\mathrm{d}A=\left(\frac{1}{3}\rho_{\mathrm{NC}}\,\overline{v_{\mathrm{c}}^{2}}\right)\mathrm{d}A_{\mathrm{C}}+\left(\frac{1}{3}\rho_{\mathrm{NP}}\,\overline{v_{\mathrm{p}}^{2}}\right)\mathrm{d}A_{\mathrm{p}}$$

将上式乘以微元长度 $\mathrm{d}l$，有 $\mathrm{d}V_{\mathrm{f}}=\mathrm{d}A\mathrm{d}l$，$\mathrm{d}V_{\mathrm{c}}=\mathrm{d}A_{\mathrm{c}}\mathrm{d}l$，$\mathrm{d}V_{\mathrm{p}}=\mathrm{d}A_{\mathrm{p}}\mathrm{d}l$，故上式成为

$$\left(\frac{1}{3}\rho_{\mathrm{f}}\,\overline{v_{\mathrm{f}}^{2}}\right)\mathrm{d}V_{\mathrm{f}}=\left(\frac{1}{3}\rho_{\mathrm{NC}}\,\overline{v_{\mathrm{c}}^{2}}\right)\mathrm{d}V_{\mathrm{c}}+\left(\frac{1}{3}\rho_{\mathrm{NP}}\,\overline{v_{\mathrm{p}}^{2}}\right)\mathrm{d}V_{\mathrm{p}}$$

注意到在铁磁流体中，任意点处只有一个压力，即该点处各种成分都处于相同的压力之下，即

$$\frac{1}{3}\rho_{\mathrm{f}}\,\overline{v_{\mathrm{f}}^{2}}=\frac{1}{3}\rho_{\mathrm{NC}}\,\overline{v_{\mathrm{C}}^{2}}=\frac{1}{3}\rho_{\mathrm{NP}}\,\overline{v_{\mathrm{p}}^{2}}$$

此即能量均分定理的结果，表明 $p_{\mathrm{f}}=p_{\mathrm{NC}}=p_{\mathrm{NP}}$。此外，注意到式(4.3)的定义，就有

$$p_{\mathrm{f}}=(1-\phi)p_{\mathrm{NC}}+\phi p_{\mathrm{NP}}=(1-\phi)p_{\mathrm{f}}+\phi p_{\mathrm{f}} \tag{4.19}$$

由式(4.12)中，认为 p_{c} 即基载液体的分压，p_{p} 是固相微粒群的分压，则由 $p_{\mathrm{f}}=p_{\mathrm{c}}+p_{\mathrm{p}}$ 与上式比较，就有

$$p_{\mathrm{c}}=(1-\phi)p_{\mathrm{NC}}=(1-\phi)p_{\mathrm{f}},\qquad p_{\mathrm{p}}=\phi p_{\mathrm{NP}}=\phi p_{\mathrm{f}} \tag{4.20}$$

4.3.2　密　度

密度本身就是一种单位体积的参数。直接将式(4.4)中的体积参数 p 认定为密度 ρ，就得

$$\rho_{\mathrm{f}}=(1-\phi)\rho_{\mathrm{NC}}+\phi\rho_{\mathrm{NP}} \tag{4.21}$$

将式(4.12)中的分参数 p 换成 ρ，即得铁磁流体的密度 ρ_{f}。ρ_{f} 是基载液体的分密度 ρ_{C} 和固相微粒群的分密度 ρ_{p} 之和，即

$$\rho_{\mathrm{f}}=\rho_{\mathrm{c}}+\rho_{\mathrm{p}} \tag{4.22}$$

将式(4.22)与式(4.21)相比较，并且利用式(4.16)的关系，可得分密度 ρ_{c}、ρ_{p} 与真实密度 ρ_{NC}、ρ_{NP}之间的关系为

$$\rho_{\mathrm{c}}=(1-\phi)\rho_{\mathrm{NC}}=(1-\varphi)\rho_{\mathrm{f}} \tag{4.23}$$

$$\rho_{\mathrm{p}}=\phi\rho_{\mathrm{NP}}=\varphi\rho_{\mathrm{f}} \tag{4.24}$$

4.3.3　铁磁流体的热内能 E_{f0} 和温度 T_{f}

E_{f0}的下标 0 表示外磁场强度 $H=0$，即铁磁流体的内能中不含有磁内能，而只有热内能。热内能即含热量。温度变化 1 度而引起含热量的变化值称为热容量。单位体积的热容量称为体积比热容 c_{v}，单位质量的热容量称为质量比热容 c'_{v}。所以有

$$Q_{\mathrm{f0}}=E_{\mathrm{f0}}=V_{\mathrm{f}}c_{\mathrm{vf}}T_{\mathrm{f}}=m_{\mathrm{f}}c'_{\mathrm{vf}}T_{\mathrm{f}} \tag{4.25}$$

下标 f 表示铁磁流体，下标 0 表示无外磁场。铁磁流体的含热量是其中的基载液体所含的热量与固相微粒所含热量之和，即

$$V_{\mathrm{f}}c_{\mathrm{vf}}T_{\mathrm{f}}=V_{\mathrm{c}}c_{\mathrm{c}}T_{\mathrm{c}}+V_{\mathrm{p}}c_{\mathrm{s}}T_{\mathrm{p}}$$

$$m_{\mathrm{f}}c'_{\mathrm{vf}}T_{\mathrm{f}}=m_{\mathrm{c}}c'_{\mathrm{c}}T_{\mathrm{c}}+m_{\mathrm{p}}c'_{\mathrm{s}}T_{\mathrm{p}}$$

式中，c_{C}、c_{s} 和 c'_{C}、c'_{s}分别是基载液体和固相微粒的体积比热容和质量比热容。

将式(4.4)和式(4.9)中的参数 p 换成比热量就有

$$\left.\begin{aligned}c_{\mathrm{vf}}T_{\mathrm{f}}&=(1-\phi)c_{\mathrm{c}}T_{\mathrm{c}}+\phi c_{\mathrm{s}}T_{\mathrm{p}}\\c'_{\mathrm{vf}}T_{\mathrm{f}}&=(1-\varphi)c'_{\mathrm{c}}T_{\mathrm{c}}+\varphi c'_{\mathrm{s}}T_{\mathrm{p}}\end{aligned}\right\} \tag{4.26}$$

若铁磁流体的各成分都处于相同的温度下，即 $T_f = T_c = T_p$，则式(4.26)给出铁磁流体混合物的比热容为

$$c_{vf} = (1-\phi)c_c + \phi c_s, \qquad c'_{vf} = (1-\varphi)c'_c + \varphi c'_s \tag{4.27}$$

若基载液的比热容和固相微粒的比热容与温度无关，或者取一个温度范围内的平均比热容，则由式(4.27)得出的铁磁流体的比热容可以用于式(4.26)以确定温度 T_f，即

$$T_f = \frac{(1-\phi)c_c T_c + \phi c_s T_p}{(1-\phi)c_c + \phi c_s} = \frac{(1-\varphi)c'_c T_c + \varphi c'_s T_p}{(1-\varphi)c'_c + \varphi c'_s} \tag{4.28}$$

如果在式(4.10)中，认定参数 p 是比热容，则有

$$c_{vf} = \rho_f c'_{vf}, \qquad c_c = \rho_{NC} c'_c, \qquad c_s = \rho_{NP} c'_s \tag{4.29}$$

4.3.4 铁磁流体的熵

熵是和热力学过程无关的参数。它的定义是

$$ds_{f0} = \frac{\delta Q_{f0}}{T_f} \tag{4.30}$$

将式(4.25)代入式(4.30)中，并且假定比热容均系常数，则有

$$ds_{f0} = V_f c_{vf} \frac{dT_f}{T_f} = m_f v'_{vf} \frac{dT_f}{T_f} \tag{4.31}$$

铁磁流体的单位体积熵，即体积比熵为

$$ds_{f0} = \frac{ds_{f0}}{V_f} = c_{vf} \frac{dT_f}{T_f} \tag{4.32}$$

铁磁流体的单位质量熵，即质量比熵是

$$ds'_{f0} = \frac{ds_{f0}}{m_f} = c'_{vf} \frac{dT_f}{T_f} \tag{4.33}$$

将式(4.27)和式(4.28)代入式(4.32)和式(4.33)中，有

$$ds_{f0} = \frac{(1-\phi)c_c dT_c + \phi c_s dT_p}{\left[\dfrac{(1-\phi)c_c T_c + \phi c_s T_p}{(1-\phi)c_c + \phi c_s}\right]} \tag{4.34}$$

$$ds'_{f0} = \frac{(1-\varphi)c'_c dT_c + \varphi c'_s dT_p}{\left[\dfrac{(1-\varphi)c'_c T_c + \varphi c'_s T_p}{(1-\varphi)c'_c + \varphi c'_s}\right]} \tag{4.35}$$

若存在 $T_C = T_p = T_f$，则式(4.34)和式(4.35)成为

$$ds_{f0} = [(1-\phi)c_c + \phi c_s]d\ln T_f \tag{4.36}$$

$$ds'_{f0} = [(1-\varphi)c'_c + \varphi c'_s]d\ln T_f \tag{4.37}$$

由式(4.10)的第一式认定参数 p 是比熵就得

$$ds_{f0} = \rho_f ds'_{f0} \tag{4.38}$$

式(4.38)亦可由式(4.10)的第二和第三式以及式(4.16)代入式(4.36)得出。

4.4　铁磁流体的输运参数

4.4.1　输运的通用方程式

铁磁流体内的输运包括动量输运、能量输运和质量输运。当不存在外磁场时，铁磁流体的输运与普通流体并无不同。输运的通用方程是

$$f_i = -\xi_i \frac{\partial p_i}{\partial x} \tag{4.39}$$

式中，f_i 是输运通量，它的定义是沿输运通道截面的法线方向，在单位截面积上、单位时间内所通过的物理量；ξ_i 称为输运系数；p_i 是导致输运过程的驱动力。方程右边的负号表示输运方程与驱动力梯度的方向相反。

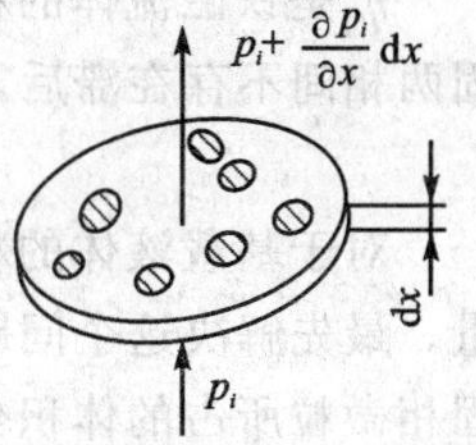

图 4-1　一维输运过程

图 4-1 是铁磁流体一维输运过程。在铁磁流体中切出一块厚度为 dx 的平面薄层，其中有阴影的小面积是固相微粒的截面积 A_p，其余的面积是基载液体的截面积 A_c，显然，铁磁流体的总面积 A_f 是 A_c 与 A_p 之和，即

$$A_\mathrm{f} = A_\mathrm{c} + A_\mathrm{p}$$

通过面积 A_c 的通量是

$$F_\mathrm{c} = -\xi_\mathrm{c} \frac{\partial p_\mathrm{c}}{\partial x} A_\mathrm{c}$$

通过面积 A_p 的通量是

$$F_\mathrm{p} = -\xi_\mathrm{p} \frac{\partial p_\mathrm{p}}{\partial x} A_\mathrm{p}$$

通过面积 A_f 的通量是

$$F_\mathrm{f} = -\xi_\mathrm{f} \frac{\partial p_\mathrm{f}}{\partial x} A_\mathrm{f}$$

式中，F_f 是铁磁流体的通量，它是基载液体的通量 F_C 和固相微粒群的通量 F_p 两者之和，即

$$F_\mathrm{f} = F_\mathrm{c} + F_\mathrm{p}$$

于是有

$$\xi_\mathrm{f} \frac{\partial p_\mathrm{f}}{\partial x} A_\mathrm{f} \mathrm{d}x = \xi_\mathrm{c} \frac{\partial p_\mathrm{c}}{\partial x} A_\mathrm{c} \mathrm{d}x + \xi_\mathrm{p} \frac{\partial p_\mathrm{p}}{\partial x} A_\mathrm{p} \mathrm{d}x$$

上式中各项的 dx 是通乘的，$A_\mathrm{f}\mathrm{d}x = \mathrm{d}V_\mathrm{f}$，$A_\mathrm{c}\mathrm{d}x = \mathrm{d}V_\mathrm{c}$，$A_\mathrm{p}\mathrm{d}x = \mathrm{d}V_\mathrm{p}$，注意到使用式(4.3)以后，就得到

$$\xi_\mathrm{f} = \left[(1-\phi)\xi_\mathrm{c} \frac{\partial p_\mathrm{c}}{\partial x} + \phi \xi_\mathrm{p} \frac{\partial p_\mathrm{p}}{\partial x}\right] \Big/ \left(\frac{\partial p_\mathrm{f}}{\partial x}\right) \tag{4.40}$$

若铁磁流体是各向同性的并且处于平衡状态，各相驱动力处处相等，即 $p_\mathrm{f} = p_\mathrm{c} = p_\mathrm{p}$，于是式(4.40)成为

$$\xi_\mathrm{f} = (1-\phi)\xi_\mathrm{c} + \phi \xi_\mathrm{p} \tag{4.41}$$

4.4.2 铁磁流体混合物的粘性系数

设不存在外磁场时，铁磁流体的粘性系数是 η_{f0}，它是动量的输运系数。由一维情况下的牛顿定律可知

$$\tau = \eta \frac{\partial u}{\partial y}$$

式中，τ 是粘性剪应力；速度 u 与坐标 y 相垂直。当粘性系数 η 与速度 u 和坐标 y 无关时，上式定义的流体就称为牛顿流体。将牛顿定律直接代入式(4.40)中，就得

$$\eta_{f0} = \left[(1-\phi)\eta_c \frac{\partial u_c}{\partial y} + \phi \eta_p \frac{\partial u_p}{\partial y}\right] \Big/ \left(\frac{\partial u_f}{\partial y}\right) \tag{4.42}$$

η_{f0} 是铁磁流体的粘性系数，下标 0 表示外磁场强度是零。若铁磁流体处于平衡状态，即液固两相间不存在滞后，则速度 u_c 和速度 u_p 到处相同。于是式(4.42)成为

$$\eta_{f0} = (1-\phi)\eta_c + \phi \eta_p \tag{4.43}$$

对于基载液体的粘性系数 η_c 有手册可查。而固相微粒流的粘度系数 η_p 却是一个特殊的量。最先解决这个问题的是 Einstein 公式。Einstein 公式的基础是稀疏相。而铁磁流体内的固相微粒所占的体积分量(ϕ)在 0.06 上下，所以基本上符合稀疏相的要求。

在分析铁磁流体牛顿流中固相微粒群对粘度的贡献时，假定微粒流和普通流体一样遵守牛顿粘性定律，即

$$\tau_p = \eta_p \frac{\partial u_p}{\partial y}$$

其次，假定铁磁流体内液相和固相处于两相平衡状态，故有

$$\frac{\partial u_p}{\partial y} = \frac{\partial u_c}{\partial y} = \frac{\partial u_f}{\partial y}$$

于是得到

$$\tau_p = \eta_p \frac{\partial u_f}{\partial y}$$

上式将固相微粒流的粘性切应力和铁磁流体的涡旋运动直接联系了起来。对于铁磁流体牛顿流而言，它的纯剪切流动(即 Couett 流)如图 4-2(a)所示的那样，速度是线性分布的。

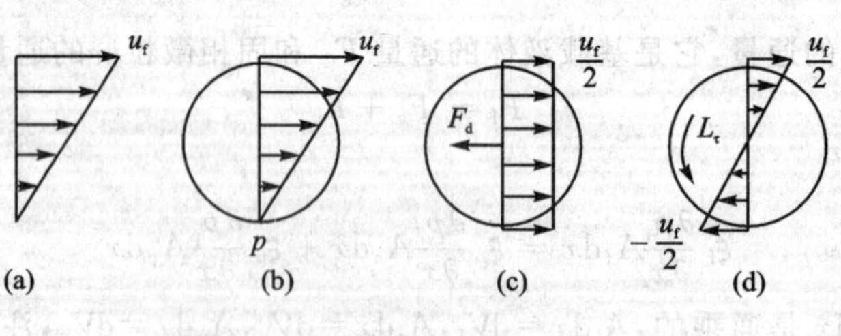

图 4-2　铁磁流体中固相微粒的运动

如图 4-2(a)所示，基载液微团的运动，是很自然的。若在铁磁流体内遇到的是一个固相微粒，因为它是一个圆球形的刚体，如图 4-2(b)所示。这种速度分布的线性模式表明点 P 是瞬心，微粒就是绕这个瞬心点 P 作纯滚动运动。其绕点 P 的转动角速度就是

$$\omega = \frac{\partial u_f}{\partial y} = \frac{u_f}{d_p} \tag{4.44}$$

所以微粒流的粘性切应力 τ_p 就是

$$\tau_p = \eta_p \omega \tag{4.45}$$

对于这种绕瞬心点的平面纯滚动运动，可以分解成一个速度为 $u_f/2$ 的平移运动和一个以 $\left(\frac{u_f}{2}\right)\Big/\left(\frac{d_p}{2}\right)=\omega$ 的绕坐标轴 z 的旋转运动，如图 4-2(c)和图 4-2(d)所示的那样。由于已经假定铁磁流体内的固相微粒浓度基本符合稀疏相的要求，即固相微粒之间的距离远大于它们的直径，所以微粒之间的互相干扰就可不必考虑。又由于固相微粒的尺寸极其微小，故可以使用低 Reynolds 数下无界流的结果。

1. 平移运动的阻力 F_d

由式(1.42)、式(1.43)可知

$$F_d = -6\pi\eta_c a_p\left(\frac{u_f}{2}\right)$$

式中，η_c 是基载液体的粘性系数；a_p 是固相微粒的半径，即 $d_p/2$。由于 F_d 作用于球形固相微粒之中心，故它对瞬心 P 的矩为

$$L_d = a_p F_d = -6\pi\eta_c a_p^2\left(\frac{u_f}{2}\right) = -6\pi\eta_C a_p^3\omega$$

2. 绕 z 轴旋转的阻力矩 L_τ

由式(1.31)、式(1.32)可知

$$L_\tau = -8\pi\eta_c a_p^3\omega$$

注意到 L_τ 实际上是力偶，它的矢量是自由矢，可以将它移到瞬心 P 上而不会改变微粒的运动状况。于是可以得到对瞬心 P 的总阻力矩是

$$L = L_d + L_\tau = -14\pi\eta_c a_p^3\omega$$

将上式改写成

$$L = (-14\pi\eta_c a_p^2\omega)a_p$$

显然，括号内就是作用于球形固相微粒中心上的力，这个力是微粒绕瞬心 P 作纯滚动运动时基载液体作用于微粒表面上的粘性应力的合成。平均粘性切应力 τ_p 为

$$\tau_p = -\frac{14\pi\eta_c a_p^2\omega}{4\pi a_p^2} = -3.5\eta_c\omega \tag{4.46}$$

将式(4.45)中的 τ_p 理解为作用于微粒表面的粘性阻应力，则 τ_p 与 ω 方向相反，故式(4.45)右边加负号，即

$$\tau_p = -\eta_p\omega \tag{4.47}$$

比较式(4.46)和式(4.47)，立即可见

$$\eta_p = 3.5\eta_c \tag{4.48}$$

将式(4.48)代入式(4.43)中，得

$$\eta_{f0} = (1 + 2.5\phi)\eta_c \tag{4.49}$$

式(4.49)就是 Einstein 公式。

对于体积分量 ϕ 不很小的情况，式(4.49)不完全适用。Rosensweig 提出了一种修正的方法[1]，假定铁磁流体的粘性系数 η_{f0} 与基载液体的粘性系数 η_c 的比值和固相微粒体积分量 ϕ 成二次式函数关系，即

$$\frac{\eta_{f0}}{\eta_c} = \frac{1}{1 + a\phi + b\phi^2} \tag{4.50}$$

式中的系数 a 和 b 由两种极限情况决定。

(1) 稀疏相

稀疏相即 $\phi \ll 1$，则 ϕ^2 是二阶小量可以略去，从而

$$\frac{\eta_{f0}}{\eta_c} \approx 1 - a\phi$$

与式(4.49)相比较，就得 $a = -2.5$。

(2) 刚性堆砌

若铁磁流体内固相微粒的体积分量不断地增加，则铁磁流体的流动性就越来越差，最后不能流动，这时圆球形微粒达到最大密度堆砌。这种堆砌是菱形体堆砌，不仅孔隙率最小，而且是刚性不变形的。所以此时铁磁流体基本上不能流动，也就是 $\eta_{f0} \to \infty$。由式(4.50)可知这时有

$$1 - 2.5\phi + b\phi^2 = 0$$

对于圆球最大密度堆砌，Graton 和 Fraser 计算出其 $\phi = 0.740\,5$，于是得到

$$b = 1.55$$

修正后的铁磁流体粘度是

$$\eta_{f0} = \frac{\eta_c}{1 - 2.5\phi + 1.55\phi^2} \tag{4.51}$$

(3) 分散剂影响

铁磁流体内的固相微粒表面都附着一层分散剂链分子。设分散剂链分子的平均长度为 δ，则微粒的有效半径成为 $a_p + \delta$，于是当量的体积分量 ϕ_e 为

$$\phi_e = \frac{N\frac{4}{3}\pi(a_p + \delta)^3}{V_f} = \left(1 + \frac{\delta}{a_p}\right)^3 \phi$$

代入式(4.51)中，有

$$\eta_{f0} = \frac{\eta_c}{1 - 2.5\left(1 + \frac{\delta}{a_p}\right)^3 \phi + 1.55\left(1 + \frac{\delta}{a_p}\right)^6 \phi^2} \tag{4.52}$$

由式(4.52)可知，尽管分散剂在铁磁流体中的含量很少，但它对铁磁流体粘性的影响很可观。

4.4.3 铁磁流体的导热系数

描述物质内的导热过程就是 Fourier 定律：

$$q = -K\frac{\partial T}{\partial x}$$

式中，q 称为热流量，它是在单位时间内、单位导热面积上沿着导热平面的法线方向通过的热通量；K 是导热系数。由式(4.40)可以直接得出铁磁流体混合物的热传导系数（即导热系数）K_f 为

$$K_f = \frac{(1-\phi)K_c\dfrac{\partial T_c}{\partial x} + \phi K_p\dfrac{\partial T_p}{\partial x}}{\dfrac{\partial T_f}{\partial x}} \tag{4.53}$$

上式的分母可以由式(4.28)对 x 取导得到，即

$$\frac{\partial T_f}{\partial x} = \frac{(1-\phi)c_c\dfrac{\partial T_c}{\partial x} + \phi c_s\dfrac{\partial T_p}{\partial x}}{(1-\phi)c_c + \phi c_s} \tag{4.54}$$

若铁磁流体内基载液体和固相微粒群之间处于两相热平衡状态，即它们之间的温度处处相同，于是由式(4.53)给出

$$K_f = (1-\phi)K_c + \phi K_p \tag{4.55}$$

4.4.4　铁磁流体的扩散系数

扩散是一种传质的过程。按照 Fick 定律，扩散方程是

$$\rho u = -D\frac{\partial \rho}{\partial x}$$

式中，u 是扩散流的速度；ρ 是密度。在铁磁流体混合物的扩散过程中，固相微粒以微粒流的形式扩散，类似于气体分子的行为。它可以用数密度（即单位体积铁磁流体内所含的固相微粒数）来代替固相的质量密度，而属于连续相的基载液体却无法这样处理。事实上在铁磁流体内部，只有固相微粒的扩散，而常密度的基载液体，只是因为固相微粒的运动而造成它的分密度 ρ_c 改变。由 $\rho_f=\rho_c+\rho_p$ 和流量 $\rho_f u_f=\rho_c u_c+\rho_p u_p$ 可以得到铁磁流体扩散方程

$$-D_f\frac{\partial \rho_f}{\partial x} = -D_c\frac{\partial \rho_c}{\partial x} - D_p\frac{\partial \rho_p}{\partial x}$$

于是铁磁流体的扩散系数为

$$D_f = \frac{D_c\dfrac{\partial \rho_C}{\partial x} + D_p\dfrac{\partial \rho_p}{\partial x}}{\dfrac{\partial \rho_f}{\partial x}} \tag{4.56}$$

有两种可以简化的情况：

① 在扩散过程中，质量分量 φ 保持定值。这是铁磁流体以整体形式的扩散，固相微粒在铁磁流体内部不发生宏观的迁移。利用式(4.23)、式(4.24)代入，即得

$$D_f = (1-\varphi)D_c + \varphi D_p \tag{4.57}$$

② 在扩散过程中，两相的材料密度（即真实密度）ρ_{NC} 和 ρ_{NP} 是常值，但体积分量 ϕ 变化。这种情况就是铁磁流体内部有固相微粒的宏观迁移。由式(4.23)、式(4.24)和式(4.22)代入式(4.56)，得

$$D_f = \frac{D_p\rho_{NP} - D_c\rho_{NC}}{\rho_{NP} - \rho_{NC}} \tag{4.58}$$

4.5 在外磁场中铁磁流体的热力学定律和热力学函数

4.5.1 铁磁流体的磁化功

铁磁流体在外磁场中具有磁势能,这种磁势能完全来自于其中所含的磁性固相微粒。一个磁性固相微粒在外磁场中的势能就是式(2.121),即

$$E_{p1} = -W_1 = -\boldsymbol{m}_{p1} \cdot \boldsymbol{B}_0$$

式中,W_1 是外磁场 $\boldsymbol{B}_0$ 对一个磁性微粒所作的功。若体积为 V_f 的铁磁流体内含有 N 个固相微粒,则其宏观的统计平均磁矩由式(3.136)和式(3.135)给出

$$N(m_p)_e = Nm_{p1}\left(\coth\alpha - \frac{1}{\alpha}\right) = NV_{p1}m_p\mathrm{L}(\alpha)$$

式中,$N(m_p)_e$ 就是体积为 V_f 的铁磁流体的宏观磁矩,实际上它是所有各个磁性固相微粒的磁矩 m_{p1} 在外磁场 B_0 方向投影的统计平均值。对于体积为 V_f 的铁磁流体的磁势能就是

$$E_p = -W = -N(m_p)_e B_0$$

于是单位体积的铁磁流体在外磁场 B_0 中的磁势能就是用 V_f 除上式,即

$$e_p = -w = -MB_0 = -\phi M_p B_0\left(\coth\alpha - \frac{1}{\alpha}\right) \tag{4.59}$$

注意式(4.59)所给出的 $w=MB_0$ 是外磁场对铁磁流体所作之功,它分为两部分:一部分是驱使固相微粒移动的功,另一部分是使固相微粒的磁矩旋转的功。取 w 的微元增量得

$$\delta w = M\mathrm{d}B_0 + B_0\mathrm{d}M \tag{4.60}$$

式(4.60)右边第一项就是磁场使磁性固相微粒从外磁场强度为 B_0 处移动到 $B_0+\mathrm{d}B_0$ 处的功,这种移动的功是与磁场力联系在一起的。第二项是外磁场使微粒的磁矩发生转动,从而铁磁流的磁化强度从 M 变化到 $M+\mathrm{d}M$,这种使铁磁流体磁化强度发生变化的功就称为外磁场对铁磁流体所作的磁化功。显然这种功是和磁力矩相联系的。用 w_m 表示磁化功,则

$$\delta w_m = B_0\mathrm{d}M \tag{4.61}$$

由式(4.59)可以看到,铁磁流体的磁化强度 M 是 α 的函数,由式(3.133)知 α 包括外磁场 H 和温度 T,故

$$M = M(T,H) \tag{4.62}$$

将式(4.62)代入式(4.61)得

$$\delta\omega_m = B_0\frac{\partial M}{\partial T}\mathrm{d}T + B_0\frac{\partial M}{\partial H}\mathrm{d}H \tag{4.63}$$

外界加入到单位体积铁磁流体中的微元热量是 δq。这个热量一部分提高分子热运动水平而表现为温度的升高;同时另一部分消耗于克服外磁场对微粒的约束作用力,而使固相微粒的磁矩排列的有序程度发生改变,在宏观上就表现出铁磁流体磁化强度降低。外磁场 H 越强,这部分热量的消耗越多。所以,δq 是温度 T 和外磁场强度 H 的函数,从而有

$$\delta q = c_{vf}(T,H)\mathrm{d}T + g(T,H)\mathrm{d}H \tag{4.64}$$

对于单位体积的铁磁流体,热力学第一定律是

$$de=\delta q+\delta w$$

式中，δq 和 δw 是外界加入到铁磁流体中的微元热量和微元功。在一般情况下，δw 包括容积功和磁化功，但是铁磁流体可以认为是不可压缩的，故容积功不存在，只有磁化功 δw_m。将式(4.63)和式(4.64)代入热力学第一定律方程的右边，就有

$$de=\left(c_{vf}+B_0\frac{\partial M}{\partial T}\right)dT+\left(g+B_0\frac{\partial M}{\partial H}\right)dH \tag{4.65}$$

因为内能 e 是与热力学过程无关的状态参数，所以式(4.65)的右边必定是一个恰当微分，即

$$\frac{\partial}{\partial H}\left(c_{vf}+B_0\frac{\partial M}{\partial T}\right)=\frac{\partial}{\partial T}\left(g+B_0\frac{\partial M}{\partial H}\right)$$

注意到 B_0 是磁化场，与铁磁流体的温度 T 无关，并且 $B_0=\mu_0 H$，故上式展开后成为

$$\frac{\partial c_{vf}}{\partial H}=-\mu_0\frac{\partial M}{\partial T}+\frac{\partial g}{\partial T} \tag{4.66}$$

单位体积铁磁流体的熵是

$$ds=\frac{\delta q}{T}$$

用式(4.64)代入上式右边的分子，得

$$ds=\frac{c_{vf}}{T}dT+\frac{g}{T}dH$$

熵 s 也是一个与热力学过程无关的状态参数，所以上式右边也必定是一个恰当微分，即

$$\frac{1}{T}\frac{\partial c_{vf}}{\partial H}=\frac{1}{T}\frac{\partial g}{\partial T}-\frac{g}{T^2}$$

或约简成

$$\frac{\partial c_{vf}}{\partial H}=\frac{\partial g}{\partial T}-\frac{g}{T} \tag{4.67}$$

由式(4.66)和式(4.67)联立解出

$$g=\mu_0 T\frac{\partial M}{\partial T},\qquad \frac{\partial c_{vf}}{\partial H}=\mu_0 T\frac{\partial^2 M}{\partial T^2} \tag{4.68}$$

4.5.2　在存在外磁场时，铁磁流体的主要热力学函数

(1) 热力学第一定律表示的内能

用式(4.68)代入方程式(4.65)中，得铁磁流体的热力学第一 定律：

$$de=\left(c_{vf}+B_0\frac{\partial M}{\partial T}\right)dT+\mu_0\left(T\frac{\partial M}{\partial T}+H\frac{\partial M}{\partial H}\right)dH \tag{4.69}$$

(2) 热　量

$$\delta q=c_{vf}dT+\mu_0 T\frac{\partial M}{\partial T}dH \tag{4.70}$$

(3) 熵

$$ds=\frac{c_{vf}}{T}dT+\mu_0\frac{\partial M}{\partial T}dH \tag{4.71}$$

(4) 磁化功

$$\delta w_{\mathrm{m}} = B_0\left(\frac{\partial M}{\partial T}\mathrm{d}T + \frac{\partial M}{\partial H}\mathrm{d}H\right) \tag{4.72}$$

(5) 比热容

由 $c_{\mathrm{vf}} = c_{\mathrm{vf}}(T,H)$ 取导数，并且用式(4.68)代入，得

$$\mathrm{d}c_{\mathrm{vf}} = \frac{\partial c_{\mathrm{vf}}}{\partial T}\mathrm{d}T + \mu_0 T\frac{\partial^2 M}{\partial T^2}\mathrm{d}H \tag{4.73}$$

4.5.3 铁磁流体磁化性能的本构方程及其磁化强度的导数

铁磁流体磁化性能的本构方程，实用上采用 Langevin 方程，即

$$M(T,H) = \phi M_{\mathrm{p}}\mathrm{L}(\alpha) = \phi M_{\mathrm{p}}\left(\coth\frac{\mu_0 V_{\mathrm{p1}} M_{\mathrm{p}} H}{k_0 T} - \frac{k_0 T}{\mu_0 V_{\mathrm{p1}} M_{\mathrm{p}} H}\right)$$

利用 Langevin 方程可以得到铁磁流体磁化强度 M 的偏导数：

① $\dfrac{\partial M}{\partial H}$：

$$\frac{\partial M}{\partial H} = \phi M_{\mathrm{p}}\frac{\partial}{\partial\alpha}\left(\coth\alpha - \frac{1}{\alpha}\right)\frac{\partial\alpha}{\partial H} = \phi M_{\mathrm{p}}\left(-\frac{1}{\mathrm{sh}^2\alpha} + \frac{1}{\alpha^2}\right)\frac{\alpha}{H} \tag{4.74}$$

② $\dfrac{\partial M}{\partial T}$：

$$\frac{\partial M}{\partial T} = \phi M_{\mathrm{p}}\frac{\partial}{\partial\alpha}\left(\coth\alpha - \frac{1}{\alpha}\right)\frac{\partial\alpha}{\partial T} = -\phi M_{\mathrm{p}}\left(-\frac{1}{\mathrm{sh}^2\alpha} + \frac{1}{\alpha^2}\right)\frac{\alpha}{T} \tag{4.75}$$

③ $\dfrac{\partial^2 M}{\partial T^2}$：

$$\frac{\partial^2 M}{\partial T^2} = -\phi M_{\mathrm{p}}\left[\frac{\alpha}{T}\frac{\partial}{\partial\alpha}\left(-\frac{1}{\mathrm{sh}^2\alpha} + \frac{1}{\alpha^2}\right)\frac{\partial\alpha}{\partial T} + \left(-\frac{1}{\mathrm{sh}^2\alpha} + \frac{1}{\alpha^2}\right)\frac{\partial}{\partial T}\left(\frac{\alpha}{T}\right)\right] = 2\phi M_{\mathrm{p}}\mathrm{L}(\alpha)\frac{1}{\mathrm{sh}^2\alpha}\left(\frac{\alpha}{T}\right)^2 \tag{4.76}$$

用式(4.74)～式(4.76)代入式(4.69)～式(4.73)中，就可以消去磁化强度 M，而将铁磁流体的热力学函数直接和外磁场强度 H、温度 T 关联起来。

(1) 热力学第一定律表示的内能

$$\mathrm{d}e = \left[c_{\mathrm{vf}}(T,H) - \phi M_{\mathrm{p}} B_0\left(-\frac{1}{\mathrm{sh}^2\alpha} + \frac{1}{\alpha^2}\right)\frac{\alpha}{T}\right]\mathrm{d}T \tag{4.77}$$

(2) 热　量

$$\delta q = c_{\mathrm{vf}}(T,H)\mathrm{d}T - \mu_0\phi M_{\mathrm{p}}\left(-\frac{1}{\mathrm{sh}^2\alpha} + \frac{1}{\alpha^2}\right)\alpha\mathrm{d}H \tag{4.78}$$

(3) 熵

$$\mathrm{d}s = c_{\mathrm{vf}}(T,H)\frac{\mathrm{d}T}{T} - \mu_0\phi M_{\mathrm{p}}\left(-\frac{1}{\mathrm{sh}^2\alpha} + \frac{1}{\alpha^2}\right)\frac{\alpha}{T}\mathrm{d}H \tag{4.79}$$

(4) 磁化功

$$\delta w_{\mathrm{m}} = B_0\phi M_{\mathrm{p}}\left(-\frac{1}{\mathrm{sh}^2\alpha} + \frac{1}{\alpha^2}\right)\alpha\left(-\frac{\mathrm{d}T}{T} + \frac{\mathrm{d}H}{H}\right) \tag{4.80}$$

(5) 比热容

$$\mathrm{d}c_{\mathrm{vf}} = \frac{\partial c_{\mathrm{vf}}}{\partial T}\mathrm{d}T + 2\mu_0\phi M_{\mathrm{p}}\mathrm{L}(\alpha)\frac{1}{\mathrm{sh}^2\alpha}\left(\frac{\alpha}{T}\right)^2\mathrm{d}H \tag{4.81}$$

4.5.4　在外磁场很弱和很强两种情况下，铁磁流体磁化性能的本构方程

1. 外磁场很弱，$\alpha \ll 1$

此时 Langevin 函数

$$\mathrm{L}(\alpha) = \coth\alpha - \frac{1}{\alpha} = \frac{\mathrm{ch}\,\alpha}{\mathrm{sh}\,\alpha} - \frac{1}{\alpha} = \frac{1+\frac{1}{2}\alpha^2}{\alpha+\frac{1}{6}\alpha^3} - \frac{1}{\alpha} = \frac{1}{\alpha}\left[\left(1+\frac{\alpha^2}{2}\right)\left(1-\frac{\alpha^2}{6}\right)-1\right]$$

将上式展开，保留到 α 的二阶小量，即得

$$\mathrm{L}(\alpha) \approx \frac{\alpha}{3}$$

代入 Langevin 方程，得

$$M(T,H) = \phi M_{\mathrm{p}}\frac{\alpha}{3} = \frac{1}{3}\phi V_{\mathrm{p1}} M_{\mathrm{p}}\frac{\mu_0 H}{k_0 T}$$

引用记号

$$C = \frac{1}{3}\phi V_{\mathrm{p1}} M_{\mathrm{p}}\frac{\mu_0}{k_0} \tag{4.82}$$

则有

$$M(T,H) = C\frac{H}{T} \tag{4.83}$$

式(4.83)可以认为是铁磁流体的 Curie 方程，系数 C 可以由实验测定，亦可以用式(4.82)估算。

2. 外磁场很强，$\alpha \gg 1$

此时 $\coth\alpha$ 迅速接近于 1，于是 Langevin 函数成为 $\mathrm{L}(\alpha)=1-\dfrac{1}{\alpha}$，故

$$M(T,H) = \phi M_{\mathrm{p}}\left(1-\frac{1}{\alpha}\right) = \phi M_{\mathrm{p}}\left(1-\frac{k_0}{\mu_0 V_{\mathrm{p1}} M_{\mathrm{p}}}\frac{T}{H}\right)$$

将上式改写成

$$M(T) = K_{\mathrm{M}}(T_{\mathrm{c}} - T) \tag{4.84}$$

式中

$$K_{\mathrm{M}} = \frac{\phi k_0}{\mu_0 H V_{\mathrm{p1}}},\quad T_{\mathrm{c}} = \frac{\mu_0 H V_{\mathrm{p1}} M_{\mathrm{p}}}{k_0} \tag{4.85}$$

式(4.84)的意思是，在外磁场很强的情况下，铁磁流体已经深度地处于磁饱和状态。所以在保持强磁场的范围内，改变磁场强度时，铁磁流体的磁化状况基本上不变。其实铁磁流体的饱和磁化并不表示固相微粒的磁矩完全平行于外磁场，因为完全平行就使得固相微粒所受到的磁力矩等于零，也就无法抵抗热运动的影响。铁磁流体的饱和磁化就是磁场的磁力矩和热运动的 Brown 力矩的平衡。提高温度就是增加 Brown 力矩，与之相平衡的磁力矩也得增大。结果就是固相微粒的磁矩与外磁场之间的夹角变大，这就是铁磁流体磁化强度下降的缘由。将式(4.84)对 T 取导数就得

$$\frac{\partial M}{\partial T}=-K_{\mathrm{M}}$$

上式右边的负号正是说明铁磁流体的磁化强度随温度升高而降低的现象。因为 K_{M} 是和温度无关的系数。若再取一次导数就有

$$\frac{\partial^2 M}{\partial T^2}=0$$

将此关系代入到式(4.68)得到

$$\frac{\partial c_{\mathrm{vf}}}{\partial H}=0$$

此式表明在强磁场下,铁磁流体的比热容 c_{vf} 与外磁场强度 H 无关,这时式(4.27)的关系可以使用。

4.6 铁磁流体在外磁场中的粘度系数 $\boldsymbol{\eta}_{\mathrm{H}}$

4.6.1 概　述

内禀性铁磁流体在外磁场中只是磁矩旋转,并没有磁力矩作用于固相微粒本身,所以外磁场只要是均匀的,就不会对内禀性铁磁流体的运动产生影响,自然,内禀性铁磁流体的粘性也就和外磁场无关。但是非内禀性铁磁流体在外磁场中,固相微粒本身却要受到磁力矩的作用,磁力矩对固相微粒的旋转是一种约束。所以当基载液体有涡旋运动时,固相微粒不能与基载液体同步涡旋,而有一定速度的滞后。这种涡旋速度的滞后,将产生作用于微粒体上的粘性力矩。由于粘性力矩的作用,固相微粒的磁矩方向会偏离外磁场方向,伴随着磁场对微粒作用的磁力矩增大。当粘性力矩和磁力矩相等而平衡时,微粒的涡旋速度和基载液体的涡旋速度将保持一个稳定的滞后,在稳态下,外磁场对铁磁流体粘度的影响就是在这种平衡状况下实现的。

4.6.2 作用于铁磁流体上的粘性力矩和磁力矩

铁磁流体在宏观上受到的力矩作用只有两个:一个是涡旋产生的粘性力矩 $\boldsymbol{L}_\tau$;另一个是外磁场产生的磁力矩 $\boldsymbol{L}_{\mathrm{m}}$。而固相微粒受到基载液体分子碰撞产生的 Brown 力矩,对于铁磁流体整体而言是一种内力矩。单位体积铁磁流体的力矩平衡条件是

$$\sum \boldsymbol{L}=0, \qquad \boldsymbol{L}+\boldsymbol{L}'+\boldsymbol{L}_{\mathrm{m}}=0$$

当不存在外磁场时,磁力矩 $\boldsymbol{L}_{\mathrm{m}}=0$,只有粘性力矩存在,即 $\boldsymbol{L}=\boldsymbol{L}_\tau$,故粘性反力矩 $\boldsymbol{L}'=-\boldsymbol{L}_\tau$,从而有

$$\boldsymbol{L}=\boldsymbol{L}_\tau-\boldsymbol{L}_{\mathrm{m}} \tag{4.86}$$

1. 粘性力矩 $\boldsymbol{L}_\tau$ 与粘性切应力 $\boldsymbol{\tau}$ 的关系

在铁磁流体中取出一个长度为 $\mathrm{d}y$,半径为 r 的圆柱形微元控制体,如图 4-3 所示,其中(a)为无涡旋;(b)为有涡旋 $\boldsymbol{\omega}_{\mathrm{cy}}$ 和 $\boldsymbol{\omega}_{\mathrm{py}}$。微元控制体受到的粘性力矩为

$$\mathrm{d}\boldsymbol{L}_\tau=\boldsymbol{r}\times\boldsymbol{\tau}(2\pi r\mathrm{d}y)$$

因为矢量 $\boldsymbol{\tau}$ 和矢径 $\boldsymbol{r}$ 互相垂直,故

$$\mathrm{d}\boldsymbol{L}_{\tau y}=\boldsymbol{j}r\tau(2\pi r\mathrm{d}y)$$

在圆柱坐标系内，切应力 τ 和角速度 ω_{cy} 分别是

$$\tau=\eta_{f0}\left[\frac{\partial(rv_\theta)}{r\partial r}+\frac{\partial v_r}{r\partial\theta}\right],\qquad \omega_{cy}=\frac{1}{2}\left[\frac{\partial(rv_\theta)}{r\partial r}-\frac{\partial v_r}{r\partial\theta}\right]$$

在一维的涡旋问题中，$v_r=0$，故有

$$\tau=2\eta_{f0}\omega_{cy} \tag{4.87}$$

在式(4.87)中，ω_{cy} 的下标 c 表示基载液体，下标 y 表示涡旋矢量的方向沿坐标轴 y。单位体积铁磁流体受到的粘性力矩是

$$\boldsymbol{L}_{\tau y}=\frac{\mathrm{d}\boldsymbol{L}_{\tau y}}{\mathrm{d}V}=\boldsymbol{j}\frac{r\tau(2\pi r\mathrm{d}y)}{\pi r^2\mathrm{d}y}=\boldsymbol{j}2\tau=\boldsymbol{j}4\eta_{f0}\omega_{cy} \tag{4.88}$$

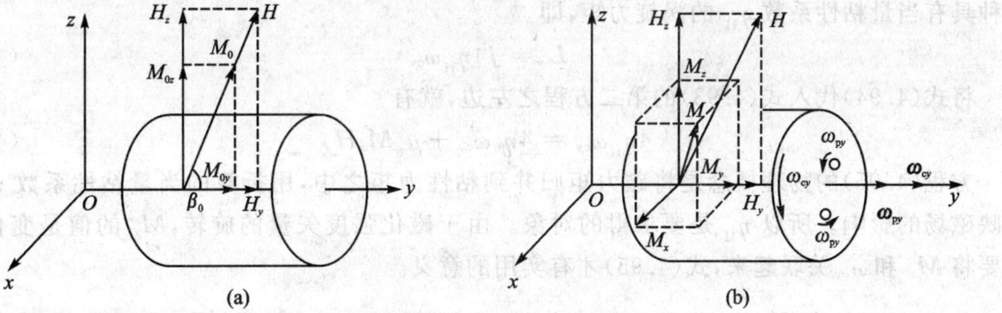

图 4-3　圆柱形微元控制体

2. 磁力矩 L_m

如图 4-3(a)所示，设外磁场矢量 $\boldsymbol{H}$ 位于坐标平面 yOz 内，它的两个分量是 $\boldsymbol{H}_y$ 和 $\boldsymbol{H}_z$，则

$$\boldsymbol{H}=\boldsymbol{j}H_y+\boldsymbol{k}H_z \tag{4.89}$$

在铁磁流体静止时，其磁化强度矢量 $\boldsymbol{M}_0$ 平行于外磁场强度矢量 $\boldsymbol{H}$，即

$$\boldsymbol{M}_0=\boldsymbol{j}M_{0y}+\boldsymbol{k}M_{0z} \tag{4.90}$$

并且有 $H_yM_{0z}=H_zM_{0y}$。下标 0 表示涡旋速度为零以及此时铁磁流体的磁化强度与外磁场相适应的平衡状况。

如图 4-3(b)所示，当铁磁流体具有涡旋运动时，固相微粒由于基载液体涡旋的粘性力矩 $\boldsymbol{L}_{\tau y}$ 的驱动，以角速度 $\boldsymbol{\omega}_{py}$ 旋转。显然矢量 $\boldsymbol{\omega}_{py}$ 与 $\boldsymbol{\omega}_{cy}$ 相互平行。对于非内禀性铁磁流体，当其固相微粒以 $\boldsymbol{\omega}_{py}$ 旋转时，微粒的磁矩 $\boldsymbol{m}_{p1}$ 同时以 $\boldsymbol{\omega}_{py}$ 旋转。这也就是说铁磁流体的磁化强度发生了旋转。由于旋转而偏离了外磁场方向，磁化强度矢量由平衡的 $\boldsymbol{M}_0$ 变成为 $\boldsymbol{M}$，$\boldsymbol{M}$ 的模和方向均与 $\boldsymbol{M}_0$ 不同。由 $\boldsymbol{M}$ 分解，有

$$\boldsymbol{M}=\boldsymbol{i}M_x+\boldsymbol{j}M_y+\boldsymbol{k}M_z \tag{4.91}$$

此时单位体积铁磁流体受到的磁力矩为

$$\boldsymbol{L}_m=\mu_0\boldsymbol{M}\times\boldsymbol{H}$$

将式(4.91)和式(4.89)代入，就得

$$\boldsymbol{L}_m=\mu_0(\boldsymbol{k}M_xH_y-\boldsymbol{j}M_xH_z+\boldsymbol{i}M_yH_z-\boldsymbol{i}M_zH_y)$$

于是磁力矩矢量 $\boldsymbol{L}_m$ 的三个分量分别为

$$\left.\begin{aligned}\boldsymbol{L}_{mx}&=\boldsymbol{i}(\mu_0 M_y H_z-\mu_0 M_z H_y)\\\boldsymbol{L}_{my}&=-\boldsymbol{j}\mu_0 M_x H_z\\\boldsymbol{L}_{mz}&=\boldsymbol{k}\mu_0 M_x H_y\end{aligned}\right\}\tag{4.92}$$

3. 合力矩 L

将式(4.88)和式(4.92)代入到式(4.86)中,就得

$$\left.\begin{aligned}\boldsymbol{L}_x&=-\boldsymbol{i}(\mu_0 M_y H_z-\mu_0 M_z H_y)\\\boldsymbol{L}_y&=\boldsymbol{j}(4\eta_{f0}\omega_{cy}+\mu_0 M_x H_z)\\\boldsymbol{L}_z&=-\boldsymbol{k}\mu_0 M_x H_y\end{aligned}\right\}\tag{4.93}$$

在方程组(4.93)中,只有 y 方向的力矩分量与涡旋相关。仿照式(4.88)将力矩 $\boldsymbol{L}_y$ 表示成一种具有当量粘性系数 η_H 的涡旋力矩,即

$$\boldsymbol{L}_y=\boldsymbol{j}4\eta_H\omega_{cy}\tag{4.94}$$

将式(4.94)代入式(4.93)的第二方程之左边,就有

$$4\eta_H\omega_{cy}=4\eta_{f0}\omega_{cy}+\mu_0 M_x H_z\tag{4.95}$$

方程(4.95)的物理概念是将磁力矩归并到粘性力矩之中,用折算的当量粘性系数 η_H 来反映磁场的影响。所以 η_H 是要求得的对象。由于磁化强度矢量的旋转,M_x 的值是变化的。需要将 M_x 和 ω_{cy} 关联起来,式(4.95)才有实用的意义。

4.6.3 在等速涡旋下,铁磁流体磁化强度矢量 M 的分量 M_x

1. 运动方程

设铁磁流体内固相微粒的旋转速度 $\boldsymbol{\omega}_{py}$ 为

$$\boldsymbol{\omega}_{py}=\frac{d\boldsymbol{\varphi}}{dt}\tag{4.96}$$

则固相微粒旋转的运动方程为

$$J\frac{d^2\boldsymbol{\varphi}}{dt^2}=\boldsymbol{L}_\tau+\boldsymbol{L}_m$$

由于 $\boldsymbol{\omega}_{py}$ 与 $\boldsymbol{\omega}_{cy}$ 方向相同,但模不相等,所以单位体积铁磁流体内的固相微粒所受到的粘性力矩 $\boldsymbol{L}_\tau$ 就取决于相对转速 $\boldsymbol{\omega}_{cy}-\boldsymbol{\omega}_{py}$,即

$$\boldsymbol{L}_\tau=\boldsymbol{L}_{\tau y}=8\pi a_p^3\eta_c(\boldsymbol{\omega}_{cy}-\boldsymbol{\omega}_{py})n$$

式中,n 是铁磁流体内固相微粒的数密度,即

$$n=\frac{N}{V_f}=\frac{NV_{p1}}{V_f}\frac{1}{V_{p1}}=\frac{V_p}{V_f}\frac{1}{V_{p1}}=\phi\Big/\left(\frac{4}{3}\pi a_p^3\right)$$

故 $\boldsymbol{L}_\tau$ 可以写成

$$\boldsymbol{L}_{\tau y}=6\phi\eta_c(\boldsymbol{\omega}_{cy}-\boldsymbol{\omega}_{py})\tag{4.97}$$

磁力矩 $\boldsymbol{L}_m$ 对于涡旋来说是阻力矩,并且有 $\boldsymbol{L}_m=\mu_0\boldsymbol{M}\times\boldsymbol{H}$。在等速涡旋下有$(d^2\boldsymbol{\varphi}/dt^2)=0$,于是运动方程成为

$$6\phi\eta_c(\boldsymbol{\omega}_{cy}-\boldsymbol{\omega}_{py})+\mu_0\boldsymbol{M}\times\boldsymbol{H}=0$$

此平衡方程表示作用于固相微粒上的粘性力矩和磁力矩相互抵消才有等速旋转。将上面方程与 $\boldsymbol{M}$ 作矢性积,即

$$\boldsymbol{\omega}_{cy} \times \boldsymbol{M} = \boldsymbol{\omega}_{py} \times \boldsymbol{M} + \frac{1}{6\phi\eta_c}\boldsymbol{M} \times (\mu_0 \boldsymbol{M} \times \boldsymbol{H}) \tag{4.98}$$

上式中 $\boldsymbol{\omega}_{cy} \times \boldsymbol{M}$ 的展开形式为

$$\boldsymbol{\omega}_{cy} \times \boldsymbol{M} = \boldsymbol{j}\omega_{cy} \times (\boldsymbol{i}M_x + \boldsymbol{j}M_y + \boldsymbol{k}M_z) = -\boldsymbol{k}\omega_{cy}M_x + \boldsymbol{i}\omega_{cy}M_z \tag{A}$$

$\boldsymbol{M} \times (\boldsymbol{M} \times \boldsymbol{H})$ 的展开形式为

$$\begin{aligned}\boldsymbol{M} \times (\boldsymbol{M} \times \boldsymbol{H}) = & (\boldsymbol{i}M_x + \boldsymbol{j}M_y + \boldsymbol{k}M_z) \times [(\boldsymbol{i}M_x + \boldsymbol{j}M_y + \boldsymbol{k}M_z) \times (\boldsymbol{j}H_y + \boldsymbol{k}H_z)] = \\ & \boldsymbol{i}(M_xM_yH_y + M_zM_xH_z) + \boldsymbol{j}(-M_x^2H_y + M_yM_zH_z - M_z^2H_y) + \\ & \boldsymbol{k}(-M_x^2H_y + M_yM_zH_y - M_y^2H_z)\end{aligned} \tag{B}$$

2. $\boldsymbol{\omega}_{py} \times \boldsymbol{M}$

(1) 旋转中的磁化强度矢量 $\boldsymbol{M}$ 随时间的变化率

对于非内禀性的铁磁流体，当其中的固相微粒受到涡旋的粘性力矩驱动而以 $\boldsymbol{\omega}_{py}$ 旋转时，它们的磁矩也随之而旋转，即铁磁流体的磁化强度 $\boldsymbol{M}$ 旋转。在旋转中，矢量 $\boldsymbol{M}$ 不仅方向改变，模的大小也变化。所以有

$$\left(\frac{\mathrm{d}\boldsymbol{M}}{\mathrm{d}t}\right)_\omega$$

(2) 磁化强度松弛变化率

微粒旋转使得磁化强度矢量 $\boldsymbol{M}$ 不再平行于外磁场，铁磁流体的磁化强度和外磁场之间的平衡关系被破坏，因而磁松弛现象随之发生。此时的磁松弛是使磁化强度趋向于和外磁场相适应的过程的，所以它是力图抵消旋转的效应的。这样的松弛所需要的时间，就是 Brown 扩散时间 t_B，所以有磁化强度的松弛变化率，即

$$\left(\frac{\mathrm{d}\boldsymbol{M}}{\mathrm{d}t}\right)_B$$

磁化强度 M 的旋转变化率和松弛变化率是同时存在的，所以总的变化率是

$$\frac{\mathrm{d}\boldsymbol{M}}{\mathrm{d}t} = \left(\frac{\mathrm{d}\boldsymbol{M}}{\mathrm{d}t}\right)_\omega + \left(\frac{\mathrm{d}\boldsymbol{M}}{\mathrm{d}t}\right)_B \tag{4.99}$$

3. $\left(\frac{\mathrm{d}\boldsymbol{M}}{\mathrm{d}t}\right)_\omega$

因为 $\boldsymbol{M}$ 旋转，所以 $\boldsymbol{M}$ 在坐标 x,y,z 方向的分量 $\boldsymbol{M}_x,\boldsymbol{M}_y$ 和 $\boldsymbol{M}_z$ 就随时间而变化。分量 $\boldsymbol{M}_x$ 在时间 $\mathrm{d}t$ 内的变化量 $\mathrm{d}\boldsymbol{M}_x$ 是由 $\boldsymbol{M}_y$ 以角速度 $\boldsymbol{\omega}_{pz}$ 绕坐标轴 z 旋转的增量 $(\mathrm{d}\boldsymbol{M}_x)_y$ 和由 $\boldsymbol{M}_z$ 以角速度 $\boldsymbol{\omega}_{py}$ 绕坐标轴 y 旋转的增量 $(\mathrm{d}\boldsymbol{M}_x)_z$ 所构成，如图 4-4 所示。

磁化强度在 x 方向的分量 $\boldsymbol{M}_x$ 的增量为

$$\mathrm{d}\boldsymbol{M}_x = (\mathrm{d}\boldsymbol{M}_x)_y + (\mathrm{d}\boldsymbol{M}_x)_z$$

式中，$(\mathrm{d}\boldsymbol{M}_x)_y = -\boldsymbol{i}\omega_{pz}M_y\mathrm{d}t$，$(\mathrm{d}\boldsymbol{M}_x)_z = \boldsymbol{i}\omega_{py}M_z\mathrm{d}t$。

所以有

$$\mathrm{d}\boldsymbol{M}_x = \boldsymbol{i}(\omega_{py}M_z - \omega_{pz}M_y)\mathrm{d}t$$

同样的办法可以类推出

$$\mathrm{d}\boldsymbol{M}_y = \boldsymbol{j}(\omega_{pz}M_x - \omega_{px}M_z)\mathrm{d}t$$

$$\mathrm{d}\boldsymbol{M}_z = \boldsymbol{k}(\omega_{px}M_y - \omega_{py}M_x)\mathrm{d}t$$

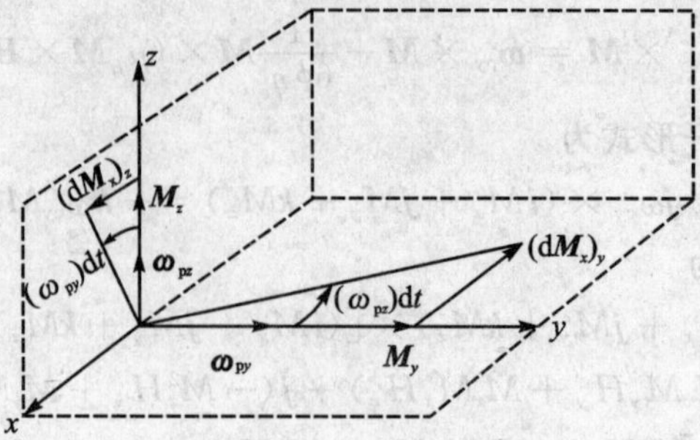

图 4-4　磁化强度的旋转增量

合并上面的三个式子，就得

$$\left(\frac{\mathrm{d}\boldsymbol{M}}{\mathrm{d}t}\right)_{\omega} = \boldsymbol{\omega}_{\mathrm{p}} \times \boldsymbol{M} \tag{4.100}$$

4. $\left(\frac{\mathrm{d}\boldsymbol{M}}{\mathrm{d}t}\right)_{\mathrm{B}}$

式(3.149b)和式(3.149c)给出的铁磁流体的磁化方程表明：当 $t<t_{\mathrm{B}}$ 时，磁化强度 $M(t)$ 随时间增大；当 $t=t_{\mathrm{B}}$ 时，磁化强度成为和 t 无关的平衡磁化强度；此后，时间继续延长，但磁化强度保持为平衡磁化强度不变。所以铁磁流体磁化的时间过程可以表示成

$$\left.\begin{aligned} M(t) &= \phi M_{\mathrm{p}}\left(\coth\alpha - \frac{1}{\alpha}\right)\frac{t}{t_{\mathrm{B}}}, \quad 0 \leqslant t \leqslant t_{\mathrm{B}} \\ M &= M_0 = \phi M_{\mathrm{p}}\left(\coth\alpha - \frac{1}{\alpha}\right), \quad t_{\mathrm{B}} \leqslant t \end{aligned}\right\} \tag{4.101}$$

式(4.101)所表示的是一个阶段函数，它是不连续的，如图 4-5 所示的实线折线。这样的函数在分析时会带来数学上的困难。

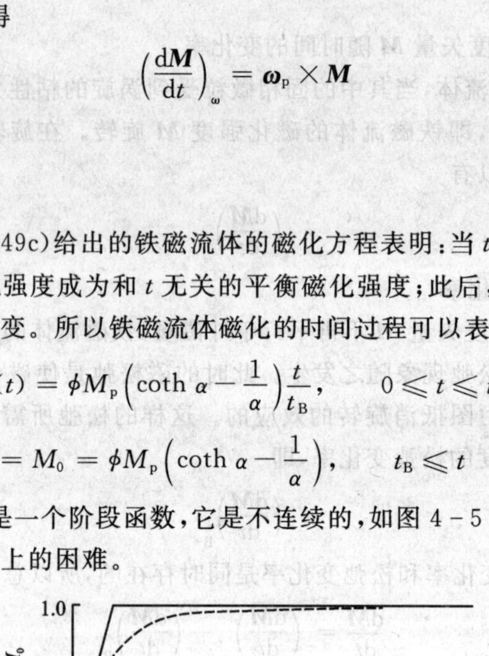

图 4-5　铁磁流体磁化的时间过程

使用一个连续函数来近似地取代式(4.101)，这就要求这个连续函数在 $t/t_{\mathrm{B}}<1$ 时，应当接近于线性关系，而当 $t/t_{\mathrm{B}}>1$ 以后，它的变化很平缓并且趋近于 M_0，如图 4-5 中的虚线所示这个函数可以取为

$$\frac{M(t)}{M_0} = 1 - \exp\left(-\frac{t}{t_{\mathrm{B}}}\right) \tag{4.102}$$

式(4.102)是微分方程 $\frac{\mathrm{d}M(t)}{\mathrm{d}t} = \frac{M_0 - M(t)}{t_{\mathrm{B}}}$，在初始条件 $t=0$，$M(t)=0$ 下的解。因为方程表示 Brown 扩散过程的磁化强度的变化率，所以加注下标 B，即

$$\left(\frac{\mathrm{d}M}{\mathrm{d}t}\right)_{\mathrm{B}} = \frac{M_0 - M}{t_{\mathrm{B}}} \tag{4.103}$$

5. 磁化过程的稳态平衡方程

将式(4.100)与式(4.103)代入式(4.99)中,就得

$$\frac{\mathrm{d}\boldsymbol{M}}{\mathrm{d}t}=\boldsymbol{\omega}_{\mathrm{p}}\times\boldsymbol{M}+\frac{\boldsymbol{M}_0-\boldsymbol{M}}{t_{\mathrm{B}}} \tag{4.104}$$

方程式(4.104)就是铁磁流体的磁化方程。在稳定状态下,$\mathrm{d}\boldsymbol{M}/\mathrm{d}t=0$。将方程(4.104)之右边展开,并且注意到在所讨论的问题中,$\boldsymbol{\omega}_{\mathrm{p}}=\boldsymbol{\omega}_{\mathrm{py}}$,$\boldsymbol{M}_{0x}=0$,于是有

$$-\boldsymbol{k}\omega_{\mathrm{py}}t_{\mathrm{B}}M_x+\boldsymbol{i}\omega_{\mathrm{py}}t_{\mathrm{B}}M_z=\boldsymbol{i}M_x+\boldsymbol{j}(M_y-M_{0y})+\boldsymbol{k}(M_z-M_{0z}) \tag{C}$$

将上式按方向拆开,有

$$\left.\begin{aligned}(\omega_{\mathrm{py}}t_{\mathrm{B}})M_z&=M_x\\0&=M_y-M_{0y}\\-(\omega_{\mathrm{py}}t_{\mathrm{B}})M_x&=M_z-M_{0z}\end{aligned}\right\} \tag{4.105}$$

6. 稳定平衡状态下的 $\boldsymbol{M}_x$

将式(A)、式(B)和式(C)代入方程(4.98)中,得

$$\begin{aligned}-\boldsymbol{k}\omega_{\mathrm{cy}}M_x+\boldsymbol{i}\omega_{\mathrm{cy}}M_z=&\boldsymbol{i}\frac{M_x}{t_{\mathrm{B}}}+\boldsymbol{j}\frac{M_y-M_{0y}}{t_{\mathrm{B}}}+\boldsymbol{k}\frac{M_z-M_{0z}}{t_{\mathrm{B}}}+\\&\frac{\mu_0}{6\phi\eta_{\mathrm{c}}}\big[\boldsymbol{i}(M_xM_yH_y+M_zM_xH_z)+\boldsymbol{j}(-M_x^2H_y+M_yM_zH_z-\\&M_z^2H_y)+\boldsymbol{k}(-M_x^2H_z+M_yM_zH_y-M_y^2H_z)\big]\end{aligned}$$

将上式按方向拆开,有

$$\left.\begin{aligned}\omega_{\mathrm{cy}}M_z&=\frac{M_x}{t_{\mathrm{B}}}+\frac{\mu_0}{6\phi\eta_{\mathrm{c}}}(M_xM_yH_y+M_zM_xH_z)\\0&=\frac{M_y-M_{0y}}{t_{\mathrm{B}}}+\frac{\mu_0}{6\phi\eta_{\mathrm{c}}}(-M_x^2H_y+M_yM_zH_z-M_z^2H_y)\\-\omega_{\mathrm{cy}}M_x&=\frac{M_z-M_{0z}}{t_{\mathrm{B}}}+\frac{\mu_0}{6\phi\eta_{\mathrm{c}}}(-M_x^2H_z+M_yM_zH_y-M_y^2H_z)\end{aligned}\right\} \tag{4.106}$$

方程组(4.106)决定稳态下的 M_x、M_y 和 M_z,但是 M_y 已由式(4.105)的第 2 式所确定。故方程组(4.106)实际有用的是决定 M_x 和 M_z 的第 1、3 两式。用解代数方程组的方法来确定 M_x 和 M_z 过于复杂,从简单、实用的目的出发,可以利用方程组(4.105)的第 3 式,将其改写成

$$-[\omega_{\mathrm{cy}}-(\omega_{\mathrm{cy}}-\omega_{\mathrm{py}})]t_{\mathrm{B}}M_x=M_z-M_{0z}$$

假设基载液体和固相微粒的涡旋滞后量$(\omega_{\mathrm{cy}}-\omega_{\mathrm{py}})$相对于基载液体的涡旋速度 ω_{cy} 是小量,于是上式左边略去小量$(\omega_{\mathrm{cy}}-\omega_{\mathrm{py}})$就得

$$-(\omega_{\mathrm{cy}}t_{\mathrm{B}})M_x=M_z-M_{0z}$$

将此式代入方程组(4.106)的第 1 式之两边,消去 M_z 并注意 $M_y=M_{0y}$,有

$$(\omega_{\mathrm{cy}}t_{\mathrm{B}})M_{0z}-(\omega_{\mathrm{cy}}t_{\mathrm{B}})^2M_x=M_x+\frac{\mu_0t_{\mathrm{B}}}{6\phi\eta_{\mathrm{c}}}(M_xM_{0y}H_y+M_{0z}M_xH_z-\omega_{\mathrm{cy}}t_{\mathrm{B}}M_x^2H_z)$$

将上式并项,用 M_0 和 H 使量纲归一化,得

$$\frac{\mu_0M_0Ht_{\mathrm{B}}}{6\phi\eta_{\mathrm{c}}}\frac{H_z}{H}(\omega_{\mathrm{cy}}t_{\mathrm{B}})\left(\frac{M_x}{M_0}\right)^2-\left[1+\frac{\mu_0M_0Ht_{\mathrm{B}}}{6\phi\eta_{\mathrm{c}}}\left(\frac{M_{0y}}{M_0}\frac{H_y}{H}+\frac{M_{0z}}{M_0}\frac{H_z}{H}\right)+\right.$$

$$(\omega_{cy}t_B)^2\Big]\frac{M_x}{M_0}+(\omega_{cy}t_B)\frac{M_{0z}}{M_0}=0$$

式中，M_0 是平衡磁化强度。由式(3.147)知，$M_0=\phi M_p L(\alpha)$，故

$$\frac{\mu_0 M_0 H t_B}{6\phi\eta_c}=\frac{\mu_0}{6\phi\eta_c}H\left(\frac{3\eta_c V_{p1}}{k_0 T}\right)\phi M_p L(\alpha)=\frac{\mu_0 M_p V_{p1} H}{2k_0 T}L(\alpha)=0.5\alpha L(\alpha)$$

此外，由图 4-3(a)可知，外磁场 $\boldsymbol{H}$ 与坐标轴 y 的夹角是 β_0，故 $H_y/H=M_{0y}/M_0=\cos\beta_0$，$H_z/H=M_{0z}/M_0=\sin\beta_0$，从而上面的方程成为

$$0.5\alpha L(\alpha)(\omega_{cy}t_B)\sin\beta_0\left(\frac{M_x}{M_0}\right)^2-\left[1+0.5\alpha L(\alpha)+(\omega_{cy}t_B)^2\right]\frac{M_x}{M_0}+(\omega_{cy}t_B)\sin\beta_0=0$$

为了书写方便，引用记号

$$\left.\begin{aligned}a&=0.5\alpha L(\alpha)(\omega_{cy}t_B)\sin\beta_0\\ b&=1+0.5\alpha L(\alpha)+(\omega_{cy}t_B)^2\\ c&=(\omega_{cy}t_B)\sin\beta_0\end{aligned}\right\}\tag{4.107}$$

于是得到一个简单的二次代数方程式，即

$$a\left(\frac{M_x}{M_0}\right)^2-b\left(\frac{M_x}{M_0}\right)+c=0$$

方程之根为

$$\frac{M_x}{M_0}=\frac{b-\sqrt{b^2-4ac}}{2a}\tag{4.108}$$

因为 $M_x/M_0<1$，所以上式右边分子根号前取负号。

4.6.4 铁磁流体在外磁场中的粘度系数 η_H 的表达式

用式(4.108)代入式(4.95)中，得

$$\eta_H=\eta_{f0}+\frac{\mu_0 M_0 H_z}{4\omega_{cy}}\frac{b-\sqrt{b^2-4ac}}{2a}$$

式中 $\dfrac{\mu_0 M_0 H_z}{4\omega_{cy}}=\dfrac{\mu_0 M_0 H t_B}{4\omega_{cy}t_B}\dfrac{H_z}{H}=\dfrac{\mu_0\phi M_p L(\alpha)H}{4\omega_{cy}t_B}\dfrac{3\eta_c V_{p1}}{k_0 T}\sin\beta_0=\dfrac{3}{2}\phi\dfrac{0.5\alpha L(\alpha)}{\omega_{cy}t_B}(\sin\beta_0)\eta_c$

于是有

$$\eta_H=\eta_{f0}+\frac{3}{2}\phi\frac{0.5\alpha L(\alpha)}{\omega_{cy}t_B}(\sin\beta_0)\frac{b-\sqrt{b^2-2ac}}{2a}\eta_c\tag{4.109}$$

式(4.109)就是铁磁流体在外磁场中的粘度公式。当 $\omega_{cy}t_B$ 的值很小时，在右边根号内有 $4ac\leqslant b^2$，于是有

$$\frac{b-\sqrt{b^2-4ac}}{2a}\approx\frac{c}{b}=\frac{(\omega_{cy}t_B)\sin\beta_0}{1+0.5\alpha L(\alpha)}$$

代入式(4.109)中，就得

$$\eta_H=\eta_{f0}+\frac{3}{2}\phi\frac{0.5\alpha L(\alpha)}{1+0.5\alpha L(\alpha)}(\sin^2\beta_0)\eta_c\tag{4.110}$$

式(4.110)就是 Shliomis 公式。将式(4.109)和式(4.110)中的 η_{f0} 用式(4.52)代入，就得到 η_H 的完整表达。

4.7　铁磁流体的混合流运动方程

铁磁流体就其构成而言,无疑是一种液固两相流体。由于固相微粒的尺寸极其微小,两相之间的速度滞后、温度滞后几乎可以忽略不计。但存在外磁场时,由于磁场力和磁力矩的作用,造成两相间运动上的滞后,通过表面粘附作用实现对铁磁流体混合流运动的控制。所以铁磁流体混合流的力学方程与一般两相混合流的最大不同在于它们包含磁场作用的项。

如果外磁场是时变的或者在空间上是不均匀的,则流动中的铁磁流体存在磁松弛现象,磁松弛是困难而且复杂的问题。铁磁流体的松弛过程很快,其特征时间就是 t_N 和 t_B,它们都是 $10^{-8}\sim10^{-6}$ s 的量级。如果铁磁流体的运动速度不快,则在流动过程中,磁松弛完全来得及进行,以致铁磁流体的磁化强度与外磁场处处相适应,这种流动称为磁平衡流;如果铁磁流体的流动速度极快,铁磁流体的磁化强度来不及松弛,从而在整个流程中磁化强度不变或变化很小,这种流动称为磁冻结流。磁平衡流和磁冻结流是两种极端的情况,实际流动介于此两者之间。

混合流的基本想法是不将铁磁流体的两相分开处理,而只是将其当作一种均匀的流体来对待,但将铁磁流体的物性参数和热力学参数计入两相的作用,这就是本章前几节所讨论过的混合参数。

以下所讨论的铁磁流体混合流的力学方程,建立在如下两条基本假设之上:① 铁磁流体是牛顿流体;② 铁磁流体的磁化是非内禀性的。至于内禀性铁磁流体的力学方程可以在非内禀性的方程基础上简化得到。

4.7.1　铁磁流体运动方程的基本形式

铁磁流体混合流的运动方程的基本形式与普通流体一样,就是牛顿第二定律。单位体积的铁磁流体的牛顿第二定律方程为

$$\rho_f \frac{d\boldsymbol{V}}{dt} = \boldsymbol{f}_g + \boldsymbol{f}_p + \boldsymbol{f}_\eta + \boldsymbol{f}_\tau + \boldsymbol{f}_m \tag{4.111}$$

方程右边各项:

① $\boldsymbol{f}_g$ 是铁磁流体受到的重力,重力是一种彻体力,即

$$\boldsymbol{f}_g = \rho_f \boldsymbol{g} \tag{4.112}$$

式中,$\boldsymbol{g}$ 是重力加速度;ρ_f 是铁磁流体的密度,其按式(4.21)计算。

② $\boldsymbol{f}_p$ 是铁磁流体受到的压力梯度,表示因压力在空间的变化而引起的作用于铁磁流体上的一种表面力,即

$$\boldsymbol{f}_p = -\nabla p \tag{4.113}$$

上式右边的 p 是压力。铁磁流体虽然是两相流,但液、固两相在流动中都处于相同的压力之下。

③ $\boldsymbol{f}_\eta$ 是粘性力。液、固两相均对铁磁流体的粘性有贡献,并且正是由于磁性固相微粒使铁磁流体的粘度受到外磁场的影响。若外磁场是不均匀的,则铁磁流体的粘性系数 η_H 是坐标的函数。粘性力 $\boldsymbol{f}_\eta$ 的式子是

$$f_\eta = \frac{\partial}{\partial x_j}\left[\eta_H\left(\frac{\partial u_i}{\partial x_j}+\frac{\partial u_j}{\partial x_i}\right)-\left(\frac{2}{3}\eta_H \boldsymbol{\nabla}\cdot\boldsymbol{V}\right)\delta_{ij}\right] \tag{4.114}$$

式中，下标 i 和 j 都等于 1,2,3。在直角坐标系中，下标 1 代表 x 方向，下标 2 代表 y 方向，下标 3 代表 z 方向。δ_{ij} 是 Kronecker 函数，它的定义是

$$\delta_{ij}=\begin{cases}1, & i=j\\ 0, & i\neq j\end{cases}$$

若铁磁流体在均匀磁场中运动，其 η_H 可以视为常数，则式(4.114)成为

$$f_\eta = \eta_H\left[\boldsymbol{\nabla}(\boldsymbol{\nabla}\cdot\boldsymbol{V})+\boldsymbol{\nabla}^2\boldsymbol{V}-\frac{2}{3}\frac{\partial}{\partial x_j}(\boldsymbol{\nabla}\cdot\boldsymbol{V})\delta_{ij}\right] \tag{4.115}$$

在工程实用中，铁磁流体一般认为是不可压缩的，即 $\boldsymbol{\nabla}\cdot\boldsymbol{V}=0$，所以在非均匀磁场中

$$f_\eta = \frac{\partial}{\partial x_j}\left[\eta_H\left(\frac{\partial u_i}{\partial x_j}+\frac{\partial u_j}{\partial x_i}\right)\right] \tag{4.116}$$

在均匀磁场中

$$f_\eta = \eta_H\boldsymbol{\nabla}^2\boldsymbol{V} \tag{4.117}$$

④ f_τ 是由于液固两相涡旋的速度滞后产生的附加力。

⑤ f_m 是磁场力，其为铁磁流体所特有的一种彻体力。外磁场就是通过这种力来控制铁磁流体的运动。f_m 只是在非均匀的外磁场中产生。

4.7.2 两相涡旋速度滞后引起的附加力 f_τ 和附加力矩 L_τ

如图 4-6 所示，在铁磁流体中取出一个微元六面控制体。由于存在涡旋运动，在微元六面体的表面上有剪应力环流。

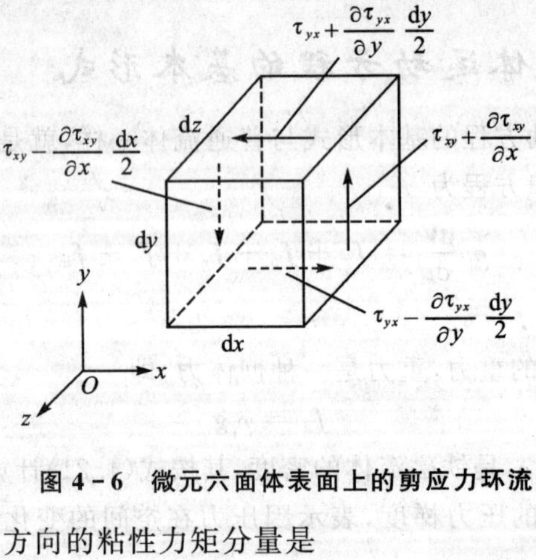

图 4-6 微元六面体表面上的剪应力环流

由剪应力流产生的 z 方向的粘性力矩分量是

$$\mathrm{d}L_{\tau z}=\left[\frac{\mathrm{d}x}{z}\left(\tau_{xy}+\frac{\partial\tau_{xy}}{\partial x}\frac{\mathrm{d}x}{2}\right)+\frac{\mathrm{d}x}{2}\left(\tau_{xy}-\frac{\partial\tau_{xy}}{\partial x}\frac{\mathrm{d}x}{2}\right)\right]\mathrm{d}y\mathrm{d}z+$$
$$\left[\frac{\mathrm{d}y}{2}\left(\tau_{yx}+\frac{\partial\tau_{yx}}{\partial y}\frac{\mathrm{d}y}{2}\right)+\frac{\mathrm{d}y}{2}\left(\tau_{yx}-\frac{\partial\tau_{yx}}{\partial y}\frac{\mathrm{d}y}{2}\right)\right]\mathrm{d}z\mathrm{d}x$$

将上式化简以后，得

$$\mathrm{d}L_{\tau z}=(\tau_{xy}+\tau_{yx})\mathrm{d}x\mathrm{d}y\mathrm{d}z$$

于是可以得到单位体积铁磁流体所受到的三个方向的粘性力矩分量分别为

$$
\left.\begin{aligned}
L_{\tau z} &= \frac{\mathrm{d}L_{\tau z}}{\mathrm{d}x\mathrm{d}y\mathrm{d}z} = \tau_{xy} + \tau_{yx} \\
L_{\tau x} &= \frac{\mathrm{d}L_{\tau x}}{\mathrm{d}x\mathrm{d}y\mathrm{d}z} = \tau_{yz} + \tau_{zx} \\
L_{\tau y} &= \frac{\mathrm{d}L_{\tau y}}{\mathrm{d}x\mathrm{d}y\mathrm{d}z} = \tau_{zx} + \tau_{xz}
\end{aligned}\right\} \tag{4.118}
$$

取各剪应力环流的平均剪应力分别为

$$
\left.\begin{aligned}
\tau_z &= \frac{1}{2}(\tau_{xy} + \tau_{yx}) \\
\tau_x &= \frac{1}{2}(\tau_{yz} + \tau_{zy}) \\
\tau_y &= \frac{1}{2}(\tau_{zx} + \tau_{xz})
\end{aligned}\right\} \tag{4.119}
$$

式(4.119)等号左边平均剪应力 τ 的下标表示按右手螺旋规定的剪应力环流矢量所沿的坐标轴方向。于是粘性附加力矩的式子成为

$$
L_{\tau z} = 2\tau_z, \qquad L_{\tau x} = 2\tau_x, \qquad L_{\tau y} = 2\tau_y \tag{4.120}
$$

粘性附加力是表面剪应力的合成，由图 4－6 可见

$$
\mathrm{d}F_{yx} = \left[\left(\tau_{yx} - \frac{\partial \tau_{yx}}{\partial y}\frac{\mathrm{d}y}{2}\right) - \left(\tau_{yx} + \frac{\partial \tau_{yx}}{\partial y}\frac{\mathrm{d}y}{2}\right)\right]\mathrm{d}z\mathrm{d}x
$$

化简后得

$$
\mathrm{d}F_{yx} = -\frac{\partial \tau_{yx}}{\partial y}\mathrm{d}y\mathrm{d}z\mathrm{d}x
$$

单位体积铁磁流体所受到的表面粘性力是

$$
f_{yx} = \frac{\mathrm{d}F_{yx}}{\mathrm{d}x\mathrm{d}y\mathrm{d}z} = -\frac{\partial \tau_{yx}}{\partial y}
$$

式中，左边的粘性力分量的下标规定与剪应力相同，即第一个下标表示力所在平面的法线方向，第二个下标表示力的方向。用式(4.119)所表示的平均应力 τ_z 取代 τ_{yx}，并且用式(4.120)将粘性力和粘性力矩关联起来。如此类推就得到六面休各表面上的粘性力分别为

$$
\left.\begin{aligned}
f_{yx} &= -\frac{\partial \tau_z}{\partial y} = -\frac{1}{2}\frac{\partial L_{\tau z}}{\partial y}, & f_{zx} &= \frac{\partial \tau_y}{\partial z} = \frac{1}{2}\frac{\partial L_{\tau y}}{\partial z} \\
f_{zy} &= -\frac{\partial \tau_x}{\partial z} = -\frac{1}{2}\frac{\partial L_{\tau x}}{\partial z}, & f_{xy} &= \frac{\partial \tau_z}{\partial x} = \frac{1}{2}\frac{\partial L_{\tau z}}{\partial x} \\
f_{xz} &= -\frac{\partial \tau_y}{\partial x} = -\frac{1}{2}\frac{\partial L_{\tau y}}{\partial x}, & f_{yz} &= \frac{\partial \tau_x}{\partial y} = \frac{1}{2}\frac{\partial L_{\tau x}}{\partial y}
\end{aligned}\right\} \tag{4.121}
$$

将上面各式按方向相加，就得

$$
\left.\begin{aligned}
f_{\tau x} &= f_{zx} + f_{yx} = \frac{1}{2}\left(\frac{\partial L_{\tau y}}{\partial z} - \frac{\partial L_{\tau z}}{\partial y}\right) \\
f_{\tau y} &= f_{xy} + f_{zy} = \frac{1}{2}\left(\frac{\partial L_{\tau z}}{\partial x} - \frac{\partial L_{\tau x}}{\partial z}\right) \\
f_{\tau z} &= f_{yz} + f_{xz} = \frac{1}{2}\left(\frac{\partial L_{\tau x}}{\partial y} - \frac{\partial L_{\tau y}}{\partial x}\right)
\end{aligned}\right\} \tag{4.122}
$$

显然，上式可写成矢量形式，即

$$f_\tau = \frac{1}{2}\nabla \times L_\tau \tag{4.123}$$

在铁磁流体中，固相微粒的旋转速度 $\boldsymbol{\omega}_p$ 与基载液体的涡旋速度 $\boldsymbol{\omega}_c$ 两者不相等，从而存在着粘性力矩 $\boldsymbol{L}_\tau$。由式(1.31)和式(1.32)知，作用于固相微粒上的粘性力矩是

$$\boldsymbol{L}_\tau = -C_\tau(\boldsymbol{\omega}_p - \boldsymbol{\omega}_c)n = -8\pi\eta_c a_p^3(\boldsymbol{\omega}_p - \boldsymbol{\omega}_c)n \tag{4.124}$$

式中，a_p 是固相微粒的平均半径；n 是单位体积铁磁流体内的固相微粒数。n 个圆球形固相微粒的绕轴惯性矩 J_n 是

$$J_n = \frac{8}{15}\pi a_p^5 \rho_{NP} n \tag{4.125}$$

式中，ρ_{NP} 是固相微粒的真实密度，即材料密度。将式(4.125)代入式(4.124)中，就得

$$\boldsymbol{L}_\tau = \frac{J_n}{t_s}(\boldsymbol{\omega}_c - \boldsymbol{\omega}_p) \tag{4.126}$$

式中，t_s 是牛顿松弛时间，即

$$t_s = \frac{J_n}{nC_\tau} = \frac{a_p^2 \rho_{NP}}{15\eta_c} \tag{4.127}$$

将式(4.126)代入式(4.123)中，有

$$\boldsymbol{f}_\tau = \frac{J_n}{2t_s}\nabla \times (\boldsymbol{\omega}_c - \boldsymbol{\omega}_p) \tag{4.128}$$

若单个固相微粒的绕轴惯性矩为 J_1，则

$$J_n = nJ_1 = \frac{\phi}{V_{p1}}J_1, \qquad J_1 = \frac{1}{10}\rho_{NP} V_{p1} d_p^2 \tag{4.129}$$

则有

$$\boldsymbol{L}_\tau = \frac{\phi J_1}{t_s V_{p1}}(\boldsymbol{\omega}_c - \boldsymbol{\omega}_p) \tag{4.130}$$

$$\boldsymbol{f}_\tau = \frac{\phi J_1}{2t_s V_{p1}}\nabla \times (\boldsymbol{\omega}_c - \boldsymbol{\omega}_p) \tag{4.131}$$

式(4.130)和式(4.131)是基载液体作用在固相微粒上的粘性力矩和粘性力；而固相微粒作用于基载液体上的反作用力矩和反作用力，在式(4.130)和式(4.131)之右边增加负号即得。

4.7.3 铁磁流体所受的磁场力 f_m

铁磁流体在外磁场中受到的磁场力，来源于固相磁性微粒。所以，微电流环、圆球形线圈和偶极子在外磁场中受到的磁场力和磁力矩就是铁磁流体受到外磁场作用的基本机理。但是，在铁磁流体中含有极大数目的固相微粒，在外磁场是不均匀的情况下，各个固相微粒所受到的磁场力和磁力矩并不相同。在铁磁流体中取出一个微元控制体作为分析单元，这个微元体内也必定包含有大量的固相微粒，这是铁磁流体是连续性物质的假设得以成立的保证。由于各个微粒受到的磁力矩不相同，它们与外磁场方向的一致程度也不同，这就表现出微元体内的铁磁流体的不均匀磁化现象。在图 4 - 7(a)中，绘出了微元六面体表面上外磁场的分布状况；在图 4 - 7(b)中，绘出了与外磁场分布相应的分子电流的分布，这里的分子电流就是固相

微粒的电流环模型或球形线圈模型的电流。整个微元体内铁磁流体的磁矩与磁化强度就是它所包含的全部固相微粒的磁矩和磁化强度的矢量和。

铁磁流体内总的磁感应强度矢量 $\boldsymbol{B}$ 是

$$\boldsymbol{B}=\boldsymbol{B}_0+\boldsymbol{B}'=\mu_0\boldsymbol{H}+\mu_0\boldsymbol{M}$$

式中，B_0 是外磁场的磁感应强度，也常称为磁化场；B' 是物质磁化产生的附加磁感应强度。

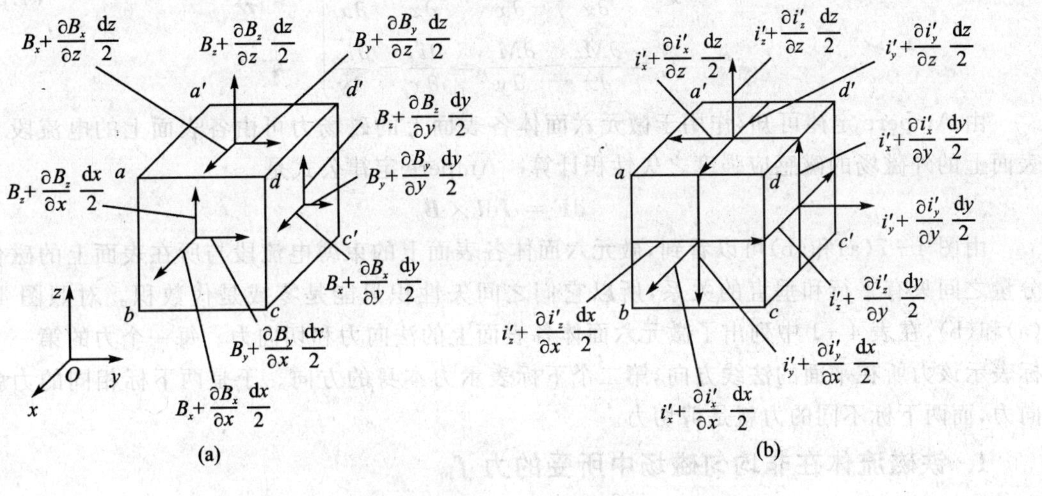

图 4-7　微元六面体上的外磁场和分子电流

设磁化场 $\boldsymbol{B}_0$ 在 x,y,z 三个方向的分量是 $\boldsymbol{B}_x,\boldsymbol{B}_y,\boldsymbol{B}_z$，则

$$\boldsymbol{B}_0=\boldsymbol{B}_x+\boldsymbol{B}_y+\boldsymbol{B}_z$$

由图 4-7(b)可以看到束缚电流 $\boldsymbol{i}'$（即分子电流）相应于磁化场 $\boldsymbol{B}_0$ 的变化也产生相应的增量。在磁化场较高的地方，固相微粒的磁矩方向与磁化场方向一致的程度较好，也就是铁磁流体的磁化强度较高，即分子电流较大。相反，在磁化场较低的地方，铁磁流体的磁化强度也较低，即分子电流较小。

假定有传导电流穿过微元六面体，传导电流的面密度是 $\boldsymbol{j}_c$，则微元体内的磁化场 $\boldsymbol{B}_0$ 就是有旋的。由式(2.41)有

$$\nabla\times\boldsymbol{B}_0=\mu_0\boldsymbol{j}_c$$

将上式两边分别写成

$$\left(\boldsymbol{i}\frac{\partial}{\partial x}+\boldsymbol{j}\frac{\partial}{\partial y}+\boldsymbol{k}\frac{\partial}{\partial z}\right)\times\left(\boldsymbol{i}B_x+\boldsymbol{j}B_y+\boldsymbol{k}B_z\right)=\mu_0\left(\boldsymbol{i}j_x+\boldsymbol{j}j_y+\boldsymbol{k}j_z\right)$$

则上式左边相乘以后，就得出

$$\left.\begin{aligned}\mu_0 j_x&=\frac{\partial B_z}{\partial y}-\frac{\partial B_y}{\partial z}\\\mu_0 j_y&=\frac{\partial B_x}{\partial z}-\frac{\partial B_z}{\partial x}\\\mu_0 j_z&=\frac{\partial B_y}{\partial x}-\frac{\partial B_x}{\partial y}\end{aligned}\right\}\tag{4.132}$$

由图 4-7(b)可以看到，在不均匀的外磁场下，微元六面体各表面上的束缚电流均不相等，这说明有未被抵消的束缚电流穿过微元六面体。设这种未被抵消的束缚电流的面密度为

j',此时铁磁流体的磁化强度 $\boldsymbol{M}$ 是有旋的。由式(2.44)有

$$\nabla\times\boldsymbol{M}=\boldsymbol{j}'$$

注意到 $\boldsymbol{M}=\boldsymbol{i}'=i'\boldsymbol{n}^{\circ}$,则将上式展开,而后按方向拆成下面的三个式子

$$\left.\begin{aligned}j'_x&=\frac{\partial M_z}{\partial y}-\frac{\partial M_y}{\partial z}=\frac{\partial i'_z}{\partial y}-\frac{\partial i'_y}{\partial z}\\ j'_y&=\frac{\partial M_x}{\partial z}-\frac{\partial M_z}{\partial x}=\frac{\partial i'_x}{\partial z}-\frac{\partial i'_z}{\partial x}\\ j'_z&=\frac{\partial M_y}{\partial x}-\frac{\partial M_x}{\partial y}=\frac{\partial i'_y}{\partial x}-\frac{\partial i'_x}{\partial y}\end{aligned}\right\}\tag{4.133}$$

由 Ampere 定律可知,作用于微元六面体各表面上的磁场力可由各表面上的电流段与该表面上的外磁场的磁感应强度之矢性积计算。Ampere 定律公式是

$$\mathrm{d}\boldsymbol{F}=I\mathrm{d}\boldsymbol{l}\times\boldsymbol{B}_0$$

由图 4-7(a)和(b)可以看到,微元六面体各表面上的束缚电流段与所在表面上的磁化场分量之间只有平行和垂直的关系,所以它们之间矢性积只能是零或是代数积。对照图 4-7(a)和(b),在表 4-1 中列出了微元六面体各表面上的法向力和切向力。每一个力的第一个下标表示该力所在平面的法线方向,第二个下标表示力本身的方向。于是两下标相同的力就法向力,而两下标不同的力就是剪切力。

1. 铁磁流体在非均匀磁场中所受的力 f_{m}

将表 4-1 中的各项乘积展开,舍去二阶小项,然后直列相加,就得磁力的三个方向的分量:

$$\sum\mathrm{d}F_{\mathrm{n}x}=\left(i'_y\frac{\partial B_y}{\partial x}+B_y\frac{\partial i'_y}{\partial x}+i'_z\frac{\partial B_z}{\partial x}+B_z\frac{\partial i'_z}{\partial x}-i'_x\frac{\partial B_y}{\partial y}-B_y\frac{\partial i'_x}{\partial y}-i'_x\frac{\partial B_z}{\partial z}-B_z\frac{\partial i'_x}{\partial z}\right)\mathrm{d}x\mathrm{d}y\mathrm{d}z$$

$$\sum\mathrm{d}F_{\mathrm{n}y}=\left(i'_z\frac{\partial B_z}{\partial y}+B_z\frac{\partial i'_z}{\partial y}+i'_x\frac{\partial B_x}{\partial y}+B_x\frac{\partial i'_x}{\partial y}-i'_y\frac{\partial B_z}{\partial z}-B_z\frac{\partial i'_y}{\partial z}-i'_y\frac{\partial B_x}{\partial x}-B_x\frac{\partial i'_y}{\partial x}\right)\mathrm{d}x\mathrm{d}y\mathrm{d}z$$

$$\sum\mathrm{d}F_{\mathrm{n}z}=\left(i'_x\frac{\partial B_x}{\partial z}+B_x\frac{\partial i'_x}{\partial z}+i'_y\frac{\partial B_y}{\partial z}+B_y\frac{\partial i'_y}{\partial z}-i'_z\frac{\partial B_x}{\partial x}-B_x\frac{\partial i'_z}{\partial x}-i'_z\frac{\partial B_y}{\partial y}-B_y\frac{\partial i'_z}{\partial y}\right)\mathrm{d}x\mathrm{d}y\mathrm{d}z$$

将 Gauss 散度定理,即 $\frac{\partial B_x}{\partial x}+\frac{\partial B_y}{\partial y}+\frac{\partial B_z}{\partial z}=0$ 代入上面三式,得

$$f_{\mathrm{m}x}=\frac{\sum\mathrm{d}F_{\mathrm{n}x}}{\mathrm{d}x\mathrm{d}y\mathrm{d}z}=i'_x\frac{\partial B_x}{\partial x}+i'_y\frac{\partial B_y}{\partial x}+i'_z\frac{\partial B_z}{\partial x}+B_y\left(\frac{\partial i'_y}{\partial x}-\frac{\partial i'_x}{\partial y}\right)-B_z\left(\frac{\partial i'_x}{\partial z}-\frac{\partial i'_z}{\partial x}\right)$$

$$f_{\mathrm{m}y}=\frac{\sum\mathrm{d}F_{\mathrm{n}y}}{\mathrm{d}x\mathrm{d}y\mathrm{d}z}=i'_x\frac{\partial B_x}{\partial y}+i'_y\frac{\partial B_y}{\partial y}+i'_z\frac{\partial B_z}{\partial y}+B_z\left(\frac{\partial i'_z}{\partial y}-\frac{\partial i'_y}{\partial z}\right)-B_x\left(\frac{\partial i'_y}{\partial x}-\frac{\partial i'_x}{\partial y}\right)$$

$$f_{\mathrm{m}z}=\frac{\sum\mathrm{d}F_{\mathrm{n}z}}{\mathrm{d}x\mathrm{d}y\mathrm{d}z}=i'_x\frac{\partial B_x}{\partial z}+i'_y\frac{\partial B_y}{\partial z}+i'_z\frac{\partial B_z}{\partial z}+B_x\left(\frac{\partial i'_x}{\partial z}-\frac{\partial i'_z}{\partial x}\right)-B_y\left(\frac{\partial i'_z}{\partial y}-\frac{\partial i'_y}{\partial z}\right)$$

将式(4.132)和式(4.133)代入 $f_{\mathrm{m}x}$ 式右边,就有

$$f_{\mathrm{m}x}=i'_x\frac{\partial B_x}{\partial x}+i'_y\left(\frac{\partial B_x}{\partial y}+\mu_0 j_z\right)+i'_z\left(\frac{\partial B_x}{\partial z}-\mu_0 j_y\right)+B_y j'_z-B_z j'_y$$

上式可改写成

$$f_{\mathrm{m}x}=i'_x\frac{\partial B_x}{\partial x}+i'_y\frac{\partial B_x}{\partial y}+i'_z\frac{\partial B_x}{\partial z}+\mu_0(i'_y j_z-i'_z j_y)+(B_y j'_z-B_z j'_y)\tag{4.134}$$

表 4-1　微元六面体各表面上的法向力和切向力

微元体的表面	表面的外法线 n	dF_{nx}	dF_{ny}	dF_{nz}
$abcd$	x	$\left(i'_y+\frac{\partial i'_y}{\partial x}\frac{dx}{2}\right)dydz\left(B_y+\frac{\partial B_y}{\partial x}\frac{dx}{2}\right)$ $\left(i'_z+\frac{\partial i'_z}{\partial x}\frac{dx}{2}\right)dzdy\left(B_z+\frac{\partial B_z}{\partial x}\frac{dx}{2}\right)$	$-\left(i'_y+\frac{\partial i'_y}{\partial x}\frac{dx}{2}\right)dydz\left(B_x+\frac{\partial B_x}{\partial x}\frac{dx}{2}\right)$	$-\left(i'_z+\frac{\partial i'_z}{\partial x}\frac{dx}{2}\right)dzdy\left(B_x+\frac{\partial B_x}{\partial x}\frac{dx}{2}\right)$
$a'b'c'd'$	$-x$	$-\left(i'_y-\frac{\partial i'_y}{\partial x}\frac{dx}{2}\right)dydz\left(B_y-\frac{\partial B_y}{\partial x}\frac{dx}{2}\right)$ $-\left(i'_z-\frac{\partial i'_z}{\partial x}\frac{dx}{2}\right)dzdy\left(B_z-\frac{\partial B_z}{\partial x}\frac{dx}{2}\right)$	$\left(i'_y-\frac{\partial i'_y}{\partial x}\frac{dx}{2}\right)dydz\left(B_x-\frac{\partial B_x}{\partial x}\frac{dx}{2}\right)$	$\left(i'_z-\frac{\partial i'_z}{\partial x}\frac{dx}{2}\right)dzdy\left(B_x-\frac{\partial B_x}{\partial x}\frac{dx}{2}\right)$
$dcc'd'$	y	$-\left(i'_x+\frac{\partial i'_x}{\partial y}\frac{dy}{2}\right)dxdz\left(B_y+\frac{\partial B_y}{\partial y}\frac{dy}{2}\right)$	$\left(i'_z+\frac{\partial i'_z}{\partial y}\frac{dy}{2}\right)dzdx\left(B_z+\frac{\partial B_z}{\partial y}\frac{dy}{2}\right)$ $\left(i'_x+\frac{\partial i'_x}{\partial y}\frac{dy}{2}\right)dxdz\left(B_x+\frac{\partial B_x}{\partial y}\frac{dy}{2}\right)$	$-\left(i'_z+\frac{\partial i'_z}{\partial y}\frac{dy}{2}\right)dzdx\left(B_y+\frac{\partial B_y}{\partial y}\frac{dy}{2}\right)$
$abb'a'$	$-y$	$\left(i'_x-\frac{\partial i'_x}{\partial y}\frac{dy}{2}\right)dxdz\left(B_y-\frac{\partial B_y}{\partial y}\frac{dy}{2}\right)$	$-\left(i'_z-\frac{\partial i'_z}{\partial y}\frac{dy}{2}\right)dzdx\left(B_z-\frac{\partial B_z}{\partial y}\frac{dy}{2}\right)$ $-\left(i'_x-\frac{\partial i'_x}{\partial y}\frac{dy}{2}\right)dxdz\left(B_x-\frac{\partial B_x}{\partial y}\frac{dy}{2}\right)$	$\left(i'_z-\frac{\partial i'_z}{\partial y}\frac{dy}{2}\right)dzdx\left(B_y-\frac{\partial B_y}{\partial y}\frac{dy}{2}\right)$
$add'a'$	z	$-\left(i'_x+\frac{\partial i'_x}{\partial z}\frac{dz}{2}\right)dxdy\left(B_z+\frac{\partial B_z}{\partial z}\frac{dz}{2}\right)$	$-\left(i'_y+\frac{\partial i'_y}{\partial z}\frac{dz}{2}\right)dydx\left(B_z+\frac{\partial B_z}{\partial z}\frac{dz}{2}\right)$	$\left(i'_x+\frac{\partial i'_x}{\partial z}\frac{dz}{2}\right)dxdy\left(B_x+\frac{\partial B_x}{\partial z}\frac{dz}{2}\right)$ $\left(i'_y+\frac{\partial i'_y}{\partial z}\frac{dz}{2}\right)dydx\left(B_y+\frac{\partial B_y}{\partial z}\frac{dz}{2}\right)$
$bcc'b'$	$-z$	$\left(i'_x-\frac{\partial i'_x}{\partial z}\frac{dz}{2}\right)dxdy\left(B_z-\frac{\partial B_z}{\partial z}\frac{dz}{2}\right)$	$\left(i'_y-\frac{\partial i'_y}{\partial z}\frac{dz}{2}\right)dydx\left(B_z-\frac{\partial B_z}{\partial z}\frac{dz}{2}\right)$	$-\left(i'_x-\frac{\partial i'_x}{\partial z}\frac{dz}{2}\right)dxdy\left(B_x-\frac{\partial B_x}{\partial z}\frac{dz}{2}\right)$ $-\left(i'_y-\frac{\partial i'_y}{\partial z}\frac{dz}{2}\right)dydx\left(B_y-\frac{\partial B_y}{\partial z}\frac{dz}{2}\right)$

同理可得

$$f_{my} = i'_x\frac{\partial B_y}{\partial x} + i'_y\frac{\partial B_y}{\partial y} + i'_z\frac{\partial B_y}{\partial z} + \mu_0(i'_z j_x - i'_x j_z) + (B_z j'_x - B_x j'_z) \tag{4.135}$$

$$f_{mz} = i'_x\frac{\partial B_z}{\partial x} + i'_y\frac{\partial B_z}{\partial y} + i'_z\frac{\partial B_z}{\partial z} + \mu_0(i'_x j_y - i'_y j_x) + (B_x j'_y - B_y j'_x) \tag{4.136}$$

由$\nabla\times\boldsymbol{B}_0=\mu_0\boldsymbol{j}_c$和$\nabla\times\boldsymbol{i}'=\boldsymbol{j}'$，则有

$$\boldsymbol{i}'\times(\nabla\times\boldsymbol{B}_0) = \mu_0\boldsymbol{i}'\times\boldsymbol{j}_c = \mu_0[\boldsymbol{i}(i'_y j_z - i'_z j_y) + \boldsymbol{j}(i'_z j_x - i'_x j_z) + \boldsymbol{k}(i'_x j_y - i'_y j_x)]$$

$$\boldsymbol{B}_0\times(\nabla\times\boldsymbol{i}') = \boldsymbol{B}_0\times\boldsymbol{j}' = \boldsymbol{i}(B_y j'_z - B_z j'_y) + \boldsymbol{j}(B_z j'_x - B_x j'_z) + \boldsymbol{k}(B_x j'_y - B_y j'_x)$$

利用以上两式，则式(4.134)、式(4.135)、式(4.136)可以合并写成

$$\boldsymbol{f}_m = \boldsymbol{i}'\cdot\nabla\boldsymbol{B}_0 + \boldsymbol{i}'\times\mu_0\boldsymbol{j}_c + \boldsymbol{B}_0\times\boldsymbol{j}' \tag{4.137}$$

对于铁磁流体$\boldsymbol{i}'=\boldsymbol{M}$，则有$\boldsymbol{j}'=\nabla\times\boldsymbol{M}$，此外$\mu_0\boldsymbol{j}_c=\nabla\times\boldsymbol{B}_0$，上式又可以写成

$$\boldsymbol{f}_m = \boldsymbol{M}\cdot\nabla\boldsymbol{B}_0 + \boldsymbol{M}\times(\nabla\times\boldsymbol{B}_0) + \boldsymbol{B}_0\times(\nabla\times\boldsymbol{M}) \tag{4.138}$$

对于均匀磁化的铁磁流体，M是常数，不仅$\nabla\times\boldsymbol{M}=0$，而且$\boldsymbol{B}_0\cdot\nabla\boldsymbol{M}=0$，故式(4.138)可以写成

$$\boldsymbol{f}_m = \boldsymbol{M}\cdot\nabla\boldsymbol{B}_0 + \boldsymbol{M}\times(\nabla\times\boldsymbol{B}_0) + \boldsymbol{B}_0\times(\nabla\times\boldsymbol{M}) + \boldsymbol{B}_0\cdot\nabla\boldsymbol{M} = \nabla(\boldsymbol{M}\cdot\boldsymbol{B}_0) \tag{4.139}$$

所以均匀磁化的铁磁流体的磁势函数是$\boldsymbol{M}\cdot\boldsymbol{B}_0$，而其单位体积的磁势能就是

$$e_p = -\boldsymbol{M}\cdot\boldsymbol{B}_0 \tag{4.140}$$

铁磁流体的磁化强度是其中的固相微粒的磁矩在外磁场方向的投影的统计平均值。所以在静止状态下铁磁流体的磁化强度矢量$\boldsymbol{M}$总是平行于外磁场$\boldsymbol{B}_0$。于是，方程式(4.138)、方程式(4.139)右边第一项为

$$\boldsymbol{M}\cdot\nabla\boldsymbol{B}_0 = \frac{M}{B_0}\boldsymbol{B}_0\cdot\nabla\boldsymbol{B}_0 = \frac{M}{B_0}\left[\frac{1}{2}\nabla(\boldsymbol{B}_0\cdot\boldsymbol{B}_0) - \boldsymbol{B}_0\times(\nabla\times\boldsymbol{B}_0)\right]$$

由于$\nabla(\boldsymbol{B}_0\cdot\boldsymbol{B}_0)=\nabla(B_0^2)=2B_0\nabla B_0$，代入上式有

$$\boldsymbol{M}\cdot\nabla\boldsymbol{B}_0 = \frac{M}{B_0}\left[B_0\nabla B_0 - \boldsymbol{B}_0\times(\nabla\times\boldsymbol{B}_0)\right] = M\nabla B_0 - \boldsymbol{M}\times(\nabla\times\boldsymbol{B}_0)$$

代入式(4.138)的右边，得到$\boldsymbol{M}$和$\boldsymbol{B}_0$平行时的磁场力，即

$$\boldsymbol{f}_m = M\nabla B_0 + \boldsymbol{B}_0\times(\nabla\times\boldsymbol{M}) \tag{4.141}$$

若铁磁流体是均匀磁化的，则

$$\boldsymbol{f}_m = M\nabla B_0 \tag{4.142}$$

在铁磁流体发生运动时，$\boldsymbol{M}$和$\boldsymbol{B}_0$并不一定平行，若不存在传导电流，即$\boldsymbol{j}_c=0$，同时也不考虑非均匀磁化引起的剩余束缚电流，即$\boldsymbol{j}'=0$，则式(4.138)成为

$$\boldsymbol{f}_k = \boldsymbol{f}_m = \boldsymbol{M}\cdot\nabla\boldsymbol{B}_0 \tag{4.143}$$

式(4.142)和式(4.143)是磁场力最常用的形式，称作 Kelvin 力。通常写成$\boldsymbol{f}_k$。

2. 铁磁流体在外磁场中所受到的磁力矩

在微元六面体的每个表面都有磁力的法向分量和切向分量。所有的法向分量都通过微元体的几何中心，所以法向分力不产生使微元体旋转的力矩，只有切向分力才造成力矩。力矩矢量是力臂矢$\boldsymbol{r}$和力矢$\boldsymbol{F}$的矢性积，即

$$\boldsymbol{L} = \boldsymbol{r}\times\boldsymbol{F}$$

在微元六面体表面上磁场力的切向分量与坐标轴之间只有平行和垂直两种关系。力臂矢

的正方向取表面的外法线之正方向，即由微元六面体的几何中心指向表面上的切向力。所以力臂和切向力之角度只成 $\pi/2$ 和 $3\pi/2$ 两种情况，于是

$$\mathrm{d}L=\sum|\boldsymbol{r}||\boldsymbol{F}|\sin(\boldsymbol{r}^{\circ},\boldsymbol{F}^{\circ})$$

式中，$\boldsymbol{r}^{\circ}$是微元六面各表面的外法线单位矢；$\boldsymbol{F}^{\circ}$是各切向力的单位矢；角度($\boldsymbol{r}^{\circ}$，$\boldsymbol{F}^{\circ}$)是由 $\boldsymbol{r}$ 之正向逆时针转向 $\boldsymbol{F}$ 之正向。由表 4-1 列出的 x 轴方向的磁力矩是

$$\begin{aligned}\mathrm{d}L_x=&\frac{\mathrm{d}z}{2}\left|\left(i'_y+\frac{\partial i'_y}{\partial z}\frac{\mathrm{d}z}{2}\right)\mathrm{d}x\mathrm{d}y\left(B_z+\frac{\partial B_z}{\partial z}\frac{\mathrm{d}z}{2}\right)\right|\sin\frac{\pi}{2}+\\&\frac{\mathrm{d}z}{2}\left|\left(i'_y-\frac{\partial i'_y}{\partial z}\frac{\mathrm{d}z}{2}\right)\mathrm{d}x\mathrm{d}y\left(B_z-\frac{\partial B_z}{\partial z}\frac{\mathrm{d}z}{2}\right)\right|\sin\frac{\pi}{2}+\\&\frac{\mathrm{d}y}{2}\left|\left(i'_z+\frac{\partial i'_z}{\partial y}\frac{\mathrm{d}y}{2}\right)\mathrm{d}z\mathrm{d}x\left(B_y+\frac{\partial B_y}{\partial y}\frac{\mathrm{d}y}{2}\right)\right|\sin\frac{3\pi}{2}+\\&\frac{\mathrm{d}y}{2}\left|\left(i'_z-\frac{\partial i'_z}{\partial y}\frac{\mathrm{d}y}{2}\right)\mathrm{d}z\mathrm{d}x\left(B_y-\frac{\partial B_y}{\partial y}\frac{\mathrm{d}y}{2}\right)\right|\sin\frac{3\pi}{2}\end{aligned}$$

将上式展开并且略去二阶小量，就得

$$\mathrm{d}L_x=(i'_yB_z-i'_zB_y)\mathrm{d}x\mathrm{d}y\mathrm{d}z$$

单位体积的铁磁流体所受到的磁力矩在 x 方向的分量是

$$L_x=\frac{\mathrm{d}L_x}{\mathrm{d}x\mathrm{d}y\mathrm{d}z}=(i'_yB_z-i'_zB_y)$$

同样可以得到 y 方向和 z 方向的分量，即

$$\left.\begin{aligned}L_y&=i'_zB_x-i'_xB_z\\L_z&=i'_xB_y-i'_yB_x\end{aligned}\right\}\tag{4.144}$$

将式(4.144)的三式合并，即得单位体积铁磁流体磁力矩的矢量形式，即

$$\boldsymbol{L}_{\mathrm{m}}=\boldsymbol{i}'\times\boldsymbol{B}_0=\boldsymbol{M}\times\boldsymbol{B}_0\tag{4.145}$$

由式(4.144)或式(4.145)可见：①磁力矩与外磁场是否均匀无关，只取决于当地的外磁场强度；②磁力矩与有无传导电流和剩余束缚电流的存在无关，即外磁场和铁磁流体的磁化强度是否有旋，对磁力矩没有影响。

铁磁流体在外磁场中所受到的磁力矩完全来源于固相微粒，所有固相微粒受到的磁力矩一律使微粒的磁矩转向外磁场。但是，铁磁流体内的固相微粒都处于热运动之中，它们的磁矩方向是随机的、杂乱无序的，因而各个微粒是从不同的方向转向外磁场，其磁力矩矢量也是各方向随机分布的。于是，它们在整体上对铁磁流体的影响互相抵消而等于零，所以铁磁流体在磁化过程中并不出现任何宏观上的旋转运动。经过一个很短的 Brown 扩散时间以后，各个微粒的磁势能与热运动能相平衡，则微粒的磁矩与外磁场之间的角度达到一个动态的稳定平衡。固相微粒磁矩在外磁场方向的统计平均值，就是铁磁流体在该外磁场中的磁矩或就单位体积而言，就是铁磁流体的磁化强度。所以铁磁流体在静止状态中，其磁化强度矢量总是和外磁场的磁感应强度矢量互相平行，此时铁磁流体并不受到宏观上的磁力矩的作用。

但是，一旦铁磁流体发生运动时，情况就有所不同。基载液体涡旋的粘性力矩使所有的固相微粒同步顺应涡旋方向旋转。此时就产生宏观上的磁力矩，表现为铁磁流体的磁化强度矢量不再与外磁场平行。两者之间的夹角 θ 由磁力矩和涡旋的粘性力矩平衡而确定。从铁磁流体的运动上来看，磁力矩是一种阻力矩。式(4.145)可以写成

$$\boldsymbol{L}_{\mathrm{m}} = \boldsymbol{M} \times \boldsymbol{B}_0 = \boldsymbol{\theta}^{\circ} M B_0 \sin\theta \tag{4.146}$$

式中，单位矢量 $\boldsymbol{\theta}^{\circ}$ 表示 $\boldsymbol{M}$ 转向 $\boldsymbol{B}_0$ 并服从右手系。

3. 磁势能 e_{p} 与移动功和磁化功之间的转换

式(4.140)所表示的磁势能，只适用于铁磁流体均匀磁化的情况，故剩余束缚电流为零，亦即 $\boldsymbol{j}'=0$，此外假设没有传导电流，即 $\boldsymbol{j}_{\mathrm{c}}=0$，外磁场 $\boldsymbol{B}_0$ 沿着 l 方向改变，即 $\boldsymbol{B}_0=\boldsymbol{l}^{\circ}B(l)$。此时

$$e_{\mathrm{p}} = -\boldsymbol{M}\cdot\boldsymbol{B}_0 = -MB_0\cos\theta = e_{\mathrm{p}}(l,\theta)$$

磁势能之增量

$$\mathrm{d}(-e_{\mathrm{p}}) = \frac{\partial(-e_{\mathrm{p}})}{\partial l}\mathrm{d}l + \frac{\partial(-e_{\mathrm{p}})}{\partial\theta}\mathrm{d}\theta =$$

$$\boldsymbol{M}\cdot\frac{\partial\boldsymbol{B}_0}{\mathrm{d}l}\mathrm{d}l + MB_0\,\frac{\mathrm{d}\cos\theta}{\mathrm{d}\theta}\mathrm{d}\theta =$$

$$\boldsymbol{M}\cdot\left(\frac{\partial\boldsymbol{B}_0}{\partial x}\frac{\mathrm{d}x}{\mathrm{d}l} + \frac{\partial\boldsymbol{B}_0}{\partial y}\frac{\mathrm{d}y}{\mathrm{d}l} + \frac{\partial\boldsymbol{B}_0}{\partial z}\frac{\mathrm{d}z}{\mathrm{d}l}\right)\mathrm{d}l - MB_0\sin\theta\mathrm{d}\theta$$

由 $\boldsymbol{l}^{\circ}\mathrm{d}l=\boldsymbol{i}\,\mathrm{d}x+\boldsymbol{j}\,\mathrm{d}y+\boldsymbol{k}\,\mathrm{d}z$，故得

$$\frac{\mathrm{d}x}{\mathrm{d}l} = \boldsymbol{i}\cdot\boldsymbol{l}^{\circ},\qquad \frac{\mathrm{d}y}{\mathrm{d}l} = \boldsymbol{j}\cdot\boldsymbol{l}^{\circ},\qquad \frac{\mathrm{d}z}{\mathrm{d}l} = \boldsymbol{k}\cdot\boldsymbol{l}^{\circ}$$

又 $\boldsymbol{M}\times\boldsymbol{B}_0=(MB_0\sin\theta)\boldsymbol{\theta}^{\circ}$，故有

$$MB_0\sin\theta = (\boldsymbol{M}\times\boldsymbol{B}_0)\cdot\boldsymbol{\theta}^{\circ}$$

将以上的结果代入 e_{p} 的增量式之右边，即得

$$\mathrm{d}(-e_{\mathrm{p}}) = \boldsymbol{M}\cdot\left(\boldsymbol{i}\frac{\partial\boldsymbol{B}_0}{\partial x} + \boldsymbol{j}\,\frac{\partial\boldsymbol{B}_0}{\partial y} + \boldsymbol{k}\,\frac{\partial\boldsymbol{B}_0}{\partial z}\right)\cdot\boldsymbol{l}^{\circ}\mathrm{d}l - (\boldsymbol{M}\times\boldsymbol{B}_0)\cdot\boldsymbol{\theta}^{\circ}\mathrm{d}\theta$$

上式或写成

$$-\mathrm{d}(e_{\mathrm{p}}) = (\boldsymbol{M}\cdot\nabla\boldsymbol{B}_0)\cdot\mathrm{d}\boldsymbol{l} - (\boldsymbol{M}\times\boldsymbol{B}_0)\cdot\mathrm{d}\boldsymbol{\theta} \tag{4.147}$$

式(4.147)表明，均匀磁化的铁磁流体之磁势能降低，转化成 Kelvin 力使固相微粒由低磁场处移向高磁场处，其所做的移动功和磁力矩使固相微粒转动的功，即为磁化功。由于磁力矩总是使 θ 减小，故此处的 $\mathrm{d}\theta$ 是负值。

4.7.4 铁磁流体混合流的运动方程

将已经求出的作用于单位体积铁磁流体上的各种力，即式(4.112)、式(4.113)、式(4.114)、式(4.131)以及式(4.138)都代入到方程(4.111)中，就有

$$\rho_{\mathrm{f}}\frac{\mathrm{d}\boldsymbol{V}}{\mathrm{d}t} = \rho_{\mathrm{f}}\frac{\partial\boldsymbol{V}}{\partial t} + \rho_{\mathrm{f}}\boldsymbol{V}\cdot\nabla\boldsymbol{V} = \rho_{\mathrm{f}}\boldsymbol{g} - \nabla p + \frac{\partial}{\partial x_j}\left[\eta_{\mathrm{H}}\left(\frac{\partial u_i}{\partial x_j} + \frac{\partial u_j}{\partial x_i}\right) - \frac{2}{3}(\eta_{\mathrm{H}}\nabla\cdot\boldsymbol{V})\delta_{ij}\right] +$$
$$\frac{\phi J_1}{2V_{\mathrm{p1}}t_{\mathrm{s}}}\nabla\times(\boldsymbol{\omega}_{\mathrm{p}} - \boldsymbol{\omega}_{\mathrm{c}}) + \boldsymbol{M}\cdot\nabla\boldsymbol{B}_0 + \boldsymbol{M}\times(\nabla\times\boldsymbol{B}_0) + \boldsymbol{B}_0\times(\nabla\times\boldsymbol{M}) \tag{4.148}$$

方程(4.148)在下述几种情况下可以简化。

① 若铁磁流体的磁化曲线能够简化成折线，如图 4-8 所示，并且没有传导电流穿过外磁场，则有

$$\nabla\times\boldsymbol{B}_0 = 0,\qquad \nabla\times\boldsymbol{M} = 0$$

于是方程(4.148)成为

$$\rho_{\mathrm{f}}\frac{\partial\boldsymbol{V}}{\partial t} + \rho_{\mathrm{f}}\boldsymbol{V}\cdot\nabla\boldsymbol{V} = \rho_{\mathrm{f}}\boldsymbol{g} - \nabla p + \frac{\partial}{\partial x_j}\left[\eta_{\mathrm{H}}\left(\frac{\partial u_i}{\partial x_j} + \frac{\partial u_j}{\partial x_i}\right) - \left(\frac{2}{3}\eta_{\mathrm{H}}\,\nabla\cdot\boldsymbol{V}\right)\delta_{ij}\right] +$$

图 4-8　铁磁流体的简化近似磁化曲线

$$\frac{\phi J_1}{2V_{p1}t_s}\nabla\times(\boldsymbol{\omega}_p-\boldsymbol{\omega}_c)+\boldsymbol{M}\cdot\nabla\boldsymbol{B}_0 \tag{4.149}$$

② 在方程(4.149)中取粘度系数 η_H 的平均值

$$\rho_f\frac{\partial\boldsymbol{V}}{\partial t}+\rho_f\boldsymbol{V}\cdot\nabla\boldsymbol{V}=\rho_f\boldsymbol{g}-\nabla p+\eta_H\left[\nabla^2\boldsymbol{V}+\nabla(\nabla\cdot\boldsymbol{V})-\frac{2}{3}\delta_{ij}\frac{\partial}{\partial x_j}(\nabla\cdot\boldsymbol{V})\right]+$$

$$\frac{\phi J_1}{2V_{p1}t_s}\nabla\times(\boldsymbol{\omega}_p-\boldsymbol{\omega}_c)+\boldsymbol{M}\cdot\nabla\boldsymbol{B}_0 \tag{4.150}$$

若铁磁流体可以认为是不可压缩的流体，则方程(4.150)中的速度散度等于零，即

$$\nabla\cdot\boldsymbol{V}=0$$

于是方程(4.150)成为

$$\rho_f\frac{\partial\boldsymbol{V}}{\partial t}+\rho_f\boldsymbol{V}\cdot\nabla\boldsymbol{V}=\rho_f\boldsymbol{g}-\nabla p+\eta_H\nabla^2\boldsymbol{V}+$$

$$\frac{\phi J_1}{2V_{p1}t_s}\nabla\times(\boldsymbol{\omega}_p-\boldsymbol{\omega}_c)+\boldsymbol{M}\cdot\nabla\boldsymbol{B}_0 \tag{4.151}$$

方程(4.151)是常用的运动方程。

③ 当外磁场是均匀磁场，并且铁磁流体是不可压缩流体时，铁磁流体是常粘度的，即 $\eta_H=\text{const}$。由于外磁场均匀而 Kelvin 力等于零，则方程(4.151)成为

$$\rho_f\frac{\partial V}{\partial t}+\rho_f\boldsymbol{V}\cdot\nabla\boldsymbol{V}=\rho_f g-\nabla p+\eta_H\nabla^2\boldsymbol{V}+\frac{\phi J_1}{2V_{p1}t_s}\nabla\times(\boldsymbol{\omega}_p-\boldsymbol{\omega}_c) \tag{4.152}$$

方程(4.152)在形式上与普通的混合流没有不同，但外磁场的影响表现在 η_H 上。通常外磁场改变铁磁流体粘度对流动的影响比磁场力(即 Kelvin 力)的影响大得多。

4.8　铁磁流体中固相微粒的动量矩方程

由动量矩定理知，单位体积铁磁流体内的固相微粒的动量矩方程是

$$\frac{d\boldsymbol{S}}{dt}=\boldsymbol{L}_m+\boldsymbol{L}_\tau+\boldsymbol{L}_B \tag{4.153}$$

n 个圆球形微粒的绕轴动量矩是

$$\boldsymbol{S}=nJ_1\boldsymbol{\omega}_p=\frac{\phi J_1}{V_{p1}}\boldsymbol{\omega}_p \tag{4.154}$$

下面依次给出方程(4.153)右边的各力矩。

(1) 磁力矩 $\boldsymbol{L}_m$

单位体积铁磁流体中固相微粒所受到的磁力矩是

$$\boldsymbol{L}_m=\boldsymbol{M}\times\boldsymbol{B}_0=(\phi\boldsymbol{M}_p\times\boldsymbol{B}_0)\mathrm{L}(\alpha)$$

(2) 粘性力矩 $\boldsymbol{L}_\tau$

由式(4.130)给出

$$\boldsymbol{L}_\tau=\frac{\phi J_1}{t_s V_{p1}}(\boldsymbol{\omega}_c-\boldsymbol{\omega}_p)$$

此处的 L_τ 是基载液体作用于固相微粒上的粘性力矩。

(3) Brown 附加力矩 $\boldsymbol{L}_B$

铁磁流体中固相微粒的输运过程是通过 Brown 扩散运动实现的。由于外磁场和流场的不均匀，铁磁流体内各处的固相微粒所具有的动量矩也不相同。因此，在 Brown 扩散运动中必然会产生动量矩的变换。图 4-9 所示为通过微元六面体动量矩的扩散情况。

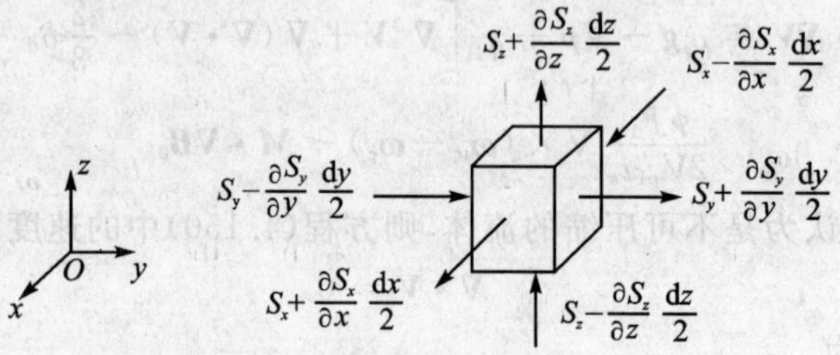

图 4-9　通过微元六面体动量矩的变化

图中 S_x, S_y, S_z 是矢量 $\boldsymbol{S}$ 的三个分量，即

$$\boldsymbol{S}=\boldsymbol{i}S_x+\boldsymbol{j}S_y+\boldsymbol{k}S_z \tag{4.155}$$

由式(4.154)可知，对于圆球形微粒有

$$S_x=\frac{J_1}{V_{p1}}(\phi\omega_p)_x,\qquad S_y=\frac{J_1}{V_{p1}}(\phi\omega_p)_y,\qquad S_z=\frac{J_1}{V_{p1}}(\phi\omega_p)_z \tag{4.156}$$

按照 Fick 定律，扩散方程是

$$\dot{m}=-D\frac{\partial\rho}{\partial x} \tag{4.157}$$

式中，$\dot{m}$ 是一种广义扩散率；ρ 是广义密度；x 是扩散方向；D 是扩散系数。将 Fick 定律用于图 4-9 所示的动量矩扩散过程中，则在 dt 时间内沿 x 方向扩散进入微元体的动量矩是

$$-D\frac{\partial}{\partial x}\left(S_x-\frac{\partial S_x}{\partial x}\frac{dx}{2}\right)dydzdt$$

在 dt 时间内沿 x 方向扩散出微元体的动量矩是

$$-D\frac{\partial}{\partial x}\left(S_x+\frac{\partial S_x}{\partial x}\frac{dx}{2}\right)dydzdt$$

若规定扩散进入微元体的为正，则在 dt 时间内体积 $dxdydz$ 的微元体中，由于 x 方向的扩散所造成的动量矩之变化为

$$D\frac{\partial^2 S_x}{\partial x^2}dxdydzdt$$

同样在 y,z 两方向有

$$D\frac{\partial^2 S_y}{\partial y^2}dydzdxdt$$

$$D\frac{\partial^2 S_z}{\partial z^2}dzdxdydt$$

于是体积为 $\mathrm{d}x\mathrm{d}y\mathrm{d}z$ 的微元六面体在 $\mathrm{d}t$ 时间内由扩散引起的动量矩的变化 $\mathrm{d}\boldsymbol{S}_\mathrm{B}$ 是

$$\mathrm{d}\boldsymbol{S}_\mathrm{B}\mathrm{d}x\mathrm{d}y\mathrm{d}z = D\left(\boldsymbol{i}\frac{\partial^2 S_x}{\partial x^2} + \boldsymbol{j}\frac{\partial^2 S_y}{\partial y^2} + \boldsymbol{k}\frac{\partial^2 S_z}{\partial z^2}\right)\mathrm{d}x\mathrm{d}y\mathrm{d}z\mathrm{d}t$$

注意到 $\boldsymbol{L}_\mathrm{B} = \mathrm{d}\boldsymbol{S}_\mathrm{B}/\mathrm{d}t$，由上式就得

$$\boldsymbol{L}_\mathrm{B} = \frac{\mathrm{d}\boldsymbol{S}_\mathrm{B}}{\mathrm{d}t} = D\boldsymbol{\nabla}^2\boldsymbol{S} \tag{4.158}$$

因为动量矩是以固相微粒为载体进行扩散的，所以上面所用的扩散系数 D 是固相微粒在铁磁流体中的扩散系数，即式(3.162)中的 D_p。

单位体积铁磁流体的动量矩方程由式(4.153)得

$$\frac{\mathrm{d}\boldsymbol{S}}{\mathrm{d}t} = \boldsymbol{M}\times\boldsymbol{B}_0 + \frac{\phi J_1}{V_{\mathrm{p1}}t_\mathrm{s}}(\boldsymbol{\omega}_\mathrm{c} - \boldsymbol{\omega}_\mathrm{p}) + \frac{d_\mathrm{p}^2}{6t_\mathrm{B}}\boldsymbol{\nabla}^2\boldsymbol{S} \tag{4.159}$$

对于 $\phi=\mathrm{const}$ 的均匀铁磁流体，用式(4.154)代入，有

$$\frac{\mathrm{d}\boldsymbol{\omega}_\mathrm{p}}{\mathrm{d}t} = \frac{V_{\mathrm{p1}}}{\phi J_1}(\boldsymbol{M}\times\boldsymbol{B}_0) + \frac{1}{t_\mathrm{s}}(\boldsymbol{\omega}_\mathrm{c} - \boldsymbol{\omega}_\mathrm{p}) + \frac{d_\mathrm{p}^2}{6t_\mathrm{B}}\boldsymbol{\nabla}^2\boldsymbol{\omega}_\mathrm{p} \tag{4.160}$$

对于 $\boldsymbol{\omega}_\mathrm{c}$ 是已知的均匀铁磁流体，由方程式(4.160)可以解出固相微粒的旋转速度 $\boldsymbol{\omega}_\mathrm{p}$。

4.9　铁磁流体的磁化方程

磁化方程是描述铁磁流体从一个磁平衡状态转变到另一个平衡状态的过程。当铁磁流体处于静止的平衡状态时，它的磁化强度矢量 $\boldsymbol{M}_0$ 平行于外磁场 $\boldsymbol{B}_0$。当铁磁流体有涡旋运动时，所有固相微粒的磁矩矢量都同步地被涡旋驱动而向同一方向旋转，因而它们在外磁场方向的投影发生改变，也就是铁磁流体的磁化强度值发生变化；或当外磁场变化时，同样也引起 M 值的变化，即是外磁场的变化，使铁磁流体产生磁松弛的过程。所以铁磁流体的磁化方程是一个与时间相关的方程。即方程式(4.104)

$$\frac{\mathrm{d}\boldsymbol{M}(t)}{\mathrm{d}t} = \boldsymbol{\omega}_\mathrm{p}\times\boldsymbol{M}(t) + \frac{1}{t_\mathrm{B}}\left[\boldsymbol{M}_0 - \boldsymbol{M}(t)\right]$$

式中，M_0 是磁化平衡值，由式(4.101)确定。

4.10　铁磁流体的涡量方程

涡量 $\boldsymbol{\omega}_\mathrm{c}$ 就是速度矢 $\boldsymbol{V}$ 的旋度，即

$$\boldsymbol{\omega}_\mathrm{c} = \boldsymbol{\nabla}\times\boldsymbol{V}$$

将运动方程(4.153)简化成最常用的形式，取铁磁流体粘度的平均值，即 $\eta_\mathrm{H}=\mathrm{const}$，铁磁流体的成分也取平均值，即 $\rho_\mathrm{f}=\mathrm{const}$ 和 $\phi=\mathrm{const}$，于是铁磁流体就是常粘度不可压缩的混合流，从而运动方程(4.151)适用，在其两边同时取旋度，就有

$$\boldsymbol{\nabla}\times\left(\rho_\mathrm{f}\frac{\partial\boldsymbol{V}}{\partial t} + \rho_\mathrm{f}\boldsymbol{V}\cdot\boldsymbol{\nabla}\boldsymbol{V}\right) = \boldsymbol{\nabla}\times(\rho_\mathrm{f}\boldsymbol{g}) - \boldsymbol{\nabla}\times(\boldsymbol{\nabla}p) + \eta_\mathrm{H}\boldsymbol{\nabla}\times(\boldsymbol{\nabla}^2\boldsymbol{V}) -$$
$$\frac{\phi J_1}{2V_{\mathrm{p1}}t_\mathrm{s}}\boldsymbol{\nabla}\times\left[\boldsymbol{\nabla}\times(\boldsymbol{\omega}_\mathrm{c} - \boldsymbol{\omega}_\mathrm{p})\right] + \mu_0\boldsymbol{\nabla}\times(\boldsymbol{M}\cdot\boldsymbol{\nabla}\boldsymbol{H}) \tag{A}$$

使用矢量恒等式给出方程(A)中的各项。基本关系式有：$\boldsymbol{\omega}_c=\nabla\times\boldsymbol{V}$，$\nabla\cdot\boldsymbol{V}=0$，$\nabla\cdot\boldsymbol{\omega}_c=0$，$\nabla\times[\nabla(\boldsymbol{V}\cdot\boldsymbol{V})]=\nabla\times(\nabla V^2)=0$。

① $\nabla\times\left(\rho_f\dfrac{\partial\boldsymbol{V}}{\partial t}+\rho_f\boldsymbol{V}\cdot\nabla\boldsymbol{V}\right)=\rho_f\dfrac{\partial}{\partial t}(\nabla\times\boldsymbol{V})+\rho_f\nabla\times(\boldsymbol{V}\cdot\nabla\boldsymbol{V})$

由$\nabla\times(\boldsymbol{V}\cdot\nabla\boldsymbol{V})=\nabla\times\left[\dfrac{1}{2}\nabla(\boldsymbol{V}\cdot\boldsymbol{V})-\boldsymbol{V}\times(\nabla\times\boldsymbol{V})\right]=-\nabla\times(\boldsymbol{V}\times\boldsymbol{\omega}_c)=\boldsymbol{V}\cdot\nabla\boldsymbol{\omega}_c-\boldsymbol{\omega}_c\cdot\nabla\boldsymbol{V}$

于是有

$$\nabla\times\left(\rho_f\frac{\partial\boldsymbol{V}}{\partial t}+\rho_f\boldsymbol{V}\cdot\nabla\boldsymbol{V}\right)=\rho_f\frac{\partial\boldsymbol{\omega}_c}{\partial t}+\rho_f\boldsymbol{V}\cdot\nabla\boldsymbol{\omega}_c-\rho_f\boldsymbol{\omega}_c\cdot\nabla\boldsymbol{V}=\rho_f\frac{\mathrm{d}\boldsymbol{\omega}_c}{\mathrm{d}t}-\rho_f\boldsymbol{\omega}_c\cdot\nabla\boldsymbol{V}\tag{B}$$

② $\nabla\times(\rho_f\boldsymbol{g})=0$ (C)

③ $\nabla\times(\nabla p)=0$ (D)

④ $\eta_H\nabla\times(\nabla^2\boldsymbol{V})=\eta_H\nabla\times[\nabla(\nabla\cdot\boldsymbol{V})-\nabla\times(\nabla\times\boldsymbol{V})]=-\eta_H\nabla\times(\nabla\times\boldsymbol{\omega}_c)=$

$$\eta_H\nabla^2\boldsymbol{\omega}_c-\eta_H\nabla(\nabla\cdot\boldsymbol{\omega}_c)=\eta_H\nabla^2\boldsymbol{\omega}_c\tag{E}$$

⑤ $\nabla\times[\nabla\times(\boldsymbol{\omega}_c-\boldsymbol{\omega}_p)]=\nabla[\nabla\cdot(\boldsymbol{\omega}_c-\boldsymbol{\omega}_p)]-\nabla^2(\boldsymbol{\omega}_c-\boldsymbol{\omega}_p)=$

$$-\nabla(\nabla\cdot\boldsymbol{\omega}_p)-\nabla^2(\boldsymbol{\omega}_c-\boldsymbol{\omega}_p)\tag{F}$$

将式(B)～式(F)代入式(A)，就得到铁磁流体的涡量方程，即

$$\rho_f\frac{\mathrm{d}\boldsymbol{\omega}_c}{\mathrm{d}t}-\rho_f\boldsymbol{\omega}_c\cdot\nabla\boldsymbol{V}=\eta_H\nabla^2\boldsymbol{\omega}_c+\frac{\phi J_1}{2V_{p1}t_s}\nabla(\nabla\cdot\boldsymbol{\omega}_p)+\frac{\phi J_1}{2V_{p1}t_s}\nabla^2(\boldsymbol{\omega}_c-\boldsymbol{\omega}_p)+\mu_0\nabla\times(\boldsymbol{M}\cdot\nabla\boldsymbol{H})\tag{4.161}$$

方程(4.160)和方程(4.161)是决定 $\boldsymbol{\omega}_c$ 和 $\boldsymbol{\omega}_p$ 的主要方程式。

4.11　铁磁流体的质量守恒方程

和普通流体一样，铁磁流体的质量守恒方程就是流动过程中的物质的守恒定律，不同之处在于它包含磁微粒和基载液在内。但是按照混合流处理，不考虑两相之间的滞后，并且采用混合密度 ρ_f，则铁磁流体与普通液体没有什么不同。

设在铁磁流体内任取一控制体 Ω，在 Ω 内所包含的铁磁流体质量 m_f 为

$$m_f=\int_\Omega\rho_f\mathrm{d}\Omega$$

对时间取导以得 Ω 内铁磁流体质量的变化率，即

$$\frac{\mathrm{d}m_f}{\mathrm{d}t}=\int_\Omega\frac{\mathrm{d}}{\mathrm{d}t}(\rho_f\mathrm{d}\Omega)=\int_\Omega\left[\frac{\mathrm{d}\rho_f}{\mathrm{d}t}+\rho_f\frac{\mathrm{d}(\mathrm{d}\Omega)}{(\mathrm{d}\Omega)\mathrm{d}t}\right]\mathrm{d}\Omega$$

将微元控制体 $\mathrm{d}\Omega$ 写成

$$\mathrm{d}\Omega=\mathrm{d}x\mathrm{d}y\mathrm{d}z$$

则有

$$\rho_f\frac{\mathrm{d}(\mathrm{d}\Omega)}{(\mathrm{d}\Omega)\mathrm{d}t}=\rho_f\left[\frac{\mathrm{d}}{\mathrm{d}x}\left(\frac{\mathrm{d}x}{\mathrm{d}t}\right)+\frac{\mathrm{d}}{\mathrm{d}y}\left(\frac{\mathrm{d}y}{\mathrm{d}t}\right)+\frac{\mathrm{d}}{\mathrm{d}z}\left(\frac{\mathrm{d}z}{\mathrm{d}t}\right)\right]=\rho_f\left(\frac{\mathrm{d}u}{\mathrm{d}x}+\frac{\mathrm{d}v}{\mathrm{d}y}+\frac{\mathrm{d}w}{\mathrm{d}z}\right)$$

在一般情况下，$u=u(x,y,z;t)$，$v=v(x,y,z;t)$，$w=w(x,y,z;t)$，故上式成为

$$\rho_{\mathrm{f}}\frac{\mathrm{d}(\mathrm{d}\Omega)}{(\mathrm{d}\Omega)\mathrm{d}t}=\rho_{\mathrm{f}}\left(\frac{\partial u}{\partial x}+\frac{\partial v}{\partial y}+\frac{\partial w}{\partial z}\right)=\rho_{\mathrm{f}}\boldsymbol{\nabla}\cdot\boldsymbol{V}$$

于是 m_{f} 的变率是

$$\frac{\mathrm{d}m_{\mathrm{f}}}{\mathrm{d}t}=\int_{\Omega}\frac{\mathrm{d}}{\mathrm{d}t}(\rho_{\mathrm{f}}\mathrm{d}\Omega)=\int_{\Omega}\left(\frac{\mathrm{d}\rho_{\mathrm{f}}}{\mathrm{d}t}+\rho_{\mathrm{f}}\boldsymbol{\nabla}\cdot\boldsymbol{V}\right)\mathrm{d}\Omega$$

若在控制体 Ω 内不存在源或汇，则有

$$\frac{\mathrm{d}m_{\mathrm{f}}}{\mathrm{d}t}=0,\qquad\frac{\mathrm{d}}{\mathrm{d}t}(\rho_{\mathrm{f}}\mathrm{d}\Omega)=0\tag{4.162}$$

或写成

$$\frac{\mathrm{d}\rho_{\mathrm{f}}}{\mathrm{d}t}+\rho_{\mathrm{f}}\boldsymbol{\nabla}\cdot\boldsymbol{V}=0\tag{4.163}$$

若存在 $\rho_{\mathrm{f}}=\rho_{\mathrm{f}}(x,y,z;t)$，则

$$\frac{\mathrm{d}\rho_{\mathrm{f}}}{\mathrm{d}t}=\frac{\partial\rho_{\mathrm{f}}}{\partial t}+\boldsymbol{V}\cdot\boldsymbol{\nabla}\rho_{\mathrm{f}}\tag{4.164}$$

将式(4.164)代入式(4.163)中，有

$$\frac{\partial\rho_{\mathrm{f}}}{\partial t}+\boldsymbol{\nabla}\cdot(\rho_{\mathrm{f}}\boldsymbol{V})=0\tag{4.165}$$

式(4.165)是常用的质量守恒方程。对于均匀的铁磁流体，可以认为是不可压缩流体，则由式(4.165)给出

$$\boldsymbol{\nabla}\cdot\boldsymbol{V}=0\tag{4.166}$$

即不可压缩流体的速度之散度等于零。

4.12　铁磁流体的能量守恒方程

铁磁流体的能量守恒方程同样源于热力学第一定律，即

$$\mathrm{d}E_{\mathrm{f}}=\delta Q+\delta W$$

式中，E_{f} 是铁磁流体的总内能，单位体积的热内能和磁内能用 e 表示，加上动能即得

$$E_{\mathrm{f}}=\int_{\Omega}\left(e+\rho_{\mathrm{f}}\frac{V^2}{2}\right)\mathrm{d}\Omega$$

δQ 是在 $\mathrm{d}t$ 时间内从外部加入到铁磁流体中的热量，即

$$\delta Q=\left(-\int_{S}\boldsymbol{q}\cdot\mathrm{d}\boldsymbol{S}\right)\mathrm{d}t$$

式中，$\boldsymbol{S}$ 是控制体 Ω 的外表面积；$\boldsymbol{q}$ 是热流矢量。由 Fourier 定律有

$$\boldsymbol{q}=-K_{\mathrm{f}}\boldsymbol{\nabla}T$$

δW 是外部在 $\mathrm{d}t$ 时间内对铁磁流体所作之功，这个功是由作用于铁磁流体上的所有的力在流动过程中实现的。这些力就是方程(4.111)右边的所有的各项。可以将这些力归入两种类型，即彻体力 $\boldsymbol{f}_{\mathrm{b}}$ 和表面力 $\boldsymbol{f}_{\mathrm{s}}$：

$$\boldsymbol{f}_{\mathrm{b}}=\boldsymbol{f}_{\mathrm{g}}+\boldsymbol{f}_{\tau}+\boldsymbol{f}_{\mathrm{m}}$$

$$\boldsymbol{f}_{\mathrm{s}}=\boldsymbol{f}_{\mathrm{p}}+\boldsymbol{f}_{\eta}$$

所以功 δW 也相应地分成彻体力功 δW_{b} 和表面力功 δW_{s}，以及铁磁流体的磁化功 δW_{m}：

$$\delta W=\delta W_{\mathrm{b}}+\delta W_{\mathrm{s}}+\delta W_{\mathrm{m}}$$

δW_{b} 可以表示成

$$\delta W_{\mathrm{b}}=\left(\int_{\Omega}\boldsymbol{f}_{\mathrm{b}}\cdot\boldsymbol{V}\mathrm{d}\Omega\right)\mathrm{d}t=\left[\int_{\Omega}\left(\boldsymbol{f}_{\mathrm{g}}+\boldsymbol{f}_{\tau}+\boldsymbol{f}_{\mathrm{m}}\right)\cdot\boldsymbol{V}\mathrm{d}\Omega\right]\mathrm{d}t$$

在流体力学中，用微元六面体的表面应力合成得出单位体积上的表面力 $\boldsymbol{f}_{\mathrm{s}}$ 和表面应力 τ 的关系是

$$\boldsymbol{f}_{\mathrm{s}}=\nabla\cdot\tau$$

于是 δW_{s} 可以用表面应力 τ 所作之功来表示，即

$$\delta W_{\mathrm{s}}=\left(\int_{S}\tau\cdot\boldsymbol{V}\cdot\mathrm{d}\boldsymbol{S}\right)\mathrm{d}t$$

将上述各项代入热力学第一定律的方程中，就有

$$\mathrm{d}\int_{\Omega}\left(e+\rho_{\mathrm{f}}\frac{V^{2}}{2}\right)\mathrm{d}\Omega=\left(-\int_{S}\boldsymbol{q}\cdot\mathrm{d}\boldsymbol{S}\right)\mathrm{d}t+\left(\int_{\Omega}\boldsymbol{f}_{\mathrm{b}}\cdot\boldsymbol{V}\mathrm{d}\Omega\right)\mathrm{d}t+\left(\int_{S}\tau\cdot\boldsymbol{V}\cdot\mathrm{d}\boldsymbol{S}\right)\mathrm{d}t+\delta\int_{\Omega}w_{\mathrm{m}}\mathrm{d}\Omega$$

两边通除以 $\mathrm{d}t$ 以后，上式成为

$$\int_{\Omega}\frac{\mathrm{d}e}{\mathrm{d}t}\mathrm{d}\Omega+\int_{\Omega}\frac{\mathrm{d}}{\mathrm{d}t}\left(\frac{V^{2}}{2}\rho_{\mathrm{f}}\mathrm{d}\Omega\right)=-\int_{S}\boldsymbol{q}\cdot\mathrm{d}\boldsymbol{S}+\int_{\Omega}\boldsymbol{f}_{\mathrm{b}}\cdot\boldsymbol{V}\mathrm{d}\Omega+\int_{S}\tau\cdot\boldsymbol{V}\cdot\mathrm{d}\boldsymbol{S}+\int_{\Omega}\frac{\delta w_{\mathrm{m}}}{\mathrm{d}t}\mathrm{d}\Omega$$

利用散度定理，将上式中对表面积 S 的积分转化成对体积 Ω 的积分，于是有

$$\int_{\Omega}\frac{\mathrm{d}e}{\mathrm{d}t}\mathrm{d}\Omega+\int_{\Omega}\frac{\mathrm{d}}{\mathrm{d}t}\left(\frac{V^{2}}{2}\rho_{\mathrm{f}}\mathrm{d}\Omega\right)=\int_{\Omega}-\nabla\cdot\boldsymbol{q}\mathrm{d}\Omega+\int_{\Omega}\boldsymbol{f}_{\mathrm{b}}\cdot\boldsymbol{V}\mathrm{d}\Omega+\int_{\Omega}\nabla\cdot(\tau\cdot\boldsymbol{V})\mathrm{d}\Omega+\int_{\Omega}\frac{\delta w_{\mathrm{m}}}{\mathrm{d}t}\mathrm{d}\Omega$$

注意到控制体 Ω 是任意取的，而且上式各积分内的函数在铁磁流体的流场中是处处连续的，于是就有单位体积铁磁流体的能量守恒方程的一般形式，即

$$\frac{\mathrm{d}e}{\mathrm{d}t}+\rho_{\mathrm{f}}\frac{\mathrm{d}}{\mathrm{d}t}\left(\frac{V^{2}}{2}\right)=-\nabla\cdot\boldsymbol{q}+\boldsymbol{f}_{\mathrm{b}}\cdot\boldsymbol{V}+\nabla\cdot(\tau\cdot\boldsymbol{V})+\frac{\delta w_{\mathrm{m}}}{\mathrm{d}t}\tag{4.167}$$

上式左边第二项是动能项。由于 $\int_{\Omega}\frac{\mathrm{d}}{\mathrm{d}t}\left(\frac{V^{2}}{2}\rho_{\mathrm{f}}\mathrm{d}\Omega\right)=\int_{\Omega}\frac{1}{\mathrm{d}\Omega}\frac{\mathrm{d}}{\mathrm{d}t}\left(\frac{V^{2}}{2}\rho_{\mathrm{f}}\mathrm{d}\Omega\right)\mathrm{d}\Omega$，故单位体积铁磁流体的动能是 $\frac{1}{\mathrm{d}\Omega}\frac{\mathrm{d}}{\mathrm{d}t}\left(\frac{V^{2}}{2}\rho_{\mathrm{f}}\mathrm{d}\Omega\right)=\frac{1}{\mathrm{d}\Omega}(\rho_{\mathrm{f}}\mathrm{d}\Omega)\frac{\mathrm{d}}{\mathrm{d}t}\left(\frac{V^{2}}{2}\right)+\frac{1}{\mathrm{d}\Omega}\frac{V^{2}}{2}\frac{\mathrm{d}}{\mathrm{d}t}(\rho_{\mathrm{f}}\Omega)$。由式(4.162)可知 $\frac{\mathrm{d}}{\mathrm{d}t}(\rho_{\mathrm{f}}\Omega)=0$，所以动能项就是上面能量方程左边的第二项。无论铁磁流体是否可压缩都适用。

方程式(4.167)右边的第三项

$$\nabla\cdot(\tau\cdot\boldsymbol{V})=\boldsymbol{V}\cdot\nabla\cdot\tau+\tau\cdot\nabla\cdot\boldsymbol{V}=\boldsymbol{V}\cdot\boldsymbol{f}_{\mathrm{s}}+\tau\cdot\nabla\cdot\boldsymbol{V}。$$

将作用于铁磁流体上的力归纳为彻体力 $\boldsymbol{f}_{\mathrm{b}}$ 和表面力 $\boldsymbol{f}_{\mathrm{s}}$ 之后，运动方程式(4.111)可写成

$$\rho_{\mathrm{f}}\frac{\mathrm{d}\boldsymbol{V}}{\mathrm{d}t}=\boldsymbol{f}_{\mathrm{s}}+\boldsymbol{f}_{\mathrm{b}}$$

于是有

$$\nabla\cdot(\tau\cdot V)=V\cdot\left(\rho_{\rm f}\frac{\mathrm{d}V}{\mathrm{d}t}-f_{\rm b}\right)+\tau\cdot\nabla\cdot V=$$

$$\rho_{\rm f}\frac{\mathrm{d}}{\mathrm{d}t}\left(\frac{V^2}{2}\right)-V\cdot f_{\rm b}+\tau\cdot\nabla\cdot V$$

代入式(4.167)之右边，即得

$$\frac{\mathrm{d}e}{\mathrm{d}t}=\nabla\cdot q+\tau\cdot\nabla\cdot V+\frac{\delta w_{\rm m}}{\mathrm{d}t} \tag{4.168}$$

表面应力 τ 是一个二阶张量，在正交坐标系中，它的元素是 τ_{ij}，并且

$$\tau=\tau_{ij}e_i^{\circ}e_j^{\circ}$$

按求和约定还有

$$V=e_k^{\circ}u_k,\qquad \nabla=e_l^{\circ}\frac{\partial}{\partial x_l}$$

则方程式(4.168)右边的第二项

$$\tau\cdot\nabla\cdot V=\tau_{ij}e_i^{\circ}e_j^{\circ}\cdot e_l^{\circ}\frac{\partial}{\partial x_l}\cdot e_k^{\circ}u_k=\tau_{ij}e_i^{\circ}\delta_{jl}\frac{\partial}{\partial x_l}\cdot e_k^{\circ}u_k=$$

$$\tau_{ij}\frac{\partial}{\partial x_j}e_i^{\circ}\cdot e_k^{\circ}u_k=\tau_{ij}\frac{\partial}{\partial x_j}\delta_{ik}u_k=\tau_{ij}\frac{\partial u_i}{\partial x_j}。$$

当 $i=j$ 时，τ_{ij} 是压力 p，则表面应力为

$$\tau_{ij}=-p\delta_{ij}+\eta_{\rm H}\left(\frac{\partial u_i}{\partial x_j}+\frac{\partial u_j}{\partial x_i}\right)-\frac{2}{3}(\eta_{\rm H}\nabla\cdot V)\delta_{ij}$$

注意到 $\frac{\partial u_i}{\partial x_j}\delta_{ij}=\nabla\cdot V$，则有

$$\tau\cdot\nabla\cdot V=\tau_{ij}\frac{\partial u_i}{\partial x_j}=-p\nabla\cdot V+\eta_{\rm H}\left(\frac{\partial u_i}{\partial x_j}+\frac{\partial u_j}{\partial x_i}\right)\frac{\partial u_i}{\partial x_j}-\frac{2}{3}\eta_{\rm H}(\nabla\cdot V)^2$$

方程式(4.168)左边的 e 用式(4.69)代入，右边的 q 用 Fourier 定律式代入，而 $w_{\rm m}$ 是单位体积铁磁流体的磁化功，用式(4.72)代入，于是方程(4.168)成为

$$\left(c_{\rm vf}+B_0\frac{\partial M}{\partial T}\right)\frac{\mathrm{d}T}{\mathrm{d}t}+\mu_0\left(T\frac{\partial M}{\partial T}+H\frac{\partial M}{\partial H}\right)\frac{\mathrm{d}H}{\mathrm{d}t}=$$

$$\nabla\cdot(K_{\rm f}\nabla T)-p\nabla\cdot V+B_0\left(\frac{\partial M}{\partial T}\frac{\mathrm{d}T}{\mathrm{d}t}+\frac{\partial M}{\partial H}\frac{\mathrm{d}H}{\mathrm{d}t}\right)+\Phi$$

式中，Φ 是机械能耗散，即

$$\Phi=\eta_{\rm H}\left(\frac{\partial u_i}{\partial x_j}+\frac{\partial u_j}{\partial x_i}\right)\frac{\partial u_i}{\partial x_j}-\frac{2}{3}\eta_{\rm H}(\nabla\cdot V)^2 \tag{4.169}$$

经过化简以后，单位体积铁磁流体的能量守恒方程的最终形式是

$$c_{\rm vf}\frac{\mathrm{d}T}{\mathrm{d}t}+\mu_0T\frac{\partial M}{\partial T}\frac{\mathrm{d}H}{\mathrm{d}t}=\nabla\cdot(K_{\rm f}\nabla T)-p\nabla\cdot V+\Phi \tag{4.170}$$

在缺乏铁磁流体本构方程 $M=M(T,H)$ 的实验数据时，可以用式(4.75)代入作为近似估计，即

$$c_{\rm vf}\frac{\mathrm{d}T}{\mathrm{d}t}+\mu_0\phi M_{\rm p}\left(\frac{\alpha}{\mathrm{sh}^2\alpha}-\frac{1}{\alpha}\right)\frac{\mathrm{d}H}{\mathrm{d}t}=\nabla\cdot(K_{\rm f}\nabla T)-p\nabla\cdot V+\Phi \tag{4.171}$$

4.13 内禀性铁磁流体的动力学方程组

在铁磁流体内固相微粒旋转运动的惯性和固相微粒的 Brown 运动引起的动量矩交换的效应相对于粘性力矩和磁力矩是很小的，将它们略去以后动量矩方程式(4.159)给出

$$\frac{\phi J_1}{V_{\mathrm{p1}} t_s}(\boldsymbol{\omega}_{\mathrm{p}}-\boldsymbol{\omega}_{\mathrm{c}})=\boldsymbol{M}\times\boldsymbol{B}_0$$

这就是磁力矩和粘性力矩相平衡的方程式。对于内禀性铁磁流体，它的磁矩旋转是由磁畴转动来实现的，并且磁畴的转动比微粒本身的转动快得多。所以，可以认为内禀性铁磁流体的磁化强度矢量 $\boldsymbol{M}$ 总是平行于外磁场 $\boldsymbol{B}_0$，这就是说 $\boldsymbol{M}\times\boldsymbol{B}_0=0$，于是立刻可知

$$\boldsymbol{\omega}_{\mathrm{p}}=\boldsymbol{\omega}_{\mathrm{c}} \tag{4.172}$$

此式表明，内禀性铁磁流体的固、液两相的涡旋速度之间几乎没有滞后，所以只需求解涡量方程即可得到 $\boldsymbol{\omega}_{\mathrm{c}}$。此外，既然磁矩的转动与固相微粒本身的转动无关，那么基于微粒转动的磁化方程则不成立而且也不必要。

假设在非均匀的外磁场中，取铁磁流体的平均粘度和平均密度，则有

$$\eta_{\mathrm{H}}=\mathrm{const},\qquad \rho_{\mathrm{f}}=\mathrm{const},\qquad \phi=\mathrm{const}$$

从而铁磁流体此时可以视为常粘度的不可压缩的流体，所以

$$\nabla\cdot\boldsymbol{V}=0,\qquad \nabla\rho_{\mathrm{f}}=0,\qquad \nabla\phi=0 \tag{4.173}$$

磁矩的转动只取决于磁畴的旋转而与固相微粒自身的旋转无关，所以内禀性铁磁流体在流动中和在静止中一样，总是有 $\boldsymbol{B}_0$、$\boldsymbol{H}$、$\boldsymbol{M}$ 三矢平行，所以 Kelvin 力由式(4.142)得

$$\boldsymbol{f}_{\mathrm{m}}=\boldsymbol{f}_{\mathrm{k}}=\boldsymbol{M}\cdot\nabla\boldsymbol{B}_0=M\nabla B_0=\mu_0 M\nabla H \tag{4.174}$$

考虑到式(4.172)，则有

$$\nabla\cdot\boldsymbol{\omega}_{\mathrm{p}}=\nabla\cdot\boldsymbol{\omega}_{\mathrm{c}}=\nabla\cdot(\nabla\times\boldsymbol{V})=0 \tag{4.175}$$

于是内禀性铁磁流体的动力学方程组是

① 运动方程

$$\rho_{\mathrm{f}}\frac{\mathrm{d}\boldsymbol{V}}{\mathrm{d}t}=\rho_{\mathrm{f}}\boldsymbol{g}-\nabla p+\mu_0 M\nabla H+\eta_{\mathrm{H}}\nabla^2\boldsymbol{V} \tag{4.176}$$

② 涡量方程

$$\begin{aligned}\rho_{\mathrm{f}}\frac{\mathrm{d}\boldsymbol{\omega}_{\mathrm{c}}}{\mathrm{d}t}&=\rho_{\mathrm{f}}\boldsymbol{\omega}_{\mathrm{c}}\cdot\nabla\boldsymbol{V}+\mu_0\nabla\times(M\nabla H)+\eta_{\mathrm{H}}\nabla^2\boldsymbol{\omega}_{\mathrm{c}}=\\&\rho_{\mathrm{f}}\boldsymbol{\omega}_{\mathrm{c}}\cdot\nabla\boldsymbol{V}+\mu_0(\nabla M)\times(\nabla H)+\eta_{\mathrm{H}}\nabla^2\boldsymbol{\omega}_{\mathrm{c}}\end{aligned} \tag{4.177}$$

③ 能量守恒方程

$$c_{\mathrm{vf}}\frac{\mathrm{d}T}{\mathrm{d}t}=-\mu_0 T\frac{\partial M}{\partial T}\frac{\mathrm{d}H}{\mathrm{d}t}+\nabla\cdot(K_{\mathrm{f}}\nabla T)+\Phi \tag{4.178}$$

其他的方程都已知道，动量矩方程就是式(4.172)，即 $\boldsymbol{\omega}_{\mathrm{p}}=\boldsymbol{\omega}_{\mathrm{c}}$，质量守恒方程就是式(4.173)的第一式，即 $\nabla\cdot\boldsymbol{V}=0$。

4.14 铁磁流体的边界条件

4.14.1 铁磁流体的磁学方程和边界条件

在分析铁磁流体的运动时，必须知道外磁场 $\boldsymbol{B}_0$ 的状况，因为外磁场是控制铁磁流体运动的主要因素。若不存在外磁场，则铁磁流体的运动情况的分析和普通混合流体没有差别。一个极其重要的概念是：铁磁流体的存在和运动，不改变外磁场 $\boldsymbol{B}_0$（磁化场）。所以外磁场的磁学方程与铁磁流体的动力学方程是不可以联立求解的。外磁场的状况只是为铁磁流体运动提供一个独立存在的磁学环境。但是，处于外磁场中的铁磁流体，其内部的磁场 $\boldsymbol{B}=\boldsymbol{B}_0+\mu_0\boldsymbol{M}$，则由于 $\boldsymbol{M}$ 的影响而是变化的。

在铁磁流体问题中，实际上用到的磁学方程就是 Gauss 定理和 Ampere 环路定理，即

$$\nabla\cdot\boldsymbol{B}=0,\qquad \nabla\times\boldsymbol{H}=0$$

以及本构方程

$$\boldsymbol{B}=\boldsymbol{B}_0+\mu_0\boldsymbol{M}=\mu_0(\boldsymbol{H}+\boldsymbol{M})$$

磁学方程的边界条件是

$$B_{1,n}=B_{2,n},\qquad H_{1,\tau}=H_{2,\tau}$$

4.14.2 铁磁流体力学方程的边界条件

铁磁流体力学方程的边界条件主要指边界面两边表面法向应力的平衡。参与边界条件的力包括重力 $\boldsymbol{f}_g$、压力 $\boldsymbol{f}_p$ 和磁力 $\boldsymbol{f}_k$，此外在适当的情况下还有表面张力 $\boldsymbol{f}_c$。

作用于铁磁流体的磁场力是由遍布于铁磁流体内部的磁性固相微粒产生的，这种力在整个铁磁流体内部无所不在，所以它本质上是一种彻体力。但是，在分子电流理论中，每一个磁性固相微粒都是一个微电流环。如第 2 章图 2-22 所示，所有电流环在铁磁流体内部的电流都互相抵消，未抵消的是边界上的电流，所以沿着边界形成一个大的电流环。于是边界表面上的电流与外磁场作用而形成边界表面上的磁力。这表明磁力这种彻体力可以转化成表面力来处理，图 4-7 所示的模型就是这样做的。

通常 $\boldsymbol{f}_g$ 可以忽略，只剩下 $\boldsymbol{f}_p$ 和 $\boldsymbol{f}_k$，都归结于表面力 $\boldsymbol{f}_s$ 中，即

$$\boldsymbol{f}_s=\boldsymbol{f}_p+\boldsymbol{f}_k=-\nabla p+\boldsymbol{M}\cdot\nabla\boldsymbol{B}_0 \tag{4.179}$$

上式右边第一项 ∇p 使用单位并矢 I° 写成

$$\nabla p=\nabla\cdot pI^\circ$$

右边第二项 Kelvin 力用 $\boldsymbol{B}=\boldsymbol{B}_0+\mu_0\boldsymbol{M}=\mu_0\boldsymbol{H}+\mu_0\boldsymbol{M}$ 代入，得

$$\boldsymbol{M}\cdot\nabla\boldsymbol{B}_0=(\boldsymbol{B}-\mu_0\boldsymbol{H})\cdot\nabla\boldsymbol{H}=\boldsymbol{B}\cdot\nabla\boldsymbol{H}-\mu_0\boldsymbol{H}\cdot\nabla\boldsymbol{H}$$

由于 $\boldsymbol{B}\cdot\nabla\boldsymbol{H}=\nabla\cdot(\boldsymbol{BH})-\boldsymbol{H}(\nabla\cdot\boldsymbol{B})=\nabla\cdot(\boldsymbol{BH})$ 和 $\boldsymbol{H}\cdot\nabla\boldsymbol{H}=\frac{1}{2}\nabla(\boldsymbol{H}\cdot\boldsymbol{H})-\boldsymbol{H}\times(\nabla\times\boldsymbol{H})=\frac{1}{2}\nabla H^2$，于是有

$$\boldsymbol{M}\cdot\nabla\boldsymbol{B}_0=\nabla\cdot(\boldsymbol{BH})-\nabla\left(\frac{\mu_0}{2}H^2\right)=\nabla\cdot(\boldsymbol{BH})-\nabla\cdot\left(\frac{\mu_0}{2}H^2\right)I^\circ$$

此外，注意到表面力 $\boldsymbol{f}_s$ 和表面应力 τ 之间的关系是 $\boldsymbol{f}_s=\nabla\cdot\tau$。于是式(4.179)成为

$$\nabla\cdot\tau=-\nabla\cdot pI^\circ+\nabla\cdot(\boldsymbol{BH})-\nabla\cdot\left(\frac{1}{2}\mu_0H^2\right)I^\circ$$

所以表面应力张量 τ 为

$$\tau=\left(p-\frac{1}{2}\mu_0H^2\right)I^\circ+\boldsymbol{BH}$$

设铁磁流体边界的法线是 $\boldsymbol{n}$，在上式两边与单位法向矢量 $\boldsymbol{n}^\circ$ 作点积，则有

$$\boldsymbol{n}^\circ\cdot\tau=\boldsymbol{n}^\circ\cdot\left(-p-\frac{1}{2}\mu_0H^2\right)I^\circ+\boldsymbol{n}^\circ\cdot(\boldsymbol{BH})$$

由并矢点积之性质，将 $\boldsymbol{n}^\circ\cdot I^\circ=\boldsymbol{n}^\circ$ 和 $\boldsymbol{n}^\circ\cdot(\boldsymbol{BH})=(\boldsymbol{n}^\circ\cdot\boldsymbol{B})\boldsymbol{H}=B_n\boldsymbol{H}=B_n(\boldsymbol{n}^\circ H_n+\boldsymbol{\tau}^\circ H_\tau)$，代入上式中，就得

$$\begin{aligned}\boldsymbol{n}^\circ\cdot\tau&=\left(-p-\frac{1}{2}\mu_0H^2+B_nH_n\right)\boldsymbol{n}^\circ+B_nH_\tau\boldsymbol{\tau}^\circ=\\&\left(-p-\frac{1}{2}\mu_0H_n^2-\frac{1}{2}\mu_0H_\tau^2+\mu_0H_n^2\right)\boldsymbol{n}^\circ+B_nH_\tau\boldsymbol{\tau}^\circ=\\&\left(-p+\frac{1}{2\mu_0}B_n^2-\frac{1}{2}\mu_0M_n^2-\frac{1}{2}\mu_0H_\tau^2\right)\boldsymbol{n}^\circ+B_nH_\tau\boldsymbol{\tau}^\circ\end{aligned}\tag{4.180}$$

若用下标"1"表示边界的内侧，即曲率中心的一侧，用下标"2"表示边界的外侧，则有

$$\begin{aligned}\boldsymbol{n}^\circ\cdot(\tau_1-\tau_2)=&\left(-p_1+\frac{1}{2\mu_0}B_{1,n}^2-\frac{1}{2}\mu_0M_{1,n}^2-\frac{1}{2}\mu_0H_{1,\tau}^2\right)\boldsymbol{n}^\circ+B_{1,n}H_{1,\tau}\boldsymbol{\tau}^\circ-\\&\left(-p_2+\frac{1}{2\mu_0}B_{2,n}^2-\frac{1}{2}\mu_0M_{2,n}^2-\frac{1}{2}\mu_0H_{2,\tau}^2\right)\boldsymbol{n}^\circ+B_{2,n}H_{2,\tau}\boldsymbol{\tau}^\circ\end{aligned}$$

由磁场的边界条件 $B_{1,n}=B_{2,n}$ 和 $H_{1,\tau}=H_{2,\tau}$，得出上式的简单结果是

$$\boldsymbol{n}^\circ\cdot(\tau_1-\tau_2)=\left[-(p_1\ \ p_2)\ \frac{1}{2}\mu_0(M_{1,n}^2-M_{2,n}^2)\right]\boldsymbol{n}^\circ\tag{4.181}$$

考虑边界面上的铁磁流体的表面张力 p_c，即

$$p_c=\sigma\left(\frac{1}{R_1}+\frac{1}{R_2}\right)\tag{4.182}$$

式中，σ 是实验确定的表面张力系数；R_1 和 R_2 是边界表面的两个主曲率半径。p_c 和边界表面的外向法线方向相反，故有

$$\boldsymbol{n}^\circ\cdot(\tau_1-\tau_2)=-p_c\boldsymbol{n}^\circ\tag{4.183}$$

由式(4.181)和式(4.183)得

$$p_1+\frac{1}{2}\mu_0M_{1,n}^2=p_2+\frac{1}{2}\mu_0M_{2,n}^2+p_c\tag{4.184}$$

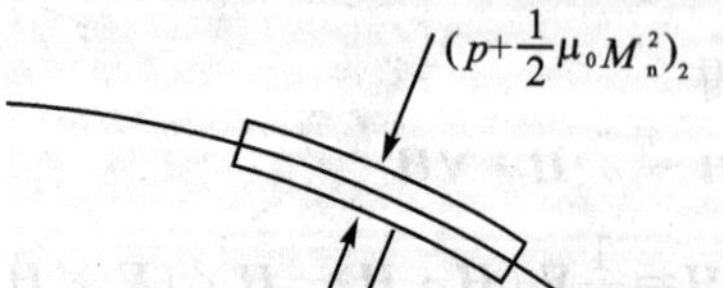

图 4-10　铁磁流体边界面上的应力

式(4.184)就是铁磁流体力学方程在边界内、外两侧的应力边界条件。图 4-10 所示即为这种情况。

应当指出的是，铁磁流体是流体而不是刚体，它与外界接触的边界面的几何形状不能事先给出，而是取决于力的平衡。所以方程(4.184)实际上是力的平衡条件。更为一般的情况，是边界上力的平衡方程应当包括压力、

磁力、惯性力、重力和表面张力，所以所有这些力组成的边界平衡条件，决定了铁磁流体边界的几何形状。

在静止的状态下，在铁磁流体与外界环境相接触的表面上有 $p_2 = p_a$，$M_{2,n} = 0$，则

$$p_1 + \frac{1}{2}\mu_0 M_{1,n}^2 = p_a + p_c \tag{4.185}$$

在边界面上的压力和磁力是一种驱动力，若存在式(4.184))对 n 的偏导数为零，即

$$\frac{\partial p_1}{\partial n} + \mu_0 M_{1,n}\frac{\partial M_{1,n}}{\partial n} = \frac{\partial p_2}{\partial n} + \mu_0 M_{2,n}\frac{\partial M_{2,n}}{\partial n} = 0 \tag{4.186}$$

则式(4.186)表示不存在两种物质跨过边界面的交换。若不等于零，则有可能是一种动平衡状态，即跨过界面的双方物质交换量相等。

参考文献

[1] ROSENSWEIG R E. Ferrohydrodynamics[M]. Combridge University Press，1985.

[2] 池长青，王之珊，赵丕智. 铁磁流体力学[M]. 北京：北京航空航天大学出版社，1993.

[3] 王竹溪. 热力学简程[M]. 北京：人民教育出版社，1963.

[4] 柏实义. 二相流动[M]. 施宁光，严家祥，夏玉顺，译. 北京：国防工业出版社，1985.

[5] WHITE F M. 粘性流体动力学[M]. 魏中磊，曾思淼，译. 北京：国防工业出版社，1982.

第 5 章 铁磁流体非牛顿流

5.1 概 述

严格而论，铁磁流体并不是牛顿流体。只是在某些特定的情况下，或者在剪切率 D 和外磁场强度 H 的一定的变化范围内，才可以认为铁磁流体流动近似地具有牛顿流体的性质。

牛顿型铁磁流体可以说是一种单纯的两相流体，它能受到外磁场的影响。非牛顿型的铁磁流体是有微结构的流体，在这种类型的铁磁流体中，固相微粒并非都以单个的单畴微粒子形式存在，有一部分固相微粒结成较大的单体，这样的单体称为聚集体。由于在聚集的过程中，微粒磁矩方向具有随机性质，所以聚集体可能是磁性的，也可能是磁中性的。聚集体即使是磁性的，其磁化强度也远远低于固相微粒的单体。

在非牛顿型的铁磁流体中，固相微粒的单体或其聚集体，有可能形成链状物，进而形成网状结构。链状物和网状结构都是使铁磁流体呈现非牛顿流性质的最重要的因素。铁磁流体非牛顿流的一般性状是存在屈服应力和剪切稀化，其表现为拟塑性 Bingham 体。

链状物和网状结构对铁磁流体磁化性能的影响不尽相同，网状结构一般都将降低铁磁流体的磁化强度，而链状物若和外磁场平行，则对铁磁流体的磁化强度影响较小。

铁磁流体的固相微粒之间的磁力和 van der Waals 力是形成聚集体、链状物和网状结构的原因。固相微粒的尺寸越小，单个微粒之间的磁势能即偶极子对的磁吸引能就可能小于微粒体的热运动动能。所以小尺寸的固相微粒不容易产生磁性聚集。但是，van der Waals 力却和固相微粒的尺寸不相关，只能依靠分散剂来抵制 van der Waals 力。当然分散剂也是克服磁吸引力的手段。若分散剂的数量不足够，则聚集现象不可避免，铁磁流体必定在相应程度上产生非牛顿流的行为；若分散剂的数量足以保持固相微粒以单个分散状态存在，则铁磁流体的流动特性就是牛顿型的。

在非内禀性铁磁流体的牛顿流中，磁化强度 $\boldsymbol{M}$ 与剪切率 $\boldsymbol{D}$（或涡旋 $\boldsymbol{\omega}_c$）是互相关联的。如果在稳态的磁化方程的基础上作定性分析，就得到 M 和 ω_c 之间的简单而且明确的关系。方程式(4.105)是稳态磁化方程在三个坐标上的分解式。由方程式(4.105)第一式 $M_x=(\omega_{py}t_B)M_z$ 代入其第三式，就有 $-(\omega_{py}t_B)^2M_z=M_z-M_{0z}$，从而给出

$$\left.\begin{aligned} M_z &= \frac{1}{1+(\omega_{py}t_B)^2}M_{0z} \\ M_x &= \frac{\omega_{py}t_B}{1+(\omega_{py}t_B)^2}M_{0z} \end{aligned}\right\} \tag{5.1}$$

由图 4-3 可以看到

$$\left.\begin{aligned} M_0^2 &= M_{0z}^2+M_{0y}^2, \qquad & M_{0x} &= 0 \\ M^2 &= M_z^2+M_{0y}^2+M_x^2, \qquad & M_y &= M_{0y} \end{aligned}\right\} \tag{5.2}$$

式(5.2)中的 $M_y = M_{0y}$ 出自方程组(4.105)的第二式。用式(5.2)的第一式减第二式,并且用式(5.1)代入,就得

$$M_0^2 - M^2 = \frac{(\omega_{py} t_B)^2}{1 + (\omega_{py} t_B)^2} M_{0z}^2$$

由 $M_{0z} = M_0 \sin \beta_0$,代入上式就有

$$M^2 = \left[1 - \frac{(\omega_{py} t_B)^2 \sin^2 \beta_0}{1 + (\omega_{py} t_B)^2}\right] M_0^2 \approx [1 - (\omega_{py} t_B)^2 \sin^2 \beta_0] M_0^2 \tag{5.3}$$

在力矩问题中,若略去附加力矩 $\boldsymbol{L}_B$,则在稳态下只有粘性力矩 $\boldsymbol{L}_\tau$ 与磁力矩 $\boldsymbol{L}_m$ 相平衡,即

$$\boldsymbol{L}_\tau + \boldsymbol{L}_m = 0$$

在坐标轴 y 方向,由式(4.130)和式(4.92)的第二式得

$$\frac{\phi J_1}{V_{p1} t_s} (\omega_{cy} - \omega_{py}) + \mu_0 (-M_x H_z) = 0$$

由式(5.1)可知,$M_x \approx (\omega_{py} t_B) M_{0z} = (\omega_{py} t_B) M_0 \sin \beta_0$,由图 4-3 可见 $H_z = H \sin \beta_0$,于是上式给出

$$\omega_{py} t_B = \frac{\omega_{cy} t_B}{1 + \dfrac{V_{p1} t_s t_B}{\phi J_1} \mu_0 M_0 H \sin^2 \beta_0} \tag{5.4}$$

将式(5.4)代入式(5.3)中,有

$$M^2 = M_0^2 \left[1 - \left(\frac{\omega_{cy} t_B \sin \beta_0}{1 + \dfrac{V_{p1} t_B t_s}{\phi J_1} \mu_0 M_0 H \sin^2 \beta_0}\right)^2\right] \tag{5.5}$$

式(5.5)表明,对于非内禀性铁磁流体牛顿流,涡旋(即剪切率)使磁化强度矢量 $\boldsymbol{M}$ 的方向偏转而且数值减小。

但是,对于非牛顿流的铁磁流体而言,其磁化强度 $\boldsymbol{M}$ 与剪切率 $\boldsymbol{D}$(或涡旋 $\boldsymbol{\omega}_c$)的关系要复杂得多,一般很难用数学形式表达。和铁磁流体牛顿流不同,铁磁流体非牛顿流的剪切率并不是使其磁化强度降低,相反是使其磁化强度升高。原因就在于剪切或涡旋可能使铁磁流体非牛顿流内的链状物和网状结构遭到破坏,从而释出单个的固相微粒、较小的聚集体和单枝极性端。这不仅导致磁化强度升高,同时也降低流动粘度,即所谓的剪切稀化。

外磁场使铁磁流体牛顿流磁化的物理机制就是克服纷乱的热运动,而在一定程度上将固相微粒磁矩的方向固定于外磁场的方向,从而显现出宏观的磁化强度。但是,外磁场对铁磁流体非牛顿流的磁化作用不仅是在固相微粒磁矩的方向作有秩序的排列,而且当外磁场强度增大时,将逐渐破坏固相微粒结成的聚集体和网状结构。当外磁场强度足够强大时,聚集体和网状结构几乎全部瓦解。此时铁磁流体的磁化强度趋向于饱和值,并且其流动特性也将呈现牛顿流的性质。

5.2　铁磁流体固相微粒之间的相互作用

5.2.1　概　述

铁磁流体固相微粒的电磁学模型有三种:平面电流环、球形电流线圈及偶极子。三种模型

基本上是等价的,它们导出的结果在实用的范围内相一致。本章将集中使用磁偶极子模型。因为在分析铁磁流体非牛顿流的微结构问题中,这种模型直观而且方便。

铁磁流体固相微粒之间的作用力有两种:磁力和 van der Waals 力。van der Waals 力的分析主要是利用 Hamaker 公式,即式(3.74)所表示的微粒偶极子之间的势能。而固相微粒间的磁力和磁势能则分别由式(2.132)和式(2.135)确定。这两个式子都是表示磁偶极子在外磁场 $\boldsymbol{B}_0=\mu_0\boldsymbol{H}$ 中所受到的力和所具有的势能。若对于一个固相微粒来讲,外磁场是由另一个磁性固相微粒所产生,则出现了偶极子对的问题。偶极子对之间的相互作用力和势能是分析铁磁流体非牛顿流中微结构的基础。

为了书写上的方便,本章采用的符号下标与前面有些不同,下标"d"表示一个偶极子,即一个微粒:

$$V_{\mathrm{d}}=V_{\mathrm{p1}},\qquad \boldsymbol{M}_{\mathrm{d}}=\boldsymbol{M}_{\mathrm{p}},\qquad \boldsymbol{m}_{\mathrm{d}}=\boldsymbol{m}_{\mathrm{p1}},\qquad E_{\mathrm{d}}=E_{\mathrm{p1}}$$

下标"dd"表示偶极子对。由式(2.135)可知偶极子在外磁场 $\boldsymbol{B}_0$ 中所具的磁势能是

$$E_{\mathrm{d}}=-W=-\boldsymbol{m}_{\mathrm{d}}\cdot\boldsymbol{B}_0 \tag{5.6}$$

式中,W 是偶极子对外界所作的功。一个磁偶极子在远处空间中产生的磁感应强度 $\boldsymbol{B}_{\mathrm{d}}$ 即式(2.131)所表示的 $\boldsymbol{B}'$,在这里 $\boldsymbol{B}'=\boldsymbol{B}_{\mathrm{d}}$ 从而有

$$\boldsymbol{B}_{\mathrm{d}}=\frac{\mu_0}{4\pi}\frac{m_{\mathrm{d}}}{|\boldsymbol{r}|^3}(3\boldsymbol{r}^{\circ}\cos\theta-\boldsymbol{n}^{\circ}) \tag{5.7}$$

式中,$|\boldsymbol{r}|$ 是偶极子中心与空间一点 P 距离矢径的模;单位矢量 $\boldsymbol{r}^{\circ}$ 的方向是由偶极子中心指向点 P;而 $\boldsymbol{n}^{\circ}$ 是偶极子自身由 S 极指向 N 极的极轴方向的单位矢量;角度 θ 是 $\boldsymbol{n}^{\circ}$ 和 $\boldsymbol{r}^{\circ}$ 的正向夹角,并由 $\boldsymbol{n}^{\circ}$ 转向 $\boldsymbol{r}^{\circ}$ 为正。

5.2.2 一个偶极子在另一个偶极子产生的磁场中所具有的磁势能

偶极子 $\boldsymbol{m}_{\mathrm{d},1}$ 和 $\boldsymbol{m}_{\mathrm{d},2}$ 产生的磁场分别是

$$\left.\begin{aligned}\boldsymbol{B}_{\mathrm{d},1}&=\frac{\mu_0}{4\pi}\frac{m_{\mathrm{d},1}}{|\boldsymbol{r}|^3}(3\boldsymbol{r}_1^{\circ}\cos\theta_1-\boldsymbol{n}_1^{\circ})\\ \boldsymbol{B}_{\mathrm{d},2}&=\frac{\mu_0}{4\pi}\frac{m_{\mathrm{d},2}}{|\boldsymbol{r}|^3}(3\boldsymbol{r}_2^{\circ}\cos\theta_2-\boldsymbol{n}_2^{\circ})\end{aligned}\right\} \tag{5.8}$$

偶极子的磁矩可写成

$$\boldsymbol{m}_{\mathrm{d},1}=\boldsymbol{n}_1^{\circ}m_{\mathrm{d},1},\qquad \boldsymbol{m}_{\mathrm{d},2}=\boldsymbol{n}_2^{\circ}m_{\mathrm{d},2} \tag{5.9}$$

图 5-1 所示为偶极子对的坐标,平面 yO_1z 是假设两偶极子的极轴相交而决定的平面。使用 $(E_{\mathrm{dd}})_2$ 表示偶极子 $\boldsymbol{m}_{\mathrm{d},2}$ 在 $\boldsymbol{m}_{\mathrm{d},1}$ 的磁场中所具有的磁势能;用 $(E_{\mathrm{dd}})_1$ 表示偶极子 $\boldsymbol{m}_{\mathrm{d},1}$ 在 $\boldsymbol{m}_{\mathrm{d},2}$ 的磁场中所具有的磁势能。

由式(5.6)写出

$$(E_{\mathrm{dd}})_2=-\boldsymbol{m}_{\mathrm{d},2}\cdot\boldsymbol{B}_{\mathrm{d},1}$$

将式(5.8)和式(5.9)代入上式,并且参照图 5-1,得

$$(E_{\mathrm{dd}})_2=-\frac{\mu_0}{4\pi|\boldsymbol{r}|^3}m_{\mathrm{d},1}m_{\mathrm{d},2}(3\boldsymbol{n}_2^{\circ}\cdot\boldsymbol{r}_1^{\circ}\cos\theta_1-\boldsymbol{n}_2^{\circ}\cdot\boldsymbol{n}_1^{\circ})$$

由图 5-1 可见 $\boldsymbol{n}_2^{\circ}\cdot\boldsymbol{r}_1^{\circ}=\cos(\theta_1-\varphi)$,$\boldsymbol{n}_2^{\circ}\cdot\boldsymbol{n}_1^{\circ}=\cos\varphi$,故得

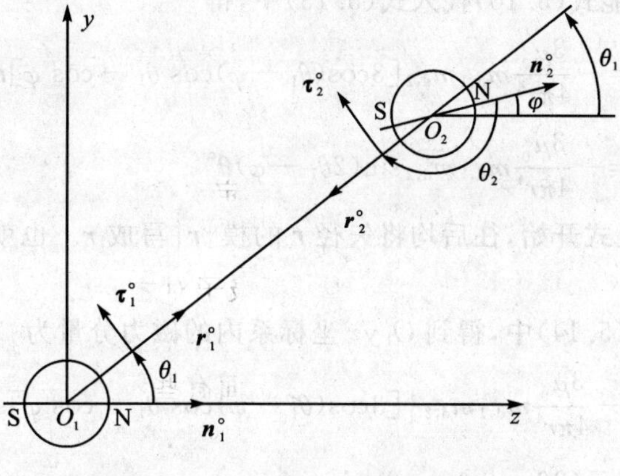

图 5-1　偶极子对的参照坐标系

$$(E_{dd})_2 = -\frac{\mu_0}{4\pi\,|\,\boldsymbol{r}\,|^3} m_{d,1} m_{d,2} [3\cos(\theta_1-\varphi)\cos\theta_1 - \cos\varphi] \tag{5.10}$$

同样,可以得出

$$(E_{dd})_1 = -\frac{\mu_0}{4\pi\,|\,\boldsymbol{r}\,|^3} m_{d,1} m_{d,2} (3\boldsymbol{n}_1^\circ \cdot \boldsymbol{r}_2^\circ \cos\theta_2 - \boldsymbol{n}_1^\circ \cdot \boldsymbol{n}_2^\circ)$$

由图 5-1 可见 $n^\circ{}_1 \cdot r^\circ{}_2 = \cos(\pi-\theta_1) = -\cos\theta_1$, $\cos\theta_2 = \cos(\pi-\theta_1+\varphi) = -\cos(\theta_1-\varphi)$,于是有

$$(E_{dd})_1 = -\frac{\mu_0}{4\pi\,|\,\boldsymbol{r}\,|^3} m_{d,1} m_{d,2} [3\cos\theta_1\cos(\theta_1-\varphi) - \cos\varphi]$$

将上式与式(5.10)对照,立即可知

$$(E_{dd})_1 = (E_{dd})_2 = E_{dd} \tag{5.11}$$

式(5.11)表明,偶极子对所属的两个偶极子在彼此的磁场中,具有相等的磁势能,而不论它们的磁矩是否相等。

5.2.3　偶极子对之间的磁力

偶极子产生的磁场无疑是非均匀磁场,所以偶极子对之间必有磁力作用,由式(2.134)可以写出

$$\boldsymbol{F}_{dd} = -\nabla E_{dd} \tag{5.12}$$

在 r 方向和 θ 方向的磁力分量是

$$\boldsymbol{F}_{d,r} = -\frac{\partial E_{dd}}{\partial r}\boldsymbol{r}^\circ, \qquad \boldsymbol{F}_{d,\theta} = -\frac{\partial E_{dd}}{r\partial\theta}\boldsymbol{\tau}^\circ \tag{5.13}$$

在 y 方向和 z 方向的磁力分量是

$$\boldsymbol{F}_{d,y} = -\frac{\partial E_{dd}}{\partial y}\boldsymbol{j} = \left(-\frac{\partial E_{dd}}{\partial r}\frac{\partial r}{\partial y} - \frac{\partial E_{dd}}{r\partial\theta}\frac{r\partial\theta}{\partial y}\right)\boldsymbol{j}$$

$$\boldsymbol{F}_{d,z} = -\frac{\partial E_{dd}}{\partial z}\boldsymbol{k} = \left(-\frac{\partial E_{dd}}{\partial r}\frac{\partial r}{\partial z} - \frac{\partial E_{dd}}{r\partial\theta}\frac{r\partial\theta}{\partial z}\right)\boldsymbol{k}$$

由上面两式得

$$\left.\begin{aligned} \boldsymbol{F}_{d,y} &= (F_{d,r}\sin\theta_1 + F_{d,\theta}\cos\theta_1)\boldsymbol{j} \\ \boldsymbol{F}_{d,z} &= (F_{d,r}\cos\theta_1 - F_{d,\theta}\sin\theta_1)\boldsymbol{k} \end{aligned}\right\} \tag{5.14}$$

用偶极子对的内部磁势能式(5.10)代入式(5.13)中,得

$$\left.\begin{aligned}\boldsymbol{F}_{\mathrm{d},r}&=-\frac{3\mu_0}{4\pi r^4}m_{\mathrm{d},1}m_{\mathrm{d},2}[3\cos(\theta_1-\varphi)\cos\theta_1-\cos\varphi]\boldsymbol{r}^\circ\\\boldsymbol{F}_{\mathrm{d},\theta}&=-\frac{3\mu_0}{4\pi r^4}m_{\mathrm{d},1}m_{\mathrm{d},2}\sin(2\theta_1-\varphi)\boldsymbol{\theta}^\circ\end{aligned}\right\}\tag{5.15}$$

为了书写方便,从上式开始,往后均将矢径 $\boldsymbol{r}$ 的模 $|\boldsymbol{r}|$ 写成 r。也就是说,除非特别声明,r 总取正值。

将式(5.15)代入式(5.14)中,得到 O_1yz 坐标系内的磁力分量为

$$\boldsymbol{F}_{\mathrm{d},y}=-\frac{3\mu_0}{4\pi r^4}m_{\mathrm{d},1}m_{\mathrm{d},2}\Big\{[3\cos(\theta_1-\varphi)\cos\theta_1-\cos\varphi]\sin\theta_1+\sin(2\theta_1-\varphi)\cos\theta_1\Big\}\boldsymbol{j}\tag{5.16}$$

$$\boldsymbol{F}_{\mathrm{d},z}=-\frac{3\mu_0}{4\pi r^4}m_{\mathrm{d},1}m_{\mathrm{d},2}\Big\{[3\cos(\theta_1-\varphi)\cos\theta_1-\cos\varphi]\cos\theta_1-\sin(2\theta_1-\varphi)\sin\theta_1\Big\}\boldsymbol{k}\tag{5.17}$$

如图 5-1 所示,偶极子 $\boldsymbol{m}_{\mathrm{d},1}$ 所受到的磁力两分量 $(\boldsymbol{F}_{\mathrm{d},r})_1$ 和 $(\boldsymbol{F}_{\mathrm{d},\theta})_1$ 均来自偶极子 $\boldsymbol{m}_{\mathrm{d},2}$ 所产生的磁场 $\boldsymbol{B}_{\mathrm{d},2}$;同样,偶极子 $\boldsymbol{m}_{\mathrm{d},2}$ 所受到的磁力分量 $(\boldsymbol{F}_{\mathrm{d},r})_2$ 和 $(\boldsymbol{F}_{\mathrm{d},\theta})_2$ 均来自于偶极子 $\boldsymbol{m}_{\mathrm{d},1}$ 所产生的磁场 $\boldsymbol{B}_{\mathrm{d},1}$。所以有

$$(\boldsymbol{F}_{\mathrm{d},r})_1=-\frac{3\mu_0}{4\pi r^4}m_{\mathrm{d},1}m_{\mathrm{d},2}[3\cos(\theta_2-\varphi)\cos\theta_2-\cos\varphi]\boldsymbol{r}_2^\circ$$

用 $\theta_2=\pi-\theta_1+\varphi$,$\boldsymbol{r}_2^\circ=-\boldsymbol{r}_1^\circ$ 代入上式右边,得

$$(\boldsymbol{F}_{\mathrm{d},r})_1=\frac{3\mu_0}{4\pi r^4}m_{\mathrm{d},1}m_{\mathrm{d},2}[3\cos(\theta_1-\varphi)\cos\theta_1-\cos\varphi]\boldsymbol{r}_1^\circ\tag{5.18}$$

同理可得

$$(\boldsymbol{F}_{\mathrm{d},r})_2=-\frac{3\mu_0}{4\pi r^4}m_{\mathrm{d},1}m_{\mathrm{d},2}[3\cos(\theta_1-\varphi)\cos\theta_1-\cos\varphi]\boldsymbol{r}_1^\circ\tag{5.19}$$

在 θ 方向的磁力分量由 $\boldsymbol{\tau}_2^\circ=\boldsymbol{\tau}_1^\circ$,有

$$(\boldsymbol{F}_{\mathrm{d},\theta})_1=-\frac{3\mu_0}{4\pi r^4}m_{\mathrm{d},1}m_{\mathrm{d},2}\sin(2\theta_2-\varphi)\boldsymbol{\tau}_1^\circ$$

用 $\theta_2=\pi-\theta_1+\varphi$ 代入,则有

$$(\boldsymbol{F}_{\mathrm{d},\theta})_1=\frac{3\mu_0}{4\pi\mathrm{d}r^4}m_{\mathrm{d},1}m_{\mathrm{d},2}\sin(2\theta_1-\varphi)\boldsymbol{\tau}_1^\circ\tag{5.20}$$

同理可得

$$(\boldsymbol{F}_{\mathrm{d},\theta})_2=-\frac{3\mu_0}{4\pi r^4}m_{\mathrm{d},1}m_{\mathrm{d},2}\sin(2\theta_1-\varphi)\boldsymbol{\tau}_1^\circ\tag{5.21}$$

在坐标轴 y 方向的磁力分量和 z 方向的磁力分量,用式(5.18)~式(5.21)代入式(5.14)即得

$$(\boldsymbol{F}_{\mathrm{d},y})_1=\frac{3\mu_0}{4\pi r^4}m_{\mathrm{d},1}m_{\mathrm{d},2}\Big\{[3\cos(\theta_1-\varphi)\cos\theta_1-\cos\varphi]\sin\theta_1+\sin(2\theta_1-\varphi)\cos\theta_1\Big\}\boldsymbol{j}\tag{5.22}$$

$$(\boldsymbol{F}_{d,y})_2 = -\frac{3\mu_0}{4\pi r^4}m_{d,1}m_{d,2}\left\{[3\cos(\theta_1-\varphi)\cos\theta_1-\cos\varphi]\sin\theta_1+\sin(2\theta_1-\varphi)\cos\theta_1\right\}\boldsymbol{j} \tag{5.23}$$

$$(\boldsymbol{F}_{d,z})_1 = \frac{3\mu_0}{4\pi r^4}m_{d,1}m_{d,2}\left\{[3\cos(\theta_1-\varphi)\cos\theta_1-\cos\varphi]\cos\theta_1-\sin(2\theta_1-\varphi)\sin\theta_1\right\}\boldsymbol{k} \tag{5.24}$$

$$(\boldsymbol{F}_{d,z})_2 = -\frac{3\mu_0}{4\pi r^4}m_{d,1}m_{d,2}\left\{[3\cos(\theta_1-\varphi)\cos\theta_1-\cos\varphi]\cos\theta_1-\sin(2\theta_1-\varphi)\sin\theta_1\right\}\boldsymbol{k} \tag{5.25}$$

由式(5.18)～式(5.25)可见，由偶极子对自身的磁场而产生的作用于偶极子对的磁力，都是大小相等而方向相反的力。所以这种磁力属于偶极子对的内力，并且互相平衡，不会影响偶极子对整体的运动状态。不论两偶极子的磁矩是否相等，结果都是如此。

5.2.4 偶极子对的磁力矩

一个偶极子在另外一个偶极子的磁场中，除了受到磁力的作用之外，还要受到磁力矩的作用。由式(2.114)知磁力矩是

$$\boldsymbol{L}_m = \boldsymbol{m}\times\boldsymbol{B}_0$$

若 $\boldsymbol{m}$ 是一个偶极子的磁矩即 $\boldsymbol{m}_d$，而外磁场 $\boldsymbol{B}_0$ 是另一个偶极子产生的磁场即 $\boldsymbol{B}_d$，则对于偶极子对可有

$$\boldsymbol{L}_{d,1} = \boldsymbol{m}_{d,1}\times\boldsymbol{B}_{d,2},\qquad \boldsymbol{L}_{d,2} = \boldsymbol{m}_{d,2}\times\boldsymbol{B}_{d,1} \tag{5.26}$$

将式(5.8)和式(5.9)分别代入上面两式，即得

$$\boldsymbol{L}_{d,1} = m_{d,1}\boldsymbol{n}_1^\circ\times\frac{\mu_0}{4\pi r^3}m_{d,2}(3\boldsymbol{r}_2^\circ\cos\theta_2-\boldsymbol{n}_2^\circ)$$

$$\boldsymbol{L}_{d,2} = m_{d,2}\boldsymbol{n}_2^\circ\times\frac{\mu_0}{4\pi r^3}m_{d,1}(3\boldsymbol{r}_1^\circ\cos\theta_1-\boldsymbol{n}_1^\circ)$$

由图 5-1 可见，$\boldsymbol{n}_1^\circ\times\boldsymbol{r}_2^\circ=\boldsymbol{i}\sin(\pi-\theta_1)=\boldsymbol{i}\sin\theta_1$，$\boldsymbol{n}_2^\circ\times\boldsymbol{r}_1^\circ=-\boldsymbol{i}\sin(\theta_1-\varphi)$，$\boldsymbol{n}_1^\circ\times\boldsymbol{n}_2^\circ=-\boldsymbol{i}\sin\varphi$，$\boldsymbol{n}_2^\circ\times\boldsymbol{n}_1^\circ=\boldsymbol{i}\sin\varphi$，$\cos\theta_2=\cos(\pi-\theta_1+\varphi)=-\cos(\theta_1-\varphi)$，将其代入 $\boldsymbol{L}_{d,1}$ 和 $\boldsymbol{L}_{d,2}$ 的式子中，则有

$$\boldsymbol{L}_{d,1} = -\frac{\mu_0}{4\pi r^3}m_{d,1}m_{d,2}[3\sin\theta_1\cos(\theta_1-\varphi)-\sin\varphi]\boldsymbol{i} \tag{5.27}$$

$$\boldsymbol{L}_{d,2} = -\frac{\mu_0}{4\pi r^3}m_{d,1}m_{d,2}[3\sin(\theta_1-\varphi)\cos\theta_1+\sin\varphi]\boldsymbol{i} \tag{5.28}$$

由式(5.20)和式(5.21)并参照图 5-2 可知，力 $(\boldsymbol{F}_{d,\theta})_1$ 和 $(\boldsymbol{F}_{d,\theta})_2$ 均垂直于矢径 r，并且两者大小相等，方向相反。所以它们组成一力偶 $\boldsymbol{L}_{d,\theta}$，即

$$\boldsymbol{L}_{d,\theta} = \frac{3\mu_0}{4\pi r^3}m_{d,1}m_{d,2}\sin(2\theta_1-\varphi)\boldsymbol{i} \tag{5.29}$$

将式(5.27)、式(5.28)和式(5.29)相加，显然有

$$\sum\boldsymbol{L}_{dd} = \boldsymbol{L}_{d,1}+\boldsymbol{L}_{d,2}+\boldsymbol{L}_{d,\theta} = 0 \tag{5.30}$$

所以，作用于偶极子对上的磁力矩之和为零，它们属于内力矩，不会引起偶极子对的整体

转动。这个结果与两偶极子的磁矩是否相等无关。

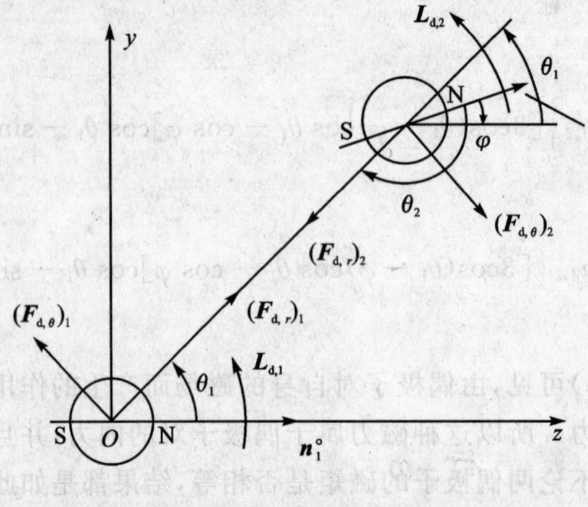

图 5-2　偶极子对上的径向力 $F_{d,r}$ 和切向力 $F_{d,\theta}$

5.2.5　磁偶极子对的磁力因子和磁力矩因子

在铁磁流体中的固相微粒都是磁单畴的，所以它们的磁化强度是其材料的最大磁化强度或饱和磁化强度。固相微粒的平均尺寸是预先确定的，所以固相微粒的磁矩 $\boldsymbol{m}_{p1}$（即 $\boldsymbol{m}_d$）是已知的，因而偶极子对的磁内力和磁内力矩取决于两个偶极子的相对位置。为了方便，引用几何因子，即

$$\boldsymbol{f}_d=\frac{\boldsymbol{F}_d}{\dfrac{3\mu_0}{4\pi r_0^4}m_{d,1}m_{d,2}},\qquad \boldsymbol{l}_d=\frac{\boldsymbol{L}_d}{\dfrac{3\mu_0}{4\pi r_0^3}m_{d,1}m_{d,2}} \tag{5.31}$$

式中，$\boldsymbol{f}_d$ 是偶极子对的磁力因子；$\boldsymbol{l}_d$ 是偶极子对的磁力矩因子。于是，由式(5.18)～式(5.25)和式(5.27)～式(5.29)可以有

$$\left.\begin{aligned}(\boldsymbol{f}_{d,r})_1&=[3\cos(\theta_1-\varphi)\cos\theta_1-\cos\varphi]\frac{r_0^4}{r^4}\boldsymbol{r}_1^\circ\\(\boldsymbol{f}_{d,r})_2&=-[3\cos(\theta_1-\varphi)\cos\theta_1-\cos\varphi]\frac{r_0^4}{r^4}\boldsymbol{r}_1^\circ\end{aligned}\right\} \tag{5.32}$$

$$\left.\begin{aligned}(\boldsymbol{f}_{d,\theta})_1&=\sin(2\theta_1-\varphi)\frac{r_0^4}{r^4}\boldsymbol{\tau}_1^\circ\\(\boldsymbol{f}_{d,\theta})_2&=-\sin(2\theta_1-\varphi)\frac{r_0^4}{r^4}\boldsymbol{\tau}_1^\circ\end{aligned}\right\} \tag{5.33}$$

$$\left.\begin{aligned}(\boldsymbol{f}_{d,y})_i&=\delta_i\left\{[3\cos(\theta_1-\varphi)\cos\theta_1-\cos\varphi]\sin\theta_1+\sin(2\theta_1-\varphi)\cos\theta_1\right\}\frac{r_0^4}{r^4}\boldsymbol{j}\\(\boldsymbol{f}_{d,z})_i&=\delta_i\left\{[3\cos(\theta_1-\varphi)\cos\theta_1-\cos\varphi]\cos\theta_1-\sin(2\theta_1-\varphi)\sin\theta_1\right\}\frac{r_0^4}{r^4}\boldsymbol{k}\end{aligned}\right\} \tag{5.34}$$

式中

$$\delta_i=\begin{cases}1, & i=1\\-1, & i=2\end{cases}$$

$$\left.\begin{aligned}\boldsymbol{l}_{\mathrm{d},1}&=-\left[\sin\theta_1\cos(\theta_1-\varphi)-\frac{1}{3}\sin\varphi\right]\frac{r_0^3}{r^3}\boldsymbol{i}\\ \boldsymbol{l}_{\mathrm{d},2}&=-\left[\sin(\theta_1-\varphi)\cos\theta_1+\frac{1}{3}\sin\varphi\right]\frac{r_0^3}{r^3}\boldsymbol{i}\\ \boldsymbol{l}_{\mathrm{d},\theta}&=\sin(2\theta_1-\varphi)\frac{r_0^3}{r^3}\boldsymbol{i}\end{aligned}\right\}\tag{5.35}$$

5.3　磁偶极子对在特定的相对位置下的磁力和磁力矩

组成偶极子对的两个偶极子的最重要的特定相对位置是两者的磁矩互相平行和垂直。

5.3.1　两偶极子平行，$\varphi=0$

$$\left.\begin{aligned}(\boldsymbol{f}_{\mathrm{d},r})_1&=(3\cos^2\theta_1-1)\frac{r_0^4}{r^4}\boldsymbol{r}_1^{\circ}\\ (\boldsymbol{f}_{\mathrm{d},r})_2&=-(3\cos^2\theta_1-1)\frac{r_0^4}{r^4}\boldsymbol{r}_1^{\circ}\end{aligned}\right\}\tag{5.36}$$

$$\left.\begin{aligned}(\boldsymbol{f}_{\mathrm{d},\theta})_1&=(\sin 2\theta_1)\frac{r_0^4}{r^4}\boldsymbol{\tau}_1^{\circ}\\ (\boldsymbol{f}_{\mathrm{d},\theta})_2&=-(\sin 2\theta_1)\frac{r_0^4}{r^4}\boldsymbol{\tau}_1^{\circ}\end{aligned}\right\}\tag{5.37}$$

$$\left.\begin{aligned}(\boldsymbol{f}_{\mathrm{d},y})_i&=\delta_i[(5\cos^2\theta_1-1)\sin\theta_1]\frac{r_0^4}{r^4}\boldsymbol{j}\\ (\boldsymbol{f}_{\mathrm{d},z})_i&=\delta_i[(5\cos^2\theta_1-3)\cos\theta_1]\frac{r_0^4}{r^4}\boldsymbol{j}\end{aligned}\right\}\tag{5.38}$$

$$\left.\begin{aligned}\boldsymbol{l}_{\mathrm{d},1}&=-\left(\frac{1}{2}\sin 2\theta_1\right)\frac{r_0^3}{r^3}\boldsymbol{i}\\ \boldsymbol{l}_{\mathrm{d},2}&=-\left(\frac{1}{2}\sin 2\theta_1\right)\frac{r_0^3}{r^3}\boldsymbol{i}\\ \boldsymbol{l}_{\mathrm{d},\theta}&=(\sin 2\theta_1)\frac{r_0^3}{r^3}\boldsymbol{i}\end{aligned}\right\}\tag{5.39}$$

5.3.2　两偶极子反平行，$\varphi=\pi$

在此情况下，式(5.36)～式(5.39)的等号右边改变正负符号。

5.3.3　两偶极子互相垂直，$\varphi=\pi/2$

$$\left.\begin{aligned}(\boldsymbol{f}_{\mathrm{d},r})_1&=\frac{3}{2}(\sin 2\theta_1)\frac{r_0^4}{r^4}\boldsymbol{r}_1^{\circ}\\ (\boldsymbol{f}_{\mathrm{d},r})_2&-\frac{3}{2}(\sin 2\theta_1)\frac{r_0^4}{r^4}\boldsymbol{r}_1^{\circ}\end{aligned}\right\}\tag{5.40}$$

$$\left.\begin{aligned}(\boldsymbol{f}_{\mathrm{d},\theta})_1 &= -(\cos 2\theta_1)\frac{r_0^4}{r^4}\boldsymbol{\tau}_1^{\circ}\\(\boldsymbol{f}_{\mathrm{d},\theta})_2 &= (\cos 2\theta_1)\frac{r_0^4}{r^4}\boldsymbol{\tau}_1^{\circ}\end{aligned}\right\}\tag{5.41}$$

$$\left.\begin{aligned}(\boldsymbol{f}_{\mathrm{d},y})_i &= \delta_i[(5\sin^2\theta_1-1)\cos\theta_1]\frac{r_0^4}{r^4}\boldsymbol{j}\\(\boldsymbol{f}_{\mathrm{d},z})_i &= \delta_i[(5\cos^2\theta_1-1)\sin\theta_1]\frac{r_0^4}{r^4}\boldsymbol{k}\end{aligned}\right\}\tag{5.42}$$

$$\left.\begin{aligned}\boldsymbol{l}_{\mathrm{d},1} &= -\left(\sin^2\theta_1-\frac{1}{3}\right)\frac{r_0^3}{r^3}\boldsymbol{i}\\\boldsymbol{l}_{\mathrm{d},2} &= -\left(\sin^2\theta_1-\frac{2}{3}\right)\frac{r_0^3}{r^3}\boldsymbol{i}\\\boldsymbol{l}_{\mathrm{d},\theta} &= -(\cos 2\theta_1)\frac{r_0^3}{r^3}\boldsymbol{i}\end{aligned}\right\}\tag{5.43}$$

在铁磁流体中，磁性的固相微粒发生聚集的最重要的因素是两偶极子之间沿矢径 $\boldsymbol{r}$（即两中心之连线）的力 $\boldsymbol{F}_{\mathrm{d},r}$，是吸引力还是排斥力，这至关重要。如图 5－3(a)所示，当 θ_1 介于 0.304π～0.696π（粗略约合 55°～125°）的区间内时，两个平行的偶极子是磁排斥的，即 $\boldsymbol{F}_{\mathrm{d},r}$ 是排斥力；在[0，π]的其他的区间内，两偶极子是磁吸引的，即 $\boldsymbol{F}_{\mathrm{d},r}$ 是吸引力。图 5－3(b)所示为两互相垂直的偶极子，在 $0\leqslant\theta_1\leqslant\pi/2$ 和在 $\pi/2\leqslant\theta_1\leqslant\pi$ 的范围内的磁力作用，前者是吸引力，后者是排斥力。

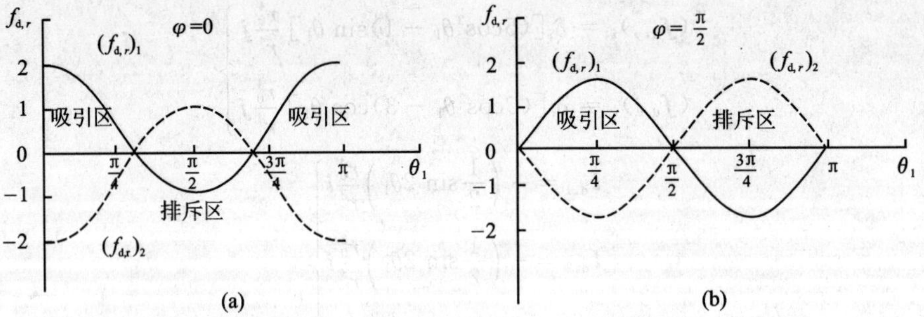

图 5－3　两偶极子之间沿矢径 r 方向的磁力

5.3.4　两偶极子反垂直，$\varphi=3\pi/2$

在此情况下，式(5.40)～式(5.43)的等号之右边改变正、负号。

5.4　偶极子对的磁场功

作为偶极子对，它是一种简单的系统。系统的能量守恒就是热力学第一定律，即

$$\Delta Q=\Delta E+\Delta W\tag{5.44}$$

式中，ΔQ 是外界加入到偶极子对中的热量；ΔE 是偶极子对的内能增量，此内能就是偶极子对

的磁势能 E_{dd}；ΔW 是偶极子系统对外所作的功。在现在所讨论的问题中，不牵涉热量。所以有

$$\Delta W = -\Delta E_{dd} \tag{5.45}$$

式(5.45)表明，若偶极子对系统对外界作功，即 $\Delta W>0$，则其内能将减少；若外界对偶极子对作功，即 $\Delta W<0$，则其内能将增大。

两偶极子之间的磁场功和磁势能的一般关系可以用量纲归一化的几何因子来表示。将式(5.10)改写成

$$E_{dd} = -\frac{3\mu_0}{4\pi r_0^3} m_{d,1} m_{d,2}\left[\cos(\theta_1-\varphi)\cos\theta_1 - \frac{1}{3}\cos\varphi\right]\frac{r_0^3}{r^3} \tag{5.46}$$

定义磁势能的几何因子 ε_E 或磁场功的几何因子 ε_W 为

$$\varepsilon_E = \frac{E_{dd}}{\dfrac{3\mu_0}{4\pi r_0^3} m_{d,1} m_{d,2}},\qquad \varepsilon_W = -\varepsilon_E \tag{5.47}$$

于是有

$$-\varepsilon_E = +\varepsilon_W = \left[\cos(\theta_1-\varphi)\cos\theta_1 - \frac{1}{3}\cos\varphi\right]\frac{r_0^3}{r^3} \tag{5.48}$$

5.4.1　两偶极子中心距改变时的磁势能和磁场功

设两偶极子的中心距从初始值 r_0 变化到 r，则由式(5.48)得

$$(\Delta\varepsilon_W)_r = -\varepsilon_E\Big|_1^{r_0/r} = \left[\cos(\theta_1-\varphi)\cos\theta_1 - \frac{1}{3}\cos\varphi\right]\left(\frac{r_0^3}{r^3}-1\right) \tag{5.49}$$

1. 两偶极子平行，$\varphi=0$

在此情况下，式(5.49)成为

$$(\Delta\varepsilon_W)_r = \left(\cos^2\theta_1 - \frac{1}{3}\right)\left(\frac{r_0^3}{r^3}-1\right)$$

(1) $\theta_1=0$

当 $\theta_1=0$ 时，有

$$(\Delta\varepsilon_W)_r = \frac{2}{3}\left(\frac{r_0^3}{r^3}-1\right)$$

若两偶极子分离，即 $r>r_0$，则 $(\Delta\varepsilon_W)_r<0$，此即外界对偶极子对作功，此时 $\Delta\varepsilon_E>0$，表明偶极子对的磁势能(内能)增大。如图 5-4(a)所示。

(2) $\theta_1=\pi/2$

当 $\theta_1=\pi/2$ 时，有

$$(\Delta\varepsilon_W)_r = -\frac{1}{3}\left(\frac{r_0^3}{r^3}-1\right)$$

若两偶极子分离，即 $r>r_0$，则 $(\Delta\varepsilon_W)_r>0$，此即偶极子对本身对外界作功，因而它的磁势能(即内能)降低。见图 5-4(b)。

2. 两偶极子反平行，$\varphi=\pi$

情况和 $\varphi=0$ 相反。

3. 两偶极子互相垂直，$\varphi=\pi/2$

在此情况下，有

$$(\Delta\varepsilon_W)_r=\frac{1}{2}(\sin 2\theta_1)\left(\frac{r_0^3}{r^3}-1\right)$$

(1) $\theta_1=0$

当 $\theta_1=0$ 时，有

$$(\Delta\varepsilon_W)_r=0$$

(2) $\theta_1=\pi/2$

当 $\theta=\pi/2$ 时，有

$$(\Delta\varepsilon_W)_r=0$$

上面这两种情况表明，两偶极子之间不具有磁势能，也就是相互无磁力的作用。如图 5-4(c)和(d)所示。

(3) $0\leqslant\theta_1\leqslant\pi/2$

若两偶极子分离，则此时$(\Delta\varepsilon_W)_r<0$，即外界对偶极子对作功，而磁势能增加。这表明在$0\leqslant\theta_1\leqslant\pi/2$的区间内，两偶极子之间有磁吸引力，其内能是磁吸引势能。见图 5-4(e)。

(4) $\pi/2\leqslant\theta_1\leqslant\pi$

若两偶极子分离，则$(\Delta\varepsilon_W)_r>0$，即偶极子对本身对外界作功而磁势能降低。这表明在$\pi/2\leqslant\theta_1\leqslant\pi$区间内，两偶极子间具有磁排斥力，其内能是磁排斥势能。见图 5-4(f)。

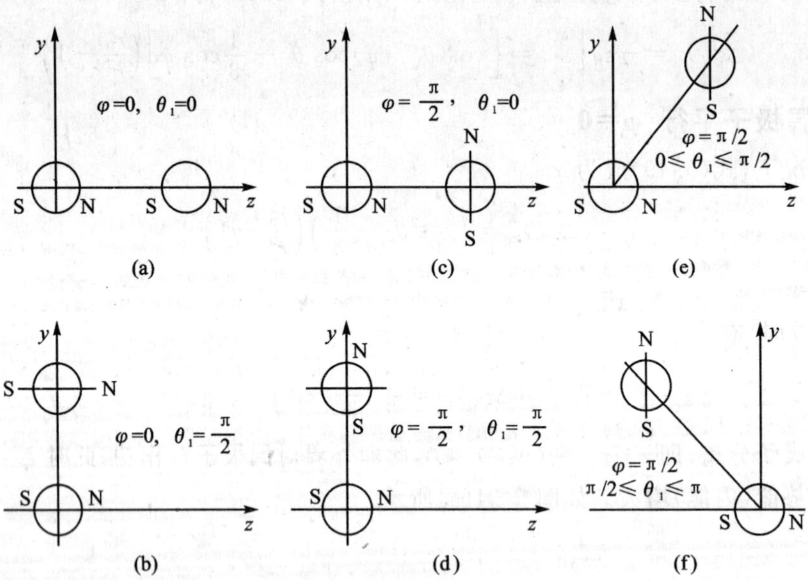

图 5-4 偶极子对的两偶极子特定相对位置

5.4.2 在偶极子对中，一个偶极子的翻转功和磁势能的变化

所谓偶极子翻转，就是两偶极子的磁矩之夹角 φ 发生改变。于是

$$(\Delta\varepsilon_W)\varphi=-\varepsilon_E\Big|_{\varphi_0}^{\varphi}=\left\{\left[\cos(\theta_1-\varphi)\cos\theta_1-\frac{1}{3}\cos\varphi\right]-\left[\cos(\theta_1-\varphi_0)\cos\theta_1-\frac{1}{3}\cos\varphi_0\right]\right\}\frac{r_0^3}{r^3} \tag{5.50}$$

1. 两偶极子平行，$\varphi_0=0$

此时

$$(\Delta\varepsilon_W)_\varphi=\left\{\left[\cos(\theta_1-\varphi)\cos\theta_1-\frac{1}{3}\cos\varphi\right]-\left(\cos^2\theta_1-\frac{1}{3}\right)\right\}\frac{r_0^3}{r^3}$$

(1) $\theta_1=0$

当 $\theta_1=0$ 时，有

$$(\Delta\varepsilon_W)_\varphi=\frac{2}{3}(\cos\varphi-1)\frac{r_0^3}{r^3}$$

如图 5-5(a)所示，当 φ 从 0 转向 π 时(转动方向是逆时针或顺时针没有关系)，$(\Delta\varepsilon_W)_\varphi<0$ 即必须有外界对偶极子作功才能翻转，当然这种外界功是施加外磁场 $\boldsymbol{B}_0$ 来实现的。在翻转过程中，偶极子的内部磁势能将增加。从稳定变成不稳定。

(2) $\theta_1=\pi$

情况与 $\theta_1=0$ 相同。

(3) $\theta_1=\pi/2$

当 $\theta_1=\pi/2$ 时，有

$$(\Delta\varepsilon_W)_\varphi=-\frac{1}{3}(\cos\varphi-1)\frac{r_0^3}{r^3}$$

如图 5-5(b)所示，当 φ 从 0 转向 π 时，$(\Delta\varepsilon_W)_\varphi>0$，并且和转动方向无关。此表明偶极子对向外界作功，内部的磁势能降低。由图 5-5(b)可以看到，当 $\varphi_0=0$ 时，偶极子 $\boldsymbol{m}_{d,2}$ 的磁矩方向和偶极子 $\boldsymbol{m}_{d,1}$ 所产生的磁场 $\boldsymbol{B}_{d,1}$ 方向相反，所以 $\boldsymbol{m}_{d,2}$ 处于高磁势能的初始状态。

(4) $\theta_1=3\pi/2$

情况与 $\theta_1=\pi/2$ 相同。

2. 两偶极子反平行，$\varphi_0=\pi$

此时

$$(\Delta\varepsilon_W)_\varphi=\left\{\left[\cos(\theta_1-\varphi)\cos\theta_1-\frac{1}{3}\cos\varphi\right]+\left(\cos^2\theta_1-\frac{1}{3}\right)\right\}\frac{r_0^3}{r^3}$$

(1) $\theta_1=0$

当 $\theta_1=0$ 时，有

$$(\Delta\varepsilon_W)_\varphi=\frac{2}{3}(\cos\varphi+1)\frac{r_0^3}{r^3}$$

当 φ 从 π 转到 0 或 2π 时，$(\Delta\varepsilon_W)_\varphi>0$，即偶极子对向外界作功，其内部的磁势能降低。由不稳趋向于稳定，如图 5-5(c)所示。

(2) $\theta_1=\pi$

情况与 $\theta_1=0$ 相同。

(3) $\theta_1=\pi/2$

当 $\theta_1=\pi/2$ 时，有

$$(\Delta\varepsilon_W)_\varphi=-\frac{1}{3}(\cos\varphi+1)\frac{r_0^3}{r^3}$$

当 φ 从 π 转向 0 或转向 2π 时，$(\Delta\varepsilon_W)_\varphi<0$，此即外界向偶极子对作功，因而内部的磁势能

增加。如图 5-5(d)所示。

(4) $\theta_1=3\pi/2$

情况与 $\theta_1=\pi/2$ 相同。

3. 两偶极子互相垂直，$\varphi_0=\pi/2$

此时

$$(\Delta\varepsilon_W)_\varphi=\left\{\left[\cos(\theta_1-\varphi)\cos\theta_1-\frac{1}{3}\cos\varphi\right]-\sin\theta_1\cos\theta_1\right\}\frac{r_0^3}{r^3}$$

(1) $\theta_1=0$

当 $\theta_1=0$ 时，有

$$(\Delta\varepsilon_W)_\varphi=\frac{2}{3}(\cos\varphi)\frac{r_0^3}{r^3}$$

当 φ 从 $\pi/2$ 转向 0 时，$(\Delta\varepsilon_W)_\varphi>0$，即偶极子对向外界作功，内部的磁势能降低，趋向于稳定状态。若 φ 从 $\pi/2$ 转向 π 时，$(\Delta\varepsilon_W)_\varphi<0$，即外界向偶极子对作功，从而偶极子对内部的磁势能增高，趋向于不稳定状态。如图 5-5(e)所示。

(2) $\theta_1=\pi$

情况和 $\theta_1=\pi$ 相同。

(3) $\theta_1=\pi/2$

当 $\theta_1=\dfrac{\pi}{2}$ 时，有

$$(\Delta\varepsilon_W)_\varphi=-\frac{1}{3}(\cos\varphi)\frac{r_0^3}{r^3}$$

当 φ 从 $\pi/2$ 转向 0 时，$(\Delta\varepsilon_W)_\varphi<0$，即外界对偶极子对作功，从而偶极子对内部的磁势能增高，由稳定趋向于不稳定。若 φ 从 $\pi/2$ 转向 π 时，$(\Delta\varepsilon_W)_\varphi>0$，即偶极子对向外界作功，从而内部的磁势能降低，变得更为稳定。如图 5-5(f)所示。

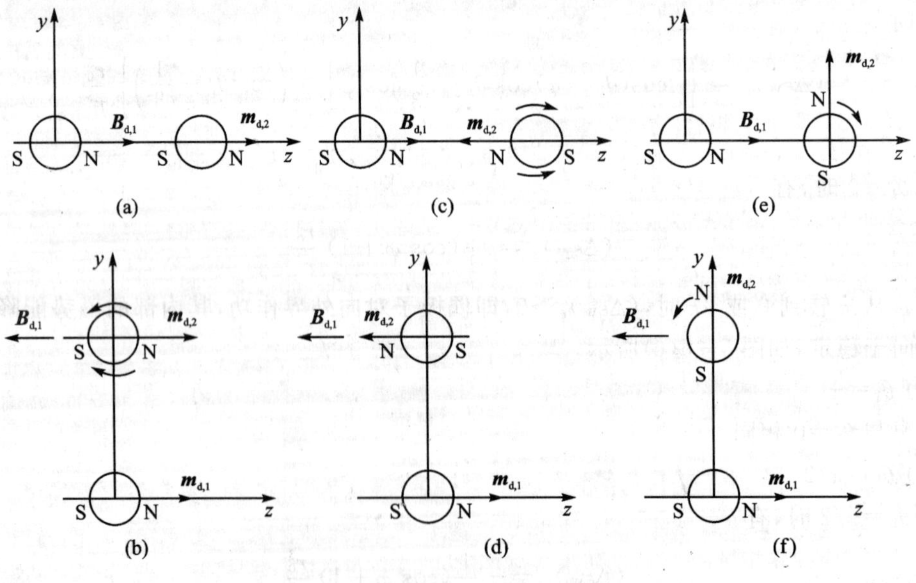

图 5-5 在特定位置上偶极子的翻转示意图

(4) $\theta_1=3\pi/2$

情况和 $\theta_1=\pi/2$ 相同。

5.5 偶极子长链

5.5.1 概　述

偶极子长链有两种理想化的简单模型：一种称为串接长链，如图 5-6(a)所示；一种称为并接长链，如图 5-6(b)所示。

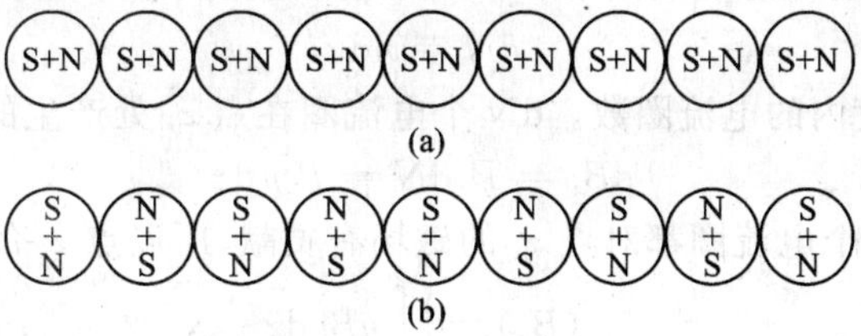

图 5-6　偶极子长链的理想化模型

显然，串接偶极子长链是稳定的、结合力最强的一种形式，因为长链中的任何一个偶极子都处于其他偶极子的极轴(即磁矩轴)上，并且链中所有偶极子对链上任一点处的磁场强度都是正贡献，即它们的贡献是叠加的。但是，并接偶极子长链的稳定程度很差，结合力也很弱，原因是长链中每个偶极子都处于其他偶极子的赤道平面之内，磁场强度只及磁矩轴线上的一半，另一方面，更重要的是各偶极子之间是按磁矩方向正反相间排列的，因而任何相邻偶极子对长链上各点的磁场贡献，是正负相减的。若并接偶极子链中有一半偶极子的磁矩方向和外磁场一致，则另一半偶极子的磁矩方向和外磁场正相反，而处于最不稳定的状态。这就使得并接偶极子长链在外磁场中容易瓦解。

5.5.2 串接偶极子长链中的内部磁场

铁磁流体中磁性固相微粒结合成的串接长链，就是球形电流线圈串成的长链。这样的长链完全相当于平面电流环组成的密圈螺旋，如图 5-7 所示。每一圈电流在螺旋中轴线上产生的磁场由式(2.7)给出

$$\boldsymbol{B}_z=\boldsymbol{k}\frac{\mu_0 I'S}{2\pi r^3}$$

式中，S 是电流 I' 包围的平面面积，即 πa_p^2。由于铁磁流体的磁性固相微粒是磁单畴的，所以它的磁化强度就是其材料的最大饱和磁化强度 M_d，也就球形电流线圈的磁化强度 M_p，即 $M_p=M_d$。由平面电流环与球形电流线圈磁矩相等，即

$$I'(\pi a_p^2)=M_d\left(\frac{4}{3}\pi a_p^3\right)$$

于是得

$$I'=\frac{4}{3}a_p M_d=\frac{4}{3}a_p i'$$

式中，i'是球形电流线圈极轴上单位高度内的电流。

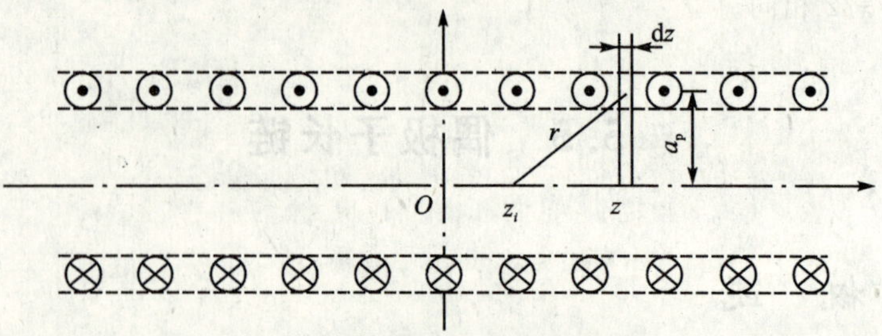

图 5-7　密圈螺旋电流线圈

由图 5-7 可见，在密圈螺旋线圈中，dz 长度内的电流圈数 dN 是

$$dN = n dz$$

式中，n 是单位轴线长度内的电流圈数。dN 个电流圈在点 z_i 处产生的磁场强度 dB_z 是

$$dB_z = B_z dN = B_z n dz$$

螺旋线圈上的每一个电流圈都对点 z_i 的磁场有贡献，所以点 z_i 的总的磁场是积分，即

$$(B_z)_i = \int_l nB_z dz$$

积分号内的 B_z 用式(2.7)代入，由图 5-7 可见 $r=\sqrt{a_p^2+(z-z_i)^2}$，于是有

$$(B_z)_i = \frac{\mu_0 I'Sn}{2\pi}\int_{-l/2}^{l/2}\frac{dz}{[\sqrt{a_p^2+(z-z_i)^2}]^3}$$

用 $n=N/l, I'S=(4/3)\pi a_p^3 M_d$ 代入，则积分结果为

$$\left.\begin{aligned}(B_z)_i &= \frac{2\mu_0 N a_p M_d}{3l}C_i\\ C_i &= \frac{\dfrac{l}{2}-z_i}{\sqrt{a_p^2+\left(\dfrac{l}{2}-z_i\right)^2}}+\frac{\dfrac{l}{2}+z_i}{\sqrt{a_p^2+\left(\dfrac{l}{2}+z_i\right)^2}}\end{aligned}\right\} \tag{5.51}$$

若长链是由固相微粒一个紧挨一个结成的，则有

$$l = 2Na_p$$

从而

$$(B_z)_i = \frac{1}{3}\mu_0 M_d C_i$$

通常长链是由大量的固相微粒结成的，所以链长 $l \gg a_p$，这样的长链有

$$C_i = \begin{cases}2, & \text{长链的中间部分，}(l/2)-z_i \gg a_p\\ 1, & \text{长链的两端部分，}z_i \approx \pm l/2\end{cases} \tag{5.52}$$

由于$(B_z)_i$是决定长链内部磁势能和结合力的主要因素，所以偶极子长链的中间部分比较牢固，而薄弱环节在两边部分。

5.5.3　在串接长链中偶极子的磁势能和相互作用力

1. 在串接长链中偶极子的内部磁势能

由式(5.6)可以写出长链中第 i 个偶极子所具有的磁势能是

$$E_{d,i}=-W_i=-\boldsymbol{m}_d\cdot(\boldsymbol{B}_z)_i$$

用式(5.51)代入上式之右边即得

$$E_{d,i}=-W_i=-\frac{2Na_p}{3l}C_i m_d(\mu_0 M_d)\cos\varphi_i \tag{5.53}$$

2. 长链中偶极子的结合力

长链中偶极子的结合力特指偶极子链抵抗拉断的能力，对于 $l\gg a_p$ 的长链 C_i 可以按式(5.52)取为常数，于是抗拉力 $\boldsymbol{F}_t$ 为

$$\boldsymbol{F}_{t,i}=-\frac{\partial E_{d,i}}{\partial l}\boldsymbol{k}=-\boldsymbol{k}C_i\frac{2Na_p}{3l^2}m_d(\mu_0 M_d)\cos\varphi_i \tag{5.54}$$

式中，φ_i 是磁场$(\boldsymbol{B}_z)_i$ 与长链上点 z_i 处偶极子的磁矩 $\boldsymbol{m}_d$ 的夹角。

3. 串接长链的拉伸功

由式(5.45)对于点 z_i 处有

$$(\Delta W_l)_i=-E_{d,i}\Big|_{l_0}^{l}=\frac{2Na_p}{3}m_d(\mu_0 M_d)\left(\frac{C_i}{l}-\frac{C_{i,0}}{l_0}\right)\cos\varphi_i \tag{5.55}$$

式中，$C_{i,0}$ 按式(5.51)中取 $l_0/2$ 计算。对于紧密串接的长链 $l_0=2Na_p$，则式(5.55)成为

$$(\Delta W_l)_i=\frac{C_{i,0}}{3}m_d(\mu_0 M_d)\left(\frac{C_i}{C_{i,0}}\frac{2Na_p}{l}-1\right)\cos\varphi_i \tag{5.56}$$

考虑 C_i 和 $C_{i,0}$ 的取值，以 21×2 个固相微粒结合成的紧密串接链为例，计算结果列于表 5-1 中。由表可见，只有紧靠两端处的 C_i 才接近于 1，而 90％以上的部分，C_i 均接近于 2，所以在式(5.56)中取 $C_{i,0}=C_i=2$，于是有

$$(\Delta W_l)_i=\frac{2}{3}m_d(\mu_0 M_d)\left(\frac{2Na_p}{l}-1\right)\cos\varphi_i \tag{5.57}$$

总的拉伸功是各点功的总和，假设 $\varphi_i=0$，则有

$$\Delta W_l=\sum_{i=1}^{N-1}(\Delta W_l)_i=\frac{2}{3}(N-1)m_d(\mu_0 M_d)\left(\frac{2Na_p}{l}-1\right) \tag{5.58}$$

表 5-1　C_i 的计算值 $l=42a_p$

z_i/a_p	C_i	z_i/a_p	C_i
0	1.997 74	11	1.994 54
1	1.997 72	12	1.993 42
2	1.997 67	13	1.991 85
3	1.997 59	14	1.989 54
4	1.997 48	15	1.986 01
5	1.997 31	16	1.980 22
6	1.997 10	17	1.969 80
7	1.996 82	18	1.948 35
8	1.996 46	19	1.804 11
9	1.995 99	20	1.706 81
10	1.995 37	21	0.999 72

4. 在串接长链中偶极子所受到的磁力矩

在长链的点 z_i 上偶极子受到的磁力矩是

$$\boldsymbol{L}_{\mathrm{d},i}=\boldsymbol{m}_{\mathrm{d}}\times(\boldsymbol{B}_z)_i$$

将式(5.51)代入,并且注意到 $\boldsymbol{m}_d$ 和$(\boldsymbol{B}_z)_i$ 均位于 yOz 平面之内,则上式可写成

$$\boldsymbol{L}_{\mathrm{d},i}=\boldsymbol{i}C_i\frac{2Na_{\mathrm{p}}}{3l}m_{\mathrm{d}}(\mu_0M_{\mathrm{d}})\sin\varphi_i \tag{5.59}$$

5. 串接长链中偶极子的翻转功

在点 z_i 处偶极子的翻转功是

$$(\Delta W_\varphi)_i=-E_{\mathrm{d},i}\Big|_{\varphi_{i,0}}^{\varphi_i}=C_i\frac{2Na_{\mathrm{p}}}{3l}m_{\mathrm{d}}(\mu_0M_{\mathrm{d}})(\cos\varphi_i-\cos\varphi_{i,0}) \tag{5.60}$$

对于理想串接的长链,处处都有 $\varphi_{i,0}=0$,所以$(\Delta W_\varphi)_i<0$,即欲使串接长链中的偶极子翻转,必须有外界作功,这个外界就是外磁场。

5.5.4 外磁场 B_0 对串接长链中的偶极子的作用

设外磁场矢量 $\boldsymbol{B}_0$ 与串接长链点 z_i 处的偶极子磁矩矢量 $\boldsymbol{m}_{\mathrm{d}}$ 成角度 β_i,而该点处偶极子的 $\boldsymbol{m}_{\mathrm{d}}$ 与$(\boldsymbol{B}_z)_i$ 成角度 φ_i,如图 5-8 所示。

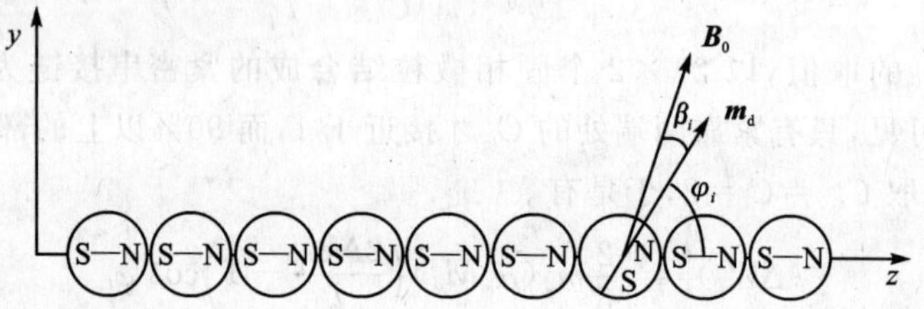

图 5-8 在外磁场中的偶极子长链(其中一个偶极子发生翻转)

1. 偶极子在外磁场 B_0 中的磁势能 $E_{0,i}$

$$E_{0,i}=-W_{0,i}=-\boldsymbol{m}_{\mathrm{d}}\cdot\boldsymbol{B}_0=-m_{\mathrm{d}}B_0\cos\beta_i \tag{5.61}$$

2. 磁力矩 $L_{0,i}$

$$\boldsymbol{L}_{0,i}=\boldsymbol{m}_{\mathrm{d}}\times\boldsymbol{B}_0=-\boldsymbol{i}m_{\mathrm{d}}B_0\sin\beta_i \tag{5.62}$$

3. 偶极子的翻转功$(\Delta W_\varphi)_{0,i}$

$$(\Delta W_\varphi)_{0,i}=-E_{0,i}\Big|_{\beta_{i,0}}^{\beta_i}=m_{\mathrm{d}}B_0(\cos\beta_i-\cos\beta_{i,0}) \tag{5.63}$$

4. 在外磁场作用下串接偶极子长链断开或瓦解的条件

串接的偶极子长链断开的原因就是链中的偶极子发生翻转,互相吸引的结合逐渐减弱,甚至转变成互相排斥的力。比较式(5.59)和式(5.62)就可以知道偶极子链的断开条件是

$$B_0\sin\beta_i\geqslant C_i\frac{2Na_{\mathrm{p}}}{3l}(\mu_0M_{\mathrm{d}})\sin\varphi_i \tag{5.64}$$

对于紧密排列的长链,并且取 $C_i=2$,则上式成为

$$B_0\sin\beta_i\geqslant\frac{2}{3}\mu_0M_{\mathrm{d}}\sin\varphi_i \tag{5.65}$$

在式(5.64)与式(5.65)中,等号表示平衡状况,此时的 θ_i 和 φ_i 是平衡角度。若外磁场足够地强,以致长链中的所有的偶极子的磁矩都互相平行,在这样的情况下,长链将瓦解成单个的偶极子,其结果就是铁磁流体的磁化强度升高和流动特性趋向于牛顿流体。

5.6 铁磁流体中,磁性作用形成的微结构在外磁场影响下的行为

5.6.1 概 述

这里将偶极子对、偶极子聚集体、偶极子长链和网状结构都归纳于微结构的范畴之内。微结构的成因包括磁作用和非磁作用。非磁作用即指 van der Waals 力,但通常磁性作用要大得多。因为当微粒互相接近时,van der Waals 力将逐渐由吸引力转化成排斥力,所以不能形成紧密接触的结合体。但磁性力相反,越是接近吸引力越大,所以磁性形成的结合体一般是紧密的。

铁磁流体中的微结构对其磁化强度和流动特性有极为重要的影响。但是反过来,外磁场和流动状况(主要是涡旋)对微结构也有非常重要的影响。由于微结构纵横交错、杂乱无章,使得其内部磁场的方向也是杂乱的、随机的。但外磁场通常是定向的,所以外磁场在任何时候都会对部分偶极子产生力矩作用。若这种力矩作用超过微结构中偶极子之间的结合强度,就造成微结构的破坏。如果铁磁流体是静止的,则只有磁矩和外磁场平行的微结构才能稳定。所以铁磁流体的磁化强度随外磁场增大而增加,直至饱和为止,而不论铁磁流体中的固相微粒的初始状况如何。

5.6.2 偶极子对处于外磁场中

如图 5-9 所示为两种理想化的偶极子对的模型,一种是串接如图 5-9(a),一种是并接如图 5-9(b)。

1. 外磁场 $\boldsymbol{B}_0$ 对串接偶极子对的作用

设外磁场在初始情况和串接偶极子对的极轴成 β 角。对于内禀性的偶极子对,一旦受到外磁场的作用,其磁矩立即转向外磁场方向。在理想状况下,两偶极子的磁矩矢量保持平行,即在式(5.27)或式(5.28)中取 $\varphi=0$,于是偶极子对的内力矩就是

$$\boldsymbol{L}_{\mathrm{dd}}=-\frac{3\mu_0}{4\pi r^3}m_{\mathrm{d},1}m_{\mathrm{d},2}(\sin\theta_1\cos\theta_1)\boldsymbol{i}$$

对于紧密相接的偶极子对,有 $r=2a_{\mathrm{p}}$,则由 $m_{\mathrm{d},1}=m_{\mathrm{d},2}=m_{\mathrm{d}}$ 得

$$\boldsymbol{L}_{\mathrm{dd}}=-\frac{1}{8}(\mu_0 M_{\mathrm{d}})m_{\mathrm{d}}(\sin\theta_1\cos\theta_1)\boldsymbol{i} \tag{5.66}$$

外磁场 $\boldsymbol{B}_0$ 作用于一个偶极子上的磁力矩 $\boldsymbol{L}_{0,\mathrm{d}}$ 是

$$\boldsymbol{L}_{0,\mathrm{d}}=\boldsymbol{i}m_{\mathrm{d}}B_0\sin(\beta-\theta_1) \tag{5.67}$$

比较式(5.66)和式(5.67),就得出串接偶极子对里的偶极子翻转条件是

$$B_0\sin(\beta-\theta_1)\geqslant\frac{1}{16}\mu_0 M_{\mathrm{d}}\sin 2\theta_1,\qquad \theta_1\leqslant\beta \tag{5.68}$$

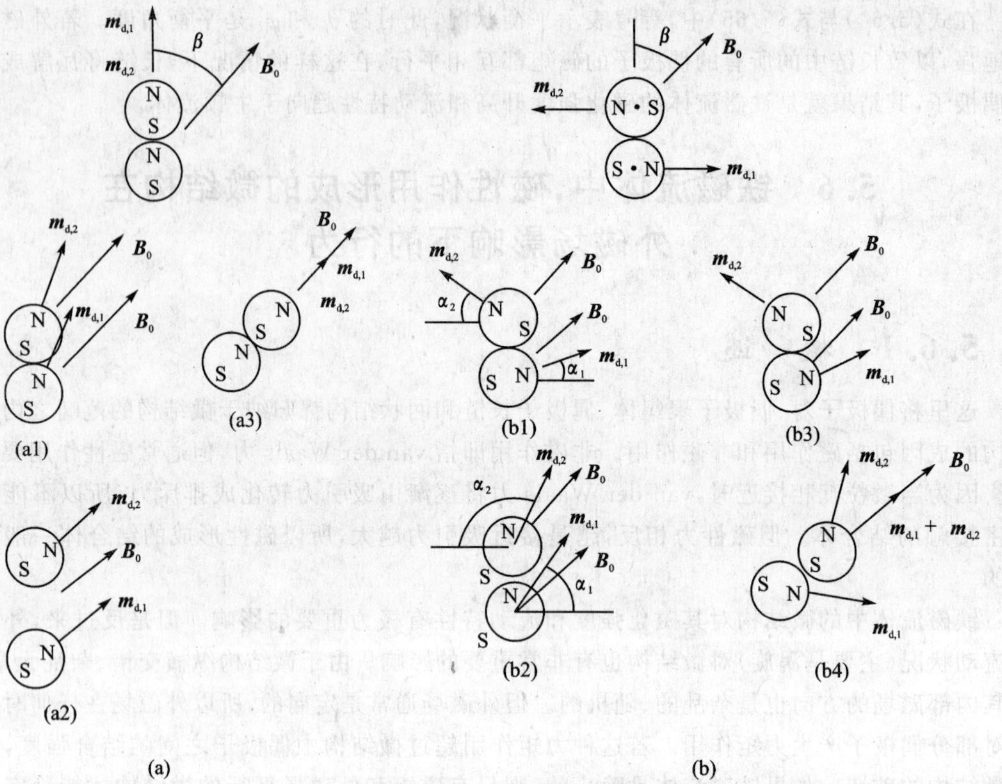

图 5-9　偶极子对在外磁场中的行为

在式(5.68)中取等号就得到平衡状态下的$(\theta_1)_b$。在偶极子翻转过程中,θ_1 从 0 增大到$(\theta_1)_b$,若外磁场足够强而$(\theta_1)_b$ 比较接近于 β,从而两偶极子之间的磁吸引力转变成排斥力,则两偶极子互相分离成两个单独的偶极子,它们的方向最终取决于热运动和外磁场。外磁场越强,偶极子的磁矩越接近于和外磁场平行。若不考虑热运动,则单个偶极子的磁矩将完全平行于 $\boldsymbol{B}_0$。如图 5-9(a2)所示。

若两个偶极子都是非内禀性的,则如图 5-9(a3)所示,更可能的是偶极子对整体转向外磁场。

将式(5.68)与式(5.65)相比较,可以看出串接偶极子对比串接偶极子的长链容易解体。主要原因是偶极子长链的内部磁场远比偶极子对强。

2. 外磁场 $\boldsymbol{B}_0$ 作用于并接偶极子对

并接偶极子对如图 5-9(b)所示。设在外磁场作用下,内禀性偶极子发生磁矩旋转,如图 5-9(b1)所示。$\boldsymbol{m}_{d,1}$ 的转角是 α_1,$\boldsymbol{m}_{d,2}$ 的转角是 α_2,此时有 $\theta_1=(\pi/2)-\alpha_1$,$\varphi=\pi-(\alpha_1+\alpha_2)$。则由式(5.27)与式(5.28)取 $r=2a_p$,$m_{d,1}=m_{d,2}=m_d$,得

$$\boldsymbol{L}_{d,1}=-\frac{1}{24}(\mu_0 M)m_d\left[3\sin\left(\frac{\pi}{2}-\alpha_1\right)\cos\left(\frac{\pi}{2}-\alpha_1-\pi+\alpha_1+\alpha_2\right)-\sin(\pi-\alpha_1-\alpha_2)\right]\boldsymbol{i}$$

化简之后

$$\boldsymbol{L}_{d,1}=-\boldsymbol{i}\frac{1}{24}\mu_0 M_d m_d(2\cos\alpha_1\sin\alpha_2-\sin\alpha_1\cos\alpha_2) \tag{5.69}$$

同样有

$$\boldsymbol{L}_{\mathrm{d},2}=-\boldsymbol{i}\frac{1}{24}\mu_0 M_{\mathrm{d}} m_{\mathrm{d}}(-2\sin\alpha_1\cos\alpha_2+\cos\alpha_1\sin\alpha_2) \tag{5.70}$$

由图 5-9(b1)可知 $\alpha_1<\pi/2,\alpha_2>\pi/2$，故以上两个式子之右方括号内恒为正。而由外磁场 B_0 作用的磁力矩为

$$\boldsymbol{L}_{0,1}=-\boldsymbol{i}m_{\mathrm{d}}B_0\sin\left(\frac{\pi}{2}-\beta-\alpha_1\right)=-\boldsymbol{i}m_{\mathrm{d}}B_0\cos(\beta+\alpha_1) \tag{5.71}$$

$$\boldsymbol{L}_{0,2}=\boldsymbol{i}m_{\mathrm{d}}B_0\sin\left(\frac{\pi}{2}-\alpha_2+\beta\right)=\boldsymbol{i}m_{\mathrm{d}}B_0\cos(\alpha_2-\beta) \tag{5.72}$$

同时出现磁力矩 $\boldsymbol{L}_{0,1}$ 和 $\boldsymbol{L}_{\mathrm{d},1}$、$\boldsymbol{L}_{0,2}$ 和 $\boldsymbol{L}_{\mathrm{d},2}$ 方向相反，只有如图 5-9(b2)所示那样，即

$$\left.\begin{aligned}\frac{\pi}{2}-\beta<\alpha_1<\frac{\pi}{2}\\ \frac{\pi}{2}<\alpha_2<\frac{\pi}{2}+\beta\end{aligned}\right\} \tag{5.73}$$

在式(5.73)所限定的区间内，可能存在外磁力矩 $\boldsymbol{L}_{0,i}$ 与内磁力矩 $\boldsymbol{L}_{\mathrm{d},i}$ 的平衡。其中最为可能的状况是

$$\alpha_1+\alpha_2=\pi\quad(\text{即 }\varphi=0)$$

此时，由式(5.69)、式(5.70)得出

$$\left.\begin{aligned}\boldsymbol{L}_{\mathrm{d},1}=-\boldsymbol{i}\frac{1}{24}(\mu_0 M_{\mathrm{d}})m_{\mathrm{d}}(3\sin\alpha_1\cos\alpha_1)=-\boldsymbol{i}\frac{1}{16}(\mu_0 M_{\mathrm{d}})m_{\mathrm{d}}\sin 2\alpha_1\\ \boldsymbol{L}_{\mathrm{d},2}=-\boldsymbol{i}\frac{1}{24}(\mu_0 M_{\mathrm{d}})m_{\mathrm{d}}(3\cos\alpha_1\sin\alpha_1)=-\boldsymbol{i}\frac{1}{16}(\mu_0 M_{\mathrm{d}})m_{\mathrm{d}}\sin 2\alpha_1\end{aligned}\right\} \tag{5.74}$$

由式(5.71)、式(5.72)得出

$$\boldsymbol{L}_{0,1}=\boldsymbol{L}_{0,2}=-\boldsymbol{i}m_{\mathrm{d}}B_0\cos(\beta+\alpha_1) \tag{5.75}$$

由式(5.73)知 $\alpha_1+\beta>\dfrac{\pi}{2}$，故上式的 $\boldsymbol{L}_{0,1}$ 和 $\boldsymbol{L}_{0,2}$ 均沿 $\boldsymbol{i}$ 的正向。于是外磁矩 $\boldsymbol{L}_{0,i}$ 和内磁矩 $\boldsymbol{L}_{\mathrm{d},i}$ 方向相反，故偶极子的翻转条件为

$$-B_0\cos(\alpha_1+\beta)\geqslant\frac{1}{16}\mu_0 M_{\mathrm{d}}\sin 2\alpha_1,\qquad \alpha_1+\beta>\frac{\pi}{2} \tag{5.76}$$

取等号即得平衡时的 $(\alpha_1)_{\mathrm{b}}$，从而也有 $(\alpha_2)_{\mathrm{b}}=\pi-(\alpha_1)_{\mathrm{b}}$。若用 $\alpha_1=\dfrac{\pi}{2}-\theta_1$ 代入式(5.76)就得到前面的式(5.68)。可见并接偶极子解体所需的外磁场强度与串接的偶极子对相同。结果如图 5-9(a2)那样分离。

对于非内禀性偶极子对，在偶极子翻转到一定程度时，就从中性的并接偶极子对变成接近于极性的串接偶极子对，从而整体旋转趋向于 $\boldsymbol{B}_0$ 方向。如图 5-9(b3)～(b4)。

5.6.3 外磁场对固相微粒聚集体的作用

设由四个偶极子组成的一个简单化聚集体，如图 5-10 所示，其中，图 5-10(a)为非内禀性，图 5-10(b)为内禀性。在这样的聚集体中，四个偶极子之间有强结合面和弱结合面。在 y 轴方向上偶极子之间是并接的，沿 x 轴方向偶极子之间是串接的，所以沿 x 轴方向的结合强度大于沿 y 轴方向的，因此聚集体比较容易在 y 方向破坏。设外磁场 $\boldsymbol{B}_0$ 沿 y 轴，则聚集体内各偶极子所受到外磁场作用的力矩如图 5-10 所示。

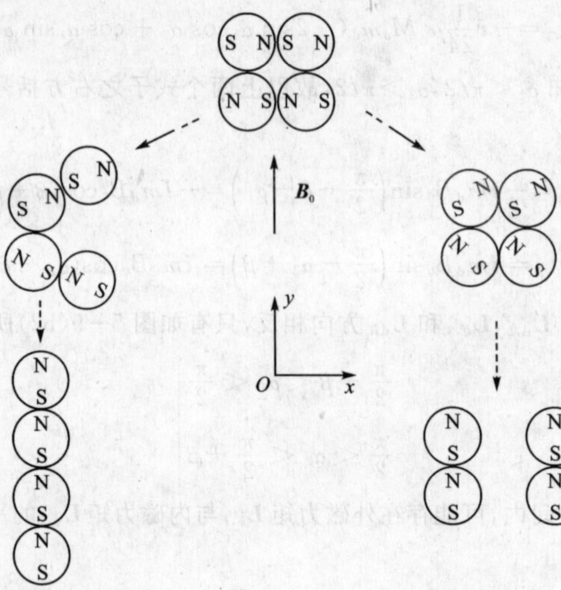

图 5-10 外磁场作用下的偶极子聚集体

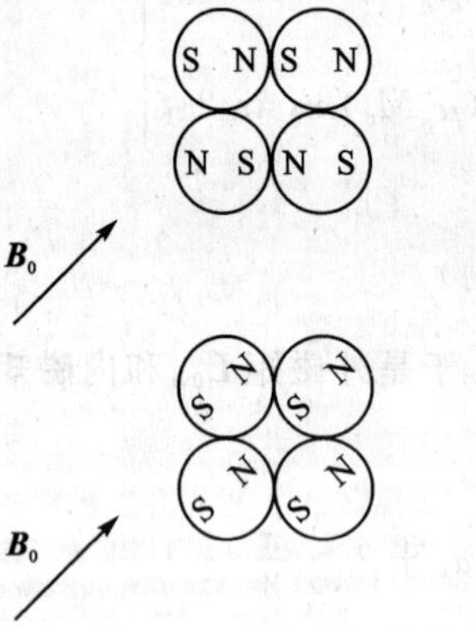

图 5-11 在外磁场作用下磁中性聚集体的可能的极化

若聚集体是由内禀性偶极子组成，在磁力矩 $\boldsymbol{L}_0$ 的作用下，各偶极子的磁矩向平行于 $\boldsymbol{B}_0$ 的方向旋转。若外磁场 $\boldsymbol{B}_0$ 足够强，则在 x 方向成为互相排斥的力，从而聚集体分裂成两个串接的、稳定的偶极子对。如图 5-10(b)所示。

若聚集体是由非内禀性偶极子所组成，则在外磁场 B_0 产生的磁力矩 L_0 作用下，聚集体可能顺 x 方向被掰开，而后旋转成一条串接的四偶极子链。如图 5-10(a)所示。

注意到图 5-10 中的聚集体是磁中性的，但在某些情况下，它可能极性化，如图 5-11 所示，就是一种可能的例子。磁中性的聚集体一般不会对外磁场发生整体的响应，但它极化以后，对铁磁流体的磁化强度就可以做出贡献。当然这是内禀性的情况。

5.6.4 外磁场对网状结构的影响

在铁磁流体内，由大量偶极子形成的网状结构，并非像编织网那样具有结构性和规律性，而只不过是由一些偶极子长链杂乱无章、纵横交错地纠缠在一起形成网样物而已。故所谓网状结构其实并无结构，只是形象称谓。但是，无论网状结构本身如何错综复杂，在外磁场作用下解体的方式，根本上仍是偶极子的磁矩或其单体的翻转。结果形成分散的偶极子单体、较小的聚集体或偶极子链。对于网状结构，可以考虑一些简单化的模型作为基本单元来分析，并且在分析中不计及热运动的作用。

1. 磁中性的串接单元

图 5-12 所示为一种由串接链形成的网状结构的单元，它是磁中性的。若其中的偶极子

是内禀性的，如图 5－12(b)所示，则在外磁场作用下，串接的横链 AB 段和 CD 段分解成偶极子单体；而串接的纵链 AD 段和 BC 段成为平行于外磁场的稳定的串接链。若其中的偶极子是非内禀性的，如图 5－12(a)所示，则在外磁场的磁力矩作用下，一种可能是 AB 段和 CD 段作整体旋转，结果单元转化成为一条平行于外磁场的串接长链。

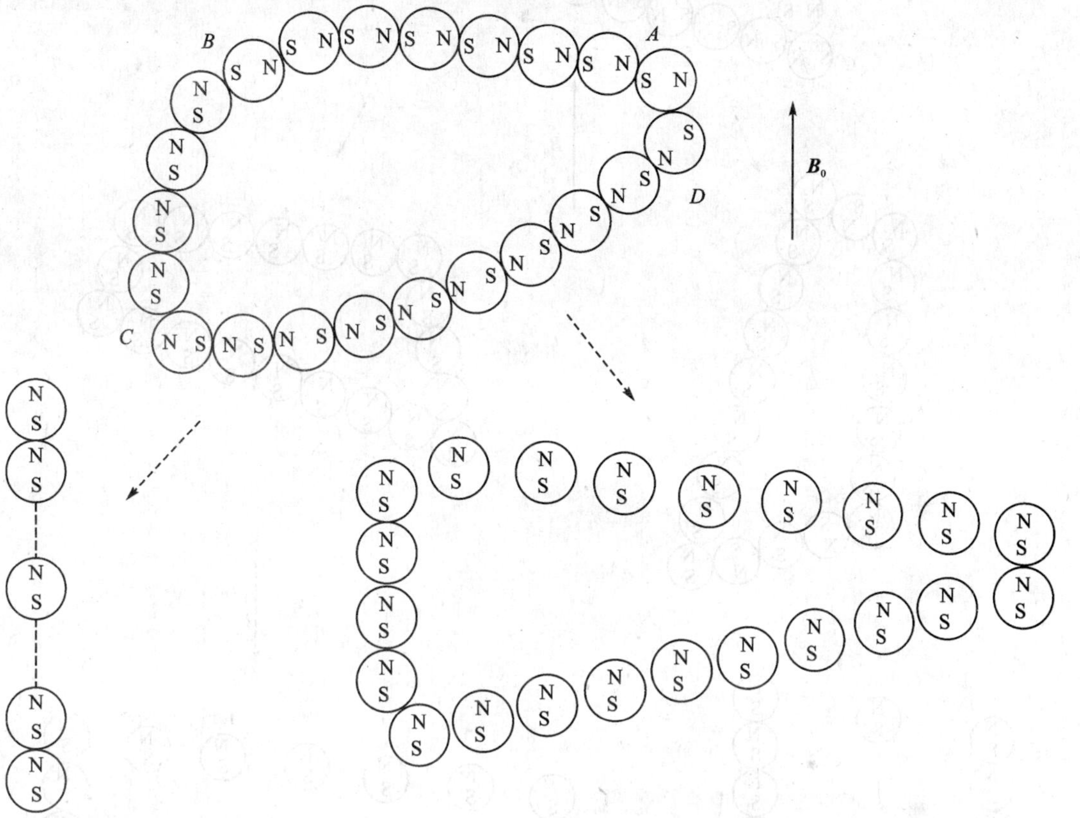

图 5－12 外磁场作用下的磁中性串接单元

2. 极性的混合单元

图 5－13 所示为一种串接和并接混合的网状结构单元，其中 AB 段和 CD 段是串接链，而 AD 段和 BC 段是并接链。这种单元是有极性的单元，在外磁场下，它受到一个整体的力矩。若组成单元的偶极子都是非内禀性的，则此单元可能发生整体旋转，如图 5－13(a)所示，而后分解成两条串接长链和一些偶极子单体。若组成单元的偶极子都是内禀性的，则由于磁矩旋转较快，而其串接的横链 AB 段和 CD 段将解体为单个的偶极子，如图 5－13(b)所示。

3. 磁中性的并接单元

如图 5－14 所示，在外磁场作用下，横并接链 AB 段和 CD 段将解体成单个的偶极子，而纵并接链 BC 段将成为平行于外磁场串接链，AD 偶极子对将翻转平行于外磁场。无论组成单元的是内禀性偶极子还是非内禀性的偶极子，结果相同。

需要说明的是，图 5－9～图 5－14 所表示的铁磁流体中，由磁作用形成的微结构在外磁场中的行为，是建立在理想化的简单模型之上的。在铁磁流体的实际微结构中，任何一个偶极

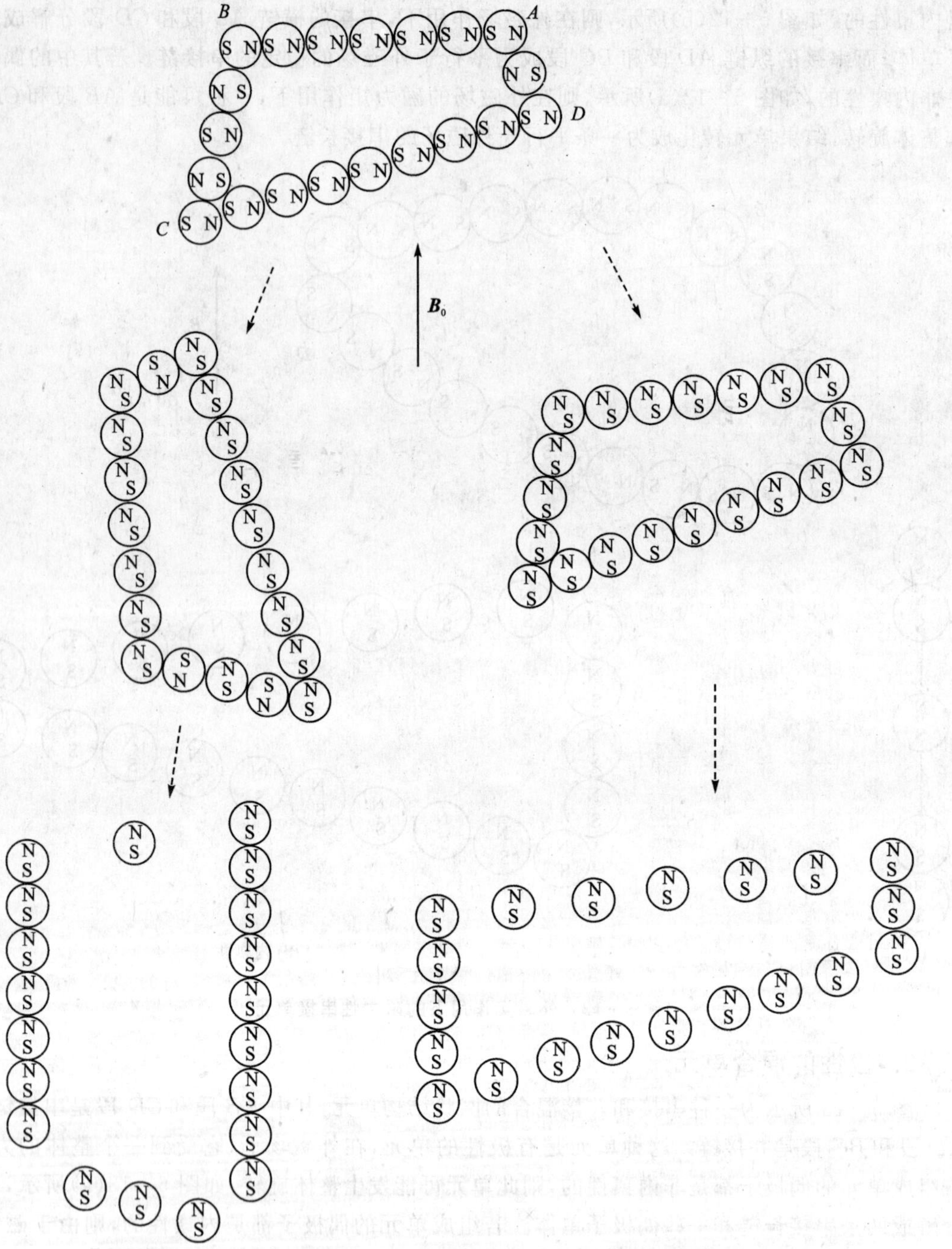

图 5-13　外磁场作用下的极性混合单元

子,它们所处的位置和周围的情况不尽相同,从而具有的内部磁势能不同。所以,微结构中有的偶极子可能在较低强度的外磁场下就脱离微结构,有的则在较高的外磁场强度下才能解脱。其次,等直径圆球形微粒是分析铁磁流体的最基本的假设。但是,这样的假设并不符合事实。一个明显的问题是,在紧密排列的非内禀性偶极子长链中,偶极子在翻转时,必定遭受到非圆球形状上的障碍。而这样的障碍是难以分析和无法预测的。

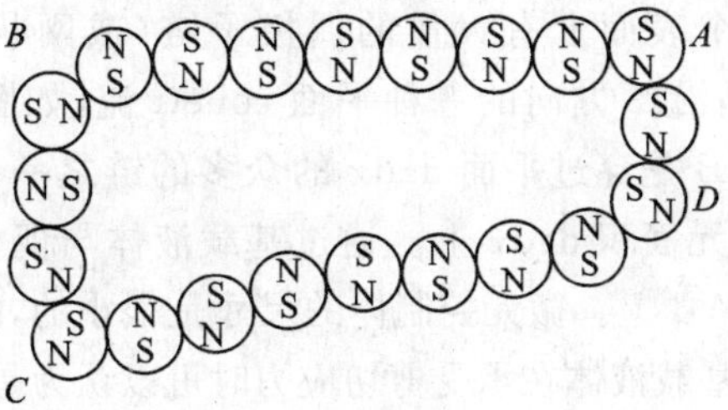

图 5-14　磁中性并接单元

5.7　铁磁流体流动过程中涡旋(或剪切率)对磁化性能和流动特性的影响

就流体而言铁磁流体是一种粘性的胶体，它的粘度比其基载液大很多，约为数倍到十几倍。所以铁磁流体在流动过程中不可避免地存在涡旋。这种涡旋对于非内禀性的牛顿流铁磁流体的影响，是使其有用的磁化强度降低，如式(5.5)所估计的那样。在某些场合下，如在滑动轴承的润滑膜中，剪切率甚至对内禀性铁磁流体的磁化强度产生影响。对于非牛顿流的铁磁流体，情况更为复杂。由于铁磁流体内固相微粒结合成的微结构在涡旋运动中遭到破坏，从而使铁磁流体的磁化强度提高，使流动的粘性降低(这种效应称为剪切稀化)。

铁磁流体虽然是流体，但是相当多品种的铁磁流体却具有屈服应力限。在低于此限的应力下，铁磁流体像固态物体那样不能流动，网状结构是产生屈服应力限的主要原因。所以铁磁流体最一般化的非牛顿流性质是拟塑性 Bingham 体。

5.7.1　网状结构和屈服应力

许多品种的铁磁流体具有屈服应力 τ_s。只有当受到的剪切应力大于 τ_s 时，流动才会发生；若剪切应力低于 τ_s，则铁磁流体就如同固态物质那样，产生刚体运动。

屈服应力 τ_s 主要的成因是网状结构。固相微粒的数密度的量级为 $n=10^{17}\sim10^{18}$ 颗/毫升，即使有 10% 的固相微粒形成长链和网状结构，其总长度也非常惊人。设每个固相微粒的直径 $2a_p=10^{-8}$ m，则链和网的总长 $\sum l_i$ 为

$$\sum l_i = (n\times 10\%)2a_p = 10^8\ \text{m/cm}^3$$

则其侧表面积 $\sum S_i$ 为

$$\sum S_i = 2\pi a_p \sum l_i = 3.14\ \text{m}^2/\text{cm}^3$$

在一毫升铁磁流体内，磁性固相微粒结成的链和网状结构的线长度竟达到 10^5 km 的量级。这样长的链在 1 cm^3 的空间中宛转曲折、纵横交错，形成大大小小、形状各异的许多结构。可以想象它们是极其稠密地充斥于铁磁流体之内。在和基载液体接触面积上的粘附作用和液体自身内聚力作用下，足以对铁磁流体的流动特性产生决定性的影响。

图 5－15 所示为一种偶极子链受到拉伸作用的模型。在流动的铁磁流体内取出一个微元六面控制体，在控制体的六个表面上有大量的偶极子链（或网状结构的组成部分）穿过，如图 5－15(a)所示。设流动是沿 x 方向的一种平面 couett 流，如图 5－15(b)所示，只取 $\mathrm{d}x\mathrm{d}y$ 平面来做分析。图中线段 AB 是穿过平面 $\mathrm{d}z\mathrm{d}x$ 的众多的链之一。当铁磁流体将要发生流动时，有剪切应力 τ_{yx} 作用于微元面积 $\mathrm{d}z\mathrm{d}x$ 上。通过基载液体与偶极子链侧表面之间的粘附作用，而将剪切应力传递到链 AB 上。微元控制体的尺寸是很小的，故 AB 可以视为是一直线段。γ 是 AB 和 τ_{yx} 之间的夹角。基载液体在承受剪切应力时可以认为是没有刚度的。由应力按刚度分配的规律，则此时因流动倾向而产生的剪切应力全部由固相微粒链所承受。平衡方程为

$$\tau_{yx}\,\mathrm{d}z\mathrm{d}x = \sum_{i=1}^{\mathrm{d}N_t}(\sigma_1 S_1/\cos\gamma)_i$$

式中，σ_1 是一根链所受到的拉伸应力；S_1 是链的横断面积，可以认为就是 πa_p^2；$\mathrm{d}N_t$ 是穿过微元面积 $\mathrm{d}z\mathrm{d}x$ 而且受到拉伸应力的链数。设 $(\cos\gamma)_e$ 是 $\cos\gamma$ 的数学期望（即统计平均值），则平衡方程可写成

$$\tau_{yx}\,\mathrm{d}z\mathrm{d}x = \left[\sum_{i=1}^{\mathrm{d}N_t}(\sigma_1 S_1)_i\right]\Big/(\cos\gamma)_e \tag{5.77}$$

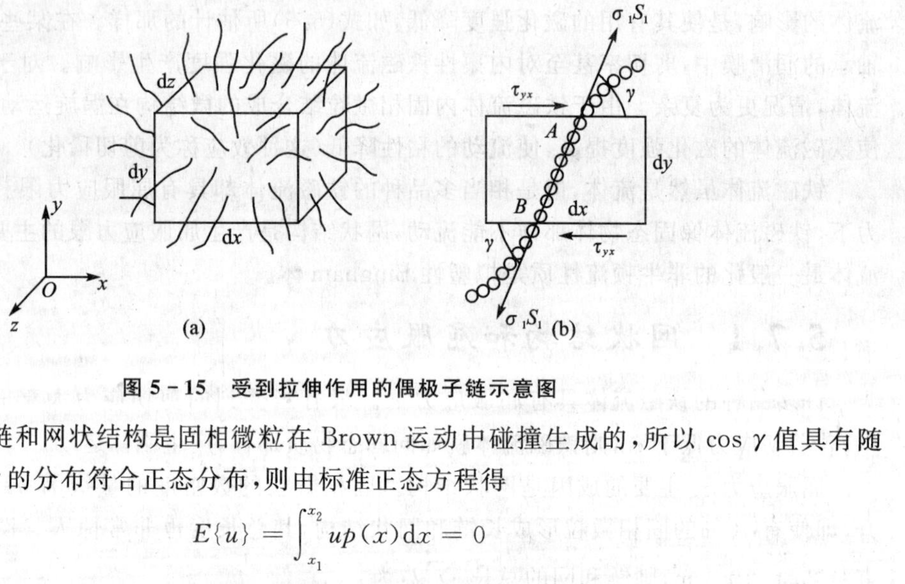

图 5－15　受到拉伸作用的偶极子链示意图

由于偶极子链和网状结构是固相微粒在 Brown 运动中碰撞生成的，所以 $\cos\gamma$ 值具有随机性质。设 $\cos\gamma$ 的分布符合正态分布，则由标准正态方程得

$$E\{u\} = \int_{x_1}^{x_2} u p(x)\,\mathrm{d}x = 0$$

式中，取 $u=\dfrac{1}{\sigma}[\cos\gamma-(\cos\gamma)_e]$，$x=\cos\gamma$，则分布密度或频率函数 $p(x)$ 为

$$p(x) = \frac{1}{\sqrt{2\pi}\sigma}\exp\left\{-\frac{1}{2\sigma^2}[\cos\gamma-(\cos\gamma)_e]^2\right\}$$

上式中 σ 的平方 σ^2 称为方差。将以上各量代入标准正态方程，积分限取 0 到 $\pi/2$，因为 γ 值在 $\pi/2$ 到 π 的区间中，偶极子链受到的是压缩应力，不存在断开的问题。于是有

$$E\{u\} = \int_0^{\pi/2}\frac{1}{\sigma}[\cos\gamma-(\cos\gamma)_e]\frac{1}{\sqrt{2\pi}\sigma}\exp\left\{-\frac{1}{2\sigma^2}[\cos\gamma-(\cos\gamma)_e]^2\right\}\mathrm{d}\cos\gamma =$$

$$\frac{1}{\sqrt{2\pi}}\int_0^{\pi/2}\exp\left\{-\frac{1}{2\sigma^2}[\cos\gamma-(\cos\gamma)_e]^2\right\}\mathrm{d}\left\{\frac{1}{2\sigma^2}[\cos\gamma-(\cos\gamma)_e]^2\right\} = 0$$

于是有

$$(\cos\gamma)_{e}^{2} = [1-(\cos\gamma)_{e}]^{2}$$

或写成

$$(\cos\gamma)_{e} = \frac{1}{2} \tag{5.78}$$

作为初次近似，使用偶极子对内的磁吸引力来代替长链中相邻偶极子间的吸引力，即方程(5.76)右方的拉伸力

$$(\sigma_1 S_1)_i \leqslant (F_{d,r})_i \tag{5.79}$$

式中，$F_{d,r}$ 可以由式(5.15)取 $\theta_1=0, \varphi=0$，就得串接偶极子对的情况，即

$$(F_{d,r})_i = \frac{3\mu_0}{2\pi r^4} m_{d,i} m_{d,i+1} \tag{5.80}$$

若所有偶极子都具有相同的尺寸和磁矩，则式(5.77)的等号右边可以弃去求和号而写成 $(\sigma_1 S_1)\mathrm{d}N_t/(\cos\gamma)_e$。于是用式(5.78)～式(5.80)代入平衡方程式(5.77)中，就得强度条件：

$$\tau_{yx}\,\mathrm{d}z\mathrm{d}x \leqslant (\mathrm{d}N_t)\,\frac{3\mu_0}{\pi r^4} m_d^2 \tag{5.81}$$

或使用穿过单位面积的链数 n_t，即

$$n_t = \frac{\mathrm{d}N_t}{\mathrm{d}z\mathrm{d}x} \tag{5.82}$$

于是强度条件式(5.81)成为

$$\tau_{yx} \leqslant n_t\,\frac{3\mu_0}{\pi r^4} m_d^2 \tag{5.83}$$

在式(5.83)中取等号，则左边就是铁磁流体的屈服限 τ_s，即

$$\tau_s = n_t\,\frac{3\mu_0}{\pi r^4} m_d^2 \tag{5.84}$$

穿过 $\mathrm{d}z\mathrm{d}x$ 面的微结构，其中一部分是串接的偶极子链。这些链是有极性的，当不存在外磁场时，它们呈现杂乱无章的分布。当施加外磁场以后，在和外磁场强度相适应的程度上，一些偶极子长链沿外磁场方向有序地排列。当外磁场是垂直 $\mathrm{d}z\mathrm{d}x$ 平面的 y 方向时，就导致一些长链穿过 $\mathrm{d}z\mathrm{d}x$ 面。外磁场强度越高，穿过平面 $\mathrm{d}z\mathrm{d}x$ 的链数越多，于是式(5.84)右边的 n_t 值也越大。所以铁磁流体的屈服应力 τ_s 通常随外磁场增强而提高。

对于 n_t 可以举出数值上初步估计的例子。设一种铁磁流体内固相微粒的材料是 Fe_3O_4，其磁化强度 $M_d=4.5\times10^5$ A/m，固相微粒的平均直径 $2a_p=10^{-8}$ m，则每个固相微粒的平均磁矩 $m_d=2.356\times10^{-19}$ A·m²，真空磁导率 $\mu_0=4\pi\times10^{-7}$ N/A²，取 $r=2a_p=10^{-8}$ m，则：① 外磁场强度 $H=0.3\times10^5$ A/m，测出 $\tau_s=10$ Pa，由式(5.84)得出 $n_t=3.64\times10^{12}$ 根/m²；② 外磁场强度 $H=1.1\times10^5$ A/m，测得 $\tau_s=22$ Pa，由式(5.84)算出 $n_t=8.01\times10^{12}$ 根/m²。

5.7.2　剪切率 D 对网状结构和长链的破坏作用

大多数铁磁流体的基载液体是牛顿流体，它们遵守牛顿定律，即

$$\tau_{yx} = \eta_C\,\frac{\partial u}{\partial y} = \eta_C D \tag{5.85}$$

剪切率 D 越大，剪切应力 τ_{yx} 成正比增加。在 τ_{yx} 的作用下，偶极子长链断成较短的链，网状结构破碎成更小的碎片。这些破碎的微结构，往往在其断口处出现极性的单枝，结果使铁磁流体中极性物的数量增多，提高了铁磁流体的磁化强度。由于破碎后的微结构尺寸较小，它们更容易顺从铁磁流体的涡旋运动，也就是对涡旋的阻力减小。在宏观上就显现出铁磁流体的粘度降低。这就是所谓的剪切稀化现象。

虽然涡旋使长链和网状结构遭到破坏，但实际上不是一种单向的过程。由于破碎后的微结构具有极性断口，而且碎片的数量巨大，它们在运动中相互碰撞或与其他的极性体之间的碰撞几率都很大。这就是说，大量的极性碰撞将产生新的长链和网状结构。涡旋越强，扰动也越厉害，则碰撞的机会更大。于是，在铁磁流体的运动中，不断地有微结构被破坏，同时也不断地有微结构产生。当破坏速度与生成速度相等时，就出现一种与流动状况相适应的动平衡。此时磁化强度不再增加，粘度不再降低，两者全都停留在稳定的平衡值之上。

5.7.3 表面活性剂(或分散剂)对铁磁流体性能的影响

表面活性剂或分散剂最重要的作用是使铁磁流体内的固相微粒保持均匀的分散系状态，避免发生沉淀现象。这是铁磁流体稳定性的重要要求之一。保持固相微粒的均匀分散，就可以使铁磁流体的磁化性能处于最佳状况。但是，表面活性剂更直接的力学影响，体现在铁磁流体的流动特性上。可以说，铁磁流体内表面活性剂的含量有一个临界范围。此临界范围既取决于铁磁流体的组成成分，又取决于表面活性剂自身的性质。当表面活性剂的含量低于这个临界范围时，铁磁流体将显著地出现非牛顿流的特性；当表面活性剂的含量高于临界范围时，铁磁流体的流动具有牛顿流的特性，但并不等于不存在任何微结构。只不过这些微结构的规模和存在形式还不足以改变铁磁流体的流动性质。

微结构的存在，相当于固相微粒的数目减少，即固相物质的平均尺寸增大。表面活性剂的含量足够时，可以在很大的程度上保持固相微粒的数目。但表面活性剂的长分子在固相微粒表面上的附着，增大了固相微粒的有效直径，这就相当于铁磁流体中固相物质的含量增大。即已经知道的 $\phi_e=\phi\left(1+\frac{\delta}{a_p}\right)^3$。作为胶体混合物的铁磁流体有效固相含量相加，其粘度也随之增大。如式(4.52)所表达的。

表面活性剂除对铁磁流体的磁化强度有影响之外，还对铁磁流体的磁化过程有影响。一个明显的问题就是表面活性剂大分子增大了固相微粒的有效直径，从理论上讲这很可能使铁磁流体由内禀性倾向于转变成为非内禀性。但实际上并不简单，因为固相微粒的表面已经不是光滑的圆球面，原来导出的旋转粘性阻力公式不再适用。表面活性剂大分子在固相微粒表面上附着的疏密程度和它们杂乱的摆动热运动，在粘性阻力的分析中无法计入。所以表面活性剂使铁磁流体的内禀性和非内禀性成为难以确定的问题。这造成铁磁流体运动的力学计算上的困难。作为一种初步的近似估计，仍然使用无界流中的圆球阻力公式，只是将微粒直径增大为有效直径，即 $2a_p\left(1+\frac{\delta}{a_p}\right)$。但这只是没有办法中的办法。

5.8　铁磁流体流动特性的一种二次型本构方程

5.8.1　铁磁流体的非牛顿流特性

铁磁流体流动特性的本构方程，应当包括外磁场强度、剪切率、以及铁磁流体的组成状况。牛顿流铁磁流体的本构方程就是式(4.109)，即

$$\eta_{\mathrm{H}} = \eta_{\mathrm{C}}\left\{\left[1-2.5\phi\left(1+\frac{\delta}{a_{\mathrm{p}}}\right)^{3}+1.55\phi^{2}\left(1+\frac{\delta}{a_{\mathrm{p}}}\right)^{6}\right]^{-1}+\frac{3}{2}\phi\frac{0.5\alpha\mathrm{L}(\alpha)}{\omega_{\mathrm{cy}}t_{\mathrm{B}}}(\sin\beta)\frac{b-\sqrt{b^{2}-4ac}}{2a}\right\} \tag{5.86}$$

式中

$$\left.\begin{aligned} a &= 0.5\alpha\mathrm{L}(\alpha)(\omega_{\mathrm{cy}}t_{\mathrm{B}})\sin\beta \\ b &= 1+0.5\alpha\mathrm{L}(\alpha)+(\omega_{\mathrm{cy}}t_{\mathrm{B}})^{2} \\ c &= (\omega_{\mathrm{cy}}t_{\mathrm{B}})\sin\beta \end{aligned}\right\} \tag{5.87}$$

这是一种理论导出的本构方程，清楚地表明了所有因素的影响，并具有普适的价值。但是，它建立在一些简化假设的基础之上，与实际情况不完全一致，而且由于它的函数形式复杂，应用起来也很困难。

非牛顿流铁磁流体则主要依靠整理实验数据得出拟合的本构方程。当然这样的本构方程符合实际而且具体应用起来也比较方便。但是，它的针对性很强，适应范围受很大的限制，更谈不上普适性。分析铁磁流体运动所必需的本构方程，唯一可靠的方法就是实验。在实验的基础上给出准确度高、使用方便的本构方程是研究铁磁流体的重要基础性工作。

图 5-16 和图 5-17 是在理论定性分析的基础上绘出的铁磁流体磁化性能和流动特性的示意曲线图形。图中 H 是外磁场强度，M 和 M_{s} 是铁磁流体的磁化强度和饱和磁化强度，D 是剪切率，φ_{s} 是表面活性剂的质量含量，$(\varphi_{\mathrm{s}})_{\mathrm{cr}}$ 是 φ_{s} 的临界值。

在图 5-16 上，曲线 a 表示牛顿流铁磁流体的磁化过程。因为它的磁化只是外磁场克服固相微粒的热运动，所以磁化强度上升陡峭，在不很高的外磁场强度下就能接近饱和磁化。曲线 c 是非牛顿流铁磁流体。因为不存在流动的剪切率，仅依靠外磁场来瓦解微结构，所以磁化过程进行缓慢，尤其是在外磁场强度较低的时候。曲线 b 也是非牛顿流的铁磁流体，但是存在剪切运动，故微结构被破坏而生成极性碎片的速度增快，因而加快了磁化的进程。显然剪切率越大，使非牛顿流铁磁流体的磁化过程越趋近于牛顿流铁磁流体的磁化过程。

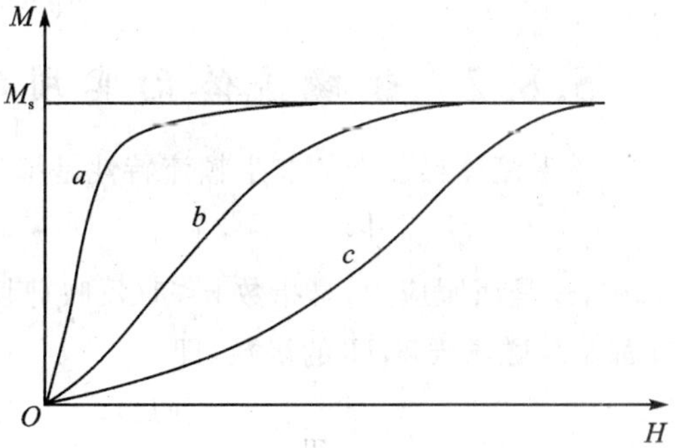

a—牛顿流铁磁流体

b—非牛顿流铁磁流体，$\varphi_{\mathrm{s}}<(\varphi_{\mathrm{s}})_{\mathrm{cr}}$，$D>0$

c—非牛顿流铁磁流体，$\varphi_{\mathrm{s}}<(\varphi_{\mathrm{s}})_{\mathrm{cr}}$，$D=0$

图 5-16　铁磁流体的磁化曲线示意图

由图 5-16 可以看到，无论是牛顿流铁磁流体，还是非牛顿流铁磁流体，无论它们的初始状态如何，也无论是否存在剪切运动，在足够强的外磁场作用下，它们最终都将趋于同一饱和磁化强度。不同的是磁化过程的快慢和达到磁饱和时对应的外磁场强度的高低。这说明在饱和磁化状态下，铁磁流体内的微结构将解体殆尽。而饱和磁化的铁磁流体，其流动特性基本上是牛顿流体。

在图 5-17 上，曲线 a 和 b 都是非牛顿流的铁磁流体，它们具有屈服应力和剪切稀化的特征，即属于拟塑性 Bingham 体。在剪切率作用下，铁磁流体不能无限地稀化，它们将分别趋于自己的渐近直线，如图 5-17 中的虚线所示。这种渐近直线的斜率就是非牛顿流铁磁流体的极限粘性系数。曲线 a 上的剪切应力较高，是由于外磁场 $\boldsymbol{H}$ 对铁磁流体内磁性固相物质的约束定向作用的结果。曲线 c、d、e 都是牛顿流铁磁流体，它们的直线性质表明其粘性系数（即直线之斜率）是常数。直线 c、d、e 上的剪应力（或粘性系数）依次降低，反映出表面活性剂的质量分量 φ_s 和外磁场 H 对铁磁流体的粘度的影响。

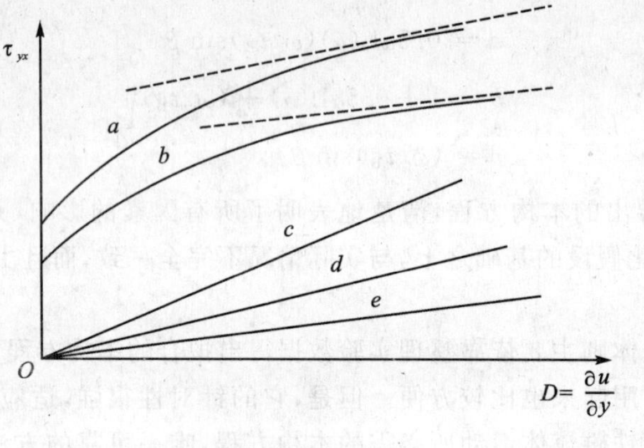

a—非牛顿流铁磁流体，$\varphi_s<(\varphi_s)_{cr}$，$H>0$

b—非牛顿流铁磁流体，$\varphi_s<(\varphi_s)_{cr}$，$H=0$

c—牛顿流铁磁流体，$\varphi_s>(\varphi_s)_{cr}$，$H>0$

d—牛顿流铁磁流体，$\varphi_s>(\varphi_s)_{cr}$，$H=0$

e—牛顿流铁磁流体，$\varphi_s\approx(\varphi_s)_{cr}$，$H=0$

图 5-17 铁磁流体流动特性的示意曲线图

5.8.2 铁磁流体的实用的二次型本构方程

铁磁流体最复杂的非牛顿流特性是拟塑性 Bingham 体，所以本构方程一般采用

$$\tau=\tau_s+KD^n \tag{5.88}$$

式中，τ_s 是屈服应力，幂指数 $n<1$（反映剪切稀化）。和普通非牛顿流不同，铁磁流体的 τ_s、K、n 都是外磁场强度 H 的函数，即

$$\tau_s=\tau_s(H),\qquad K=K(H),\qquad n=n(H) \tag{5.89}$$

当然，也可以使用 Casson 方程表达，即

$$\sqrt{\tau}=\sqrt{\tau_s}+\sqrt{\eta}\sqrt{D} \tag{5.90}$$

式中，τ_s 和 η 也都是外磁场强度 H 的函数。

目前铁磁流体的本构方程不能用理论方法得出，理论分析的结果只是定性的，而不可能达到实用上的定量要求。大多数实验研究测得的数据，几乎都使用式(5.88)拟合。

实验测定铁磁流体的粘度比测定一般流体的粘度更为困难和复杂。在测定铁磁流体的粘度时，必须造成有磁场存在的恒温环境，并且，磁场强度和温度应可以根据需要调整。

对铁磁流体本构方程实验研究的基本方式就是采用剪切流(即 Couett 流)或压力流(Poiseuille 流)。获得剪切流的方法就是旋转粘度计，获得压力流的方法就是管道内流。用旋转粘度计测定铁磁流体的典型工作是 Kamiyama 和王之珊的研究[3]，用扁矩形截面管道内流的典型是 Matsuno、Araki 和 Yamamoto 的研究[4]。这些实验研究都给出了幂函数形式拟合的本构方程。

就实际工程应用来说，幂函数形式的本构方程，形式上比较简单而且方便。但用于理论分析却在数学上存在很大的障碍，主要的原因是幂指数 n 不是整数。

文献[6]建议使用一种多项式形式的本构方程来拟合实验数据，即

$$\tau(H,D) = \tau_s(H) + \left[\sum_{i=1}^{k} \eta_i(H) \mid D \mid^{i-1}\right] D \tag{5.91}$$

在实际应用中，式(5.91)只须取 $k=2$ 就足够精确。于是有

$$\tau(H,D) = \tau_s(H) + \left[\eta_1(H) + \eta_2(H) \mid D \mid\right] D \tag{5.92}$$

用现有的实验数据来检验式(5.92)的拟合精度，在整个实验范围内，其平均误差不超过 1.2%，最大误差不大于 2%，所以用式(5.92)作为铁磁流体的本构方程具有足够的工程精度。

在式(5.92)中，一次粘性系数 $\eta_1(H)$ 实际上体现牛顿流的成分；而二次粘性系数 $\eta_2(H)$ 是负值，它体现的是拟塑性(即剪切稀化)的成分。所以式(5.92)常写成

$$\tau(H,D) = \tau_s(H) + \left[\eta_N(H) + \eta_t(H) \mid D \mid\right] D \tag{5.93}$$

参考文献

[1] ROSENSWEIG R E. Ferrohydrodynamics[M]. Cambridge: Cambridge University Press, 1985.

[2] 池长青，王之珊，赵丕智.铁磁流体力学[M].北京：北京航空航天大学出版社，1993.

[3] KAMIYAMA S，KOIKE K，WANG Z S. Rheological characteristics of magnetic fluids[J]. JSME, 1987，30(263).

[4] MATSUNO Y, ARAKI K, YAMAMOTO H. Magnetic fluid flows in a two-dimensional channel[J]. J. of MMM，1993，122.

[5] SCHOLTEN P C, FELIUS J A P. The magnetical and rheological behavior of aggregating magnetic suspensions[J]. JMMM，1990，85.

[6] 池长青.铁磁流体润滑中的非牛顿流影响[J].北京航空航天大学学报.2001，27.

第 6 章 铁磁流体的拟塑性 Bingham 体润滑

6.1 概 述

铁磁流体在机械学中的一个重要的应用就是润滑。20 世纪 70 年代开始，不断地有关于铁磁流体润滑研究的论文发表。虽然都是早期的工作，但对铁磁流体润滑的发展起了奠基性的作用。1982 年和 1983 年，N. Tipei 发表了两篇关于铁磁流体润滑的轴颈轴承的理论分析[1,2]。1984 年 S. Miyake 和 S. Takahashi 对铁磁流体润滑的止推轴承进行了实验研究[3]，他们的工作主要集中于轴承的摩擦特性和磨损状况。1986 年 D. C. Sun（孙大成）分析了铁磁流体润滑与铁磁流体密封共同工作的轴颈轴承[4]，指出这种轴承受到两侧铁磁流体密封能力的限制，只能在很轻的载荷或零载荷下工作。1987 年 H. S. Chang、C. Q. Chi 和 P. Z. Zhao（张锡圣、池长青、赵丕智）从构造设计上解除了轴承两侧密封能力的限制，实现了既不产生侧泄，又能像普通滑动轴承那样承受重载荷的铁磁流体轴承[5]。1990 年 C. Q. Chi、Z. S. Wang 和 P. Z. Zhao 研究成一种具有弹性可调瓦的铁磁流体轴颈轴承，使这类轴承的刚度更高[6]。1991 年，Y. Zhang 建立由螺线管产生磁场的轴颈轴承的模型，发现磁场力的主要作用在于改变润滑膜空化区的尺寸，从而导致轴承的静态性能变化[7]。

关于牛顿流铁磁流体润滑的研究，可以大致归结为两个方面：一是将铁磁流体作为普通润滑剂而致力于解决侧泄问题，目的是发展无侧泄的滑动轴承。在没有侧泄时，它可以和滚动轴承相比，但同时又具有承载能力大，抗振性好、使用寿命长的优点。另一方面则是考虑磁场对铁磁流体粘度的作用，从而估计磁场对承载能力的贡献，以及利用改变外磁场来调节轴承的性能。按照目前铁磁流体所达到的饱和磁化强度的水平，依靠外磁场对铁磁流体润滑剂产生的力来提高轴承的性能，其作用与流体动力相比是很小的。所以利用外磁场来提高铁磁流体轴承性能的途径还只是改变其粘度。

关于非牛顿流的铁磁流体润滑问题，2001 年有研究结果发表。其中比较详细地研究分析了拟塑性 Bingham 体的铁磁流体的润滑状况，尤其是对润滑膜中出现粘附核的问题，给出了全面的结果。在轴承工作的范围内粘附核出现的条件和消失的条件是计算轴承性能的重要前提，见参考文献[8,9]。

由铁磁流体润滑的轴承兼具了滑动轴承和滚动轴承的优点，所以有广阔的应用前景。若采用蒸发性极低的液体作为铁磁流体的基载液，例如硅油一类的物质，则轴承可以在高温和真空环境下工作，并且长时期工作无须补充作为润滑剂和密封剂的铁磁流体。

6.2　非牛顿流铁磁流体的广义 Reynolds 润滑方程

6.2.1　平衡方程

由于 Navier - Stokes 方程的基础是牛顿流体，所以对于非牛顿流的铁磁流体润滑方程不能从 Navier - Stokes 方程导出。但无论如何，力的平衡关系仍然存在，而且由润滑膜的几何特征引出的润滑近似也依然有效。

铁磁流体运动的牛顿第二定律方程就是式(4.111)，即

$$\rho_f \frac{d\boldsymbol{V}}{dt} = \boldsymbol{f}_g + \boldsymbol{f}_p + \boldsymbol{f}_\eta + \boldsymbol{f}_\tau + \boldsymbol{f}_m$$

在润滑问题中，除超高速轴承以外，上面方程左边的惯性项可以忽略。重力 $\boldsymbol{f}_g$ 亦可略去。在轴承中作为润滑剂的铁磁流体，其所含固相微粒的单体直径在 8～10 nm 以下，也就是说铁磁流体是内禀性的。对于内禀性铁磁流体，上面方程的右边可以得出两点简化：① 可以认为在涡旋运动中，固相微粒和基载液体之间没有滞后，从而有 $\boldsymbol{f}_\tau=0$；② 可以认为铁磁流体的磁化强度矢量 $\boldsymbol{M}$ 总是平行于外磁场 $\boldsymbol{B}_0$（或 $\boldsymbol{H}$），于是磁场力 $\boldsymbol{f}_m$（即 Kelvin 力 $\boldsymbol{f}_k$）可以改写成

$$\boldsymbol{f}_k = \mu_0 \boldsymbol{M} \cdot \nabla \boldsymbol{H} = \mu_0 \frac{M}{H} \boldsymbol{H} \cdot \nabla \boldsymbol{H} =$$

$$\mu_0 \frac{M}{H}\left[\frac{1}{2}\nabla(\boldsymbol{H}\cdot\boldsymbol{H}) - \boldsymbol{H}\times(\nabla\times\boldsymbol{H})\right]$$

由于$\nabla(\boldsymbol{H}\cdot\boldsymbol{H}) = \nabla(H^2) = 2H\nabla H$，又因不存在传导电流而$\nabla\times\boldsymbol{H}=\boldsymbol{0}$，故得

$$\boldsymbol{f}_k = \mu_0 M \nabla H \tag{6.1}$$

由式(3.134)和 Langevin 方程(3.149c)可知，铁磁流体的磁化强度取决于固相微粒的体积分量 ϕ(表现为铁磁流体的密度 ρ_f)、外磁场的强度 H 和铁磁流体的温度 T_f。所以

$$M = M(H, T_f, \rho_f) \tag{6.2}$$

使用对定积分上限取导的公式，$M(H, T_f, \rho_f)$ 可以写成

$$M(H, T_f, \rho_f) = \frac{d}{dH}\int_0^H M(H', T_f, \rho_f)\,dH'$$

或写成

$$M(H, T_f, \rho_f)\,dH = d\int_0^H M(H', T_f, \rho_f)\,dH' \tag{6.3}$$

任一个变量 q 的梯度∇q 和它的微分 dq 是可以关联起来的。设矢径 $\boldsymbol{r}$ 是

$$d\boldsymbol{r} = \boldsymbol{i}\,dx + \boldsymbol{j}\,dy + \boldsymbol{k}\,dz$$

由 $d\boldsymbol{r}$ 和∇q 的点积

$$d\boldsymbol{r}\cdot\nabla q = (\boldsymbol{i}\,dx + \boldsymbol{j}\,dy + \boldsymbol{k}\,dz)\cdot\left(\boldsymbol{i}\frac{\partial}{\partial x} + \boldsymbol{j}\frac{\partial}{\partial y} + \boldsymbol{k}\frac{\partial}{\partial z}\right)q =$$

$$\left(\frac{\partial}{\partial x}dx + \frac{\partial}{\partial y}dy + \frac{\partial}{\partial z}dz\right)q$$

显然就有

$$d\boldsymbol{r}\cdot\nabla q = dq \tag{6.4}$$

将式(6.4)用于式(6.3)的两边，就有

$$M(H,T_{\mathrm{f}},\rho_{\mathrm{f}})\mathrm{d}\boldsymbol{r}\cdot\nabla H=\mathrm{d}\boldsymbol{r}\cdot\nabla\int_0^H M(H',T_{\mathrm{f}},\rho_{\mathrm{f}})\mathrm{d}H'$$

此式给出

$$\boldsymbol{f}_{\mathrm{k}}=\mu_0 M\nabla H=\mu_0\nabla\int_0^H M\mathrm{d}H \tag{6.5}$$

将式(6.5)写在三个坐标方向，分别为

$$\left.\begin{aligned}\boldsymbol{f}_{\mathrm{k},x}&=\boldsymbol{i}\mu_0\frac{\partial}{\partial x}\int_0^H M\mathrm{d}H\\ \boldsymbol{f}_{\mathrm{k},y}&=\boldsymbol{j}\mu_0\frac{\partial}{\partial y}\int_0^H M\mathrm{d}H\\ \boldsymbol{f}_{\mathrm{k},z}&=\boldsymbol{k}\mu_0\frac{\partial}{\partial z}\int_0^H M\mathrm{d}H\end{aligned}\right\} \tag{6.6}$$

流体润滑膜最重要的几何特征是润滑膜的厚度 h 比其宽度 b 和长度 l 小好几个数量级。在以后的坐标系中，取膜厚方向是 y，宽度方向是 z，长度方向是 x。所谓长度方向特指轴承表面的主要运动方向。由润滑膜的几何特征可以引出以下的基本假设。

① 润滑膜的压力 p、外磁场强度 H、铁磁流体的磁化强度 M，在整个膜厚上都是不变的，即

$$\frac{\partial p}{\partial y}=0,\quad\frac{\partial H}{\partial y}=0,\quad\frac{\partial M}{\partial y}=0 \tag{6.7}$$

② 润滑膜的运动速度、表面应力等，在润滑膜的宽度方向上和长度方向上的各阶导数都远远小于厚度方向上的各阶导数，即

$$\frac{\partial^n}{\partial x^n}(\quad)\ll\frac{\partial^n}{\partial y^n}(\quad),\qquad\frac{\partial^n}{\partial z^n}(\quad)\ll\frac{\partial^n}{\partial y^n}(\quad) \tag{6.8}$$

按照式(6.7)和式(6.8)所表达的润滑近似，画出微元六面体上的表面力，如图 6－1 所示。

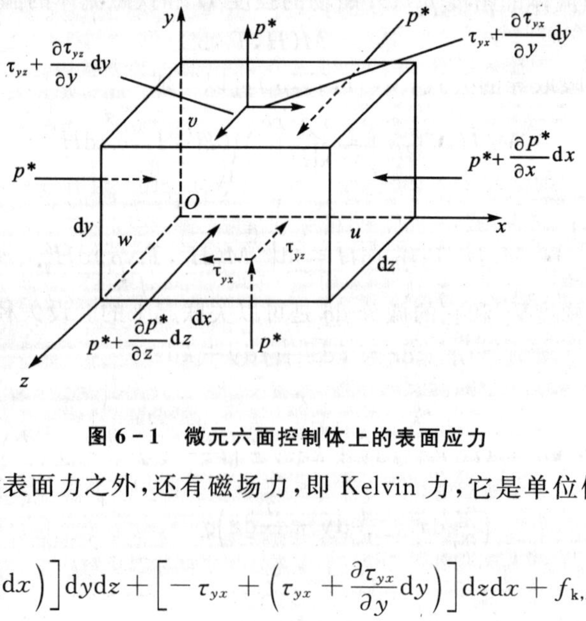

图 6－1　微元六面体控制体上的表面应力

在力的平衡中，除表面力之外，还有磁场力，即 Kelvin 力，它是单位体积内的彻体力。故 x 方向的平衡方程是

$$\left[p-\left(p+\frac{\partial p}{\partial x}\mathrm{d}x\right)\right]\mathrm{d}y\mathrm{d}z+\left[-\tau_{yx}+\left(\tau_{yx}+\frac{\partial\tau_{yx}}{\partial y}\mathrm{d}y\right)\right]\mathrm{d}z\mathrm{d}x+f_{\mathrm{k},x}\mathrm{d}x\mathrm{d}y\mathrm{d}z=0$$

在 z 方向的平衡方程是

$$\left[p-\left(p+\frac{\partial p}{\partial z}\mathrm{d}z\right)\right]\mathrm{d}x\mathrm{d}y+\left[-\tau_{yz}+\left(\tau_{yz}+\frac{\partial \tau_{yz}}{\partial y}\mathrm{d}y\right)\right]\mathrm{d}z\mathrm{d}x+f_{\mathrm{k},z}\mathrm{d}x\mathrm{d}y\mathrm{d}z=0$$

使用式(6.6)和式(6.7)，则由上面的平衡方程分别得出

$$-\frac{\partial p}{\partial x}+\frac{\partial \tau_{yx}}{\partial y}+\frac{\partial}{\partial x}\left(\mu_0\int_0^H M\mathrm{d}H\right)=0$$

$$-\frac{\partial p}{\partial y}+\frac{\partial}{\partial y}\left(\mu_0\int_0^H M\mathrm{d}H\right)=0$$

$$-\frac{\partial p}{\partial z}+\frac{\partial \tau_{yz}}{\partial y}+\frac{\partial}{\partial z}\left(\mu_0\int_0^H M\mathrm{d}H\right)=0$$

定义压力 p^* 为

$$p^*=p-\mu_0\int_0^H M\mathrm{d}H \tag{6.9}$$

则平衡方程的形式更简单

$$\left.\begin{aligned}\frac{\partial p^*}{\partial x}&=\frac{\partial \tau_{yx}}{\partial y}\\ \frac{\partial p^*}{\partial y}&=0\\ \frac{\partial p^*}{\partial z}&=\frac{\partial \tau_{yz}}{\partial y}\end{aligned}\right\} \tag{6.10}$$

二次型的非牛顿流铁磁流体的本构方程由式(5.93)给出为

$$\boldsymbol{\tau}(H,D)=\boldsymbol{\tau}_{\mathrm{s}}(H)+\eta(H,D)\boldsymbol{D} \tag{6.11}$$

式中

$$\left.\begin{aligned}\boldsymbol{\tau}(H,D)&=\boldsymbol{i}\tau_{yx}+\boldsymbol{j}\tau_{yy}+\boldsymbol{k}\tau_{yz}\\ \boldsymbol{D}&=\boldsymbol{i}\frac{\partial u}{\partial y}+\boldsymbol{j}\frac{\partial v}{\partial y}+\boldsymbol{k}\frac{\partial w}{\partial y}\end{aligned}\right\} \tag{6.12}$$

$$\eta(H,D)=\eta_{\mathrm{N}}(H)+\eta_{\mathrm{t}}(H)\mid D\mid \tag{6.13}$$

将式(6.11)代入到式(6.10)中，并且注意 $\tau_{\mathrm{s}}(H)$ 仅是 H 的函数而与坐标 y 无关，于是

$$\frac{\partial p^*}{\partial x}=\frac{\partial}{\partial y}\left[\eta(H,D)\frac{\partial u}{\partial y}\right] \tag{6.14}$$

$$\frac{\partial p^*}{\partial y}=0 \tag{6.15}$$

$$\frac{\partial p^*}{\partial z}=\frac{\partial}{\partial y}\left[\eta(H,D)\frac{\partial w}{\partial y}\right] \tag{6.16}$$

6.2.2　润滑膜内的速度

将平衡方程(6.14)的第一式对 y 积分两次，就得

$$u=\frac{\partial p^*}{\partial x}\int\frac{y}{\eta(H,D)}\mathrm{d}y+a_1\int\frac{\mathrm{d}y}{\eta(H,D)}+a_2 \tag{6.17}$$

设边界条件是

$$y=y_i,\quad u=u_i;\quad y=y_{i+1},\quad u=u_{i+1} \tag{6.18}$$

于是有

$$u_i = \frac{\partial p^*}{\partial x}\left(\int \frac{y}{\eta_i}\mathrm{d}y\right)_{y=y_i} + a_1\left(\int \frac{\mathrm{d}y}{\eta_i}\right)_{y=y_i} + a_2 \tag{6.19}$$

$$u_{i+1} = \frac{\partial p^*}{\partial x}\left(\int \frac{y}{\eta_i}\mathrm{d}y\right)_{y=y_{i+1}} + a_1\left(\frac{\mathrm{d}y}{\eta_i}\right)_{y=y_{i+1}} + a_2 \tag{6.20}$$

由式(6.20)减式(6.19)得

$$u_{i+1} - u_i = \frac{\partial p^*}{\partial x}\int_{y_i}^{y_{i+1}} \frac{y}{\eta_i}\mathrm{d}y + a_1\int_{y_i}^{y_{i+1}} \frac{1}{\eta_i}\mathrm{d}y$$

引用记号

$$I_{n,i} = \int_{y_i}^{y_{i+1}} \frac{y^n}{\eta_i}\mathrm{d}y \tag{6.21}$$

式中,$n=0,1,2,\cdots$。η_i 是润滑膜内从 y_i 到 y_{i+1} 范围内的粘性系数。于是积分常数 a_1 为

$$a_1 = -\frac{I_{1,i}}{I_{0,i}}\frac{\partial p^*}{\partial x} + \frac{u_{i+1} - u_i}{I_{0,i}} \tag{6.22}$$

由式(6.17)减式(6.19)得

$$u - u_i = \frac{\partial p^*}{\partial x}\int_{y_i}^{y} \frac{y}{\eta_i}\mathrm{d}y + a_1\int_{y_i}^{y} \frac{1}{\eta_i}\mathrm{d}y$$

将式(6.22)代入上式,就有

$$u = \left(\int_{y_i}^{y} \frac{y}{\eta_i}\mathrm{d}y - \frac{I_{1,i}}{I_{0,i}}\int_{y_i}^{y} \frac{1}{\eta_i}\mathrm{d}y\right)\frac{\partial p^*}{\partial x} + \frac{u_{i+1} - u_i}{I_{0,i}}\int_{y_i}^{y} \frac{1}{\eta_i}\mathrm{d}y + u_i, \qquad y_i \leqslant y \leqslant y_{i+1} \tag{6.23}$$

在边界条件 $y=y_i, w=w_i; y=y_{i+1}, w=w_{i+1}$ 下,同样可以导出

$$w = \left(\int_{y_i}^{y} \frac{y}{\eta_i}\mathrm{d}y - \frac{I_{1,i}}{I_{0,i}}\int_{y_i}^{y} \frac{1}{\eta_i}\mathrm{d}y\right)\frac{\partial p^*}{\partial z} + \frac{w_{i+1} - w_i}{I_{0,i}}\int_{y_i}^{y} \frac{1}{\eta_i}\mathrm{d}y + w_i, \qquad y_i \leqslant y \leqslant y_{i+1} \tag{6.24}$$

在边界条件 $y=y_i, v=v_i; y=y_{i+1}, v=v_{i+1}$ 下,式(6.15)的二次积分结果为

$$v = \frac{v_{i+1} - v_i}{I_{0,i}}\int_{y_i}^{y} \frac{1}{\eta_i}\mathrm{d}y + v_i, \qquad y_i \leqslant y \leqslant y_{i+1} \tag{6.25}$$

6.2.3 润滑膜厚度上的速度梯度

将 Leibniz 对积分上限取导的公式施用于式(6.23)~式(6.25)即得速度梯度,分别为

$$\frac{\partial u}{\partial y} = \left(\frac{y}{\eta_i} - \frac{I_{1,i}}{I_{0,i}}\frac{1}{\eta_i}\right)\frac{\partial p^*}{\partial x} + \frac{u_{i+1} - u_i}{I_{0,i}}\frac{1}{\eta_i}, \qquad y_i \leqslant y \leqslant y_{i+1} \tag{6.26}$$

$$\frac{\partial v}{\partial y} = \frac{v_{i+1} - v_i}{I_{0,i}}\frac{1}{\eta_i}, \qquad y_i \leqslant y \leqslant y_{i+1} \tag{6.27}$$

$$\frac{\partial w}{\partial y} = \left(\frac{y}{\eta_i} - \frac{I_{1,i}}{I_{0,i}}\frac{1}{\eta_i}\right)\frac{\partial p^*}{\partial z} + \frac{w_{i+1} - w_i}{I_{0,i}}\frac{1}{\eta_i}, \qquad y_i \leqslant y \leqslant y_{i+1} \tag{6.28}$$

6.2.4 润滑膜内单位宽度上的体积流量

润滑膜内 x 方向和 z 方向单位宽度上的体积流量分别为

$$q_x = \int_{y_i}^{y_{i+1}} u\,\mathrm{d}y, \qquad q_z = \int_{y_i}^{y_{i+1}} w\,\mathrm{d}y \tag{6.29}$$

用式(6.23)代入 q_x 右边的积分中，有

$$q_x=\frac{\partial p^*}{\partial x}\int_{y_i}^{y_{i+1}}\left(\int_{y_i}^{y}\frac{y}{\eta_i}\mathrm{d}y-\frac{I_{1,i}}{I_{0,i}}\int\frac{1}{\eta_i}\mathrm{d}y\right)\mathrm{d}y+\frac{u_{i+1}-u_i}{I_{0,i}}\int_{y_i}^{y_{i+1}}\left(\int_{y_i}^{y}\frac{1}{\eta_i}\mathrm{d}y\right)\mathrm{d}y+u_i\int_{y_i}^{y_{i+1}}\mathrm{d}y \tag{6.30}$$

在式(6.30)中含有几个重积分，设这类重积分的一般形式为

$$\int_{y_i}^{y_{i+1}}\left(\int_{y_i}^{y}\frac{y^n}{\eta_i}\mathrm{d}y\right)\mathrm{d}y,\qquad n=0,1,2,\cdots,\qquad i=0,1,2,\cdots$$

由微分

$$\frac{\mathrm{d}}{\mathrm{d}y}\left(y\int_{y_i}^{y}\frac{y^n}{\eta_i}\mathrm{d}y\right)=\int_{y_i}^{y}\frac{y^n}{\eta_i}\mathrm{d}y+y\frac{y^n}{\eta_i}$$

于是有

$$\int_{y_i}^{y}\frac{y^n}{\eta_i}\mathrm{d}y=\frac{\mathrm{d}}{\mathrm{d}y}\left(y\int_{y_i}^{y}\frac{y^n}{\eta_i}\mathrm{d}y\right)-\frac{y^{n+1}}{\eta_i}$$

将上式两边从 y_i 到 y_{i+1} 积分，得

$$\int_{y_i}^{y_{i+1}}\left(\int_{y_i}^{y}\frac{y^n}{\eta_i}\mathrm{d}y\right)\mathrm{d}y=\left[y\int_{y_i}^{y}\frac{y^n}{\eta_i}\mathrm{d}y\right]_{y_i}^{y_{i+1}}-\int_{y_i}^{y_{i+1}}\frac{y^{n+1}}{\eta_i}\mathrm{d}y=$$

$$y_{i+1}\int_{y_i}^{y_{i+1}}\frac{y^n}{\eta_i}\mathrm{d}y-y_i\int_{y_i}^{y_i}\frac{y^n}{\eta_i}\mathrm{d}y-\int_{y_i}^{y_{i+1}}\frac{y^{n+1}}{\eta_i}\mathrm{d}y$$

上式右边的第二个积分显然是零。引用式(6.21)的记号，则有

$$\int_{y_i}^{y_{i+1}}\left(\int_{y_i}^{y}\frac{y^n}{\eta_i}\mathrm{d}y\right)\mathrm{d}y=y_{i+1}I_{n,i}-I_{n+1,i} \tag{6.31}$$

式中，$n=0,1,2,\cdots;i=0,1,2,\cdots$。将式(6.31)代入式(6.30)的右边，得

$$q_x=\frac{\partial p^*}{\partial x}\left(y_{i+1}I_{1,i}-I_{2,i}-\frac{I_{1,i}}{I_{0,i}}y_{i+1}I_{0,i}+\frac{I_{1,i}}{I_{0,i}}I_{1,i}\right)+$$

$$\frac{u_{i+1}-u_i}{I_{0,i}}(y_{i+1}I_{0,i}-I_{1,i})+u_i(y_{i+1}-y_i)$$

整理以后最终得

$$q_x=-\left(I_{2,i}-\frac{I_{1,i}^2}{I_{0,i}}\right)\frac{\partial p^*}{\partial x}+(u_{i+1}-u_i)\left(y_{i+1}-\frac{I_{1,i}}{I_{0,i}}\right)+u_i(y_{i+1}-y_i) \tag{6.32}$$

同样可得

$$q_z=-\left(I_{2,i}-\frac{I_{1,i}^2}{I_{0,i}}\right)\frac{\partial p^*}{\partial z}+(w_{i+1}-w_i)\left(y_{i+1}-\frac{I_{1,i}}{I_{0,i}}\right)+w_i(y_{i+1}-y_i) \tag{6.33}$$

无论是 q_x 或是 q_z，它们的流通截面均宽为 1 m，高为 $y_{i+1}-y_i$，所以它们的单位均是 m^3/s。

6.2.5　具有“固态”核的铁磁流体润滑膜

在润滑膜内，润滑剂的流动速度在膜厚上(即坐标 y 方向上)的梯度是变化的，其中有些位置上速度梯度很小，因而剪切应力也很小。在剪切应力小于铁磁流体润滑剂的屈服应力的地方，铁磁流体不能像液体那样流动，而是像固体那样整块平移运动，这就是所谓的“固态核”。“固态核”可能悬浮于润滑膜中，称为悬浮核；也可能粘附在轴承的表面上，称为粘附核。无论悬浮核或是粘附核，就其位置而言，实际上是一种固定不动的“冻凝”区域。铁磁流体进入这个

区域以后，就“冻凝”成固态。在悬浮核的区域内，铁磁流体如同固态物质那样平移运动，移出悬浮核区域之后，又恢复成液态的流动。而粘附核区域附着在轴承的表面，所以在粘附核区域内的铁磁流体只能随轴承表面运动或静止。因而粘附核的实际作用是改变轴承表面的几何形状。

悬浮核是最一般的情况，粘附核可以视为是悬浮核的特例。悬附核的存在将润滑膜分割成三层，如图 6－2 所示。区间 $0\leqslant y\leqslant h_1$ 是液态层，设其粘度是 η_a；区间 $h_1\leqslant y\leqslant h_2$ 是固态核层，在此层内没有流动，铁磁流体像固体那样以速度 $\boldsymbol{V}_c=\boldsymbol{i}u_c+\boldsymbol{j}v_c+\boldsymbol{k}w_c$ 平移；区间 $h_2\leqslant y\leqslant h$ 又是液态层，设其粘度是 η_b。

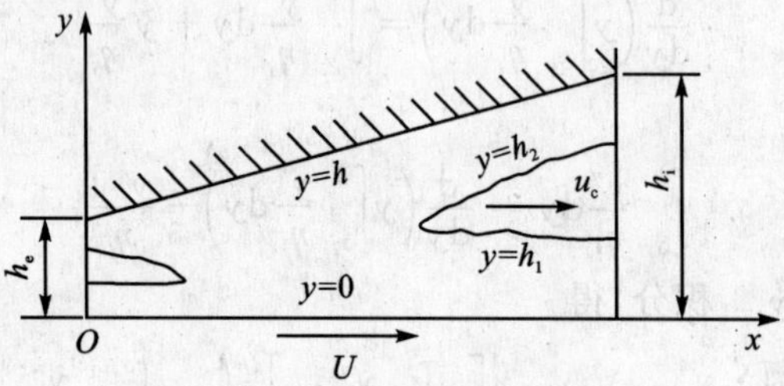

图 6－2　润滑膜中的悬浮核

1. 区间 $0\leqslant y\leqslant h_1$ 液态层内的流动状况

边界条件是：$y_i=y_0=0,u_i=U,v_i=0,w_i=0;y_{i+1}=h_1,u_{i+1}=u_c,v_{i+1}=v_c,w_{i+1}=w_c$，此外，$\eta_i=\eta_0=\eta_a$。由式(6.23)～式(6.25)给出速度分别为

$$u=\left(\int_0^y\frac{y}{\eta_a}\mathrm{d}y-\frac{I_{1,0}}{I_{0,0}}\int_0^y\frac{\mathrm{d}y}{\eta_a}\right)\frac{\partial p^*}{\partial x}+\frac{u_c-U}{I_{0,0}}\int_0^y\frac{\mathrm{d}y}{\eta_a}+U,\qquad 0\leqslant y\leqslant h_1\tag{6.34}$$

$$v=\frac{v_c}{I_{0,0}}\int_0^y\frac{\mathrm{d}y}{\eta_a},\qquad 0\leqslant y\leqslant h_1\tag{6.35}$$

$$w=\left(\int_0^y\frac{y}{\eta_a}\mathrm{d}y-\frac{I_{1,0}}{I_{0,0}}\int_0^y\frac{\mathrm{d}y}{\eta_a}\right)\frac{\partial p^*}{\partial z}+\frac{w_c}{I_{0,0}}\int_0^y\frac{\mathrm{d}y}{\eta_a},\qquad 0\leqslant y\leqslant h_1\tag{6.36}$$

由式(6.26)～式(6.28)给出此区间内的速度梯度分别为

$$\frac{\partial u}{\partial y}=\left(\frac{y}{\eta_a}-\frac{I_{1,0}}{I_{0,0}}\frac{1}{\eta_a}\right)\frac{\partial p^*}{\partial x}+\frac{u_c-U}{I_{0,0}}\frac{1}{\eta_a},\qquad 0\leqslant y\leqslant h_1\tag{6.37}$$

$$\frac{\partial v}{\partial y}=\frac{v_c}{I_{0,0}}\frac{1}{\eta_a},\qquad 0\leqslant y\leqslant h_1\tag{6.38}$$

$$\frac{\partial w}{\partial y}=\left(\frac{y}{\eta_a}-\frac{I_{1,0}}{I_{0,0}}\frac{1}{\eta_a}\right)\frac{\partial p^*}{\partial z}+\frac{w_c}{I_{0,0}}\frac{1}{\eta_a},\qquad 0\leqslant y\leqslant h_1\tag{6.39}$$

由式(6.32)和式(6.33)得此区间内的流量

$$q_x=-\left(I_{2,0}-\frac{I_{1,0}^2}{I_{0,0}}\right)\frac{\partial p^*}{\partial x}+(u_c-U)\left(h_1-\frac{I_{1,0}}{I_{0,0}}\right)+Uh_1,\qquad 0\leqslant y\leqslant h_1\tag{6.40}$$

$$q_z=-\left(I_{2,0}-\frac{I_{1,0}^2}{I_{0,0}}\right)\frac{\partial p^*}{\partial z}+w_c\left(h_1-\frac{I_{1,0}}{I_{0,0}}\right),\qquad 0\leqslant y\leqslant h_1\tag{6.41}$$

2. 区间 $h_1\leqslant y\leqslant h_2$ 即悬浮核内部的运动状况

此区间的边界条件是：$y_i=h_1,u_i=u_c,v_i=v_c,w_i=w_c;y_{i+1}=h_2,u_{i+1}=u_c,v_{i+1}=v_c,w_{i+1}=w_c$，以及 $\eta_i=\eta_1=\eta_c\to\infty$。由式(6.23)～式(6.25)得

$$u = u_c, \quad v = v_c, \quad w = w_c, \quad h_1 \leqslant y \leqslant h_2 \tag{6.42}$$

在式(6.26)～式(6.28)中,取 $\eta_i \to \infty$ 得

$$\frac{\partial u}{\partial y} = 0, \quad \frac{\partial v}{\partial y} = 0, \quad \frac{\partial w}{\partial y} = 0, \quad h_1 \leqslant y \leqslant h_2 \tag{6.43}$$

由式(6.32)和式(6.33)得流量

$$q_x = u_c(h_2 - h_1), \quad q_z = w_c(h_2 - h_1), \quad h_1 \leqslant y \leqslant h_2 \tag{6.44}$$

3. 区间 $h_2 \leqslant y \leqslant h$ 液态层内的流动状况

此区间的边界条件是:$y_i = h_2, u_i = u_c, v_i = v_c, w_i = w_c; y_{i+1} = h, u_{i+1} = 0, v_{i+1} = V, w_{i+1} = 0$,以及 $\eta_i = \eta_2 = \eta_b$,于是由式(6.23)～式(6.25)得速度分别为

$$u = \left(\int_{h_2}^{h} \frac{y}{\eta_b} dy - \frac{I_{1,2}}{I_{0,2}} \int_{h_2}^{h} \frac{1}{\eta_b} dy\right) \frac{\partial p^*}{\partial x} - \frac{u_c}{I_{0,2}} \int_{h_2}^{h} \frac{1}{\eta_b} dy + u_c, \quad h_2 \leqslant y \leqslant h \tag{6.45}$$

$$v = \frac{V - v_c}{I_{0,2}} \int_{h_2}^{y} \frac{1}{\eta_b} dy + v_c, \quad h_2 \leqslant y \leqslant h \tag{6.46}$$

$$w = \left(\int_{h_2}^{h} \frac{y}{\eta_b} dy - \frac{I_{1,2}}{I_{0,2}} \int_{h_2}^{h} \frac{1}{\eta_b} dy\right) \frac{\partial p^*}{\partial z} - \frac{w_c}{I_{0,2}} \int_{h2}^{h} \frac{1}{\eta_b} dy + w_c, \quad h_2 \leqslant y \leqslant h \tag{6.47}$$

由式(6.26)～式(6.28)得速度梯度分别为

$$\frac{\partial u}{\partial y} = \left(\frac{y}{\eta_b} - \frac{I_{1,2}}{I_{0,2}} \frac{1}{\eta_b}\right) \frac{\partial p^*}{\partial x} - \frac{u_c}{I_{0,2}} \frac{1}{\eta_b}, \quad h_2 \leqslant y \leqslant h \tag{6.48}$$

$$\frac{\partial v}{\partial y} = \frac{V - v_c}{I_{0,2}} \frac{1}{\eta_b}, \quad h_2 \leqslant y \leqslant h \tag{6.49}$$

$$\frac{\partial w}{\partial y} = \left(\frac{y}{\eta_b} - \frac{I_{1,2}}{I_{0,2}} \frac{1}{\eta_b}\right) \frac{\partial p^*}{\partial z} - \frac{w_c}{I_{0,2}} \frac{1}{\eta_b}, \quad h_2 \leqslant y \leqslant h \tag{6.50}$$

由式(6.32)和式(6.33)得流量

$$q_x = -\left(I_{2,2} - \frac{I_{1,2}^2}{I_{0,2}}\right) \frac{\partial p^*}{\partial x} - u_c\left(h - \frac{I_{1,2}}{I_{0,2}}\right) + u_c(h - h_2), \quad h_2 \leqslant y \leqslant h \tag{6.51}$$

$$q_z = -\left(I_{2,2} - \frac{I_{1,2}^2}{I_{0,2}}\right) \frac{\partial p^*}{\partial z} - w_c\left(h - \frac{I_{1,2}}{I_{0,2}}\right) + w_c(h - h_2) \quad h_2 \leqslant y \leqslant h \tag{6.52}$$

6.2.6　非牛顿流铁磁流体的润滑方程

将连续性方程

$$\frac{\partial u}{\partial x} + \frac{\partial v}{\partial y} + \frac{\partial w}{\partial z} = 0$$

在整个膜厚上积分,得

$$\int_0^h \frac{\partial u}{\partial x} dy + \int_0^h \frac{\partial v}{\partial y} dy + \int_0^h \frac{\partial w}{\partial z} dy = 0$$

下面求出上式各项的积分结果:

① $\int_0^h \frac{\partial u}{\partial x} dy = \frac{\partial}{\partial x} \int_0^h u dy - u\Big|_{y=h} \frac{\partial h}{\partial x}$,由边界条件知道 $y=h, u=0$,故

$$\int_0^h \frac{\partial u}{\partial x} dy = \frac{\partial}{\partial x} \int_0^h u dy = \frac{\partial}{\partial x}\left(\int_0^{h_1} u dy + \int_{h_1}^{h_2} u dy + \int_{h_2}^{h} u dy\right)$$

上式右边的三个积分依次用式(6.40)、式(6.44)的第一式和式(6.51)代入,结果得

$$\int_0^h \frac{\partial u}{\partial x}\mathrm{d}y = \frac{\partial}{\partial x}\left[-\left(I_{2,0}+I_{2,2}-\frac{I_{1,0}^2}{I_{0,0}}-\frac{I_{1,2}^2}{I_{0,2}}\right)\frac{\partial p^*}{\partial x}+U\frac{I_{1,0}}{I_{0,0}}-u_c\left(\frac{I_{1,0}}{I_{0,0}}-\frac{I_{1,2}}{I_{0,2}}\right)\right]$$

② $\int_0^h \frac{\partial v}{\partial y}\mathrm{d}y = \int_0^{h_1}\frac{\partial v}{\partial y}\mathrm{d}y+\int_{h_1}^{h_2}\frac{\partial v}{\partial y}\mathrm{d}y+\int_{h_2}^{h}\frac{\partial v}{\partial y}\mathrm{d}y$，其右边的积分依次用式(6.38)、式(6.43)的第二式和式(6.49)代入，结果得

$$\int_0^h \frac{\partial v}{\partial y}\mathrm{d}y = \int_0^{h_1}\frac{v_c}{I_{0,0}}\frac{1}{\eta_a}\mathrm{d}y+\int_{h_2}^{h}\frac{V-v_c}{I_{0,2}}\frac{1}{\eta_b}\mathrm{d}y =$$

$$\frac{v_c}{I_{0,0}}\int_0^{h_1}\frac{1}{\eta_a}\mathrm{d}y+\frac{V-v_c}{I_{0,2}}\int_{h_2}^{h}\frac{1}{\eta_b}\mathrm{d}y = v_c+(V-v_c)=V$$

③ $\int_0^h \frac{\partial w}{\partial z}\mathrm{d}y = \frac{\partial}{\partial z}\int_0^h w\mathrm{d}y - w\Big|_{y=h}\frac{\partial h}{\partial z}$，由边界条件知道 $y=h, w=0$，故有

$$\int_0^h \frac{\partial w}{\partial z}\mathrm{d}y = \frac{\partial}{\partial z}\int_0^h w\mathrm{d}y = \frac{\partial}{\partial z}\left(\int_0^{h_1}w\mathrm{d}y+\int_{h_1}^{h_2}w\mathrm{d}y+\int_{h_2}^{h}w\mathrm{d}y\right)$$

上式右边的三个积分依次用式(6.41)、式(6.44)的第二式和式(6.52)代入，结果得

$$\int_0^h \frac{\partial w}{\partial z}\mathrm{d}y = \frac{\partial}{\partial z}\left[-\left(I_{2,0}+I_{2,2}-\frac{I_{1,0}^2}{I_{0,0}}-\frac{I_{1,2}^2}{I_{0,2}}\right)\frac{\partial p^*}{\partial z}+w_c\left(\frac{I_{1,0}}{I_{0,0}}-\frac{I_{1,2}}{I_{0,2}}\right)\right]$$

将上面①、②、③的结果代入连续方程在膜厚上的积分式中，就得到非牛顿流铁磁流体的广义 Reynolds 润滑方程，即

$$\frac{\partial}{\partial x}\left[\left(I_{2,0}+I_{2,2}-\frac{I_{1,0}^2}{I_{0,0}}-\frac{I_{1,2}^2}{I_{0,2}}\right)\frac{\partial p^*}{\partial x}\right]+\frac{\partial}{\partial z}\left[\left(I_{2,0}+I_{2,2}-\frac{I_{1,0}^2}{I_{0,0}}-\frac{I_{1,2}^2}{I_{0,2}}\right)\frac{\partial p^*}{\partial z}\right]=$$

$$U\frac{\partial}{\partial x}\left(\frac{I_{1,0}}{I_{0,0}}\right)-\left(u_c\frac{\partial}{\partial x}+w_c\frac{\partial}{\partial z}\right)\left(\frac{I_{1,0}}{I_{0,0}}-\frac{I_{1,2}}{I_{0,2}}\right)+V \tag{6.53}$$

式中，V 是边界 $y=h$ 的 y 向速度，即

$$V=\frac{\mathrm{d}h}{\mathrm{d}t}=\frac{\partial h}{\partial t}+U_h\frac{\partial h}{\partial x}+W_h\frac{\partial h}{\partial z}$$

式中，U_h 和 W_h 分别是边界 $y=h$ 的 x 方向和 z 方向的速度。上式代入方程(6.53)之后就有

$$\frac{\partial}{\partial x}\left[\left(I_{2,0}+I_{2,2}-\frac{I_{1,0}^2}{I_{0,0}}-\frac{I_{1,2}^2}{I_{0,2}}\right)\frac{\partial p^*}{\partial x}\right]+\frac{\partial}{\partial z}\left[\left(I_{2,0}+I_{2,2}-\frac{I_{1,0}^2}{I_{0,0}}-\frac{I_{1,2}^2}{I_{0,2}}\right)\frac{\partial p^*}{\partial z}\right]=$$

$$U\frac{\partial}{\partial x}\left(\frac{I_{1,0}}{I_{0,0}}\right)+U_h\frac{\partial h}{\partial x}+W_h\frac{\partial h}{\partial z}-\left(u_c\frac{\partial}{\partial x}+w_c\frac{\partial}{\partial z}\right)\left(\frac{I_{1,0}}{I_{0,0}}-\frac{I_{1,2}}{I_{0,2}}\right)+\frac{\partial h}{\partial t} \tag{6.54}$$

在通常情况下，$W_h=0$。

6.3 在非均匀外磁场中具拟塑性 Bingham 体性质的铁磁流体润滑的一般关系式

6.3.1 概　述

通常轴承在 z 方向是对称的，并且 $W=W_h=0, w_c=0$。任何一种具有侧泄或依靠铁磁流体密封的轴承，在其两侧部分，压力很低，因而两侧边附近的 x 方向的流动基本上是剪切流，所以这里不会存在“固态”的核。在 z 方向的中间部分，z 方向的流速和速度梯度 $\partial w/\partial y$ 都很小，所以这里的流动基本上是 x 方向的，而剪切流是单向的，由压力梯度 $\partial p/\partial x$ 产生的 x 方向

的压力流是双向的。剪切流在流通截面上是线性速度分布，压力流则是抛物线速度分布，所以两种流动合成的结果，使得某些部位的速度梯度即剪切率 D 很小，因而这些部位的剪切应力很小，甚至小于铁磁流体的屈服应力，由此“固态”核便发生。在靠近轴承的两侧是不会产生“固态”核的，“固态”核只可能发生在轴承的中间部分，而轴承中间部分的流动很接近于 x 方向的一维流动，所以详细分析一维宽轴承是具有实质性的。二维效应可以在一维的基础上修正。

6.3.2　非牛顿流铁磁流体在非均匀外磁场中的一维润滑方程

在稳态运行中，表现挤压效应的时间相关项 $\partial h/\partial t=0$。在铁磁流体的本构方程式(6.13)中，使用平均剪切率 D_{av} 来近似代替剪切率 D，得

$$D_{\mathrm{av}}=\frac{1}{y_{i+1}-y_i}\int_{y_i}^{y_{i+1}}\frac{\partial u}{\partial y}\mathrm{d}y=\frac{u_{i+1}-u_i}{y_{i+1}-y_i} \tag{6.55}$$

于是式(6.13)成为

$$\eta_i(H,D)=\eta_{\mathrm{N}}(H)+\eta_{\mathrm{t}}(H)\left|\frac{u_{i+1}-u_i}{y_{i+1}-y_i}\right| \tag{6.56}$$

在润滑膜内，存在悬浮核的部位，当地的润滑膜被分割成为三层：$0\leqslant y\leqslant h_1$ 是液态层；中间的 $h_1\leqslant y\leqslant h_2$ 是“固态”核层；$h_2\leqslant y\leqslant h$ 又是液态层。在各液态层中的积分 $I_{n,i}$ 是

(1) $0\leqslant y\leqslant h_1$

$$\eta_{\mathrm{a}}(H)=\eta_{\mathrm{N}}(H)+\eta_{\mathrm{t}}(H)\frac{|u_{\mathrm{c}}-U|}{h_1} \tag{6.57}$$

$$\left.\begin{aligned}I_{0,0}&=\int_0^{h_1}\frac{1}{\eta_{\mathrm{a}}(H)}\mathrm{d}y=\frac{h_1}{\eta_{\mathrm{a}}(H)}\\I_{1,0}&=\int_0^{h_1}\frac{y}{\eta_{\mathrm{a}}(H)}\mathrm{d}y=\frac{h_1^2}{2\eta_{\mathrm{a}}(H)}\\I_{2,0}&=\int_0^{h_1}\frac{y^2}{\eta_{\mathrm{a}}(H)}\mathrm{d}y=\frac{h_1^3}{3\eta_{\mathrm{a}}(H)}\end{aligned}\right\} \tag{6.58}$$

(2) $h_2\leqslant y\leqslant h$

$$\eta_{\mathrm{b}}(H)=\eta_{\mathrm{N}}(H)+\eta_{\mathrm{t}}(H)\frac{|u_{\mathrm{c}}|}{h-h_2} \tag{6.59}$$

$$\left.\begin{aligned}I_{0,2}&=\int_{h_2}^{h}\frac{1}{\eta_{\mathrm{b}}(H)}\mathrm{d}y=\frac{h-h_2}{\eta_{\mathrm{b}}(H)}\\I_{1,2}&=\int_{h_2}^{h}\frac{y}{\eta_{\mathrm{b}}(H)}\mathrm{d}y=\frac{h^2-h_2^2}{2\eta_{\mathrm{b}}(H)}\\I_{2,2}&=\int_{h_2}^{h}\frac{y^2}{\eta_{\mathrm{b}}(H)}\mathrm{d}y=\frac{h^3-h_2^3}{3\eta_{\mathrm{b}}(H)}\end{aligned}\right\} \tag{6.60}$$

(3) 无核段(全是液态层)$0\leqslant y\leqslant h$

$$\eta(H)=\eta_{\mathrm{N}}(H)+\eta_{\mathrm{t}}(H)\frac{|U|}{h} \tag{6.61}$$

$$\left.\begin{aligned} I_{0,0} &= \int_0^h \frac{1}{\eta(H)}\mathrm{d}y = \frac{h}{\eta(H)} \\ I_{1,0} &= \int_0^h \frac{y}{\eta(H)}\mathrm{d}y = \frac{h^2}{2\eta(H)} \\ I_{2,0} &= \int_0^h \frac{y^2}{\eta(H)}\mathrm{d}y = \frac{h^3}{3\eta(H)} \end{aligned}\right\} \tag{6.62}$$

将式(6.58)和式(6.60)代入润滑方程(6.54)中，并且取 $U_h=0$，$\partial(\quad)/\partial z=0$，就得到稳态的一维润滑方程

$$\frac{\partial}{\partial x}\left\{\left[\frac{h_1^3}{12\eta_a(H)}+\frac{(h-h_2)^3}{12\eta_b(H)}\right]\frac{\partial p^*}{\partial x}\right\}=\frac{U}{2}\frac{\partial h_1}{\partial x}+\frac{u_c}{2}\frac{\partial}{\partial x}(h+h_2-h_1) \tag{6.63}$$

式(6.63)适用于润滑膜内存在悬浮核或粘附核的情况。若润滑膜中存在无核的区段，则在此区段内，取 $h_1=h_2=h$，$\eta_a(H)=\eta_b(H)=\eta(H)$，以及 $u_c=0$。

6.3.3 铁磁流体润滑膜中存在"固态"核时的一般关系式

1. 流 量

将方程(6.63)对 x 积分一次，就得

$$\left[\frac{h_1^3}{12\eta_a(H)}+\frac{(h-h_2)^3}{12\eta_b(H)}\right]\frac{\partial p^*}{\partial x}=\frac{Uh_1}{2}+\frac{u_c}{2}(h+h_2-h_1)+a$$

显然，上式左边是压力流的流量，而右边的前两项是剪切流的流量，故积分常数 a 就是体积流量，用 q_x 表示，即

$$q_x=-\left[\frac{h_1^3}{12\eta_a(H)}+\frac{(h-h_2)^3}{12\eta_b(H)}\right]\frac{\partial p^*}{\partial x}+\frac{Uh_1}{2}+\frac{u_c}{2}(h+h_2-h_1)=-a \tag{6.64}$$

如果润滑膜具有连续的、可微的几何形状，则函数 p^* 也是连续的、可微的。产生正的承载力的润滑膜，其内部的 p^* 值要高于膜的进口和出口的 p^* 值。这就是说，p^* 从进口截面开始升高，而后降低到出口截面的值，即从 $(\partial p^*/\partial x)>0$ 转变到 $(\partial p^*/\partial x)<0$，其中必定经过 $(\partial p^*/\partial x)=0$ 的截面，此截面的高度用 h_0 表示，在 h_0 上的 p^* 是极大值。由式(6.64)可知，由于 $(\partial p^*/\partial x)=0$，故在截面 h_0 上不存在压力流，只有单纯的剪切流，因此，不可能有"固态"核存在于 h_0 截面上。于是通过 h_0 截面的铁磁流体润滑剂的流量就是

$$q_x=\frac{1}{2}Uh_0 \tag{6.65}$$

由润滑膜内流动的连续性可知，式(6.64)和式(6.65)所表示的流量是相等的，即

$$\frac{1}{2}Uh_0=-\left[\frac{h_1^3}{12\eta_a(H)}+\frac{(h-h_2)^3}{12\eta_b(H)}\right]\frac{\partial p^*}{\partial x}+\frac{Uh_1}{2}+\frac{u_c}{2}(h+h_2-h_1) \tag{6.66}$$

2. 速度梯度

在"固态"核的内部没有速度梯度，所有各点均以同样的速度 u_c 运动。但在液态层内，流动速度在 x 方向和 y 方向都是变化的。液态层在 y 方向的速度梯度可以用式(6.58)、式(6.60)和式(6.62)代入式(6.26)中得到

$$\frac{\partial u}{\partial y}=\left(y-\frac{h_1}{2}\right)\frac{1}{\eta_a(H)}\frac{\partial p^*}{\partial x}+\frac{u_c-U}{h_1},\qquad 0\leqslant y\leqslant h_1 \tag{6.67}$$

$$\frac{\partial u}{\partial y}=\left(y-\frac{h+h_2}{2}\right)\frac{1}{\eta_b(H)}\frac{\partial p^*}{\partial x}-\frac{u_c}{h-h_2},\qquad h_2\leqslant y\leqslant h \tag{6.68}$$

$$\frac{\partial u}{\partial y}=\left(y-\frac{h}{2}\right)\frac{1}{\eta(H)}\frac{\partial p^*}{\partial x}-\frac{U}{h},\qquad 0\leqslant y\leqslant h \tag{6.69}$$

3. 剪切应力

由铁磁流体的本构方程(6.11)可知，铁磁流体内的剪切应力由两部分组成，即屈服应力 $\boldsymbol{\tau}_s$ 和粘性应力 $\eta(H)\boldsymbol{D}$，并且矢量 $\boldsymbol{\tau}_s$ 和 $\boldsymbol{D}$ 是同向的。在一维情况下，用式(6.67)～式(6.69)代入到式(6.11)中，即得润滑膜内的剪切应力为

$$\tau_{yx}=\pm\tau_s+\left(y-\frac{h_1}{2}\right)\frac{\partial p^*}{\partial x}+\eta_a(H)\frac{u_c-U}{h_1},\qquad 0\leqslant y\leqslant h_1 \tag{6.70}$$

$$\tau_{yx}=\pm\tau_s+\left(y-\frac{h+h_2}{2}\right)\frac{\partial p^*}{\partial x}-\eta_b(H)\frac{u_c}{h-h_2},\qquad h_2\leqslant y\leqslant h \tag{6.71}$$

$$\tau_{yx}=\pm\tau_s+\left(y-\frac{h}{2}\right)\frac{\partial p^*}{\partial x}-\eta(H)\frac{U}{h},\qquad 0\leqslant y\leqslant h \tag{6.72}$$

在“固态”核表面上的应力 τ_{yx} 只能是屈服应力 τ_s，因为核表面剪切应力超过 τ_s 它就会产生剪切流动，而不能保持“固态”。故在核表面上有

$$\left.\begin{aligned}\tau_{yx}\Big|_{y=h_1}&=\pm\tau_s\\ \tau_{yx}\Big|_{y=h_2}&=\pm\tau_s\end{aligned}\right\} \tag{6.73}$$

在式(6.70)和式(6.71)的右边分别取 $y=h_1$ 和 $y=h_2$，而后与式(6.73)相比较，立即可得

$$\frac{h_1}{2}\frac{\partial p^*}{\partial x}+\eta_a(H)\frac{u_c-U}{h_1}=0,\qquad y=h_1 \tag{6.74}$$

$$-\frac{h-h_2}{2}\frac{\partial p^*}{\partial x}-\eta_b(H)\frac{u_c}{h-h_2}=0,\qquad y=h_2 \tag{6.75}$$

在式(6.67)和式(6.68)的右边分别取 $y=h_1$ 和 $y=h_2$，而后与式(6.74)和式(6.75)比较，就有

$$\frac{\partial u}{\partial y}\Big|_{y=h_1}=\frac{\partial u}{\partial y}\Big|_{y=h_2}=0 \tag{6.76}$$

式(6.76)表明，在“固态”核表面上，液态润滑剂没有速度梯度，而在核的内部当然也是没有速度梯度的。所以铁磁流体在润滑膜内所呈现的液、“固”两态的运动速度，在核表面上是光滑衔接的。这和滑润剂在轴承表面上的情况迥然不同。

6.3.4　铁磁流体润滑膜中粘附核的几何边界

1. 概　述

所谓“固态”核的几何边界问题，就是要得出它们的方程式来描述边界的几何形状。可以利用的主要关系就是流量的连续性。将式(6.74)和式(6.75)代入到流量方程(6.66)中，消去压力 p^* 的有关项，就得到

$$\frac{1}{2}Uh_0=\frac{1}{6}(u_c-U)h_1+\frac{1}{6}u_c(h-h_2)+\frac{1}{2}Uh_1+\frac{1}{2}u_c(h+h_2-h_1)$$

经过简单的整理,上式成为

$$1.5h_0 = h_1 + \frac{u_c}{U}(2h + h_2 - h_1) \tag{6.77}$$

在式(6.77)中需要求出的是 h_1 和 h_2,但是只凭借式(6.77)一个方程不能决定 h_1 和 h_2 两个未知数,此外,u_c 和 h_0 也是未知的,所以必须补充一些关系才行。但是在润滑膜中,轴承表面上出现的粘附核却使问题变得非常简单。由图 6-3 可以看到一般轴承间隙内的速度分布情况,图 6-3(a)所示为压力分布,图 6-3(b)所示为压力流,图 6-3(c)所示为剪切流,图 6-3(d)所示为合成的流动。可见这种速度分布剖面是剪切流和压力流的合成结果。图 6-3(d)所示的合成速度,在润滑膜的进口处,$y=h$ 的轴承表面上的区间 A 内,其速度梯度是很小的,粘附核就将在这里发生。在润滑膜的出口处,$y=0$ 的轴承表面上的区间 B 内,速度梯也是很小的,粘附核就将在这里发生。当然产生核以后,润滑膜内的速度分布将是另外的样子。

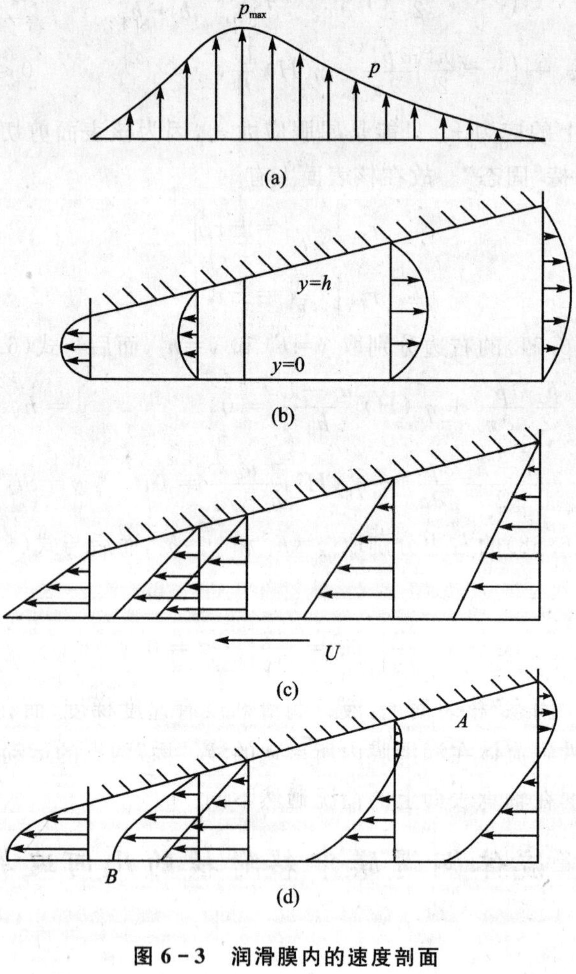

图 6-3　润滑膜内的速度剖面

2. 润滑膜进口粘附核的边界方程

若润滑膜的进口高度是 h_i,则 $h_0 \leqslant h \leqslant h_i$ 的区间称为轴承的进口段。进口粘附核最先从进口截面 $y=h_i$ 处出现,而后随轴承几何特征参数的增大(对于止推轴承就是进出口膜厚比 $C_i=h_i/h_e$,对于轴颈轴承就是偏心率 ε)而逐渐向轴承内部扩张。由于核粘附在静止的上表面

上，所以其上边界的方程和核内的速度必是

$$h_2 = h(x) \tag{6.78}$$

$$u_c = 0 \tag{6.79}$$

将式(6.78)和式(6.79)代入方程式(6.77)中，就得到进口粘附核的下边界方程即

$$h_1 = 1.5h_0 \tag{6.80}$$

因为 h_0 是常数，所以进口粘附核的下边界是一平面，并且和坐标平面 zOx 相平行。

将式(6.79)代入方程(6.74)中，就得进口粘附核表面上的压力方程

$$\frac{h_1^2}{2\eta_a(H)}\frac{\partial p^*}{\partial x} = U, \qquad 1.5h_0 \leqslant h \leqslant h_i \tag{6.81}$$

3. 润滑膜出口粘附核的边界方程

若润滑膜的出口高度是 h_e，则 $h_e \leqslant h \leqslant h_0$ 的区间称为轴承的出口段，出口粘附核最先出现在出口截面上，而后逐渐增大。由图 6-3(d)可见，出口粘附核是附着在 $y=0$ 的表面上，所以它的下边界方程和核内的速度必然是

$$h_1 = 0 \tag{6.82}$$

$$u_c = U \tag{6.83}$$

将式(6.82)和式(6.83)代入方程式(6.77)中，就得到出口粘附核的上边界方程

$$h_2 = 1.5h_0 - 2h \tag{6.84}$$

在进口粘附核段，轴承内的流通是一个等截面通道，即

$$h = h_1 = 1.5h_0 \tag{6.85}$$

而出口粘附核段，轴承的流通截面积是

$$h - h_2 = 3h - 1.5h_0 \tag{6.86}$$

当 $h_2=0$ 时，就得到出口粘附核的起始截面

$$h = 0.75h_0 \tag{6.87}$$

在进口粘附核的终端截面 $h=1.5h_0$ 和出口粘附核的始端截面 $h=0.75h_0$ 之间，是润滑膜内的无核段，这一段润滑膜的膜厚比(进口膜厚/出口膜厚)是 2。

将式(6.83)代入方程(6.75)中，即得出口粘附核表面上的压力方程

$$\frac{(h-h_2)^2}{2\eta_b(H)}\frac{\partial p^*}{\partial x} = -U, \qquad h_e \leqslant h \leqslant 0.75h_0 \tag{6.88}$$

6.3.5 润滑膜内出现粘附核的临界条件

1. 进口粘附核出现的临界条件

若进口粘附核的下边界 h_1 大于进口截面 h_i，则显然不可能出现进口粘附核。只有 h_1 小于 h_i，才有可能出现进口粘附核。所以，进口粘附核出现的条件是

$$h_1 \leqslant h_i \tag{6.89}$$

在式(6.89)中取等号即为临界条件，然后用式(6.80)代入，即得进口粘附核出现的临界条件为

$$h_i = 1.5h_0 \tag{6.90}$$

2. 出口粘附核出现的临界条件

若出口粘附核的上边界 $h_2<0$，则表示不可能有出口粘附核出现。只有其上边界 h_2 大于

零,才有可能出现出口粘附核,即

$$h_2 \geqslant 0 \quad (\text{在 } h = h_e \text{ 截面上}) \tag{6.91}$$

在式(6.91)中取等号即为临界条件。用式(6.84)代入,即得出口粘附核出现的临界条件为

$$h_e = 0.75h_0 \tag{6.92}$$

6.3.6 粘附核保持存在的条件

1. 概 述

分析粘附核可能出现的条件是从几何上的要求出发的,主要反映流量守恒的规律。但是具备出现粘附核的几何条件,并不能保证粘附核在润滑膜内持续地存在。因为"固态"核存在的根本原因是润滑膜内局部地方的剪切应力 τ_{yx} 小于铁磁流体润滑剂的屈服应力 τ_s。若 τ_{yx} 大于 τ_s,即使几何上符合出现"固态"核的条件,实际上"固态"核并不能在润滑膜中保持存在。所以"固态"核在润滑膜保持存在的临界条件是 τ_{yx} 和 τ_s 相等,即式(6.73)。在润滑膜中,"固态"核的平衡方程就是

$$(h_2 - h_1)\frac{\partial p^*}{\partial x} = \pm 2\tau_s \tag{6.93}$$

将式(6.74)和式(6.75)联立,消去 u_c,而后代入式(6.93)中,消去 $\partial p^*/\partial x$ 即得

$$\pm \tau_s = \frac{(h_2 - h_1)U}{\left[\dfrac{(h - h_2)^2}{\eta_b(H)} - \dfrac{h_1^2}{\eta_a(H)}\right]} \tag{6.94}$$

平衡方程式(6.94)就是确定"固态"核保持存在的基本关系式。

2. 进口粘附核保持存在的临界条件

进口粘附核的几何边界是 $h_1 = 1.5h_0$,$h_2 = h$。对于临界条件,取进口截面,即 $h_2 = h = h_i$。于是,由式(6.94)给出进口粘附核的保持存在的临界条件是

$$\pm \tau_s = \frac{h_i - 1.5h_0}{(1.5h_0)^2}\eta_a(H)U \tag{6.95}$$

定义符号

$$C = \frac{h}{h_c}, \qquad C_i = \frac{h_i}{h_c}, \qquad C_0 = \frac{h_0}{h_c}, \qquad h_c = \begin{cases} h_e & \text{滑块} \\ h_{av} & \text{轴颈轴承} \end{cases} \tag{6.96}$$

式中,h_i 和 h_e 分别是润滑膜的进口膜厚和出口膜厚,所以 C_i 称为膜厚比,它是润滑中的一个重要特征参数。将式(6.96)用于式(6.95)就得

$$\pm \tau_s \geqslant \frac{4(C_i - 1.5C_0)}{9C_0^2}\left(\frac{\eta_a U}{h_c}\right) \tag{6.97}$$

式(6.97)的右边显然是作用于"固态"核表面上的剪切应力。不等号是加上去的,表示右边的剪切应力不能大于 τ_s,否则铁磁流体润滑剂在此处发生液态的流动,而"固态"核将消失。式中等号是进口粘附核保持存在的临界条件。

3. 出口粘附核保持存在的临界条件

出口粘附核的边界是 $h_1 = 0$,$h_2 = 1.5h_0 - 2h$;对于临界条件,取出口截面 $h = h_e$。于是,由式(6.94)给出出口粘附核保持存在的临界条件是

$$\pm \tau_s = \frac{1.5h_0 - 2h_e}{(3h_e - 1.5h_0)^2}\eta_b(H)U \tag{6.98}$$

或写成

$$\pm \tau_s \geqslant \frac{1.5C_0 - 2C_e}{(3C_e - 1.5C_0)^2}\left(\frac{\eta_b U}{h_c}\right) \tag{6.99}$$

上式取等号即为临界条件。

由式(6.97)和式(6.99)可以看到轴承的速度 U 是粘附核能否存在的重要影响因素。虽然速度可能引起剪切稀化而使 η_a 或 η_b 减小，但 U 的总的影响是使 $\eta_a U$ 或 $\eta_b U$ 增大。所以在高速润滑中“固态”核很难存在，以致此时可以将铁磁流体润滑当做单纯的拟塑性体看待。

6.4　在均匀外磁场中，铁磁流体润滑的倾斜平板滑块的粘附核

6.4.1　概　述

倾斜平板滑块是止推轴承的最基本的和最常用的单元。它具有连续的、可微的润滑间隙，并且间隙函数十分简单，因而理论分析比较容易，但其得出的润滑过程规律却具有普适性。

倾斜平板滑块如图 6-4 所示。在拟塑性 Bingham 体的铁磁流体润滑中，滑块的间隙可以分成三个区段：进口粘附核段、出口粘附核段、中间无核段。图中用虚线画出负的压力分布，表明速度 U 的方向引发扩散楔效应。若 U 反向，即改沿 x 轴的负方向，则可引发收敛楔效应，而压力变成正常态的正值，滑块此时具有承载能力。图 6-4 中虚线所示的负压，对于不可压缩润滑剂，实际上不能存在。

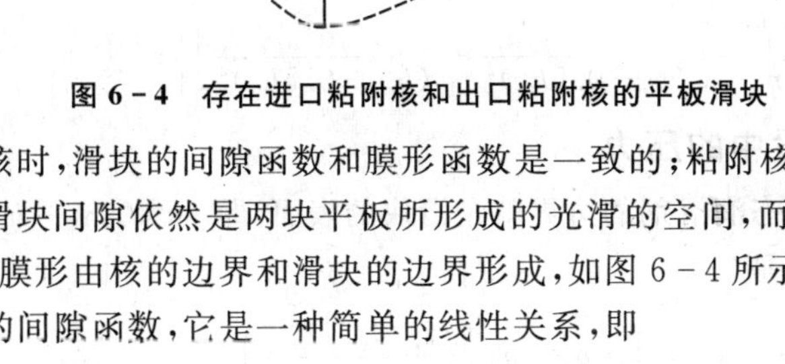

图 6-4　存在进口粘附核和出口粘附核的平板滑块

当不存在粘附核时，滑块的间隙函数和膜形函数是一致的；粘附核的存在，使润滑膜形和滑块间隙不一致。滑块间隙依然是两块平板所形成的光滑的空间，而润滑膜却分成了三段。在有核段，润滑膜的膜形由核的边界和滑块的边界形成，如图 6-4 所示。

对于平板滑块的间隙函数，它是一种简单的线性关系，即

$$h = h_e + (h_i - h_e)\frac{x}{l} \tag{6.100}$$

式中，l 是滑块的全长。将上式对 x 取导，得

$$dx = \frac{l}{h_i - h_e}dh \tag{6.101}$$

6.4.2 倾斜平板滑块中的压力

1. 进口粘附核区段中的压力

在此区段中液态润滑膜的边界是 $y_1=0$, $y_2=h_1=1.5h_0$; $u_1=U$, $u_2=0$。粘度 η_a 由式(6.57)有

$$\eta_a=\eta_N\left(1+\frac{2}{3}\frac{\eta_t}{\eta_N}\frac{|U|}{h_0}\right) \tag{6.102}$$

将式(6.101)、式(6.102)代入进口粘附核段的压力微分方程式(6.81)中,得

$$\mathrm{d}p^*=\frac{6\eta_N Ul}{h_i-h_e}\left(\frac{4}{27}\right)\left(1+\frac{2}{3}\frac{\eta_t}{\eta_N}\frac{|U|}{h_0}\right)\frac{\mathrm{d}h}{h_0^2},\qquad 1.5h_0\leqslant h\leqslant h_i$$

注意到在均匀磁场中,$p^*=p$, $\eta_t=\mathrm{const}$, $\eta_N=\mathrm{const}$,将上式积分之,边界条件为 $h=h_i$, $p=p_a$,于是得到

$$p-p_a=\frac{6\eta_N Ul}{h_i-h_e}\left(\frac{4}{27}\right)\left(1+\frac{2}{3}\frac{\eta_t}{\eta_N}\frac{|U|}{h_0}\right)\frac{h-h_i}{h_0^2},\qquad 1.5h_0\leqslant h\leqslant h_i \tag{6.103}$$

式(6.103)的右边是负值,它相应于图 6-4 所示的扩散楔。于是实际中应取速度为 $-U$ 计算,即得到收敛楔的结果。

2. 出口粘附核段中的压力

在此区段中液态润滑膜的边界是 $y_1=h_2=1.5h_0-2h$, $y_2=h$;速度边界是 $u_1=U$, $u_2=0$。粘度 η_b 由式(6.59)得

$$\eta_b=\eta_N\left(1+\frac{1}{3}\frac{\eta_t}{\eta_N}\frac{|U|}{h-0.5h_0}\right) \tag{6.104}$$

将式(6.101)、式(6.104)代入出口粘附核段的压力微分方程式(6.88)中,即得

$$\mathrm{d}p^*=-\frac{6\eta_N Ul}{h_i-h_e}\left(\frac{1}{27}\right)\left(1+\frac{1}{3}\frac{\eta_t}{\eta_N}\frac{|U|}{h-0.5h_0}\right)\frac{\mathrm{d}h}{(h-0.5h_0)^2},\qquad h_e\leqslant h\leqslant 0.75h_0$$

注意到磁场是均匀的,并且在边界条件 $h=h_e$, $p=p_a$ 下积分上式,就得到

$$p-p_a=\frac{6\eta_N Ul}{h_i-h_e}\left(\frac{1}{27}\right)\left\{\frac{1}{h-0.5h_0}-\frac{1}{h_e-0.5h_0}+\frac{\eta_t|U|}{6\eta_N}\left[\frac{1}{(h-0.5h_0)^2}-\frac{1}{(h_e-0.5h_0)^2}\right]\right\},\qquad h_e\leqslant h\leqslant\frac{3}{4}h_0 \tag{6.105}$$

3. 中间无核区段中的压力

中间无核区段内液态润滑剂的边界就是滑块的表面,即 $y_1=0$, $y_2=h$;速度 $u_1=U$, $u_2=0$。由式(6.61)给出的粘度是

$$\eta=\eta_N\left(1+\frac{\eta_t}{\eta_N}\frac{|U|}{h}\right) \tag{6.106}$$

表达"固态"粘附核不存在的几何条件非常简单,就是粘附核的厚度等于零。对于运动表面就是

$$h_1=h_2=0,\qquad u_c=U,\qquad \eta_a=\eta_b=\eta$$

对于静止表面就是

$$h_1 = h_2 = h, \qquad u_c = 0, \qquad \eta_a = \eta_b = \eta$$

无论使用上述的哪一组条件，均可以使流量平衡方程式(6.66)成为简单的压力微分方程形式

$$\frac{h^3}{12\eta}\frac{\partial p^*}{\partial x} = \frac{U}{2}(h - h_0) \tag{6.107}$$

将式(6.101)、式(6.106)代入方程(6.107)中，即得

$$\mathrm{d}p^* = \frac{6\eta_N Ul}{h_i - h_e}\left(1 + \frac{\eta_t}{\eta_N}\frac{|U|}{h}\right)\left(\frac{1}{h^2} - \frac{h_0}{h^3}\right)\mathrm{d}h \tag{6.108}$$

注意到磁场是均匀的，并且将压力写成相对压力，即 $\mathrm{d}p = \mathrm{d}(p - p_a)$，而后将式(6.108)积分，得

$$p - p_a = \frac{6\eta_N Ul}{h_i - h_e}\left(-\frac{1}{h} + \frac{h_0}{2h^2} - \frac{\eta_t}{\eta_N}\frac{|U|}{2h^2} + \frac{\eta_t}{\eta_N}\frac{h_0|U|}{3h^3} + c\right), \qquad \frac{3}{4}h_0 \leqslant h \leqslant 1.5h_0 \tag{6.109}$$

中间无核段的前端截面与进口粘附核相接，其后端截面则与出口粘附核相接。所以在 $h = 1.5h_0$ 和 $h = 0.75h_0$ 的两个截面上存在压力衔接条件，这两个衔接条件可以用来确定积分常数 c 和润滑膜的纯剪切流截面 h_0 的值。至于在界面上的流量连续条件已属不必要，因为上述的压力微分方程实际上就是连续方程。进口"固态"核段与中间无核段的衔接条件是

$$h = 1.5h_0, \qquad p\Big|_{式(6.103)} = p\Big|_{式(6.109)} \tag{6.110}$$

在式(6.103)和式(6.109)中取 $h = 1.5h_0$，代入式(6.110)中就可以解出积分常数 c，于是得到中间无核段的压力为

$$p - p_a = \frac{6\eta_N Ul}{h_i - h_e}\Bigg[\left(-\frac{1}{h} + \frac{h_0}{2h^2} - \frac{\eta_t}{2\eta_N}\frac{|U|}{h^2} + \frac{\eta_t}{3\eta_N}\frac{h_0|U|}{h^3}\right) + \left(\frac{2}{3h_0} - \frac{4h_i}{27h_0^2} + \frac{22}{81}\frac{\eta_t}{\eta_N}\frac{|U|}{h_0^2} - \frac{8}{81}\frac{\eta_t}{\eta_N}\frac{h_i|U|}{h_0^3}\right)\Bigg], \qquad 0.75h_0 \leqslant h \leqslant 1.5h_0 \tag{6.111}$$

6.4.3　倾斜平板滑块中纯剪切流截面 h_0 的值

出口粘附核段和中间无核段的压力衔接条件是

$$h = 0.75h_0, \qquad p\Big|_{式(6.105)} = p\Big|_{式(6.111)} \tag{6.112}$$

在式(6.105)和式(6.111)中取 $h = 0.75h_0$，代入衔接条件式(6.112)中，就有

$$\frac{1}{27}\left[\frac{4}{h_0} - \frac{1}{h_e - 0.5h_0} + \frac{8\eta_t}{3\eta_N}\frac{|U|}{h_0^2} - \frac{\eta_t}{6\eta_N}\frac{|U|}{(h_e - 0.5h_0)^2}\right] - \frac{2}{9h_0} + \frac{14\eta_t}{81\eta_N}\frac{|U|}{h_0^2} - \frac{4h_i}{27h_0^2} - \frac{8\eta_t}{81\eta_N}\frac{h_i|U|}{h_0^3}$$

按式(6.96)引用量纲归一化的滑块间隙 C_i 和 C_0，然后由上式得出 C_i 和 C_0 的分离形式为

$$C_i=\frac{C_0}{2-C_0}+\frac{\frac{2}{3}\frac{\eta_t(H)}{\eta_N(H)}\frac{|U|}{h_e}(C_0-1)^2}{(2-C_0)^2\left[1+\frac{2}{3}\frac{\eta_t(H)}{\eta_N(H)}\frac{|U|}{h_e}\frac{1}{C_0}\right]} \tag{6.113}$$

由于磁场是均匀的，所以 $\eta_N(H)$ 和 $\eta_t(H)$ 只是 H 的数值的函数，而与坐标无关。表征剪切稀化效应的 $\eta_t(H)$ 总是负值，故式(6.113)右边是第一项减去第二项。在剪切率特征值 $|U|/h_e$ 不是特别高的情况下，式(6.113)右边的第二项远小于第一项，此时可取

$$C_i=\frac{C_0}{2-C_0} \tag{6.114}$$

因为 C_i 是设计参数，故上式通常写成

$$C_0=\frac{2C_i}{1+C_i} \tag{6.115}$$

式(6.115)就是普通牛顿流体或普通 Bingham 体润滑的倾斜平板滑块的关系式。可以用计算数字来表明式(6.115)对铁磁流体润滑的适用性。设 $|U|/h_e=15\ 000\ \mathrm{s^{-1}}$，$H=0.12\ \mathrm{MA/m}$。用式(6.113)和式(6.115)计算的结果列于表 6-1 中。

由表 6-1 可见，在常用的 $C_i\leqslant 3$ 的范围内式(6.113)与式(6.115)相差在 1%以内。故用式(6.115)来近似式(6.113)是可行的，这样做的结果带来非常大的简便。

表 6-1　按式(6.113)和式(6.115)计算 C_0 值的比较

C_i	C_0		C_i	C_0	
	式(6.113)	式(6.115)		式(6.113)	式(6.115)
1.97	1.33	1.33	3.01	1.52	1.50
2.13	1.37	1.36	3.31	1.56	1.54
2.32	1.41	1.40	4.00	1.63	1.60
2.75	1.48	1.47	5.10	1.70	1.67

6.4.4　具有粘附核的倾斜平板的量纲归一化特征尺寸

滑块的膜厚比 C_i(即 h_i/h_e)是在设计时选择的参数，它是决定滑块全部性能的基本参数。利用式(6.96)和式(6.115)可以将具有进口粘附核和出口粘附核的倾斜平板的几何特征尺寸全部量纲归一化，并且全部表示为膜厚比 C_i 的函数，如图 6-5 所示为倾斜平板滑块的量纲归一化的几何参数。

利用式(6.96)将式(6.100)写成量纲归一化的形式

$$C=1+(C_i-1)\xi \tag{6.116}$$

上式亦可改写成

$$\xi=\frac{C-1}{C_i-1} \tag{6.117}$$

式中，$C=h/h_e$，$\xi=x/l$(l 是倾斜平板的全长)。

注： 本章数值计算中用到的铁磁流体二次式本构方程均依文献[16]的幂函数实验式拟合和延伸得出。

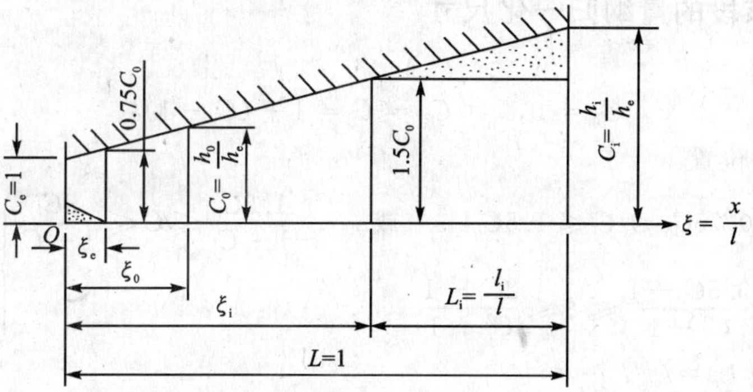

图 6-5　倾斜平板滑块的量纲归一化的几何参数

1. 进口粘附核的量纲归一化的尺寸

(1) 边界方程

由 $h_1=1.5h_0$ 和 $h_2=h$,则有

$$C_1 = 1.5C_0 = \frac{3C_i}{1+C_i}, \quad C_2 = C = 1+(C_i-1)\xi \tag{6.118}$$

(2) 进口核的位置

$$\left.\begin{aligned} &\text{进口核始端截面位置} \quad \xi = 1 \\ &\text{进口核终端截面位置} \quad \xi = \xi_i = \frac{2C_i-1}{C_i^2-1} \end{aligned}\right\} \tag{6.119}$$

(3) 进口核长 $L_i=l_i/l$

$$L_i = 1-\xi_i = \frac{(C_i-2)C_i}{C_i^2-1} \tag{6.120}$$

(4) 液态润滑剂流通截面 $C_l=h_l/h_e$

$$C_l = C_1 = \frac{3C_i}{1+C_i} \tag{6.121}$$

2. 出口粘附核的量纲归一化尺寸

(1) 边界方程

由 $h_1=0, h_2=1.5h_0-2h$,有

$$C_1 = 0, \quad C_2 - \frac{C_i-2}{1+C_i} - 2(C_i-1)\xi \tag{6.122}$$

(2) 出口核的位置

$$\left.\begin{aligned} &\text{出口核始端截面位置} \quad \xi = \xi_e = \frac{0.5C_i-1}{C_i^2-1} \\ &\text{出口核终端截面位置} \quad \xi = 0 \end{aligned}\right\} \tag{6.123}$$

(3) 出口核长 $L_e=l_e/l$

$$L_e = \xi_e = \frac{0.5C_i-1}{C_i^2-1} \tag{6.124}$$

(4) 液态润滑剂流通截面

$$C_l = C - C_2 = \frac{3}{1+C_i} + 3(C_i-1)\xi \tag{6.125}$$

3. 中间无核段的量纲归一化尺寸

(1) 边界方程

$$C_1 = 0, \qquad C_2 = C = 1 + (C_i - 1)\xi \tag{6.126}$$

(2) 中间段的位置

$$\left.\begin{aligned} &0.75C_0 \leqslant C \leqslant 1.5C_0 \quad \text{或} \quad \frac{1.5C_i}{1+C_i} \leqslant C \leqslant \frac{3C_i}{1+C_i} \\ &\frac{0.5C_i - 1}{C_i^2 - 1} \leqslant \xi \leqslant \frac{2C_i - 1}{C_i^2 - 1} \end{aligned}\right\} \tag{6.127}$$

(3) 中间段长 $L_m = l_m/l$

$$L_m = \xi_i - \xi_e = \frac{1.5C_i}{C_i^2 - 1} \tag{6.128}$$

(4) 截面 h_0 之位置

$$\xi_0 = \frac{C_0 - 1}{C_i - 1} = \frac{1}{1 + C_i} \tag{6.129}$$

6.4.5 倾斜平板滑块中粘附核出现的临界条件

1. 倾斜平板滑块中进口粘附核出现的临界条件

将式(6.89)用 $h_1 = 1.5h_0$ 代入,写成量纲归一化的形式,即 $C_0 \leqslant (2/3)C_i$,取等号而后代入到式(6.113)中,就得到决定出现进口粘附核的最小膜厚比,即临界膜厚比 C_i 的方程为

$$C_i = \frac{C_i}{3 - C_i} + \frac{\eta_t}{\eta_N}\frac{|U|}{h_e}\frac{\dfrac{1}{2} - \dfrac{1}{3 - C_i} + \dfrac{1}{6}\left(\dfrac{C_i}{3 - C_i}\right)^2}{1 + \dfrac{\eta_t}{\eta_N}\dfrac{|U|}{h_e}\dfrac{1}{C_i}} \tag{6.130}$$

若倾斜平板滑块的实际膜厚比大于方程(6.130)解出的临界膜厚比,则将出现进口粘附核。

2. 倾斜平板滑块中出口粘附核出现的临界条件

将式(6.84)取在截面 h_e 上,而后代入式(6.91)中,并且写成量纲归一化的形式,就得到 $C_0 \geqslant 4/3$。取等号再代入式(6.113)中,就得到决定出现出口粘附核的最小膜厚比,即临界膜厚比 C_i 的式子为

$$C_i = 2 + \frac{\dfrac{1}{6}\dfrac{\eta_t}{\eta_N}\dfrac{|U|}{h_e}}{1 + \dfrac{1}{2}\dfrac{\eta_t}{\eta_N}\dfrac{|U|}{h_e}} \tag{6.131}$$

3. 进口和出口粘附核出现的临界条件的简化近似

式(6.130)和式(6.131)分别决定的进口和出口粘附核出现的临界膜厚比之值不一致,这是因为铁磁流体和普通的 Bingham 体物质不同,它还存在剪切稀化的特性。但是,对于现有的铁磁流体的多数来说,它们的剪切稀化现象并不十分严重。在不特别大的剪切率和不非常强的外磁场下,剪切稀化对临界膜厚比的影响很弱。从表 6-2 所提供的计算数字中可以看到这一点。

表 6-2 中的数据表明进口核和出口核出现的临界膜厚比值都很接近于 2,其误差均在工

程精度容许的范围之内。所以，直接取进口粘附核和出口粘附核出现的临界膜厚比具有相同的值，都等于 2。

表 6－2　在剪切率 $D=15\,000\ s^{-1}$ 和不同外磁场 H 下的临界膜厚比 C_i 的值

剪切率 $D=\lvert U\rvert/h_e$			$15\,000\ s^{-1}$			
外磁场 H/(MA/m)			0.12	0.06	0.03	0
C_i	进口核	式(6.130)	2.016 7	2.014 1	2.010 4	2.004 5
临界值	出口核	式(6.131)	1.968 9	1.973 4	1.980 1	1.991 2

6.4.6　倾斜平板滑块中粘附核保持存在的临界条件

1. 进口粘附核保持存在的条件

用式(6.115)代入式(6.97)的右边，消去 C_0 就得进口粘附核保持存在的条件

$$\left|\frac{\tau_s}{\left(\dfrac{\eta_a U}{h_e}\right)}\right| \geqslant \frac{(C_i-2)(C_i+1)}{9C_i} \tag{6.132}$$

式(6.132)之左方使用绝对值，主要是反映 $C_i<2$ 就不会出现进口粘附核，也更谈不上进口粘附核保持存在的问题。在式(6.132)中取等号就是进口粘附核保持存在的临界条件。

2. 出口粘附核保持存在的条件

用式(6.115)代入式(6.99)的右边消去 C_0 就得出口粘附核保持存在的条件

$$\left|\frac{\tau_s}{\left(\dfrac{\eta_b U}{h_e}\right)}\right| \geqslant \frac{(C_i-2)(C_i+1)}{9} \tag{6.133}$$

在式(6.133)中取等号就是出口粘附核保持存在的临界条件。

图 6－6 为倾斜平板滑块内粘附核存在的区域。由图 6－6 或式(6.132)和式(6.133)可见：① 铁磁流体的屈服应力 τ_s 越大，粘附核越容易存在；② 速度 U 越高，粘附核越难保存。故高速轴承的主要问题是剪切稀化，而“固态”核问题可略；③ 滑块的膜厚比 C_i 越大，粘附核越不易保持；④ 进口粘附核远比出口粘附核容易生存，所以在许多情况下，滑块可能单独存在进口粘附核，但不可能单独存在出口粘附核。

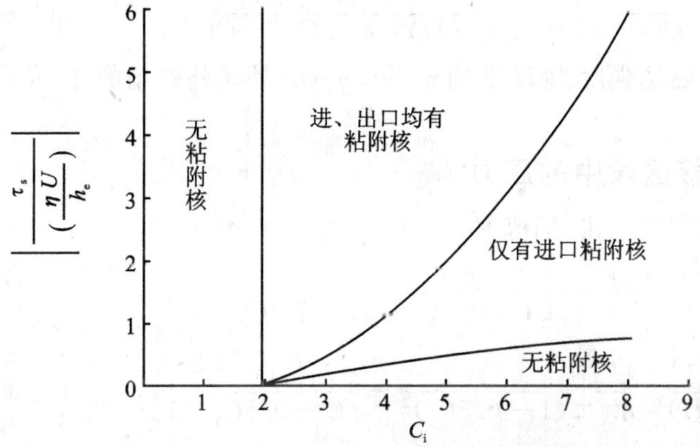

图 6－6　倾斜平板滑块内粘附核存在的区域

6.5 铁磁流体润滑的倾斜平板滑块的性能——进口和出口均存在粘附核

6.5.1 概 述

粘附核的存在，改变了润滑膜的膜形，这使滑块性能的分析比较复杂。需要将润滑膜分区段来考察，而后建立区段之间相联系的条件，即分界面上的衔接条件。这样才能最终得出滑块性能完整的解。

流体润滑的各种类型的滑块和轴颈轴承，都具有力学上的相似性质。润滑学中重要的相似准数就是压力的动压数 Λ 和摩擦应力的动压数 Λ_F

$$\Lambda = \frac{6\eta_N(0)Ul_c}{p_a h_c^2}, \quad \Lambda_F = \frac{6\eta_N(0)U}{p_a h_c} \tag{6.134}$$

式中，$\eta_N(0)$是外磁场为零时的 η_N 值；l_c 是特征长度，对于滑块就是沿速度 U 方向的长度，对于轴颈轴承，就是轴颈半径 r_j；h_c 是特征膜厚，对于滑块就是出口膜厚 h_e，对于轴颈轴承就是平均膜厚 h_{av}。由式(6.134)可见，Λ 和 Λ_F 都是量纲归一化的数。用 Λ 和 Λ_F 可以将轴承的主要性能参数表示成具有普适性的量纲归一化的参数。即量纲为 1 的压力 P 和比压 P_L，量纲为 1 的摩擦应力 T 和比摩擦力 T_F。

$$P = \frac{p - p_a}{p_a \Lambda}, \quad P_L = \frac{f_L}{p_a \Lambda bl}, \quad T = \frac{\tau}{p_a \Lambda_F}, \quad T_F = \frac{f_F}{p_a \Lambda_F bl} \tag{6.135}$$

式中，p_a 是轴承所处的环境压力，对于气体轴承 P 的分子取绝对压力 p 而不取相对压力 $p - p_a$；f_L 是轴承的承载力；bl 是垂直于力 f_L 的轴承投影面积，对于滑块是长度 l 和宽度 b 的乘积，对于轴颈轴承是 $2r_jb$；P_L 实际上是单位投影面积上的承载力，所以它有平均压力的意思；τ 是轴承表面上的摩擦应力；f_F 是 τ 沿轴承表面积分得到的摩擦力；所以 T_F 也有在投影面积上的平均摩擦应力的意思。

6.5.2 倾斜平板滑块内的压力量纲归一化方程

1. 进口粘附核区段中的压力

利用式(6.134)和式(6.135)将式(6.103)量纲归一化，则成为

$$P = \frac{4}{27}\frac{\eta_N(H)}{\eta_N(0)}\frac{1}{C_i - 1}\left[1 + \frac{2}{3}\frac{\eta_t(H)}{\eta_N(H)}\frac{|U|}{h_e}\frac{1}{C_0}\right]\frac{C_i - C}{C_0^2}, \quad 1.5C_0 \leqslant C \leqslant C_i \tag{6.136}$$

式中，$\eta_N(H)$表示外磁场强度为 H 下的 η_N 值；$\eta_N(0)$是无外磁场的 η_N 值；C 是相对膜厚，$C = h/h_e$。

2. 出口粘附核区段中的压力

将式(6.105)量纲归一化，则成为

$$P = \frac{1}{27}\frac{\eta_N(H)}{\eta_N(0)}\frac{1}{C_i - 1}\left\{\left[\frac{1}{1 - 0.5C_0} - \frac{1}{C - 0.5C_0}\right] + \frac{1}{6}\frac{\eta_t(H)}{\eta_N(H)}\frac{|U|}{h_e}\left[\frac{1}{(1 - 0.5C_0)^2} - \frac{1}{(C - 0.5C_0)^2}\right]\right\}, \quad 1 \leqslant C \leqslant 0.75C_0 \tag{6.137}$$

3. 中间无核区段中的压力

将式(6.111)量纲归一化则成为

$$P=\frac{\eta_{\mathrm{N}}(H)}{\eta_{\mathrm{N}}(0)}\frac{1}{C_{\mathrm{i}}-1}\left\{\left[\left(\frac{1}{C}-\frac{C_0}{2C^2}\right)+\frac{\eta_{\mathrm{t}}(H)}{\eta_{\mathrm{N}}(H)}\frac{|U|}{h_{\mathrm{e}}}\left(\frac{1}{2C^2}-\frac{C_0}{3C^3}\right)\right]-\right.$$

$$\left.\left[\frac{2}{3C_0}\left(1-\frac{2C_{\mathrm{i}}}{9C_0}\right)+\frac{\eta_{\mathrm{t}}(H)}{\eta_{\mathrm{N}}(H)}\frac{|U|}{h_{\mathrm{e}}}\frac{22}{81C_0^2}\left(1-\frac{4C_{\mathrm{i}}}{11C_0}\right)\right]\right\},\quad 0.75C_0\leqslant C\leqslant 1.5C_0 \tag{6.138}$$

式(6.136)～式(6.138)已经在等号右边增加了负号，这三个式子均是收敛楔的结果。

在图 6-7 中，绘出了进口和出口均存在粘附核的倾斜平板滑块在不同膜厚比 C_{i} 下的压力分布。已知条件是外磁场强度 $H=0.12\ \mathrm{MA/m}$，剪切率 $D=|U|/h_{\mathrm{e}}=20\times10^3\ \mathrm{s}^{-1}$。

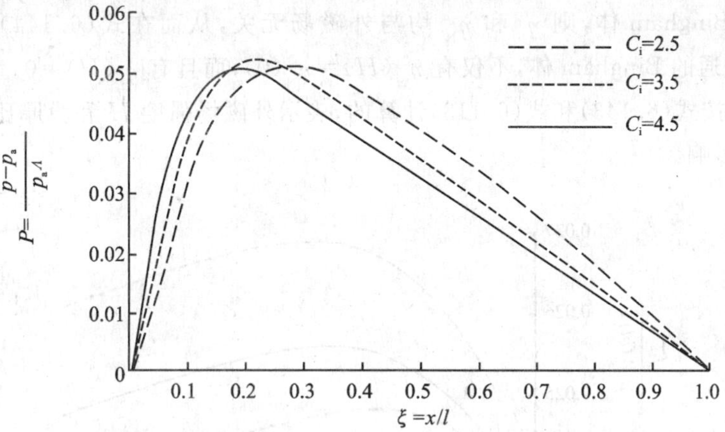

$H=0.12\ \mathrm{MA/m}, D=20\times10^3\ \mathrm{s}^{-1}$

图 6-7　铁磁流体润滑的倾斜平板滑块的压力分布(进出口均有粘附核)

6.5.3　进出口均有粘附核的倾斜平板滑块的承载能力

所谓承载能力就是铁磁流体作用于滑块上的压力之总和。当存在进出口粘附核时，滑块的承载能力应是三个区段压力积分之和。承载能力的积分式是

$$f_{\mathrm{L}}=b\int_{x_1}^{x_2}(p-p_{\mathrm{a}})\mathrm{d}x \tag{6.139}$$

利用式(6.101)将式(6.139)改写成

$$f_{\mathrm{L}}=\frac{bl}{h_{\mathrm{i}}-h_{\mathrm{e}}}\int_{h_1}^{h_2}(p-p_{\mathrm{a}})\mathrm{d}h \tag{6.140}$$

用式(6.96)和式(6.135)，可以将上式改写成量纲归一化的形式

$$P_{\mathrm{L}}=\frac{1}{C_{\mathrm{i}}-1}\int_{C_1}^{C_2}P\mathrm{d}C \tag{6.141}$$

整个滑块的量纲为 1 的比压是

$$P_{\mathrm{L}}=\frac{1}{C_{\mathrm{i}}-1}\left(\int_1^{0.75C_0}+\int_{0.75C_0}^{1.5C_0}+\int_{1.5C_0}^{C_{\mathrm{i}}}\right)P\mathrm{d}C \tag{6.142}$$

将式(6.136)～式(6.138)按区段分别代入上面的积分中，就得

$$P_L = \frac{\eta_N(H)}{\eta_N(0)} \frac{1}{(C_i-1)^2} \left\{ \frac{2}{27}\left(1.5-\frac{C_i}{C_0}\right)^2 - \frac{1}{27}\ln\frac{0.25C_0}{1-0.5C_0} + \ln 2 - \frac{5}{6} + \frac{C_i}{9C_0} + \frac{1}{54}\frac{\eta_t(H)}{\eta_N(H)}\frac{|U|}{h_e}\frac{1}{C_0}\left[\frac{8}{3}\left(1.5-\frac{C_i}{C_0}\right)^2 - \frac{2C_0-1.25C_0^2}{3(1-0.5C_0)^2} - \frac{11}{3} + 4C_i\right]\right\} \tag{6.143}$$

式中的 C_0 应当按式(6.113)计算。但作为近似计算,在工程适用的范围内,将式(6.115)代入式(6.143),于是便有一简单的形式为

$$P_L = \frac{1}{54}\frac{\eta_N(H)}{\eta_N(0)}\frac{1}{(C_i-1)^2}\left[C_i^2 - 2\ln C_i - 40 + 56\ln 2 + \frac{\eta_t(H)}{\eta_N(H)}\frac{|U|}{h_e}\frac{(C_i-1)(C_i+1)^2}{2C_i}\right] \tag{6.144}$$

若铁磁流体没有剪切稀化,而只是一种 Bingham 体,则在式(6.144)取 $\eta_t(H)=0$。对于普通的拟塑性 Bingham 体,则 η_t 和 η_N 均与外磁场无关,从而在式(6.144)中有 $\eta_N(H)=\eta_N(0)$。对于普通的 Bingham 体,不仅有 $\eta_N(H)=\eta_N(0)$,而且有 $\eta_t(H)=0$。

图 6-8 是按式(6.143)和式(6.113)计算的,表示外磁场强度 H 和膜厚比 C_i 对平板滑块的承载能力的影响。

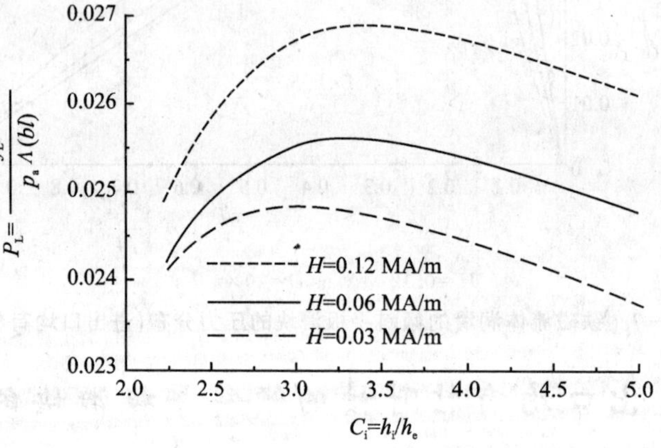

$D=20\times10^3\ \mathrm{s}^{-1}$,进出口均有粘附核

图 6-8 外磁场 H 和膜厚比 C_i 对倾斜平板滑块承载能力的影响

由图 6-8 可以看到,即使存在进出口粘附核和剪切稀化,仍然存在最佳膜厚比,它们对应最大承载能力。牛顿流体及 Bingham 体润滑的倾斜平板的最佳膜厚比值约为 2.2,铁磁流体润滑的平板滑块的最佳膜厚比可以大于 3,并且随外磁场强度增强而增大。引起最佳膜厚比的值随外磁场增强而增大的原因是铁磁流体的剪切稀化效应随外磁场增强而更显著。

将式(6.143)写成

$$P_L = P_w + P_t \tag{6.145}$$

式中,P_w 表示楔形效应所产生的承载能力的主要部分;P_t 表示铁磁流体润滑剂的剪切稀化而引起的承载能力的主要部分,它就是式(6.143)等号右边具有乘积因子 $\eta_t(H)/\eta_N(H)$ 的所有项之集合。但 $\eta_t(H)$ 恒是负值,所以 P_t 实际上代表剪切稀化导致滑块承载能力的损失。用下面的比值表示这种损失的相对大小。

$$\frac{|P_t|}{P_w}=\frac{|\eta_t(H)|}{\eta_N(H)}\frac{|U|}{h_e}\frac{1}{C_0}\frac{\frac{8}{3}\left(1.5-\frac{C_i}{C_0}\right)^2-\frac{2C_0-1.25C_0^2}{3(1-0.5C_0)^2}-\frac{11}{3}+4C_i}{4\left(1.5-\frac{C_i}{C_0}\right)^2-2\ln\left(\frac{0.25C_0}{1-0.5C_0}\right)+54\ln 2-45+\frac{6C_i}{C_0}} \tag{6.146}$$

在图 6-9 中，清楚地表明，铁磁流体剪切稀化引起承载能力的相对损失随外磁场强度 H 增大而增大，随膜厚比 C_i 增大而减小。

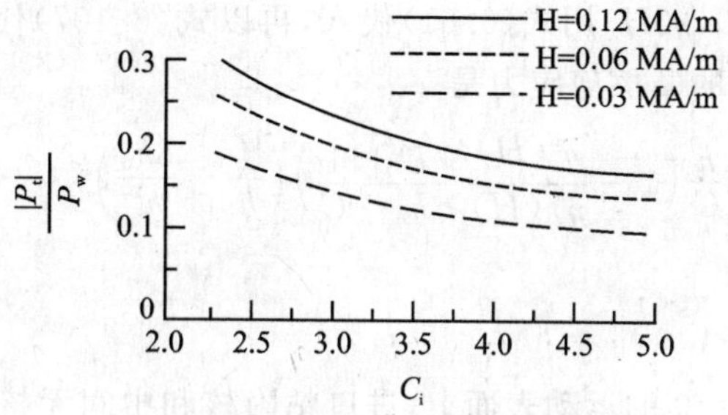

图 6-9　铁磁流体剪切稀化造成的承载能力的损失

由式(6.113)知铁磁流体润滑的倾斜平板之 C_0 值是受到剪切稀化影响的。但通常这种影响并不显著，所以可在式(6.146)中略去 C_0 与剪切稀化的关系，则比值 $|P_t|/P_w$ 与剪切率 D（即是 $|U|/h_e$）成正比关系，在图 6-10 中，表示了这样的近似关系。

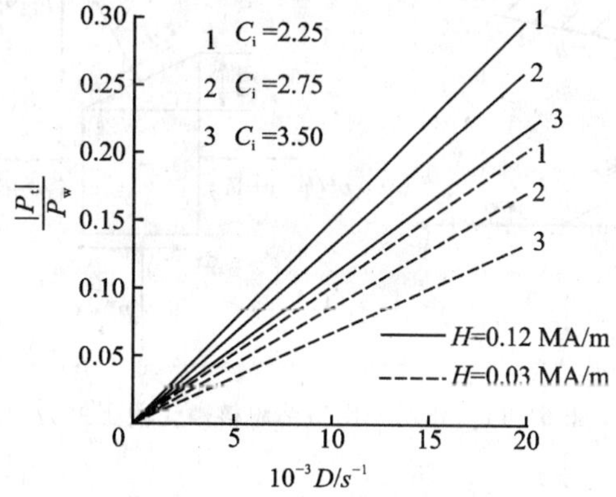

图 6-10　承载能力的损失与剪切率的关系

6.5.4　进出口均有粘附核的倾斜平板滑块的摩擦应力

1. 运动表面上的摩擦应力

只有运动表面上的摩擦力才造成能量的消耗和轴承的发热。在静止表面上虽然也有摩擦，但它的速度是零，所以并不消耗轴承的驱动功。

(1) 进口粘附核区段

倾斜平板滑块运动表面的方程是 $y=0$。由式(6.70)取 $y=0$，$u_c=0$，就得表面摩擦应力 τ_w

$$\tau_w = \pm \tau_s - \frac{h_1}{2}\frac{\partial p^*}{\partial x} - \eta_a(H)\frac{U}{h_1}, \qquad h_1 \leqslant h \leqslant h_i \tag{6.147}$$

将式(6.81)代入上式，消去$\partial p^*/\partial x$，用式(6.57)给出的 $\eta_a(H)$，以及式(6.80)给出的 $h_1=1.5h_0$，最后得进口粘附核区段运动表面上的摩擦剪应力是

$$\tau_w = \pm \tau_s - \frac{4}{3}\frac{\eta_N(H)U}{h_e}\frac{1}{C_0}\left(1+\frac{2}{3}\frac{\eta_t(H)}{\eta_N(H)}\frac{|U|}{h_e}\frac{1}{C_0}\right), \qquad 1.5h_0 \leqslant h \leqslant h_i \tag{6.148}$$

(2) 中间无核区段

在式(6.72)中取 $y=0$，$\eta(H)$用式(6.61)代入，再以式(6.107)代入，消去$\partial p^*/\partial x$，就得到中间无核区段运动表面上的摩擦剪应力是

$$\tau_w = \pm \tau_s - \frac{\eta_N(H)U}{h_e}\frac{h}{C}\left(1+\frac{\eta_t(H)}{\eta_N(H)}\frac{|U|}{h_e}\frac{1}{C}\right)\left(\frac{4}{h}-\frac{3h_0}{h^2}\right), \qquad 0.75h_0 \leqslant h \leqslant 1.5h_0 \tag{6.149}$$

(3) 出口粘附核区段

在倾斜平板滑块的 $y=0$ 的运动表面上，进口粘附核和中间无核区段，都是液态的铁磁流体润滑剂直接与运动平面接触，从而可以由式(6.70)和式(6.72)得到摩擦剪应力。但在出口粘附核区段与运动表面相接触的是“固态”的粘附核，式(6.71)是否可用，需待证实。为此在出口粘附核中取出一个微元段 dx，其上边界为 h_2，下边界为 y，如图 6－11 所示。

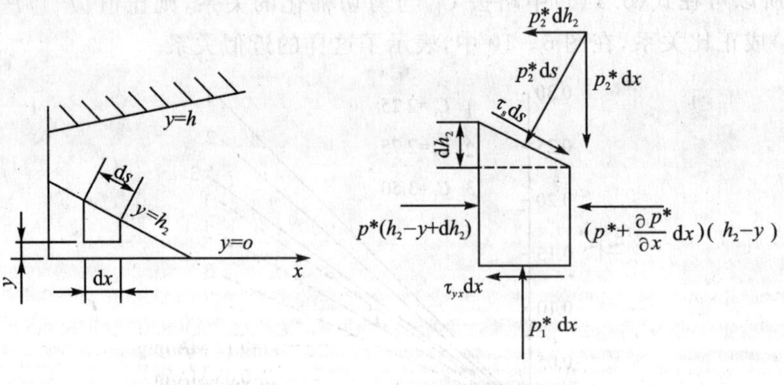

图 6－11　作用于出口粘附核微元段上的力

x 方向的平衡方程是

$$\tau_s dx + p^*(h_2 - y + dh_2) = \tau_{yx} + \left(p^* + \frac{\partial p^*}{\partial x}dx\right)(h_2 - y) + p_2^* dh_2$$

y 方向的平衡方程是

$$p_2^* dx + \tau_s dh_2 = p_1^* dx$$

在上面两上方程中，p^* 是 p_1^* 和 p_2^* 的平均值；$p_2^* dh_2$ 和 $p_2^* dx$ 分别是力 $p_2^* ds$ 在 x 方向和 y 方向的分力；$\tau_s dx$ 和 $\tau_s dh_2$ 分别是力 $\tau_s ds$ 在 x 方向和 y 方向的分力。由于 $h_2=1.5h_0-2h$，故 $dh_2=-2dh$，在滑块中 dh 比 dx 要小 2～3 个数量级，于是在 y 方向的平衡方程中 $\tau_s dh_2$ 和别的项相比是高阶小量，于是有

$$p_1^* = p_2^* = p^*$$

从而，x 方向的平衡方程遂成为

$$\tau_{yx}=\pm\tau_s-(h_2-y)\frac{\partial p^*}{\partial x} \tag{6.150}$$

若用式(6.71)取 $u_c=U$，并且将式(6.88)代入，消去 $\eta_b(H)U$，就有

$$\tau_{yx}=\pm\tau_s+\left(y-\frac{h+h_2}{2}\right)\frac{\partial p^*}{\partial x}-\frac{h-h_2}{2}\frac{\partial p^*}{\partial x}$$

显然，上式就是式(6.150)。同样可以证明，用进口粘附核微元段之平衡方程所得的 τ_{yx}，与由式(6.70)取 $u_c=0$ 所得的 τ_{yx}，两者的方程是相同的。这说明虽然"固态"核内的速度与液态润滑剂不同，它是均匀的等速运动。但是"固态"核内的应力分布却和液态的润滑剂有相同的规律，可以用统一的方程来描述。在式(6.150)中取 $y=0$，则得

$$\tau_w=\pm\tau_s-h_2\frac{\partial p^*}{\partial x} \tag{6.151}$$

用式(6.88)消去上式右边的 $\partial p^*/\partial x$，就有

$$\tau_w=\pm\tau_s+2\eta_b(H)U\frac{h_2}{(h-h_2)^2} \tag{6.152}$$

式中，$h_2=1.5h_0-2h=0.5h_0-2(h-0.5h_0)$；$h-h_2=h-(1.5h_0-2h)=3(h-0.5h_0)$。此外，$\eta_b(H)$ 用式(6.59)代入之，于是最后得

$$\tau_w=\pm\tau_s-\frac{1}{9}\eta_N(H)U\left\{\left[\frac{4}{h-0.5h_0}-\frac{h_0}{(h-0.5h_0)^2}\right]-\frac{1}{3}\frac{\eta_t(H)}{\eta_N(H)}\frac{|U|}{h_e}\left[\frac{4h_e}{(h-0.5h_0)^2}-\frac{h_0h_e}{(h-0.5h_0)^3}\right]\right\},\quad h_e\leqslant h\leqslant 0.75h_0 \tag{6.153}$$

2. 运动表面上的摩擦剪应力的量纲归一化

将式(6.134)和式(6.135)合并，则量纲为 1 的摩擦剪应力表示为

$$T=\frac{\tau}{\left(\dfrac{6\eta_N(0)U}{h_c}\right)} \tag{6.154}$$

对于倾斜平板滑块，特征膜厚 h_c 取为 h_e。于是由式(6.148)、式(6.149)、式(6.153)得出量纲为 1 的摩擦剪应力是

(1) 进口粘附核区段

$$T_w=\pm T_s-\frac{2}{9}\frac{\eta_N(H)}{\eta_N(0)}\frac{1}{C_0}\left(1+\frac{2}{3}\frac{\eta_t(H)}{\eta_N(H)}\frac{|U|}{h_e}\frac{1}{C_0}\right),\quad 1.5C_0\leqslant C\leqslant C_i \tag{6.155}$$

(2) 中间无核区段

$$T_w=\pm T_s-\frac{1}{6}\frac{\eta_N(H)}{\eta_N(0)}\left(1+\frac{\eta_t(H)}{\eta_N(H)}\frac{|U|}{h_e}\frac{1}{C}\right)\left(\frac{4}{C}-\frac{3C_0}{C^2}\right),\quad 0.75C_0\leqslant C\leqslant 1.5C_0 \tag{6.156}$$

(3) 出口粘附核区段

$$T_w-\pm T_s-\frac{1}{54}\frac{\eta_N(H)}{\eta_N(0)}\left\{\left[\frac{4}{C-0.5C_0}-\frac{C_0}{(C-0.5C_0)^2}\right]-\frac{1}{3}\frac{\eta_t(H)}{\eta_N(H)}\frac{|U|}{h_e}\left[\frac{4}{(C-0.5C_0)^2}-\frac{C_0}{(C-0.5C_0)^3}\right]\right\},\quad 1\leqslant C\leqslant 0.75C_0 \tag{6.157}$$

6.5.5 具有进口和出口粘附核的倾斜平板滑块的摩擦力和摩擦系数

1. 摩擦力的积分关系

$$f_F = b\int_{x_1}^{x_2} \tau_w \mathrm{d}x = \frac{bl}{h_i - h_e}\int_{h_1}^{h_2} \tau_w \mathrm{d}h = \frac{6\eta_N(0)Ubl}{h_e}\frac{1}{C_i - 1}\int_{C_1}^{C_2} T_w \mathrm{d}C$$

由式(6.134)和式(6.135)得到量纲为1的比摩擦力积分为

$$T_F = \frac{1}{C_i - 1}\int_{C_1}^{C_2} T_w \mathrm{d}C \tag{6.158}$$

(1) 进口粘附核区段

将式(6.155)代入式(6.158)积分中，积分限 $C_1 = 1.5C_0$，$C_2 = C_i$，积分结果是

$$T_F = \frac{1}{C_i - 1}\left[\pm(C_i - 1.5C_0)T_s - \frac{2}{9}\frac{\eta_N(H)}{\eta_N(0)}\left(1 + \frac{2}{3}\frac{\eta_t(H)}{\eta_N(H)}\frac{|U|}{h_e}\frac{1}{C_0}\right)\left(\frac{C_i}{C_0} - 1.5\right)\right] \tag{6.159}$$

(2) 中间无核区段

将式(6.156)代入式(6.158)积分中，积分限 $C_1 = 0.75C_0$，$C_2 = 1.5C_0$，积分结果是

$$T_F = \frac{1}{C_i - 1}\left[\pm(1.5C_0 - 0.75C_0)T_s - \frac{1}{6}\frac{\eta_N(H)}{\eta_N(0)}\left(4\ln 2 - 2 + \frac{6}{9}\frac{\eta_t(H)}{\eta_N(H)}\frac{|U|}{h_e}\frac{1}{C_0}\right)\right] \tag{6.160}$$

(3) 出口粘附核区段

$$T_F = \frac{1}{C_i - 1}\left\{\pm(0.75C_0 - 1)T_s - \frac{1}{54}\frac{\eta_N(H)}{\eta_N(0)}\left[4\ln\frac{0.25C_0}{1 - 0.5C_0} + 4 - \frac{C_0}{1 - 0.5C_0} + \frac{\eta_t(H)}{\eta_N(H)}\frac{|U|}{h_e}\left(-\frac{8}{3C_0} + \frac{3}{4}\frac{1}{1 - 0.5C_0} - \frac{C_0}{6(1 - 0.5C_0)^2}\right)\right]\right\} \tag{6.161}$$

2. 整个倾斜平板滑块运动表面上量纲为1的比摩擦力

将式(6.159)～式(6.167)加在一起就得整个滑块运动表面上的摩擦力

$$T_F = \pm T_s + \frac{1}{54}\frac{\eta_N(H)}{\eta_N(0)}\frac{1}{C_i - 1}\left[\frac{12C_i}{C_0} - 32 + 36\ln 2 + 4\ln\frac{0.25C_0}{1 - 0.5C_0} - \frac{C_0}{1 - 0.5C_0} + \frac{\eta_t(H)}{\eta_N(H)}\frac{|U|}{h_e}\left(\frac{8C_i}{C_0^2} - \frac{26}{3C_0} + \frac{4}{3(1 - 0.5C_0)} - \frac{C_0}{6(1 - 0.5C_0)^2}\right)\right] \tag{6.162}$$

上式中右边中括号之前改成正号是因为将作用于润滑膜上的摩擦力改为作用于滑块运动表面上的摩擦力。$\pm T_s$ 的取值应与后面中括号的实际计算出的值的正负号一致。

若铁磁流体没有剪切稀化，而只是一种单纯的 Bingham 体，则取 $\eta_t(H) = 0$，$C_0 = 2C_i/(1 + C_i)$，于是式(6.162)成为

$$T_F = \pm T_s + \frac{1}{27}\frac{\eta_N(H)}{\eta_N(0)}\frac{1}{C_i - 1}(2C_i - 13 + 16\ln 2 + 2\ln C_i) \tag{6.163}$$

对于普通脂润滑的 Bingham 体，在式(6.163)中取 $\eta_N(H)/\eta_N(0) = 1$。

倾斜平板滑块量纲为1的比摩擦力 T_F 与膜厚比 C_i 的关系，如图 6-12 所示。

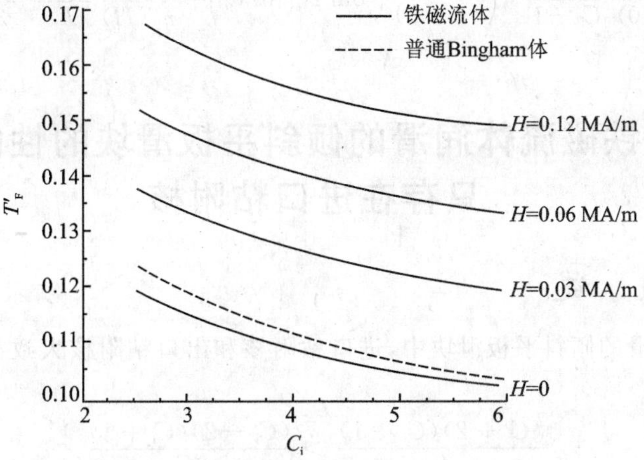

$D=1.5\times10^4\ s^{-1}$，进出口均有粘附核

图 6－12　倾斜平板滑块量纲为 1 的比摩擦力 T_F 与膜厚比 C_i 的关系(按式(6.165))

3. 具有进出口粘附核的倾斜平板滑块的摩擦系数 C_f

摩擦系数 C_f 的定义是产生 1 N 的承载能力需要克服的摩擦力大小，它表示轴承的效率，是寻求最佳设计和最佳工况的重要指标之一。T_s 与此无关，它完全是润滑剂的特性。所以在定义摩擦系数时，扣除掉 T_s，而使用 f'_F 和 T'_F，即

$$C_f=\frac{f'_F}{f_L}=\frac{T'_F}{P_L}\left(\frac{h_e}{l}\right),\qquad T'_F=T_F\mp T_s \tag{6.164}$$

倾斜平板滑块的摩擦系数与膜厚的关系如图 6－13 所示。

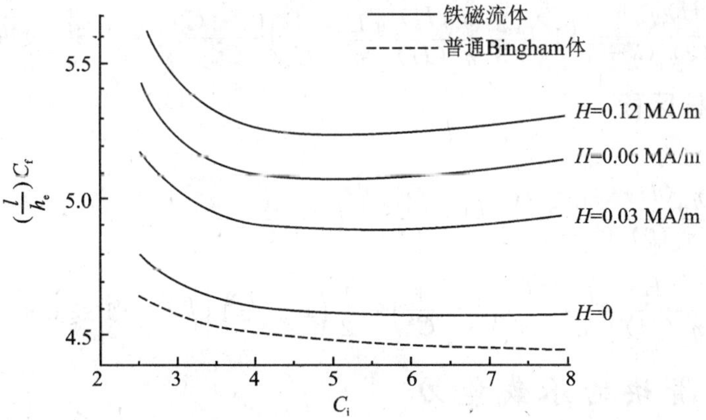

$D=1.5\times10^4\ s^{-1}$，进出口均有粘附核

图 6－13　倾斜平板滑块的摩擦系数与膜厚比的关系(按式(6.165)和式(6.144))

在式(6.162)中的 C_0 应按式(6.113)计算。但是在外磁场强度和剪切率不是特别高的场合下，采用式(6.115)近似计算 C_0 的式子代入到式(6.162)中，就得到工程适用的便捷形式：

$$T_F=\pm T_s+\frac{1}{54}\frac{\eta_N(H)}{\eta_N(0)}\frac{1}{C_i-1}\left[4\left(C_i-\frac{13}{2}+8\ln 2+\ln C_i\right)+\frac{\eta_t(H)}{\eta_N(H)}\frac{|U|}{h_e}\frac{1+C_i}{3C_i}(10C_i-7-C_i^2)\right] \tag{6.165}$$

6.6 铁磁流体润滑的倾斜平板滑块的性能——只存在进口粘附核

6.6.1 概 述

在铁磁流体润滑的倾斜平板滑块中，进口粘附核和出口粘附核大致都在膜厚比 $C_i\geqslant 2$ 时出现，所以必定存在

$$\frac{(C_i-2)(C_i+1)}{9}>\frac{(C_i-2)(C_i+1)}{9C_i}$$

由式(6.132)和式(6.133)可知，上面不等式左边是出口粘附核保持存在的 $\tau_s/(\eta_b U/h_e)$ 之临界值，而右边是进口粘附核保持存在的 $\tau_s/(\eta_a U/h_e)$ 的临界值，不等式表明出口粘附核需要更大的屈服应力 τ_s 或更低的剪切率 $D=U/h_e$ 下才能保持存在。所以，在铁磁流体倾斜平板润滑膜中可能存在进出口粘附核，也可能单独存在进口粘附核。但不可能单独存在出口粘附核的情况。这一点在图 6-6 上可以清楚地看到。

单独存在进口粘附核时，铁磁流体润滑膜中只分成两个区段：进口粘附核区段 $1.5h_0\leqslant h\leqslant h_i$ 和无核区段 $h_e\leqslant h\leqslant 1.5h_0$，而 h_0 位于无核区段之内。

6.6.2 压力分布函数

1. 进口粘附核区段

压力分布函数为

$$P=\frac{4}{27}\frac{\eta_N(H)}{\eta_N(0)}\frac{1}{C_i-1}\left(1+\frac{2}{3}\frac{\eta_t(H)}{\eta_N(H)}\frac{|U|}{h_e}\frac{1}{C_0}\right)\frac{C_i-C}{C_0^2},\qquad 1.5C_0\leqslant C\leqslant C_i \tag{6.166}$$

2. 无粘附核区段

压力分布函数为

$$P=\frac{\eta_N(H)}{\eta_N(0)}\frac{1}{C_i-1}\left\{\frac{C_0}{2}\left(1-\frac{1}{C^2}\right)-\left(1-\frac{1}{C}\right)+\frac{\eta_t(H)}{\eta_N(H)}\frac{|U|}{h_e}\left[\frac{C_0}{3}\left(1-\frac{1}{C^3}\right)-\frac{1}{2}\left(1-\frac{1}{C^2}\right)\right]\right\},\qquad 1\leqslant C\leqslant 1.5C_0 \tag{6.167}$$

6.6.3 滑块的承载能力

滑块的承载能力为

$$P_L=\frac{\eta_N(H)}{\eta_N(0)}\frac{1}{(C_i-1)^2}\left\{\frac{1}{6}\left(1-\frac{2C_i}{3C_0}\right)^2+\frac{1}{3}\left(\frac{3C_0}{2}-1\right)^2+\left(\frac{3C_0}{2}-1\right)+\ln\frac{3C_0}{2}+\frac{\eta_t(H)}{\eta_N(H)}\frac{|U|}{h_e}\left[\frac{2}{3C_0}\left(1-\frac{2C_i}{3C_0}\right)^2+\frac{1}{3}\left(\frac{3C_0^2}{2}-\frac{3C_0}{2}+\frac{2}{9C_0}\right)-\frac{1}{3C_0}\left(\frac{3C_0}{2}-1\right)^2\right]\right\} \tag{6.168}$$

在图 6－14 中，比较了进出口均有粘附核、仅进口有粘附核和无粘附核三种情况下的承载能力。只有在大膜厚比 C_i 下，粘附核才对承载能力有正面的影响。

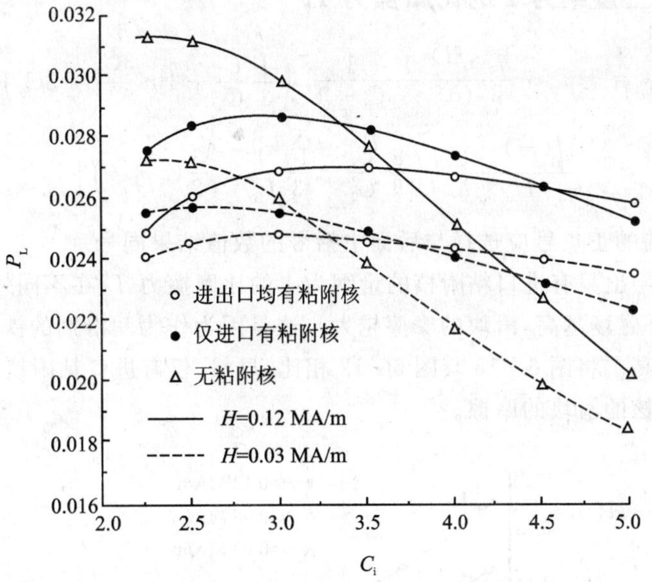

图 6－14　粘附核对倾斜平板滑块承载能力的影响，$D=20\times10^3\ s^{-1}$

为解释图 6－14 中三种情况下承载力的差异，将三种情况下剪切稀化的相对作用在图 6－15 中绘出。

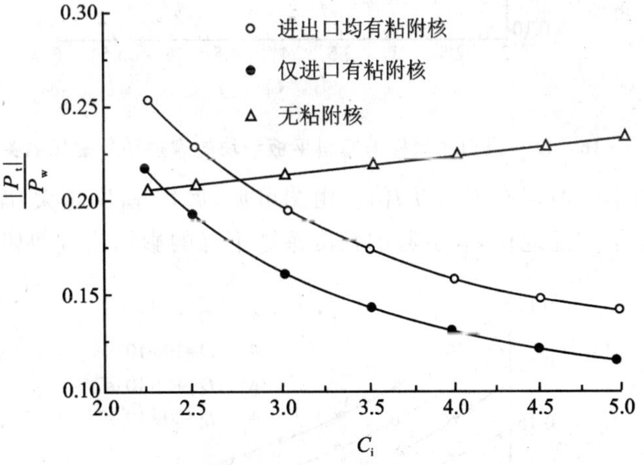

$H=0.06\ MA/m, D=20\times10^3\ s^{-1}$

图 6－15　三种情况下剪切稀化效应与楔形效应相对关系

在倾斜平板滑块中，楔形效应是产生承载能力的主要正面因素，而剪切稀化效应是削弱承载能力的负面因素。由图 6－15 可以看到，随着膜厚比的增大，剪切稀化的相对影响，在无核状况下不断地增大，而在有粘附核的状况下，却不断地减小，以致在大膜厚比时，存在粘附核的承载能力比无粘附核大。

6.6.4 仅有进口粘附核的倾斜平板滑块的摩擦力和摩擦系数

1. 整个滑块上量纲为 1 的比摩擦力 T_F

$$T_F = \pm T_s + \frac{\eta_N(H)}{\eta_N(0)} \frac{1}{6} \frac{1}{C_i - 1}\left[\left(\frac{4}{3}\frac{C_i}{C_0} + 4\ln\frac{3C_0}{2} - 3C_0\right) + \frac{\eta_t(H)}{\eta_N(H)} \frac{|U|}{h_e}\left(\frac{8}{9}\frac{C_i}{C_0^2} - \frac{10}{3}\frac{1}{C_0} - \frac{3}{2}C_0 + 4\right)\right] \quad (6.169)$$

上式右方 T_s 前的正负号应选择与后面中括号的数值结果同号。

在图 6-16 中绘出只有进口粘附核的量纲为 1 的比摩擦力 T'_F 在不同外磁场强度 H 下的曲线。由图可见，外磁场越高，滑块的摩擦越大。这是因为作为润滑剂的铁磁流体的粘度随外磁场强度升高而升高。将图 6-16 与图 6-12 相比，显然，仅有进口粘附核的滑块的摩擦低于同时具有出口粘附核的滑块的摩擦。

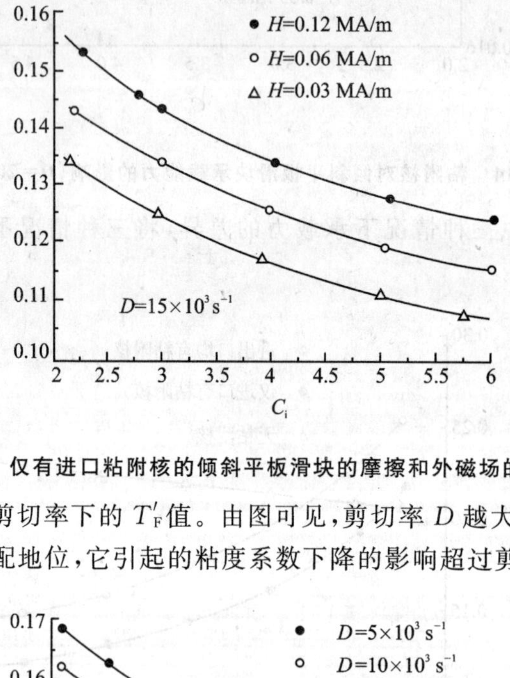

图 6-16 仅有进口粘附核的倾斜平板滑块的摩擦和外磁场的关系

图 6-17 所示为不同剪切率下的 T'_F 值。由图可见，剪切率 D 越大，摩擦力越小。这是由于剪切稀化效应占据了支配地位，它引起的粘度系数下降的影响超过剪切率的影响。

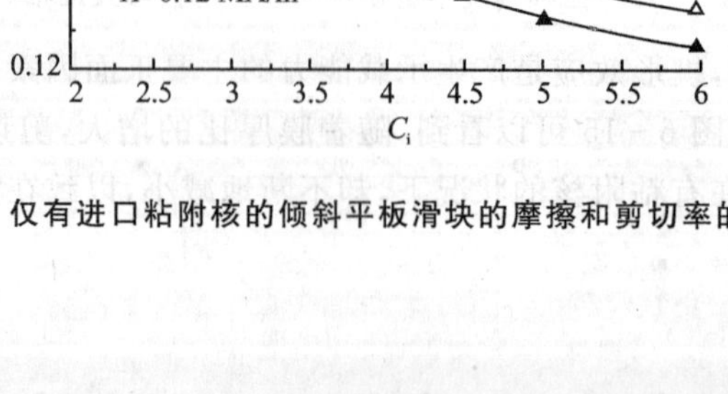

图 6-17 仅有进口粘附核的倾斜平板滑块的摩擦和剪切率的关系

2. 仅有进口粘附核的平板滑块的摩擦系数

图 6-18 所示为三种情况下摩擦系数的比较。这三种情况是：仅有进口粘附核、进出口均有粘附核和无粘附核。摩擦系数是标志轴承运转质量和效率的重要参数。在膜厚比 C_i 较小时，无粘附核的滑块的摩擦系数最低，而进出口均有粘附核的滑块的摩擦系数最高。但在大膜厚比下，无粘附核的摩擦系数急剧上升而超过有粘附核的摩擦系数。这是因为大膜厚比时，滑块的承载能力迅速下降的结果，而粘附核的存在缓和了膜厚比增大的作用。此外，摩擦系数与膜厚比的关系不是单调的而是上凹的曲线，其极小值当然可认为是最佳工况。粘附核的存在使最佳膜厚比推迟出现。

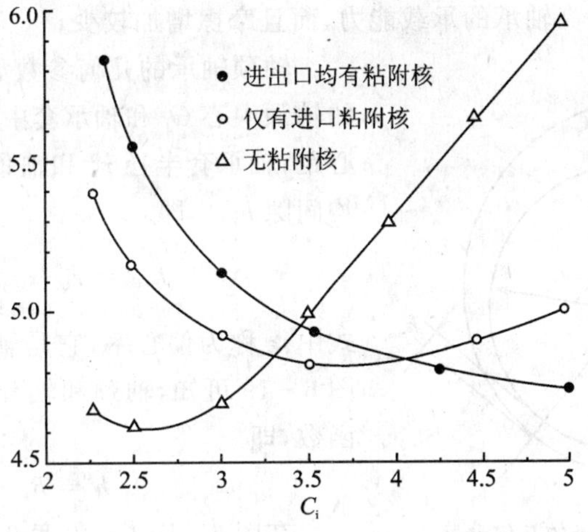

$H=0.12\ \mathrm{MA/m}, D=20\times10^3\ \mathrm{s^{-1}}$

图 6-18　三种情况下倾斜平板滑块的摩擦系数

6.6.5　C_0 值的确定

从数学上来看，C_0 实质上是压力微分方程中的一个积分常数。利用式(6.166)和式(6.167)代入到进口粘附核区段和无粘附核区段相接的分界面上的压力衔接条件式中，就能得到：

$$C_i = 1.5C_0 + \frac{\frac{C_0}{2}\left(C_0 - \frac{2}{3}\right)\left(C_0 - \frac{4}{3}\right) + \frac{\eta_t(H)}{\eta_N(H)}\frac{|U|}{h_e}\left(\frac{C_0^3}{3} - \frac{C_0^2}{2} + \frac{10}{81}\right)}{\frac{4}{27}\left[1 + \frac{2}{3}\frac{\eta_t(H)}{\eta_N(H)}\frac{|U|}{h_e}\frac{1}{C_0}\right]} \tag{6.170}$$

6.7　铁磁流体拟塑性 Bingham 体润滑的轴颈轴承

6.7.1　概　述

轴颈轴承最简单和最基本的情况是全周轴颈轴承。这种轴承当轴颈和轴承套之间存在不同心时，轴承内就产生不对称的压力分布，以平衡轴颈或轴承受到的外部载荷。不对称的压力分布的形成，对于普通流体润滑剂来说，只是楔形效应的结果。对于铁磁流体润滑剂而言，还可以附加上外部磁场的作用。外部磁场的作用本质上有两个方面：其一是利用磁场影响铁磁流体润滑剂的流动；其二是利用外磁场改变铁磁流体的粘度。实行起来，原则上有三种选择：① 施加非均匀的外磁场；② 施加均匀的磁场；③ 在轴承的局部部位施加外磁场。第一种办法是利用非均匀外磁场的梯度产生制约铁磁流体润滑剂的作用力，同时磁场也增大了铁磁流体的粘度，而这两者都有助于提高轴承的承载能力。但磁场梯度产生的力相对于轴承内的流体动力是非常小的，只有在极轻载的工况下才有明显的作用。第二种办法是对整个轴承施加均匀的外磁场，唯一的效应是提高铁磁流体润滑剂的粘度，固然可以提高轴承的承载能力，但副作用是增大了摩擦，功耗升高而发热加重。第三种办法就是在轴颈轴承的收敛楔区间施加外磁场，这种办法既能提高轴承的承载能力，而且摩擦增加较少。

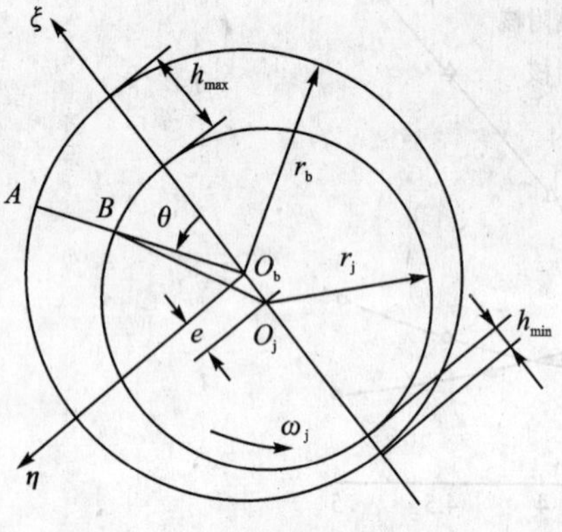

图 6-19　轴颈轴承的几何参数

轴颈轴承的几何参数如图 6-19 所示。轴颈轴承的轴颈中心 O_j 和轴承套中心 O_b 之间的距离 e 称为偏心距；轴承套半径 r_b 和轴颈半径 r_j 的差称为轴承的平均间隙 h_{av}。即

$$h_{av} = r_b - r_j, \qquad \varepsilon = \frac{e}{h_{av}} \tag{6.171}$$

式中，ε 称为偏心率，它是轴颈轴承最重要的参数。由图 6-19 可知，轴颈和轴套之间的间隙 h 是角度 θ 的函数，即

$$h = h_{av} + e\cos\theta \tag{6.172}$$

在图 6-19 中，角度 θ 处的间隙就是线段 AB，即 $h = AB = r_b - BO_b$，在三角形 $\triangle BO_bO_j$ 中使用余弦定理，并且注意到 $e \leqslant h_{av}$，$h_{av} \ll r_j$，就得到式(6.172)。将式(6.171)中的 ε 代入式(6.172)就得到常用的轴颈轴承的间隙函数式

$$h = h_{av}(1 + \varepsilon\cos\theta) \tag{6.173}$$

和

$$C = \frac{h}{h_{av}} = 1 + \varepsilon\cos\theta \tag{6.174}$$

在稳态(或称静态)工况下，图 6-19 所示的坐标系 $\xi O_b \eta$ 是最常用和最为方便的坐标系，此时它在空间中是一静止的参照系。纵坐标轴 ξ 是 O_j 和 O_b 的连线，其正方向由 O_j 指向 O_b，角度 θ 由 ξ 轴量起，并且和轴颈转速 ω_j 方向一致。由图 6-19 可以明显地看到，在 $0 \leqslant \theta \leqslant \pi$ 之间是轴承的收敛楔区域，轴承的高压就产生于此；在 $\pi \leqslant \theta \leqslant 2\pi$ 的区域是轴承的扩张楔部位，对于铁磁流体这种不可压缩的润滑剂，在扩张楔内必然出现润滑剂破裂成条状的流动，而压力保持为环境压力。轴承内收敛楔的高压力和扩张楔内的低压力就是轴承承载能力的来源。

在轴承间隙中，作为润滑剂的铁磁流体的流动包括由轴颈旋转驱动的剪切流和由压力梯度驱动的压力流。剪切流的速度是线性分布，压力流的速度则是抛物线分布。这两种流动的合成在轴承间隙内产生剪切应力很低的局部区域，其中剪切应力可能低于铁磁流体的屈服应力 τ_s，从而粘附核随之发生。在这个方面轴颈轴承和倾斜平板滑块是相同的。

6.7.2　轴颈轴承中的粘附核

1. 基本关系式

在本章第 6.2 节和第 6.3 节中给出的所有关系式是普适的。它们的导出过程完全没有提到对润滑膜形或轴承间隙具体的几何形状，唯一的要求是轴承间隙在几何上是连续的、可微的。对于不是连续可微的情况，则将其分段，每一段都是连续可微的，而后用分界面上的衔接条件，就可以得到轴承间隙的整体的解。所以对于轴颈轴承的分析，将直接引用 6.2 节和 6.3 节中的有关的关系式。

2. 轴颈轴承润滑膜中粘附核的边界方程

(1) 进口粘附核

进口粘附核的边界方程是式(6.80)，即 $h_1 = 1.5h_0$ 或 $C_1 = 1.5C_0$，利用式(6.174)，就有

$$C_1 = 1.5(1 + \varepsilon\cos\theta_0) \tag{6.175}$$

对于进口粘附核的起始点位置取 $\theta = 0$，而其终结点位置就是轴承间隙的高度等于 $1.5h_0$ 的地方，即

$$1 + \varepsilon\cos\theta_i = 1.5(1 + \varepsilon\cos\theta_0) = 1.5C_0$$

于是

$$\theta_i = \arccos\frac{1.5C_0 - 1}{\varepsilon} \qquad \text{或} \qquad \theta_i = \arccos\left(\frac{0.5}{\varepsilon} + \cos\theta_0\right) \tag{6.176}$$

从而进口粘附核所占的区间是

$$0 \leqslant \theta \leqslant \arccos\frac{1.5C_0 - 1}{\varepsilon} \tag{6.177}$$

(2) 出口粘附核

出口粘附核的边界方程是式(6.84)，即 $h_2 = 1.5h_0 - 2h$，利用式(6.174)就有

$$C_2 = 2\varepsilon(0.75\cos\theta_0 - \cos\theta) - 0.5 \tag{6.178}$$

出口粘附核上的流通面积是式(6.86)，即

$$C - C_2 = 3(1 + \varepsilon\cos\theta) - 1.5(1 + \varepsilon\cos\theta_0) \tag{6.179}$$

出口粘附核的起始点是 $C_2 = 0$ 的地方，即 $1.5C_0 - 2C = 0$，由此得出口粘附核的始点

$$\theta_e = \arccos\frac{0.75C_0 - 1}{\varepsilon} \tag{6.180}$$

从而出口粘附核所占的区间是

$$\arccos\frac{0.75C_0 - 1}{\varepsilon} \leqslant \theta \leqslant \pi \tag{6.181}$$

式中，π 是轴颈轴承收敛楔的出口。

(3) 无核区

无核区的间隙函数就是式(6.174)，即

$$C = 1 + \varepsilon\cos\theta$$

它所占有的区间就是

$$\arccos\frac{1.5C_0 - 1}{\varepsilon} \leqslant \theta \leqslant \arccos\frac{0.75C_0 - 1}{\varepsilon} \tag{6.182}$$

3. 轴颈轴承内粘附核出现的临界条件

(1) 进口粘附核出现的临界条件

进口粘附核出现的条件是核的下边界 h_1 小于进口间隙的高度 h_i，即式(6.89)。轴颈轴承中的收敛段进口是 $\theta=0$ 的位置，所以由式(6.89)和式(6.175)，并且同时在式(6.173)中取 $\theta=0$，就得到以偏心率 ε 表示的进口粘附核出现的条件是

$$\varepsilon \geqslant 1.5C_0 - 1 \tag{6.183}$$

由流体润滑学知道，对于普通润滑剂润滑的全周轴颈轴承，其 C_0 的计算式是

$$C_0 = \frac{2(1-\varepsilon^2)}{2+\varepsilon^2} \tag{6.184}$$

作为初步近似，用式(6.184)代入式(6.183)，并且取等号以得到临界条件。结果得方程

$$\varepsilon^2 + 3\varepsilon - 1 = 0, \quad \varepsilon = \frac{-3+\sqrt{13}}{2} \approx 0.3 \tag{6.185}$$

式(6.185)说明，大约在偏心率为 0.3 时，轴颈轴承内才开始出现进口粘附核。

(2) 出口粘附核出现的临界条件

出口粘附核出现的条件是核的上边界 h_2 在收敛楔出口截面 $h_e(\theta=\pi)$ 上大于零，即式(6.91)所表示的条件。用式(6.84)代入式(6.91)，就有

$$1.5h_0 - 2h_e \geqslant 0 \quad \text{或} \quad 1.5C_0 \geqslant 2C_e \tag{6.186}$$

使用式(6.184)以及在式(6.174)中取 $\theta=\pi$ 代入上面的不等式之两边，就得到轴颈轴承出口粘附核出现的条件是

$$-2\varepsilon^2 + 3\varepsilon - 1 \geqslant 0 \quad \text{或} \quad (2\varepsilon - 1)(-\varepsilon + 1) \geqslant 0$$

取等号即临界条件，弃去第二个括号内不合物理意义的根，即得轴颈轴承的出口粘附核出现的临界条件是

$$\varepsilon = 0.5 \tag{6.187}$$

图 6-20 所示为全周轴颈轴承粘附核的几何示意图。

对于倾斜平板滑块，它的进口粘附核和出口粘附核大致都在膜厚比为 2 时出现。全周轴颈轴承则不同，当偏心率为 0.3 时，就出现进口粘附核，而出口粘附核则要等到偏心率为 0.5 时才出现。值得注意的是，偏心率为 0.3 是普通润滑剂的轴颈轴承出现进口反向流动的临界值[21]。这正反映了进口粘附核出现和反向流动之间的内在联系。

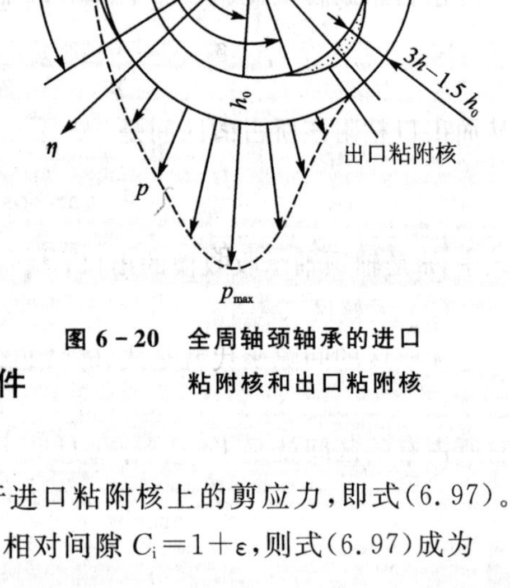

图 6-20 全周轴颈轴承的进口粘附核和出口粘附核

4. 轴颈轴承中的粘附核保持存在的临界条件

(1) 进口粘附核保持存在的条件

这个条件就是铁磁流体的屈服应力 τ_s 大于作用于进口粘附核上的剪应力，即式(6.97)。对于轴颈轴承特征间隙 h_c 是轴承的平均间隙 h_{av}，进口相对间隙 $C_i=1+\varepsilon$，则式(6.97)成为

$$\pm\tau_s \geqslant \frac{4(1+\varepsilon-1.5C_0)}{9C_0^2}\left(\frac{\eta_a U}{h_{av}}\right) \tag{6.188}$$

对于初步近似，C_0 使用式(6.184)代入，则

$$\left|\frac{\tau_s}{\left(\dfrac{\eta_a U}{h_{av}}\right)}\right| \geqslant \frac{(2+\varepsilon^2)(\varepsilon^2+3\varepsilon-1)}{9(1+\varepsilon)(1-\varepsilon)^2} \tag{6.189}$$

(2) 出口粘附核保持存在的条件

用 $C_e=1-\varepsilon, h_c=h_{av}$ 代入式(6.99)就得

$$\pm\tau_s \geqslant \frac{1.5C_0-2(1-\varepsilon)}{(3-3\varepsilon-1.5C_0)^2}\left(\frac{\eta_b U}{h_{av}}\right) \tag{6.190}$$

若 C_0 近似使用式(6.184)，则有

$$\left|\frac{\tau_s}{\left(\dfrac{\eta_a U}{h_{av}}\right)}\right| \geqslant \frac{(2+\varepsilon^2)(2\varepsilon-1)}{9(\varepsilon^2-\varepsilon+1)^2} \tag{6.191}$$

式(6.189)和式(6.191)取等号就是轴颈轴承内粘附核保持存在的临界条件。依照式(6.185)、式(6.187)、式(6.189)和式(6.191)绘出粘附核的存在区域，如图 6－21 所示。

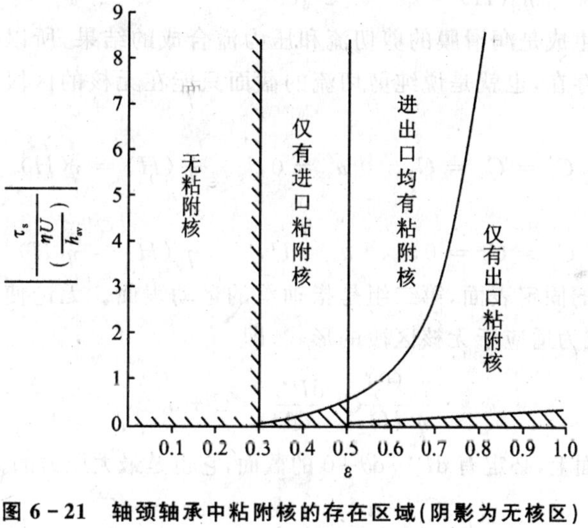

图 6－21　轴颈轴承中粘附核的存在区域(阴影为无核区)

6.7.3　在均匀磁场中，铁磁流体轴颈轴承的压力——进出口均有粘附核

1. 宽轴颈轴承的一维润滑方程

在轴颈轴承中，润滑剂所充填的间隙厚度 h 与轴颈半径 r_j 或轴承半径 r_b 相比是高阶小量，所以可以用 $r_j\theta$ 来代替 x，于是一维润滑方程式(6.63)成为

$$\frac{\partial}{\partial\theta}\left\{\left[\frac{h_1^3}{12\eta_a(H)}-\frac{(h-h_2)^3}{12\eta_b(H)}\right]\frac{\partial p^*}{\partial\theta}\right\}=\frac{1}{2}r_jU\frac{\partial h_1}{\partial\theta}+\frac{1}{2}r_ju_c\frac{\partial}{\partial\theta}(h+h_2-h_1) \tag{6.192}$$

在式(6.134)中，以 r_j 代替 l_c 作为特征长度，h_{av} 代替 h_c 作为特征间隙，则有用于轴颈轴承的两个动压数

$$\Lambda = \frac{6\eta_{N}(0)Ur_{j}}{p_{a}h_{av}^{2}}, \quad \Lambda_{F} = \frac{6\eta_{N}(0)U}{p_{a}h_{av}} \tag{6.193}$$

将式(6.193)的 Λ 用于润滑方程式(6.192)，则得其量纲归一化的形式

$$\frac{\partial}{\partial\theta}\left\{\left[\frac{\eta_{N}(0)}{\eta_{a}(H)}C_{1}^{3} + \frac{\eta_{N}(0)}{\eta_{b}(H)}(C - C_{2})^{3}\right]\frac{\partial P^{*}}{\partial\theta}\right\} = \frac{\partial C_{1}}{\partial\theta} + \frac{u_{c}}{U}\frac{\partial}{\partial\theta}(C + C_{2} - C_{1}) \tag{6.194}$$

式中，$P^{*} = (p^{*} - p_{a})/(p_{a}\Lambda)$；$\eta_{a}(H)$ 是 $y=0$ 到 $y=h_{1}$ 之间的铁磁流体润滑剂的粘度；$\eta_{b}(H)$ 是 $y=h_{2}$ 到 $y=h$ 之间的粘度(参见图 6-2)。故有

$$\left.\begin{aligned}
\eta_{a}(H) &= \eta_{N}(H)\left[1 + \frac{\eta_{t}(H)}{\eta_{N}(H)}\frac{|U|}{h_{av}}\frac{1}{C_{1}}\right] \\
\eta_{b}(H) &= \eta_{N}(H)\left[1 + \frac{\eta_{t}(H)}{\eta_{N}(H)}\frac{|U|}{h_{av}}\frac{1}{C - C_{2}}\right] \\
\eta(H) &= \eta_{N}(H)\left[1 + \frac{\eta_{t}(H)}{\eta_{N}(H)}\frac{|U|}{h_{av}}\frac{1}{C}\right]
\end{aligned}\right\} \tag{6.195}$$

将方程式(6.194)对 θ 积分一次，得

$$\left[\frac{\eta_{N}(0)}{\eta_{a}(H)}C_{1}^{3} + \frac{\eta_{N}(0)}{\eta_{b}(H)}(C - C_{2})^{3}\right]\frac{dP^{*}}{d\theta} = C_{1} + \frac{u_{c}}{U}(C + C_{2} - C_{1}) + a_{0} \tag{6.196}$$

注意到粘附核的生成是润滑膜的剪切流和压力流合成的结果，所以在粘附核区段内不可能有纯剪切流的截面存在，也就是说纯剪切流的截面只能在无核的区段内出现。没有粘附核的条件是

$$C_{1} = C_{2} = C, \qquad u_{c} = 0, \qquad \eta_{a}(H) = \eta(H)$$

或者

$$C_{1} = C_{2} = 0, \qquad u_{c} = U, \qquad \eta_{b}(H) = \eta(H)$$

第一组是指轴承的固定表面，第二组是指轴承的运动表面。无论使用那一组条件均可使润滑方程式(6.196)成为适应于无核区段的形式，即

$$\frac{\eta_{N}(0)}{\eta(H)}C^{3}\frac{dP^{*}}{d\theta} = C + a_{0} \tag{6.197}$$

在纯剪切流的截面上，必定有 $dP^{*}/d\theta = 0$ 的截面，它也是最大压力的截面，故式(6.197)给出

$$0 = C_{0} + a_{0} \quad 或 \quad a_{0} = -C_{0}$$

于是润滑方程式(6.196)成为

$$\eta_{N}(0)\left[\frac{C_{1}^{3}}{\eta_{a}(H)} + \frac{(C - C_{2})^{3}}{\eta_{b}(H)}\right]\frac{dP^{*}}{d\theta} = C_{1} + \frac{u_{c}}{U}(C + C_{2} - C_{1}) - C_{0} \tag{6.198}$$

在轴颈轴承中，式(6.198)是整个润滑膜的通用方程。今后就使用它来求出各区段的压力。

2. 进口粘附核区段内的压力

对于进口粘附核，它的下边界是 $C_{1} = 1.5C_{0}$，上边界是 $C_{2} = C$，以及 $u_{c} = 0$，于是润滑方程式(6.198)成为

$$\frac{\eta_{N}(0)}{\eta_{a}(H)}(1.5C_{0})^{3}\frac{dP^{*}}{d\theta} = 0.5C_{0} \tag{6.199}$$

将式(6.195)的第一式代入式(6.199)，则有

$$\frac{\mathrm{d}P^*}{\mathrm{d}\theta}=\frac{1}{3}\frac{\eta_{\mathrm{N}}(H)}{\eta_{\mathrm{N}}(0)}\left[\frac{1}{(1.5C_0)^2}+\frac{\eta_{\mathrm{t}}(H)}{\eta_{\mathrm{N}}(H)}\frac{|U|}{h_{\mathrm{av}}}\frac{1}{(1.5C_0)^3}\right] \tag{6.200}$$

设外磁场是均匀磁场，则 H 与 θ 无关，从而 η_{N} 和 η_{t} 都与 θ 无关，且 $P^*=P$，故方程式(6.200)积分而有压力的线性分布为

$$P=\frac{1}{3}\frac{\eta_{\mathrm{N}}(H)}{\eta_{\mathrm{N}}(0)}\left[\frac{1}{(1.5C_0)^2}+\frac{\eta_{\mathrm{t}}(H)}{\eta_{\mathrm{N}}(H)}\frac{|U|}{h_{\mathrm{av}}}\frac{1}{(1.5C_0)^3}\right]\theta+a_1 \tag{6.201}$$

$$1.5C_0\leqslant C\leqslant 1+\varepsilon \qquad 或 \qquad 0\leqslant\theta\leqslant\arccos\frac{1.5C_0-1}{\varepsilon}$$

3. 中间无核区段的压力

将式(6.195)的第三式代入方程式(6.197)中，得

$$\frac{\mathrm{d}P^*}{\mathrm{d}\theta}=\frac{\eta_{\mathrm{N}}(H)}{\eta_{\mathrm{N}}(0)}\left[\frac{1}{C^2}-\left(C_0-\frac{\eta_{\mathrm{t}}(H)}{\eta_{\mathrm{N}}(H)}\frac{|U|}{h_{\mathrm{av}}}\right)\frac{1}{C^3}-\frac{\eta_{\mathrm{t}}(H)}{\eta_{\mathrm{N}}(H)}\frac{|U|}{h_{\mathrm{av}}}\frac{C_0}{C^4}\right] \tag{6.202}$$

无核区段的间隙函数为 $C=1+\varepsilon\cos\theta$，均匀磁场 $P^*=P$。利用本章附录的公式，取 $A=1$ 和 $B=\varepsilon$，从而得方程式(6.202)的积分结果是

$$\begin{aligned}P=\frac{\eta_{\mathrm{N}}(H)}{\eta_{\mathrm{N}}(0)}\Bigg\{&\left[-\frac{\varepsilon\sin\theta}{(1-\varepsilon^2)C}-\frac{1}{(1-\varepsilon^2)^{1.5}}\arcsin\frac{C-(1-\varepsilon^2)}{\varepsilon C}\right]-\\&\left(C_0-\frac{\eta_{\mathrm{t}}(H)}{\eta_{\mathrm{N}}(H)}\frac{|U|}{h_{\mathrm{av}}}\right)\left[-\frac{(1-\varepsilon^2)+3C}{2(1-\varepsilon^2)^2C^2}\varepsilon\sin\theta-\frac{2+\varepsilon^2}{2(1-\varepsilon^2)^{2.5}}\arcsin\frac{C-(1-\varepsilon^2)}{\varepsilon C}\right]-\\&\frac{\eta_{\mathrm{t}}(H)}{\eta_{\mathrm{N}}(H)}\frac{|U|}{h_{\mathrm{av}}}C_0\left[-\frac{2(1-\varepsilon^2)^2+5(1-\varepsilon^2)C+(11+4\varepsilon^2)C^2}{6(1-\varepsilon^2)^3C^3}\varepsilon\sin\theta-\right.\\&\left.\frac{2+3\varepsilon^2}{2(1-\varepsilon^2)^{3.5}}\arcsin\frac{C-(1-\varepsilon^2)}{\varepsilon C}\right]\Bigg\}+a_2\end{aligned}$$

整理之后得

$$\begin{aligned}P=\frac{\eta_{\mathrm{N}}(H)}{\eta_{\mathrm{N}}(0)}\Bigg\{&\left[-1+\left(C_0-\frac{\eta_{\mathrm{t}}(H)}{\eta_{\mathrm{N}}(H)}\frac{|U|}{h_{\mathrm{av}}}\right)\frac{(1-\varepsilon^2)+3C}{2(1-\varepsilon^2)C}+\right.\\&\left.\frac{\eta_{\mathrm{t}}(H)}{\eta_{\mathrm{N}}(H)}\frac{|U|}{h_{\mathrm{av}}}C_0\frac{2(1-\varepsilon^2)^2+5(1-\varepsilon^2)C+(11+4\varepsilon^2)C^2}{6(1-\varepsilon^2)^2C^2}\right]\frac{\varepsilon\sin\theta}{(1-\varepsilon^2)C}-\\&\frac{1}{(1-\varepsilon^2)^{1.5}}\left[1-\left(C_0-\frac{\eta_{\mathrm{t}}(H)}{\eta_{\mathrm{N}}(H)}\frac{|U|}{h_{\mathrm{av}}}\right)\frac{2+\varepsilon^2}{2(1-\varepsilon^2)}-\frac{\eta_{\mathrm{t}}(H)}{\eta_{\mathrm{N}}(H)}\frac{|U|}{h_{\mathrm{av}}}C_0\frac{2+3\varepsilon^2}{2(1-\varepsilon^2)^2}\right]\times\\&\arcsin\frac{C-(1-\varepsilon^2)}{\varepsilon C}\Bigg\}+a_2\end{aligned} \tag{6.203}$$

$$0.75C_0\leqslant C\leqslant 1.5C_0 \qquad 或 \qquad \arccos\frac{1.5C_0-1}{\varepsilon}\leqslant\theta\leqslant\arccos\frac{0.75C_0-1}{\varepsilon}$$

4. 出口粘附核区段的压力

对于出口粘附核，它的上边界是 $C_2=1.5C_0-2C$，下边界是 $C_1=0$，以及 $u_C=U$，于是润滑方程式(6.198)成为

$$\frac{\eta_N(0)}{\eta_N(H)}(3C-1.5C_0)^3\frac{\mathrm{d}P^*}{\mathrm{d}\theta}=-\frac{1}{3}(3C-1.5C_0) \tag{6.204}$$

在式(6.195)的第二式中，将 $C-C_2$ 写成 $3C-1.5C_0$ 而后代入方程式(6.204)中，即得

$$\frac{\mathrm{d}P^*}{\mathrm{d}\theta}=-\frac{1}{3}\frac{\eta_N(H)}{\eta_N(0)}\left[\frac{1}{(3C-1.5C_0)^2}+\frac{\eta_t(H)}{\eta_N(H)}\frac{|U|}{h_{av}}\frac{1}{(3C-1.5C_0)^3}\right] \tag{6.205}$$

均匀磁场有 $P^*=P$，对照本章附录的积分函数，取 $A=3-1.5C_0$，$B=3\varepsilon$，于是得

$$P=-\frac{1}{3}\frac{\eta_N(H)}{\eta_N(0)}\left\{-\frac{3\varepsilon\sin\theta}{[(3-1.5C_0)^2-9\varepsilon^2](3C-1.5C_0)}-\right.$$
$$\frac{3-1.5C_0}{[(3-1.5C_0)^2-9\varepsilon^2]^{1.5}}\arcsin\frac{3\varepsilon^2+(3-1.5C_0)(C-1)}{(3C-1.5C_0)\varepsilon}+$$
$$\frac{\eta_t(H)}{\eta_N(H)}\frac{|U|}{h_{av}}\left[-\frac{(3-1.5C_0)^2-9\varepsilon^2+3(3-1.5C_0)(3C-1.5C_0)}{2[(3-1.5C_0)^2-9\varepsilon^2]^{2.5}(3C-1.5C_0)^2}3\varepsilon\sin\theta-\right.$$
$$\left.\left.\frac{2(3-1.5C_0)^2+9\varepsilon^2}{2[(3-1.5C_0)^2-9\varepsilon^2]^{2.5}}\arcsin\frac{3\varepsilon^2+(3-1.5C_0)(C-1)}{(3C-1.5C_0)\varepsilon}\right]\right\}+a_3$$

整理以后，得

$$P=\frac{1}{3}\frac{\eta_N(H)}{\eta_N(0)}\left\{\left[1+\frac{\eta_t(H)}{\eta_N(H)}\frac{|U|}{h_{av}}\frac{(3-1.5C_0)^2-9\varepsilon^2+(3-1.5C_0)(3C-1.5C_0)}{2[(3-1.5C_0)^2-9\varepsilon^2]^{1.5}(3C-1.5C_0)}\right]\times\right.$$
$$\frac{3\varepsilon\sin\theta}{[(3-1.5C_0)^2-9\varepsilon^2](3C-1.5C_0)}+\frac{3-1.5C_0}{[(3-1.5C_0)^2-9\varepsilon^2]^{1.5}}\times$$
$$\left[1+\frac{\eta_t(H)}{\eta_N(H)}\frac{|U|}{h_{av}}\frac{2(3-1.5C_0)^2+9\varepsilon^2}{2[(3-1.5C_0)^2-9\varepsilon^2](3-1.5C_0)}\right]\times$$
$$\left.\arcsin\frac{3\varepsilon^2+(3-1.5C_0)(C-1)}{(3C-1.5C_0)\varepsilon}\right\}+a_3 \tag{6.206}$$

$$1-\varepsilon\leqslant C\leqslant 0.75C_0\qquad 或\qquad \arccos\frac{0.75C_0-1}{\varepsilon}\leqslant\theta\leqslant\pi$$

决定积分常数的边界条件是：

① $\theta=0$，$P\big|_{式(6.201)}=0$，$a_1=0$。于是进口粘附核区段的压力函数式(6.201)成为

$$P=\frac{1}{3}\frac{\eta_N(H)}{\eta_N(0)}\left[\frac{1}{(1.5C_0)^2}+\frac{\eta_t(H)}{\eta_N(H)}\frac{|U|}{h_{av}}\frac{1}{(1.5C_0)^3}\right]\theta,\qquad 0\leqslant\theta\leqslant\arccos\frac{1.5C_0-1}{\varepsilon} \tag{6.207}$$

② $\theta=\pi$，$P\big|_{式(6.206)}=0$，于是得

$$a_3=-\frac{1}{3}\frac{\eta_N(H)}{\eta_N(0)}\frac{3-1.5C_0}{[(3-1.5C_0)^2-9\varepsilon^2]^{1.5}}\left[1+\frac{\eta_t(H)}{\eta_N(H)}\frac{|U|}{h_{av}}\times\right.$$
$$\left.\frac{2(3-1.5C_0)^2+9\varepsilon^2}{2[(3-1.5C_0)^2-9\varepsilon^2](3-1.5C_0)}\right]\left(-\frac{\pi}{2}\right)$$

于是出口粘附核区段的压力函数式(6.206)成为

$$P=\frac{1}{3}\frac{\eta_N(H)}{\eta_N(0)}\left\{\left[1+\frac{\eta_t(H)}{\eta_N(H)}\frac{|U|}{h_{av}}\frac{(3-1.5C_0)^2-9\varepsilon^2+(3-1.5C_0)(3C-1.5C_0)}{2[(3-1.5C_0)^2-9\varepsilon^2](3-1.5C_0)}\right]\times\right.$$

$$\frac{3\varepsilon\sin\theta}{[(3-1.5C_0)^2-9\varepsilon^2](3C-1.5C_0)}+\frac{3-1.5C_0}{[(3-1.5C_0)^2-9\varepsilon^2]^{1.5}}\times$$

$$\left[1+\frac{\eta_t(H)}{\eta_N(H)}\frac{|U|}{h_{av}}\frac{2(3-1.5C_0)^2+9\varepsilon^2}{2[(3-1.5C_0)^2-9\varepsilon^2](3-1.5C_0)}\right]\left[\frac{\pi}{2}+\right.$$

$$\left.\left.\arcsin\frac{3\varepsilon^2+(3-1.5C_0)(C-1)}{(3C-1.5C_0)\varepsilon}\right]\right\},\quad \arccos\frac{0.75C_0-1}{\varepsilon}\leqslant\theta\leqslant\pi \tag{6.208}$$

③ $\theta=\arccos\dfrac{1.5C_0-1}{\varepsilon}$，$P\Big|_{式(6.207)}=P\Big|_{式(6.203)}$。于是得

$$\frac{1}{3}\frac{1}{(1.5C_0)^2}\left[1+\frac{\eta_t(H)}{\eta_N(H)}\frac{|U|}{h_{av}}\frac{1}{1.5C_0}\right]\arccos\frac{1.5C_0-1}{\varepsilon}-$$

$$\left[-1+\left(C_0-\frac{\eta_t(H)}{\eta_N(H)}\frac{|U|}{h_{av}}\right)\frac{(1-\varepsilon^2)+4.5C_0}{3(1-\varepsilon^2)C_0}+\frac{\eta_t(H)}{\eta_N(H)}\frac{|U|}{h_{av}}\times\right.$$

$$\left.\frac{2(1-\varepsilon^2)+7.5(1-\varepsilon^2)C_0+2.25(11+4\varepsilon^2)C_0^2}{1.35(1-\varepsilon^2)C_0}\right]\frac{\varepsilon}{1.5(1-\varepsilon^2)C_0}\times$$

$$\sin\left(\arccos\frac{1.5C_0-1}{\varepsilon}\right)+\frac{1}{(1-\varepsilon^2)^{1.5}}\left[1-\left(C_0-\frac{\eta_t(H)}{\eta_N(H)}\frac{|U|}{h_{av}}\right)\times\right.$$

$$\left.\frac{2+\varepsilon^2}{2(1-\varepsilon^2)}-\frac{\eta_t(H)}{\eta_N(H)}\frac{|U|}{h_{av}}C_0\frac{2+3\varepsilon^2}{2(1-\varepsilon^2)^2}\right]\arcsin\frac{1.5C_0-(1-\varepsilon^2)}{1.5C_0\varepsilon}=a_2 \tag{A}$$

④ $\theta=\arccos\dfrac{0.75C_0-1}{\varepsilon}$，$P\Big|_{式(6.208)}=P\Big|_{式(6.203)}$。于是得

$$\frac{1}{3}\left\{\left[1+\frac{\eta_t(H)}{\eta_N(H)}\frac{|U|}{h_{av}}\frac{(3-1.5C_0)^2-9\varepsilon^2+(3-1.5C_0)(0.75C_0)}{[(3-1.5C_0)^2-9\varepsilon^2]^{1.5}(1.5C_0)}\right]\times\right.$$

$$\frac{\varepsilon}{[(3-1.5C_0)^2-9\varepsilon^2](0.25C_0)}\sin\left(\arccos\frac{0.75C_0-1}{\varepsilon}\right)+$$

$$\frac{3-1.5C_0}{[(3-1.5C_0)^2-9\varepsilon^2]^{1.5}}\left[1+\frac{\eta_t(H)}{\eta_N(H)}\frac{|U|}{h_{av}}\frac{2(3-1.5C_0)^2+9\varepsilon^2}{2[(3-1.5C_0)^2-9\varepsilon^2](3-1.5C_0)}\right]\times$$

$$\left.\left[\frac{\pi}{2}+\arcsin\frac{3\varepsilon^2+(3-1.5C_0)(0.75C_0-1)}{0.75C_0\varepsilon}\right]\right\}-\left\{\left[-1+\left(C_0-\frac{\eta_t(H)}{\eta_N(H)}\frac{|U|}{h_{av}}\right)\times\right.\right.$$

$$\left.\frac{(1-\varepsilon^2)+2.25C_0}{1.5C_0(1-\varepsilon^2)}+\frac{\eta_t(H)}{\eta_N(H)}\frac{|U|}{h_{av}}\frac{2(1-\varepsilon^2)^2+3.75(1-\varepsilon^2)C_0+(11+4\varepsilon^2)(0.75C_0)^2}{6(1-\varepsilon^2)^2(0.75)^2C_0}\right]\times$$

$$\frac{\varepsilon}{0.75C_0(1-\varepsilon^2)}\sin\left(\arccos\frac{0.75C_0-1}{\varepsilon}\right)-\frac{1}{(1-\varepsilon^2)^{1.5}}\left[1-\left(C_0-\frac{\eta_t(H)}{\eta_N(H)}\frac{|U|}{h_{av}}\right)\frac{2+\varepsilon^2}{2(1-\varepsilon^2)}-\right.$$

$$\left.\left.\frac{\eta_t(H)}{\eta_N(H)}\frac{|U|}{h_{av}}C_0\frac{2+3\varepsilon^2}{2(1-\varepsilon^2)^2}\right]\arcsin\frac{0.75C_0-(1-\varepsilon^2)}{0.75C_0\varepsilon}\right\}-a_2 \tag{B}$$

将式(A)和式(B)列成等式而消去 a_2，就得到决定 C_0 的方程。显然 C_0 取决于偏心率，并且对铁磁流体润滑剂的剪切稀化也有影响。决定了 C_0 之后，式(A)和式(B)就能给出积分常数 a_2，从而轴承内的压力可以算出。使用数值积分方法就可得到轴承的承载能力。

6.7.4 在均匀磁场中，铁磁流体轴颈轴承的压力——只存在进口粘附核

1. 进口粘附核区段的压力

压力函数式就是式(6.207)，即

$$P=\frac{1}{3}\frac{\eta_N(H)}{\eta_N(0)}\left[\frac{4}{9C_0^2}+\frac{8}{27}\frac{\eta_t(H)}{\eta_N(H)}\frac{|U|}{h_{av}}\frac{1}{C_0^3}\right]\theta,\quad 0\leqslant\theta\leqslant\arccos\frac{1.5C_0-1}{\varepsilon}$$

2. 无核区段的压力

压力函数式仍然是式(6.203)，但决定积分常数 a_2 的边界条件是在 $\theta=\pi$ 和 $C=1-\varepsilon$ 的出口截面上，$P=0$，故由式(6.203)得

$$a_2=\frac{\eta_N(H)}{\eta_N(0)}\frac{1}{(1-\varepsilon^2)^{1.5}}\left[1-\left(C_0-\frac{\eta_t(H)}{\eta_N(H)}\frac{|U|}{h_{av}}\right)\frac{2+\varepsilon^2}{2(1-\varepsilon^2)}-\frac{\eta_t(H)}{\eta_N(H)}\frac{|U|}{h_{av}}C_0\frac{2+3\varepsilon^2}{2(1-\varepsilon^2)^2}\right]\left(-\frac{\pi}{2}\right)$$

将上面的 a_2 式代入式(6.203)中，即得

$$\begin{aligned}P=\frac{\eta_N(H)}{\eta_N(0)}\Bigg\{&\left[-1+\left(C_0-\frac{\eta_t(H)}{\eta_N(H)}\frac{|U|}{h_{av}}\right)\frac{(1-\varepsilon^2)+3C}{2(1-\varepsilon^2)C}+\right.\\&\left.\frac{\eta_t(H)}{\eta_N(H)}\frac{|U|}{h_{av}}C_0\frac{2(1-\varepsilon^2)^2+5(1-\varepsilon^2)C+(11+4\varepsilon^2)C^2}{6(1-\varepsilon^2)^2C^2}\right]\frac{\varepsilon\sin\theta}{(1-\varepsilon^2)C}-\\&\frac{1}{(1-\varepsilon^2)^{1.5}}\left[1-\left(C_0-\frac{\eta_t(H)}{\eta_N(H)}\frac{|U|}{h_{av}}\right)\frac{2+\varepsilon^2}{2(1-\varepsilon^2)}-\right.\\&\left.\frac{\eta_t(H)}{\eta_N(H)}\frac{|U|}{h_{av}}C_0\frac{2+3\varepsilon^2}{2(1-\varepsilon^2)^2}\right]\left(\frac{\pi}{2}+\arcsin\frac{C-(1-\varepsilon^2)}{\varepsilon C}\right)\Bigg\}\end{aligned}\tag{6.209}$$

$$\arccos\frac{1.5C_0-1}{\varepsilon}\leqslant\theta\leqslant\pi$$

3. C_0 值之确定

利用在 $C=1.5C_0$ 或 $\theta=\arccos\dfrac{1.5C_0-1}{\varepsilon}$ 处的压力衔接条件确定 C_0。在此界面上有

$$\varepsilon\sin\theta=\varepsilon\sin\left(\arccos\frac{1.5C_0-1}{\varepsilon}\right)=\sqrt{\varepsilon^2-(1.5C_0-1)^2}$$

将式(6.207)和式(6.209)代入压力衔接条件式 $P\Big|_{式(6.207)}=P\Big|_{式(6.209)}$，则有

$$\begin{aligned}&\frac{1}{3}\left[\frac{4}{9C_0^2}+\frac{8}{27}\frac{\eta_t(H)}{\eta_N(H)}\frac{|U|}{h_{av}}\frac{1}{C_0^3}\right]\arccos\frac{1.5C_0-1}{\varepsilon}=\\&\left[-1+\left(C_0-\frac{\eta_t(H)}{\eta_N(H)}\frac{|U|}{h_{av}}\right)\frac{(1-\varepsilon^2)+4.5C_0}{3(1-\varepsilon^2)C_0}+\frac{\eta_t(H)}{\eta_N(H)}\frac{|U|}{h_{av}}C_0\times\right.\\&\left.\frac{2(1-\varepsilon^2)^2+7.5(1-\varepsilon^2)C_0+2.25(11+4\varepsilon^2)C_0^2}{13.5(1-\varepsilon^2)^2C_0^2}\right]\frac{\sqrt{\varepsilon^2-(1.5C_0-1)^2}}{1.5(1-\varepsilon^2)C_0}-\\&\frac{1}{(1-\varepsilon^2)^{1.5}}\left[1-\left(C_0-\frac{\eta_t(H)}{\eta_N(H)}\frac{|U|}{h_{av}}\right)\frac{2+\varepsilon^2}{2(1-\varepsilon^2)}-\frac{\eta_t(H)}{\eta_N(H)}\frac{|U|}{h_{av}}C_0\times\right.\end{aligned}$$

$$\left.\frac{2+3\varepsilon^2}{2(1-\varepsilon^2)^2}\right]\left(\frac{\pi}{2}+\arcsin\frac{1.5C_0-(1-\varepsilon^2)}{1.5\varepsilon C_0}\right) \tag{6.210}$$

由式(6.210)确定 C_0 之后，轴承内的压力函数也随之确定，从而压力和承载能力可以算出。

6.7.5　在均匀磁场中，铁磁流体轴颈轴承的压力——只存在出口粘附核

1. 无核区段的压力

压力函数式仍然是式(6.203)，决定积分常数 a_2 是在 $\theta=0$ 或 $C=1+\varepsilon$ 的进口截面上 $P=0$ 的边界条件，此时有 $\sin\theta=0$，$\arcsin\dfrac{C-(1-\varepsilon^2)}{\varepsilon C}=\dfrac{\pi}{2}$，从而压力函数是

$$P=\frac{\eta_N(H)}{\eta_N(0)}\left\{\left[-1+\left(C_0-\frac{\eta_t(H)}{\eta_N(H)}\frac{|U|}{h_{av}}\right)\frac{(1-\varepsilon^2)+3C}{2(1-\varepsilon^2)C}+\right.\right.$$
$$\left.\frac{\eta_t(H)}{\eta_N(H)}\frac{|U|}{h_{av}}C_0\frac{2(1-\varepsilon^2)^2+5(1-\varepsilon^2)C+(11+4\varepsilon^2)C^2}{6(1-\varepsilon^2)^2C^2}\right]\frac{\varepsilon\sin\theta}{(1-\varepsilon^2)C}+$$
$$\frac{1}{(1-\varepsilon^2)^{1.5}}\left[1-\left(C_0-\frac{\eta_t(H)}{\eta_N(H)}\frac{|U|}{h_{av}}\right)\frac{2+\varepsilon^2}{2(1-\varepsilon^2)}-\right.$$
$$\left.\left.\frac{\eta_t(H)}{\eta_N(H)}\frac{|U|}{h_{av}}C_0\frac{2+3\varepsilon^2}{2(1-\varepsilon^2)^2}\right]\arccos\frac{C-(1-\varepsilon^2)}{\varepsilon C}\right\} \tag{6.211}$$

$$0\leqslant\theta\leqslant\arccos\frac{0.75C_0-1}{\varepsilon}$$

2. 出口粘附核区段的压力

出口粘附核区段的压力就是式(6.208)，即

$$P=\frac{1}{3}\frac{\eta_N(H)}{\eta_N(0)}\left\{\left[1+\frac{\eta_t(H)}{\eta_N(H)}\frac{|U|}{h_{av}}\frac{(3-1.5C_0)^2-9\varepsilon^2+(3-1.5C_0)(3C-1.5C_0)}{2[(3-1.5C_0)^2-9\varepsilon^2](3-1.5C_0)}\right]\times\right.$$
$$\frac{3\varepsilon\sin\theta}{[(3-1.5C_0)^2-9\varepsilon^2](3C-1.5C_0)}+\frac{3-1.5C_0}{[(3-1.5C_0)^2-9\varepsilon^2]^{1.5}}\left[1+\frac{\eta_t(H)}{\eta_N(H)}\frac{|U|}{h_{av}}\times\right.$$
$$\left.\left.\frac{2(3-1.5C_0)^2+9\varepsilon^2}{2[(3-1.5C_0)^2-9\varepsilon^2](3-1.5C_0)}\right]\left[\frac{\pi}{2}+\arcsin\frac{3\varepsilon^2+(3-1.5C_0)(C-1)}{(3C-1.5C_0)\varepsilon}\right]\right\}$$

$$\arccos\frac{0.75C_0-1}{\varepsilon}\leqslant\theta\leqslant\pi$$

3. C_0 值的确定

利用在两区段的衔接界面 $C=0.75C_0$ 或 $\theta=\arccos\dfrac{0.75C_0-1}{\varepsilon}$ 上的压力衔接条件 $P\big|_{式(6.211)}=P\big|_{式(6.208)}$，并且在界面上 $\varepsilon\sin\theta=\varepsilon\sin\left(\arccos\dfrac{0.75C_0-1}{\varepsilon}\right)=\sqrt{\varepsilon^2-(0.75C_0-1)^2}$，于是有

$$\left[-1+\left(C_0-\frac{\eta_t(H)}{\eta_N(H)}\frac{|U|}{h_{av}}\right)\frac{(1-\varepsilon^2)+2.25C_0}{1.5(1-\varepsilon^2)C_0}+\frac{\eta_t(H)}{\eta_N(H)}\frac{|U|}{h_{av}}\frac{8C_0}{27}\times\right.$$

$$
\begin{aligned}
&\frac{2(1-\varepsilon^2)^2+3.75(1-\varepsilon^2)C_0+(11+4\varepsilon^2)(0.75C_0)^2}{(1-\varepsilon^2)^2C_0^2}\Bigg]\times \\
&\frac{\sqrt{\varepsilon^2-(0.75C_0-1)^2}}{0.75(1-\varepsilon^2)C_0}+\frac{1}{(1-\varepsilon^2)^{1.5}}\Bigg[1-\left(C_0-\frac{\eta_t(H)}{\eta_N(H)}\frac{|U|}{h_{av}}\right)\frac{2+\varepsilon^2}{2(1-\varepsilon^2)}- \\
&\frac{\eta_t(H)}{\eta_N(H)}\frac{|U|}{h_{av}}C_0\frac{2+3\varepsilon^2}{2(1-\varepsilon^2)^2}\Bigg]\arccos\frac{0.75C_0-(1-\varepsilon^2)}{0.75\varepsilon C_0}= \\
&\frac{1}{3}\Bigg\{\Bigg[1+\frac{\eta_t(H)}{\eta_N(H)}\frac{|U|}{h_{av}}\frac{(3-1.5C_0)^2-9\varepsilon^2+(3-1.5C_0)(0.75C_0)}{1.5[(3-1.5C_0)^2-9\varepsilon^2]^{1.5}C_0}\Bigg]\times \\
&\frac{3\sqrt{\varepsilon^2-(0.75C_0-1)^2}}{0.75[(3-1.5C_0)^2-9\varepsilon^2]C_0}+\frac{3-1.5C_0}{[(3-1.5C_0)^2-9\varepsilon^2]^{1.5}}\Bigg[1+ \\
&\frac{\eta_t(H)}{\eta_N(H)}\frac{|U|}{h_{av}}\frac{2(3-1.5C_0)^2}{2[(3-1.5C_0)^2-9\varepsilon^2](3-1.5C_0)}\Bigg]\times \\
&\Bigg[\frac{\pi}{2}+\arcsin\frac{3\varepsilon^2+(3-1.5C_0)(0.75C_0-1)}{0.75C_0\varepsilon}\Bigg]\Bigg\}
\end{aligned}
\tag{6.212}
$$

式(6.212)是确定 C_0 的方程。算出不同 ε 下的 C_0，也就可以得到在不同 ε 下的压力分布和轴承的承载能力。

6.8 铁磁流体拟塑性 Bingham 体润滑的阶梯滑块

6.8.1 概　述

1. 一般概念

阶梯滑块在几何上是由两块平行平面组成的不连续的润滑间隙形式，如图 6-22 所示。

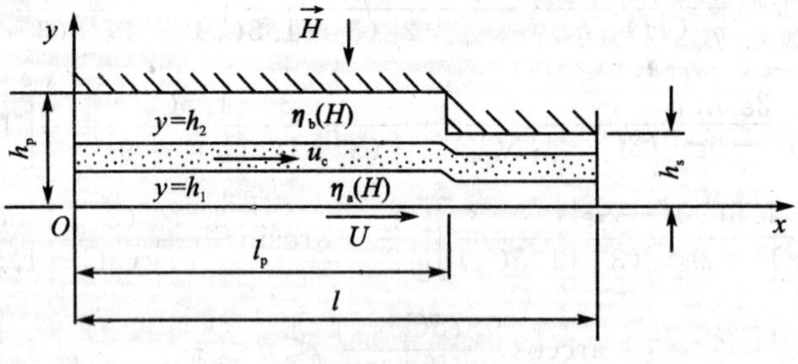

图 6-22　阶梯滑块几何图形(图中示意画出悬浮核)

在图 6-22 中，尺寸 l_p 是浅腔长度，而 h_p 称为腔深，$l-l_p$ 段称为台阶，其间隙高度为 h_s，而比值

$$C_p=\frac{h_p}{h_s}\geqslant 1 \tag{6.213}$$

C_p 称为腔深比。比值

$$L_p=\frac{l_p}{l}\leqslant 1 \tag{6.214}$$

L_p 称为腔长比。对于图 6 - 22 所示的平行平板阶梯滑块，无论是否存在粘附核，只要存在上下润滑表面是平行的，则在浅腔和台阶上的压力均呈线性分布。在浅腔和台阶各自使用一个润滑方程，而后在交界处使用衔接条件确定积分常数。由于线性分布的压力在浅腔和台阶的交界处形成一个尖峰，此处的压力虽是连续的，但不是光滑可微的。所以在平行平板阶梯滑块中不存在纯剪切流的截面。这时的 h_0 只代表流量的积分常数，如式(6.64)和式(6.65)那样，也可以将 h_0 理解为一个当量的纯剪切截面。

在图 6 - 23 上画出了阶梯滑块的压力分布和速度剖面。由速度剖面可以看到，在浅腔内，固定表面上的速度梯度非常小，所以浅腔内的粘附核位于固定表面上。在台阶上速度梯度在运动表面上很小，所以台阶上的粘附核位于运动表面上。图 6 - 23 所示为线性剖面的剪切流和抛物线剖面的压力流。在浅腔内两种流动方向相反，在台阶上两种流动的方向相同。注意到这种平行平板阶梯滑块的一个重要特点是：在浅腔内所有截面上的速度剖面是一样的，在台阶上所有流通截面的速度剖面也是一样的。这就表示浅腔粘附核将延续附着于整个浅腔的固定表面上，台阶粘附核也一样延续附着于整个台阶的运动表面上。

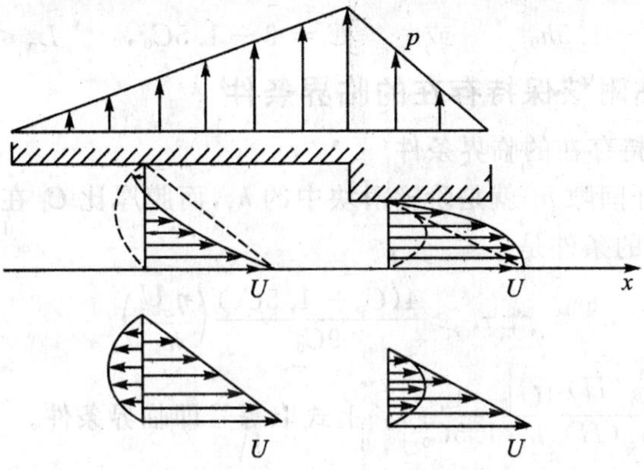

图 6 - 23　阶梯滑块内的压力分布和速度剖面

2. 阶梯滑块中粘附核出现的临界条件

(1) 浅腔粘附核

因为浅腔粘附核附着于腔内固定表面上，故有

$$u_C = 0, \qquad h_2 = h_p \tag{6.215}$$

由式(6.77)得

$$h_1 = 1.5h_0, \qquad 0 \leqslant x \leqslant l_p \tag{6.216}$$

式(6.215)和式(6.216)是浅腔粘附核的边界方程。因为 h_0 是一个常数，所以 h_1 是和浅腔表面平行的平面。利用式(6.213)和式(6.214)，上两式可以量纲归一化，成为

$$C_2 = C_p, \qquad C_1 = 1.5C_0, \qquad 0 \leqslant (x/l) \leqslant L_p \tag{6.217}$$

若 $C_1 \leqslant C_p$，则浅腔粘附核可以出现。由式(6.217)知，浅腔粘附核的出现条件是

$$C_p \geqslant 1.5C_0 \tag{6.218}$$

(2) 台阶粘附核

由于台阶粘附核附着于台阶的运动表面上，故有

$$u_c = U, \qquad h_1 = 0 \tag{6.219}$$

由式(6.77)得台阶核的上边界 h_2 是

$$h_2 = 1.5h_0 - 2h_s, \quad l_p \leqslant x \leqslant l \tag{6.220}$$

在式(6.220)中已经使用了关系 $h=h_s$。台阶粘附核的边界方程式(6.219)、式(6.220)的量纲归一化的形式是

$$C_1 = 0, \quad C_2 = 1.5C_0 - 2, \quad L_p \leqslant (x/l) \leqslant 1 \tag{6.221}$$

若 $C_2 \geqslant 0$,则表示台阶粘附核的出现,由式(6.221)得粘附核出现的条件是

$$C_0 \geqslant \frac{4}{3} \tag{6.222}$$

式(6.221)表明台阶粘附核的表面也是一平行平面。在式(6.218)和式(6.222)中取等号就表示粘附核出现的临界状况。

(3) 液态铁磁流体润滑剂的流动通道

设用 h 表示液态流通截面的高度,则在浅腔内的流通高度是

$$h = 1.5h_0 \quad \text{或} \quad C = 1.5C_0, \quad 0 \leqslant (x/l) \leqslant L_p \tag{6.223}$$

在台阶上的流通高度是

$$h = h_s - h_2 = 3h_s - 1.5h_0 \quad \text{或} \quad C = 3 - 1.5C_0, \quad L_p \leqslant (x/l) \leqslant 1 \tag{6.224}$$

3. 阶梯滑块中粘附核保持存在的临界条件

(1) 浅腔粘附核保持存在的临界条件

在式(6.97)中,特征间隙 h_c 就是阶梯滑块中的 h_s,而膜厚比 C_i 在这里就是腔深比 C_p,于是浅腔粘附核保持存在的条件是

$$\pm \tau_s \geqslant \frac{4(C_p - 1.5C_0)}{9C_0^2}\left(\frac{\eta_a U}{h_s}\right) \tag{6.225}$$

式中,$\eta_a = \eta_N(H)\left[1 + \dfrac{\eta_t(H)}{\eta_N(H)}\dfrac{|U|}{h_s}\dfrac{1}{1.5C_0}\right]$。上式取等号即临界条件。

(2) 台阶粘附核保持存在的临界条件

在式(6.99)中,取 $h_C = h_s$,则 $C_e = 1$,于是台阶粘附核保持存在的条件是

$$\pm \tau_s \geqslant \frac{1.5C_0 - 2}{(3 - 1.5C_0)^2}\left(\frac{\eta_b U}{h_s}\right) \tag{6.226}$$

式中,$\eta_b = \eta_N(H)\left[1 + \dfrac{\eta_t(H)}{\eta_N(H)}\dfrac{|U|}{h_s}\dfrac{1}{3 - 1.5C_0}\right]$。在式(6.226)中取等号即临界条件。

6.8.2 存在浅腔粘附核和台阶粘附核的阶梯滑块的性能

1. 浅腔存在粘附核的压力分布

在方程式(6.81)中,代入 $h_1 = 1.5h_0$,在均匀外磁场下 $p^* = p_a$,以及 $\eta_a = \eta_N(H)\left[1 + \dfrac{\eta_t(H)}{\eta_N(H)} \times \dfrac{|U|}{h_s}\dfrac{1}{1.5C_0}\right]$,就得到适用于有浅腔粘附核的压力微分方程。在边界条件 $x=0, p=0$ 下积分,得

$$p = \frac{6\eta_N(0)Ul}{h_s^2}\frac{\eta_N(H)}{\eta_N(0)}\frac{4}{27C_0^2}\left[1 + \frac{\eta_t(H)}{\eta_N(H)}\frac{|U|}{h_s}\frac{1}{1.5C_0}\right]\frac{x}{l} \tag{6.227}$$

$$0 \leqslant x \leqslant l_{\mathrm{p}}$$

上式改写成量纲归一的形式，并且用

$$X=\frac{x}{l} \tag{6.228}$$

代入，则有

$$P=\frac{4}{27}\frac{\eta_{\mathrm{N}}(H)}{\eta_{\mathrm{N}}(0)}\frac{1}{C_0^2}\left[1+\frac{\eta_{\mathrm{t}}(H)}{\eta_{\mathrm{N}}(H)}\frac{|U|}{h_{\mathrm{s}}}\frac{1}{1.5C_0}\right]X,\qquad 0\leqslant X\leqslant L_{\mathrm{p}} \tag{6.229}$$

2. 台阶存在粘附核的压力分布

用 $h-h_2=h_{\mathrm{s}}-(1.5h_0-2h_{\mathrm{s}})=3h_{\mathrm{s}}-1.5h_0$，$\eta_{\mathrm{b}}=\eta_{\mathrm{N}}(H)\left[1+\dfrac{\eta_{\mathrm{t}}(H)}{\eta_{\mathrm{N}}(H)}\dfrac{|U|}{h_{\mathrm{s}}}\dfrac{1}{3-1.5C_0}\right]$，

$p^*=p$，代入压力微分方程(6.88)中，而后在边界条件 $x=l, p=0$ 下积分，就得

$$p=\frac{6\eta_{\mathrm{N}}(0)Ul}{h_{\mathrm{s}}^2}\frac{\eta_{\mathrm{N}}(H)}{\eta_{\mathrm{N}}(0)}\frac{4}{27(2-C_0)^2}\left[1+\frac{\eta_{\mathrm{t}}(H)}{\eta_{\mathrm{N}}(H)}\frac{|U|}{h_{\mathrm{s}}}\frac{1}{3-1.5C_0}\right]\frac{l-x}{l},\qquad l_{\mathrm{p}}\leqslant x\leqslant l \tag{6.230}$$

写成量纲归一化的形式为

$$P=\frac{4}{27}\frac{\eta_{\mathrm{N}}(H)}{\eta_{\mathrm{N}}(0)}\frac{1}{(2-C_0)^2}\left[1+\frac{\eta_{\mathrm{t}}(H)}{\eta_{\mathrm{N}}(H)}\frac{|U|}{h_{\mathrm{s}}}\frac{1}{1.5(2-C_0)}\right](1-X),\qquad L_{\mathrm{p}}\leqslant X\leqslant 1 \tag{6.231}$$

3. 积分常数 h_0（或 C_0）

在阶梯处的压力衔接条件为 $X=L_{\mathrm{p}}, P\big|_{式(6.229)}=P\big|_{式(6.231)}$，于是得到确定 C_0 的方程

$$\frac{\left[1+\dfrac{\eta_{\mathrm{t}}(H)}{\eta_{\mathrm{N}}(H)}\dfrac{|U|}{h_{\mathrm{s}}}\dfrac{2}{3(2-C_0)}\right]}{\left[1+\dfrac{\eta_{\mathrm{t}}(H)}{\eta_{\mathrm{N}}(H)}\dfrac{|U|}{h_{\mathrm{s}}}\dfrac{2}{3C_0}\right]}\frac{C_0^2}{(2-C_0)^2}=\frac{L_{\mathrm{p}}}{1-L_{\mathrm{p}}} \tag{6.232}$$

若剪切稀化影响可略，则由式(6.232)给出

$$C_0=\frac{2}{\left(1+\sqrt{\dfrac{1-L_{\mathrm{p}}}{L_{\mathrm{p}}}}\right)} \tag{6.233}$$

无论由式(6.232)或由式(6.233)都可以看到，存在浅腔粘附核和台阶粘附核的阶梯滑块之 h_0 仅取决于腔长比 L_{p}。这与普通牛顿流体润滑的阶梯滑块很不相同。

4. 阶梯滑块中粘附核出现的几何条件

式(6.218)是浅腔粘附核出现的条件，而式(6.222)是台阶粘附核出现的条件。现在已经知道 C_0 与几何参数的关系，即式(6.233)。这就可以进一步由阶梯滑块的几何参数来直接判断粘附核出现的可能。

(1) 浅腔粘附核

将式(6.218)取等号，即临界条件，而后代入式(6.232)中就得几何参数表示的浅腔粘附核出现的临界条件：

$$\frac{\left[1+\frac{\eta_t(H)}{\eta_N(H)}\frac{|U|}{h_s}\frac{2}{3-C_p)}\right]}{\left[1+\frac{\eta_t(H)}{\eta_N(H)}\frac{|U|}{h_s}\frac{1}{C_p}\right]}\frac{C_p^2}{(3-C_p)^2}=\frac{L_p}{1-L_p},\qquad C_p>1,\quad L_p<1 \tag{6.234}$$

若剪切稀化效应可忽略,则由式(6.234)立即可得

$$C_p\geqslant\frac{3}{\left(1+\sqrt{\frac{1-L_p}{L_p}}\right)},\quad C_p>1,\quad L_p<1 \tag{6.235}$$

由式(6.235)可知,当 $L_p<0.2$ 时,$C_p<1$,这时滑块是负腔深的,它没有实际意义。

(2) 台阶粘附核

将式(6.222)取等号,代入(6.232)中即得台阶粘附核出现的临界条件为

$$\frac{1+\frac{\eta_t(H)}{\eta_N(H)}\frac{|U|}{h_s}}{1+\frac{1}{2}\frac{\eta_t(H)}{\eta_N(H)}\frac{|U|}{h_s}}=\frac{1}{4}\frac{L_p}{1-L_p},\qquad L_p<1 \tag{6.236}$$

若剪切稀化可忽略,则有

$$\frac{L_p}{1-L_p}\geqslant 4,\qquad L_p<1 \tag{6.237}$$

由式(6.237)可见,只有 $L_p>0.8$ 时,才会出现台阶粘附核。图 6-24 是按近似式(6.235)和式(6.237)画出的粘附核出现的区域。

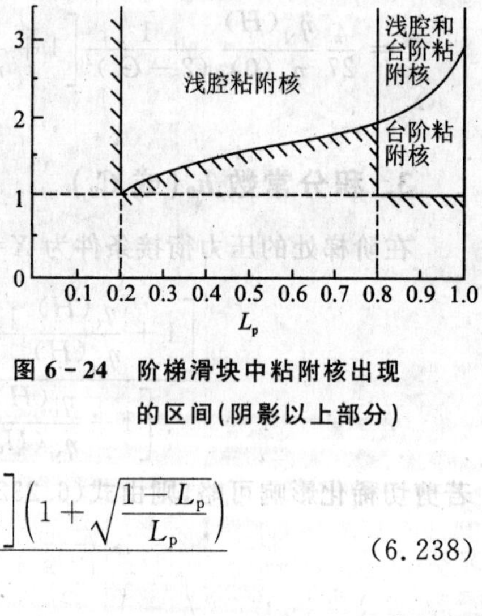

图 6-24 阶梯滑块中粘附核出现的区间(阴影以上部分)

5. 阶梯滑块中粘附核保持存在的几何条件

(1) 浅腔粘附核

用式(6.233)代入式(6.225)中,就得浅腔粘附核保持存在的条件是

$$\left|\frac{\tau_s}{\left(\frac{\eta_a U}{h_s}\right)}\right|\geqslant\frac{\left[-3+\left(1+\sqrt{\frac{1-L_p}{L_p}}\right)C_p\right]\left(1+\sqrt{\frac{1-L_p}{L_p}}\right)}{9} \tag{6.238}$$

(2) 台阶粘附核

阶梯滑块中粘附核的存在区域,如图 6-25 所示。用式(6.233)代入式(6.226)中,就得台阶粘附核保持存在的条件是

$$\left|\frac{\tau_s}{\left(\frac{\eta_b U}{h_s}\right)}\right|\geqslant\frac{\left(1+\sqrt{\frac{1-L_p}{L_p}}\right)\left(1-2\sqrt{\frac{1-L_p}{L_p}}\right)}{9\left(\frac{1-L_p}{L_p}\right)} \tag{6.239}$$

6. 存在浅腔粘附核和台阶粘附核的阶梯滑块的承载能力

由图 6-23 可以看到,无论是否存在粘附核,阶梯滑块内的压力都是线性分布,并且呈一个压力的三角形。所以阶梯滑块的承载能力就是这种压力三角形的面积。由式(6.229)或

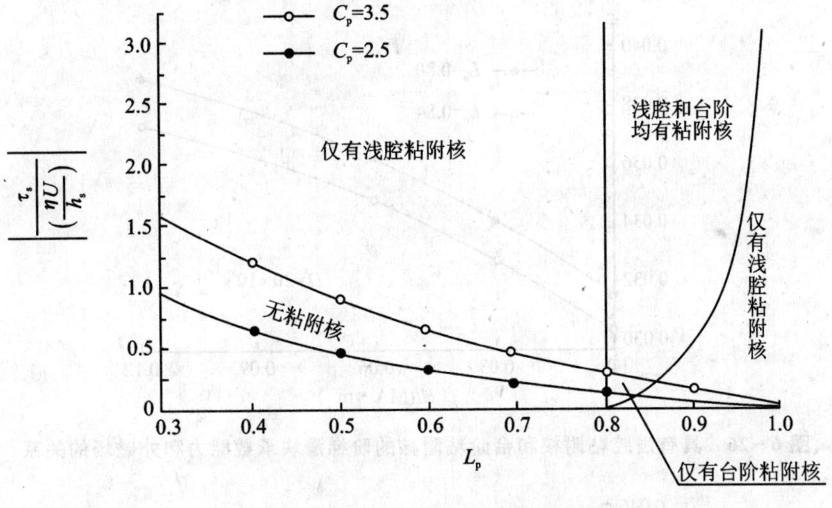

图 6-25　阶梯滑块中粘附核的存在区域

式(6.231)取 $X=L_p$ 均可得出阶梯处的最大压力，即 P_{max}。由式(6.135)知，量纲为 1 的承载能力 P_L 是

$$P_L=\frac{f_L}{p_a \Lambda b l}$$

对于平行平板阶梯滑块载荷 f_L 是

$$f_L=\left(\frac{1}{2}p_{max}\,l\right)b$$

故有

$$P_L=\frac{1}{2}\frac{p_{max}}{p_a\Lambda}=\frac{1}{2}P_{max} \tag{6.240}$$

上式表明阶梯滑块的量纲归一化的承载能力就是滑块上的量纲为 1 的平均压力。由式(6.229)得到

$$P_L=\frac{2}{27}\frac{\eta_N(H)}{\eta_N(0)}\frac{1}{C_0^2}\left[1+\frac{\eta_t(H)}{\eta_N(H)}\frac{|U|}{h_s}\frac{1}{1.5C_0}\right]L_p \tag{6.241}$$

式中的 C_0 按式(6.232)确定。若使用式(6.233)来近似，则有

$$P_L=\frac{1}{54}\frac{\eta_N(H)}{\eta_N(0)}\left[1+\frac{1}{3}\frac{\eta_t(H)}{\eta_N(H)}\frac{|U|}{h_s}\left(1+\sqrt{\frac{1-L_p}{L_p}}\right)\right]\left[1+2\sqrt{(1-L_p)L_p}\right] \tag{6.242}$$

图 6-26 和图 6-27 是按式(6.241)和式(6.232)计算的结果，表示外磁场强度 H 和剪切率 D 对具有浅腔粘附核和台阶粘附核的阶梯滑块承载能力的影响。实际上外磁场是通过提高铁磁流体的粘度来提高承载力，而剪切率则是通过剪切稀化，降低铁磁流体粘度而导致承载能力减小。

7. 存在浅腔粘附核和台阶粘附核的阶梯滑的摩擦

平行平板阶梯滑块的运动表面上的摩擦力 f_F 由分段积分表面剪应力给出

$$f_F=b\left(\int_0^{l_p}\tau_w\,dx+\int_{l_p}^{l}\tau_w\,dx\right) \tag{6.243}$$

使用式(6.135)，上式即可成为量纲归一化的形式，即

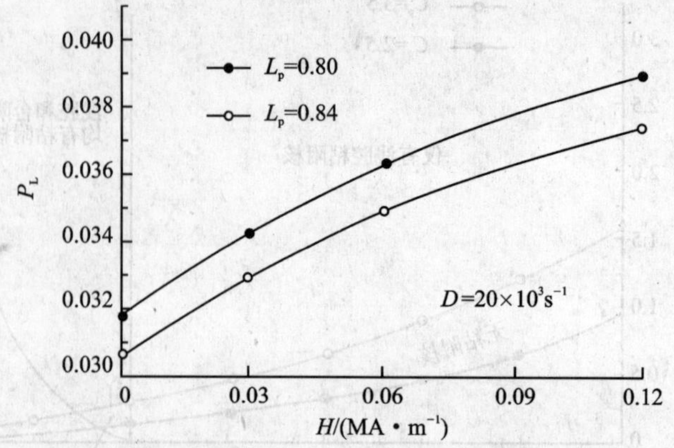

图 6-26 具有浅腔粘附核和台阶粘附核的阶梯滑块承载能力和外磁场的关系

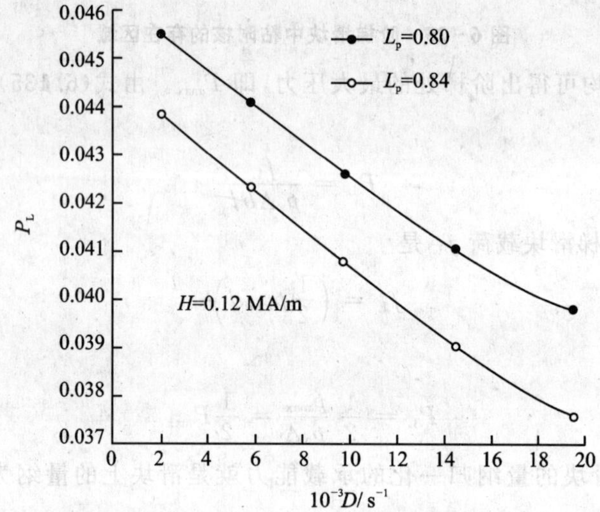

图 6-27 具有浅腔粘附核和台阶粘附核的阶梯滑块承载能力和剪切率的关系

$$T_F=\int_0^{L_p}T_w\,dX+\int_{L_p}^1T_w\,dX \tag{6.244}$$

对于存在粘附核的浅腔运动表面上的摩擦剪应力，可以直接使用式(6.155)，只需将 h_e 换为 h_s，然后使用式(6.135)和式(6.134)即可，即在浅腔内有

$$T_w=\pm T_s-\frac{2}{9}\frac{\eta_N(H)}{\eta_N(0)}\frac{1}{C_0}\left[1+\frac{2}{3}\frac{\eta_t(H)}{\eta_N(H)}\frac{|U|}{h_s}\frac{1}{C_0}\right],\qquad 0\leqslant X\leqslant L_p \tag{6.245}$$

在式(6.245)右边第二项之前改用加号，是将作用于润滑剂上的表面剪切应力改为作用于滑块表面的剪切应力。至于台阶上，因台阶粘附核是粘附在运动表面上的，而其摩擦剪应力只能是 τ_s 或 T_s，即

$$T_w=T_s,\qquad L_p\leqslant X\leqslant 1 \tag{6.246}$$

将式(6.245)和式(6.246)代入到积分式(6.244)中，就得量纲为 1 的比摩擦力 T_F 为

$$T_F=\pm T_s+\frac{2}{9}\frac{\eta_N(H)}{\eta_N(0)}\frac{1}{C_0}\left[1+\frac{2}{3}\frac{\eta_t(H)}{\eta_N(H)}\frac{|U|}{h_s}\frac{1}{C_0}\right]L_p \tag{6.247}$$

将式(6.241)和式(6.247)代入式(6.164)中，即得摩擦系数为

$$C_f = \frac{1+\dfrac{2}{3}\dfrac{\eta_t(H)}{\eta_N(H)}\dfrac{|U|}{h_s}\dfrac{1}{C_0}}{1+\dfrac{2}{3}\dfrac{\eta_t(H)}{\eta_N(H)}\dfrac{|U|}{h_s}\dfrac{1}{1.5C_0}}\left(\frac{h_s}{l}\right)3C_0 \tag{6.248}$$

若剪切稀化效应可忽略，则有

$$C_f = \left(\frac{h_s}{l}\right)3C_0 \tag{6.249}$$

存在浅腔和台阶粘附核的阶梯滑块摩擦系数与外磁场的关系，如图 6-28 所示；存在浅腔和台阶粘附核的阶梯滑块摩擦系数与剪切率的关系，如图 6-29 所示。图 6-28 表明，外磁场使轴承摩擦力增大比使承载力增大更快；而图 6-29 表明，剪切率使承载力下降比使摩擦力下降更快。所以，两者均使摩擦系数增大。

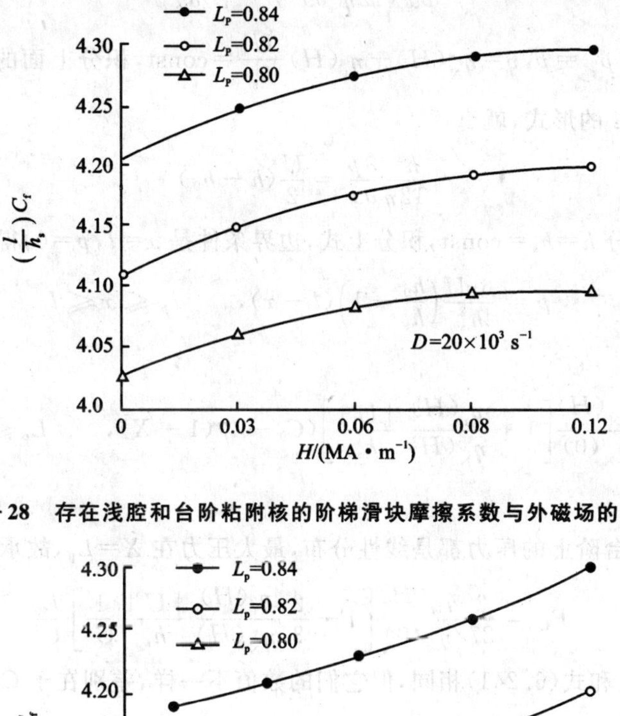

图 6-28　存在浅腔和台阶粘附核的阶梯滑块摩擦系数与外磁场的关系

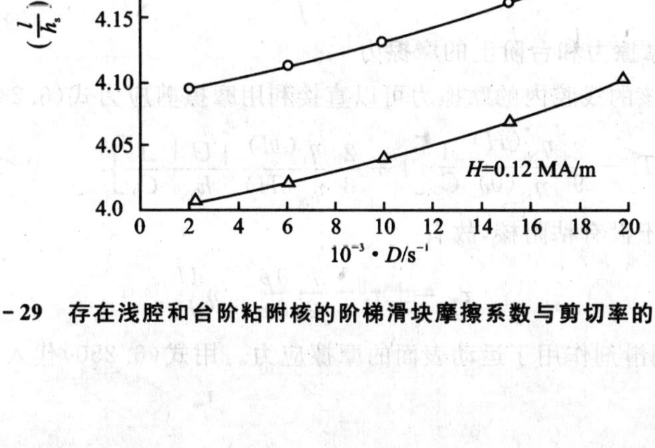

图 6-29　存在浅腔和台阶粘附核的阶梯滑块摩擦系数与剪切率的关系

6.8.3 只存在浅腔粘附核的阶梯滑块

1. 压力函数

(1) 浅腔内的压力

在浅腔内存在粘附核时，其内的压力就是式(6.229)，即

$$P=\frac{4}{27}\frac{\eta_N(H)}{\eta_N(0)}\frac{1}{C_0^2}\left[1+\frac{2}{3}\frac{\eta_t(H)}{\eta_N(H)}\frac{|U|}{h_s}\frac{1}{C_0}\right]X,\qquad 0\leqslant X\leqslant L_p$$

(2) 台阶上的压力

当台阶上没有粘附核时，则其润滑方程可以直接从式(6.63)中取 $h_1=h_2=0$，$u_c=U$ 而得，即

$$\frac{\partial}{\partial x}\left(\frac{h^3}{12\eta}\frac{\partial p^*}{\partial x}\right)=\frac{U}{2}\frac{\partial h}{\partial x}$$

在均匀磁场中，$p^*=p$，$\eta=\eta_N(H)+\eta_t(H)\dfrac{|U|}{h_s}=\text{const}$，积分上面的润滑方程，并且将积分常数写成 $-Uh_0/2$ 的形式，就有

$$\frac{h^3}{12\eta}\frac{\partial p}{\partial x}=\frac{U}{2}(h-h_0)$$

注意到台阶部分 $h=h_s=\text{const}$，积分上式，边界条件是 $x=l$，$p=0$，得到台阶上的压力为

$$p=\frac{6\eta U}{h_s^2}\left(\frac{h_0}{h_s}-1\right)(l-x),\qquad l_p\leqslant x\leqslant l \tag{6.250}$$

量纲归一化之后有

$$P=\frac{\eta_N(H)}{\eta_N(0)}\left[1+\frac{\eta_t(H)}{\eta_N(H)}\frac{|U|}{h_s}\right](C_0-1)(1-X),\qquad L_p\leqslant X\leqslant 1 \tag{6.251}$$

2. 承载能力

由于浅腔内和台阶上的压力都是线性分布，最大压力在 $X=L_p$，故承载能力是

$$P_L=\frac{2}{27}\frac{\eta_N(H)}{\eta_N(0)}\left[1+\frac{2}{3}\frac{\eta_t(H)}{\eta_N(H)}\frac{|U|}{h_s}\frac{1}{C_0}\right]\frac{L_p}{C_0^2} \tag{6.252}$$

式(6.252)在形式上和式(6.241)相同，但它们的数值不一样，差别在于 C_0。

3. 摩擦力

(1) 浅腔内的摩擦力和台阶上的摩擦力

对于存在粘附核的浅腔内的摩擦力可以直接利用摩擦剪应力式(6.245)即

$$T_w=\pm T_s-\frac{2}{9}\frac{\eta_N(H)}{\eta_N(0)}\frac{1}{C_0}\left[1+\frac{2}{3}\frac{\eta_t(H)}{\eta_N(H)}\frac{|U|}{h_s}\frac{1}{C_0}\right],\qquad 0\leqslant X\leqslant L_p$$

在台阶部分由于没有粘附核，故有

$$\tau_w=\pm\tau_s-\frac{h}{2}\frac{\partial p}{\partial x}-\eta\frac{U}{h} \tag{6.253}$$

式(6.253)是润滑剂作用于运动表面的摩擦应力。用式(6.250)代入，并且量纲归一化以后就有

$$T_w = \pm T_s + \frac{\eta_N(H)}{\eta_N(0)}\left[1 + \frac{\eta_t(H)}{\eta_N(H)}\frac{|U|}{h_s}\right]\frac{1}{6}(3C_0 - 4), \qquad L_p \leqslant X \leqslant 1 \quad (6.254)$$

将浅腔和台阶的摩擦应力代入式(6.244)的积分中，就得量纲为 1 的比摩擦力是

$$T_F = \pm T_s + \frac{2}{9}\frac{L_p}{C_0}\frac{\eta_N(H)}{\eta_N(0)}\left[1 + \frac{2}{3}\frac{\eta_t(H)}{\eta_N(H)}\frac{|U|}{h_s}\frac{1}{C_0}\right]\times$$
$$\left\{1 + \left[\frac{1 + \dfrac{\eta_t(H)}{\eta_N(H)}\dfrac{|U|}{h_s}}{1 + \dfrac{2}{3}\dfrac{\eta_t(H)}{\eta_N(H)}\dfrac{|U|}{h_s}\dfrac{1}{C_0}}(4 - 3C_0)(1 - L_p)\frac{3C_0}{4L_p}\right]\right\} \quad (6.255)$$

(2) 摩擦系数

将式(6.252)和式(6.255)代入到式(6.164)中，得摩擦系数为

$$C_f = 3C_0\left(\frac{h_s}{l}\right)\left\{1 + \left[\frac{1 + \dfrac{\eta_t(H)}{\eta_N(H)}\dfrac{|U|}{h_s}}{1 + \dfrac{2}{3}\dfrac{\eta_t(H)}{\eta_N(H)}\dfrac{|U|}{h_s}\dfrac{1}{C_0}}(4 - 3C_0)(1 - L_p)\frac{3C_0}{4L_p}\right]\right\} \quad (6.256)$$

4. C_0 的确定

利用阶梯处之压力连续条件：$X = L_p, P\big|_{式(6.229)} = P\big|_{式(6.251)}$，得到确定 C_0 的式子为

$$(C_0 - 1)C_0^2 = \frac{4}{27}\left[\frac{1 + \dfrac{2}{3}\dfrac{\eta_t(H)}{\eta_N(H)}\dfrac{|U|}{h_s}\dfrac{1}{C_0}}{1 + \dfrac{\eta_t(H)}{\eta_N(H)}\dfrac{|U|}{h_s}}\right]\frac{L_p}{1 - L_p} \quad (6.257)$$

6.8.4　只存在台阶粘附核的阶梯滑块

1. 压力函数

(1) 浅腔中的压力

浅腔中没有粘附核，所以其压力微分方程直接由式(6.63)取 $h_1 = h_2 = h, u_r = 0$，得

$$\frac{\partial}{\partial x}\left(\frac{h^3}{12\eta}\frac{\partial p^*}{\partial x}\right) = \frac{U}{2}\frac{\partial h}{\partial x}$$

积分一次，并将积分常数写成 $-Uh_0/2$，就有

$$\frac{h^3}{12\eta}\frac{\partial p^*}{\partial x} = \frac{U}{2}(h - h_0)$$

对于均匀磁场 $p^* = p, \eta = \eta_N(H) + \eta_t(H)\dfrac{|U|}{h_p} = \text{const}$，以及在浅腔中 $h = h_p = \text{const}$，上式积分边界条件是：$x = 0, p = 0$。于是得压力为

$$p = \frac{6\eta U}{h_p^3}(h_p - h_0)x, \qquad 0 \leqslant x \leqslant l_p$$

将其量纲归一化，就得

$$P = \frac{\eta_N(H)}{\eta_N(0)}\left(1 + \frac{\eta_t(H)}{\eta_N(H)}\frac{|U|}{h_s}\frac{1}{C_p}\right)\frac{1}{C_p^2}\left(1 - \frac{C_0}{C_p}\right)X, \qquad 0 \leqslant X \leqslant L_p \quad (6.258)$$

(2) 台阶上的压力

在台阶处有粘附核的情况下，其压力可以直接引用式(6.231)，即

$$P=\frac{4}{27}\frac{\eta_N(H)}{\eta_N(0)}\frac{1}{(2-C_0)^2}\left[1+\frac{2}{3}\frac{\eta_t(H)}{\eta_N(H)}\frac{|U|}{h_s}\frac{1}{2-C_0}\right](1-X),\qquad L_p\leqslant X\leqslant 1$$

2. 承载能力

利用式(6.258)，取 $X=L_p$，就得最大压力 P_{max}，于是由式(6.240)得到量纲为 1 的比压为

$$P_L=\frac{1}{2}\frac{\eta_N(H)}{\eta_N(0)}\left[1+\frac{\eta_t(H)}{\eta_N(H)}\frac{|U|}{h_s}\frac{1}{C_p}\right]\left(1-\frac{C_0}{C_p}\right)\frac{L_p}{C_p^2}\tag{6.259}$$

3. 摩擦力和摩擦系数

(1) 摩擦力

在浅腔中，没有粘附核，故作用于运动平面上的摩擦剪应力是

$$\tau_w=\pm\tau_s-\frac{h_p}{2}\frac{\partial p}{\partial x}-\eta\frac{U}{h_p}$$

用浅腔内的压力方程 $\frac{h_p^3}{12\eta}\frac{\partial p}{\partial x}=\frac{U}{2}(h_p-h_0)$ 代入到上式中，就得到

$$\tau_w=\pm\tau_s-\frac{\eta U}{h_p}\left(4-3\frac{h_0}{h_p}\right),\qquad 0\leqslant x\leqslant l_p$$

量纲归一化以后有

$$T_w=\pm T_s-\frac{\eta_N(H)}{\eta_N(0)}\left[1+\frac{\eta_t(H)}{\eta_N(H)}\frac{|U|}{h_s}\frac{1}{C_p}\right]\left(4-3\frac{C_0}{C_p}\right)\frac{1}{6C_p},\qquad 0\leqslant X\leqslant L_p$$

在台阶上，因粘附核在运动表面上，故其摩擦剪应力是

$$T_w=\pm T_s,\qquad L_p\leqslant X\leqslant 1$$

整个滑块运动表面上的比摩擦力是

$$T_F=\pm T_s-\frac{\eta_N(H)}{\eta_N(0)}\left[1+\frac{\eta_t(H)}{\eta_N(H)}\frac{|U|}{h_s}\frac{1}{C_p}\right]\left(4-3\frac{C_0}{C_p}\right)\frac{L_p}{6C_p}\tag{6.260}$$

(2) 摩擦系数

将式(6.259)和式(6.260)代入式(6.164)中，得摩擦系数为

$$C_f=\frac{\frac{4}{3}\frac{C_p}{C_0}-1}{1-\frac{C_0}{C_p}}C_0\left(\frac{h_s}{l}\right)\tag{6.261}$$

若取 C_p 的临界值，即 $C_p=1.5C_0$，则有

$$C_f=3C_0\left(\frac{h_s}{l}\right)\tag{6.262}$$

4. C_0 值的确定

由阶梯处的压力衔接条件得确定 C_0 值的方程为

$$\frac{27}{4}\frac{1+\frac{2}{3}\frac{\eta_t(H)}{\eta_N(H)}\frac{|U|}{h_s}\frac{1}{2-C_0}}{1+\frac{\eta_t(H)}{\eta_N(H)}\frac{|U|}{h_s}\frac{1}{C_p}}\left(\frac{2}{C_p}-\frac{C_0}{C_p}\right)^2\left(1-\frac{C_0}{C_p}\right)=\frac{1-L_p}{L_p}\tag{6.263}$$

在图 6－30 和图 6－31 中，画出了平行平板阶梯滑块在四种情况下的承载能力和摩擦系数的曲线。因为台阶粘附核在 $L_p \geqslant 0.8$ 时才出现，所以同时具有浅腔和台阶粘附核以及单独有台阶粘附核的情况，只有 $L_p \geqslant 0.8$ 的区间才存在。与牛顿流润滑相比较，存在粘附核时的承载能力提高，同时摩擦系数也提高。只有浅腔粘附核的摩擦系数低，其原因是此时承载力增加的作用超过摩擦力的增加。

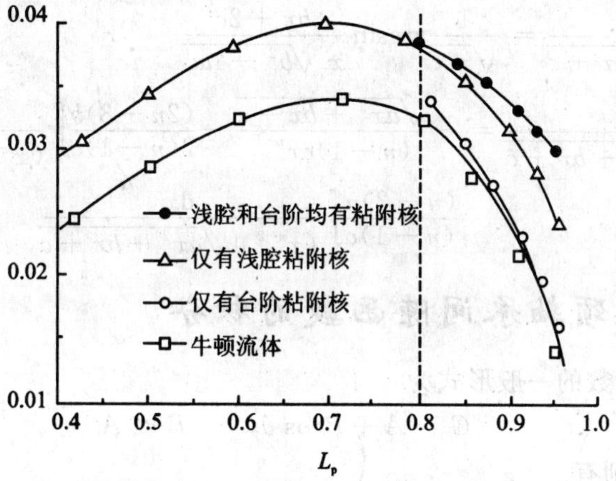

$H=0.12$ MA/m, $D=20\times10^3$ s^{-1}

图 6－30 平行平板阶梯滑块在四种情况下的承载能力

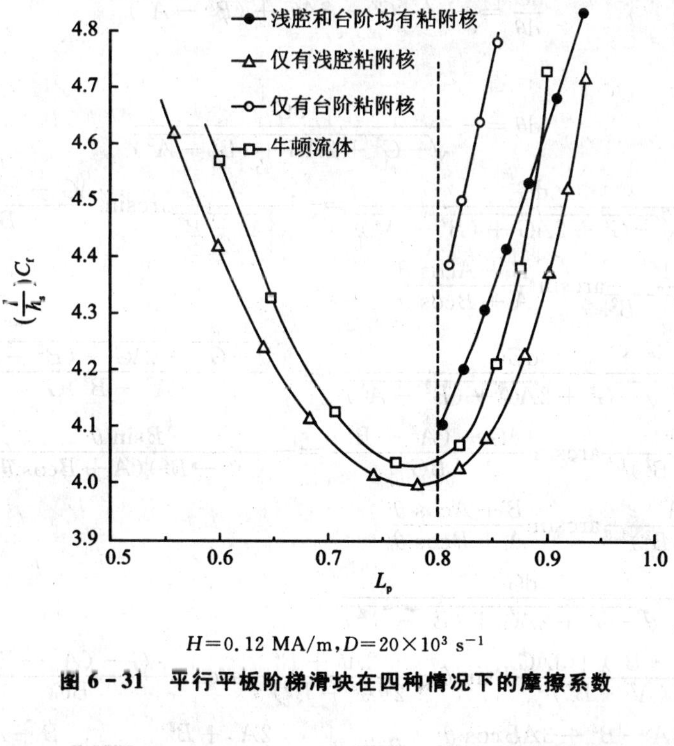

$H=0.12$ MA/m, $D=20\times10^3$ s^{-1}

图 6－31 平行平板阶梯滑块在四种情况下的摩擦系数

第 6 章附录　有关轴颈轴承间隙函数的积分

6A-1　基本关系式

1. $\int \frac{dx}{x\sqrt{ax^2+bx+c}} = \frac{1}{\sqrt{-c}}\arcsin\frac{bx+2c}{x\sqrt{b^2-4ac}}$

2. $\int \frac{dx}{(x^n)\sqrt{ax^2+bx+c}} = -\frac{\sqrt{ax^2+bx+c}}{(n-1)cx^{n-1}} - \frac{(2n-3)b}{2(n-1)c}\int\frac{dx}{(x^{n-1})\sqrt{ax^2+bx+c}} - \frac{(n-2)a}{(n-1)c}\int\frac{dx}{(x^{n-2})\sqrt{ax^2+bx+c}}$

6A-2　轴颈轴承间隙函数的积分

轴颈轴承间隙函数的一般形式为

$$G = A + B\cos\theta, \qquad B < A \tag{6A.1}$$

将上式对 θ 取导数，则有

$$\frac{dG}{d\theta} = -B\sin\theta$$

由式(6A.1)可知 $\sin\theta = \sqrt{1-\cos^2\theta} = \sqrt{1-(G-A)^2/B^2}$，代入上式的右边，即得

$$\frac{dG}{d\theta} = -\sqrt{-G^2+2AG+(B^2-A^2)}$$

或

$$d\theta = -\frac{dG}{\sqrt{-G^2+2AG+(B^2-A^2)}} \tag{6A.2}$$

1. $$\int\frac{d\theta}{G} = -\int\frac{dG}{G\sqrt{-G^2+2AG+(B^2-A^2)}} = -\frac{1}{\sqrt{A^2-B^2}}\arcsin\frac{AG-(A^2-B^2)}{BG} = -\frac{1}{\sqrt{A^2-B^2}}\arcsin\frac{B+A\cos\theta}{A+B\cos\theta} \tag{6A.3}$$

2. $$\int\frac{d\theta}{G^2} = -\int\frac{dG}{G^2\sqrt{-G^2+2AG+(B^2-A^2)}} = -\frac{\sqrt{-G^2+2AG+(B^2-A^2)}}{(A^2-B^2)G} - \frac{A}{(A^2-B^2)^{1.5}}\arcsin\frac{AG-(A^2-B^2)}{BG} = -\frac{B\sin\theta}{(A^2-B^2)(A+B\cos\theta)} - \frac{A}{(A^2-B^2)^{1.5}}\arcsin\frac{B+A\cos\theta}{A+B\cos\theta} \tag{6A.4}$$

3. $$\int\frac{d\theta}{G^3} = -\int\frac{dG}{G^3\sqrt{-G^2+2AG+(B^2-A^2)}} = -\frac{(A^2-B^2)+3AG}{2G^2(A^2-B^2)^{2.5}}B\sin\theta - \frac{2A^2+B^2}{2(A^2-B^2)^{2.5}}\arcsin\frac{AG-(A^2-B^2)}{BG} = -\frac{4A-B^2+3AB\cos\theta}{2(A^2-B^2)^2(A+B\cos\theta)^2}B\sin\theta - \frac{2A^2+B^2}{2(A^2-B^2)^{2.5}}\arcsin\frac{B+A\cos\theta}{A+B\cos\theta} \tag{6A.5}$$

4. $\int \frac{d\theta}{G^4} = -\int \frac{dG}{(G^4)\sqrt{-G^2+2AG+(B^2-A^2)}} =$

$$-\frac{2(A^2-B^2)+5A(A^2-B^2)G+(11A^2+4B^2)G^2}{6(A^2-B^2)^3G^3}B\sin\theta-$$

$$\frac{(2A^2+3B^2)A}{2(A^2-B^2)^{3.5}}\arcsin\frac{AG-(A^2-B^2)}{BG}=$$

$$-\frac{2(A^2-B^2)+5A(A^2-B^2)(A+B\cos\theta)+(11A^2+4B^2)(A+B\cos\theta)^2}{6(A^2-B^2)^3(A+B\cos\theta)^3}\times$$

$$B\sin\theta-\frac{(2A^2+3B^2)A}{2(A^2-B^2)^{3.5}}\arcsin\frac{B+A\cos\theta}{A+B\cos\theta} \quad (6A.6)$$

参考文献

[1] TIPEI N. Theory of lubrication with ferrofluid[J]. J. of Lub. Tech. Trans. ASME. 1982,104(10):510-515.

[2] TIPEI N. Overall characteristics of bearings lubricated with ferrofluids[J]. J. of Lub. Tech. Trans. ASME,1983,105(7):466-475.

[3] MIYAKE S, TAKAHASHI S. Sliding bearing lubricated with ferro-magnetic fluid. ASME preprint No. 84—LC—4B—1,1984.

[4] SUN D C. On the magnetic sealling capability of ferrofluid-lubricated journal bearings[J]. Proc. R. Soc. Lond. series A. 1986,404:69-88.

[5] CHANG H S, CHI C Q, ZHAO P Z. A theoretica and experimental study of ferrofluid libricated four-pocket journal bearings[J]. JMMM. 1987, 65:372-374.

[6] CHI C Q, WANG Z S, ZHAO P Z. Research on a new type of ferrofluid-libricated journal bearing[J]. JMMM. 1990,85:257-260.

[7] ZHANG Y. Static characteristics of magnetized journal bearing libricated with ferrofluid[J]. J. of Tribology, Trans ASME. 113(7):533-538.

[8] 池长青.铁磁流体润滑中的非牛顿流影响[J].北京航空航天大学学报,2001,27,(1):88-92.

[9] 池长青.均匀磁场中铁磁流体润滑的平板滑块的性能[J].北京航空航天大学学报,2001,27(1):93-96.

[10] 朗道,栗弗席兹.连续介质力学[M].彭旭麟,译.北京:人民教育出版社,1958:97-100.

[11] ROSENSWEIG R E. Ferrohydrodynamics[M]. Cambridge University Press,1985.

[12] SCHOLTEN P C, FELIUS J A P. The magnetical and rheological behavior of aggregate magnetic suspensions[J]. JMMM,1990,85:107-113.

[13] 孙大成.润滑力学讲义[M].北京:中国友谊出版公司,1991:464-465.

[14] KAMIYAMA S, KOIKE K, WANG Z S. Rheological characteristics of magnetic fluids[J]. JSME International Journal, 1987,30(263):761-766.

[15] GRANTS A, et al. Rheological properties of magnetite mangnetic fluid[J]. JMMM,1990,85:129-132.

[16] MATSUNO Y, ARAKI K, YAMAMOTO H. Magnetic fluid flows in a two-dimensional channel[J]. JMMM,1993,122:204-206.
[17] CONSTANTINESCU V N. el al. Sliding bearings[M]. New York:Allerton Press Inc. 1985, 82-86.
[18] 平克斯 O,斯德因李希特 B. 流体动力润滑理论[M]. 西安交通大学轴承研究小组,译. 北京:机械工业出版社,1980:402-407.
[19] 瓦洛惠特 J A,艾农 J N. 润滑力学近代发展[M]. 庄懋年,楼志文,陈瀚,译. 北京:机械工业出版社,1982:51-55.
[20] 池长青,王之珊,赵丕智. 铁磁流体力学[M]. 北京:北京航空航天大学出版社,1993.
[21] 池长青. 流体力学润滑[M]. 北京:国防工业出版社,1998.

第 7 章　铁磁流体的拟塑性润滑

7.1　概　述

铁磁流体作为高速轴承的润滑剂时，粘附核往往很难保持存在。这时铁磁流体的性能就和拟塑性体相当，即影响轴承性能的非牛顿流因素只是剪切稀化。还有一类铁磁流体，本身就没有屈服应力或者屈服应力小到可以忽略的程度。这样就出现了铁磁流体的拟塑性润滑的问题。

通常轴承内的压力状况对剪切稀化的影响较小，所以铁磁流体拟塑性润滑可以使用广义 Reynolds 润滑方程式(6.54)，当然还需要做一些简化处理。

铁磁流体的流动特性，大都是在一维流动的条件下获得的实验结果。在二维润滑分析中，如何统一在两个流动方向的流动特性是重要的前提。使用代数二次型的本构方程，可以得到一种近似的各向同性的流动特性表达式。这样就可以使二维润滑分析能够进行。

只要略去剪切稀化，拟塑性润滑的结果很容易转化成牛顿流润滑。

7.2　铁磁流体的二维拟塑性润滑基本关系

7.2.1　铁磁流体的拟塑性粘度系数

无论是压力流动还是剪切流动，无论是高磁场强度低剪切率，还是低磁场强度高剪切率，使用二次方程形式的铁磁流体本构方程，都可以很好地拟合实验数据。这样的方程形式就是

$$\tau(H,D)=\tau_s(H)+\eta_N(H)D+\eta_t(H)D^2$$

但是，在实验过程中，得到的铁磁流体的摩擦应力 τ 都是沿着流动方向的，即摩擦应力 τ、屈服应力 τ_s 和剪切率 D 三者方向是一致的。所以，将上面代数形式的本构方程改写成矢量形式，即

$$\boldsymbol{\tau}(H,D)=\boldsymbol{\tau}_s(H)+[\eta_N(H)+\eta_t(H)\mid D\mid]\boldsymbol{D} \tag{7.1}$$

在轴承中，流动沿轴承表面运动方向 x 和垂直于表面运动的方向 z 的流速分别是 u 和 w，流动的合成速度是 V_Σ，则有

$$\boldsymbol{V}_\Sigma=\boldsymbol{i}u+\boldsymbol{k}w$$

剪切率是

$$\boldsymbol{D}=\frac{\partial \boldsymbol{V}_\Sigma}{\partial y}=\boldsymbol{i}\frac{\partial u}{\partial y}+\boldsymbol{k}\frac{\partial w}{\partial y} \tag{7.2}$$

将矢量式(7.1)分解于 x 和 z 方向，有

$$\boldsymbol{i}\tau_{yx}(H,D)+\boldsymbol{k}\tau_{yz}(H,D)=\boldsymbol{i}\tau_{sx}(H)+\boldsymbol{k}\tau_{sz}(H)+[\eta_{N}(H)+\eta_{t}(H)\mid D\mid]\left(\boldsymbol{i}\frac{\partial u}{\partial y}+\boldsymbol{k}\frac{\partial w}{\partial y}\right)$$

按方向拆开，就得

$$\left.\begin{aligned}\tau_{yx}(H,D)&=\tau_{sx}(H)+[\eta_{N}(H)+\eta_{t}(H)\mid D\mid]\frac{\partial u}{\partial y}\\\tau_{yz}(H,D)&=\tau_{sz}(H)+[\eta_{N}(H)+\eta_{t}(H)\mid D\mid]\frac{\partial w}{\partial y}\end{aligned}\right\}\tag{7.3}$$

对于拟塑性的铁磁流体来说，$\tau_{s}=0$，于是式(7.3)成为

$$\left.\begin{aligned}\tau_{yx}(H,D)&=[\eta_{N}(H)+\eta_{t}(H)\mid D\mid]\frac{\partial u}{\partial y}\\\tau_{yz}(H,D)&=[\eta_{N}(H)+\eta_{t}(H)\mid D\mid]\frac{\partial w}{\partial y}\end{aligned}\right\}\tag{7.4}$$

由式(7.4)可取拟塑性的铁磁流体之粘性系数 $\eta(H,D)$ 为

$$\eta(H,D)=\eta_{N}(H)+\eta_{t}(H)\mid D\mid\tag{7.5}$$

显然，在均匀磁场中，铁磁流体的拟塑性流具有各向同性的粘度。

7.2.2 铁磁流体拟塑性润滑的稳态润滑方程及其边界条件

为了方便，在润滑方程式(6.54)中引用记号

$$\alpha=I_{2,0}+I_{2,2}-\frac{I_{1,0}^{2}}{I_{0,0}}-\frac{I_{1,2}^{2}}{I_{0,2}},\quad\beta=\frac{I_{1,0}}{I_{0,0}},\quad\gamma=\frac{I_{1,0}}{I_{0,0}}-\frac{I_{1,2}}{I_{0,2}}\tag{7.6}$$

此外，令

$$U^{+}=U_{0}+U_{h},\qquad U^{-}=U_{0}-U_{h}\tag{7.7}$$

式中，U_0 是 $y=0$ 的表面在 x 方向的运动速度，U_h 是 $y=h$ 的表面在 x 方向的运动速度。轴承表面在 z 方向没有运动，即 $W_h=0$，在稳态下取 $\partial h/\partial t=0$，于是润滑方程式(6.54)成为

$$\frac{\partial}{\partial x}\left(\alpha\frac{\partial p^{*}}{\partial x}\right)+\frac{\partial}{\partial z}\left(\alpha\frac{\partial p^{*}}{\partial z}\right)=U^{+}\frac{\partial\beta}{\partial x}-u_{c}\frac{\partial\gamma}{\partial x}-w_{c}\frac{\partial\gamma}{\partial z}\tag{7.8}$$

对于拟塑性润滑没有粘附核存在，故 $u_{c}=w_{c}=0$。

润滑方程式(7.8)的边界条件是：

1. 在坐标 z 的方向

在坐标 z 的方向，轴承具有对称的性质，即

$$\left.\begin{aligned}p^{*}(x,z)&=p^{*}(x,-z)\\p^{*}(x,b/2)&=p^{*}(x,-b/2)=0\end{aligned}\right\}\tag{7.9}$$

2. 在坐标 x 的方向

(1) 滑块轴承

$$p^{*}(l_{i},z)=p^{*}(l_{e},z)=0\tag{7.10}$$

式中，l_i 和 l_e 是滑块在 x 方向的始端和终端的坐标值。

(2) 轴颈轴承

x 方向即轴颈轴承的圆周方向 θ，采用全周 Sommerfeld 条件，则存在周期性质

$$\left.\begin{aligned}p^{*}(\theta,z)&=p^{*}(\theta+2\pi,z)\\\left.\frac{\partial p^{*}}{\partial\theta}\right|_{\theta}&=\left.\frac{\partial p^{*}}{\partial\theta}\right|_{\theta+2\pi}\end{aligned}\right\}\tag{7.11}$$

若采用半周 Sommerfeld 条件，则仅取轴承的半周收敛楔

$$p^*(0,z) = p^*(\pi,z) = 0 \tag{7.12}$$

7.2.3　铁磁流体的稳态拟塑性润滑方程本征函数的正交性质

在一般情况下，轴承内流动的剪切率 D 是坐标 x 和 z 的函数，即 $D=D(x,z)$。但在动压轴承中，剪切率的主要成分是 U/h，它只取决于坐标 x 而和坐标 z 无关。所以作为一种近似的简化，就将 D 视作仅是 x 的函数，即

$$D = D(x) \tag{7.13}$$

在铁磁流体轴承中，外磁场有两方面的作用：① 在 z 方向利用磁场力来抑制侧泄以增加承载能力；② 在 x 方向提高铁磁流体润滑剂的粘度来提高承载能力。实际上，第一个作用是微乎其微的，抵制侧泄需要与承载能力区割开来，另行设计；第二个作用是很可观的，所以外磁场的设计主要考虑轴承运动方向，即 x 方向的布置。为了有效地提高铁磁流体的粘度，通常使外磁场垂直于润滑膜，即沿坐标 y 的方向。这样，外磁场矢量的方向与润滑剂运动的涡旋矢量相垂直，可以最大限度地阻碍铁磁流体润滑剂内固相微粒的旋转。在一般情下可取

$$H = H(x) \tag{7.14}$$

由式(7.13)和式(7.14)可知，铁磁流体润滑剂在轴承内的拟塑性粘度系数的函数关系为

$$\eta(x;H,D) = \eta_{\mathrm{N}}(x;H) + \eta_{\mathrm{t}}(x;H)\mid D(x)\mid \tag{7.15}$$

于是，积分 $I_{n,i}$ 也只是坐标 x 的函数，即

$$I_{n,i} = \int_{y_i}^{y_{i+1}} \frac{y^n}{\eta_i}\mathrm{d}y = I_{n,i}(x) \tag{7.16}$$

而式(7.6)中的 α、β 和 γ 则都是 x 的函数，即

$$\alpha = \alpha(x), \qquad \beta = \beta(x), \qquad \gamma = \gamma(x) \tag{7.17}$$

这样，方程式(7.8)成为

$$\frac{\partial}{\partial x}\left(\alpha\frac{\partial p^*}{\partial x}\right) + \alpha\frac{\partial^2 p^*}{\partial z^2} = U^+\frac{\partial\beta}{\partial x} \tag{7.18}$$

上式中，已取 $u_c = w_c = 0$。

注意到边界条件式(7.9)～式(7.12)都是齐次的，但方程式(7.18)是非齐次的线性方程。将此方程的解分解成非齐次特解 $p_\infty^*(x)$ 和齐次通解 $p_+^*(x,z)$ 的和，即

$$p^*(x,z) = p_\infty^*(x) + p_+^*(x,z) \tag{7.19}$$

将式(7.19)代入式(7.18)中，而后拆开成为两个方程得

$$\frac{\mathrm{d}}{\mathrm{d}x}\left[\alpha(x)\frac{\mathrm{d}p_\infty^*(x)}{\mathrm{d}x}\right] = U^+\frac{\mathrm{d}\beta(x)}{\mathrm{d}x} \tag{7.20}$$

$$\frac{\partial}{\partial x}\left[\alpha(x)\frac{\partial p_+^*(x,z)}{\partial x}\right] + \alpha(x)\frac{\partial^2 p_+^*(x,z)}{\partial z^2} = 0 \tag{7.21}$$

将式(7.19)代入边界条件式(7.9)～式(7.12)中，得

(1) 在 z 方向的对称性质

滑块轴承为

$$p_+^*(x,z) = p_+^*(x,-z), \qquad p_+^*\left(x,\pm\frac{b}{2}\right) + p_\infty^*(x) = 0 \tag{7.22}$$

轴颈轴承为

$$p_{+}^{*}(\theta,z)=p_{+}^{*}(\theta,-z),\qquad p_{+}^{*}\left(\theta,\pm\frac{b}{2}\right)+p_{\infty}^{*}(\theta)=0 \tag{7.23}$$

(2) 在 x 方向

滑块轴承为

$$p_{\infty}^{*}(l_i)=p_{\infty}^{*}(l_e)=0 \tag{7.24}$$

$$p_{+}^{*}(l_i,z)=p_{+}^{*}(l_e,z)=0 \tag{7.25}$$

轴颈轴承为

① 全周 Sommerfeld 条件,即

$$p_{\infty}^{*}(\theta)=p_{\infty}^{*}(\theta+2\pi),\qquad \left.\frac{\mathrm{d}p_{\infty}^{*}}{\mathrm{d}\theta}\right|_{\theta}=\left.\frac{\mathrm{d}p_{\infty}^{*}}{\mathrm{d}\theta}\right|_{\theta+2\pi} \tag{7.26}$$

$$p_{+}^{*}(\theta,z)=p_{+}^{*}(\theta+2\pi,z),\qquad \left.\frac{\partial p_{+}^{*}}{\partial\theta}\right|_{\theta}=\left.\frac{\partial p_{+}^{*}}{\partial\theta}\right|_{\theta+2\pi} \tag{7.27}$$

② 半周 Sommerfeld 条件,即

$$p_{\infty}^{*}(0)=p_{\infty}^{*}(\pi)=0 \tag{7.28}$$

$$p_{+}^{*}(0,z)=p_{+}^{*}(\pi,z)=0 \tag{7.29}$$

将方程式(7.20)对 x 积分两次,而后利用边界条件决定两个积分常数,即得非齐次特解 p_{∞}^{*}。偏微分方程式(7.21)是线性齐次方程,而其定解条件式(7.22)、式(7.23)、式(7.25)、式(7.27)、式(7.29)都是齐次的。对于这样的定解问题可以使用分离变量方法,即设

$$p_{+}^{*}(x,z)=\sum_i X_i(x)Z_i(z) \tag{7.30}$$

由边界条件式(7.22)、式(7.23)、式(7.25)、式(7.27)、式(7.29)可以给出函数 $X_i(x)$ 和 $Z_i(z)$ 的边界条件式,分别是

(1) 在坐标 z 方向的对称性质

滑块轴承为

$$Z_i(z)=Z_i(-z),\qquad \sum_i X_i(x)Z_i\left(\pm\frac{b}{2}\right)=-p_{\infty}^{*}(x) \tag{7.31}$$

轴颈轴承为

$$Z_i(z)=Z_i(-z),\qquad \sum_i X_i(\theta)Z_i\left(\pm\frac{b}{2}\right)=-p_{\infty}^{*}(\theta) \tag{7.32}$$

(2) 在坐标 x 方向

滑块轴承为

$$X_i(l_i)=X_i(l_e)=0 \tag{7.33}$$

轴颈轴承为

① 全周 Sommerfeld 条件为

$$X_i(\theta)=X_i(\theta+2\pi),\qquad \left.\frac{\mathrm{d}X_i(\theta)}{\mathrm{d}\theta}\right|_{\theta}=\left.\frac{\mathrm{d}X_i(\theta)}{\mathrm{d}\theta}\right|_{\theta+2\pi} \tag{7.34}$$

② 半周 Sommerfeld 条件为

$$X_i(\theta_i)=X_i(\theta_e)=0 \tag{7.35}$$

将式(7.30)代入微分方程(7.21),就有

$$Z_i\frac{\mathrm{d}}{\mathrm{d}x}\left(\alpha\frac{\mathrm{d}X_i}{\mathrm{d}x}\right)+\alpha X_i\frac{\mathrm{d}^2Z_i}{\mathrm{d}z^2}=0$$

于是有

$$\frac{1}{\alpha X_i}\frac{\mathrm{d}}{\mathrm{d}x}\left(\alpha\frac{\mathrm{d}X_i}{\mathrm{d}x}\right)=-\frac{1}{Z_i}\frac{\mathrm{d}^2 Z_i}{\mathrm{d}z^2}=-\lambda_i$$

λ_i 称为本征值。只有当 λ_i 与坐标 x、z 均无关时，上式才能成立。将上式拆开，得

$$\frac{\mathrm{d}}{\mathrm{d}x}\left(\alpha\frac{\mathrm{d}X_i}{\mathrm{d}x}\right)+\lambda_i\alpha X_i=0 \tag{7.36}$$

$$\frac{\mathrm{d}^2 Z_i}{\mathrm{d}z^2}-\lambda_i Z_i=0 \tag{7.37}$$

方程式(7.36)之解 X_i 称为本征函数。这种本征函数 X_i 具有正交性质。将方程式(7.36)两边同乘以 X_j，即

$$-\lambda_i\alpha X_i X_j=X_j\frac{\mathrm{d}}{\mathrm{d}x}\left(\alpha\frac{\mathrm{d}X_i}{\mathrm{d}x}\right)$$

改写上式的右边成为

$$-\lambda_i\alpha X_i X_j=\frac{\mathrm{d}}{\mathrm{d}x}\left(X_j\alpha\frac{\mathrm{d}X_i}{\mathrm{d}x}\right)-\left(\alpha\frac{\mathrm{d}X_i}{\mathrm{d}x}\right)\frac{\mathrm{d}X_j}{\mathrm{d}x}$$

交换下标 i,j 得

$$-\lambda_j\alpha X_j X_i=\frac{\mathrm{d}}{\mathrm{d}x}\left(X_i\alpha\frac{\mathrm{d}X_j}{\mathrm{d}x}\right)-\left(\alpha\frac{\mathrm{d}X_j}{\mathrm{d}x}\right)\frac{\mathrm{d}X_i}{\mathrm{d}x}$$

两式相减并且在轴承全长上积分，得

$$(\lambda_j-\lambda_i)\int_{l_i}^{l_e}\alpha X_j X_i\,\mathrm{d}x=\left[X_j\alpha\frac{\mathrm{d}X_i}{\mathrm{d}x}\right]_{l_i}^{l_e}-\left[X_i\alpha\frac{\mathrm{d}X_j}{\mathrm{d}x}\right]_{l_i}^{l_e}$$

对于滑块轴承，由边界条件式(7.33)可知，X_i 和 X_j 在 l_i 和 l_e 上均为零；对于全周轴颈轴承，$l_i=0$，$l_e=0+2\pi$。由边界条件式(7.34)可知，上式右方两个中括号各自为零；对于半周轴颈轴承，$l_i=0$，$l_e=\pi$，在此两处，X_i 和 X_j 也都为零。所以有

$$(\lambda_j-\lambda_i)\int_{l_i}^{l_e}\alpha X_j X_i\,\mathrm{d}x=0$$

当 $i\neq j$ 时，$\lambda_j-\lambda_i\neq 0$，故有

$$\int_{l_i}^{l_e}\alpha X_j X_i\,\mathrm{d}x=0,\qquad i\neq j \tag{7.38}$$

式(7.38)说明，润滑方程式(7.18)的本征函数 $X_i(x)$ 具有正交性质，也就是说方程(7.18)及其定解条件得出的解是正交函数系。

7.2.4　二维润滑方程解的一般形式

方程式(7.37)的解是

$$Z_i(z)=A_1\exp(\sqrt{\lambda_i}\,z)+A_2\exp(-\sqrt{\lambda_i}\,z)$$

若令 $A_1=(B_1+B_2)/2$，$A_2=(B_1-B_2)/2$，则上式就成为

$$Z_i(z)=B_1\mathrm{ch}(\sqrt{\lambda_i}\,z)+B_2\mathrm{sh}(\sqrt{\lambda_i}\,z)$$

注意到函数 $Z_i(z)$ 的对称性质，则它的解的奇函数部分不能存在，故 $B_2=0$，于是有

$$Z_i(z)=B_i\mathrm{ch}(\sqrt{\lambda_i}\,z) \tag{7.39}$$

为了确定积分常数 B_i，将式(7.39)代入边界条件式(7.31)中，就有

$$\sum_i X_i B_i \mathrm{ch}(\sqrt{\lambda_i}\ b/2) = -p_\infty^*$$

将上式两边同乘以 αX_j，然后在轴承全长上积分，就得

$$\sum_i B_i \mathrm{ch}(\sqrt{\lambda_i}\ b/2)\int_{l_i}^{l_e} \alpha X_j X_i \mathrm{d}x = -\int_{l_i}^{l_e} \alpha X_j p_\infty^* \mathrm{d}x$$

由式(7.38)可知，上式左边的积分只有当 $i=j$ 时才不为零，于是

$$B_i \mathrm{ch}(\sqrt{\lambda_i}\ b/2)\int_{l_i}^{l_e} \alpha X_i^2 \mathrm{d}x = -\int_{l_i}^{l_e} \alpha X_i p_\infty^* \mathrm{d}x$$

于是系数 B_i 为

$$B_i = -\frac{1}{\mathrm{ch}(\sqrt{\lambda_i}\ b/2)} \frac{\int_{l_i}^{l_e} \alpha X_i p_\infty^* \mathrm{d}x}{\int_{l_i}^{l_e} \alpha X_i^2 \mathrm{d}x} \tag{7.40}$$

将式(7.40)代入到式(7.39)中，即得函数 Z_i；将 Z_i 代入式(7.30)得出 $p_+^*(x,z)$；再代回到式(7.19)，结果有

$$p^*(x,z) = p_\infty^*(x) - \sum_i \frac{\int_{l_i}^{l_e} \alpha X_i p_\infty^* \mathrm{d}x}{\int_{l_i}^{l_e} \alpha X_i^2 \mathrm{d}x} \frac{\mathrm{ch}(\sqrt{\lambda_i}\ z)}{\mathrm{ch}\left(\sqrt{\lambda_i}\ \dfrac{b}{2}\right)} X_i \tag{7.41}$$

进一步用正交函数 $X_i(x)$ 对 $p_\infty^*(x)$ 作广义 Fourier 展开，即

$$p_\infty^*(x) = \sum_i A_i X_i(x) \tag{7.42}$$

将上式两边同乘以 αX_j，而后在轴承全长上积分得

$$\int_{l_i}^{l_e} \alpha X_j p_\infty^* \mathrm{d}x = \sum_i A_i \int_{l_i}^{l_e} \alpha X_j X_i \mathrm{d}x$$

上式右边只有 $i=j$ 的那一项积分不为零，从而

$$A_i = \frac{\int_{l_i}^{l_e} \alpha X_i p_\infty^* \mathrm{d}x}{\int_{l_i}^{l_e} \alpha X_i^2 \mathrm{d}x} \tag{7.43}$$

将式(7.43)代入式(7.42)中，得 $p_\infty^*(x)$ 的展开式为

$$p_\infty^*(x) = \sum_i \frac{\int_{l_i}^{l_e} \alpha X_i p_\infty^* \mathrm{d}x}{\int_{l_i}^{l_e} \alpha X_i^2 \mathrm{d}x} X_i(x) \tag{7.44}$$

将式(7.44)与式(7.41)合并就得到轴承的二维压力之解为

$$p^*(x,z) = \sum_i \frac{\int_{l_i}^{l_e} \alpha X_i p_\infty^* \mathrm{d}x}{\int_{l_i}^{l_e} \alpha X_i^2 \mathrm{d}x} \left[1 - \frac{\mathrm{ch}(\sqrt{\lambda_i}\, z)}{\mathrm{ch}\left(\sqrt{\lambda_i}\ \dfrac{b}{2}\right)}\right] X_i(x) \tag{7.45}$$

式(7.45)右边的中括号体现了二维性质，因为它总是小于 1，所以实际上反映轴承内二维流动对压力的削弱作用。这样的中括号项常称为轴承压力的“侧泄因子”。

7.2.5　二维润滑中的平均本征值方法

由式(7.45)可知,要得到 $p^*(x,z)$,需先求出函数 $X_i(x)$,这就是说应当求解微分方程式(7.36)。但在一些具体的润滑问题中,求解方程式(7.36)并不容易,而且它的级数形式的解,应当很快地收敛,否则需要经过冗长的多项计算,才能达到精度。平均本征值方法可以绕过求解微分方程(7.36),并且算式简单而且满足工程精度的要求。

将微分方程式(7.36)乘以 A_i,而后求和,就得

$$\frac{\mathrm{d}}{\mathrm{d}x}\left[\alpha\frac{\mathrm{d}}{\mathrm{d}x}\left(\sum_i A_iX_i\right)\right]+\alpha\sum_i\lambda_iA_iX_i=0$$

由 Fourier 展开式(7.42),则上式可以改写成

$$\frac{\mathrm{d}}{\mathrm{d}x}\left(\alpha\frac{\mathrm{d}p_\infty^*}{\mathrm{d}x}\right)+\alpha\sum_i\lambda_iA_iX_i=0$$

将以上的方程通乘以 A_jX_j,并且在轴承的全长上积分,注意到 A_i、A_j 与 x 无关,就有

$$\int_{l_i}^{l_e}\left[\frac{\mathrm{d}}{\mathrm{d}x}\left(\alpha\frac{\mathrm{d}p_\infty^*}{\mathrm{d}x}\right)\right]A_jX_j\,\mathrm{d}x=-\sum_i\lambda_iA_jA_i\int_{l_i}^{l_e}\alpha X_jX_i\,\mathrm{d}x$$

上式右边的积分只有当 $i=j$ 时才不为零,于是得到

$$\int_{l_i}^{l_e}\left[\frac{\mathrm{d}}{\mathrm{d}x}\left(\alpha\frac{\mathrm{d}p_\infty^*}{\mathrm{d}x}\right)\right]A_iX_i\,\mathrm{d}x=-\int_{l_i}^{l_e}\alpha\lambda_i(A_iX_i)^2\,\mathrm{d}x$$

将上式两边求和,即

$$\int_{l_i}^{l_e}\left[\frac{\mathrm{d}}{\mathrm{d}x}\left(\alpha\frac{\mathrm{d}p_\infty^*}{\mathrm{d}x}\right)\right]\left(\sum_iA_iX_i\right)\mathrm{d}x=-\int_{l_i}^{l_e}\alpha\left[\sum_i\lambda_i(A_iX_i)^2\right]\mathrm{d}x\tag{7.46}$$

定义一个平均本征值 λ'

$$\lambda'=\frac{\int_{l_i}^{l_e}\alpha\left[\sum_i\lambda_i(A_iX_i)^2\right]\mathrm{d}x}{\int_{l_i}^{l_e}\alpha\left[\sum_i(A_iX_i)^2\right]\mathrm{d}x}\tag{7.47}$$

积分 $\int_{l_i}^{l_e}\alpha(p_\infty^*)^2\,\mathrm{d}x=\int_{l_i}^{l_e}\alpha\left(\sum_iA_iX_i\right)\left(\sum_jA_jX_j\right)\mathrm{d}x$,根据本征函数 X_i 的正交性质,其右边只当 $i=j$ 时的积分才不为零,于是有

$$\int_{l_i}^{l_e}\alpha(p_\infty^*)^2\,\mathrm{d}x=\int_{l_i}^{l_e}\alpha\left[\sum_i(A_iX_i)^2\right]\mathrm{d}x\tag{7.48}$$

将式(7.42)代入式(7.46)的左边,即得

$$\int_{l_i}^{l_e}\left[\frac{\mathrm{d}}{\mathrm{d}x}\left(\alpha\frac{\mathrm{d}p_\infty^*}{\mathrm{d}x}\right)\right]p_\infty^*\,\mathrm{d}x=-\int_{l_i}^{l_e}\alpha\left[\sum_i\lambda_i(A_iX_i)^2\,\mathrm{d}x\right]\tag{7.49}$$

将式(7.48)和式(7.49)分别代入式(7.47)右边的分母和分子中,就得到平均本征值 λ' 的计算式

$$\lambda'=-\frac{\int_{l_i}^{l_e}\left[\frac{\mathrm{d}}{\mathrm{d}x}\left(\alpha\frac{\mathrm{d}p_\infty^*}{\mathrm{d}x}\right)\right]p_\infty^*\,\mathrm{d}x}{\int_{l_i}^{l_e}\alpha(p_\infty^*)^2\,\mathrm{d}x}\tag{7.50}$$

用式(7.50)得出的 λ' 取代式(7.45)右边的 λ_i,这是和 i 无关的平均侧泄因子,它可以写在

求和号之外,再将求和号以内余下的项与式(7.44)相对照,就可以看到此时求和号内部项之总和就是 p_{∞}^{*},于是,式(7.45)成为

$$p^{*}(x,z;H)=p_{\infty}^{*}(x;H)\left[1-\frac{\mathrm{ch}(\sqrt{\lambda'}\,z)}{\mathrm{ch}(\sqrt{\lambda'}\,b/2)}\right] \tag{7.51}$$

式(7.51)就是二维润滑的近似解。

由式(7.50)可知,λ' 的量纲是长度的负二次方。将其量纲归一化,对滑块,取 $x=\xi l$,由式(6.134)取 $p_{\infty}^{*}=p_a\Lambda P_{\infty}^{*}$,于是得

$$\lambda'=-\frac{\displaystyle\int_{\xi_i}^{\xi_e}\left[\frac{\mathrm{d}}{\mathrm{d}\xi}\left(\alpha\frac{\mathrm{d}P_{\infty}^{*}}{\mathrm{d}\xi}\right)\right]P_{\infty}^{*}\mathrm{d}\xi}{\displaystyle\int_{\xi_i}^{\xi_e}\alpha(P_{\infty}^{*})^2\mathrm{d}\xi}\frac{1}{l^2}=\lambda\frac{1}{l^2} \tag{7.52}$$

设

$$z=\zeta l,\qquad B=b/l \tag{7.53}$$

式中,B 称为滑块轴承的宽长比。于是式(7.51)的量纲归一化形式是

$$P^{*}(\xi,\zeta;H)=P_{\infty}^{*}(\xi;H)\left[1-\frac{\mathrm{ch}(\sqrt{\lambda}\,\zeta)}{\mathrm{ch}(\sqrt{\lambda}\,B/2)}\right] \tag{7.54}$$

对于轴颈轴承,取 $x=r_j\theta$,则式(7.50)成为

$$\lambda'=-\frac{\displaystyle\int_{\theta_i}^{\theta_e}\left[\frac{\mathrm{d}}{\mathrm{d}\theta}\left(\alpha\frac{\mathrm{d}P_{\infty}^{*}}{\mathrm{d}\theta}\right)\right]P_{\infty}^{*}\mathrm{d}\theta}{\displaystyle\int_{\theta_i}^{\theta_e}\alpha(P_{\infty}^{*})^2\mathrm{d}\theta}\frac{1}{r_j^2}=\lambda\frac{1}{r_j^2} \tag{7.55}$$

设

$$z=\zeta r_j,\qquad B=b/(2r_j)=b/d_j \tag{7.56}$$

式中,B 称为轴颈轴承的宽径比。轴颈轴承的量纲归一化的二维压力解是

$$P^{*}(\theta,\zeta;H)=P_{\infty}^{*}(\theta;H)\left[1-\frac{\mathrm{ch}(\sqrt{\lambda}\,\zeta)}{\mathrm{ch}(\sqrt{\lambda}\,B)}\right] \tag{7.57}$$

式(7.52)和式(7.55)可看作是 λ 的定义式。λ 是量纲为1的平均本征值。

7.3 轴承二维流动的平均剪切率

7.3.1 概　述

由平均本征值方法得到的二维润滑方程的近似解,形式简单实用,而且有相当的工程精度。对于铁磁流体的拟塑性润滑而言,平均本征值方法的应用要有两个前提,即外磁场强度和流动的剪切率最多只能是 x 的一维函数,即式(7.13)和式(7.14)。外磁场在轴承的设计中,可以人为地设置。但剪切率在实际轴承中总是坐标 x 和 z 的函数,即是二维的。而按式(7.14)将其简化成一维的 x 的函数,有何物理上的根据和这种做法的近似程度,则是需要分析和讨论的。本节将借助于牛顿流来给出结果。

二维流动的剪切率可以表示成

$$D_{av}=\left(\frac{\partial V_{\Sigma}}{\partial y}\right)_{av}=\sqrt{\left(\frac{\partial u}{\partial y}\right)_{av}^{2}+\left(\frac{\partial w}{\partial y}\right)_{av}^{2}} \tag{7.58}$$

在轴承中，速度 u 是剪切流动和压力流的合成。设 $U_h=0, U_0=U$，则

$$\left(\frac{\partial u}{\partial y}\right)_{av}=\frac{1}{h}\int_0^h\frac{\partial u}{\partial y}\mathrm{d}y=\frac{1}{h}u\Big|_0^h=-\frac{U}{h} \tag{7.59}$$

而轴承中 z 方向的速度 w 是纯粹的压力流，所以其平均剪切率取半截膜厚计算，即

$$\left(\frac{\partial w}{\partial y}\right)_{av}=\frac{1}{(h/2)}\int_0^{h/2}\frac{\partial w}{\partial y}\mathrm{d}y=\frac{2}{h}w\Big|_0^{h/2}=\frac{2}{h}w\Big|_{y=h/2}$$

在轴承润滑膜内，w 的函数式是

$$w=\frac{1}{2\eta}\frac{\partial p}{\partial z}(y^2-hy)$$

故

$$w\Big|_{y=h/2}=-\frac{h^2}{8\eta}\frac{\partial p}{\partial z}$$

从而得到

$$\left(\frac{\partial w}{\partial y}\right)_{av}=-\frac{h}{4\eta}\frac{\partial p}{\partial z} \tag{7.60}$$

7.3.2　倾斜平板滑块

将式(7.54)两边对 ζ 取导数，有

$$\frac{\partial P}{\partial \zeta}=-P_{\infty}\frac{\sqrt{\lambda}\,\mathrm{sh}(\sqrt{\lambda}\zeta)}{\mathrm{ch}(\sqrt{\lambda}B/2)}$$

由 $\dfrac{\partial p}{\partial z}=\dfrac{P_a\Lambda\partial P}{l\partial\zeta}$，$\Lambda=\dfrac{6\eta Ul}{p_a h_e^2}$，$h_e=\dfrac{h}{C}$，则有

$$\frac{\partial p}{\partial z}=\frac{6\eta U}{h^2}C^2\frac{\partial P}{\partial \zeta}$$

代入式(7.60)中，就得

$$\left(\frac{\partial w}{\partial y}\right)_{av}=-\frac{U}{h}\left[1.5C^2P_{\infty}\frac{\sqrt{\lambda}\,\mathrm{sh}(\sqrt{\lambda}\zeta)}{\mathrm{ch}(\sqrt{\lambda}B/2)}\right] \tag{7.61}$$

将式(7.59)和式(7.61)代入式(7.58)中，得

$$D_{av}=\frac{U}{h}\sqrt{1+\left[1.5C^2P_{\infty}\frac{\sqrt{\lambda}\,\mathrm{sh}(\sqrt{\lambda}\zeta)}{\mathrm{ch}(\sqrt{\lambda}B/2)}\right]^2}$$

在流体润滑学中已经熟知倾斜平板滑块的无限宽解 P_{∞} 是[1,2]

$$P_{\infty}=\frac{(C_i-C)(C-1)}{(C_i^2-1)C^2},\qquad C_i=h_i/h_e$$

于是倾斜平板滑块的平均剪切率是

$$D_{av}=\frac{U}{h}\sqrt{1+\left[1.5\frac{(C_i-C)(C-1)}{C_i^2-1}\frac{\sqrt{\lambda}\,\mathrm{sh}(\sqrt{\lambda}\zeta)}{\mathrm{ch}(\sqrt{\lambda}B/2)}\right]^2} \tag{7.62}$$

用式(7.62)可以算出宽长比为 B 的滑块润滑膜中各处的 D_{av} 之值。计算结果表明，根号内中括号的值比 1 小得多，所以在润滑膜中各处的剪切率都可以使用 U/h 来近似。

将式(7.62)右方中括号之值在整个滑块润滑膜中取平均,并且利用几何关系式(6.117),两边微分得 $d\xi=dC/(C_i-1)$,就有

$$\frac{1}{(B/2)}\int_0^1\int_0^{B/2}\frac{(C_i-C)(C-1)}{C_i^2-1}\frac{\sqrt{\lambda}\,\mathrm{sh}(\sqrt{\lambda}\zeta)}{\mathrm{ch}(\sqrt{\lambda}B/2)}d\xi d\zeta=$$

$$\frac{2}{B}\int_t^{C_i}\frac{(C_i-C)(C-1)}{(C_i^2-1)(C_i-1)}dC\int_0^{B/2}\frac{\mathrm{sh}(\sqrt{\lambda}\zeta)}{\mathrm{ch}(\sqrt{\lambda}B/2)}d(\sqrt{\lambda}\zeta)=\frac{C_i-1}{3B(C_i+1)}\left[1-\frac{1}{\mathrm{ch}(\sqrt{\lambda}B/2)}\right]$$

于是得到整个润滑膜中的平均剪切率

$$\left.\begin{aligned}D_{av}&=C_D\frac{U}{h}\\C_D&=\sqrt{1+\left[\frac{C_i-1}{2B(C_i+1)}\left(1-\frac{1}{\mathrm{ch}(\sqrt{\lambda}B/2)}\right)\right]^2}\end{aligned}\right\}\tag{7.63}$$

按式(7.63)所计算的 C_D 值列于表 7-1 之中。

表 7-1　倾斜平板滑块的平均剪切率系数 C_D

B \ C_i	1.5	1.8	2.1	2.2	2.3	2.4	2.7	3.0	3.5
7	1.000 10	1.000 21	1.000 32	1.000 36	1.000 40	1.000 43	1.000 54	1.000 64	1.000 79
5	1.000 19	1.000 41	1.000 63	1.000 70	1.000 77	1.000 85	1.001 05	1.001 25	1.001 54
3	1.000 54	1.001 10	1.001 70	1.001 89	1.002 09	1.002 29	1.002 85	1.003 38	1.004 18
2	1.001 05	1.002 16	1.003 35	1.003 75	1.004 14	1.004 54	1.005 68	1.006 76	1.008 41
1.5	1.001 49	1.003 07	1.004 78	1.005 36	1.005 94	1.006 51	1.008 19	1.009 80	1.012 28
1.0	1.001 86	1.003 87	1.006 08	1.006 84	1.007 60	1.008 36	1.010 61	1.012 81	1.016 29
0.5	1.001 26	1.002 66	1.004 24	1.004 79	1.005 35	1.005 92	1.007 63	1.009 34	1.010 85
0.25	1.000 45	1.000 94	1.001 52	1.001 72	1.001 92	1.002 13	1.002 77	1.003 42	1.004 52

7.3.3　轴颈轴承

对于轴颈轴承,式(7.61)成为

$$\left(\frac{\partial w}{\partial y}\right)_{av}=-\frac{U}{h}\left[1.5C^2P_\infty\frac{\sqrt{\lambda}\,\mathrm{sh}(\sqrt{\lambda}\zeta)}{\mathrm{ch}(\sqrt{\lambda}B)}\right]\tag{7.64}$$

式(7.64)内的 ζ 和 B 是由式(7.56)定义的,而间隙函数 $C=1+\varepsilon\cos\theta$。轴颈轴承的无限宽解 P_∞ 是[1,2]

$$P_\infty=\frac{(2+\varepsilon\cos\theta)\varepsilon\sin\theta}{(2+\varepsilon^2)(1+\varepsilon\cos\theta)^2}=-\frac{1+C}{(2+\varepsilon^2)C^2}\frac{dC}{d\theta}$$

所以轴承润滑膜中各处的平均剪切率是

$$D_{av}=\frac{U}{h}\sqrt{1+\left[1.5\frac{(2+\varepsilon\cos\theta)\varepsilon\sin\theta}{2+\varepsilon^2}\frac{\sqrt{\lambda}\,\mathrm{sh}(\sqrt{\lambda}\zeta)}{\mathrm{ch}(\sqrt{\lambda}B)}\right]^2}\tag{7.65}$$

整个润滑膜的平均剪切率可使用上式右边根号内方括号的平均值,即

$$\frac{1}{\pi B}\int_0^\pi\int_0^B\frac{(2+\varepsilon\cos\theta)\varepsilon\sin\theta}{2+\varepsilon^2}\frac{\sqrt{\lambda}\,\mathrm{sh}(\sqrt{\lambda}\zeta)}{\mathrm{ch}(\sqrt{\lambda}B)}d\theta d\zeta=$$

$$\frac{1}{\pi B}\int_{1+\varepsilon}^{1-\varepsilon} - \frac{1+C}{2+\varepsilon^2}\mathrm{d}C\int_0^B \frac{\mathrm{sh}(\sqrt{\lambda}\zeta)}{\mathrm{ch}(\sqrt{\lambda}B)}\mathrm{d}(\sqrt{\lambda}\zeta) = \frac{4\varepsilon}{\pi B(2+\varepsilon^2)}\left[1-\frac{1}{\mathrm{ch}(\sqrt{\lambda}B)}\right]$$

上式积分限$[0,\pi]$表明使用半周 Sommerfeld 条件。于是整个轴颈轴承润滑膜的平均剪切率是

$$\left.\begin{aligned} D_{\mathrm{av}} &= C_{\mathrm{D}}\frac{U}{h} \\ C_{\mathrm{D}} &= \sqrt{1+\left[\frac{6\varepsilon}{\pi B(2+\varepsilon^2)}\left(1-\frac{1}{\mathrm{ch}(\sqrt{\lambda}B)}\right)\right]^2} \end{aligned}\right\} \tag{7.66}$$

轴颈轴承的平均剪切率系数 C_{D} 如表 7-2 所列。

表 7-2　轴颈轴承的平均剪切率系数 C_{D}(按式(7.66))

B \ ε	0.1	0.2	0.3	0.4	0.5	0.6	0.7	0.8	0.9
2.5	1.000 51	1.002 00	1.004 37	1.007 48	1.011 28	1.015 17	1.019 39	1.023 66	1.027 91
2.0	1.000 61	1.002 42	1.005 35	1.009 28	1.014 35	1.019 59	1.025 73	1.032 48	1.040 09
1.5	1.000 67	1.002 70	1.005 99	1.010 60	1.016 98	1.023 75	1.032 56	1.043 42	1.058 07
1.0	1.000 62	1.002 29	1.005 23	1.009 52	1.016 06	1.023 26	1.034 03	1.049 60	1.076 31
0.75	1.000 42	1.001 71	1.003 97	1.007 33	1.012 75	1.018 87	1.028 75	1.044 45	1.075 67
0.5	1.000 24	1.000 96	1.002 25	1.004 22	1.007 55	1.011 41	1.018 13	1.029 87	1.057 22

由式(7.63)和式(7.66)可看到,当轴承是无限宽时,即 $B\to\infty$,则 $C_{\mathrm{D}}=1$。不仅如此,由式(7.62)和式(7.65)可以看到,当轴承是无限宽时,润滑膜的 C_{D} 处处为 1。即整个润滑膜都是一维流动的剪切率。由表 7-1 和表 7-2 可以看到,在工程实用的范围内,润滑膜剪切率的二维效应是很弱的,C_{D} 之值非常接近于 1。从而可以简单地近似取

$$D_{\mathrm{av}} = \frac{U}{h} \tag{7.67}$$

通常,从无限宽轴承的一维性质可以推论,轴承越窄,二维效应越显著;但表 7-1 和表 7-2 的数据表明,对于润滑膜的剪切率来说,情况并非如此,剪切率的二维效应和轴承的相对宽度 B 的关系不是单调变化的。对于倾斜平板滑块,在 $B=1$ 的附近,二维效应最大;对于轴颈轴承,在 $B=1.5$ 左右,二维效应最大(在常用的偏心率 ε 的范围内)。更宽的轴承,由于坐标 z 方向的流动阻力增大,而二维效应减低;更窄的轴承,由于轴承内压力水平低,而 z 方向流动的驱动力减弱,但 x 方向的速度 U 却和轴承宽度无关,这时轴承虽然变窄,但其剪切率却向一维趋近。

7.4　铁磁流体拟塑性润滑的无限宽倾斜平板滑块

7.4.1　方程式(7.20)的一般积分形式

将方程式(7.20)对 x 积分两次,依次得

$$\frac{\mathrm{d}p_\infty^*}{\mathrm{d}x} = (U_h + U_0)\frac{\beta(x)}{\alpha(x)} + \frac{a_1}{\alpha(x)} \tag{7.68}$$

$$p_{\infty}^{*}=(U_h+U_0)\int\frac{\beta(x)}{\alpha(x)}\mathrm{d}x+a_1\int\frac{\mathrm{d}x}{\alpha(x)}+a_2 \tag{7.69}$$

平均剪切率更一般的形式是

$$D_{\mathrm{av}}=\frac{1}{h}\int_0^h\frac{\partial u}{\partial y}\mathrm{d}y=\frac{1}{h}u\Big|_0^h=\frac{U_h-U_0}{h}=\frac{U^-}{h} \tag{7.70}$$

将式(7.70)用于式(7.5)中，就有

$$\eta(x;H,D)=\eta_{\mathrm{N}}(x;H)+\eta_{\mathrm{t}}(x;H)\frac{|U^-|}{h} \tag{7.71}$$

式(7.71)表明，粘性系数 η 和坐标 y 无关，所以式(6.21)在轴承间隙高度$[0,h]$上的积分为

$$I_{n,0}=\frac{1}{n+1}\frac{1}{\eta}h^{n+1} \tag{7.72}$$

从而有

$$I_{0,0}=\frac{h}{\eta},\quad I_{1,0}=\frac{h^2}{2\eta},\quad I_{2,0}=\frac{h^3}{3\eta}$$

由于拟塑性润滑膜内没有“固体”核存在，故，$I_{1,2}=I_{2,2}=0$，于是由式(7.6)得

$$\alpha(x)=\frac{h^3}{12\eta},\quad \beta(x)=\gamma(x)=\frac{h}{2} \tag{7.73}$$

用式(7.73)代入式(7.68)和式(7.69)中，得

$$\frac{\mathrm{d}p_{\infty}^{*}}{\mathrm{d}x}=6\eta U^+\frac{1}{h^2}+12\eta\frac{a_1}{h^3}$$

$$p_{\infty}^{*}=U^+\int\frac{6\eta}{h^2}\mathrm{d}x+a_1\int\frac{12\eta}{h^3}\mathrm{d}x+a_2$$

或用式(7.71)代入，得

$$\frac{\mathrm{d}p_{\infty}^{*}}{\mathrm{d}x}=6U^+\frac{\eta_{\mathrm{N}}(x;H)}{h^2}+6U^+|U^-|\frac{\eta_{\mathrm{t}}(x;H)}{h^3}+12a_1\frac{\eta_{\mathrm{N}}(x;H)}{h^3}+12a_1|U^-|\frac{\eta_{\mathrm{t}}(x;H)}{h^4} \tag{7.74}$$

$$p_{\infty}^{*}=6U^+\int\frac{\eta_{\mathrm{N}}(x;H)}{h^2}\mathrm{d}x+6U^+|U^-|\int\frac{\eta_{\mathrm{t}}(x;H)}{h^3}\mathrm{d}x+12a_1\int\frac{\eta_{\mathrm{N}}(x;H)}{h^3}\mathrm{d}x+12a_1|U^-|\int\frac{\eta_{\mathrm{t}}(x;H)}{h^4}\mathrm{d}x+a_2 \tag{7.75}$$

式(7.75)是无限宽解的一般积分形式，适用于铁磁流体拟塑性润滑的各种类型的轴承。

7.4.2 在均匀磁场中铁磁流体拟塑性润滑无限宽倾斜平板中的压力

倾斜平板润滑膜厚度 h 和坐标 x 的关系就是式(6.101)

$$\mathrm{d}x=\frac{l}{h_{\mathrm{i}}-h_{\mathrm{e}}}\mathrm{d}h$$

将其代入积分式(7.75)中，得

$$p_{\infty}^{*}=\frac{6U^+l}{h_{\mathrm{i}}-h_{\mathrm{e}}}\left[\int\frac{\eta_{\mathrm{N}}(h;H)}{h^2}\mathrm{d}h+|U^-|\int\frac{\eta_{\mathrm{t}}(h;H)}{h^3}\mathrm{d}h\right]+\frac{12a_1l}{h_{\mathrm{i}}-h_{\mathrm{e}}}\left[\int\frac{\eta_{\mathrm{N}}(h;H)}{h^3}\mathrm{d}h+|U^-|\int\frac{\eta_{\mathrm{t}}(h;H)}{h^4}\mathrm{d}h\right]+a_2$$

采用记号

$$a_1 = -\frac{1}{2}U^+ h_0, \qquad a_2 = \frac{6U^+ l}{h_i - h_e} a_2'$$

设外磁场是均匀磁场，则 $p_\infty^* = p_\infty$，$\eta_N = \eta_N(H)$，$\eta_t = \eta_t(H)$。从而得到积分结果是

$$p_\infty = \frac{6U^+ l}{h_i - h_e}\left\{-\frac{\eta_N(H)}{h} - |U^-|\frac{\eta_t(H)}{2h^2} + h_0\left[\frac{\eta_N(H)}{2h^2} + |U^-|\frac{\eta_t(H)}{3h^3}\right] + a_2'\right\}$$

由边界条件 $h = h_e$，$p_\infty = 0$，得

$$p_\infty = \frac{6U^+ l}{h_i - h_e}\left\{\eta_N(H)\left(\frac{1}{h_e} - \frac{1}{h}\right) + |U^-|\frac{\eta_t(H)}{2}\left(\frac{1}{h_e^2} - \frac{1}{h^2}\right) - h_0\left[\frac{\eta_N(H)}{2}\left(\frac{1}{h_e^2} - \frac{1}{h^2}\right) + |U^-|\frac{\eta_t(H)}{3}\left(\frac{1}{h_e^3} - \frac{1}{h^3}\right)\right]\right\}$$

使用 $C = h/h_e$，$C_i = h_i/h_e$，$C_0 = h_0/h_e$，则上式可改写成

$$p_\infty = \frac{6U^+ \eta_N(H) l}{h_e^2}\frac{1}{C_i - 1}\left\{\left(1 - \frac{1}{C}\right) - \frac{C_0}{2}\left(1 - \frac{1}{C^2}\right) + \frac{\eta_t(H)}{\eta_N(H)}\frac{|U^-|}{h_e}\left[\frac{1}{2}\left(1 - \frac{1}{C^2}\right) - \frac{C_0}{3}\left(1 - \frac{1}{C^3}\right)\right]\right\} \tag{7.76}$$

由压力的量纲归一化，即

$$p = p_a \Lambda P, \qquad \Lambda = \frac{6U_0 \eta_N(0) l}{p_a h_e^2} \tag{7.77}$$

于是得

$$P_\infty = \frac{U^+}{U_0}\frac{\eta_N(H)}{\eta_N(0)}\frac{1}{C_i - 1}\left\{\left(1 - \frac{1}{C}\right) - \frac{C_0}{2}\left(1 - \frac{1}{C^2}\right) + \frac{\eta_t(H)}{\eta_N(H)}\frac{|U^-|}{h_e}\left[\frac{1}{2}\left(1 - \frac{1}{C^2}\right) - \frac{C_0}{3}\left(1 - \frac{1}{C^3}\right)\right]\right\} \tag{7.78}$$

用式(7.76)代入边界条件 $C = C_i$（即 $h = h_i$），$p_\infty = 0$，可得到 C_0

$$C_0 = \frac{2C_i}{C_i + 1}K_t, \qquad K_t = \frac{1 + \dfrac{1}{2}\dfrac{\eta_t(H)}{\eta_N(H)}\dfrac{|U^-|}{h_e}(C_i + 1)}{1 + \dfrac{2}{3}\dfrac{\eta_t(H)}{\eta_N(H)}\dfrac{|U^-|}{h_e}\dfrac{C_i^2 + C_i + 1}{C_i^2 + C_i}} \tag{7.79}$$

7.4.3　铁磁流体拟塑性润滑倾斜平板滑块的承载能力

对于无限宽倾斜平板滑块，其承载力是

$$f_{L,\infty} = b\int_0^l p_\infty \mathrm{d}x = (bl)\int_0^1 p_a \Lambda P_\infty \mathrm{d}\xi \tag{7.80}$$

定义一个量纲为 1 的比压 P_L 表示承载能力，则

$$f_L = (bl) p_a \Lambda P_L \tag{7.81}$$

对于倾斜平板滑块有

$$\Lambda = \frac{6\eta_N(0)U_0 l}{p_a h_e^2}$$

上式即式(7.77)。将式(7.80)和式(7.81)相比较,以及 $d\xi=(dC)/(C_i-1)$,就得

$$P_{L,\infty} = \int_0^1 P_\infty d\xi = \frac{1}{C_i-1}\int_1^{C_i} P_\infty dC \tag{7.82}$$

将式(7.78)代入上式之积分中,就得

$$P_{L,\infty} = \frac{U^+}{U_0}\frac{\eta_N(H)}{\eta_N(0)}\left[\frac{1}{C_i-1} - \frac{\ln C_i}{(C_i-1)^2} - \frac{C_0}{2C_i} + \frac{\eta_t(H)}{\eta_N(H)}\frac{|U^-|}{h_e}\left(1-\frac{C_0}{3}\frac{2C_i+1}{C_i}\right)\frac{1}{2C_i}\right] \tag{7.83}$$

上式计算出是负值,表明它是扩散楔,改正值就是收敛楔。

7.4.4 摩擦力和比摩擦力

在 $y=0$ 的表面上之摩擦应力是

$$\tau^* = -\frac{h}{2}\frac{\partial p^*}{\partial x} - \eta(x;H,D)\frac{U^-}{h}$$

利用 $a_1=-U^+h_0/2$,并且改写式(7.74)得

$$\frac{dp_\infty^*}{dx} = \frac{6\eta_N(x;H)U^+}{h^2}\left(1+\frac{\eta_t(x;H)}{\eta_N(x;H)}\frac{|U^-|}{h}\right)\left(1-\frac{h_0}{h}\right)$$

将其代入摩擦应力的式子中,则有

$$\tau_\infty^* = -\frac{6\eta_N(x;H)U^+}{2h}\left(1+\frac{\eta_t(x;H)}{\eta_N(x;H)}\frac{|U^-|}{h}\right)\left(1-\frac{h_0}{h}+\frac{U^-}{3U^+}\right) \tag{7.84}$$

由式(6.134)和式(6.135),有

$$\tau = p_a\Lambda_F T, \qquad \Lambda_F = \frac{6\eta_N(0)U_0}{p_a h_e}$$

在均匀磁场下,$\tau_\infty^*=\tau_\infty$,$\eta_N=\eta_N(H)$,$\eta_t=\eta_t(H)$,从而得量纲为 1 的摩擦应力 T 是

$$T_\infty = -\frac{\eta_N(H)}{\eta_N(0)}\frac{U^+}{U_0}\frac{1}{2C}\left(1+\frac{\eta_t(H)}{\eta_N(H)}\frac{|U^-|}{h_e}\frac{1}{C}\right)\left(1-\frac{C_0}{C}+\frac{U^-}{3U^+}\right) \tag{7.85}$$

定义量纲为 1 的比摩擦力 T_F 为

$$f_F = (bl)p_a\Lambda_F T_F$$

而摩擦力 $f_{F,\infty}$ 是 τ_∞ 的积分,即

$$f_{F,\infty} = b\int_0^l \tau_\infty dx = (bl)p_a\Lambda_F\int_0^1 T_\infty d\xi = (bl)p_a\Lambda_F\frac{1}{C_i-1}\int_1^{C_i} T_\infty dC$$

两式相比较得

$$T_{F,\infty} = \frac{1}{C_i-1}\int_1^{C_i} T_\infty dC \tag{7.86}$$

将式(7.85)代入上式之积分中,结果是

$$T_{F,\infty} = -\frac{\eta_N(H)}{\eta_N(0)}\frac{U^+}{U_0}\frac{1}{2}\left\{\left(1+\frac{U^-}{3U^+}\right)\frac{\ln C_i}{C_i-1} - \frac{C_0}{C_i} + \right.$$

$$\frac{\eta_t(H)}{\eta_N(H)}\frac{|U^-|}{h_e}\left[\left(1+\frac{U^-}{3U^+}\right)\frac{1}{C_i}-\frac{C_0(C_i+1)}{2C_i^2}\right]\Bigg\} \tag{7.87}$$

7.4.5　铁磁流体牛顿流润滑的倾斜平板滑块

对于铁磁流体的牛顿流，既不存在屈服应力($\tau_s=0$)，也不存在剪切稀化($\eta_t(x;H)=0$)。于是铁磁流体牛顿流润滑的倾斜平板的性能均可以由上几节的结果直接取 $\eta_t(H)=0$ 而得。

由式(7.79)得

$$C_0=\frac{2C_i}{C_i+1} \tag{7.88}$$

这是早已使用过的关系式。由此式可见在均匀磁场下，C_0 仅取决于膜厚比 C_i，而与磁场强度的高低无关。由式(7.78)并用式(7.88)代入其中，即得量纲为 1 的压力为

$$P_\infty=\frac{\eta_N(H)}{\eta_N(0)}\frac{U^+}{U_0}\frac{(C-1)(C_i-C)}{(C_i^2-1)C^2} \tag{7.89}$$

由式(7.83)并用式(7.88)代入其中，就得到表示承载能力的量纲为 1 的比压

$$P_{L,\infty}=\frac{\eta_N(H)}{\eta_N(0)}\frac{U^+}{U_0}\frac{1}{C_i-1}\left(\frac{\ln C_i}{C_i-1}-\frac{2}{C_i+1}\right) \tag{7.90}$$

量纲为 1 的摩擦应力由式(7.85)和式(7.88)得出，即

$$T_\infty=-\frac{\eta_N(H)}{\eta_N(0)}\frac{U^+}{U_0}\frac{1}{2C}\left[1+\frac{U^-}{3U^+}-\frac{2C_i}{(C_i+1)C}\right] \tag{7.91}$$

由式(7.87)和式(7.88)得量纲为 1 的比摩擦力为

$$T_{F,\infty}=-\frac{\eta_N(H)}{\eta_N(0)}\frac{U^+}{U_0}\frac{1}{2}\left[\left(1+\frac{U^-}{3U^+}\right)\frac{\ln C_i}{C_i-1}-\frac{2}{C_i+1}\right] \tag{7.92}$$

在式(7.89)～式(7.92)中，若取 $\eta_N(H)=\eta_N(0)$，就得普通牛顿流润滑的无限宽倾斜平板滑块的性能。

7.5　用平均本征值方法对轴承性能做二维修正

7.5.1　压力和比压

将式(7.54)和式(7.57)统一写成

$$P^*=P_\infty^*\left[1-\frac{\mathrm{ch}(\sqrt{\lambda}\zeta)}{\mathrm{ch}(\sqrt{\lambda}\delta)}\right] \tag{7.93}$$

式中

$$\delta=\begin{cases}B/2, & B=b/l \quad \text{滑块轴承}\\ B, & B=b/(2r_j) \quad \text{轴颈轴承}\end{cases} \tag{7.94}$$

量纲为 1 的二维比压 P_L^* 为

$$P_L^*=\frac{1}{2\delta}\int_0^{\xi_e}\int_{-\delta}^{\delta}P^*\,\mathrm{d}\xi\mathrm{d}\zeta=\frac{1}{2\delta}\int_0^{\xi_e}\int_{-\delta}^{\delta}P_\infty^*\left[1-\frac{\mathrm{ch}(\sqrt{\lambda}\zeta)}{\mathrm{ch}(\sqrt{\lambda}\delta)}\right]\mathrm{d}\xi\,\mathrm{d}\zeta \tag{7.95}$$

对于均匀磁场有

$$P_{\mathrm{L}}=\frac{1}{2\delta}\int_{0}^{\xi_{\mathrm{e}}}P_{\infty}\,\mathrm{d}\xi\int_{-\delta}^{\delta}\left[1-\frac{\mathrm{ch}(\sqrt{\lambda}\zeta)}{\mathrm{ch}(\sqrt{\lambda}\delta)}\right]\mathrm{d}\zeta=P_{\mathrm{L},\infty}\left[1-\frac{1}{\sqrt{\lambda}\delta}\mathrm{th}(\sqrt{\lambda}\delta)\right]\tag{7.96}$$

式中

$$\left.\begin{aligned}&\xi=\frac{x}{l_{\mathrm{c}}}=\begin{cases}\xi, & \text{滑块轴承}\\ \theta, & \text{轴颈轴承}\end{cases}\qquad \zeta=\frac{z}{l_{\mathrm{c}}},\qquad l_{\mathrm{c}}=\begin{cases}l, & \text{滑块轴承}\\ r_{\mathrm{j}}, & \text{轴颈轴承}\end{cases}\\ &\xi_{\mathrm{e}}=\begin{cases}1, & \text{滑块轴承}\\ \pi, & \text{半周轴颈轴承}\\ 2\pi, & \text{全周轴颈轴承}\end{cases}\end{aligned}\right\}\tag{7.97}$$

7.5.2 摩擦应力和比摩擦力

轴承运动表面上的摩擦应力是

$$\begin{aligned}\tau^{*}&=-\frac{h(x)}{2}\frac{\partial p^{*}(x,z)}{\partial x}-\eta(x;H,D)\frac{U^{-}}{h(x)}=\\ &-\frac{h(x)}{2}\frac{\mathrm{d}p_{\infty}^{*}(x)}{\mathrm{d}x}\left[1-\frac{\mathrm{ch}(\sqrt{\lambda}\zeta)}{\mathrm{ch}(\sqrt{\lambda}\delta)}\right]-\eta(x;H,D)\frac{U^{-}}{h(x)}\end{aligned}$$

将式(7.74)代入上式中，并且取 $a_1=-U^{+}h_0/2$，而后量纲归一化，就得量纲为 1 的摩擦应力为

$$T^{*}=\frac{\eta_{\mathrm{N}}(x;H)}{\eta_{\mathrm{N}}(0)}\frac{U^{+}}{U_0}\frac{1}{2C}\left[1+\frac{\eta_{\mathrm{t}}(x;H)}{\eta_{\mathrm{N}}(x;H)}\frac{|U^{-}|}{h_{\mathrm{c}}}\frac{1}{C}\right]\left\{\left(1-\frac{C_0}{C}\right)\left[1-\frac{\mathrm{ch}(\sqrt{\lambda}\zeta)}{\mathrm{ch}(\sqrt{\lambda}\delta)}\right]+\frac{U^{-}}{3U^{+}}\right\}\tag{7.98}$$

式中

$$h_{\mathrm{c}}=\begin{cases}h_{\mathrm{e}} & \text{滑块轴承}\\ h_{\mathrm{av}} & \text{轴颈轴承}\end{cases}\qquad C=\begin{cases}h/h_{\mathrm{e}}, & \text{滑块轴承}\\ 1+\varepsilon\cos\theta, & \text{轴颈轴承}\end{cases}\tag{7.99}$$

量纲为 1 的比摩擦力是

$$\begin{aligned}T_{\mathrm{F}}^{*}&=\frac{1}{2\delta}\int_{0}^{\xi_{\mathrm{e}}}\int_{-\delta}^{\delta}T^{*}\,\mathrm{d}\xi\mathrm{d}\zeta=\\ &\frac{1}{2\delta}\frac{U^{+}}{U_0}\int_{0}^{\xi_{\mathrm{e}}}\int_{-\delta}^{\delta}\frac{\eta_{\mathrm{N}}(\xi;H)}{\eta_{\mathrm{N}}(0)}\frac{1}{2C}\left[1+\frac{\eta_{\mathrm{t}}(\xi;H)}{\eta_{\mathrm{N}}(\xi;H)}\frac{|U^{-}|}{h_{\mathrm{c}}}\frac{1}{C}\right]\times\\ &\left\{\left(1-\frac{C_0}{C}\right)\left[1-\frac{\mathrm{ch}(\sqrt{\lambda}\zeta)}{\mathrm{ch}(\sqrt{\lambda}\delta)}\right]+\frac{U^{-}}{3U^{+}}\right\}\mathrm{d}\xi\,\mathrm{d}\zeta\end{aligned}\tag{7.100}$$

7.6 倾斜平板滑块轴承拟塑性润滑的二维近似解

7.6.1 压力和比压的二维近似解

将式(7.78)代入式(7.93)中，并且注意到磁场是均匀的，即得二维压力近似解

$$P=\frac{\eta_N(H)}{\eta_N(0)}\frac{U^+}{U_0}\frac{1}{C_i-1}\left\{\left(1-\frac{1}{C}\right)-\frac{C_0}{2}\left(1-\frac{1}{C^2}\right)+\right.$$
$$\left.\frac{\eta_t(H)}{\eta_N(H)}\frac{|U^-|}{h_e}\left[\frac{1}{2}\left(1-\frac{1}{C^2}\right)-\frac{C_0}{3}\left(1-\frac{1}{C^3}\right)\right]\right\}\left[1-\frac{\mathrm{ch}(\sqrt{\lambda}\zeta)}{\mathrm{ch}(\sqrt{\lambda}B/2)}\right] \tag{7.101}$$

将式(7.83)代入式(7.96)中，即得二维比压近似解

$$P_L=\frac{\eta_N(H)}{\eta_N(0)}\frac{U^+}{U_0}\left[\frac{1}{C_i-1}-\frac{\ln C_i}{(C_i-1)^2}-\frac{C_0}{2C_i}+\right.$$
$$\left.\frac{\eta_t(H)}{\eta_N(H)}\frac{|U^-|}{h_e}\left(1-\frac{C_0}{3}\frac{2C_i+1}{C_i}\right)\frac{1}{2C_i}\right]\left[1-\frac{2}{\sqrt{\lambda}B}\mathrm{th}(\sqrt{\lambda}B/2)\right] \tag{7.102}$$

7.6.2 摩擦应力和比摩擦力的二维近似解

量纲为 1 的摩擦应力，由式(7.98)取 $h_c=h_e,\delta=B/2$ 得

$$T^*=\frac{\eta_N(x;H)}{\eta_N(0)}\frac{U^+}{U_0}\frac{1}{2C}\left(1+\frac{\eta_t(x;H)}{\eta_N(x;H)}\frac{|U^-|}{h_e}\frac{1}{C}\right)\left[\left(1-\frac{C_0}{C}\right)\left(1-\frac{\mathrm{ch}(\sqrt{\lambda}\zeta)}{\mathrm{ch}(\sqrt{\lambda}B/2)}\right)+\frac{U^-}{3U^+}\right] \tag{7.103}$$

由式(7.100)将变量 ξ 换为 C，积分限$[0,\xi_e]$换为$[1,C_i]$，则得量纲为 1 的比摩擦力为

$$T_F=\frac{\eta_N(H)}{\eta_N(0)}\frac{U^+}{U_0}\frac{1}{2}\left\{\left[\frac{\ln C_i}{C_i-1}-\frac{C_0}{C_i}+\frac{\eta_t(H)}{\eta_N(H)}\frac{|U^-|}{h_e}\left(\frac{1}{C_i}-\frac{C_0}{2}\frac{C_i+1}{C_i^2}\right)\right]\left(1-\frac{2}{\sqrt{\lambda}B}\mathrm{th}\frac{\sqrt{\lambda}B}{2}\right)+\right.$$
$$\left.\frac{U^-}{3U^+}\left(\frac{\ln C_i}{C_i-1}+\frac{\eta_t(H)}{\eta_N(H)}\frac{|U^-|}{h_e}\frac{1}{C_i}\right)\right\} \tag{7.104}$$

式(7.104)适用于均匀磁场的情况。

7.6.3 倾斜平板滑块的牛顿流润滑二维近似解

在式(7.101)～式(7.104)中，取 $\eta_t(H)=0$，就是牛顿流润滑的情况，此时由式(7.79)给出 C_0 之式为 $C_0=2C_i/(C_i+1)$，所以得量纲为 1 的压力是

$$P=\frac{\eta_N(H)}{\eta_N(0)}\frac{U^+}{U_0}\frac{(C-1)(C_i-C)}{(C_i^2-1)C}\left[1-\frac{\mathrm{ch}(\sqrt{\lambda}\zeta)}{\mathrm{ch}(\sqrt{\lambda}B/2)}\right] \tag{7.105}$$

量纲为 1 的比压是

$$P_L=\frac{\eta_N(H)}{\eta_N(0)}\frac{U^+}{U_0}\left[\frac{2}{C_i^2-1}-\frac{\ln C_i}{(C_i-1)^2}\right]\left(1-\frac{2}{\sqrt{\lambda}B}\mathrm{th}\frac{\sqrt{\lambda}B}{2}\right) \tag{7.106}$$

量纲为 1 的摩擦应力

$$T^*=\frac{\eta_N(x;H)}{\eta_N(0)}\frac{U^+}{U_0}\frac{1}{2C}\left\{\left[1-\frac{2C_i}{(C_i+1)C}\right]\left[1-\frac{\mathrm{ch}(\sqrt{\lambda}\zeta)}{\mathrm{ch}(\sqrt{\lambda}B/2)}\right]+\frac{U^-}{3U^+}\right\} \tag{7.107}$$

量纲为 1 的比摩擦力

$$T_F=\frac{\eta_N(H)}{\eta_N(0)}\frac{U^+}{U_0}\frac{1}{2}\left[\left(\frac{\ln C_i}{C_i-1}-\frac{2}{C_i+1}\right)\left(1-\frac{2}{\sqrt{\lambda}B}\mathrm{th}\frac{\sqrt{\lambda}B}{2}\right)+\frac{U^-}{3U^+}\frac{\ln C_i}{C_i-1}\right] \tag{7.108}$$

7.6.4 倾斜平板滑块的平均本征值

将式(7.78)的P_∞代入式(7.52)中,就可得到倾斜平板滑块的平均本征值λ,虽然积分过程很繁,但是可以得出λ的关系式。在剪切稀化不严重的情况下,作为近似的办法,可以按牛顿流处理。于是,使用式(7.89)代入式(7.52)中,积分结果给出的本征值λ是[1]

$$\lambda=\frac{12(C_i-1)^2(C_i+1)[(C_i+1)\ln C_i-2(C_i-1)]}{12C_i^2\ln C_i+(C_i^2-1)(C_i^2-8C_i+1)} \tag{7.109}$$

由式(7.109)可见,当略去剪切稀化的影响时,倾斜平板滑块的平均本征值λ仅取决于膜比C_i,而和宽长比B无关。宽长比B只在侧泄因子中表现它的影响。

7.6.5 铁磁流体拟塑性流润滑的无限宽倾斜平板滑块的数值举例

1. 外磁场强度对滑块承载能力的影响

由图7-1可见,外磁场H越高,滑块的承载能力P_L也越大,主要是由于H使铁磁流体润滑剂的粘度增大的结果。在$H=0$时,铁磁流体拟塑性流润滑的滑块比普通牛顿流体润滑的滑块承载能力还低,原因是剪切稀化的影响。

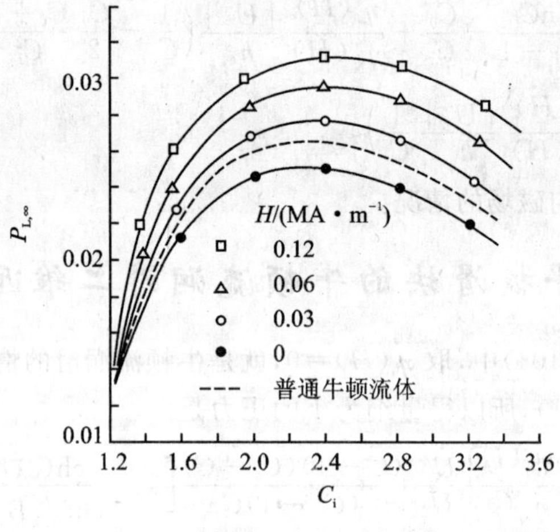

图7-1 外磁场强度H对滑块承载能力P_L的影响($D=2\times10^4\ s^{-1}$)

2. 剪切率D对滑块承载能力的影响

由图7-2可以看到,在高剪切率下,铁磁流体拟塑性流润滑滑块的承载能力降低,就是因为润滑剂存在剪切稀化。

无论外磁场强度H的高低和剪切率D的大小,都不能改变承载能力最佳膜厚比存在的事实。所以,铁磁流体润滑的滑块轴承也需要考虑参数优化,甚至采用可倾瓦结构以保证轴承在最佳膜厚比下工作。

3. 摩擦系数

图7-3中所画的摩擦数曲线,在$H=0\sim0.12$ MA/m和$D=3\times10^3\sim20\times10^3\ s^{-1}$的范围内都适用,即在此范围任何$H$和$D$组合的状况下,摩擦系数的差别极其微小。图7-3的曲线

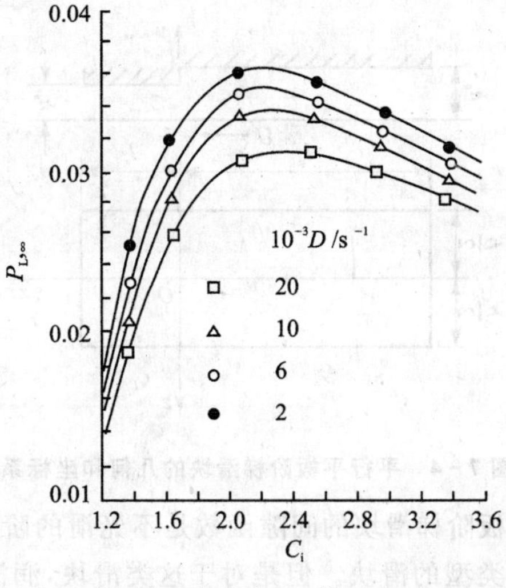

图 7-2 剪切率 D 对滑块承载能力 P_L 的影响(H=0.12 MA·m^{-1})

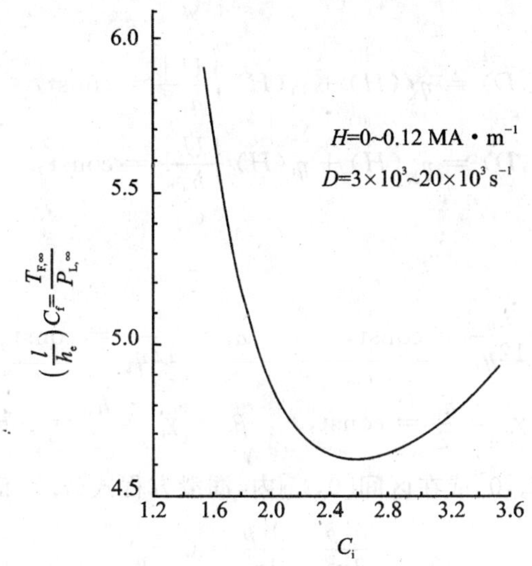

图 7-3 铁磁流体拟塑性流润滑的倾斜平板滑块的摩擦系数

实际上也与普通牛顿流体润滑剂的摩擦系数曲线相吻合。原因是外磁场强度 H 既可提高承载能力,同时又相应地提高摩擦力;剪切率 D 既降低承载能力,同时又降低摩擦力。所以 H 和 D 对摩擦系数的影响甚微。因此铁磁流体拟塑性润滑与普通牛顿流体润滑具有相同的轴承效率,但承载能力却较好,这是铁磁流体润滑的优点之一。

7.7 铁磁流体拟塑性流润滑的平行平板阶梯滑块

7.7.1 概 述

为了分析上的方便,将坐标原点取为阶梯线之中点,如图 7-4 所示。

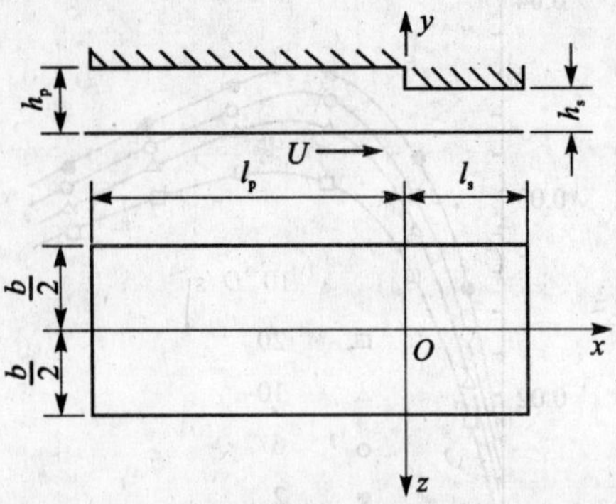

图 7-4　平行平板阶梯滑块的几何和坐标系

由图 7-4 可见，平行平板阶梯滑块的间隙函数是不光滑的阶跃函数，所以二维修正的平均本征值方法不能用于这种类型的滑块。但是对于这类滑块，润滑方程可以简化成二维 Laplace 方程，其求解并不困难。因为 h_p 和 h_s 都是常数，在均匀外磁场下，铁磁流体拟塑性流的粘性系数是

$$\eta(H,D)=\begin{cases}\eta_p(H,D)=\eta_N(H)+\eta_t(H)\dfrac{|U|}{h_p}=\text{const}, & -l_p\leqslant x\leqslant 0\\[2mm] \eta_s(H,D)=\eta_N(H)+\eta_t(H)\dfrac{|U|}{h_s}=\text{const}, & 0\leqslant x\leqslant l_s\end{cases} \tag{7.110}$$

从而由式(7.73)可得

$$\left.\begin{aligned}&\alpha_p=\frac{h_p^3}{12\eta_p}=\text{const}, \qquad &&\alpha_s=\frac{h_s^3}{12\eta_s}=\text{const}\\ &\beta_p=\gamma_p=\frac{h_p}{2}=\text{const}, \qquad &&\beta_s=\gamma_s=\frac{h_s}{2}=\text{const}\end{aligned}\right\} \tag{7.111}$$

这样一来，无论在区间$[-l_p,0]$或在区间$[0,l_s]$内，润滑方程式(7.8)都成为 Laplace 方程

$$\frac{\partial^2 p}{\partial x^2}+\frac{\partial^2 p}{\partial z^2}=0 \tag{7.112}$$

边界条件是

$$p\Big|_{x=-l_p}=0, \qquad p\Big|_{x=l_s}=0 \tag{7.113}$$

$$p\Big|_{z=\pm b/2}=0, \qquad \frac{\partial p}{\partial z}\Big|_{z=0}=0 \tag{7.114}$$

在阶梯处的压力衔接和流量连续条件为

$$p\Big|_{x=-0}=p\Big|_{x=+0} \tag{7.115}$$

$$-\frac{h_p^3}{12\eta_p}\frac{\partial p}{\partial x}\Big|_{x=-0}+\frac{1}{2}h_pU=-\frac{h_s^3}{12\eta_s}\frac{\partial p}{\partial x}\Big|_{x=+0}+\frac{1}{2}h_sU \tag{7.116}$$

7.7.2　阶梯滑块中的压力分布函数

Laplace 方程式(7.112)是线性齐次方程，定解条件式(7.113)～式(7.116)都是齐次的。所以，可以采用分离变量法来求解。设

$$p(x,z)=p_x(x)p_z(z) \tag{7.117}$$

将式(7.117)代入方程式(7.112)中，就可以拆出两个方程式

$$\frac{\mathrm{d}^2 p_z}{\mathrm{d}z^2}+\lambda' p_z=0,\qquad \frac{\mathrm{d}^2 p_x}{\mathrm{d}x^2}-\lambda' p_x=0 \tag{7.118}$$

式中，λ'是本征值，它是与坐标 x 和 z 均无关的常数。将式(7.117)代入定解条件式(7.113)～式(7.116)中，就得 p_x 和 p_z 的定解条件分别是：

$$p_x\Big|_{x=-l_\mathrm{p}}=p_x\Big|_{x=l_\mathrm{s}}=0 \tag{7.119}$$

$$p_z\Big|_{z=\pm b/2}=0,\qquad \frac{\mathrm{d}p_z}{\mathrm{d}z}\Big|_{z=0}=0 \tag{7.120}$$

$$p_x\Big|_{x=-0}=p_x\Big|_{x=+0} \tag{7.121}$$

$$-\frac{h_\mathrm{p}^3}{12\eta_\mathrm{p}}\frac{\partial p}{\partial x}\Big|_{x=-0}+\frac{1}{2}h_\mathrm{p}U=-\frac{h_\mathrm{s}^3}{12\eta_\mathrm{s}}\frac{\partial p}{\partial x}\Big|_{x=+0}+\frac{1}{2}h_\mathrm{s}U \tag{7.122}$$

式(7.118)中 p_z 的微分方程，其解应当是三角正弦函数和余弦函数的线性组合。但是由边界条件式(7.120)所表示的压力 p_z 分布对称于坐标轴 z，所以 p_z 的解只能取偶函数，即三角余弦函数

$$p_z=a\cos(\sqrt{\lambda'}z)$$

由式(7.120)得

$$p_z\Big|_{z=\pm b/2}=a\cos\left(\pm\sqrt{\lambda'}\,\frac{b}{2}\right)=0$$

上式中系数 a 不能为零，否则是平凡解，故有

$$\sqrt{\lambda'_n}=\frac{2n+1}{b}\pi,\qquad n=0,1,2,\cdots \tag{7.123}$$

于是 $p_z(z)$的基本解是

$$p_{z,n}=a_n\cos\frac{(2n+1)\pi z}{b} \tag{7.124}$$

式(7.118)中 p_x 的微分方程的解是双曲正弦函数和双曲余弦函数的线性组合，即

$$p_{x,n}=\begin{cases}c_n\mathrm{sh}(\sqrt{\lambda'_n}x)+d_n\mathrm{ch}(\sqrt{\lambda'_n}x), & -l_\mathrm{p}\leqslant x\leqslant 0\\ c'_n\mathrm{sh}(\sqrt{\lambda'_n}x)+d'_n\mathrm{ch}(\sqrt{\lambda'_n}x), & 0\leqslant x\leqslant l_\mathrm{s}\end{cases} \tag{7.125}$$

将上式代入边界条件式(7.119)中，就得

$$\frac{d_n}{c_n}=\mathrm{th}(\sqrt{\lambda'_n}l_\mathrm{p}),\qquad \frac{d'_n}{c'_n}=-\mathrm{th}(\sqrt{\lambda'_n}l_\mathrm{s})$$

将式(7.124)和式(7.125)代入式(7.117)中，并设 $a_nc_n=A_n$，$a_nc'_n=A'_n$，得阶梯滑块的压力函数的基本解是

$$p_n(x,z)=\begin{cases}A_n[\mathrm{sh}(\sqrt{\lambda'_n}x)+\mathrm{th}(\sqrt{\lambda'_n}l_\mathrm{p})\mathrm{ch}(\sqrt{\lambda'_n}x)]\cos(\sqrt{\lambda'_n}z), & -l_\mathrm{p}\leqslant x\leqslant 0\\ A'_n[\mathrm{sh}(\sqrt{\lambda'_n}x)-\mathrm{th}(\sqrt{\lambda'_n}l_\mathrm{s})\mathrm{ch}(\sqrt{\lambda'_n}x)]\cos(\sqrt{\lambda'_n}z), & 0\leqslant x\leqslant l_\mathrm{s}\end{cases} \tag{7.126}$$

压力的通解是全部基本解的叠加，即

$$p(x,z)=\sum_{n=0}^{\infty}p_n(x,z)=\begin{cases}\sum_{n=0}^{\infty}A_n[\operatorname{sh}(\sqrt{\lambda_n'}x)+\operatorname{th}(\sqrt{\lambda_n'}l_p)\operatorname{ch}(\sqrt{\lambda_n'}x)]\cos(\sqrt{\lambda_n'}z), \\ \qquad -l_p\leqslant x\leqslant 0 \\ \sum_{n=0}^{\infty}A_n'[\operatorname{sh}(\sqrt{\lambda_n'}x)-\operatorname{th}(\sqrt{\lambda_n'}l_s)\operatorname{ch}(\sqrt{\lambda_n'}x)]\cos(\sqrt{\lambda_n'}z), \\ \qquad 0\leqslant x\leqslant l_s\end{cases} \tag{7.127}$$

系数 A_n 和 A_n' 可以利用 $x=0$ 处的压力衔接和流量连续条件确定。将式(7.126)代入式(7.121)中得

$$A_n=-A_n'\operatorname{th}(\sqrt{\lambda_n'}l_s)\coth(\sqrt{\lambda_n'}l_p) \tag{A}$$

再将式(7.127)代入式(7.122)中，就有

$$-\frac{h_p^3}{12\eta_p}\sum_n A_n\sqrt{\lambda_n'}\cos(\sqrt{\lambda_n'}z)+\frac{1}{2}Uh_p=-\frac{h_s^3}{12\eta_s}\sum_n A_n'\sqrt{\lambda_n'}\cos(\sqrt{\lambda_n'}z)+\frac{1}{2}Uh_s$$

将上式两边同乘以 $\cos(\sqrt{\lambda_m'}z)$，然后在区间 $[-b/2,b/2]$ 上积分。由于 $\cos(\sqrt{\lambda_n'}z)$ 函数的正交性质，只有 $m=n$ 时积分才不为零，故有

$$\left(\frac{h_p^3}{12\eta_p}A_n-\frac{h_s^3}{12\eta_s}A_n'\right)\frac{1}{2}\sqrt{\lambda_n'}b=\frac{U}{2}(h_p-h_s)\frac{2}{\sqrt{\lambda_n'}}(-1)^n \tag{B}$$

联立式(A)和式(B)即可解出

$$A_n'=\frac{24(h_p-h_s)U}{\left\{\frac{h_p^3}{\eta_p}[\operatorname{th}(\sqrt{\lambda_n'}l_s)\coth(\sqrt{\lambda_n'}l_p)]+\frac{h_s^3}{\eta_s}\right\}b\lambda_n'}(-1)^{n+1} \tag{7.128}$$

$$A_n=\frac{24U(h_p-h_s)\operatorname{th}(\sqrt{\lambda_n'}l_s)\coth(\sqrt{\lambda_n'}l_p)}{\left\{\frac{h_p^3}{\eta_p}[\operatorname{th}(\sqrt{\lambda_n'}l_s)\coth(\sqrt{\lambda_n'}l_p)]+\frac{h_s^3}{\eta_s}\right\}b\lambda_n'}(-1)^n \tag{7.129}$$

式中，η_p 和 η_s 由式(7.110)确定，λ_n' 则见之于式(7.123)。将系数 A_n 和 A_n' 代入式(7.127)中，就得平行平板阶梯滑块中的压力分布函数之解。

7.7.3 承载力

承载力由压力的积分给出，即

$$f_L=\sum_{n=0}^{\infty}\left\{A_n\int_{-l_p}^{0}[\operatorname{sh}(\sqrt{\lambda_n'}x)+\operatorname{th}(\sqrt{\lambda_n'}l_p)\operatorname{ch}(\sqrt{\lambda_n'}x)]\mathrm{d}x+A_n'\int_{0}^{l_s}[\operatorname{sh}(\sqrt{\lambda_n'}x)-\operatorname{th}(\sqrt{\lambda_n'}l_s)\operatorname{ch}(\sqrt{\lambda_n'}x)]\mathrm{d}x\right\}\int_{-b/2}^{b/2}\cos(\sqrt{\lambda_n'}z)\mathrm{d}z$$

积分结果给出的承载力是

$$f_L=2\sum_{n=0}^{\infty}\left\{A_n\left[1-\frac{1}{\operatorname{ch}(\sqrt{\lambda_n'}l_p)}\right]+A_n'\left[\frac{1}{\operatorname{ch}(\sqrt{\lambda_n'}l_s)}-1\right]\right\}\frac{1}{\lambda_n'}(-1)^n \tag{7.130}$$

7.7.4 摩擦力

将压力式(7.127)代入运动表面的摩擦应力式中，得

$$\tau=\begin{cases}-\eta_{\mathrm{p}}\dfrac{U}{h_{\mathrm{p}}}-\dfrac{h_{\mathrm{p}}}{2}\displaystyle\sum_{n=0}^{\infty}A_n\sqrt{\lambda_n'}\left[\mathrm{ch}(\sqrt{\lambda_n'}x)+\mathrm{th}(\sqrt{\lambda_n'}l_{\mathrm{p}})\mathrm{sh}(\sqrt{\lambda_n'}x)\right]\cos(\sqrt{\lambda_n'}z),\\ \qquad -l_{\mathrm{p}}\leqslant x\leqslant 0\\ -\eta_{\mathrm{s}}\dfrac{U}{h_{\mathrm{s}}}-\dfrac{h_{\mathrm{s}}}{2}\displaystyle\sum_{n=0}^{\infty}A_n'\sqrt{\lambda_n}\left[\mathrm{ch}(\sqrt{\lambda_n'}x)-\mathrm{th}(\sqrt{\lambda_n'}l_{\mathrm{s}})\mathrm{sh}(\sqrt{\lambda_n'}x)\right]\cos(\sqrt{\lambda_n'}z),\\ \qquad 0\leqslant x\leqslant l_{\mathrm{s}}\end{cases}\tag{7.131}$$

摩擦力 f_{F} 是摩擦应力 τ 在滑块运动表面上的积分，即

$$f_{\mathrm{F}}=-\frac{\eta_{\mathrm{p}}U}{h_{\mathrm{p}}}(bl_{\mathrm{p}})-\frac{h_{\mathrm{p}}}{2}\sum_{n=0}^{\infty}A_n\sqrt{\lambda_n'}\int_{-l_{\mathrm{p}}}^{0}\left[\mathrm{ch}(\sqrt{\lambda_n'}x+\right.$$

$$\left.\mathrm{th}(\sqrt{\lambda_n'}l_{\mathrm{p}})\mathrm{sh}(\sqrt{\lambda_n'}x)\right]\mathrm{d}x\int_{-b/2}^{b/2}\cos(\sqrt{\lambda_n'}z)\mathrm{d}z-\frac{\eta_{\mathrm{s}}U}{h_{\mathrm{s}}}(bl_{\mathrm{s}})-$$

$$\frac{h_{\mathrm{s}}}{2}\sum_{n=0}^{\infty}A_n'\sqrt{\lambda_n'}\int_{0}^{l_{\mathrm{s}}}\left[\mathrm{ch}(\sqrt{\lambda_n'}x)-\mathrm{th}(\sqrt{\lambda_n'}l_{\mathrm{s}})\mathrm{sh}(\sqrt{\lambda_n'}x)\right]\mathrm{d}x\int_{-b/2}^{b/2}\cos(\sqrt{\lambda_n'}z)\mathrm{d}z$$

积分得到的摩擦力是

$$f_{\mathrm{F}}=-\eta_{\mathrm{s}}\frac{U}{h_{\mathrm{s}}}(lb)\left[(1-L_{\mathrm{p}})+\frac{\eta_{\mathrm{p}}}{\eta_{\mathrm{s}}}\frac{L_{\mathrm{p}}}{C_{\mathrm{p}}}\right]-\sum_{n=0}^{\infty}\left[h_{\mathrm{p}}A_n\mathrm{th}(\sqrt{\lambda_n'}l_{\mathrm{p}})+h_{\mathrm{s}}A_n'\mathrm{th}(\sqrt{\lambda_n'}l_{\mathrm{s}})\right]\frac{(-1)^n}{\sqrt{\lambda_n'}}\tag{7.132}$$

式中，$L_{\mathrm{p}}=l_{\mathrm{p}}/l$，$l=l_{\mathrm{p}}+l_{\mathrm{s}}$，$C_{\mathrm{p}}=h_{\mathrm{p}}/h_{\mathrm{s}}$。

7.7.5　二维阶梯滑块性能参数的量纲归一化

设 $x=\xi l$，$z=\zeta l$，则 $\sqrt{\lambda_n'}\,x=\sqrt{\lambda_n'}\,l\xi=\dfrac{(2n+1)\pi}{b}l\xi=\dfrac{(2n+1)\pi}{B}\xi$，$B$ 即滑块的宽长比。所以量纲为 1 的本征值

$$\sqrt{\lambda_n}=\frac{(2n+1)\pi}{B},\qquad n=0,1,2,\cdots\tag{7.133}$$

这样就有 $\sqrt{\lambda_n'}=\sqrt{\lambda_n}/l$，$\sqrt{\lambda_n'}\,z=\sqrt{\lambda_n}\,\zeta$，$\sqrt{\lambda_n'}\,l_{\mathrm{p}}=\sqrt{\lambda_n}\,L_{\mathrm{p}}$，$\sqrt{\lambda_n'}\,l_{\mathrm{s}}=\sqrt{\lambda_n}\,L_{\mathrm{s}}$ 从而式(7.128)和式(7.129)所表示的系数 A_n' 和 A_n 可改写成

$$A_n'=\frac{6\eta_{\mathrm{N}}(0)Ul}{h_{\mathrm{s}}^2}\frac{\eta_{\mathrm{s}}}{\eta_{\mathrm{N}}(0)}\frac{4B(C_{\mathrm{p}}-1)}{(\eta_{\mathrm{s}}/\eta_{\mathrm{p}})C_{\mathrm{p}}^3\mathrm{th}(\sqrt{\lambda_n}L_{\mathrm{s}})\coth(\sqrt{\lambda_n}L_{\mathrm{p}})+1}\frac{(-1)^{n+1}}{(2n+1)^2\pi^2}\tag{7.134}$$

$$A_n=\frac{6\eta_{\mathrm{N}}(0)Ul}{h_{\mathrm{s}}^2}\frac{\eta_{\mathrm{s}}}{\eta_{\mathrm{N}}(0)}\frac{4B(C_{\mathrm{p}}-1)\mathrm{th}(\sqrt{\lambda_n}L_{\mathrm{s}})\coth(\sqrt{\lambda_n}L_{\mathrm{p}})}{(\eta_{\mathrm{s}}/\eta_{\mathrm{p}})C_{\mathrm{p}}^3\mathrm{th}(\sqrt{\lambda_n}L_{\mathrm{s}})\coth(\sqrt{\lambda_n}L_{\mathrm{p}})+1}\frac{(-1)^{n}}{(2n+1)^2\pi^2}\tag{7.135}$$

1. 压力的量纲归一化

由式(7.77)，即 $p=p_{\mathrm{a}}\Lambda P$，$\Lambda=6\eta_{\mathrm{N}}(0)Ul/(p_{\mathrm{a}}h_{\mathrm{s}}^2)$，得阶梯滑块的 P 是

$$
P(\xi,\zeta)=\begin{cases}\dfrac{\eta_{\mathrm{N}}(H)}{\eta_{\mathrm{N}}(0)}\left(1+\dfrac{\eta_{\mathrm{t}}(H)}{\eta_{\mathrm{N}}(H)}\dfrac{|U|}{h_{\mathrm{s}}}\right)\dfrac{4B}{\pi^2}(C_{\mathrm{p}}-1)\times \\ \displaystyle\sum_{n=0}^{\infty}\frac{(-1)^n}{(2n+1)^2}\frac{[\mathrm{th}(\sqrt{\lambda_n}\xi)+\mathrm{th}(\sqrt{\lambda_n}L_{\mathrm{p}})]\mathrm{ch}(\sqrt{\lambda_n}\xi)}{(\eta_{\mathrm{s}}/\eta_{\mathrm{p}})C_{\mathrm{p}}^3+\mathrm{th}(\sqrt{\lambda_n}L_{\mathrm{p}})\coth(\sqrt{\lambda_n}L_{\mathrm{s}})}\cos(\sqrt{\lambda_n}\zeta) \\ \qquad -L_{\mathrm{p}}\leqslant\xi\leqslant 0 \\ \dfrac{\eta_{\mathrm{N}}(H)}{\eta_{\mathrm{N}}(0)}\left[1+\dfrac{\eta_{\mathrm{t}}(H)}{\eta_{\mathrm{N}}(H)}\dfrac{|U|}{h_{\mathrm{s}}}\right]\dfrac{4B}{\pi^2}(C_{\mathrm{p}}-1)\times \\ \displaystyle\sum_{n=0}^{\infty}\frac{(-1)^{n+1}}{(2n+1)^2}\frac{[\mathrm{th}(\sqrt{\lambda_n}\xi)-\mathrm{th}(\sqrt{\lambda_n}L_{\mathrm{s}})]\mathrm{ch}(\sqrt{\lambda_n}\xi)}{(\eta_{\mathrm{s}}/\eta_{\mathrm{p}})C_{\mathrm{p}}^3\mathrm{th}(\sqrt{\lambda_n}L_{\mathrm{s}})\coth(\sqrt{\lambda_n}L_{\mathrm{p}})+1}\cos(\sqrt{\lambda_n}\zeta) \\ \qquad 0\leqslant\xi\leqslant L_{\mathrm{s}}\end{cases}
\tag{7.136}
$$

2. 承载能力

将双曲函数恒等式$\dfrac{\mathrm{ch}\,x-1}{\mathrm{ch}\,x}=\dfrac{\mathrm{ch}\,x-1}{\mathrm{sh}\,x}\dfrac{\mathrm{sh}\,x}{\mathrm{ch}\,x}=\mathrm{th}\dfrac{x}{2}\mathrm{th}\,x$，代入式(7.130)中，并且使用式(7.134)和式(7.135)，得出量纲为1的承载能力P_{L}为

$$
P_{\mathrm{L}}=\frac{\eta_{\mathrm{N}}(H)}{\eta_{\mathrm{N}}(0)}\left(1+\frac{\eta_{\mathrm{t}}(H)}{\eta_{\mathrm{N}}(H)}\frac{|U|}{h_{\mathrm{s}}}\right)\frac{8B^2}{\pi^4}\sum_{n=0}^{\infty}\frac{C_{\mathrm{p}}-1}{(2n+1)^4}\frac{\mathrm{th}(\sqrt{\lambda_n}L_{\mathrm{p}}/2)+\mathrm{th}(\sqrt{\lambda_n}L_{\mathrm{s}}/2)}{(\eta_{\mathrm{s}}/\eta_{\mathrm{p}})C_p^3\coth(\sqrt{\lambda_n}L_{\mathrm{p}})+\coth(\sqrt{\lambda_n}L_{\mathrm{s}})}
\tag{7.137}
$$

3. 量纲为1的比摩擦力 T_{F}

由于$f_{\mathrm{F}}=(6\eta_{\mathrm{N}}(0)U/h_{\mathrm{s}})(bl)T_{\mathrm{F}}$，则由式(7.132)得

$$
T_{\mathrm{F}}=-\frac{\eta_{\mathrm{N}}(H)}{\eta_{\mathrm{N}}(0)}\left(1+\frac{\eta_{\mathrm{t}}(H)}{\eta_{\mathrm{N}}(H)}\frac{|U|}{h_{\mathrm{s}}}\right)\left[\frac{1}{6}\left(L_{\mathrm{s}}+\frac{\eta_{\mathrm{p}}}{\eta_{\mathrm{s}}}\frac{L_{\mathrm{p}}}{C_{\mathrm{p}}}\right)+\frac{4B}{\pi^3}\sum_{n=0}^{\infty}\frac{1}{(2n+1)^3}\frac{(C_{\mathrm{p}}-1)^2}{(\eta_{\mathrm{s}}/\eta_{\mathrm{p}})C_{\mathrm{p}}^3\coth(\sqrt{\lambda_n}L_{\mathrm{p}})+\coth(\sqrt{\lambda_n}L_{\mathrm{s}})}\right]
\tag{7.138}
$$

上述诸式中，η_{s}和η_{p}均由式(7.110)给出。注意到P_{L}和T_{F}的级数收敛速度很快，只需计算前三项就可以满足工程要求。

7.7.6 无限宽的平行平板阶梯滑块

无限宽就是滑块的宽长比$B\to\infty$，此时$\sqrt{\lambda_n}=(2n+1)\pi/B\to 0$，从而$\mathrm{th}(\sqrt{\lambda_n}\xi)=\sqrt{\lambda_n}\xi$，$\coth(\sqrt{\lambda_n}\xi)=1/(\sqrt{\lambda_n}\xi)$，$\mathrm{ch}(\sqrt{\lambda_n}\xi)=1$，$\cos(\sqrt{\lambda_n}\zeta)=1$，用无穷项级数求和式$\displaystyle\sum_{n=0}^{\infty}\frac{(-1)^n}{2n+1}=\frac{\pi}{4}$，$\displaystyle\sum_{n=0}^{\infty}\frac{1}{(2n+1)^2}=\frac{\pi^2}{8}$就可以由式(7.136)～式(7.138)得到宽阶梯滑块的性能。

1. 压力分布函数 $P_{\infty}(\xi)$

由式(7.136)得铁磁流体拟塑性流润滑的无限宽阶梯滑块的压力是

$$P_{\infty}(\xi)=\begin{cases}\dfrac{\eta_N(H)}{\eta_N(0)}\left[1+\dfrac{\eta_t(H)}{\eta_N(H)}\dfrac{|U|}{h_s}\right]\dfrac{(C_p-1)L_s}{(\eta_s/\eta_p)C_p^3L_s+L_p}(L_p+\xi), & -L_p\leqslant\xi\leqslant 0\\ \dfrac{\eta_N(H)}{\eta_N(0)}\left[1+\dfrac{\eta_t(H)}{\eta_N(H)}\dfrac{|U|}{h_s}\right]\dfrac{(C_p-1)L_p}{(\eta_s/\eta_p)C_p^3L_s+L_p}(L_s-\xi), & 0\leqslant\xi\leqslant L_s\end{cases}$$

(7.139)

式(7.139)表明，在均匀外磁场下，铁磁流体拟塑性流润滑的无限宽平行平板阶梯滑块的压力仍然是线性分布，它的最大压力在 $\xi=0$ 处，即在阶梯上。

2. 承载能力

由式(7.137)取 $B\to\infty$，或直接由式(7.139)取压力分布的三角形面积，可得到量纲为 1 的比压是

$$P_{L,\infty}=\frac{\eta_N(H)}{\eta_N(0)}\left[1+\frac{\eta_t(H)}{\eta_N(H)}\frac{|U|}{h_s}\right]\frac{1}{2}\frac{(C_p-1)L_pL_s}{(\eta_s/\eta_p)C_p^3L_s+L_p} \tag{7.140}$$

图 7-5 和图 7-6 所示为外磁场强度 H 和剪切率 D 对阶梯滑块承载能力的影响。

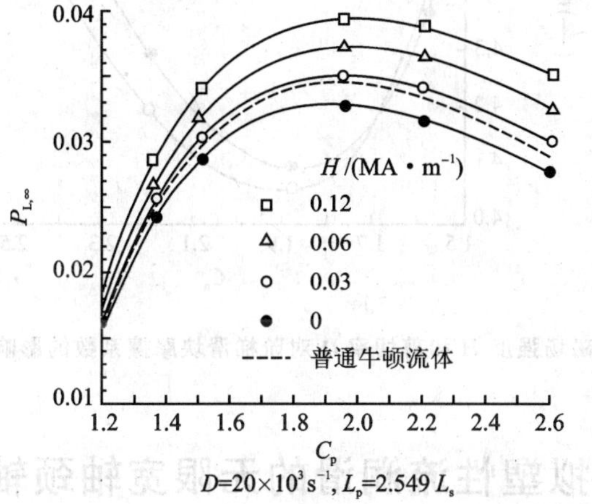

图 7-5　外磁场强度 H 对阶梯滑块承载能力的影响

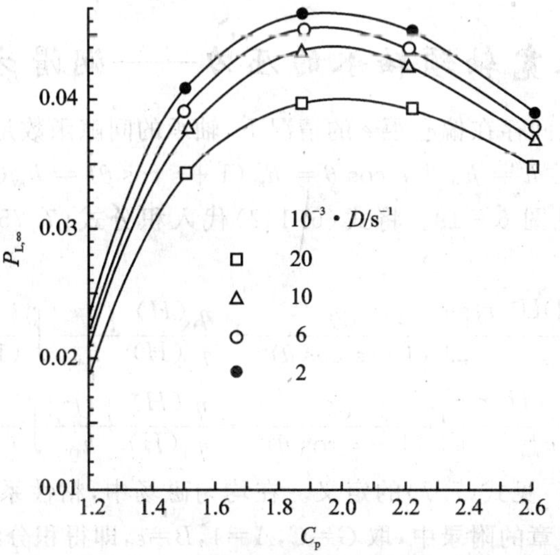

图 7-6　剪切率 D 对阶梯滑块承载能力的影响

3. 比摩擦力

由式(7.138)取 $B\to\infty$,就得量纲为 1 的比摩擦力是

$$T_{F,\infty}=-\frac{\eta_N(H)}{\eta_N(0)}\left[1+\frac{\eta_t(H)}{\eta_N(H)}\frac{|U|}{h_s}\right]\frac{1}{2}\left[\frac{1}{3}\left(L_s+\frac{\eta_p}{\eta_s}\frac{L_p}{C_p}\right)+\frac{(C_p-1)^2L_pL_s}{(\eta_s/\eta_p)C_p^3L_s+L_p}\right] \tag{7.141}$$

在图 7-7 中给出了两个极端状况下的曲线,即外磁场强度 H 和剪切率 D 都很大的状况,以及两者都很小的情况。两种情况下的摩擦系数数值很接近。原因就是增大 H,则摩擦力和承载力同时提高;增大剪切率 D,则剪切稀化使承载力和摩擦力同时削弱。

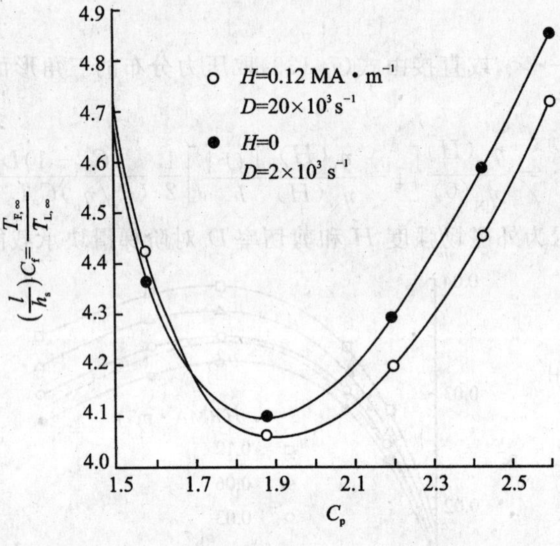

图 7-7 外磁场强度 H 和剪切率 D 对阶梯滑块摩擦系数的影响($L_p=2.549L_s$)

7.8 铁磁流体拟塑性流润滑的无限宽轴颈轴承及其二维修正

7.8.1 无限宽轴颈轴承的压力——润滑方程积分解

在轴颈和轴承套之间存在偏心距 e 的情况下,轴承的间隙函数是

$$h=h_{av}+e\cos\theta=h_{av}(1+\varepsilon\cos\theta)=h_{av}C \tag{7.142}$$

式中的几何参数见图 6-19。将式(6.142)代入积分式(7.75)中,并且在均匀磁场中 $p^*=p$,于是有

$$p_\infty=\frac{6\eta_N(H)U^+r_j}{h_{av}^2}\left[\iint\frac{d\theta}{(1+\varepsilon\cos\theta)^2}+\frac{\eta_t(H)}{\eta_N(H)}\frac{|U^-|}{h_{av}}\int\frac{d\theta}{(1+\varepsilon\cos\theta)^3}\right]+$$
$$a_1\frac{12\eta_N(H)r_j}{h_{av}^3}\left[\iint\frac{d\theta}{(1+\varepsilon\cos\theta)^3}+\frac{\eta_t(H)}{\eta_N(H)}\frac{|U^-|}{h_{av}}\int\frac{d\theta}{(1+\varepsilon\cos\theta)^4}\right]+a_2$$

在上式中,U^+ 和 U^- 见式(7.7)的定义。在均匀磁场中,粘性系数均与坐标无关,所以写在积分号之外。在第 6 章的附录中,取 $G=C,A=1,B=\varepsilon$,即得积分结果

$$p_{\infty}=-\frac{6\eta_{N}(H)U^{+}r_{j}}{h_{av}^{2}}\left\{\left[\frac{\varepsilon\sin\theta}{(1-\varepsilon^{2})(1+\varepsilon\cos\theta)}+\frac{1}{(1-\varepsilon^{2})^{1.5}}\arcsin\frac{\varepsilon+\cos\theta}{1+\varepsilon\cos\theta}\right]+\right.$$

$$\left.\frac{\eta_{t}(H)}{\eta_{N}(H)}\frac{|U^{-}|}{h_{av}}\left[-\frac{(1-\varepsilon^{2})+3(1+\varepsilon\cos\theta)}{2(1-\varepsilon^{2})^{2}(1+\varepsilon\cos\theta)^{2}}\varepsilon\sin\theta-\frac{2+\varepsilon^{2}}{2(1-\varepsilon^{2})^{2.5}}\arcsin\frac{\varepsilon+\cos\theta}{1+\varepsilon\cos\theta}\right]\right\}+$$

$$a_{1}\frac{12\eta_{N}(H)r_{j}}{h_{av}^{3}}\left\{\left[-\frac{(1-\varepsilon^{2})+3(1+\varepsilon\cos\theta)}{2(1-\varepsilon^{2})^{2}(1+\varepsilon\cos\theta)^{2}}\varepsilon\sin\theta-\frac{2+\varepsilon^{2}}{2(1-\varepsilon^{2})^{2.5}}\arcsin\frac{\varepsilon+\cos\theta}{1+\varepsilon\cos\theta}\right]-\right.$$

$$\frac{\eta_{t}(H)}{\eta_{N}(H)}\frac{|U^{-}|}{h_{av}}\left[\left(\frac{1}{3(1+\varepsilon\cos\theta)^{2}}+\frac{5}{6(1-\varepsilon)^{2}(1+\varepsilon\cos\theta)}+\frac{15+4(1-\varepsilon^{2})}{6(1-\varepsilon^{2})^{2}}\right)\times\right.$$

$$\left.\left.\frac{\varepsilon\sin\theta}{(1-\varepsilon^{2})(1+\varepsilon\cos\theta)}+\frac{5-3(1-\varepsilon^{2})}{2(1-\varepsilon^{2})^{3.5}}\arcsin\frac{\varepsilon+\cos\theta}{1+\varepsilon\cos\theta}\right]\right\}+a_{2}$$

由于全周轴颈轴承的解具有周期性质，所以上式中非周期的反正弦项不应存在。将反正弦项全部集中在一起，令其系数等于零，就得到

$$a_{1}=-U^{+}h_{av}\frac{1-\varepsilon^{2}}{2+\varepsilon^{2}}\frac{1+\dfrac{\eta_{t}(H)}{\eta_{N}(H)}\dfrac{|U^{-}|}{h_{av}}\dfrac{2+\varepsilon^{2}}{2(1-\varepsilon^{2})}}{1+\dfrac{\eta_{t}(H)}{\eta_{N}(H)}\dfrac{|U^{-}|}{h_{av}}\dfrac{2+3\varepsilon^{2}}{(1-\varepsilon^{2})(2+\varepsilon^{2})}}\tag{7.143}$$

在式(7.143)中，由于剪切稀化而出现的因子用 K_t 表示，即

$$K_{t}=\frac{1+\dfrac{\eta_{t}(H)}{\eta_{N}(H)}\dfrac{|U^{-}|}{h_{av}}\dfrac{2+\varepsilon^{2}}{2(1-\varepsilon^{2})}}{1+\dfrac{\eta_{t}(H)}{\eta_{N}(H)}\dfrac{|U^{-}|}{h_{av}}\dfrac{2+3\varepsilon^{2}}{(1-\varepsilon^{2})(2+\varepsilon^{2})}}\tag{7.144}$$

于是式(7.143)简化成

$$a_{1}=-U^{+}h_{av}\frac{1-\varepsilon^{2}}{2+\varepsilon^{2}}K_{t}\tag{7.145}$$

由边界条件：$\theta=0$，$p=0$ 得出

$$a_{2}=0$$

于是，铁磁流体拟塑性流润滑的无限宽轴颈轴承的压力分布函数是

$$p_{\infty}=-\frac{6\eta_{N}(0)U_{0}r_{j}}{h_{av}^{2}}\frac{\eta_{N}(H)}{\eta_{N}(0)}\frac{U^{+}}{U_{0}}\left\{1+\left[\frac{1}{2}\frac{\eta_{t}(H)}{\eta_{N}(H)}\frac{|U^{-}|}{h_{av}}-K_{t}\right]\times\right.$$

$$\frac{4-\varepsilon^{2}+3\varepsilon\cos\theta}{(2+\varepsilon^{2})(1+\varepsilon\cos\theta)}+\frac{\eta_{t}(H)}{\eta_{N}(H)}\frac{|U^{-}|}{h_{av}}\frac{4K_{t}}{3(1-\varepsilon^{2})}\left[1-\frac{1-\varepsilon^{2}}{2(1+\varepsilon\cos\theta)^{2}}-\right.$$

$$\left.\left.\frac{5(4-\varepsilon^{2}+3\varepsilon\cos\theta)}{4(1-\varepsilon^{2})(1+\varepsilon\cos\theta)}\right]\right\}\frac{\varepsilon\sin\theta}{(1-\varepsilon^{2})(1+\varepsilon\cos\theta)}\tag{7.146}$$

或写成量纲归一化的形式为

$$P_{\infty}=-\frac{\eta_{N}(H)}{\eta_{N}(0)}\frac{U^{+}}{U_{0}}\left\{1+\left[\frac{1}{2}\frac{\eta_{t}(H)}{\eta_{N}(H)}\frac{|U^{-}|}{h_{av}}-K_{t}\right]\frac{4-\varepsilon^{2}+3\varepsilon\cos\theta}{(2+\varepsilon^{2})(1+\varepsilon\cos\theta)}+\right.$$

$$\left.\frac{\eta_{t}(H)}{\eta_{N}(H)}\frac{|U^{-}|}{h_{av}}\frac{4K_{t}}{3(1-\varepsilon^{2})}\left[1-\frac{1-\varepsilon^{2}}{2(1+\varepsilon\cos\theta)^{2}}-\frac{5(4-\varepsilon^{2}+3\varepsilon\cos\theta)}{4(1-\varepsilon^{2})(1+\varepsilon\cos\theta)}\right]\right\}\times$$

$$\frac{\varepsilon\sin\theta}{(1-\varepsilon^{2})(1+\varepsilon\cos\theta)}\tag{7.147}$$

若无剪切稀化,即 $\eta_t(H)=0$,则 $K_t=1$,式(7.147)就简化成铁磁流体牛顿流润滑的情况。若 $\eta_N(H)=\eta_N(0)$,则式(7.147)进一步简化成普通牛顿流体的润滑。

7.8.2 无限宽轴颈轴承的承载能力

在轴颈轴承中,作用于轴颈上的外载荷 f_L 与润滑剂作用于轴颈上的压力之合力相平衡,于是

$$f_{L,\xi}+\iint_S pr_j \mathrm{d}\theta \mathrm{d}z \cos\theta=0$$

$$f_{L,\eta}+\iint_S pr_j \mathrm{d}\theta \mathrm{d}z \sin\theta=0$$

注意,坐标轴 ξ 是轴承中心 O_b 和轴颈中心 O_j 的连线,并且方向是从 O_b 指向 O_j,η 轴与 ξ 轴相垂直。在轴承的稳态运行中,坐标系 $\xi O_b\eta$ 是在空间中固定不动的。使用量纲归一化,令

$$z=r_j\zeta,\qquad f_L=p_a\frac{6\eta_N(0)U_0r_j}{p_a h_{av}^2}(2r_jb)P_L$$

则有

$$\left.\begin{aligned}P_{L,\xi}&=-\frac{1}{4B}\int_{\theta_i}^{\theta_e}\int_{-B}^{B}P\,\mathrm{d}\theta\mathrm{d}\zeta\cos\theta\\P_{L,\eta}&=-\frac{1}{4B}\int_{\theta_i}^{\theta_e}\int_{-B}^{B}P\,\mathrm{d}\theta\mathrm{d}\zeta\sin\theta\end{aligned}\right\}\tag{7.148a}$$

在轴颈轴承中,B 是宽径比,$B=b/(2r_j)$。θ_i 是轴承内润滑膜的起始点,θ_e 是其终结点。注意到轴颈轴承的间隙函数 $C=1+\varepsilon\cos\theta$,则可以将式(7.148)中的被积函数作形式上的适当变换,即

$$P\cos\theta\mathrm{d}\theta=P\mathrm{d}\sin\theta=\mathrm{d}(P\sin\theta)-\sin\theta\mathrm{d}P=\mathrm{d}(P\sin\theta)+\frac{1}{\varepsilon}\frac{\mathrm{d}P}{\mathrm{d}\theta}\mathrm{d}C$$

$$P\sin\theta\mathrm{d}\theta=-\frac{1}{\varepsilon}P\,\mathrm{d}C=-\frac{1}{\varepsilon}\mathrm{d}(PC)+\frac{1}{\varepsilon}C\frac{\mathrm{d}P}{\mathrm{d}\theta}\mathrm{d}\theta$$

于是积分式(7.148a)成为

$$\left.\begin{aligned}P_{L,\xi}&=-\frac{1}{4B}\int_{-B}^{B}\left(P\sin\theta\Big|_{\theta_i}^{\theta_e}+\frac{1}{\varepsilon}\int_{\theta_i}^{\theta_e}\frac{\mathrm{d}P}{\mathrm{d}\theta}\mathrm{d}C\right)\mathrm{d}\zeta\\P_{L,\eta}&=-\frac{1}{4B}\int_{-B}^{B}\left(-PC\Big|_{\theta_i}^{\theta_e}+\int_{\theta_i}^{\theta_e}C\frac{\mathrm{d}P}{\mathrm{d}\theta}\mathrm{d}\theta\right)\frac{1}{\varepsilon}\mathrm{d}\zeta\end{aligned}\right\}\tag{7.148b}$$

对于无限宽轴颈轴承,使用式(7.74),在均匀磁场下,$p_\infty^*=p_\infty$,积分常数 a_1 用式(7.145)代入,以及 $h=h_{av}C$,而后进行量纲归一化,就得

$$\frac{\mathrm{d}P_\infty}{\mathrm{d}\theta}=\frac{\eta_N(H)}{\eta_N(0)}\frac{U^+}{U_0}\left[\frac{1}{C^2}-\left(2\frac{1-\varepsilon^2}{2+\varepsilon^2}K_t-\frac{\eta_t(H)}{\eta_N(H)}\frac{|U^-|}{h_{av}}\right)\frac{1}{C^3}-2\frac{1-\varepsilon^2}{2+\varepsilon^2}\frac{\eta_t(H)}{\eta_N(H)}\frac{|U^-|}{h_{av}}K_t\frac{1}{C^4}\right]\tag{7.149}$$

将式(7.149)代入承载力的积分式(7.148b)中,并且注意边界条件 $P|_{\theta=\theta_i}=P|_{\theta=\theta_e}=0$,所以积分式右方的第一项均是零,又由于无限宽轴承的 P_∞ 与坐标 ζ 无关,从而有承载力的积分是

$$P_{L,\xi}=-\frac{1}{2\varepsilon}\frac{\eta_N(H)}{\eta_N(0)}\frac{U^+}{U_0}\int_{\theta_i}^{\theta_e}\left\{\frac{1}{C^2}-\left[2\frac{1-\varepsilon^2}{2+\varepsilon^2}K_t-\frac{\eta_t(H)}{\eta_N(H)}\frac{|U^-|}{h_{av}}\right]\frac{1}{C^3}-2\frac{1-\varepsilon^2}{2+\varepsilon^2}\frac{\eta_t(H)}{\eta_N(H)}\frac{|U^-|}{h_{av}}K_t\frac{1}{C^4}\right\}dC$$

$$P_{L,\eta}=-\frac{1}{2\varepsilon}\frac{\eta_N(H)}{\eta_N(0)}\frac{U^+}{U_0}\int_{\theta_i}^{\theta_e}\left\{\frac{1}{C}-\left[2\frac{1-\varepsilon^2}{2+\varepsilon^2}K_t-\frac{\eta_t(H)}{\eta_N(H)}\frac{|U^-|}{h_{av}}\right]\frac{1}{C^2}-2\frac{1-\varepsilon^2}{2+\varepsilon^2}\frac{\eta_t(H)}{\eta_N(H)}\frac{|U^-|}{h_{av}}K_t\frac{1}{C^3}\right\}d\theta$$

对于轴颈轴承，由于 $C=1+\varepsilon\cos\theta$，所以积分结果会出现反三角函数。在润滑学中，轴颈轴承的反三角函数的取值是一个特别的问题[1]。为了书写和表达上的简便，沿用 Arcsin 表示反正弦函数的通解，以区别于主值 arcsin。由积分结果给出

$$P_{L,\xi}=+\frac{1}{2\varepsilon}\frac{\eta_N(H)}{\eta_N(0)}\frac{U^+}{U_0}\left\{\frac{1}{C}-\left[2\frac{1-\varepsilon^2}{2+\varepsilon^2}K_t-\frac{\eta_t(H)}{\eta_N(H)}\frac{|U^-|}{h_{av}}\right]\frac{1}{2C^2}-2\frac{1-\varepsilon^2}{2+\varepsilon^2}\frac{\eta_t(H)}{\eta_N(H)}\frac{|U^-|}{h_{av}}K_t\frac{1}{3C^3}\right\}_{\theta_i}^{\theta_e} \tag{7.150}$$

$$P_{L,\eta}=+\frac{1}{2\varepsilon}\frac{\eta_N(H)}{\eta_N(0)}\frac{U^+}{U_0}\left\{\left[-2\frac{1-\varepsilon^2}{2+\varepsilon^2}K_t+\frac{\eta_t(H)}{\eta_N(H)}\frac{|U^-|}{h_{av}}\left(1-\frac{4-\varepsilon^2+3\varepsilon\cos\theta}{(2+\varepsilon^2)(1+\varepsilon\cos\theta)}K_t\right)\right]\times\frac{\varepsilon\sin\theta}{(1-\varepsilon^2)(1+\varepsilon\cos\theta)}+\frac{1}{\sqrt{1-\varepsilon^2}}\left[\frac{\varepsilon^2}{2+\varepsilon^2}+(1-K_t)\left(\frac{2}{2+\varepsilon^2}+\frac{\eta_t(H)}{\eta_N(H)}\frac{|U^-|}{h_{av}}\frac{1}{1-\varepsilon^2}\right)\right]\times\mathrm{Arcsin}\frac{\varepsilon+\cos\theta}{1+\varepsilon\cos\theta}\right\}_{\theta_i}^{\theta_e} \tag{7.151}$$

通常轴颈轴承的边界条件采用全周 Sommerfeld 条件、半圆 Sommerfeld 条件和 Reynolds 条件。其中相对合理而且比较符合实际的是 Reynolds 条件。但由于这种条件的润滑膜终端位置，即 θ_e 需要补充方程进行计算才能确定，而全周和半周 Sommerfeld 条件都可以给出形式上极为简单的承载能力的关系式，尤其是半周 Sommerfeld 条件具有很好的工程实用性。

1．全周 Sommerfeld 解

取 $\theta_i=0$ 和 $\theta_e=2\pi$，于是式(7.150)和式(7.151)给出承载能力的两个分量是

$$\left.\begin{aligned}P_{L,\xi}&=0\\P_{L,\eta}&=\frac{\eta_N(H)}{\eta_N(0)}\frac{U^+}{U_0}\frac{\pi}{\varepsilon\sqrt{1-\varepsilon^2}}\left[\frac{\varepsilon^2}{2+\varepsilon^2}+(1-K_t)\left(\frac{2}{2+\varepsilon^2}+\frac{\eta_t(H)}{\eta_N(H)}\frac{|U^-|}{h_{av}}\frac{1}{1-\varepsilon^2}\right)\right]\end{aligned}\right\} \tag{7.152}$$

注意到轴颈中心相对于轴承套中心的位移，是沿 ξ 轴发生的（ξ 轴本身就是轴颈和轴承之间的联心线）。但是，式(7.152)却给出在 ξ 方向的分力 $P_{L,\xi}$ 是零，此即载荷与位移之间互相垂直，这是全周 Sommerfeld 条件的不合理之处。

2．半周 Sommerfeld 解

取 $\theta_i=0$ 和 $\theta_e=\pi$，则由式(7.150)和式(7.151)给出承载能力的两个分量是

$$P_{L,\xi}=\frac{\eta_N(H)}{\eta_N(0)}\frac{U^+}{U_0}\frac{1}{1-\varepsilon^2}\left[1+\left(-2\frac{1-\varepsilon^2}{2+\varepsilon^2}K_t+\frac{\eta_t(H)}{\eta_N(H)}\frac{|U^-|}{h_{av}}\right)\frac{1}{1-\varepsilon^2}-\right.$$

$$2\frac{1-\varepsilon^2}{2+\varepsilon^2}K_t\frac{\eta_t(H)}{\eta_N(H)}\frac{|U^-|}{h_{av}}\frac{3+\varepsilon^2}{3(1-\varepsilon^2)^2}\Bigg] \tag{7.153}$$

$$P_{L,\eta}=-\frac{\eta_N(H)}{\eta_N(0)}\frac{U^+}{U_0}\frac{\pi}{2\varepsilon\sqrt{1-\varepsilon^2}}\left[\frac{\varepsilon^2}{2+\varepsilon^2}+(1-K_t)\left(\frac{2}{2+\varepsilon^2}+\frac{\eta_t(H)}{\eta_N(H)}\frac{|U^-|}{h_{av}}\frac{1}{1-\varepsilon^2}\right)\right] \tag{7.154}$$

在式(7.151)中，当θ等于 0、π、2π 时，反正弦项 Arcsin 的取值为$\pi/2$、$-\pi/2$、$-3\pi/2$，见参考文献[1]。

3. 姿态角

轴颈轴承的承载力$P_{L,\infty}$是两分力$P_{L,\xi}$和$P_{L,\eta}$的合力，即

$$P_{L,\infty}=\sqrt{P_{L,\xi}^2+P_{L,\eta}^2} \tag{7.155}$$

矢量$\boldsymbol{P}_{L,\infty}$与$\xi$轴之间的正向夹角称为姿态角$\varphi$

$$\tan\varphi=\frac{P_{L,\eta}}{P_{L,\xi}} \tag{7.156}$$

7.8.3 无限宽轴颈轴承的摩擦力

作用于轴颈表面上的摩擦应力是

$$\tau^*=-\frac{h}{2}\frac{\partial p^*}{\partial x}-\eta(x;H)\frac{U_0-U_h}{h}$$

式中，U_0是轴颈外表面的速度，$U_0=r_j\omega_j$；U_h是轴承套内表面的速度，$U_h=r_b\omega_b$。将上式量纲归一化，取$x=r_j\theta, z=r_j\zeta, \tau=\dfrac{6\eta_N(0)U_0}{h_{av}}T, p=p_a\dfrac{6\eta_N(0)U_0r_j}{p_ah_{av}^2}P$，于是有

$$T^*=-\frac{1}{2}C\frac{\partial P^*}{\partial\theta}-\frac{1}{6}\frac{\eta_N(x;H)}{\eta_N(0)}\frac{U^-}{U_0}\frac{1}{C}\left[1+\frac{\eta_t(x;H)}{\eta_N(x;H)}\frac{|U^-|}{h_{av}}\frac{1}{C}\right]\frac{B_e}{B} \tag{7.157}$$

式中B_e/B是后加上去的，为了适应轴颈轴承的间隙高度扩张段(通常指区间$[\pi,2\pi]$)内不可压缩润滑膜破裂成条状而使实际有效宽度减小的状况。$B_e<B$的问题只对表面运动产生的剪切流的摩擦有影响。整个轴颈表面上的摩擦力是

$$f_F^*=\iint_S\tau^*r_j\mathrm{d}\theta\mathrm{d}z\quad 或\quad T_F^*=\frac{1}{4B}\int_{\theta_i}^{\theta_e}\int_{-B}^{B}T^*\mathrm{d}\theta\mathrm{d}\zeta \tag{7.158}$$

对于无限宽的轴颈轴承，则有

$$T_{F,\infty}^*=\frac{1}{2}\int_{\theta_i}^{\theta_e}T_\infty^*\mathrm{d}\theta\mathrm{d}\zeta \tag{7.159}$$

用式(7.157)代入式(7.159)中，并且假定外磁场是均匀的，就有

$$T_{F,\infty}=\frac{1}{2}\int_{\theta_i}^{\theta_e}-\frac{1}{2}C\frac{\mathrm{d}P}{\mathrm{d}\theta}\mathrm{d}\theta-\frac{1}{12}\frac{\eta_N(H)}{\eta_N(0)}\frac{U^-}{U_0}\int_{\theta_i}^{\theta_e}\frac{1}{C}\left[1+\frac{\eta_t(H)}{\eta_N(H)}\frac{|U^-|}{h_{av}}\frac{1}{C}\right]\frac{B_e}{B}\mathrm{d}\theta$$

上式右方的第一个积分就是$\varepsilon P_{L,\eta}$；第二个积分是剪切流的摩擦，它是全周性的，但是它需要分段积分，在$[0,\pi]$的区间内取$B_e/B=1$，而在$[\pi,2\pi]$的区间内，B_e是θ的函数，它可以简单地由连续方程近似确定其函数式[1]。在式(7.74)中，令$\mathrm{d}p^*/\mathrm{d}x=0$，相应此时的间隙$h=h_0$，在截面$h_0$上的流动是纯剪流。而由式(7.74)得出

$$a_1 = -\frac{1}{2}U^+ h_0$$

用式(7.145)代入上式左边就有

$$C_0 = \frac{h_0}{h_{av}} = 2\frac{1-\varepsilon^2}{2+\varepsilon^2}K_t \tag{7.160}$$

在轴颈轴承中，润滑膜破裂成条状的扩张通道，也是简单的剪切流动。对于无限宽轴颈轴承，在截面 h_0 和扩张通道之间建立的连续方程是

$$\frac{1}{2}U^+ h_0 b = \frac{1}{2}U^+ h b_e$$

于是润滑膜破裂区的有效宽度 b_e 就是

$$\frac{b_e}{b} = \frac{B_e}{B} = \frac{h_0}{h} = \frac{C_0}{C} = \left(2\frac{1-\varepsilon^2}{2+\varepsilon^2}K_t\right)\frac{1}{C} \tag{7.161}$$

于是比摩擦力的积分式成为

$$T_{F,\infty} = \frac{1}{2}\varepsilon P_{L,\eta} - \frac{1}{12}\frac{\eta_N(H)}{\eta_N(0)}\frac{U^-}{U_0}\left[\int_{\theta_i}^{\theta_m}\left(\frac{1}{C}+\frac{\eta_t(H)}{\eta_N(H)}\frac{|U^-|}{h_{av}}\frac{1}{C^2}\right)d\theta + 2\frac{1-\varepsilon^2}{2+\varepsilon^2}K_t\int_{\theta_m}^{\theta_e}\left(\frac{1}{C^2}+\frac{\eta_t(H)}{\eta_N(H)}\frac{|U^-|}{h_{av}}\frac{1}{C^3}\right)d\theta\right] \tag{7.162}$$

在式(7.162)中，θ_m 是润滑膜破裂的起始点，所以在区间$[\theta_i,\theta_m]$是完整润滑区，而在区间$[\theta_m,\theta_e]$是条状流动区，也称为空化区。可以将式(7.162)积分而得到

$$\begin{aligned}T_{F,\infty} = &\frac{1}{2}\varepsilon P_{L,\eta} - \frac{1}{12}\frac{\eta_N(H)}{\eta_N(0)}\frac{U^-}{U_0}\Bigg\{\Bigg[-\frac{1}{\sqrt{1-\varepsilon^2}}\arcsin\frac{\varepsilon+\cos\theta}{1+\varepsilon\cos\theta} + \\ &\frac{\eta_t(H)}{\eta_N(H)}\frac{|U^-|}{h_{av}}\left(-\frac{\varepsilon\sin\theta}{(1-\varepsilon^2)(1+\varepsilon\cos\theta)} - \frac{1}{(1-\varepsilon^2)^{1.5}}\arcsin\frac{\varepsilon+\cos\theta}{1+\varepsilon\cos\theta}\right)\Bigg]_{\theta_i}^{\theta_m} + \\ &2\frac{1-\varepsilon^2}{2+\varepsilon^2}K_t\Bigg[-\frac{\varepsilon\sin\theta}{(1-\varepsilon^2)(1+\varepsilon\cos\theta)} - \frac{1}{(1-\varepsilon^2)^{1.5}}\arcsin\frac{\varepsilon+\cos\theta}{1+\varepsilon\cos\theta} + \\ &\frac{\eta_t(H)}{\eta_N(H)}\frac{|U^-|}{h_{av}}\left(-\frac{4+3\varepsilon\cos\theta-\varepsilon^2}{2(1-\varepsilon^2)^2(1+\varepsilon\cos\theta)^2}\varepsilon\sin\theta - \right. \\ &\left.\frac{2+\varepsilon^2}{2(1-\varepsilon^2)^{2.5}}\arcsin\frac{\varepsilon+\cos\theta}{1+\varepsilon\cos\theta}\right)\Bigg]_{\theta_m}^{\theta_e}\Bigg\}\end{aligned} \tag{7.163}$$

(1) 全周 Sommerfeld 条件下的比摩擦力

式(7.163)中的 $P_{L,\eta}$用式(7.152)代入，取 $\theta_i=0,\theta_m=\theta_e=2\pi$，得

$$\begin{aligned}T_{F,\infty} = &-\frac{\eta_N(H)}{\eta_N(0)}\frac{U^+}{U_0}\frac{\pi}{2\sqrt{1-\varepsilon^2}}\Bigg\{\left[\frac{\varepsilon^2}{2+\varepsilon^2}+(1-K_t)\left(\frac{2}{2+\varepsilon^2}+\frac{\eta_t(H)}{\eta_N(H)}\frac{|U^-|}{h_{av}}\frac{1}{1-\varepsilon^2}\right)\right] + \\ &\frac{1}{3}\frac{U^-}{U^+}\left(1+\frac{\eta_t(H)}{\eta_N(H)}\frac{|U^-|}{h_{av}}\frac{1}{1-\varepsilon^2}\right)\Bigg\}\end{aligned} \tag{7.164}$$

(2) 半周 Sommerfeld 条件下的比摩擦力

式(7.163)中的 $P_{L,\eta}$用式(7.154)代入，取 $\theta_i=0,\theta_m=\pi,\theta_e=2\pi$，得

$$T_{F,\infty} = -\frac{\eta_N(H)}{\eta_N(0)}\frac{U^+}{U_0}\frac{\pi}{4\sqrt{1-\varepsilon^2}}\Bigg\{\left[\frac{\varepsilon^2}{2+\varepsilon^2}+(1-K_t)\left(\frac{2}{2+\varepsilon^2}+\frac{\eta_t(H)}{\eta_N(H)}\frac{|U^-|}{h_{av}}\frac{1}{1-\varepsilon^2}\right)\right] +$$

$$\frac{1}{3}\frac{U^-}{U^+}\left[\left(1+\frac{\eta_t(H)}{\eta_N(H)}\frac{|U^-|}{h_{av}}\frac{1}{1-\varepsilon^2}\right)+2\frac{K_t}{2+\varepsilon^2}\left(1+\frac{\eta_t(H)}{\eta_N(H)}\frac{|U^-|}{h_{av}}\frac{2+\varepsilon^2}{2(1-\varepsilon^2)}\right)\right]\Bigg\} \tag{7.165}$$

7.8.4 铁磁流体拟塑性流润滑的无限宽轴颈轴承的数值举例

① 外磁场强度 H 和剪切率 D 对承载能力的影响如图 7-8 所示。

② 外磁场强度 H 和剪切率 D 对摩擦力的影响如图 7-9 所示。

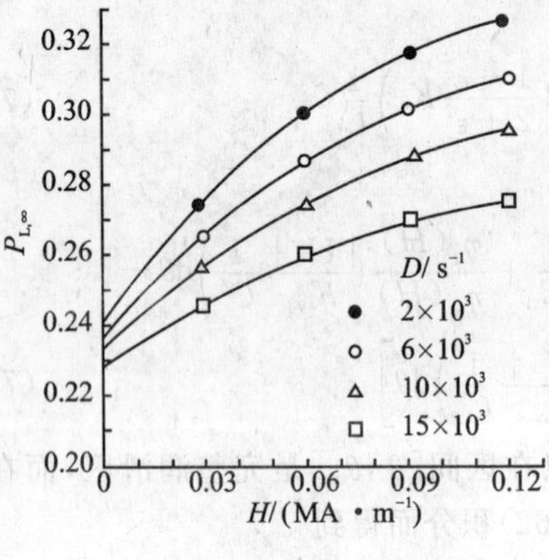

图 7-8 外磁场强度 H 和剪切率 D 对承载能力的影响(ε=0.3)

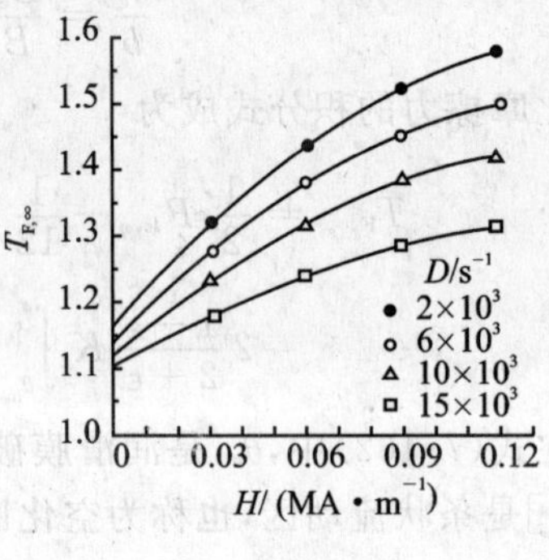

图 7-9 外磁场强度 H 和剪切率 D 对摩擦力的影响(ε=0.3)

③ 承载能力 $P_{L,\infty}$ 随偏心率的变化如图 7-10 所示。

④ 摩擦力 $T_{F,\infty}$ 随偏心率 ε 的变化如图 7-11 所示。

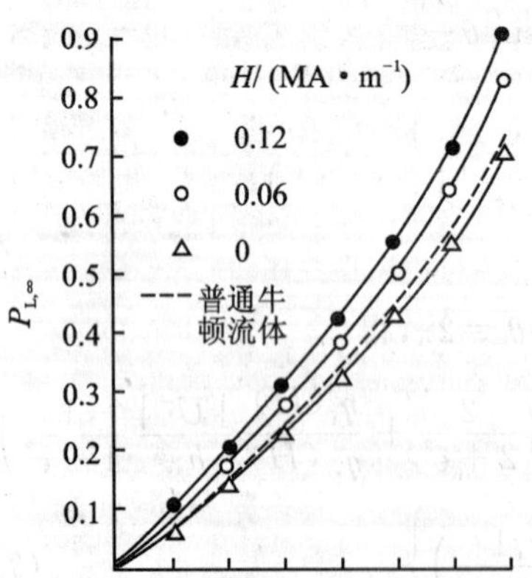

图 7-10 轴承承载能力 $P_{L,\infty}$ 随偏心率 ε 的变化($D=6\times10^3$ s^{-1})

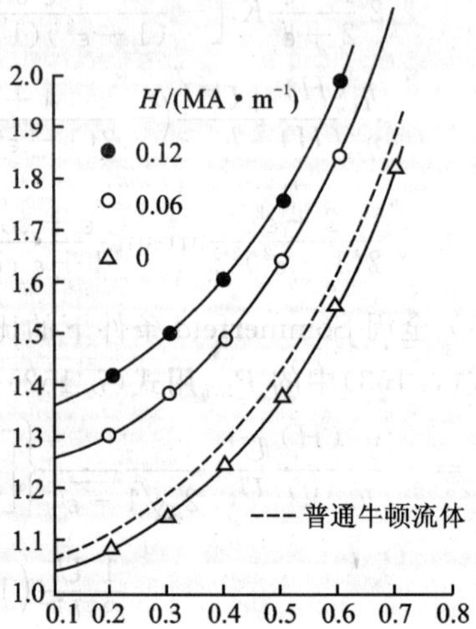

图 7-11 轴承摩擦力 $T_{F,\infty}$ 和偏心率 ε 的关系($D=6\times10^3$ s^{-1})

由图 7-8 和图 7-9 可见，轴承的承载能力 $P_{L,\infty}$ 和摩擦力 $T_{F,\infty}$ 的曲线变化规律十分相似，

这表示外磁场强度 H 和剪切率 D 对于轴承的效率(即摩擦系数 C_f)的影响很小。图 7－10 表明，高磁场下，轴承不仅承载能力高，而且润滑膜的刚度 K_ε 也较高，K_ε 是承载能力曲线的斜率，即

$$K_\varepsilon = \frac{\partial P_L}{\partial \varepsilon} \tag{7.166}$$

较高的润滑膜刚度对于精密机械和机床的轴承是很重要的性能。在均匀磁场中，高的承载能力和高的刚度的来源都是外磁场提高了作为润滑剂的铁磁流体的粘度。正因为如此，不可避免地也同时提高了摩擦力。所以提高外磁场强度不会改善轴承的效率。从图 7－10 还可以看到，在外磁场为零时，铁磁流体拟塑性流润滑的轴承之承载能力比普通牛顿流体的还低。这当然是剪切稀化的结果。

7.8.5　无限宽轴颈轴承性能的二维修正

平均本征值二维修正的基本方程式是式(7.93)和式(7.96)。

1. 轴承内压力分布的二维修正

将式(7.147)代入式(7.93)，有

$$P = -\frac{\eta_N(H)}{\eta_N(0)}\frac{U^+}{U_0}\left\{1+\left[\frac{1}{2}\frac{\eta_t(H)}{\eta_N(H)}\frac{|U^-|}{h_{av}}-K_t\right]\frac{4-\varepsilon^2+3\varepsilon\cos\theta}{(2+\varepsilon^2)(1+\varepsilon\cos\theta)}+\right.$$
$$\left.\frac{\eta_t(H)}{\eta_N(H)}\frac{|U^-|}{h_{av}}\frac{4K_t}{3(1-\varepsilon^2)}\left[1-\frac{1-\varepsilon^2}{2(1+\varepsilon\cos\theta)}-\frac{5(4-\varepsilon^2+3\varepsilon\cos\theta)}{4(1-\varepsilon^2)(1+\varepsilon\cos\theta)}\right]\right\}\times$$
$$\frac{\varepsilon\sin\theta}{(1-\varepsilon^2)(1+\varepsilon\cos\theta)}\left[1-\frac{\mathrm{ch}(\sqrt{\lambda}\,\zeta)}{\mathrm{ch}(\sqrt{\lambda}\,B)}\right] \tag{7.167}$$

2. 承载能力的二维修正

全周 Sommerfeld，用式(7.153)代入式(7.96)得

$$\left.\begin{aligned}&P_{L,\xi}=0\\&P_{L,\eta}=-\frac{\eta_N(H)}{\eta_N(0)}\frac{U^+}{U_0}\frac{\pi}{\varepsilon\sqrt{1-\varepsilon^2}}\left\{\frac{\varepsilon^2}{2+\varepsilon^2}+\right.\\&\qquad\left.(1-K_t)\left[\frac{2}{2+\varepsilon^2}+\frac{\eta_t(H)}{\eta_N(H)}\frac{|U^-|}{h_{av}}\frac{1}{1-\varepsilon^2}\right]\right\}\left[1-\frac{1}{B\sqrt{\lambda}}\mathrm{th}(B\sqrt{\lambda})\right]\end{aligned}\right\} \tag{7.168}$$

半周 Sommerfeld，由式(7.154)和式(7.155)代入式(7.96)得

$$\left.\begin{aligned}&P_{L,\xi}=\frac{\eta_N(H)}{\eta_N(0)}\frac{U^+}{U_0}\frac{1}{1-\varepsilon^2}\left\{1-\left[-2\frac{1-\varepsilon^2}{2+\varepsilon^2}K_t+\frac{\eta_t(H)}{\eta_N(H)}\frac{|U^-|}{h_{av}}\right]\frac{1}{1-\varepsilon^2}-\right.\\&\qquad\left.2\frac{1-\varepsilon^2}{2+\varepsilon^2}K_t\frac{\eta_t(H)}{\eta_N(H)}\frac{|U^-|}{h_{av}}\frac{3+\varepsilon^2}{3(1-\varepsilon^2)^2}\right\}\left[1-\frac{1}{B\sqrt{\lambda}}\mathrm{th}(B\sqrt{\lambda})\right]\\&P_{L,\eta}=-\frac{\eta_N(H)}{\eta_N(0)}\frac{U^+}{U_0}\frac{\pi}{2\varepsilon\sqrt{1-\varepsilon^2}}\left\{\frac{\varepsilon^2}{2+\varepsilon^2}+\right.\\&\qquad\left.(1-K_t)\left[\frac{2}{2+\varepsilon^2}+\frac{\eta_t(H)}{\eta_N(H)}\frac{|U^-|}{h_{av}}\frac{1}{1-\varepsilon^2}\right]\right\}\left[1-\frac{1}{B\sqrt{\lambda}}\mathrm{th}(B\sqrt{\lambda})\right]\end{aligned}\right\} \tag{7.169}$$

3. 摩擦力的二维修正

摩擦力的二维修正，只需要对轴承内压力流造成的摩擦力施行，而由表面运动所引起的剪切流的摩擦，在轴承的全宽上都是一致的，并不存在二维问题。

全周 Sommerfeld，由式(7.164)和式(7.96)给出

$$T_F = -\frac{\eta_N(H)}{\eta_N(0)}\frac{U^+}{U_0}\frac{\pi}{2\sqrt{1-\varepsilon^2}}\left\{\left[\frac{\varepsilon^2}{2+\varepsilon^2}+\right.\right.$$
$$\left.(1-K_t)\left(\frac{2}{2+\varepsilon^2}+\frac{\eta_t(H)}{\eta_N(H)}\frac{|U^-|}{h_{av}}\frac{1}{1-\varepsilon^2}\right)\right]\left[1-\frac{1}{B\sqrt{\lambda}}\text{th}(B\sqrt{\lambda})\right]+$$
$$\left.\frac{1}{3}\frac{U^-}{U^+}\left[1+\frac{\eta_t(H)}{\eta_N(H)}\frac{|U^-|}{h_{av}}\frac{1}{1-\varepsilon^2}\right]\right\} \tag{7.170}$$

半周 Sommerfeld，由式(7.165)和式(7.96)得到

$$T_F = -\frac{\eta_N(H)}{\eta_N(0)}\frac{U^+}{U_0}\frac{\pi}{4\sqrt{1-\varepsilon^2}}\left\{\left[\frac{\varepsilon^2}{2+\varepsilon^2}+\right.\right.$$
$$\left.(1-K_t)\left(\frac{2}{2+\varepsilon^2}+\frac{\eta_t(H)}{\eta_N(H)}\frac{|U^-|}{h_{av}}\frac{1}{1-\varepsilon^2}\right)\right]\left[1-\frac{1}{B\sqrt{\lambda}}\text{th}(B\sqrt{\lambda})\right]+$$
$$\frac{1}{3}\frac{U^-}{U^+}\left[\left(1+\frac{\eta_t(H)}{\eta_N(H)}\frac{|U^-|}{h_{av}}\frac{1}{1-\varepsilon^2}\right)+\right.$$
$$\left.\left.2\frac{K_t}{2+\varepsilon^2}\left(1+\frac{\eta_t(H)}{\eta_N(H)}\frac{|U^-|}{h_{av}}\frac{2+\varepsilon^2}{2(1-\varepsilon^2)}\right)\right]\right\} \tag{7.171}$$

4. 平均本征值 λ

平均本征值 λ 可以用式(7.20)、式(7.73)和式(7.148)代入式(7.55)积分得到。对于剪切稀化影响较小的情况，可以使用铁磁流体牛顿流来计算作为近似，其结果和普通牛顿流体的相同，即[1]

$$\lambda = \frac{(2+\varepsilon^2)\varepsilon^2}{[(1+1.5\varepsilon^2)-\sqrt{1-\varepsilon^2}]\sqrt{1-\varepsilon^2}} \tag{7.172}$$

7.9 铁磁流体拟塑性流润滑的无限窄轴颈轴承

7.9.1 无限窄轴颈轴承的润滑方程和压力分布

在工程实用中，一般认为宽径比 $B<0.5$ 时就是窄轴承，从而可以按无限窄的简化方法来处理。在无限窄的假设下，润滑方程式(7.18)的左方第一项相对于第二项可以略去，就是说沿 θ 方向的压力流的流量远小于沿 z 方向的。再用式(7.73)代入，就得窄轴承的润滑方程是

$$\frac{\partial}{\partial z}\left(\frac{h^3}{12\eta}\frac{\partial p^*}{\partial z}\right) = \frac{1}{2}U^+\frac{\partial h}{\partial x} \tag{7.173}$$

在均匀磁场下，$\eta=\eta_N(H)+\eta_t(H)|U^-|/h$。方程式(7.173)在边界条件 $(\partial p^*/\partial z)_{z=0}=0$ 和 $p^*|_{z=\pm b/2}=0$ 下，积分两次，得

$$p = p^* = \frac{6\eta U^+}{h^3}\frac{\partial h}{\partial x}\frac{1}{2}\left(z^2-\frac{b^2}{4}\right)$$

用 $h=h_{av}(1+\varepsilon\cos\theta)$，$x=r_j\theta$，$z=r_j\zeta$，以及 $p=P[p_a 6\eta_N(0)U_0 r_j/(p_a h_{av}^2)]$ 代入上式就得量纲为1的压力 P 是

$$P=\frac{\eta_N(H)}{\eta_N(0)}\frac{U^+}{U_0}\left[1+\frac{\eta_t(H)}{\eta_N(H)}\frac{|U^-|}{h_{av}}\frac{1}{1+\varepsilon\cos\theta}\right]\frac{\varepsilon\sin\theta}{2(1+\varepsilon\cos\theta)^3}(B^2-\zeta^2)\quad(7.174)$$

无限窄轴颈轴承内的压力分布如图7-12所示。由图可以看到，外磁场对提高轴承内压力有明显的作用。这是由于外磁场增大了润滑剂铁磁流体的粘度所致。

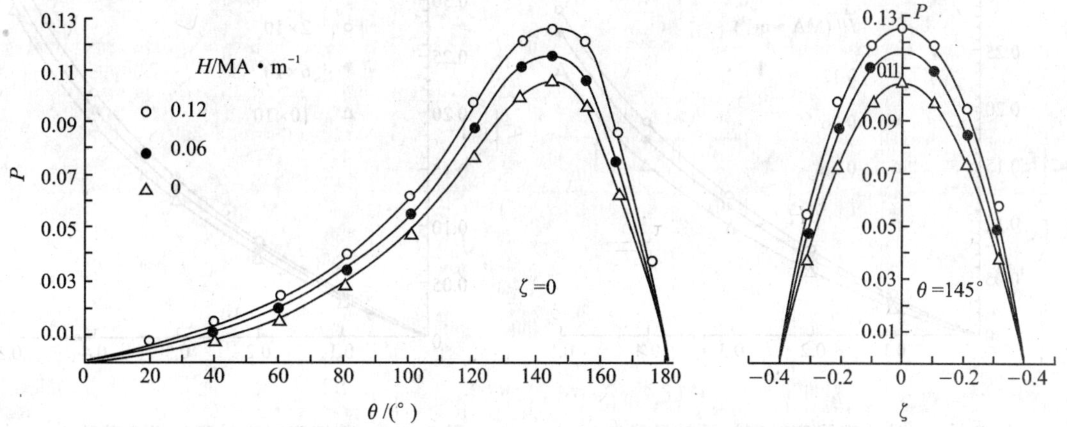

图7-12　无限窄轴颈轴承内的压力分布（$\varepsilon=0.5$，$D=10\times10^3\ \mathrm{s^{-1}}$）

7.9.2　无限窄轴颈轴承的承载能力

利用间隙函数 $C=1+\varepsilon\cos\theta$，将积分式(7.148)改写成下面的形式

$$\left.\begin{aligned}P_{L,\xi}&=-\frac{1}{4B\varepsilon}\int_{\theta_i}^{\theta_e}\int_{-B}^{B}(C-1)P\frac{d\theta}{dC}dCd\zeta\\P_{L,\eta}&=-\frac{1}{4B\varepsilon}\int_{\theta_i}^{\theta_e}\int_{-B}^{B}\frac{-C^2+2C-(1-\varepsilon^2)}{\varepsilon\sin\theta}P\,d\theta d\zeta\end{aligned}\right\}\quad(7.175)$$

在式(7.174)中，将 $1+\varepsilon\cos\theta$ 写成 C 而后代入积分式(7.175)中，就得

$$\left.\begin{aligned}P_{L,\xi}&=\frac{\eta_N(H)}{\eta_N(0)}\frac{U^+}{U_0}\frac{1}{8B\varepsilon}\int_{\theta_i}^{\theta_e}\left[1+\frac{\eta_t(H)}{\eta_N(H)}\frac{|U^-|}{h_{av}}\frac{1}{C}\right]\left(\frac{1}{C^2}-\frac{1}{C^3}\right)dC\int_{-B}^{B}(B^2-\zeta^2)d\zeta\\P_{L,\eta}&=-\frac{\eta_N(H)}{\eta_N(0)}\frac{U^+}{U_0}\frac{1}{8B\varepsilon}\int_{\theta_i}^{\theta_e}\left[1+\frac{\eta_t(H)}{\eta_N(H)}\frac{|U^-|}{h_{av}}\frac{1}{C}\right]\left(-\frac{1}{C}+\frac{2}{C^2}-\frac{1-\varepsilon^2}{C^3}\right)d\theta\int_{-B}^{B}(B^2-\zeta^2)d\zeta\end{aligned}\right\}$$

(7.176)

若采用半周 Somerfeld 条件，取 $\theta_i=0$，$\theta_e=\pi$，则积分结果所得承载能力为

$$\left.\begin{aligned}P_{L,\xi}&=\frac{\eta_N(H)}{\eta_N(0)}\frac{U^+}{U_0}\left[1+\frac{\eta_t(H)}{\eta_N(H)}\frac{|U^-|}{h_{av}}\frac{4}{3(1-\varepsilon^2)}\right]\frac{\varepsilon^2B^2}{3(1-\varepsilon^2)^2}\\P_{L,\eta}&=-\frac{\eta_N(H)}{\eta_N(0)}\frac{U^+}{U_0}\left[1+\frac{\eta_t(H)}{\eta_N(H)}\frac{|U^-|}{h_{av}}\frac{1}{1-\varepsilon^2}\right]\frac{\pi\varepsilon B^2}{12(1-\varepsilon^2)^{1.5}}\end{aligned}\right\}\quad(7.177)$$

由式(7.177)可见,承载能力两分量 $P_{L,\xi}$ 和 $P_{L,\eta}$ 均正比于 B^2,所以轴承的姿态角 φ 与宽径比 B 无关。如图 7-13 所示为外磁场强度对窄轴颈轴承承载能力的影响。剪切率对窄轴颈轴承承载能力的影响,如图 7-14 所示。在图 7-13 中和图 7-14 中,纵坐标均使用 P_L/B^2,这样数据与 B 无关而具有更宽的适应性。

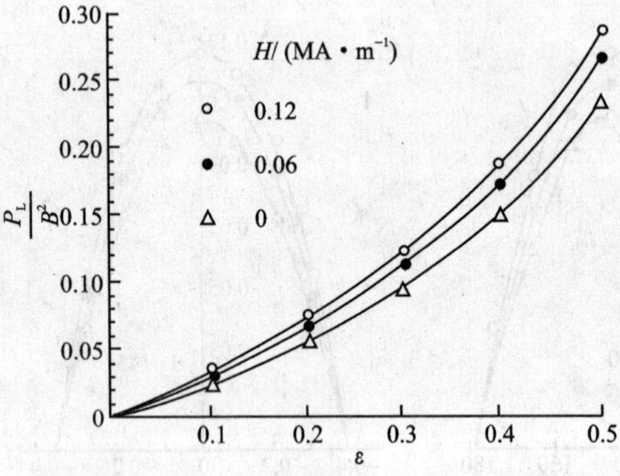

图 7-13　外磁场强度对窄轴颈轴承承载能力的影响($D=10\times10^3\ s^{-1}$)

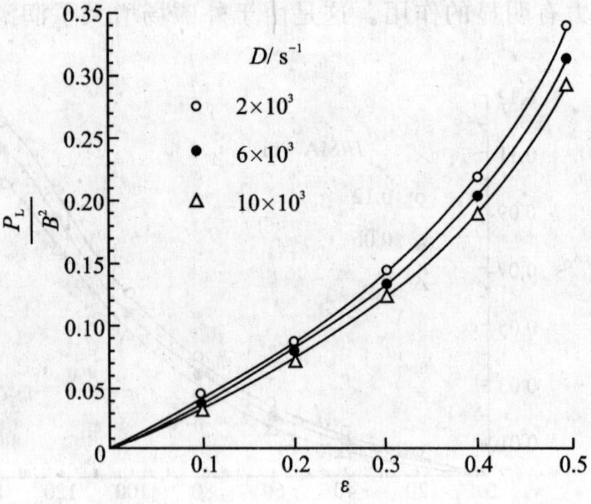

图 7-14　剪切率对窄轴颈轴承承载能力的影响($H=0.12\ MA\cdot m^{-1}$)

比较图 7-13 和图 7-14 可见,外磁场增强可提高轴承的承载能力,而剪切率增大则使承载能力有所下降。

7.9.3　无限窄轴颈轴承的摩擦力

对于半周 Sommefeld 条件而言,压力流产生的摩擦只在区间$[0,\pi]$上存在,而轴承表面运动带动的剪切流产生的摩擦力在全周,即$[0,2\pi]$区间中都存在,故由式(7.157)得均匀磁场下无限窄轴颈轴承的摩擦力为

$$T_F=\frac{1}{4B}\int_{-B}^{B}\left\{\int_0^{\pi}-\frac{C}{2}\frac{\partial P}{\partial\theta}\mathrm{d}\theta+\int_0^{2\pi}-\frac{1}{6C}\frac{U^-}{U^+}\frac{\eta_N(H)}{\eta_N(0)}\left[1+\frac{\eta_t(H)}{\eta_N(H)}\frac{|U^-|}{h_{av}}\frac{1}{C}\right]\frac{B_e}{B}\mathrm{d}\theta\right\}\mathrm{d}\zeta \tag{7.178}$$

简单地取 $B_e/B=1$,则积分结果就是

$$T_F=-\frac{U^+}{U_0}\frac{\eta_N(H)}{\eta_N(0)}\frac{\pi}{3\sqrt{1-\varepsilon^2}}\left[1+\frac{\eta_t(H)}{\eta_N(H)}\frac{|U^-|}{h_{av}}\frac{1}{1-\varepsilon^2}\right]\left[\frac{\varepsilon^2B^2}{4(1-\varepsilon^2)}+\frac{U^-}{U^+}\right] \tag{7.179}$$

外磁场强度和剪切率对窄轴颈轴承摩擦力的影响如图 7-15 所示。由图 7-15 可以看出,外磁场增强,将使轴承的摩擦力变大,而剪切率增大,则降低轴承的摩擦。外磁场使铁磁流体粘度增大、剪切率使其粘度降低。所以,两者对摩擦的作用相反。

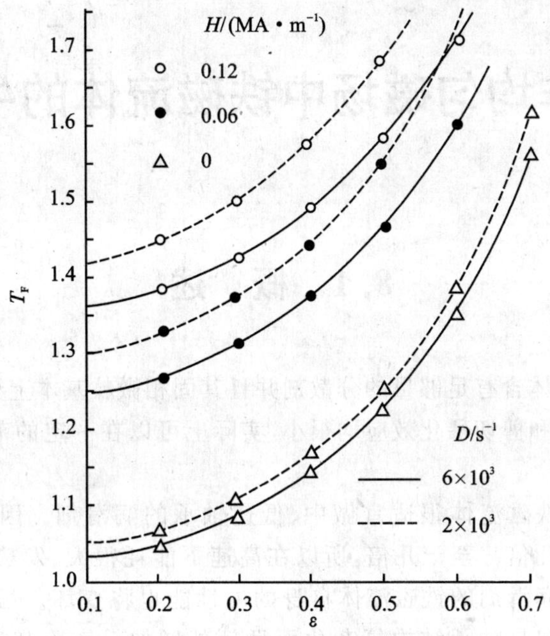

图 7-15　外磁场强度和剪切率对窄轴颈轴承摩擦力的影响

参考文献

[1] 池长青.液体力学润滑[M].北京:国防工业出版社,1998.

[2] 平克斯 O,斯德因李希特 B.液体动力润滑理论[M].西安交通大学轴承研究小组,译.北京:机械工业出版社,1980.

[3] 池长青.均匀磁场中铁磁流体润滑的轴颈轴承[J].航空动力学报,2000(2).

第8章　非均匀磁场中铁磁流体的牛顿流润滑

8.1　概　述

一些品种的铁磁流体含有足够量的分散剂并且其固相微粒基本上处于个体弥散状态。这类铁磁流体的屈服应力和剪切稀化效应均很小,实际上可以在一定的范围内作为牛顿流体来处理其力学的行为。

在通常的情况下,铁磁流体很适宜做中、低速轴承的润滑剂。因为铁磁流体的粘度很大,是其基载液体的好几倍甚至十几倍,所以在高速下能耗很大、发热严重。这不仅降低轴承的安全性,而且作为润滑剂的铁磁流体自身的磁性能也将变坏。虽然使用冷却的方法可以维持长时间的运转,但是轴承结构复杂化而且额外增加一套冷却系统,完全抵消了铁磁流体轴承没有侧泄带来的好处。然而铁磁流体润滑剂的粘度大,即使速度不高也有相当好的承载性能。

在非均匀磁场中,铁磁流体牛顿流润滑虽然没有"固态"核问题,也没有剪切稀化效应,但是有两个新的效应出现。一个是由于磁场强度的梯度引起的磁场力。这个磁场力是施加于铁磁流体润滑剂上的,它将改变轴承内的压力分布。另一个是由于磁场的不均匀,而使铁磁流体润滑剂的粘度和磁化强度也相应地不均匀。

铁磁流体在静止的状态下,它的磁化强度矢量 $\boldsymbol{M}$ 总是与外磁场(即磁化场)$\boldsymbol{B}_0$ 的方向一致。也就是说铁磁流体的磁性固相微粒在和 $\boldsymbol{B}_0$ 相适应的程度上,沿 $\boldsymbol{B}_0$ 的方向作一致的排列。在轴承中,外磁场方向通常与润滑膜相垂直,也就与润滑膜流动的涡旋矢量(即剪切率)相垂直。在轴承运转中,润滑膜的剪切率使得铁磁流体润滑剂的磁化强度矢量 $\boldsymbol{M}$ 的方向偏离外磁场 $\boldsymbol{B}_0$ 的方向。但是,通常的中、低速轴承润滑膜中的剪切率的量级是 $10^4 \sim 10^5\ \text{s}^{-1}$,最常用的铁磁流体润滑剂的固相微粒直径为 8～10 nm,若铁磁流体是非内禀性的,则其 Brown 松弛时间 t_B 的量级是 10^{-7} s;若铁磁流体是内禀性的,则其 Neel 松弛时间 t_N 小于 10^{-9} s。这样在式(5.5)中,由涡旋引起的磁化强度 $\boldsymbol{M}$ 的分量与 $\boldsymbol{M}$ 本身相比只是 10^{-2} 的小量。所以,在中、低速润滑中,可以认为铁磁流体润滑剂内仍然近似地存在 $\boldsymbol{B}$、$\boldsymbol{H}$、$\boldsymbol{M}$ 的三矢平行。于是,由式(4.142)可将 Kelvin 力写成

$$\boldsymbol{f}_k = \boldsymbol{f}_m = M\nabla B_0 = \mu_0 M\nabla H \tag{8.1}$$

进一步由式(6.5)得

$$\boldsymbol{f}_k = \mu_0 M\nabla H = \mu_0 \nabla\int_0^H M\mathrm{d}H \tag{8.2}$$

8.2 在非均匀的磁场中，铁磁流体牛顿流润滑的基本关系式

8.2.1 在非均匀磁场中，铁磁流体牛顿流的润滑方程

对于牛顿流，Navier - Stokes 方程式(4.148)是适用的，即

$$\rho_f \frac{\mathrm{d}\boldsymbol{V}}{\mathrm{d}t} = \rho_f \boldsymbol{g} - \nabla p + \frac{\partial}{\partial x_j}\left[\eta\left(\frac{\partial u_i}{\partial x_j} + \frac{\partial u_j}{\partial x_i}\right) - \frac{2}{3}\eta(\nabla\cdot\boldsymbol{V})\delta_{ij}\right] + \frac{\phi J_1}{2V_{p1}t_s}\nabla\times$$
$$(\boldsymbol{\omega}_p - \boldsymbol{\omega}_c) + \boldsymbol{M}\cdot\nabla\boldsymbol{B}_0 + \boldsymbol{M}\times(\nabla\times\boldsymbol{B}_0) + \boldsymbol{B}_0\times(\nabla\times\boldsymbol{M}) \tag{8.3}$$

按照润滑近似，将方程式(8.3)简化：

① 方程左边的惯性项可以略去，取

$$\rho_f \frac{\mathrm{d}\boldsymbol{V}}{\mathrm{d}t} = 0$$

② 重力相对其他的力是小项，取

$$\rho_f \boldsymbol{g} = 0$$

③ 认为铁磁流体润滑剂是均匀的不可压缩流体，则有

$$\nabla\cdot\boldsymbol{V} = 0$$

④ 固相微粒尺寸非常微小，液、固两相间的运动滞后可以不考虑，即

$$\boldsymbol{\omega}_p - \boldsymbol{\omega}_c = 0$$

⑤ 由于是牛顿流体，没有剪切稀化效应，$\eta_t=0$，所以

$$\eta = \eta_N$$

⑥ 舍弃粘性项中的小量，将式(8.3)右边中括号内第一个粘性项展开，有

$$\frac{\partial}{\partial x_j}\left[\eta_N\left(\frac{\partial u_i}{\partial x_j} + \frac{\partial u_j}{\partial x_i}\right)\right] = \eta_N \frac{\partial}{\partial x_j}\left(\frac{\partial u_i}{\partial x_i} + \frac{\partial u_j}{\partial x_i}\right) + \left(\frac{\partial u_i}{\partial x_j} + \frac{\partial u_j}{\partial x_i}\right)\frac{\partial \eta_N}{\partial x_j} =$$
$$\eta_N\left[\nabla^2\boldsymbol{V} + \nabla(\nabla\cdot\boldsymbol{V})\right] + \boldsymbol{i}\left[2\frac{\partial u}{\partial x} + \left(\frac{\partial v}{\partial x} + \frac{\partial u}{\partial y}\right) + \right.$$
$$\left.\left(\frac{\partial w}{\partial x} + \frac{\partial u}{\partial z}\right)\right]\frac{\partial \eta_N}{\partial x} + \boldsymbol{j}\left[\left(\frac{\partial u}{\partial y} + \frac{\partial v}{\partial x}\right) + 2\frac{\partial v}{\partial y} + \left(\frac{\partial w}{\partial y} + \frac{\partial v}{\partial z}\right)\right]\frac{\partial \eta_N}{\partial y} +$$
$$\boldsymbol{k}\left[\left(\frac{\partial u}{\partial z} + \frac{\partial w}{\partial x}\right) + \left(\frac{\partial v}{\partial z} + \frac{\partial w}{\partial y}\right) + 2\frac{\partial w}{\partial z}\right]\frac{\partial \eta_N}{\partial z}$$

润滑膜的几何特征，是厚度方向 y 的尺寸 h 远远小于延展方向 x、z 的尺寸 l 和 b，它们之间有 $10^{-2}\sim10^{-3}$ 的数量级差别。于是

$$(y/x) \sim (h/l) \sim (10^{-2} \sim 10^{-3})$$

$$(y/z) \sim (h/b) \sim (10^{-2} \sim 10^{-3})$$

$$\frac{\partial^n}{\partial x^n}(\quad) \ll \frac{\partial^n}{\partial y^n}(\quad), \qquad \frac{\partial^n}{\partial z^n}(\quad) \ll \frac{\partial^n}{\partial y^n}(\quad)$$

此外，由于润滑膜太薄，以至于压力 p、外磁场 B_0、粘度 η_N 均可以认为在膜厚上没有变化，即

$$\frac{\partial p}{\partial y}=0,\qquad \frac{\partial B_0}{\partial y}=\mu_0\frac{\partial H}{\partial y}=0,\qquad \frac{\partial \eta_N}{\partial y}=0$$

通过舍弃小项的简化，粘性项剩下的内容为

$$\frac{\partial}{\partial x_j}\left[\eta_N\left(\frac{\partial u_i}{\partial x_j}+\frac{\partial u_j}{\partial x_i}\right)\right]=\eta_N\nabla^2\boldsymbol{V}+\boldsymbol{i}\left(\frac{\partial u}{\partial y}\right)\frac{\partial \eta_N}{\partial x}+\boldsymbol{k}\left(\frac{\partial w}{\partial y}\right)\frac{\partial \eta_N}{\partial z}$$

将所有的润滑近似都施加于方程式(8.3)，就得到

$$0=-\nabla p+\eta_N\nabla^2\boldsymbol{V}+\boldsymbol{i}\left(\frac{\partial u}{\partial y}\right)\frac{\partial \eta_N}{\partial x}+$$
$$\boldsymbol{k}\left(\frac{\partial w}{\partial y}\right)\frac{\partial \eta_N}{\partial z}+\mu_0\nabla\int_0^H M\mathrm{d}H+\boldsymbol{B}_0\times(\nabla\times\boldsymbol{M})+\boldsymbol{M}\times(\nabla\times\boldsymbol{B}_0)\tag{8.4}$$

方程式(8.4)右边最后的两项在大多数情况下是不存在的。因为通常的润滑膜中没有传导电流穿过，故

$$\nabla\times\boldsymbol{B}_0=\mu_0\nabla\times\boldsymbol{H}=0$$

铁磁流体的磁化曲线可以近似地分成两段，即线性磁化阶段和饱和磁化阶段，如图 8-1 所示。

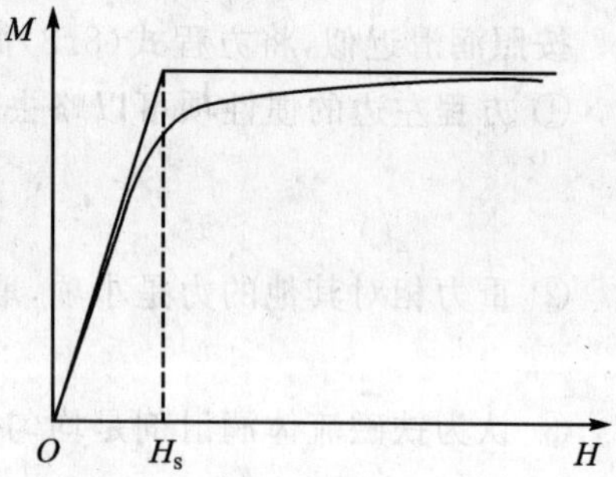

图 8-1 铁磁流体磁化曲线示意图

① 线性磁化阶段有

$$\boldsymbol{M}=\chi_m\boldsymbol{H}$$

式中，磁化率 χ_m 是一个比例常数，故有

$$\nabla\times\boldsymbol{M}=\chi_m x\nabla\times\boldsymbol{H}$$

在没有传导电流穿过磁场时，$\nabla\times\boldsymbol{H}=0$，从而也有$\nabla\times\boldsymbol{M}=0$。

② 饱和磁化阶段有

$$\boldsymbol{M}=\boldsymbol{M}_s$$

式中，$\boldsymbol{M}_s$ 是常矢，此时在磁场中不存在剩余束缚电流，所以

$$\nabla\times\boldsymbol{M}=0$$

于是，方程式(8.4)右边最后两项均为零。此外，将压力 p 和磁力 $\int_0^H\mu_0 M\mathrm{d}H$ 项合并，即

$$p^*=p-\mu_0\int_0^H M\mathrm{d}H\tag{8.5}$$

式(8.5)就是式(6.9)，它们成立的前提是 $\boldsymbol{B}$、$\boldsymbol{H}$、$\boldsymbol{M}$ 三矢平行。于是方程式(8.3)保留到一阶小量得到的简化形式为

$$\nabla p^*=\eta_N\nabla^2\boldsymbol{V}+\boldsymbol{i}\left(\frac{\partial u}{\partial y}\right)\frac{\partial \eta_N}{\partial x}+\boldsymbol{k}\left(\frac{\partial w}{\partial y}\right)\frac{\partial \eta_N}{\partial z}\tag{8.6}$$

将式(8.6)写成三个坐标的方向，分别为

$$\left.\begin{aligned}\frac{\partial p^*}{\partial x}&=\eta_N\frac{\partial^2 u}{\partial y^2}+\left(\frac{\partial \eta_N}{\partial x}\right)\frac{\partial u}{\partial y}\\ 0&=\frac{\partial^2 v}{\partial y^2}\\ \frac{\partial p^*}{\partial z}&=\eta_N\frac{\partial^2 w}{\partial y^2}+\left(\frac{\partial \eta_N}{\partial z}\right)\frac{\partial w}{\partial y}\end{aligned}\right\}\tag{8.7}$$

将方程式(8.7)的第一式对速度 u 求解。由于 p^* 和 η_N 均和坐标 y 无关，所以它是常系数

二阶微分方程。设其解具有的形式是

$$u = a_1 y + a_2 + a_3 \exp(-a_4 y)$$

代入方程组(8.7)的第一式以后，就有

$$-\frac{\partial p^*}{\partial x} + a_3 a_4^2 \eta_N \exp(-a_4 y) + \frac{\partial \eta_N}{\partial x}[a_1 - a_3 a_4 \exp(-a_4 y)] = 0$$

集中同类项的系数后，解出

$$a_1 = \frac{\dfrac{\partial p^*}{\partial x}}{\dfrac{\partial \eta_N}{\partial x}},\quad a_4 = \frac{1}{\eta_N}\frac{\partial \eta_N}{\partial x}$$

速度 u 的边界条件是：$y=0, u=U; y=h, u=0$，于是得

$$a_3 = \frac{U + h\left[\left(\dfrac{\partial p^*}{\partial x}\right)\Big/\left(\dfrac{\partial \eta_N}{\partial x}\right)\right]}{1-\exp\left(-\dfrac{h}{\eta_N}\dfrac{\partial \eta_N}{\partial x}\right)},\qquad a_2 = U - \frac{U + h\left[\left(\dfrac{\partial p^*}{\partial x}\right)\Big/\left(\dfrac{\partial \eta_N}{\partial x}\right)\right]}{1-\exp\left(-\dfrac{h}{\eta_N}\dfrac{\partial \eta_N}{\partial x}\right)}$$

将所得出的 $a_1 \sim a_4$ 代入方程的解中，就得速度 u 为

$$u = U - \left[U + \frac{\left(\dfrac{\partial p^*}{\partial x}\right)}{\left(\dfrac{\partial \eta_N}{\partial x}\right)}h\right]\frac{1-\exp\left(-\dfrac{\partial \eta_N}{\partial x}\dfrac{y}{\eta_N}\right)}{1-\exp\left(-\dfrac{\partial \eta_N}{\partial x}\dfrac{h}{\eta_N}\right)} + \frac{\left(\dfrac{\partial p^*}{\partial x}\right)}{\left(\dfrac{\partial \eta_N}{\partial x}\right)}y \tag{8.8}$$

同样可得速度 w 为

$$w = W - \left[W + \frac{\left(\dfrac{\partial p^*}{\partial z}\right)}{\left(\dfrac{\partial \eta_N}{\partial z}\right)}h\right]\frac{1-\exp\left(-\dfrac{\partial \eta_N}{\partial z}\dfrac{y}{\eta_N}\right)}{1-\exp\left(-\dfrac{\partial \eta_N}{\partial z}\dfrac{h}{\eta_N}\right)} + \frac{\left(\dfrac{\partial p^*}{\partial z}\right)}{\left(\dfrac{\partial \eta_N}{\partial z}\right)}y \tag{8.9}$$

注意到式(8.8)和式(8.9)中，$\dfrac{\partial \eta_N}{\partial x}\dfrac{y}{\eta_N}$、$\dfrac{\partial \eta_N}{\partial x}\dfrac{h}{\eta_N}$、$\dfrac{\partial \eta_N}{\partial z}\dfrac{y}{\eta_N}$和$\dfrac{\partial \eta_N}{\partial z}\dfrac{h}{\eta_N}$都是 h/l 和 h/b 的小量，使用 Taylor 展开并保留到二阶小项，有：

$$\exp\left(-\frac{\partial \eta_N}{\partial x_i}\frac{h}{\eta_N}\right) \approx 1 - \frac{\partial \eta_N}{\partial x_i}\frac{h}{\eta_N} + \frac{1}{2}\left(\frac{\partial \eta_N}{\partial x_i}\right)^2\left(\frac{h}{\eta_N}\right)^2$$

于是有

$$\frac{1-\exp\left(-\dfrac{\partial \eta_N}{\partial x_i}\dfrac{y}{\eta_N}\right)}{1-\exp\left(-\dfrac{\partial \eta_N}{\partial x_i}\dfrac{h}{\eta_N}\right)} \approx \frac{1-\dfrac{1}{2}\dfrac{\partial \eta_N}{\partial x_i}\dfrac{y}{\eta_N}}{1-\dfrac{1}{2}\dfrac{\partial \eta_N}{\partial x_i}\dfrac{h}{\eta_N}}\frac{y}{h} \approx \left(1 + \frac{1}{2}\frac{\partial \eta_N}{\partial x_i}\frac{h}{\eta_N} - \frac{1}{2}\frac{\partial \eta_N}{\partial x_i}\frac{y}{\eta_N}\right)\frac{y}{h}$$

使用上述近似关系，则速度 u 和速度 w 的式子成为

$$u = \frac{1}{2\eta_N}\frac{\partial p^*}{\partial x}(y^2 - hy) + \frac{1}{2\eta_N}\frac{\partial \eta_N}{\partial x}\frac{U}{h}(y^2 - hy) + U\left(1 - \frac{y}{h}\right) \tag{8.10}$$

$$w = \frac{1}{2\eta_N}\frac{\partial p^*}{\partial z}(y^2 - hy) + \frac{1}{2\eta_N}\frac{\partial \eta_N}{\partial z}\frac{W}{h}(y^2 - hy) + W\left(1 - \frac{y}{h}\right) \tag{8.11}$$

关于 y 方向的速度 v，轴承表面的 x 方向运动速度 U 和 z 方向运动速度 W 都不会引起 y 方向的速度 v。速度 v 只能由轴承表面的 y 向运动速度 V 产生，也就是所谓的挤压效应。速度 V 的另一种形态是轴承表面上润滑剂注入速度的垂直分量，例如多孔质轴承表面上的静压注入。

由式(8.7)中的第二式可知速度 v 对坐标 y 的二阶导数为零，所以 v 必定是 y 的线性函数，即

$$v = a + by$$

边界条件是：$y=0,v=0;y=h,v=V$。于是得速度 v 为

$$v = \frac{V}{h}y \tag{8.12}$$

在轴承内润滑剂的流动当然遵守连续性方程。对于被假设为不可压缩流体的铁磁流体，它的连续性方程就是速度的散度等于零，即 $\nabla \cdot \boldsymbol{V}_\Sigma = 0$，$\boldsymbol{V}_\Sigma$ 是三个方向速度的合成速度。展开后即

$$\frac{\partial u}{\partial x} + \frac{\partial v}{\partial y} + \frac{\partial w}{\partial z} = 0$$

将上式在润滑膜厚度 h 上积分，就是润滑膜中的体积流量的连续方程，即

$$\int_0^h \left(\frac{\partial u}{\partial x} + \frac{\partial v}{\partial y} + \frac{\partial w}{\partial z}\right)\mathrm{d}y = 0$$

注意到润滑膜厚度 h 可能是坐标 x 和 z 的函数，即 $h=h(x,z)$，并且边界状况为 $u|_{y=h}=0$ 和 $w|_{y=h}=0$。利用 Leibniz 对积分上限取导的公式，给出上面连续方程各项的积分结果。由

$$\frac{\partial}{\partial x}\int_0^h u\mathrm{d}y = \int_0^h \frac{\partial u}{\partial x}\mathrm{d}y + u|_{y=h}\frac{\partial h}{\partial x} = \int_0^h \frac{\partial u}{\partial x}\mathrm{d}y$$

将式(8.10)代入上式左边的积分中，就得

$$\int_0^h \frac{\partial u}{\partial x}\mathrm{d}y = \frac{\partial}{\partial x}\left[-\frac{h^3}{12\eta_\mathrm{N}}\frac{\partial p^*}{\partial x} - \frac{h^3}{12\eta_\mathrm{N}}\frac{\partial \eta_\mathrm{N}}{\partial x}\frac{U}{h} + \frac{1}{2}Uh\right]$$

同样可得

$$\int_0^h \frac{\partial w}{\partial z}\mathrm{d}y = \frac{\partial}{\partial z}\left[-\frac{h^3}{12\eta_\mathrm{N}}\frac{\partial p^*}{\partial z} - \frac{h^3}{12\eta_\mathrm{N}}\frac{\partial \eta_\mathrm{N}}{\partial z}\frac{W}{h} + \frac{1}{2}Wh\right]$$

再由式(8.12)得

$$\int_0^h \frac{\partial v}{\partial y}\mathrm{d}y = \int_0^h \frac{\partial}{\partial y}\left(\frac{V}{h}y\right)\mathrm{d}y = \int_0^h \frac{V}{h}\mathrm{d}y = V$$

将以上三个积分结果代入连续方程的积分式中，就有

$$\frac{\partial}{\partial x}\left(\frac{h^3}{12\eta_\mathrm{N}}\frac{\partial p^*}{\partial x}\right) + \frac{\partial}{\partial z}\left(\frac{h^3}{12\eta_\mathrm{N}}\frac{\partial p^*}{\partial z}\right) =$$

$$-\frac{\partial}{\partial x}\left(\frac{h^3}{12\eta_\mathrm{N}}\frac{\partial \eta_\mathrm{N}}{\partial x}\frac{U}{h}\right) - \frac{\partial}{\partial z}\left(\frac{h^3}{12\eta_\mathrm{N}}\frac{\partial \eta_\mathrm{N}}{\partial z}\frac{W}{h}\right) + \frac{U}{2}\frac{\partial h}{\partial x} + \frac{W}{2}\frac{\partial h}{\partial z} + V \tag{8.13}$$

方程式(8.13)就是非均匀磁场中，铁磁流体牛顿流的润滑方程。外磁场对铁磁流体润滑的轴承有三个方面的影响。第一是改变铁磁流体的粘度，无论是均匀磁场或是非均匀磁场，改变粘性的效应总是存在。另外两方面的影响只在非均匀磁场中存在。一个是 Kelvin 力，它包括在 p^* 之中，再就是非均匀磁场造成的粘度梯度 $\partial\eta_\mathrm{N}/\partial x$ 和 $\partial\eta_\mathrm{N}/\partial z$，也即式(8.13)等号右边的

第一和第二两项，这两项可以称之为“粘度楔”。而第三、第四两项就是通常的几何楔，最后一项 V 是挤压效应。

在通常的轴承中，$W=0$，$h=h(x)$且外磁场 $\boldsymbol{H}=\boldsymbol{H}(x)$。故将方程式(8.13)简化成为常用的形式：

$$\frac{\partial}{\partial x}\left(\frac{h^3}{12\eta_N}\frac{\partial p^*}{\partial x}\right)+\frac{\partial}{\partial z}\left(\frac{h^3}{12\eta_N}\frac{\partial p^*}{\partial z}\right)=-\frac{\partial}{\partial x}\left(\frac{h^3}{12\eta_N}\frac{\partial \eta_N}{\partial x}\frac{U}{h}\right)+\frac{U}{2}\frac{\partial h}{\partial x}+V \tag{8.14}$$

8.2.2　轴承中铁磁流体润滑剂的流量和粘性剪应力

1. 体积流量

体积流量分别为

$$q_x=\int_0^h u\mathrm{d}y=-\frac{h^3}{12\eta_N}\frac{\partial p^*}{\partial x}-\frac{h^3}{12\eta_N}\frac{\partial \eta_N}{\partial x}\frac{U}{h}+\frac{1}{2}Uh \tag{8.15}$$

$$q_z=\int_0^h w\mathrm{d}y=-\frac{h^3}{12\eta_N}\frac{\partial p^*}{\partial z}-\frac{h^3}{12\eta_N}\frac{\partial \eta_N}{\partial z}\frac{W}{h}+\frac{1}{2}Wh \tag{8.16}$$

2. 粘性剪应力

对于铁磁流体牛顿流，其粘性剪应力公式是牛顿定律 $\tau_{yx}=\eta_N\frac{\partial u}{\partial y}$，$\tau_{yz}=\eta_N\frac{\partial w}{\partial y}$，再用式(8.10)和式(8.11)代入，则得

$$\tau_{yx}=\frac{1}{2}\frac{\partial p^*}{\partial x}(2y-h)+\frac{1}{2}\frac{\partial \eta_N}{\partial x}\frac{U}{h}(2y-h)-\eta_N\frac{U}{h} \tag{8.17}$$

$$\tau_{yz}=\frac{1}{2}\frac{\partial p^*}{\partial z}(2y-h)+\frac{1}{2}\frac{\partial \eta_N}{\partial z}\frac{W}{h}(2y-h)-\eta_N\frac{W}{h} \tag{8.18}$$

在式(8.17)和式(8.18)中，取 $y=0$，就得到铁磁流体作用运动表面上的粘性剪应力：

$$(\tau_w)_x=-\frac{h}{2}\frac{\partial p^*}{\partial x}-\frac{U}{2}\frac{\partial \eta_N}{\partial x}-\eta_N\frac{U}{h} \tag{8.19}$$

$$(\tau_w)_z=-\frac{h}{2}\frac{\partial p^*}{\partial z}-\frac{W}{2}\frac{\partial \eta_N}{\partial z}-\eta_N\frac{W}{h} \tag{8.20}$$

8.3　非均匀磁场中铁磁流体牛顿流润滑方程的本征函数的正交性质

在润滑方程式(8.14)中，若磁场是一维的，仅为坐标 x 的函数，则粘性系数 η_N 也只是 x 的函数，于是使用记号

$$\alpha(x)=\frac{h^3}{12\eta_N},\qquad \beta(x)=-\frac{h^2}{12\eta_N}\frac{\mathrm{d}\eta_N}{\mathrm{d}x}+\frac{h}{2} \tag{8.21}$$

则润滑方程式(8.14)成为简单的形式，即

$$\frac{\partial}{\partial x}\left(\alpha\frac{\partial p^*}{\partial x}\right)+\frac{\partial}{\partial z}\left(\alpha\frac{\partial p^*}{\partial z}\right)=U\frac{\mathrm{d}\beta}{\mathrm{d}x}$$

在不可压缩流润滑的分析中，压力都是采用表压(即相对压力 $p-p_a$)，所以在轴承的边界 c 上的边界条件就具有齐次的形式，即

$$p^*|_c = 0$$

这样的定解问题，可以将解分为非齐次特解和齐次通解之和，即

$$p^*(x,z) = p_\infty^*(x) + p_+^*(x,z) \tag{8.22}$$

并且有

$$\frac{d}{dx}\left(\alpha \frac{dp_\infty^*}{dx}\right) = U\frac{d\beta}{dx} \tag{8.23}$$

和

$$\frac{\partial}{\partial x}\left(\alpha \frac{\partial p_+^*}{\partial x}\right) + \frac{\partial}{\partial z}\left(\alpha \frac{\partial p_+^*}{\partial z}\right) = 0 \tag{8.24}$$

由第 7 章做过的分析可知，在齐次边界条件下，p_+^* 方程的本征函数具有正交的性质。所以不必求解 p_+^* 的齐次方程，而可以在非齐次特解 p_∞^* 的基础上，用平均本征值的方法进行二维修正，即可得到工程实用的近似解。由此，第 7 章所述的有关内容，在此处完全适用。由式(7.50)其平均本征值是

$$\lambda' = \frac{\int_{l_i}^{l_e} U\frac{d\beta}{dx}p_\infty^* dx}{\int_{l_i}^{l_e} \alpha(p_\infty^*)^2 dx} = -\frac{\int_{l_i}^{l_e} U\frac{d}{dx}\left(-\frac{h^2}{\eta_N}\frac{d\eta_N}{dx} + 6h\right)p_\infty^* dx}{\int_{l_i}^{l_e} \frac{h^3}{\eta_N}(p_\infty^*)^2 dx} \tag{8.25}$$

式中，p_∞^*是式(8.23)的解。将式(8.23)对 x 积分两次，得

$$p_\infty^* = \int U\left(-\frac{1}{h}\frac{d\eta_N}{dx} + 6\frac{\eta_N}{h^2}\right)dx + a_1\int 12\frac{\eta_N}{h^3}dx + a_2 \tag{8.26}$$

积分常数 a_1 和 a_2 由 p_∞^* 的边界条件确定。式(8.26)适用于滑块和轴颈轴承。

8.4 非均匀磁场中铁磁流体牛顿流润滑的倾斜平板滑块

8.4.1 滑块内的压力分布

采用图 6-4 的坐标系，则由式(6.100)给出倾斜平板滑块的间隙函数是

$$h = h_e + (h_i - h_e)\frac{x}{l}$$

或写成

$$x = \frac{l}{h_i - h_e}(h - h_e) = \frac{l}{C_i - 1}(C-1) \tag{8.27}$$

使用记号

$$k_c = \frac{l}{C_i - 1} \tag{8.28}$$

则有

$$x = k_c(C-1), \qquad dx = k_c dC \tag{8.29}$$

在非均匀磁场中，$H=H(x)$，铁磁流体牛顿流的粘度 $\eta_N=\eta_N(x;H)$。设用多项式拟合粘度的实验数据，则有

$$\eta_N(x;H)=\eta_N(H)+\sum_n A'_n x^n,\qquad n=1,2,3,\cdots \tag{8.30}$$

上式右边 $\eta_N(H)$ 中的 H 可以取所分析范围内的磁场强度之平均值，也可以取某一参考点上的磁场强度值。为了简单起见，设在所论的有限范围内，取三项式即可满足准确度的要求，于是

$$\eta_N(x;H)=\eta_N(H)+A'_1x+A'_2x^2$$

用式(8.29)代入，即得

$$\eta_N(C;H)=A_0(H)+A_1C+A_2C^2 \tag{8.31}$$

式中

$$\left.\begin{aligned}A_0(H)&=\eta_N(H)-A'_1k_c+A'_2k_c^2\\A_1&=A'_1k_c-2A'_2k_c^2\\A_2&=A'_2k_c^2\end{aligned}\right\} \tag{8.32}$$

将式(8.29)和式(8.31)代入无限宽的压力积分式(8.26)中，即得

$$p^*_\infty=\int U\left[-\frac{1}{h_e}\left(\frac{A_1}{C}+2A_2\right)+\frac{6k_c}{h_e^2}\left(\frac{A_0}{C^2}+\frac{A_1}{C}+A_2\right)\right]\mathrm{d}C+\int\frac{12k_ca_1}{h_c^3}\left(\frac{A_0}{C^3}+\frac{A_1}{C^2}+\frac{A_2}{C}\right)\mathrm{d}C+a_2$$

积分结果是

$$p^*_\infty=\frac{U}{h_e}\left[-A_1\ln C-2A_2C+\frac{6k_c}{h_e}\left(-\frac{A_0}{C}+A_1\ln C+A_2C\right)\right]+\frac{12k_ca_1}{h_e^3}\left(-\frac{A_0}{2C^2}-\frac{A_1}{C}+A_2\ln C\right)+a_2$$

边界条件：$C=1$，$p^*_\infty=0$；$C=C_i$，$p^*_\infty=0$。由此两边界条件确定积分常数 a_1 和 a_2，而后就有

$$p^*_\infty-\frac{U}{h_e}\left[Q(C)-\frac{Q(C_i)}{R(C_i)}R(C)\right] \tag{8.33}$$

式中

$$\left.\begin{aligned}Q(C)&=-A_0\frac{6k_c}{h_e}\left(\frac{1}{C}-1\right)+A_1\left(\frac{6k_c}{h_e}-1\right)\ln C+A_2\left(\frac{6k_c}{h_e}-2\right)(C-1)\\R(C)&=\frac{1}{2}A_0\left(1-\frac{1}{C^2}\right)+A_1\left(1-\frac{1}{C}\right)+A_2\ln C\end{aligned}\right\} \tag{8.34}$$

将式(8.34)右边各项中的 C 换成常数膜厚比 C_i 就得到 $Q(C_i)$ 和 $R(C_i)$ 之值。

8.4.2　滑块的承载能力

无限宽滑块的承载能力是积分

$$f_{L,\infty}=b\int_0^l p_\infty\mathrm{d}x=b\int_0^l\left(p^*_\infty+\mu_0\int_0^H M\mathrm{d}H\right)\mathrm{d}x$$

将式(8.33)代入积分中有

$$f_{L,\infty}=bk_c\int_1^{C_i}\frac{U}{h_e}\left[Q(C)\right]-\frac{Q(C_i)}{R(C_i)}R(C)\bigg]\mathrm{d}C+b\int_0^l\int_0^H\mu_0M\mathrm{d}H\mathrm{d}x$$

积分中的 $Q(C)$ 和 $R(C)$ 就是式(8.34),积分结果得

$$f_{\mathrm{L},\infty}=\frac{U}{h_{\mathrm{e}}}(bl)\frac{1}{C_{\mathrm{i}}-1}\left\{A_0\frac{6k_{\mathrm{c}}}{h_{\mathrm{e}}}(C_{\mathrm{i}}-1-\ln C_{\mathrm{i}})+\right.$$
$$A_1\left(\frac{6k_{\mathrm{c}}}{h_{\mathrm{e}}}-1\right)(C_{\mathrm{i}}\ln C_{\mathrm{i}}-C_{\mathrm{i}}+1)+A_2\left(\frac{3k_{\mathrm{c}}}{h_{\mathrm{e}}}-1\right)(C_{\mathrm{i}}-1)^2-$$
$$\frac{Q(C_{\mathrm{i}})}{R(C_{\mathrm{i}})}\left[\frac{A_0}{2C_{\mathrm{i}}}(C_{\mathrm{i}}-1)^2+A_1(C_{\mathrm{i}}-1-\ln C_{\mathrm{i}})+\right.$$
$$\left.\left.A_2(C_{\mathrm{i}}\ln C_{\mathrm{i}}-C_{\mathrm{i}}+1)\right]\right\}+\frac{bl}{C_{\mathrm{i}}-1}\mu_0\int_1^{C_{\mathrm{i}}}\int_0^H M\mathrm{d}H\mathrm{d}C \tag{8.35}$$

式(8.35)的右边大括号是流体动力对承载能力的贡献,其中包括外磁场改变铁磁流体润滑剂粘度的作用在内。右边最后一项的积分是非均匀磁场的 Kelvin 力对承载能力的贡献。

若外磁场是均匀磁场,则 $p_\infty^*=p_\infty$,$A_0=\eta_{\mathrm{N}}(H)$,$A_1=A_2=0$,以及

$$Q(C)=\frac{6\eta_{\mathrm{N}}(H)l}{h_{\mathrm{e}}}\frac{1}{C_{\mathrm{i}}-1}\frac{C-1}{C},\qquad Q(C_{\mathrm{i}})=\frac{6\eta_{\mathrm{N}}(H)l}{h_{\mathrm{e}}}\frac{1}{C_{\mathrm{i}}};$$
$$R(C)=\frac{1}{2}\eta_{\mathrm{N}}(H)\frac{C^2-1}{C^2},\qquad R(C_{\mathrm{i}})=\frac{1}{2}\eta_{\mathrm{N}}(H)\frac{C_{\mathrm{i}}^2-1}{C_{\mathrm{i}}^2}$$

将上面的关系代入式(8.33)和式(8.35)中,分别得出均匀磁场中,铁磁流体牛顿流润滑的倾斜平板滑块中的压力和其承载能力。即

$$p_\infty=\frac{6\eta_{\mathrm{N}}(0)Ul}{h_{\mathrm{e}}^2}\frac{\eta_{\mathrm{N}}(H)}{\eta_{\mathrm{N}}(0)}\frac{(C-C_{\mathrm{i}})(C-1)}{(C_{\mathrm{i}}^2-1)C^2}$$
$$f_{\mathrm{L},\infty}=\frac{6\eta_{\mathrm{N}}(0)Ul}{h_{\mathrm{e}}^2}(bl)\frac{\eta_{\mathrm{N}}(H)}{\eta_{\mathrm{N}}(0)}\left[-\frac{\ln C_{\mathrm{i}}}{(C_{\mathrm{i}}-1)^2}-\frac{2}{C_{\mathrm{i}}^2-1}\right]$$

上两式均是扩张楔的结果,加以负号即得收敛楔。

8.5 在非均匀磁场中,铁磁流体牛顿流润滑的阶梯滑块

8.5.1 无限宽阶梯滑块中的压力分布

采用图 6-22 所示的无限宽平面平行阶梯滑块几何图中的坐标系。对于这种阶跃性的间隙函数,压力积分式(8.26)应当分段积分,即

$$p_\infty^*=\begin{cases}\displaystyle\int U\left(-\frac{1}{h_{\mathrm{p}}}\frac{\mathrm{d}\eta_{\mathrm{N}}}{\mathrm{d}x}+6\frac{\eta_{\mathrm{N}}}{h_{\mathrm{p}}^2}\right)\mathrm{d}x+a_1\int 12\frac{\eta_{\mathrm{N}}}{h_{\mathrm{p}}^3}\mathrm{d}x+a_2, & 0\leqslant x\leqslant l_{\mathrm{p}}\\[2ex] \displaystyle\int U\left(-\frac{1}{h_{\mathrm{s}}}\frac{\mathrm{d}\eta_{\mathrm{N}}}{\mathrm{d}x}+6\frac{\eta_{\mathrm{N}}}{h_{\mathrm{s}}^2}\right)\mathrm{d}x+b_1\int 12\frac{\eta_{\mathrm{N}}}{h_{\mathrm{s}}^3}\mathrm{d}x+b_2, & l_{\mathrm{p}}\leqslant x\leqslant l\end{cases}$$

因为 U、h_{p}、h_{s} 均是常数,故可引用符号

$$J_x=\int\eta_{\mathrm{N}}\mathrm{d}x \tag{8.36}$$

并且定义

$$\left.\begin{array}{lll}\eta_N|_{x=0}=\eta_{N,0}, & \eta_N|_{x=l_p}=\eta_{N,p}, & \eta_N|_{x=l}=\eta_{N,1}\\ \int\eta_N\mathrm{d}x|_{x=0}=J_0, & \int\eta_N\mathrm{d}x|_{x=l_p}=J_p, & \int\eta_N\mathrm{d}x|_{x=l}=J_1\end{array}\right\}\tag{8.37}$$

压力积分结果是

$$p_\infty^*=-\frac{U}{h_p}\eta_N+\frac{12J_x}{h_p^3}a_1'+a_2,\qquad 0\leqslant x\leqslant l_p$$

$$p_\infty^*=-\frac{U}{h_s}\eta_N+\frac{12J_x}{h_s^3}b_1'+b_2,\qquad l_p\leqslant x\leqslant l$$

式中，积分常数 $a_1'=a_1+\frac{1}{2}Uh_p$，$b_1'=b_1+\frac{1}{2}Uh_s$。决定积分常数的边界条件为

$$x=0,\quad p_\infty^*=0;\quad x=l,\quad p_\infty^*=0$$

在阶梯处的压力衔接条件和流量连续条件为：

$$x=l_p,\quad p_\infty^*|_{l_p-0}=p_\infty^*|_{l_p+0}$$

$$-\frac{h_p^3}{12\eta_{N,p}}\left(\frac{\mathrm{d}p_\infty^*}{\mathrm{d}x}\right)_{l_p-0}+\frac{1}{2}Uh_p=-\frac{h_s^3}{12\eta_{N,p}}\left(\frac{\mathrm{d}p_\infty^*}{\mathrm{d}x}\right)_{l_p+0}+\frac{1}{2}Uh_s$$

由上述诸定解条件，得到

$$p_\infty^*=-\frac{U}{h_p}(\eta_N-\eta_{N,0})+\frac{12(J_x-J_0)}{h_p^3}a_1',\qquad 0\leqslant x\leqslant l_p\tag{8.38}$$

$$p_\infty^*=-\frac{U}{h_s}(\eta_N-\eta_{N,1}+\frac{12(J_x-J_1)}{h_s^3}b_1',\qquad l_p\leqslant x\leqslant l\tag{8.39}$$

式中

$$a_1'=\frac{h_sU}{2}\frac{(C_p-1)(J_1-J_p)C_p^3}{(J_1-J_p)C_p^3+(J_p-J_0)}\left[1+\frac{h_s}{6\eta_{N,p}}(C_p+1)\left(\frac{\mathrm{d}\eta_N}{\mathrm{d}x}\right)_{x=l_p}-\frac{h_s}{6(J_1-J_p)(C_p-1)}\left(\eta_{N,1}-\eta_{N,p}+\frac{\eta_{N,p}-\eta_{N,0}}{C_p}\right)\right]\tag{8.40}$$

$$b_1'=-\frac{h_sU}{2}\frac{(C_p-1)(J_p-J_0)}{(J_1-J_p)C_p^3+(J_p-J_0)}\left[1+\frac{h_s}{6\eta_{N,p}}(C_p+1)\left(\frac{\mathrm{d}\eta_N}{\mathrm{d}x}\right)_{x=l_p}+\frac{h_sC_p^3}{6(J_p-J_0)(C_p-1)}\left(\eta_{N,1}-\eta_{N,p}+\frac{\eta_{N,p}-\eta_{N,0}}{C_p}\right)\right]\tag{8.41}$$

8.5.2　滑块的承载能力

由

$$f_L=\int_{-b/2}^{b/2}\int_0^l p\mathrm{d}x\mathrm{d}z=\int_{-b/2}^{b/2}\int_0^l\left(p^*+\mu_0\int_0^H M\mathrm{d}H\right)\mathrm{d}x\mathrm{d}z\tag{8.42}$$

对一维的无限宽滑块分段积分，即

$$f_{L,\infty}=b\left(\int_0^{l_p}p_\infty^*\mathrm{d}x+\int_{l_p}^l p_\infty^*\mathrm{d}x+\int_0^l\mu_0\int_0^H M\mathrm{d}H\mathrm{d}x\right)$$

将式(8.38)和式(8,39)代入，积分结果为

$$\frac{f_{L,\infty}}{b}=-\frac{U}{h_s}\left[\frac{1}{C_p}(J_p-J_0)+(J_1-J_p)+\frac{1}{C_p}l_p\eta_{N,0}+(l-l_p)\eta_{N,1}\right]+$$

$$\frac{12}{h_s^3}\left\{\frac{a_1'}{C_p^3}\left(-J_0 l_p+\int_0^{l_p} J_x \mathrm{d}x\right)+b_1'\left[-J_1(l-l_p)+\int_{l_p}^{l} J_x \mathrm{d}x\right]\right\}+$$
$$\mu_0\int_0^l\int_0^H M\mathrm{d}H\mathrm{d}x \tag{8.43}$$

8.5.3 摩擦力

作用于滑块运动表面上的摩擦应力为

$$\tau_{yx}=-\frac{h}{2}\frac{\partial p}{\partial x}-\frac{U}{2}\left(\frac{\partial \eta_N}{\partial x}\right)-\eta_N\frac{U}{h}=$$
$$-\frac{h}{2}\frac{\partial p^*}{\partial x}-\frac{h}{2}\frac{\partial}{\partial x}\left(\mu_0\int_0^H M\mathrm{d}H\right)-\frac{U}{2}\left(\frac{\partial \eta_N}{\partial x}\right)-\eta_N\frac{U}{h} \tag{8.44}$$

摩擦力为

$$f_F=\int_{-b/2}^{b/2}\int_0^l \tau_{yx}\mathrm{d}x\mathrm{d}z=$$
$$\int_{-b/2}^{b/2}\int_0^l\left[-\frac{h}{2}\frac{\partial p^*}{\partial x}-\frac{U}{2}\left(\frac{\partial \eta_N}{\partial x}\right)-\eta_N\frac{U}{h}-\frac{h}{2}\frac{\partial}{\partial x}\left(\mu_0\int_0^H M\mathrm{d}H\right)\right]\mathrm{d}x\mathrm{d}z \tag{8.45}$$

对一维的无限宽阶梯滑块，则有分段积分是

$$\frac{f_{F,\infty}}{b}=\int_0^{l_p}\left[-\frac{h_p}{2}\frac{\mathrm{d}p_\infty^*}{\mathrm{d}x}-\frac{U}{2}\left(\frac{\mathrm{d}\eta_N}{\mathrm{d}x}\right)-\eta_N\frac{U}{h_p}\right]\mathrm{d}x+$$
$$\int_{l_p}^{l}\left[-\frac{h_s}{2}\frac{\mathrm{d}p_\infty^*}{\mathrm{d}x}-\frac{U}{2}\left(\frac{\mathrm{d}\eta_N}{\mathrm{d}x}\right)-\eta_N\frac{U}{h_s}\right]\mathrm{d}x-$$
$$\frac{h_p}{2}\left[\mu_0\int_0^H M\mathrm{d}H\right]_0^{l_p}-\frac{h_s}{2}\left[\mu_0\int_0^H M\mathrm{d}H\right]_{l_p}^{l} \tag{8.46}$$

将式(8.38)和式(8.39)分别按积分区间代入上式中，积分结果为

$$\frac{f_{F,\infty}}{b}=-\frac{U}{h_s}\left\{\left[(J_1-J_p)+\frac{1}{C_p}(J_p-J_0)\right]+\frac{6}{h_s U}\left[(J_1-J_p)b_1'+(J_p-J_0)\frac{a_1'}{C_p^2}\right]\right\}-$$
$$\frac{h_s}{2}\left[\left(C_p\mu_0\int_0^H M\mathrm{d}H\right)_0^{l_p}+\left(\mu_0\int_0^H M\mathrm{d}H\right)_{l_p}^{l}\right] \tag{8.47}$$

8.5.4 均匀磁场中的阶梯滑块

对于均匀磁场，则有 $\eta_{N,0}=\eta_{N,p}=\eta_{N,1}=\eta_N$，从而 $J_x=x\eta_N$，$J_0=0$，$J_p=l_p\eta_N$，$J_1=l\eta_N$；代入式(8.40)和式(8.41)中，就有

$$a_1'=\frac{h_s U}{2}\frac{(1-L_p)(C_p-1)}{(1-L_p)C_p^3+L_p}C_p^3$$

$$b_1'=-\frac{h_s U}{2}\frac{(C_p-1)L_p}{(1-L_p)C_p^3+L_p}$$

式中，$L_p=l_p/l$，即腔长比；$C_p=h_p/h_s$，即腔深比。由式(8.43)得均匀磁场下的承载能力

$$f_{L,\infty}=\frac{6\eta_N(0)Ul}{h_s^2}(bl)\frac{\eta_N(H)}{\eta_N(0)}\frac{(1-L_p)(C_p-1)}{(1-L_p)C_p^3+L_p}\frac{L_p}{2}$$

由式(8.47)得摩擦力为

$$f_{F,\infty}=-\frac{6\eta_N(0)U}{h_s}(bl)\frac{\eta_N(H)}{\eta_N(0)}\left\{\frac{(1-L_p)(C_p-1)^2}{(1-L_p)C_p^3+L_p}\frac{L_p}{2}+\frac{1}{6}\left[(1-L_p)+\frac{L_p}{C_p}\right]\right\}$$

参考文献

[1] 池长青. 流体力学润滑[M]. 北京：国防工业出版社，1998.

[2] 平克斯 O，斯德因李希特 B. 流体动力润滑理论[M]. 西安交通大学轴承研究小组，译. 北京：机械工业出版社，1980.

[3] 池长青，王之珊，赵丕智. 铁磁流体力学[M]. 北京：北京航空航天大学出版社，1993.

第 9 章　铁磁流体密封

9.1　概　述

在各种机械中，最常用的密封方法是依靠机械体的表面和密封元件之间的压紧力来防止泄漏。压紧力越大，密封效果也越好。但是，对于存在相对运动的表面来说，密封压紧力不可避免地带来摩擦和磨损。摩擦消耗有用功并转换成对机械有害的热量，磨损不仅降低密封效果，而且缩短机械的使用寿命。密封元件自身也成为需要定期更换的消耗性器材。密封元件的材料通常是富有弹性的橡胶，但橡胶不能承受很高的温度，而且在低温下弹性也会变坏而使密封效果很差。此外，由于橡胶老化或内应力的松弛而使密封失效，因此大多数橡胶密封元件不能持久。在静止状态下常使用软金属作为密封材料，但软金属密封件所需要的压紧力远远大于橡胶密封件，而且它不容易达到橡胶件的密封效果。

密封是铁磁流体在各种机械和仪器中最广泛、最成功的一种应用。铁磁流体密封有两个根本的优点：① 它是真正的零泄漏密封。只要铁磁流体密封膜保持完整，任何程度的泄漏都不会发生。所以在真空技术中，它非常有效。② 铁磁流体的密封膜可以认为几乎没有摩擦，在高速度的相对运动中，有用功的损耗非常低，因而无显著发热，更不产生磨损。

就目前的状况而言，铁磁流体密封还存在一些限制：① 它适合于低压差的密封。每道铁磁流体密封环所能承受的压差在 60～120 kPa 之间。虽然可以使用多道串接密封环来承受大压差，但是从结构尺寸和效率方面来看，是受到限制的。② 铁磁流体目前只适用于气体密封和防尘、防潮等，而不适用于和液体相接触的密封。因为铁磁流体和普通液体相接触时，界面不稳定而发生相互掺混，结果造成密封失效。③ 铁磁流体在常温和低温下具有很好的密封性能。但在很高的温度下，由于其磁化性降低和其基载液体的蒸发损耗而不能适用。

铁磁流体密封的基本原理，就是外磁场必须给铁磁流体密封环施加足够大的彻体力，铁磁流体密封环就是依靠这种彻体力来平衡作用在其表面上的压力差。外磁场必须存在梯度才可能对铁磁流体产生力的作用，此力就是 Kelvin 力，即

$$\boldsymbol{f}_{\mathrm{k}} = \mu_0 \boldsymbol{M} \cdot \nabla \boldsymbol{H}$$

从上式可以看到，铁磁流体的磁化强度 $\boldsymbol{M}$ 越高，则 $\boldsymbol{f}_{\mathrm{k}}$ 越大，即密封能力越大。但 $\boldsymbol{M}$ 的极限是饱和磁化强度 $\boldsymbol{M}_{\mathrm{s}}$，所以饱和磁化强度是铁磁流体最重要的性能参数。此外磁场梯度越大，$\boldsymbol{f}_{\mathrm{k}}$ 也越大。所以，铁磁流体密封装置设计的主要任务就是在有限的密封空间内得到最大的磁场梯度。

9.2　铁磁流体的 Bernoulli 方程

铁磁流体的密封问题，是铁磁流体的静力学问题。其方程就是速度等于零的 Bernoulli 方

程，实际上也就是一种力的静平衡。普通流体的 Bernoulli 方程是机械能守恒方程，但铁磁流体的还包括磁能在内。无论对于什么样的流体，Bernoulli 方程只能沿一根流线或沿一束流线组成的流管使用。此外，这个方程只适用于牛顿流体，它是普适的牛顿流动量方程式(4.148)经过简化后的一种特殊形式。为了叙述上的方便，将方程式(4.148)重复于下：

$$\rho_f \frac{\partial \boldsymbol{V}}{\partial t} + \rho_f \boldsymbol{V} \cdot \nabla \boldsymbol{V} = \rho_f \boldsymbol{g} - \nabla p + \frac{\partial}{\partial x_j}\left[\eta_H\left(\frac{\partial u_i}{\partial x_j} + \frac{\partial u_j}{\partial x_i}\right) - \frac{2}{3}(\eta_H \nabla \cdot \boldsymbol{V})\delta_{ij}\right] +$$
$$\frac{\phi J_1}{2V_{P1} t_s} \nabla \times (\boldsymbol{\omega}_p - \boldsymbol{\omega}_c) + \boldsymbol{M} \cdot \nabla \boldsymbol{B}_0 + \boldsymbol{M} \times (\nabla \times \boldsymbol{B}_0) + \boldsymbol{B}_0 \times (\nabla \times \boldsymbol{M})$$

假设：

① 铁磁流体的密度 $\rho_f = \text{const}$，于是有

$$\nabla \cdot \boldsymbol{V} = 0$$

② 流动是势流，则

$$\nabla \times \boldsymbol{V} = 0, \qquad \text{或}\ \boldsymbol{\omega}_c = 0$$

因为是势流，则必定存在势函数 φ_v，即

$$\boldsymbol{V} = \nabla \varphi_v$$

③ 由于涡旋速度 $\boldsymbol{\omega}_c = 0$，同时因外磁场不均匀而使铁磁流体的固相微粒在流动过程中发生转动，但其松弛时间 t_B 相对于流速而言只是极短的瞬间，这就可以认为在不均匀磁场中，铁磁流体的流动是处处适应外磁场的磁平衡流。所以有

$$\boldsymbol{\omega}_p = 0$$

④ 没有传导电流穿过铁磁流体所处的磁场，则

$$\nabla \times \boldsymbol{B}_0 = 0, \qquad \text{或}\ \nabla \times \boldsymbol{H} = 0$$

⑤ 铁磁流体的磁化过程可以认为很接近于图 4-8 所示的折线，故

$$\nabla \times \boldsymbol{M} = 0$$

⑥ 在铁磁流体中总是存在 $\boldsymbol{B}$、$\boldsymbol{H}$、$\boldsymbol{M}$ 三矢平行，故由式(8.2)有

$$\boldsymbol{f}_k = \mu_0 \boldsymbol{M} \cdot \nabla \boldsymbol{H} = \nabla \int_0^H \mu_0 M \mathrm{d}H$$

⑦ 重力场是一种势场。若铁磁流体与参考点之间的距离为 $h(x,y,z)$，则重力 $\rho_f \boldsymbol{g}$ 可分解于三个坐标方向

$$\rho_f \boldsymbol{g} = \boldsymbol{i} \rho_f g \cos(x,h) + \boldsymbol{j} \rho_f g \cos(y,h) + \boldsymbol{k} \rho_f g \cos(z,h)$$

而 $h^2 = x^2 + y^2 + z^2$，故有

$$\frac{\partial h}{\partial x} = \frac{x}{h} = \cos(x,h), \quad \frac{\partial h}{\partial y} = \frac{y}{h} = \cos(y,h), \quad \frac{\partial h}{\partial z} = \frac{z}{h} = \cos(z,h),$$

于是有

$$-\rho_f \boldsymbol{g} = \boldsymbol{i} \rho_f g \frac{\partial h}{\partial x} + \boldsymbol{j} \rho_f g \frac{\partial h}{\partial y} + \boldsymbol{k} \rho_f g \frac{\partial h}{\partial z}$$

式中，左边的负号是后加的。因为 $\boldsymbol{g}$ 是指向参考点的，而 x, y, z 是以参考点为原点出发量度的。上式给出重力和势能的关系为

$$\rho_f \boldsymbol{g} = -\nabla(\rho_f g h)$$

⑧ 将铁磁流体的粘度 η_H 取平均值，并且注意到不可压缩的假设，则

$$\frac{\partial}{\partial x_j}\left[\eta_{\rm H}\left(\frac{\partial u_i}{\partial x_j}+\frac{\partial u_j}{\partial x_i}\right)-\frac{2}{3}(\eta_{\rm H}\boldsymbol{\nabla}\cdot\boldsymbol{V})\delta_{ij}\right]=\eta_{\rm H}\boldsymbol{\nabla}^2\boldsymbol{V}+\eta_{\rm H}\boldsymbol{\nabla}(\boldsymbol{\nabla}\cdot\boldsymbol{V})-\frac{2}{3}\eta_{\rm H}(\boldsymbol{\nabla}\cdot\boldsymbol{V})\delta_{ij}=$$

$$\eta_{\rm H}\boldsymbol{\nabla}^2 V=\boldsymbol{\nabla}(\boldsymbol{\nabla}\cdot\boldsymbol{V})-\boldsymbol{\nabla}\times(\boldsymbol{\nabla}\times\boldsymbol{V})=0$$

⑨ 由矢量恒等式得

$$\boldsymbol{V}\cdot\boldsymbol{\nabla V}=\boldsymbol{\nabla}\left(\frac{1}{2}V^2\right)-\boldsymbol{V}\times(\boldsymbol{\nabla}\times\boldsymbol{V})=\boldsymbol{\nabla}\left(\frac{1}{2}V^2\right)$$

将①～⑨的结果都代入到铁磁流体的动量方程式(4.148)中，就得到一个很简单的方程形式为

$$\rho_{\rm f}\frac{\partial}{\partial t}(\boldsymbol{\nabla}\varphi_{\rm v})+\rho_{\rm f}\boldsymbol{\nabla}\left(\frac{1}{2}V^2\right)=-\boldsymbol{\nabla}(\rho_{\rm f}gh)-\boldsymbol{\nabla}p+\boldsymbol{\nabla}\int_0^H\mu_0 M\mathrm{d}H$$

采用 $p^*=p-\int_0^H\mu_0 M\mathrm{d}H$，以及注意到 $\rho_{\rm f}$ 已被假定为常数，则上式给出

$$\boldsymbol{\nabla}\left(\rho_{\rm f}\frac{\partial\varphi_{\rm v}}{\partial t}+\frac{1}{2}\rho_{\rm f}V^2+\rho_{\rm f}gh+p^*\right)=0 \tag{9.1}$$

于是就有

$$\rho_{\rm f}\frac{\partial\varphi_{\rm v}}{\partial t}+\frac{1}{2}\rho_{\rm f}V^2+\rho_{\rm f}gh+p^*=C(t) \tag{9.2}$$

式(9.2)就是 Bernoulli 方程。

9.3 铁磁流体静止密封的性能

9.3.1 最大密封能力

对于铁磁流体的静止密封，式(9.2)是一个很好的基本方程。静止的意思当然是指速度 V 等于零，状态更是稳定状态。若略去铁磁流体的重力势能 $\rho_{\rm f}gh$，则式(9.2)给出一个非常简单的平衡关系，即

$$p^*=C \tag{9.3}$$

将铁磁流体的密封膜的高压 $p_{\rm H}$ 表面和低压 $p_{\rm L}$ 表面视为流管的两个截面，在这两个截面上将式(9.3)展开，则有

$$p_{\rm H}-\mu_0\int_0^H M\mathrm{d}H=p_{\rm L}-\mu_0\int_0^{H_{\rm L}}M\mathrm{d}H \tag{9.4}$$

式中，右边的 $H_{\rm L}$ 是在低压 $p_{\rm L}$ 表面上的外磁场强度。式(9.4)还可写成

$$\Delta p=\mu_0\int_{H_{\rm L}}^H M\mathrm{d}H \tag{9.5}$$

式中，$\Delta p=p_{\rm H}-p_{\rm L}$，称为密封能力。若式(9.5)的积分上限达到密封区内的最大磁场强度，则对应的 Δp 也最大，这就是最大密封能力 $(\Delta p)_{\max}$。由式(9.5)可知，计算铁磁流体的密封能力，必须先算出密封区之内的磁场分布情况，其次需要知道铁磁流体的磁化强度 M。而 M 是有上限的，即铁磁流体的饱和磁化强度 $M_{\rm s}$。从式(9.5)不难知道 $M_{\rm s}$ 越大，可能得到的最大密封能力 $(\Delta p)_{\max}$ 也越大。所以高饱和磁化强度的铁磁流体是追求的重要目标。

组成铁磁流体密封装置的结构很简单：用电磁铁或永磁体来提供磁动势，以产生磁场；用

铁磁材料做成的磁极环(片),来达到聚磁和造成密封区间内磁场梯度的目的;利用轴或机体与永磁体(或电磁铁)、磁极环一起组成一个闭合的磁回路。大多数的铁磁流体密封装置采用永磁体提供磁动势,因为它在结构上比较简单、紧凑。虽然电磁铁的结构比较复杂,但它可以通过改变电流强度来改变磁动势,以适应某些特殊的要求。例如动压滑动轴承的轴系,在停车和启动时,密封装置内只需要很弱的磁场强度,能够拢住密封区中的铁磁流体即可。这样,可使轴系在启动和停车过程中的磨损得以降低。

磁极环(片)也称为磁靴,一般使用软磁性的铁磁材料制作,它的形状如图 9-1 所示,其中,图 9-1(a)为单侧扩张型,图 9-1(b)为双侧扩张型,图 9-1(c)为矩齿型。

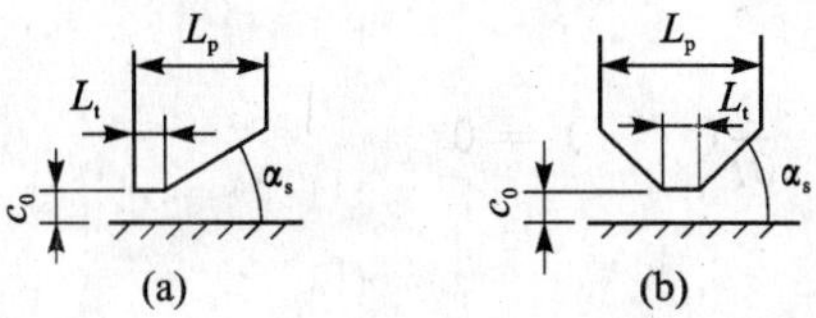

图 9-1　磁极环的几何形状

在扩张角 α_s 的区域内形成磁场的梯度,α_s 通常取 30°、45°、60°,而矩齿型实际上就是 α_s 等于 90°的密封区。无论是哪一种形式的密封,原理都相同。在图 9-2 中以单侧扩张型为例说明铁磁流体密封的过程。当密封区两边在没有压差的自由状态下时,铁磁流体密封膜的两个表面处于磁场强度相同的等磁场面上,如图 9-2(a)所示。由式(9.5)取 $\Delta p=0$,则有

$$\int_{H_L}^{H} M\mathrm{d}H = 0$$

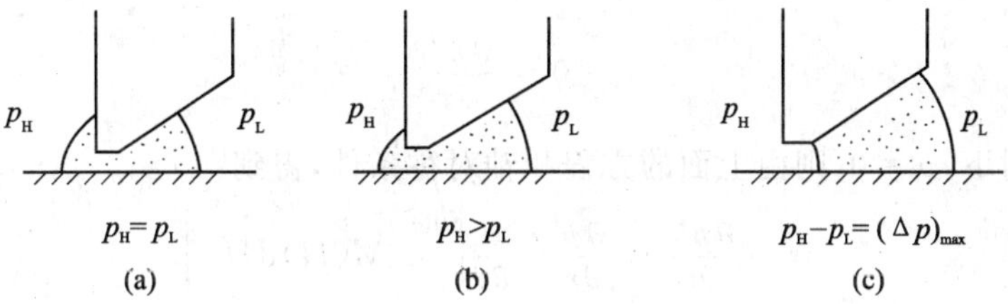

图 9-2　压差作用下的铁磁流体密封膜

此时积分限相等,即 $H=H_L$,对于使用铁磁流体密封来防尘或防潮就是这样。当存在压差时,整个铁磁流体密封膜被高压 p_H 推向右移。于是高压表面处于较高强度的等磁场面上,而低压表面处于较低强度的等磁场面上,直到磁场力(即 Kelvin 力)与压差力相平衡为止,如图 9-2(b)所示。

当压差不断增大,将铁磁流体密封膜的高压表面推至图 9-2(c)所示的最小间隙 c_0 处,此时磁场已经达到最大的磁场强度之差,也就是平衡压差力的磁场力达到最大的极限值。它所对应的就是最大密封能力。

$$(\Delta p)_{max} = \int_{H_L}^{H_0} M\mathrm{d}H \tag{9.6}$$

式中,H_0 即最小间隙 c_0 处的磁场强度。若铁磁流体密封膜继续右移,高压表面离开 c_0,则磁场力下降,即密封能力下降。此时磁场力不足以平衡压差力,泄漏随之发生。

9.3.2 在静止状态下铁磁流体密封膜的表面

铁磁流体密封面的几何形状取决于表面上各种作用力的平衡。所以分析这个问题需要从运动方程出发。将铁磁流体运动方程(4.148)展开在圆柱坐标系上,并且假设:① 铁磁流体是常密度的;② 取粘度的平均值;③ 没有传导电流穿过密封区的磁场;④ 磁流体的磁化过程近似于图 4-8 所示的;⑤ 铁磁流体内总是存在 **B**、**H**、**M** 三矢平行。在上述假设下,圆柱坐标系内的铁磁流体运动方程就具有式(1.17)~式(1.19)的形式,但要用 p^* 来取代 p。

按照铁磁流体密封的具体情况,补充假设:

(1) 稳定状态

$$\frac{\partial}{\partial t}(\qquad) = 0$$

(2) 密封间隙轴对称

$$\frac{\partial}{\partial \theta}(\qquad) = 0$$

(3) 没有径向速度和轴向速度

$$v_r = 0, \qquad v_z = 0$$

于是运动方程式(1.17)~式(1.19)成为

$$\rho_f \frac{v_\theta^2}{r} = \frac{\partial p^*}{\partial r} \tag{9.7}$$

$$0 = \frac{\partial^2 v_\theta}{\partial r^2} + \frac{1}{r}\frac{\partial v_\theta}{\partial r} - \frac{v_\theta}{r^2} \tag{9.8}$$

$$0 = \frac{\partial p^*}{\partial z} \tag{9.9}$$

在静止密封下,$v_\theta = 0$,则由上面的方程和轴对称条件,得到

$$\left.\begin{aligned} 0 &= \frac{\partial p^*}{\partial r} = \frac{\partial p}{\partial r} - \frac{\partial}{\partial r}\int_0^H \mu_0 M(H)\mathrm{d}H \\ 0 &= \frac{\partial p^*}{r\partial \theta} = \frac{\partial p}{r\partial \theta} - \frac{\partial}{r\partial \theta}\int_0^H \mu_0 M(H)\mathrm{d}H \\ 0 &= \frac{\partial p^*}{\partial z} = \frac{\partial p}{\partial z} - \frac{\partial}{\partial z}\int_0^H \mu_0 M(H)\mathrm{d}H \end{aligned}\right\} \tag{9.10}$$

在任何一个等压面 S_p 上,$p|_{S_p} = \mathrm{const}$,故有

$$\left.\frac{\partial p}{\partial r}\right|_{S_p} = \left.\frac{\partial p}{\partial \theta}\right|_{S_p} = \left.\frac{\partial p}{\partial z}\right|_{S_p} = 0$$

于是由式(9.10)得

$$0 = \frac{\partial}{\partial r}\int_0^H \mu_0 M\mathrm{d}H = \mu_0 M(H)\left.\frac{\partial H}{\partial r}\right|_{S_p}$$

$$0 = \frac{\partial}{r\partial \theta}\int_0^H \mu_0 M\mathrm{d}H = \mu_0 M(H)\left.\frac{\partial H}{r\partial \theta}\right|_{S_p}$$

$$0 = \frac{\partial}{\partial z}\int_0^H \mu_0 M\mathrm{d}H = \mu_0 M(H)\left.\frac{\partial H}{\partial z}\right|_{S_p}$$

因为 $M(H)$ 不等于零，所以只有

$$\left.\frac{\partial H}{\partial r}\right|_{S_p}=0,\quad \left.\frac{\partial H}{r\partial\theta}\right|_{S_p}=0,\quad \left.\frac{\partial H}{\partial z}\right|_{S_p}=0 \tag{9.11}$$

式(9.11)表明，当铁磁流体密封膜静止时，其中的等压面 S_p 就是等磁场强度面。密封膜的高压表面和低压表面也都是等压面，所以它们也都是等磁场强度面。在铁磁流体密封膜中及其附近的小范围内，等磁场强度面的纵剖面母线很接近于磁力线，而且两者均近似于圆弧形状。

9.3.3　最大密封能力与铁磁流体注入量的关系

当铁磁流体密封膜的高压表面被推至最小间隙 c_0 处时，如图 9-2(c)所示，低压表面所处的位置上的磁场强度越低，最大密封能力越大。而低压表面的位置取决于铁磁流体的注入量。故最大密封能力与铁磁流体的注入量是相关联的。由图 9-3 所示之坐标系，微元面积 dS 为

$$dS=\rho\,d\alpha\,d\rho$$

dS 的平均径向位置 r 是

$$r=r_j+\rho\sin\alpha$$

微元面积 dS 绕轴中心线回转形成微元环带的体积 dV 为

$$dV=2\pi r dS=2\pi(r_j+\rho\sin\alpha)\rho\,d\alpha\,d\rho$$

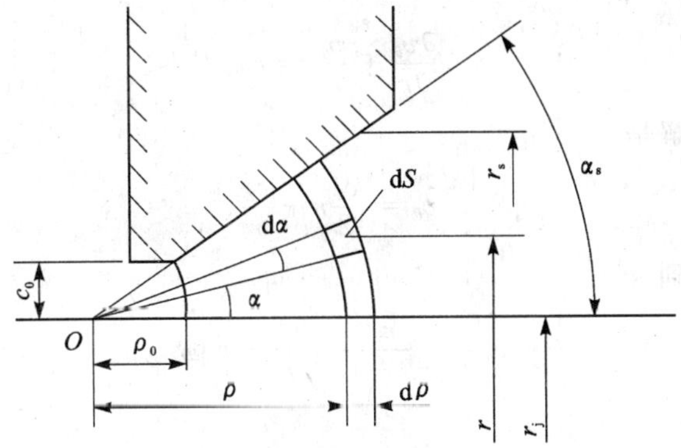

图 9-3　铁磁流体密封膜体积计算用图

由 ρ_0 到 ρ 之间的体积为 V_ρ，即

$$V_\rho=\int_{\rho_0}^{\rho}\int_0^{\alpha_s}2\pi(r_j+\rho\sin\alpha)\rho\,d\alpha\,d\rho$$

由积分结果给出

$$V_\rho=\pi r_j\alpha_s(\rho^2-\rho_0^2)+\frac{2}{3}\pi(1-\cos\alpha_s)(\rho^3-\rho_0^3) \tag{9.12}$$

通常在设计中选定的几何参数是 c_0 和 α_s，则 $\rho_0=c_0\csc\alpha_s$，从而式(9.12)成为

$$V_\rho=\pi r_j\alpha_s\left(\rho^2-\frac{c_0^2}{\sin^2\alpha_s}\right)+\frac{2}{3}\pi(1-\cos\alpha_s)\left(\rho^3-\frac{c_0^3}{\sin^3\alpha_s}\right) \tag{9.13}$$

式(9.12)或式(9.13)表明 V_ρ 是 ρ 的函数,即 $V_\rho=V_\rho(\rho)$,而密封膜的低压表面上的磁场强度 H_L 也是 ρ 的函数,即 $H_L=H_L(\rho)$,于是可以得到

$$H_L = H_L(V_\rho)$$

从而由式(9.6)可知,$(\Delta p)_{max}$和 V_ρ 具有函数关系。V_ρ 越大,即向密封区内注入更多的铁磁流体,则最大密封能力也增大。

9.4 轴高速旋转时铁磁流体膜的密封

9.4.1 内筒高速旋转下,无限长同心圆筒间隙内铁磁流体的 Bernoulli 方程

由简化后的运动方程式(9.7)~式(9.9)出发,因为是无限长间隙,所以当求解方程式(9.8)时,只有两个边界条件,即

$$r = r_j,\qquad v_\theta = r_j\omega_j;\qquad r = r_s,\qquad v_\theta = 0$$

将式(9.8)改写成

$$\frac{\partial^2 v_\theta}{\partial r^2} + \frac{\partial}{\partial r}\left(\frac{v_\theta}{r}\right) = 0$$

积分一次,得

$$\frac{\partial v_\theta}{\partial r} + \frac{v_\theta}{r} = c_1$$

显然,此方程之通解是

$$v_\theta = \frac{c_1}{2}r + \frac{c_2}{r}$$

使用边界条件以后,得到

$$v_\theta = \frac{{r_j}^2}{r_s^2 - {r_j}^2}\left(\frac{r_s^2}{r} - r\right)\omega_j$$

定义符号

$$R_s = \frac{r_s}{r_j},\qquad R = \frac{r}{r_j} \tag{9.14}$$

于是速度 v_θ 写成

$$v_\theta = \frac{1}{R_s^2 - 1}\left(\frac{R_s^2}{R^2} - 1\right)R(r_j\,\omega_j) \tag{9.15}$$

将方程式(9.7)乘以 $\mathrm{d}r$,方程(9.9)乘以 $\mathrm{d}z$,相加就得

$$\mathrm{d}p^* = \rho_f\,\frac{v_\theta^2}{r}\mathrm{d}r$$

两边积分并用式(9.15)代入得

$$p^* = \frac{(r_j\,\omega_j)^2}{(R_s^2 - 1)^2}\,\rho_f\int\left(\frac{R_s^2}{R^2} - 1\right)^2\,\frac{1}{2}R_s^2\,\mathrm{d}\,\frac{R^2}{R_s^2} + C$$

积分后有

$$p^* = \frac{R_s^2}{(R_s^2-1)^2}\left[-\frac{1}{2}\left(\frac{R_s}{R}\right)^2+\ln\left(\frac{R_s}{R}\right)^2+\frac{1}{2}\left(\frac{R_s}{R}\right)^{-2}\right]\rho_f(r_j\omega_j)^2+C$$

定义一个离心力的几何因子 G_c

$$G_c=\frac{R_s^2}{(R_s^2-1)^2}\left[-\frac{1}{2}\left(\frac{R_s}{R}\right)^2+\ln\left(\frac{R_s}{R}\right)^2+\frac{1}{2}\left(\frac{R_s}{R}\right)^{-2}\right] \tag{9.16}$$

于是轴高速旋转下，铁磁流体的 Bernoulli 方程为

$$-p+\mu_0\int_0^H M\mathrm{d}H+\rho_f(\omega_j r_j)^2 G_c\left(\frac{R_s}{R}\right)=C \tag{9.17}$$

在旋转轴的表面上，$r=r_j$ 或 $R=1$，此时的离心力因子为最大，即

$$G_c(R_s)=\frac{R_s^2}{(R_s^2-1)^2}\left(-\frac{R_s^2}{2}+\ln R_s^2+\frac{1}{2R_s^2}\right) \tag{9.18}$$

按式(9.8)所计算的旋转轴表面上的离心力几何因子 $G_c(R_s)$ 的值如表 9-1 所列。

表 9-1　旋转轴表面上的离心力几何因子 $G_c(R_s)$ 的值

R_s	$G_c(R_s)$	R_s	$G_c(R_s)$	R_s	$G_c(R_s)$
1.001	-3.333×10^{-4}	1.009	-2.987×10^{-3}	1.14	-4.357×10^{-2}
1.002	-6.661×10^{-4}	1.01	-3.317×10^{-3}	1.16	-4.933×10^{-2}
1.003	-9.985×10^{-4}	1.02	-6.601×10^{-3}	1.18	-5.497×10^{-2}
1.004	-1.331×10^{-3}	1.04	-1.307×10^{-2}	1.20	-6.051×10^{-2}
1.005	-1.663×10^{-3}	1.06	-1.941×10^{-2}	1.25	-7.389×10^{-2}
1.006	-1.994×10^{-3}	1.08	-2.563×10^{-2}	1.30	-8.666×10^{-2}
1.007	-2.325×10^{-3}	1.10	-3.173×10^{-2}	1.40	-1.105×10^{-1}
1.008	-2.656×10^{-3}	1.12	-3.771×10^{-2}	1.50	-1.323×10^{-1}

在实用的范围内 R_s 的值是很接近于 1 的，所以离心力因子的值很小。这就是在中、低速旋转下可以不考虑离心力的影响，只有在高速或超高速下，离心力才重要的原因。

9.4.2　轴高速旋转时铁磁流体膜的密封能力

1. 轴高速旋转造成密封区中铁磁流体的流失

当轴高速旋转时，由于粘性作用而拖动密封膜内的铁磁流体转动，于是在铁磁流体内便产生离心力。离心力可能使铁磁流体挣脱磁场的束缚而流失，图 9-4 就是这种流失现象的示意图。

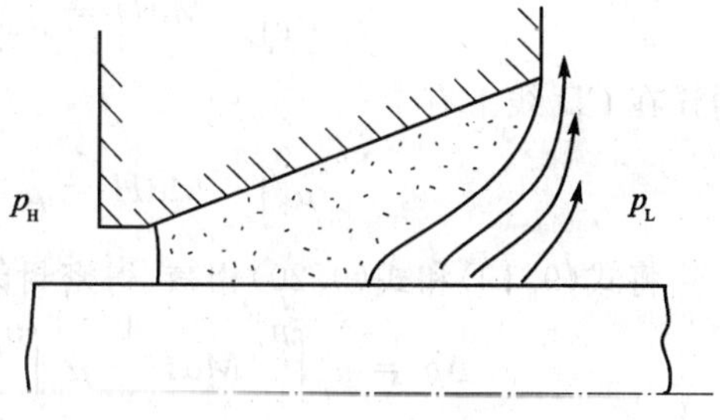

图 9-4　离心力作用下铁磁流体流失示意图

对于图 9-4 所示的扩张型密封区，流失现象主要发生在大间隙部位，因为：① 这里磁场弱而铁磁流体受到的束缚力小；② 由于 R_s 大，离心力的几何因子 G_c 值大，也即抛掷铁磁流体的离心力大。当然，在高压的小间隙 c_0 附近离心力也会有影响，但是影响不大。

2. 适应于高速旋转的铁磁流体密封设计

流失成为高旋转速度下铁磁流体密封失效的原因。对于像图 9-4 中所示的扩张型密封装置来说，扩张角 α_s 越大，流失越严重，密封能力越低。而相当于 α_s 为 90°的矩齿型密封，其对于旋转的离心力之承受能力最为低下。所以，高速旋转轴是不宜采用矩齿型密封的。

图 9-5 所示是一种既能保持扩张型密封的磁场分布，又能将离心力降至最低的设计。图中 1 是铁磁质材料的磁极环，2 是镶入的低导磁固体材料的衬套。在这种等直圆环截面的密封间隙中，其高度都是 c_0，它的离心力几何因子非常小，比扩张型的大间隙部位的小 1～2 个数量级。在图 9-5 中，示意地画出密封膜内等压面纵剖面的母线。其中 A_0B_0 和 CD_0 是转速为零时的等压面，A_iB_i 和 CD 是高速旋转的等压面，并且它们所对应的压力不同，即

$$p_{CD} > p_{A_3B_3} > p_{A_2B_2} > p_{A_1B_1} > p_{AB}$$

当轴的旋转速度提高时，等压面进一步变形成为虚线所表示的情况。

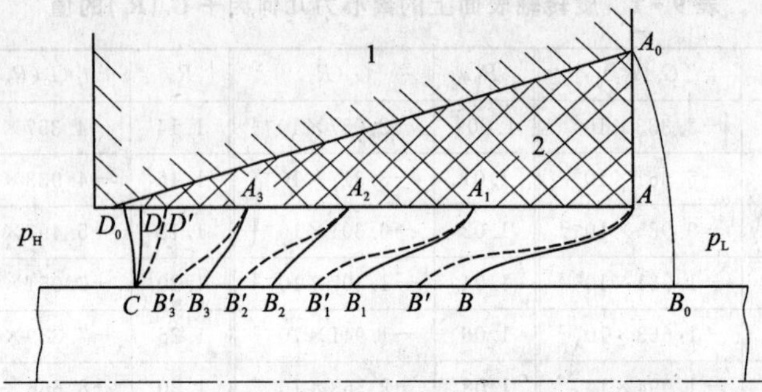

图 9-5　等直密封间隙铁磁流体内的等压线示意图

设在图 9-5 中，AB 和 CD 是高速旋转下的低压表面和高压表面。将方程式(9.17)用于 AB 两点，有

$$-p_A + \mu_0\int_0^{H_A} M\mathrm{d}H + \rho_f(r_j\omega_j)^2 G_c\left(\frac{R_s}{R_s}\right) =$$
$$-p_B + \mu_0\int_0^{H_B} M\mathrm{d}H + \rho_f(r_j\omega_j)^2 G_c(R_s)$$

因 AB 线上等压，即 $p_A = p_B$，$G_c(R_s/R_s) = G_c(1) = 0$，则得出

$$\mu_0\int_0^{H_A} M\mathrm{d}H = \mu_0\int_0^{H_B} M\mathrm{d}H + \rho_f(r_j\omega_j)^2 G_c(R_s) \tag{9.19}$$

同样在 CD 线上有

$$\mu_0\int_0^{H_D} M\mathrm{d}H = \mu_0\int_0^{H_C} M\mathrm{d}H + \rho_f(r_j\omega_j)^2 G_c(R_s) \tag{9.20}$$

将式(9.19)和式(9.20)相减，得密封能力 Δp 为

$$\Delta p = \mu_0\int_0^{H_C} M\mathrm{d}H - \mu_0\int_0^{H_B} M\mathrm{d}H = \mu_0\int_0^{H_D} M\mathrm{d}H - \mu_0\int_0^{H_A} M\mathrm{d}H \tag{9.21}$$

式(9.21) 实际上是式(9.17)用于 BC 两点和 AD 两点的结果。

对于高速转动下的密封，铁磁流体的注入量应限于填满密封间隙，而在间隙以外到 A_0B_0 线(见图 9-5)的空间中不必要注入铁磁流体，因为在转速稍高时，这部分铁磁流体就难以保存。所以最大密封能力是 $\omega_j = 0$ 时过 A 点之等磁场面与 CD_0 之间的密封膜的耐压性能，即由

式(9.17)取$\omega_j=0$给出

$$-p_A+\int_0^{H_A}\mu_0 M\mathrm{d}H=-p_C+\int_0^{H_C}\mu_0 M\mathrm{d}H$$

或写成

$$(\Delta p)_{\max}=p_C-p_A=\mu_0\int_0^{H_C}M\mathrm{d}H-\mu_0\int_0^{H_A}M\mathrm{d}H$$

与式(9.21)相减后用式(9.20)代入,就有

$$\Delta p=(\Delta p)_{\max}+\rho_f(r_j\omega_j)^2 G_c(R_s) \tag{9.22}$$

注意,$G_c(R_s)$是负值,故高速旋转时的密封能力小于静止时的最大密封能力,其差值就是旋转引起的离心力。

9.5 铁磁流体密封区的磁场计算

9.5.1 基本概念

铁磁流体密封装置的磁场计算,是从理论分析上得知其密封性能的最基本的工作。通常,计算是在下述几个假设下进行的。

① 密封装置的磁场是稳定的;

② 磁场中无传导电流穿过,并且不计铁磁流体磁化不均匀的影响;

③ 磁场的分布状态与密封区中铁磁流体之运动无关。

磁场计算所需要的关系式包括以下几项。

1. 基本方程

Gauss 散度定理和 Ampere 环路定理

$$\nabla\cdot\boldsymbol{B}=0$$

$$\nabla\times\boldsymbol{H}=0$$

2. 本构方程

组成密封装置的每个元件的材料都有自己的磁性质上的本构方程。尤其是铁磁质材料,它们并不存在一个简单的$\boldsymbol{B}=\mu\boldsymbol{H}$的关系。所以使用元件材料的实测的磁化曲线最为可靠。由于密封回路中采用的铁磁质材料大多为软磁性的,所以可以使用它们的初始磁化曲线。对于铁磁流体,不存在磁滞问题,所以使用其初始磁化曲线不会带来误差。至于磁路中提供磁能量的永磁体则需要其退磁曲线。如果为了更方便计算,可用较为复杂的数学式,尽可能准确地拟合实测曲线,这样就取得所需要的本构方程。

(1) 永磁体

$$H_m=H_m(B_m),\qquad M_m=M_m(B_m) \tag{9.23}$$

(2) 铁磁流体

通常实测的初始磁化曲线是

$$M_f=M_f(H_f)$$

利用式$B_f=\mu_0(H_f+M_f)$,可以拟合得到

$$H_f = H_f(B_f) \tag{9.24}$$

(3) 其他软磁性铁磁材料元件

$$H_i = H_i(B_i) \tag{9.25}$$

3. 边界条件

(1) 永磁体

$$B_{m,n} = B_{i,n} \tag{9.26}$$

$$H_{m,\tau} - H_{i,\tau} = \pm M_{m,\tau} \tag{9.27}$$

式中下标 n 表示边界的法线方向，τ 表示边界的切线方向。

(2) 其他元件的界面

$$B_{1,n} = B_{2,n} \tag{9.28}$$

$$H_{1,\tau} = H_{2,\tau} \tag{9.29}$$

有了上述三类方程，即可用计算方法求解磁场的分布。最常使用的铁磁流体密封是圆柱轴形式的，如图 9-6 所示。这种形式密封的特点是具有轴对称（在图 9-6 中就是 z 轴）和面对称（在图 9-6 中就是过 O 点与 z 轴相垂直的平面）。

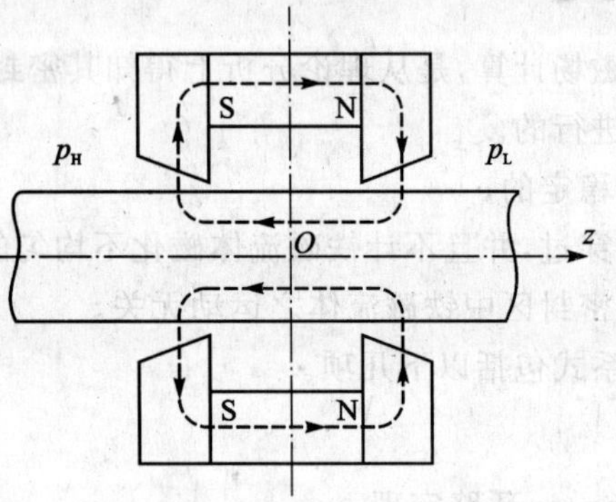

图 9-6　圆柱轴形式的铁磁流体密封装置

由图 9-6 所示装置的磁回路可以知道：

① 对于轴对称则有

$$\frac{\partial B}{\partial \theta} = 0, \quad \frac{\partial H}{\partial \theta} = 0, \quad \frac{\partial M}{\partial \theta} = 0$$

$$B_\theta = 0, \quad B_r(r,z) = -B_r(-r,z), \quad B_z(r,z) = B_z(-r,z)$$

$$H_\theta = 0, \quad H_r(r,z) = -H_r(-r,z), \quad H_z(r,z) = H_z(-r,z)$$

② 对于面对称则有

$$B_r(r,z) = -B_r(r,-z), \quad B_z(r,z) = B_z(r,-z)$$

$$H_r(r,z) = -H_r(r,-z), \quad H_z(r,z) = H_z(r,-z)$$

由以上的对称情况可知，对于这类圆柱轴形式的密封装置，它的磁场计算实际上是坐标 r,z 的平面问题。所以只要计算 z 轴的纵剖面之四分之一（即一个象限）内的磁场分布，即能得到整个装置的磁场全貌。

9.5.2　密封磁场的工程估算方法

1. 概　述

工程方法就是磁路法。最早见到使用这种方法来分析铁磁流体密封的是文献[1]。磁路法简单、快捷而且物理概念清晰。当然,它不能计及漏磁和需要一些简化的假设,因而准确度低一些。但是,在工程上它仍不失为一个有力的工具。

对于大多数铁磁流体密封装置而言,其密封性能取决于两个关键部分:提供磁能量的永磁体和对磁阻有决定性作用的铁磁流体密封膜。

磁路法的基本原理仍然是 Gauss 定理和 Ampere 定理。这两个定理已在磁路中一维化了,所以计算起来十分容易。它们的具体形式是:

① 在磁管中磁通量的连续性,即

$$\Phi_m = \Phi_f = \Phi_i = \Phi$$

或写成

$$A_m B_m = A_f B_f = A_i B_i = AB \tag{9.30}$$

式中,A 是磁管的横截面积,B 是磁管中的磁感应强度,下标 m 是永磁体,f 是铁磁流体,i 是其他元件。

② 在磁管回路中磁动势等于各段磁位降落之和,即

$$H_m L_m + H_f L_f + \sum_i H_i L_i = 0 \tag{9.31}$$

因为没有电流线圈提供磁动势,故上式右方等于零。

2. 扩张型密封的计算

假设:

① 整个密封装置可以认为是一根磁管,于是不考虑漏磁问题。

② 永磁体处处都在同一个工作点上,即永磁体内的 B_m 和 H_m 到处一样,所以其中的磁力线呈均匀分布。

③ 在磁极环中,磁力线是直线,在转折处成直角转折。在磁极环的削尖部分,即图 9-7 中的 ABD 部分,磁力线仍然是直线,但它们向尖端处收拢,即聚磁。

④ 在铁磁流体的密封区,即图 9-7 的 $ABB'A'$ 内,磁力线是以 O' 为圆心的圆弧。

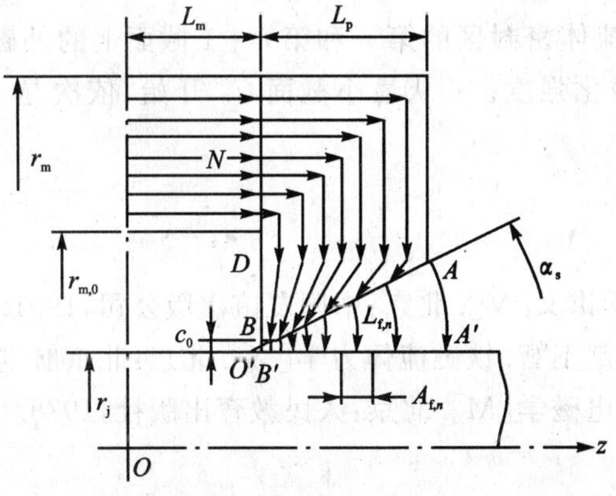

图 9-7　磁路内的磁场计算用图

已经取定的结构参数为:永磁体的内外径 $r_{m,0}$ 和 r_m、厚度 L_m、磁极环的厚度 L_p、张角 α_s、最小间隙 c_0、轴半径 r_j 等。

计算过程如下:

① 在式(9.31)中弃去铁磁质项 $\sum_i H_i L_i$,得

$$-L_m H_m = L_f H_f$$

用式(9.23)和式(9.24)代入,就有

$$-L_m H_m(B_m) = L_f H_f(B_f)$$

上式的右边使用式(9.30)代入,得到仅有未知数 B_m 的方程为

$$-L_m H_m(B_m) = L_f H_f\left(\frac{A_m}{A_f}B_m\right) \tag{9.32}$$

式中,取 $A_m=\pi(r_m^2-r_{m,0}^2)$,$A_f\approx(2\pi r_j)\overline{A'B'}$,$L_f$ 取 $ABB'A'$ 区内的平均值,即 $L_f\approx\frac{1}{2}\widehat{AA'}\approx\frac{1}{2}(\overline{A'B'})\alpha_s$。于是由式(9.32)可解出 B_m 的初次近似值 $B_{m,0}$。

② 将 A_f 按等分分割成

$$A_f = \sum_n A_{f,n}$$

n 从最小间隙处算起,依次为 1,2,3,…。对应的平均弧长为 $L_{f,n}$。于是由式(9.32)有

$$-L_m H_m(B_{m,0}) = L_{f,n} H_f\left(\frac{A_{m,n}}{A_{f,n}}B_{m,0}\right) \tag{9.33}$$

由方程式(9.33)从 $n=1$ 开始,可以依次解出 $A_{m,n}$。

③ 检验几何关系

$$A_m = \sum_n A_{m,n} \tag{9.34}$$

④ 若式(9.34)两边相差超出允许范围,则另设 $B_{m,1}$,重复式(9.33)和式(9.34),直到式(9.34)两边相差在允许范围之内,就得永磁体的工作点。而后就得密封区的磁场,即

$$B_{f,n} = \frac{A_{m,n}}{A_{f,n}}B_m \quad 或 \quad H_{f,n} = H_f\left(\frac{A_{m,n}}{A_{f,n}}B_m\right) \tag{9.35}$$

有了密封区的磁场分布之后,将式(9.5)写成有限差分的形式为

$$\Delta p \approx \mu_0 \sum_n M_n (H_n - H_{n+1}) \tag{9.36}$$

式中,H_n 和 H_{n+1} 是铁磁流体密封区的第 n 和第 $n+1$ 截面上的外磁场强度,而 M_n 是此两截面之间铁磁流体的平均磁化强度。n 从最小截面 C_0 开始,依次是 1,2,3,…,直到低压截面 $\widehat{AA'}$ 为止。

参考文献

[1] 孙大成.润滑力学讲义[M].北京:中国友谊出版公司,1991.
[2] 池长青,王之珊,赵丕智.铁磁流体力学[M].北京:北京航空航天大学出版社,1993.
[3] 赵凯华,陈熙谋.电磁学[M].北京:人民教育出版社,1978.